# CREACIÓN, EXPANSIÓN Y COMPOSICIÓN DEL UNIVERSO EL ESPÍN Y FÍSICA CUÁNTICA

# AUTOR:
## JOANCARLES TESTAGORDA GARCIA

Fotografía del 17/6/2022 en la que aparece JoanCarles Testagorda Garcia. (Yo mismo)

# ÍNDICE

1-Introducción..................................................................................4
2-Breve historia de la astrofísica......................................................5
3-Forma, composición y evolución del universo............................33
4-Explicación simple sobre física de partículas y el espín.................115
5-Mi hipótesis sobre la creación, la expansión y composición del universo..................................................................................142
    5.1-Breve autobiografía y timeline de mi obra......................143
    5.2-Mi hipótesis sobre las dimensiones..................................264
    5.3-Mi hipótesis sobre la creación del universo....................295
    5.4-Mi hipótesis sobre la composición del universo...............365
    5.5-Mi hipótesis sobre la expansión del universo..................482
6-Lista de constantes........................................................................541
7-Agradecimientos...........................................................................562

# 1-INTRODUCCIÓN

Actualmente los científicos no sabemos con certeza muchos datos importantes acerca de como es el universo, por ejemplo se desconoce la forma que tiene el universo, su origen, su tamaño, y otras grandes cuestiones elementales acerca del universo y de la formación de algunos cuerpos celestes y su naturaleza como los agujeros negros.
Algunos de los datos que se saben sobre el universo han sido aportados gracias a las observaciones con sondas espaciales y telescopios como el WMAP o el Hubble.
A partir de los datos obtenidos con estos telescopios y de ideas que he ido pensando a lo largo de los últimos 11años he creado mi hipótesis la cual expondré en este libro. (En mis libros, anotaciones, artículos y publicaciones solamente expongo mis hipótesis).

Para entender mi hipótesis (de 2014 a 2024) sobre de la creación, expansión y evolución del universo, de como es el universo, primero voy a exponer datos enciclopédicos sobre lo que se conoce acerca del universo y también voy a exponer de forma breve la historia de la astronomía y su relación con la historia de la física.
Como he hecho en mis otros libros de física (y de medicina) en los que también solamente expongo mis hipótesis, expondré ecuaciones que yo mismo he creado las cuales pueden ser útiles para entender las propiedades del universo y de la creación de todo así como de otros factores.

Intentaré explicar de forma sencilla mis ecuaciones y mis explicaciones. Así que este libro está indicado para personas que quieren entender de forma básica el origen del universo pero también para personas profesionales y estudiantes.

# 2-BREVE HISTORIA DE LA ASTROFÍSICA

La astronomía es el estudio de los cuerpos celestes y su observación, la física estudia la naturaleza y el comportamiento de los cuerpos, la química estudia la composición los cuerpos. De tal modo que se aplica la química y la física a la astronomía dando lugar a la astrofísica.

La astrofísica apareció sobretodo al aplicar el método científico a la física porque al aplicar matemáticas a la física, se consiguió explicar el comportamiento de algunos cuerpos celestes permitiendo entenderlos mejor.

Por tanto a medida que la física, la química y las matemáticas han ido avanzando, la astronomía también.

Más se avanza más se pierde el sentido místico y espiritual que el cosmos produce sobre el ser porque los efectos, acciones, sucesos, procesos etc. se pueden explicar.

Se sabe que desde la antigüedad el hombre se ha interesado en el universo, en la astronomía. En antiguas estructuras como las pirámides de Giza (Guiza, Egipto), Keops Kefrén y Miscerinos, en templos de Machu Picchu (Perú), y en lugares como Stonehenge (Inglaterra) y otros lugares, se puede observar que algunas de estas estructuras están alineadas con solsticios, los equinoccios, el norte o algunas estrellas muy brillantes como SirioA.

En la imagen izquierda aparecen las tres pirámides de Giza, Keops Kefrén y Miscerinos. En la imagen derecha aparece Machu Pichu.

Esto quiere decir que las antiguas civilizaciones observaban las estrellas y analizaban el cielo.

En el caso de Stonehenge los científicos lo datan de aproximadamente el año 3000aC, dicen que sigue las proporciones áureas y que sus piedras están alineadas con la salida del Sol en los solsticios. Se dice que lo utilizaban para predecir las estaciones.

Creo en Dios pero no creo en las teorías del complot, no creo en extraterrestres, en el tarot ni en este tipo de cosas. Todo lo contrario siempre busco respuestas razonadas de forma racional y científica sobre todo tipo de cuestiones. Así que no voy a entrar en temas de este tipo.
Creo que las antiguas civilizaciones observaban el cielo porque al observar el cielo podían establecer calendarios y con los calendarios podían saber cuales eran los mejores días del año para sembrar, cosechar, recolectar frutos salvajes o incluso para saber información acerca de cuando se producían las migraciones de animales que cazaban.
Creo que con la posición del Sol podían saber aproximadamente qué hora del día era y cuanto faltaba para el anochecer, lo cual podía permitir darse cita en un lugar por ejemplo a la hora en la que el Sol está más alto respecto el cielo visible. Con las estaciones la posición del Sol y las horas de Sol no son las mismas, por tanto debieron de darse cuenta que había variaciones y de la posición del Sol y que eran cíclicas durante periodos de tiempo de 365 días.

La astronomía también permitía orientarse durante la noche al conocer la posición de las estrellas. Así creo que había una necesidad de conocer y preguntarse acerca del cielo y por tanto sobre la astronomía.
Actualmente se sabe que los neandertales enterraban a sus muertos y tenían una espiritualidad, así que es posible que desde hace miles de años se analiza el cielo y se asocia con comportamientos espirituales.
(También se sabe que el ADN de los humanos está compuesto de media por aproximadamente un 5% de ADN de neandertal. Lo cual implica que no es que los neandertales se extinguieron, sino más bien se produjeron hibridaciones entre homo sapiens y neandertales. Esto implica que algunas especies de animales no se han extinguido sino que su desaparición se debe a que con el cruce de genes los nuevos miembros de la especie aparecen con cambios, con rasgos distintos a sus antecesores y esto produce que algunas especies no se extingan sino que cambian. Lógicamente algunas especies sí que se han extinguido
El día 11-11-2018 a las 0:10am pensé y anoté que la luz polarizada y levógira de la luna podría afectar de forma diferente a las plantas respecto a una interacción con luz "normal". (Es una idea que pensé en 2016-2017) Pensé que si desde la antigüedad se siembra o se cosecha en días específicos relacionados con la luna o con los astros, es posible que exista realmente una relación que se desconoce. Pensé que quizás sucede que la luz polarizada levógira interacciona de forma específica con algunas moléculas produciendo procesos físico-químicos en la planta afectando a la floración y a otros factores.)

Sea como sea, la humanidad siempre ha mirado al cielo en busca de respuestas o de soluciones. No se sabe exactamente cuando puesto que los restos arqueológicos no permiten saber con exactitud cuando empezó el estudio de la astronomía ni con qué propósito. De la historia más reciente se sabe que Babilonios, griegos o egipcios utilizaban calendarios basados en los astros del cielo como el Sol.

Con la aparición de la escritura se podían transmitir mejor los conocimientos y justamente gracias a la escritura se ha podido entender la relación entre las matemáticas y la agricultura o de las matemáticas y la astronomía. De hecho las matemáticas que es una de las herramientas más poderosas que ha creado el ser humano, nacen de la necesidad de contar, de especificar cantidades. Por ejemplo de contar animales o cuantos días faltan para un suceso. De modo que se podían contar los días con la aparición del Sol en el cielo y esto era muy útil y necesario. No creo que todo nazca de la necesidad pura, puesto que hay invenciones que se crean para satisfacer placeres, para divertirse o para satisfacer la curiosidad. El cerebro funciona básicamente con un sistema de recompensa/castigo , asociando a las redes neuronales existentes neuronas con neurotransmisores específicos que producen dolor, placer u otras emociones.
Esto implica que el ser (o seres con sistema nervioso complejo) buscarán la obtención del placer e intentarán evitar el sufrimiento. La comida y otros factores proporcionan la supervivencia del ser y además placer. Para obtener mucha comida el ser piensa, y al pensar se pensó en crear la agricultura. Cuando apareció la agricultura apareció la necesidad de observar el cielo, de observar la floración y los ciclos de los árboles y plantas salvajes.
Seguramente observaron que después de los días de lluvia las plantas crecían más, por tanto así como ellos, las plantas necesitaban agua para vivir. Entendieron que dependían de la climatología y que la climatología dependía de las estaciones.
En las estaciones se puede observar también que hace más o menos calor y que dependiendo de la hora del día, el Sol está más o menos alto y calienta más o menos.

Así que empezaron a mirar y analizar el cielo para satisfacer sus necesidades agrícolas y de otro tipo. De ello pues pudieron también no solamente analizar el Sol sino que también pudieron intentar relacionar las estrellas o la Luna a las estaciones y efectos sobre su entorno.

La comida es una necesidad básica, pero la curiosidad es una cualidad intrínseca al ser humano.

Por tanto observar los cambios de los astros del cielo u observar las estrellas hace que el ser se pregunte sobre la naturaleza de las estrellas, del Sol, qué son, porqué están ahí, porqué cambian, porque tienen ciclos etc. Así que pudieron aparecer también preguntas espirituales como la gran pregunta:

-¿De donde nació todo, como se creó todo?.

Parece que actualmente aún no se puede responder con certitud a esta respuesta. (Como ya he mencionado antes, después expondré mi hipótesis sobre ello pero antes voy a exponer de manera básica la historia de la astronomía y astrofísica.)

Actualmente no sabe responder a la pregunta de como se creó todo, es por ello que se puede entender lo difícil que es hacer ciencia cuando no se tienen medios suficientes para observar y analizar la información. Es por ello que la investigación científica avanza al ritmo al que avanza la tecnología y la tecnología avanza al ritmo al que avanza la investigación científica.

Esto sucede porque al hacer descubrimientos científicos podemos entender la naturaleza de los elementos, como funcionan los objetos y podemos saber como manipularlos y como debemos de crear objetos. Por ejemplo al saber acerca del comportamiento de la luz se pudo crear y mejorar los telescopios.

A su vez al tener objetos con los que podemos observar y analizar elementos y objetos como los telescopios que nos permiten observar las estrellas, la radiación que emiten y otra radiación como la procedente de después del BigBan (o periodo inflacionario), o las huellas que dejan entrever que hay agujeros negros, podemos detectar con los telescopios que hipótesis como por ejemplo hipótesis que predecían la existencia de agujeros negros eran hipótesis correctas.

Antes de que se aplicara el método científico en la física y la astronomía, el ser humano analizaba el cielo, los cuerpos y la naturaleza desde una perspectiva filosófica. Por tanto algunos de los primeros científicos eran más filósofos que científicos. Quizás un día la filosofía desaparecerá casi en su totalidad (no completamente).

Actualmente tenemos mucha información sobre los filósofos griegos puesto que se han conservado muchos manuscritos que hacen referencia a ellos. Aunque hay que decir en letras mayúsculas que mucha de la información que los filósofos griegos escribían y enseñaban en sus escuelas, no procedía de ellos, sino que procedía de culturas y civilizaciones como los egipcios o los Babilonios. Quizás de estos procedía también de otras culturas y civilizaciones. Los estudios arqueológicos basados en las tablillas antiguas de Babilonia permiten saber que los Babilonios ya utilizaban las matemáticas en por ejemplo para calcular las dimensiones de un terreno, los números y otros saberes.

Los egipcios utilizaban de forma corriente el teorema de Pitágoras, el cual es altamente probable que Pitágoras no fuera el descubridor del teorema.

Los egipcios utilizaban la trigonometría (aunque se dice que lo hacían sin ángulos, solamente utilizando los costados de los triángulos) con la que podían medir distancias, alturas etc.

Lógicamente los griegos no solamente acumulaban y anotaban los conocimientos de otras civilizaciones, sino que mejoraban el conocimiento existente pensando nuevas ideas.

Pero que quede claro que la antigua Grecia no es la cuna de la civilización y que los antiguos griegos no fueron los autores de muchos de los descubrimientos que falsamente se les atribuye.

Quizás tampoco en la Grecia antigua valoraban más el conocimiento que otras culturas, simplemente dejaron constancia de lo que hacían y quizás pagaban o estimulaban el conocimiento porque sabían que a través del conocimiento las civilizaciones avanzan y se hacen más poderosas.

Los países que más invierten en investigación científica y tecnología son los países más avanzados y los que tienen más poder.

Ahora citaré algunos datos cronológicos los cuales serán útiles para ver un poco la evolución del conocimiento acerca de la física y la astronomía:

- En aproximadamente el siglo V aC Leucípide de Mileto y sobretodo su alumno Demócrito de Abderes (aproximadamente del 460C-370aC), propusieron la existencia de átomos.

- En la época de Pitágoras (aproximadamente vivió entre el 570aC al 490aC), Pitágoras creó la escuela de los Pitagóricos en la isla de Crotona. En la escuela de Pitágoras se enseñaban múltiples asignaturas y conocimientos, como filosofía o matemáticas por ejemplo el teorema de Pitágoras (que se sabe con seguridad que no fue creado por Pitágoras). Pitágoras fue alumno de Tales de Mileto. Hay que pensar que Pitágoras viajó a lugares como Egipto y fue encarcelado en Babilonia. Como se sabe que los egipcios y los Babilonios ya utilizaban la trigonometría como el teorema de Pitágoras muchos años antes de que Pitágoras naciera, entonces se sabe que Pitágoras lo único que hizo fue explicar lo que aprendió.
En la escuela de Pitágoras y en la Grecia de la época, promovida por el conocimiento aportado por Tales de Mileto, el propio Pitágoras y otros grandes científicos y filósofos griegos, ya se proponía el modelo heliocéntrico, que un año duraba 365.2 días, los equinoccios y los solsticios, la eclíptica, se calculó que la Tierra rotaba en periodos de 24horas, se proponía que la Tierra era esférica, se calculaba con una gran aproximación la distancia entre la Tierra y la Luna o incluso la distancia entre la Tierra y el Sol.
Hay que recordar que el modelo geocéntrico sitúa a la Tierra en el centro del universo y que todos los astros como el Sol, los planetas o las estrellas, orbitan alrededor de la Tierra.
En el modelo heliocéntrico sitúan al Sol en el centro del universo, y a todos los demás cuerpos celestes orbitando el Sol (incluida la Tierra).

- Eratóstenes (276aC-194aC)consiguió medir con una gran aproximación, la Tierra (su radio y su circunferencia).

- En el sigloIII aC Aristarco deSamos también propuso el modelo heliocéntrico.

- En la época de Platón (427aC-437aC) no les pareció tan lógico que la Tierra no fuera el centro del universo, así que adoptaron (o volvieron a adoptar) el modelo geocéntrico.

El modelo geocéntrico fue promovido por grandes filósofos griegos como Aristóteles, Claudio Ptolomeo (90-168dC), Eudoxo Cnido (390aC-340aC), Hiparco (190aC-120aC) etc.

Hiparco Eudoxo de Cnido

De modo que durante muchos siglos (casi 2 milenios) los científicos filósofos intentaron establecer un sistema geocéntrico intentando adaptar los movimientos de los cuerpos celestes observados como objetos que orbitaban la Tierra.

Por tanto antes de los filósofos platónicos los griegos creían en que existía el modelo heliocéntrico muy posiblemente influenciados por egipcios y Babilonios, pero después adoptaron el modelo geocéntrico.

- Es interesante mencionar que Aristóteles teorizó la existencia del éter, también conocido como quinta esencia. Este éter era como un fluido el cual cubría, rellenaba el universo, por tanto hacía referencia a lo que actualmente se conoce como energía oscura.

- Como ya mencioné antes, los griegos acumulaban los conocimientos (también como otras culturas) y decidieron crear una obra que reunía gran parte de los conocimientos en astronomía. Esta obra es el almagesto de Ptolomeo la cual estaba basada en el modelo geocéntrico.

En Alejandría se creó una gran biblioteca que es conocida por su nombre "Biblioteca de Alejandría" en la cual almacenaron textos antiguos. Gran parte eran escritos por los antiguos filósofos griegos.

Años después en el 295dC y 391dC se quemó la biblioteca de Alejandría (aunque no se quemaron todos los manuscritos). En el año 642dC la biblioteca fue saqueada e incendiada totalmente por el general árabe AL As Amrou bajo el mandato del califato de Omar.

No obstante como los conocimientos en astronomía eran muy útiles para por ejemplo navegar o guiarse, se conservó la obra del almagesto de Ptolomeo.

Los árabes hicieron traducciones del almagesto, por ejemplo Al Hajjaj ibn Youssef en el 829dC y 830dC. Se han encontrado más traducciones del siglo X y del siglo XII en Toledo (España) se hicieron muchas traducciones que después circularon por Europa.
Por tanto la obra del almagesto de Ptolomeo pudo llegar a Europa central y Europa del norte siglos después.

Científicos árabes como Nasir el Din al-Tusi (1201dC-1274dC) o Ibn al-Shatir (1304-1375) introdujeron correcciones a la obra de Ptolomeo. Aunque mejoraron y simplificaron el almagesto y criticaron el modelo geocéntrico, no parece que hicieron ninguna referencia al modelo heliocéntrico. No se sabe con certitud.
Hay muchos historiadores actuales que afirman que Copérnico (1473dC- 1543dC) no creó el modelo heliocéntrico sino que leyó textos de los árabes.

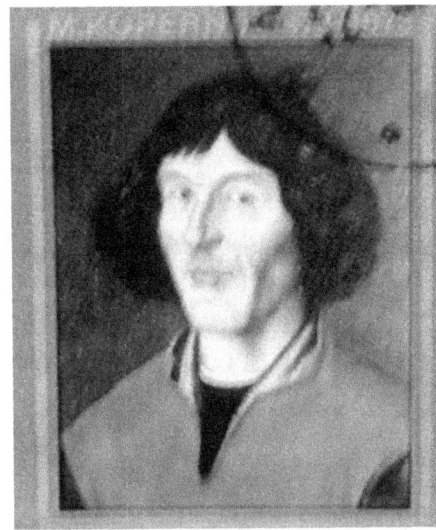
Se han encontrado manuscritos árabes que contienen dibujos idénticos a los que Copérnico utilizó en su modelo heliocéntrico. Por este motivo se dice que Copérnico copió el modelo heliocéntrico y que simplemente lo mejoró y lo divulgó (parecido a como hicieron los griegos antiguos).

Dejar constancia de lo que se crea es muy importante porque ello facilita el trabajo de los historiadores, permite dejar pruebas de los que se crea. (En mi caso yo publico videoselfies en mi red social Facebook o en mi correo electrónico para dejar constancia de lo que yo he creado).

Se sabe que las ecuaciones y métodos matemáticos empleados por los árabes son los mismos que los que utilizó Copérnico.
Por tanto lo que hizo Copérnico fue mejorar y divulgar los textos árabes en su obra. Algunos historiadores afirman que es muy probable que Copérnico copiara el modelo heliocéntrico.

Hay que recordar que es muy probable que antes de Copérnico e incluso de los antiguos griegos, los egipcios y los Babilonios ya pudieron haber supuesto el modelo heliocéntrico.
Hay que decir que los modelos heliocéntricos que se habían propuesto siempre, tenían orbitas circulares alrededor del Sol.

- En su obra "la docte ignorance"el Cardinal Nicolas de Krebs (1401-1464) también conocido como Nicolas de Cues, propuso que la Tierra está en movimiento, que no es el centro del universo y que es como una estrella. También propuso la existencia de otros mundos, que el universo es infinito y la existencia de otros seres. Aunque no supo demostrar nada.

- Bruno Giordano (1548-1600) fue quemado vivo porque en su obra propuso que el universo era infinito, defendió el modelo heliocéntrico y que existían otros mundos (además citó la obra la "docte ignorance" de Nicolas de Krebs).

- En 1609 Galileo Galilei (1564-1642) creó el primer telescopio a partir de invención de 1608 de las lentes para ver a larga distancia del holandés Hans Lippershey. Hay indicios claros que apuntan que el telescopio fue inventado por Juan Roget en 1593 en Barcelona, por tanto otra vez habrá que cambiar todos los libros de historia si se quiere hacer justicia.

Imagen que representa a Juan Roget

Lo que hizo Galileo es utilizar las lentes para observar el firmamento, las lentes ya se utilizaban para poder ver de lejos.
Galileo quizás aprovechándose de manera deshonesta la invención del telescopio, vendió el telescopio (la idea) y recibió mucho dinero y reconocimiento por ello.
Hay que pensar que era un invento muy útil por ejemplo para avistar barcos lejanos. Galileo mejoró la invención de las lentes y la utilizó para estudiar los cuerpos celestes haciendo muchos descubrimientos astronómicos.
Por ejemplo en 1610 Galileo descubrió que Júpiter tenía lunas, las manchas solares, muchas estrellas, que la Luna no era completamente esférica y que además tenía montañas y valles etc.
Hay que mencionar que Kepler mandó cartas a Galileo en las cuales exponía sus leyes. Galileo iba diciendo que había descubierto las leyes que Johaness Kepler creó, esto se puede observar en las cartas de Ed-

mond Bruce a Kepler. Como Kepler publicó sus leyes en su obra y esta obra tuvo un gran interés, su obra no pasó desapercibida y se pudo saber la verdad sin dudar. (Para mi los ladrones de ideas, inventos y de descubrimientos científicos no merecen ningún respeto, a saber si Galileo se apropió de más cosas que ignoramos). Como me dijo mi abuela, primero somos personas y después somos otras cosas científicos, ingenieros etc. Es decir, más importante es que seamos buenas personas, el resto viene después. Opino que la justicia es una de las bases de la civilización.

Galileo creó muchas cosas, por ejemplo sobre el movimiento de los cuerpos creó el principio de inercia (en 1604), también propuso un sistema de referencia para cuerpos en movimiento. Lo que propuso Galileo es que las leyes del movimiento deben de ser las mismas independientemente de si un objeto está parado o en movimiento. Estas leyes fueron mejoradas por Lorentz y después en 1905 Einstein las utilizó para su teoría de la relatividad especial.
Por ejemplo si estamos dentro de una avión que viaja por el cielo y vamos a buscar cacahuetes hacia la azafata, la velocidad con la que nos desplazamos es igual a la velocidad del avión más la velocidad con la que nos desplazamos dentro del avión. Esto es más útil de lo que parece, Einstein pensó en qué ocurriría si viajamos a la velocidad de la luz).

- En 1609 Johannes Kepler (1571-1630) creó su primera ley en la cual expone que los planetas orbitan alrededor del Sol en orbitas elípticas, por tanto no describen orbitas circulares. También en 1609 creó una segunda ley en la que expuso que los planetas pueden acelerar o reducir su velocidad orbital. Ya en 1619 creó su tercera ley en la que expuso que el periodo de revolución al cuadrado es proporcional a la longitud del semieje mayor elevado al cubo.

- En 1671 Isaac Newton (1643-1727) inventó un telescopio con muchas mejoras como por ejemplo que era de un tamaño menor y solucionó el problema de la aberración cromática. Isaac Newton es considerado como el mejor científico de todos los tiempos (Albert Einstein como el mejor físico de todos los tiempos). De 1665 a 1679 Newton creó el calculo infinitesimal, las tres leyes del movimiento, propuso que la luz tenía una naturaleza corpuscular, que la luz blanca estaba compuesta por la unión de los colores del arco iris, la ley de la gravedad etc.

- En 1676 Olaüs Roemer (1644-1710) descubrió que la luz no es instantánea sino que tiene una velocidad finita. Publicó los resultados de más de 40 eclipses lunares de Júpiter los cuales tenían un retraso de 10 minutos. El retraso indicaba que la luz tardaba tiempo en desplazarse y por tanto no es instantánea.
Ya en aproximadamente el año 1000, en las escuelas árabes se había teorizado que la luz tiene una naturaleza corpuscular (es decir, que está compuesta por partículas). Si la luz está compuesta por partículas esto supone que no puede viajar a velocidad infinita. También en la Grecia antigua se había teorizada que la luz estaba compuesta por partículas.

- En 1684 Edmund Halley (1656-1742) visitó a Newton por sorpresa. Halley le preguntó a Newton qué sabía sobre la caída de los cuerpos en movimiento (sobre la gravedad). Newton le contó que había resuelto ese problema años antes. Después de mostrarle sus cálculos, Halley entendió que Newton era alguien muy inteligente, un genio, pues había resuelto uno de los grandes problemas de la época y que además había descubierto otras grandes aportaciones revolucionarias.

Con la ayuda de Halley, Newton publicó su obra "Principia mathematica". Como indica el título de su obra, hay una demostración matemática para la gravedad, aunque no hay una explicación sobre como o porqué se crea la gravedad.

A pesar de ello Newton consiguió explicar qué producía las mareas, las variaciones de la orbita de la Luna, la forma esférica y chafada por los polos de la Tierra etc.

Hay que decir que Newton creó la ley de la gravedad a partir de las leyes de Johannes Kepler y de Galileo acerca del movimiento. Aunque Newton también consultó ideas anteriores sobre la gravedad de científicos como Bullialdus o Borelli, lo expliqué en mi libro "But what is the gravity? What is the time" que autopubliqué el 6-8-2022 en Francia y en el cual expongo mi teoría sobre qué es la gravedad con el bosonJCTG4 (gravitón).

- En 1718 Halley descubrió el movimiento de las estrellas y también del cometa Halley el cual describe una orbita elíptica. Al predecir con corrección cuando el cometa volvería a pasar, se le dio al cometa su nombre.

- Conociendo la ley de la gravedad, en 1784 John Michell expuso que podrían existir estrellas con una masa tan grande que atraería incluso la luz hacia ella y por tanto no la veríamos. John Michell nombríñó estas estrellas como estrellas negras debido a que no podrian emitir luz. Estas estrellas negras son los agujeros negros. Por tanto uno de los descubridores de los agujeros negros (quizás el primero) fue John Michell. Como siempre, John Michell al tener poca fama su descubrimiento pasó muy desapercibido y pasaron más de 100 años hasta que Karl Schwarschield teorizó los agujeros negros al teorizar el colapso gravitacional.

- En 1750 Thomas Wright propuso que la Vía Láctea se compone de estrellas. Emmanuel Kant propuso que las estrellas de la vía Láctea orbitan un centro común o varios centros comunes. También en 1750 Wright propuso que el sistema solar es un sistema en rotación, suponiendo así que el sol no está inmóvil (en estado estacionario).
Y también Kant propuso que las partículas (elementos) se unen entre ellos debido a las fuerzas como la gravedad y que esto crea las estrellas y así se forman las galaxias.

- En 1761 Jean-Henri Lambert propuso que la forma de la galaxia es plana y circular.

- Hervè Faye propuso que tiene forma de espiral.

- En 1766 Johann Daniel Titius (1729-1796) basándose en la obra "contemplación de la naturaleza" de Charles Bonnet, propuso una progresión aritmética la cual concuerda con las distancias medias de cada planeta respecto del Sol (radio orbital).

$$\frac{4+0}{10}=0.4 \quad \frac{4+3}{10}=0.7 \quad \frac{4+6}{10}=1 \quad \frac{4+12}{10}=1.6 \quad \frac{4+24}{10}=2.8 \quad \frac{4+48}{10}=52 \quad \frac{4+96}{10}=10$$
$$\text{etc.}$$

Los radios orbitales de los planetas expresados en unidades astronómicas (la unidad astronómica UA=149597870691m) son:

Mercurio = 0.4 ,     Ve= 0.7,     Tierra = 1,     Marte = 1.6,
Júpiter= 5.2,     Saturno=10,     Urano=19.6,     Neptuno=38.8, Plutón=77.2
y quizás un planeta desconocido y más lejano sería igual a 154UA.

-En 1772 Johann Bode (1747-1826) expone el escrito de Bonnet traducido por Titius y expone que parece que falte un planeta entre Júpiter y Marte con un radio orbital de 2.8UA. Gracias a la ley Bode-Titius (o mejor dicho Bode-Titius-Bonnet)Gracias a esto se consiguió demostrar la existencia de otros planetas que no era visibles al ojo humano.

- El 13-3-1781 William Herschel (1738-1822) descubrió el planeta Urano. Hay que pensar que el planeta Urano fue predicho por Johann Bode. Bode también descubrió la galaxia M81 aunque todavía no se había confirmado el descubrimiento de galaxias.
Herschel también descubrió los polos de Marte, 2 satélites de Urano, las estrellas binarias y otros descubrimientos. Herschel también descubrió los rayos infrarrojos. Quiso medir la temperatura de las ondas de colores (descompuso un onda blanca que pasaba por un prisma y creaba los colores del arco iris) y se dio cuenta de que el termómetro situado al lado de la luz de color rojo en donde no se observa ningún color, incrementaba su temperatura. Supo que podía existir la luz que no podemos ver con los ojos, la llamo infrarrojo (más allá del rojo). Es un descubrimiento revolucionario porque los científicos empezaron a pensar que la luz que no veían con sus ojos también existe. Es por ello que años después Rayleight consiguió descubrir los rayos ultravioleta más tarde se supo de la existencia de los rayos X, gamma, ondas de radio etc.

- El 1781 Friedrich von Schelling expuso que los planetas podrían haber nacido de explosiones.

- En 1789 Antoine Lavoisier descubre el Hidrógeno y el Oxígeno y propone su ley de la conservación de la masa. Muere guillotinado el 1894 debido a la revolución francesa.

- En 1799 Joseph Proust demuestra la ley de proporciones constantes.

-En 1801 Johann Wilhelm Ritter descubrió la luz UV.

- En 1801 Thomas Young propuso un experimento el cual hacia pasar un haz de luz por múltiples rendijas demostrando que la luz se comporta como una onda. (Lo expliqué en mi libro "But what is the gravity? How are created the fields? que autopublique el día 30-4-2022 en Francia" porque en mi libro expongo mi idea de 2016/2017 acerca de exactamente porqué sucede esto y de porqué existe la dualidad onda partícula).

- El 1-1-1802 se encontraron fragmentos de rocas, de un planeta entre Marte y Júpiter, gracias a los cálculos de Johannes Carl Friedrich Gauss (1777-1855). Estos fragmentos fueron llamados asteroides por parte de Herschel, y más tarde se llamó a este espacio cinturón de asteroides.

- En 1803 John Dalton Greenup (1766-1844 presenta su primera lista de pesos atómicos (la cual mejora en 1805).

- En 1811 Amedeo Avogadro corrige los pesos atómicos de Dalton y propone la ley de Avogadro.

- En 1820 Hans Christian Oërsted (1777-1851) descubrió que el paso de una corriente eléctrica puede influir sobre los objetos magnetizados (con carga).

- En 1821 Alexis Bouvard teorizó la presencia de Urano debido a perturbaciones orbitales.

- En 1827 Robert Brown observó la vibración de granos de polvo en el agua.

- En 1831 el inglés (de origen alemán) Michael Faraday (1791-1867) descubrió los campos magnéticos y que el magnetismo y la electricidad eran fenómenos estrechamente relacionados. Además creó (aunque de forma muy rudimentaria) lo que se considera el primer motor.

- En 1845 John Adams calculó de forma aproximada, la distancia y posición en la que Neptuno debía de encontrarse.

- En 1848 el poeta Edgar Alan Poe (el poeta sí) propuso que vemos el pasado de las estrellas porque su luz que tiene una velocidad finita, tarda muchos años en llegar hasta la Tierra.

- En 1849 Edouard Roche calcula el límite de Roche, después lo explico.

- En 1868 el escocés James Clerk Maxwell creó un conjunto de ecuaciones con los que unió la fuerza eléctrica y magnética con la constante de la velocidad de la luz en el vacío, dando lugar al electromagnetismo. (Después expondré algunas de mis ecuaciones de cuantización del magnetismo, de Marzo y Abril2024 las cuales autopubliqué en mis videoselfies)

-William Thomson aproximó la edad de las estrellas en unas decenas de millones de años.

- En 1869 Dimitri Mendeleïev (1834-1907) propone la tabla periódica para clasificar los diferentes átomos según sus características y además propone la existencia de nuevos elementos.

- El 23-9-1876 Johannes Gotfried Galle descubrió Neptuno gracias a los cálculos aportados por Urbain LeVerrier en 1846. Hay que decir que Galileo y Herschel observaron Neptuno antes que Galle pero pensaron que era una estrella.

- En los años 1881 y 1887 Albert Michelson y Edward Morley creían que la luz se desplazaba instantáneamente pero con su experimento demostraron que la luz se desplazaba con una velocidad máxima (299792458m/s = c ).

- En 1897 J.J. Thomson descubre el electrón en el átomo.

- En 1900 Max Planck propone su teoría de la existencia de cuantos.

- En 1905 Albert Einstein publicó muchas teorías novedosas. En 1905 publicó el efecto fotoeléctrico el cual permite entender que la luz se comporta también como una partícula y que existen los cuantos de luz propuestos por Max Planck (Esto dará inicio a la física cuántica). En

1905 Einstein teoriza el movimiento Browniano(1827) como producido por moléculas del agua lo cual hace suponer la existencia de átomos.
En 1905 Einstein propone la relación $E=mc^2$ en la que la materia (m= masa) se transforma en energía (E) y viceversa.
En 1905 Einstein propuso que el tiempo no es absoluto, es decir que según la velocidad el tiempo transcurre más rápido o más lento.
Einstein utilizó las leyes de Galileo y (mejoradas por Lorentz, se puede ver que la ecuación de Lorentz es casi igual a la de Albert Einstein) para su teoría de la relatividad especial introduciendo el concepto del espacio/tiempo basándose en que la luz tiene una velocidad máxima.
Por tanto pensó que el espacio/tiempo se curvaba, se deformaba y que eso podía cambiar el transcurso del tiempo o la dilatación del espacio.
Lo pensó porque si el espacio, el tiempo y la velocidad están relacionados entre sí, entonces como la velocidad máxima es la de la luz, lo único que puede cambiar es el espacio o el tiempo o ambos (lo explico en mi libro "But what is the gravity? What is the time"que autopubliqué el 6-8-2022).
En 1916 Einstein mejoró la relatividad especial con su teoría de la relatividad general añadiendo la aceleración y la gravedad en un espacio cuadrimensional de Hilbert.

- En 1908 Jean Perrin demuestra experimentalmente el movimiento Browniano y con ello la teoría atómica.

- En 1908 Jacobus Kaptegar calculó el diámetro de la vía Láctea.

- En 1908 George Hole (1868-1938) descubrió que las manchas solares tienen relación con el campo magnético del Sol. Esto permitió establecer los ciclos solares. Hole también descubrió la fotografía en diferentes longitudes de onda lo cual permitía ver el Sol (y otros cuerpos) con diferentes tipos del espectro de la luz.

- En 1908 Ernest Rutherford descubre el núcleo atómico.

- En 1911 Victor Hess detectó las primeras partículas cósmicas y que había radiación que emanaba del centro de la Tierra (lo mencioné en 2018 en mi trabajo "Earth Mine Funtioning").

- En 1913 J.J.Thomson descubre la existencia de los isótopos.

- En 1913 Niels Bohr propone que los electrones orbitan el núcleo atómico en orbitas cerradas y propone los saltos cuánticos (los cuales también son llamados saltos de Bohr).

- En 1914 Walter Adams identificó la primera enana blanca.

- En 1915 Vesto Slipher observó que las galaxias lejanas se van enrojeciendo.

- En 1916 Arnold Sommerfeld propone que las orbitas de los electrones son elípticas (igual que los planetas).

- En 1916 Karl Schwarschild (era austríaco y estaba luchando en la primera guerra mundial) aplicó la teoría de Einstein y propuso la singularidad como el punto máximo de la deformación del espacio/tiempo, el cual es la superación el límite de densidad (es lo que yo pensé en 2014 y que expuse en mi trabajo UniversalJustice).

- En 1917 Albert Einstein propone su constante cosmológica. Einstein eliminó la constante cosmológica porque creía que el universo debía de ser estático.

- En 1917 Willen de Sitter (1872-1934) al interpretar la constante cosmológica propuso que el universo se expandía.

- En 1918 Rutherford postula la existencia del Protón y del Neutrón.

- En 1918 Harlow Shapley propuso que la galaxia es plana pero con bulbo central.

- En 1919 Olivier Lodge predijo la existencia de las lentes gravitacionales.

- En 1919 Sir Arthur Eddington (1883-1944) hizo un experimento en un eclipse solar el cual confirmaba la teoría de la relatividad general de Einstein sobre que el espacio/tiempo se curvaba y con la curvatura la luz también curvaba su trayectoria. Hay que decir que Eddington también había conseguido descubrir la relación entre la masa de una estrella y su luminosidad.

- En 1920 Milankovic propuso que los cambios climáticos se producían por debido al periodo orbital del planeta y su inclinación (es parecido a mi teoría de 2018-2020 Earth Mine Functioning basada en mis ideas de 2015, aunque en mi teoría uní todos los factores de la Tierra y expliqué la variación y el porqué de los ciclos, también se puede ver en mi libro "But what is the gravity? What is the time" que autopubliqué el 8-6-2022, puesto que el periodo orbital y la inclinación del planeta no pueden explicar por sí solos todos los efectos y cambios climáticos).

- En 1920 Bertl Lindblad y Jan Oort (1900-1992) explicaron como se produce el aplanamiento de la galaxia.

- En 1922 William James Sidis escribe un tratado sobre la antimateria.

- En 1922 y 1924 Alexander Friedmann al aplicar la teoría de la relatividad general de Einstein, teorizó la expansión del universo y que el universo proviene del vacío se expande, se contrae y vuelve a expandirse.

- En 1924 Edmund Hubble demuestra la existencia de otras galaxias.

- En 1924 Louis de Broglie (1892-1987) descubrió la dualidad onda corpúsculo (En mi libro But what is the temperature? How are created the fields? expongo mis ideas de 2016-2017 acerca de la dualidad onda corpúsculo, acerca de como y porqué se crea).

- En 1925 William James Sidis escribe un tratado que predice la existencia de agujeros negros.

- En 1925 Wolfgang Pauli propone el principio de exclusión de Pauli en el cual dos electrones no pueden orbitar el átomo en el mismo orbital si no tienen diferente espín.

- En 1925 Werner Heisenberg (1901-1976)) descubrió el principio de Heisenberg también conocido como principio de incertidumbre y en 1927 lo publica.

- En 1926 Hubble crea una clasificación para los tipos de galaxia.

- En 1926 Erwin Schrödinger (Erwin Rudolph Joseph Alexander Schrödinger) propone su ecuación de onda con la que descubre que el electrón puede tener un comportamiento de onda.

- En 1927 Georges Lemaître también teorizó la expansión del universo además propuso la teoría del átomo primigenio que después se nombró teoría del BigBang. Lo que propuso es que en el origen todo el universo estaba confinado en un pequeño espacio y que después se expandía como en una gran explosión.

- En 1929 Hubble demuestra el desplazamiento al rojo y con ello la expansión del universo la cual fue teorizada por Friedmann, de Sitter y Lemaître (1888-1925).

- En 1929 Walter Bothe y Werner Kalherster descubren los rayos cósmicos.

- En 1930 Clyde Tombaugh descubrió el planeta Plutón.

- En 1930 Robert Trumpler propone la absorción interestelar.

- En 1931 Georges Lemaître intenta divulgar su trabajo.

- En 1931 Paul Adrien Maurice Dirac (Paul Dirac) propone la existencia del antielectrón, que es la antimateria.

- En 1932 Carl Anderson detecta con experimentos la existencia del antielectrón al cual llama positrón.

- En 1932 Karl Jansky descubrió que del centro de la galaxia se emitían ondas de radio.

- En 1932 Einstein y Willem de Sitter proponen la existencia de un tipo de materia no visible.

- En 1934 Georges Lemaître propone la constante cosmológica y la energía del vacío.

- En 1934 el suizo Fritz Zwicky y Walder Baade proponen que del colapso gravitacional de una enana blanca se produce una supernova y una estrella de neutrones.

- En 1935 se predice la existencia de la fuerza nuclear débil con Enrico Fermi como protagonista ya que aproximadamente en 1930 Fermi descubrió la desintegración beta.

- En 1935 Subrahmanyan Chandrasekhar descubrió el límite (1.44) en el que se produce el colapso gravitacional de una estrella enana blanca.

- En 1935 Hideki Yukawa crea una hipótesis acerca de la interacción nuclear fuerte (es la interacción de los quarks).

- En 1939 Julius Robert Oppenheimer, George Volkoff y Hartland Snyder proponen una hipótesis acerca de que el colapso gravitacional de una estrella de neutrones produce un agujero negro.

- En 1939 Hans Albretch Bethe descubre los ciclos de las reacciones nucleares de las estrellas.


- En 1941 Walter Adams y Andrew McKellar hacen mediciones de la temperatura del fondo de microondas (CMB) aunque no sabían que estaban midiendo la radiación de fondo de microondas puesto que se descubrió después en 1964-1965.

- En 1942 Hanne Alfven descubrió que las manchas solares son producidas por las líneas del campo magnético solar (así que no es solamente por el magnetismo solar).

- En 1944 Walter Baade expuso que existen estrellas de diferentes tipos como de diferentes colores.

- En 1945 Hendrik Van der Hulst midió la radiación emitida por los átomos interestelares (nubes de gas).

- En 1948 Robert Herman y George Gamow proponen la existencia de la radiación de fondo de microondas (CMB) que es la radiación que emite el universo primigenio.

- En 1948 Hans Bethe (1906-2005), George Gamow y Ralph Alpher describen la nucleosíntesis primordial del inicio del universo.

- En 1948 George Gamow (1904-1968) une la formación del helio al mecanismo del átomo primitivo.

- En 1949 Enrico Fermi predice la existencia de rayos de alta frecuencia que son liberados en explosiones de supernovas.

- En 1950 Jan Oort propone que el sistema solar está envuelto por grandes cantidades de asteroides, rocas lo cual se conoce como nube de Oort.

- En 1951 Gerard Kuiper propone la existencia del cinturón de Kuiper lo cual es una idea de 1949 de Kenneth Edgeworth.

- En 1951 Ludwig Biermann propone la existencia del viento solar y después en 1958 Eugene Parker crear una teoría sobre ello.

- En 1957 se propone una teoría sobre la nucleosíntesis estelar por parte de científicos como Margaret Burbridge, Geoffrey Burbridge, Fred Hoyle y William Fowler.

- En 1958 James Van Allen propone que electrones y iones (átomos cargados) que emanan de la Tierra y que vuelven a la Tierra, protegen a la Tierra de la radiación solar, siendo llamados cinturón de Van Allen.

- En 1958 David FinKelstein propone la existencia del horizonte de sucesos de un agujero negro (después explicaré qué es).

- En 1958 Jan Oort, Kerr y Gart Werterhout utilizan la radioastronomía de ondas bajas la cual permite obtener imágenes sin el polvo estelar (hay que pensar que el polvo estelar absorbe parte de la luz de las galaxias y esto dificulta poder ver cuerpos celestes).

- En 1960 John Reynolds hace una buena aproximación sobre la edad del sistema solar.

- En 1960 Allan Sandage descubrió el primer quásar.

- En 1960 Robert Leighton descubrió la emisión de diferentes frecuencias (estrellas).

- En 1962 Giacconi, Paolini, Rossi, Gursky detectan por primera vez rayosX cósmicos (crean el primer telescopio con rayosX).

- En 1962 J. Hogarth propone la flecha del tiempo la cual produce la irreversibilidad termodinámica (lo expongo y expongo mi idea en el libro que yo creé y autopubliqué el 30-4-2022 But what is the gravity? How are created the fields?.)

- En 1963 Roy Kerr propone que los agujeros negros rotan.

- En 1964 Roger Penrose descubrió propone que la singularidad contiene una gran cantidad de masa.

- En 1964 Murray Gell'man propone la existencia de quarks. (También lo hizo Richard Feynmann).

- En 1964 Zel'dovich, Ginzburg, Novikov y Doroshkevich proponen que un agujero negro solamente nos da información de su masa (es decir que solamente podemos conocer la masa de un agujero negro).

- En 1964 Zel'dovich, Taylor y Hoyle describen como se creó el Helio después del inicio del universo.

- En 1964 John Wheeler describe como se crea la espuma cuántica.

- En 1965 (y1964) Arno Penzias y Robert Wilson se confirma experimentalmente la radiación de fondo de microondas (CMB) de forma oficial (digo de forma oficial porque anteriormente en 1941 ya se había medido pero no se había identificado como tal).

- En 1967 Sakharov propone una hipótesis sobre como la materia predomina sobre la antimateria (yo también propongo mi hipótesis al respecto).

- En 1967 Zel'dovich confirma que la constante Lambda ($\Lambda$) propuesta por Albert Einstein, es la energía del vacío. (Muchas otras personas de forma independiente, como yo mismo, hemos propuesto una hipótesis similar).

- En 1967 Jocelyn Bell y Anthony Hewish descubren el primer pulsar.

- En 1967 Paul Adrien Maurice Dirac propuso que del vacío nacían pares de partículas y antipartículas que después podían desaparecer.

- En 1967 Sheldon Glashow, Abdus Salam y Steven Weinberg unen la fuerza nuclear débil a la fuerza electromagnética.

- En 1968 Hoyle y Gold identifican que las estrellas de neutrones rotan y producen grandes campos magnéticos.

- En 1968 Gabriele Veneziano exponen el comienzo de la hipótesis de cuerdas en el que partículas en 1 dimensión vibran.

- En 1969 Lynder-Bell propone una hipótesis acerca de que en el centro de las galaxias hay agujeros negros.

- En 1970 diferentes científicos entre ellos Susskind proponen hipótesis sobre partículas que vibran en 26dimensiones, después en 1971 otros científicos proponen que es en 10 dimensiones.

- En 1971 Webster, Murdin y Bolton descubren el primer agujero negro.

- En 1973 Ostriker y Peebles proponen la hipótesis acerca de que la materia oscura puede conseguir la estabilidad gravitacional de la galaxia.

- En 1973 Keblesadel, Olsen y Strong descubren que los agujeros negros emiten rayos gamma cuando cae materia en ellos. (Interpretando mis ecuaciones se obtiene este resultado también, además de otros que no he citado).

- En 1974 Glashow y Georgi proponen una hipótesis de gran unificación. (Yo también propuse y creé una hipótesis de gran unificación en la que además uno la energía oscura, la materia oscura y todas las partículas y fuerzas en una ecuación).

- En 1979 Starobinski propone la inflación cósmica, después en 1981 Guth y después en 1988 Linde. (Después explicaré como yo en 2014 deducí la inflación cósmica).

- En 1982 David Atkatz y Heinz Pagels proponen un modelo de universo el cual se compone de 3 dimensiones y de otras dimensiones que se pliegan dentro de estas 3 dimensiones.

- En 1982 Alexander Vilenkin propuso que del vacío nació el universo (similar a o que yo propuse en 2014 lógicamente antes de leer sobre ningún tipo de modelo de creación del universo, en 2014 solamente conocía la teoría del BigBan de Lemaître).

- En 1985 Edwin Loh y Earl Spillar dieron una buena aproximación del % de materia y energía del universo.

- En 1986 Andreï Linde propone la existencia de universos paralelos como universos burbuja que salen del vacío.

- En 1992 científicos como Aleksander Wolszczan observaron por primera vez exoplanetas.

- En 1992 David Jewitt, Jane Luu probaron la existencia del cinturón de kuiper.

- En 1995 se detectó la primera enana marrón.

- En 1995 Joseph Polchinski crea un modelo de universo paralelo con el que se puede conectar a partir de la gravedad.

- En 1998 se descubrió la existencia de una masa de neutrinos, lo descubrió un equipo dirigido por Masatoshi Koshiba.

- En 1998 Saul Perlmutter y Adam Riess descubrieron la aceleración de la expansión del universo.

En esta fotografía aparecen diferentes científicos como Lorentz, Marie Curie, Einstein, Schrödinger, Dirac, Bohr etc. (es una conferencia de física en Solvay).
He expuesto esta fotografía para representar un poco una multitud de científicos los cuales han contribuido a la sociedad con descubrimientos científicos. Hay que pensar que sin el trabajo de muchos científicos anteriores a nuestra época, no sería posible para los científicos actuales hacer descubrimientos científicos como los que yo he hecho.
Lógicamente en la lista no he mencionado todos los descubrimientos importantes, aunque sí que aparecen muchos de los más importantes relacionados con el tema de este libro, el universo.
Si algún día se inventan los viajes en el tiempo, me gustaría que se utilizaran para descubrir la verdad sobre quien ha creado lo que se le atribuye y que se den los méritos a las personas que hayan creado lo que hayan creado. También para resucitar a los grandes genios que sean buenas personas, honestos, para que trabajen unidos y en paz en proyectos que mejoren la sociedad y la hagan justa, buena, sin pobreza y en la que las personas puedan satisfacer sus necesidades equitativamente a lo que aportan a la sociedad.

Para abreviar un poco esta larga lista de hallazgos científicos, voy a repetir algunos de los hallazgos científicos que tienen relación con la creación, forma y evolución del universo.

- En 1917 Albert Einstein propone su constante cosmológica. Einstein eliminó la constante cosmológica porque creía que el universo debía de ser estático.
-En 1922 Alexander Friedmann al aplicar la teoría de la relatividad general de Einstein, teorizó la expansión del universo.
- En 1924 Edmund Hubble demuestra la existencia de otras galaxias.
- En 1927 Georges Lemaître también teorizó la expansión del universo además propuso la teoría del átomo primigenio que después se nombro teoría del BigBang.
- En 1929 Hubble demuestra la expansión del universo la cual fue teorizada por Alexander Friedman (1888-1925).
- En 1998 Saul Perlmutter y Adam Riess descubrieron la aceleración de la expansión del universo.

También desde aproximadamente 2003, gracias a la sonda WMAP, se sabe que el universo es casi plano o plano.

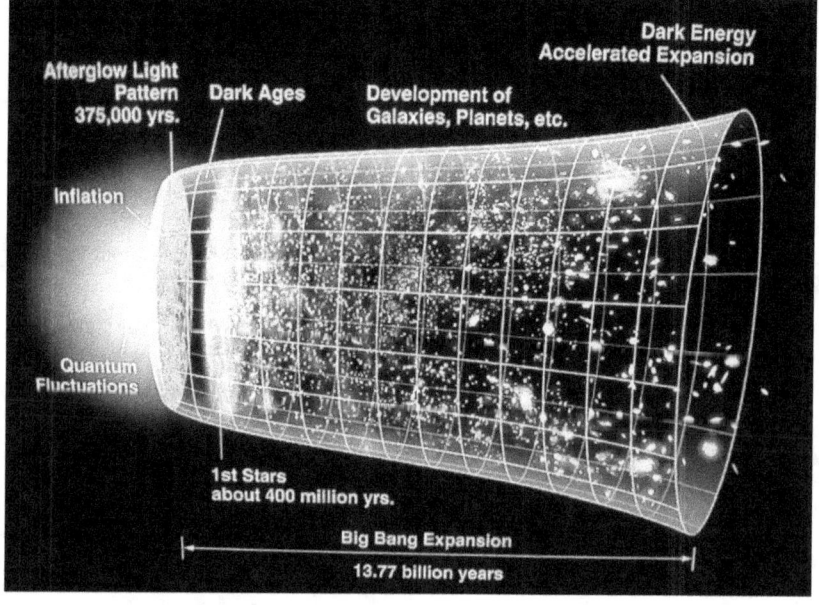

# 3-FORMA, COMPOSICIÓN Y EVOLUCIÓN DEL UNIVERSO

Actualmente no se sabe qué forma tiene el universo (después explicaré mi teoría). Los experimentos aportados por la sonda WMAP en ≈2003 dan como resultado que el universo es plano o casi plano.
Se dice que la geometría del universo puede ser de 3 tipos:

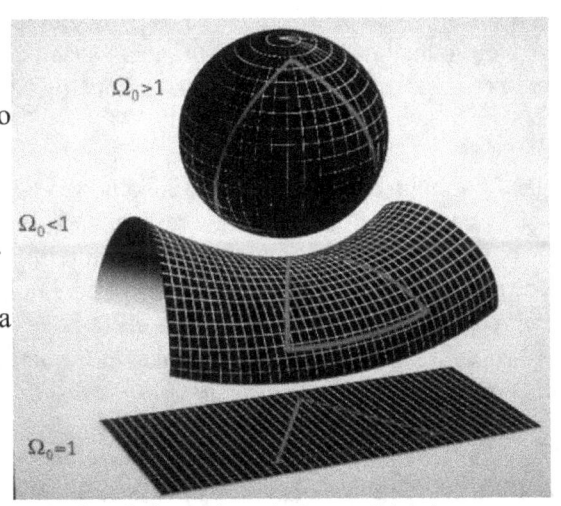

1-Si su curvatura es positiva por ejemplo como una esfera, como una pelota $\Omega_0 > 1$.

2-Si su curvatura es negativa siendo un espacio hiperbólico. En este caso tendría forma de silla de montar $\Omega_0 < 1$.

3-Si es plano $\Omega_0 = 1$.

En la imagen se puede apreciar los distintos tipos de forma del universo.
La materia en un espacio es la densidad. La densidad crítica es el límite de densidad máxima. Como la materia tiene masa y la masa produce una fuerza atractiva que es la gravedad, entonces esta gravedad es la que frena la expansión del universo.
1- Si es esférico, la expansión puede relentecer pero nunca puede dejar de acelerarse porque la densidad de materia es inferior a la densidad crítica.
2- Si es hiperbólico se dice que se producirá un bigcrunch en el que la expansión llegará a un límite y después se contraerá porque la densidad del universo será superior a la densidad crítica.
El bigcrunch es que el universo empezará a contraerse, es decir, se irá haciendo pequeño y más pequeño hasta que colapse sobre sí mismo. Es parecido a un colapso gravitacional en el que se forma un agujero negro.
3- Se dice que si el universo es plano su expansión se frenará porque la densidad de materia es igual a la densidad crítica.

Gracias a las sondas como la sonda de Planck, se sabe que el universo es plano o casi plano. Pero todavía no se sabe si el universo es finito o infinito porque la expansión del universo es más rápida que la velocidad de la luz.

También sucede que la radiación de fondo de microondas (CMB) al ser luz (de baja frecuencia) que emitieron los átomos creados poco después del origen del universo (380000años después de la creación del universo) nos llega hoy a la Tierra, pero no se sabe si procede de una pequeña parte del universo primigenio y si es igual en todo el universo primigenio. Con lo cual no se sabe si esta muestra (la CMB) que se está analizando es igual en todo el universo o una pequeña parte.

Cuando alguien te observa, en realidad no te ve, lo que ve es la luz que tu cuerpo es capaz de emitir o de reflejar.

Los ojos reciben la luz que los cuerpos emiten. Transforman esta luz en electricidad (con el efecto fotoeléctrico), envían la electricidad hacia el cerebro (hacia el cortex visual en las áreas posteriores del cerebro que explico en mi libro "*Como se produce un trauma psicológico, la memoria el aprendizaje y causa y desarrollo de las enfermedades neuro-degenerativas, mentales y auto-inmunes Parte2A Causa y desarrollo de la depresión, el Toc, la esquizofrenia y la Epilepsia*" que autopubliqué el día 13-1-2024 en Francia(en mis libros explico mis hipótesis por ejemplo acerca de estas enfermedades y de la fisiología del organismo)) y el cerebro interpreta la señal que recibe con múltiples áreas.

Por tanto lo que vemos es una interpretación de la luz que recibimos la cual es emitida por los cuerpos. Hay frecuencias del espectro electromagnético (del espectro de la luz) que nuestros ojos no son capaces de ver, por ejemplo la luz ultravioleta o la luz de baja frecuencia como las microondas.

Nosotros no desaparecemos con la oscuridad, lo que desaparece es nuestra imagen porque nuestro cuerpo no absorbe y re-emite luz que los ojos humanos son capaces de ver. Pero si utilizamos lentes oculares (gafas) que nos permiten ver en infrarrojo, seríamos capaces de ver a la persona en la oscuridad.

Por tanto no somos nuestra imagen porque no somos la luz que nuestro cuerpo refleja o emite, simplemente la luz que nuestro cuerpo refleja o emite cuando se analiza y se interpreta puede dar información sobre nosotros.

Los astrofísicos actuales utilizan muchas lentes oculares (telescopios) capaces de ver la luz de todo el espectro electromagnético. Esto les permite obtener información acerca de las estrellas y de los cuerpos estelares.
Con la información que reciben pueden saber muchas características de los objetos que se observan. Por ejemplo la composición, los elementos de los cuales está formada una estrella, su talla si es muy grande o muy pequeña, su masa debido a la velocidad que se mueve y debido a la velocidad a la que se mueven los objetos que orbitan este cuerpo etc.

Por tanto la astronomía, y la astrofísica dependen directamente de la tecnología y esta depende de los avances científicos.

Es importante saber que la luz con la que podemos ver los objetos, tiene una velocidad finita de 299792458m/s. Este hallazgo científico fue determinante para entender qué vemos y qué podemos ver cuando observamos los objetos sobretodo si son objetos distantes.

Recorrer 299792458m/s significa que los objetos que se encuentran por ejemplo al doble de esta distancia de 300000000metros(300millones de metros), por tanto que estén a 600000000metros (que son 600000kilómetros (seis cientos mil kilómetros)) de distancia, los veremos con 2 segundos de retraso. Es decir, la luz que emiten tardará 2 segundos en recorrer estos 600000kilómetros y por tanto si nos encontramos a 600000kilometros de distancia de un objeto que emite luz, veremos su imagen, su luz, 2 segundos después de que la emita.

Así que como ya escribí en mis hojas, para entender porqué actualmente los científicos pueden ver el universo cuando solamente tenía 380000 años. Hay que entender que en el origen del universo todo estaba en el mismo espacio pero el universo se fue expandiendo fue creando las partículas y los átomos y estos átomos primordiales emitían luz.
Con la expansión incrementa el espacio que hay entre por ejemplo un punto A y un punto B.
Esto hace que tengamos que viajar durante más tiempo del punto A al punto B lo cual hace que la luz emitida por los primeros aromos hace 380000años llegue ahora en la actualidad y pueda ser analizada.

En la vida cotidiana, los objetos que utilizamos y con los que interaccionamos se encuentran a escasos metros de nosotros. De modo que no supone un problema la velocidad limitada de la luz.
Pero lo que pasa cuando los objetos se encuentran a miles de billones de distancia es que su luz nos llega muchos años después de haber sido emitida o reflejada por los cuerpos. Esto hace que lo que observamos los objetos celestes lejanos con un retraso de muchos años.

¿Y porqué cuento todo esto? Lo cuento porque es muy útil para poder entender la expansión del universo y los efectos que tendrá en la evolución del universo. Así que esta sería la forma de su expansión.

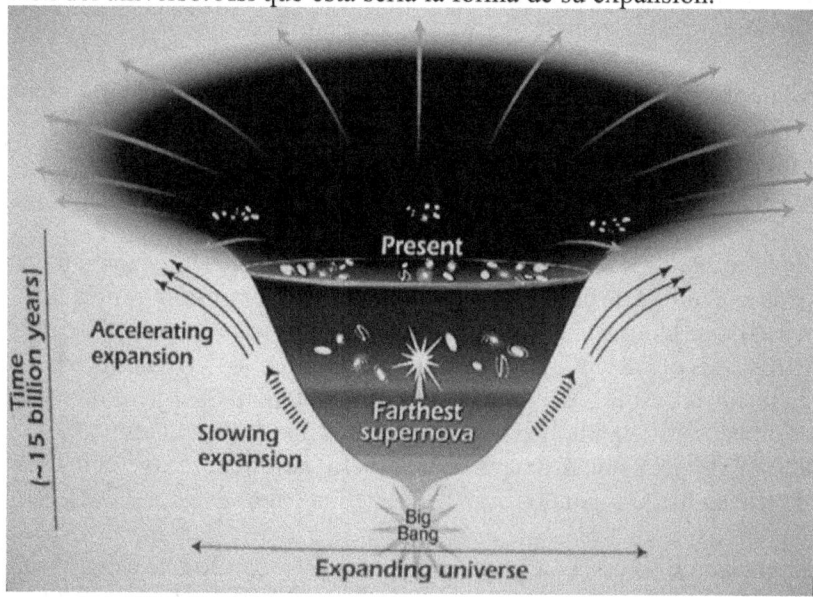

Se sabe que el universo se expande, y además se sabe que desde hace unos años, el universo se expande de forma acelerada.
Esta velocidad de expansión del universo es más rápida que la velocidad de la luz.
Imagínense que están corriendo en una cinta tele-transportadora, en una cinta de correr.
Si ustedes corren más rápido que la velocidad de la cinta tele-transportadora entonces avanzan.
Pero si corren a la misma velocidad que la cinta tele-transportadora, entonces se encuentran siempre en la misma posición.

En el caso de que la velocidad de la cinta tele-transportadora sea más rápida que la velocidad del corredor (de ustedes), el corredor retrocede su posición.

Imagínense que ustedes los corredores son la luz, y que la cinta tele-transportadora es el medio (energía oscura) o el propio universo. Si el universo se expande con una velocidad más rápida que la luz, entonces la luz no solamente avanza sino que retrocede.

Por tanto la luz que emiten algunas estrellas lejanas no la podemos ver y no la veremos porque nunca llegará a nosotros.

Entonces alguien puede preguntarse. ¿Cómo es posible que veamos la luz de algunas estrellas más próximas?

El día 27-2-2024 (en Francia, en mi casa) a las 20:30 pensé que la respuesta es que gracias a la acción de la masa que produce la gravedad. La masa presiona el espacio/tiempo que es la energía oscura (que el espacio tiempo es la energía oscura lo pensé yo en 2014, se puede ver en mi trabajo justicia universal, en mi correo electrónico, después ya en Francia en 2020 y 2021 volví a pensar en mi idea, después lo explico) tiene un efecto opuesto al de la expansión. Es decir, la gravedad une los cuerpos y la expansión los separa.

Esto quiere decir que los cuerpos y conjuntos de cuerpos como las galaxias generan grandes campos gravitatorios. Los campos gravitatorios hacen que los cuerpos que sienten esta gravedad se atraigan entre ellos. Por tanto a pesar de la expansión no se separarán porque la gravedad contrarresta la acción de la expansión.

Así que creo que la luz de las galaxias lejanas que vemos, es luz que quedó dentro de la acción (efectiva) del campo gravitatorio de la galaxia o de las galaxias unidas.

Claro que el campo gravitatorio de otras galaxias el cual contrarresta los efectos de la expansión, puede unirse con el campo gravitatorio de nuestra galaxia.

Por tanto es la acción combinada de todos los campos gravitatorios la que permite que la luz proveniente de otras galaxias y que entró hace muchos años en la unión de campos gravitatorios hace que hoy podamos recibir esta luz de galaxias lejanas.

Claro que cuanto más lejanas sean las galaxias que emiten esta luz, más años tardará en llegarnos y con mayor retraso la recibiremos.

Así que son factores clave para entender la expansión del universo.

También creo que si la gravedad tiene una velocidad limitada, porque son partículas (gravitones que son bosonesJCTG4) entonces la gravedad con la que se atraen los cuerpos tiene un efecto de retraso, el cual podría llamarse el retraso de la gravedad. Esto (que ya lo expliqué en mi libro en el que expongo mi teoría sobre qué es la gravedad "*But what is the gravity? what is the time*") es importante porque los cuerpos que se desplazan se pueden atraer hacia direcciones en las que los cuerpos se encontraban anteriormente y por tanto esto tiene efectos sobre como se van a atraer los cuerpos en un futuro y las posiciones a las que se dirigen. (Claro que este efecto puede ser proporcional a la teoría de la relatividad general de Einstein pero indicará que el efecto de atracción no es instantáneo y por tanto invalidaría aspectos de la relatividad general). También el día 20/4/2024 a las 10:39am (en mi casa en Francia, creando este libro) pensé que puedo aplicar mi idea del retraso de la gravedad al origen del universo lo cual dará como resultado los gravitones (bosonesJCTG4) emitidos por las estrellas, galaxias, materia oscura y ortos cuerpos en el origen del universo, puede hacer que algunos de ellos (los más lejanos) lleguen las galaxias y produzcan efectos de atracción sobre las galaxias hacia puntos más centrales del universo. Por tanto esto podría afectar a la distribución de las galaxias en el tejido del universo y también afectar a la luz de las galaxias lejanas que nos llega en la actualidad. (Porque gravitones y fotones viajan a la misma velocidad).

Actualmente se dice que no se sabe qué tamaño tiene el universo porque no se sabe si existe luz emitida por galaxias lejanas la cual ya no llega a la Tierra. Por tanto las medidas que se han obtenido se basan en el universo visible, en la luz más lejana que nos llega. Se estima que el diámetro del universo visible es de aproximadamente $8.8 \times 10^{26}$ metros (dUn = rUnx2).

Aunque sabiendo que los gravitones emitidos viajan a la misma velocidad que la luz, entonces se puede pensar que hasta que no hubo la aceleración de la expansión del universo, los efectos de estos gravitones permitían contrarrestar los efectos de la expansión y por tanto la parte de universo que no vemos será universo vacío.
Por tanto si la luz de las estrellas lejanas llega a nosotros es porque esta luz quedó dentro del campo gravitatorio del cual estamos dentro y formamos parte.

Así que es posible que el universo no visible no está todavía compuesto por grandes cuerpos celestes (aunque sí de partículas que viajaron en dirección opuesta o perpendicular al centro del universo.

En 1998 Saul Perlmutter, Brian Schmidt y Adam Riess midieron la luz de explosiones de estrellas (son supernovas) de galaxias lejanas. Con ello se descubrió que el universo se estaba expandiendo y de forma acelerada.
La expansión del universo se acelera, quizás debido a que la gravedad (que es producida por la masa) reduce con el cuadrado de la distancia. Por tanto la gravedad lejana a los cuerpos que la producen, no puede contrarrestar la expansión en su totalidad. Así que el universo se expande. Otra cuestión interesante es si nos expandimos con el propio universo.

Cuando apareció este resultado de que el universo se estaba expandiendo y de forma acelerada, entonces se volvió a hablar de la constante cosmológica ($\Lambda$).
Se dijo que los cuerpos celestes y galaxias, con su masa se atraen mutuamente y que lo que causa un efecto contrario, que es que el universo se expanda de forma acelerada, es la energía oscura (energía JOL=K2). Por tanto se dice que esta energía lo que hace es repeler (aunque no confundan esta repulsión con una repulsión electromagnética).

George Lemaître ya utilizó la constante cosmológica como energía del vacío (que es la energía oscura).
Y en 1967 Zel'dovich lo confirmó.

La constante cosmológica es representada por el signo "$\Lambda$" (la letra griega mayúscula del alfabeto griego la cual se llama lambda).
Aunque se desconoce el valor real de la constante cosmológica, normalmente se le atribuye el valor de $1.1056 \times 10^{-52}$m.
Se teoriza que la variación de la constante cosmológica es de $10^{91}$g cm$^{-3}$ a $10^{-29}$g cm$^{-3}$. Esta gran diferencia de valor se ha atribuido a variaciones de energía de la energía oscura que es algo que yo también pensé porque es una consecuencia de mi hipótesis.

Recordando la constante cosmológica fue propuesta en 1917 por Albert Einstein. Aunque Einstein eliminó de su ecuación la constante cosmológica porque creía que el universo debía de ser estático.

Esto ocurrió porque la teoría de la relatividad General dice que el espacio/tiempo (que es un tejido) se deforma con el peso de las masas (con la presión).

En 1915 y 1916 Albert Einstein expone su teoría de la relatividad General.

Entonces hubo científicos especialmente Karl Schwarschild que al saber de la teoría de Albert Einstein, pensaron que la relatividad explica que la masa de los cuerpos deforma el tejido espacio/tiempo y por tanto si esta deformación es extrema se produce un colapso gravitacional con el que nada puede emitirse o escaparse de la densidad máxima.

Es decir, teorizaron los agujeros negros en los que nada escapa a la fuerza de atracción de un agujero negro.

Otros científicos incluido el propio Albert Einstein pensaron que la teoría de la relatividad general predecía que si todos los cuerpos del universo se atraen entre ellos con la gravedad, esto provocaría que todo el universo se atraería entre sí y se uniría produciendo un gran colapso gravitacional.

$$R_{\mu\nu} - \frac{1}{2} g_{\mu\nu} R + g_{\mu\nu} \Lambda = \frac{8\pi G}{c^4} T_{\mu\nu}$$

Esta es la ecuación de la teoría de la Relatividad General de Albert Einstein.

Hay que pensar que como la mayoría de los físicos, Albert Einstein no creaba las ecuaciones de la nada. Es decir, Einstein creaba ecuaciones a partir de ecuaciones ya creadas, modificando ecuaciones. (En mi caso yo utilizo los dos métodos, yo creo ecuaciones de nada (me baso solamente en lo que pienso) y el otro método que utilizo es el método habitual de la mayoría de científicos que es modificando ecuaciones anteriores a las que después aplico una parte de pensamiento propio racional y de intuición).

Y la teoría de la relatividad especial es un buen ejemplo de como Albert Einstein creaba. Porque la teoría de la relatividad epecial es en su esencia una modificación de la Lorentz. También lam teoría de la relatividad general es una modificación de ecuaciones tensoriales.

Por eso cuando Albert Einstein creó la teoría de la relatividad general creó el término "Λ" y después lo eliminó al ver los efectos que producía la constante cosmológico y al ver que este término producía un efecto casi nulo sobre cuerpos como la Tierra, planetas del sistema solar o un rayo de luz que pasa por el campo gravitatorio que el Sol genera.

Sea como sea Einstein no creyó en su propio descubrimiento y después de la confirmación de la expansión del universo dijo que fue uno de los errores más graves de su carrera científica.

En 1917 Willen de Sitter (1872-1934) propuso que el universo se expandía porque interpretó la constante cosmológica de Einstein como una presión negativa que se ejerce sobre el espacio/tiempo (sobre el vacío) y por tanto esto contrarrestaría la presión positiva que ejerce la gravedad sobre el espacio/tiempo. Esto hizo pensar a de Sitter que el universo se expande. Así que las galaxias lejanas se separan unas de las otras porque su fuerza gravitatoria no contrarresta la velocidad de expansión del universo.
Einstein pensaba que el universo era estacionario, que no se movía y que por tanto no se expandía.

Fotografía de 1932 en la que aparecen Willen de Sitter y Einstein.

También en 1922 Alexander Friedmann al aplicar la teoría de la relatividad general de Einstein, teorizó la expansión del universo.

Muchos científicos podrían haber pensado que el universo debía de ser estacionario porque si el universo se expande los objetos quedarían tan lejos unos de otros que no podrían ni verse las estrellas ni otras galaxias ni nada (o incluso que con la expansión los objetos no podrían unirse entre ellos sino que se separarían entre sí porque las fuerzas que los unen no podrían contrarrestar la expansión (solamente se conocía la fuerza electromagnética y la gravitatoria se desconocían las nucleares) ). O podrían haber pensado que si el universo se contrae entonces todo se uniría formando una gran masa que colapsaría sobre sí misma y nada existiría.
Por tanto muchos científicos ni pensaron en ello.

Las consecuencias de un universo que se expande o se contrae pueden dar a pensar que el universo tuvo un origen y tiene una evolución.
En 1915 Vesto Slipher observó que las galaxias lejanas se van enrojeciendo y Lemaître mucho antes que Hubble, ya había entendido que el desplazamiento al rojo es debido a la expansión del universo.
Es por ello que en 1927 Georges Lemaître también teorizó la expansión del universo y además propuso la teoría del átomo primigenio que después se nombró teoría del BigBang.
Esto se podía pensar porque si el universo se expande (a razón de la constante cosmológica) esto quiere decir que antes de que se expanda el universo está contenido en espacio muy pequeño de una densidad máxima. Por tanto todo el universo debe de estar confinado en un pequeño espacio el cual se expande (como indica la constante cosmológica) y cada vez es más grande.
Por este motivo es lógico pensar que tiene un principio, un origen, y quizás un final.
Es por ello que Lemaître teorizó que el universo tuvo origen en forma de átomo primitivo que era todo el universo.
También era lógico que si el universo era un tejido de espacio/tiempo, entonces este tejido debería de ser algo. Todo lo que existe es materia o energía (como diría la mayoría energía y energía en forma de materia, o más bien materia y materia en forma de energía). Entonces como bien intuyó Lemaître (aunque actualmente todavía no se sabe con certitud) este espacio/tiempo es energía de vacío (Yo en 2009 y después en 2014 (como se puede verificar en mi cuenta de mail "joancarles@hotmail.es") pensé que era energía elemental, energía Jol que es energía oscura). Después explicaré como llegué a las conclusiones de mi teoría en 2014.

La ley de Hubble fue descubierta por Edwin Hubble en 1929, aunque Lemaître también la descubrió en 1927. Hay que decir que Lemaître hizo varias publicaciones que no tuvieron repercusión científica porque nadie prestó atención a las publicaciones de Lemaître. Es algo que sucede bastante en el mundo de la ciencia y que evidentemente es un problema porque algunos científicos que sí han hecho descubrimientos nadie se los reconoció, otros fueron reconocidos después por su descubrimiento ya sea porque hicieron lo mismo de forma independiente o bien porque se lo robaron y después cuando supieron que había pruebas hicieron creer que no robaron que simplemente lo hicieron de forma independiente. Un caso flagrante es que Marconi le robó o utilizó 17patentes de Nikola Tesla para construir la radio mientras que Tesla también creó la radio (Después de la muerte de Tesla el gobierno de Estados Unidos (un tribunal judicial) declaró que según las pruebas aportadas Tesla fue el descubridor de la radio). Estas cosas hay que decirlas claro para poder vivir en un mundo justo.

En esta fotografía de izquierda a derecha aparecen Robert Milikan, Georges Lemaître y Albert Einstein.

De tal modo que la ley de Hubble es la ley de Lemaître o la ley Hubble-Lemaître. Aunque no hay que olvidar que en 1915 Slipher ya sospechaba de la expansión del universo, en 1917 de Sitter y después en 1924 Friedman también propusieron la expansión del universo.

Esta ley sirve para calcular la distancia y la velocidad con la que se alejan las galaxias teniendo en cuenta la expansión del universo.
Ley Hubble-Lemaître:

$$V = v \times H_0 \times d$$

Descubierta por Lemaître en 1927 y por Hubble en 1929.
Donde "V"= velocidad de alejamiento de la galaxia, "v" velocidad de la galaxia, "$H_0$" constante de Hubble y "d" distancia a la que se encuentra la galaxia.
Hay que entender que las galaxias se desplazan a una determinada velocidad . Y por tanto según hacia donde se desplace la galaxia esta velocidad se puede incluir en la ecuación o bien no incluirse resultando:

$$V = H_0 \times d$$

De modo que si vemos una galaxia a una determinada distancia "d" hay que pensar que el espacio que hay entre esta galaxia y nosotros se expande, se ensancha, se agranda. Esto ocurre porque el universo se expande (después expondré mi hipótesis). Y el universo se expande a la "velocidad" de la constante de Hubble.
Por tanto cuanta más distancia hay entre una galaxia y nosotros más espacio se expandirá entre nosotros y esta galaxia y por tanto la veremos alejarse a mayor velocidad.

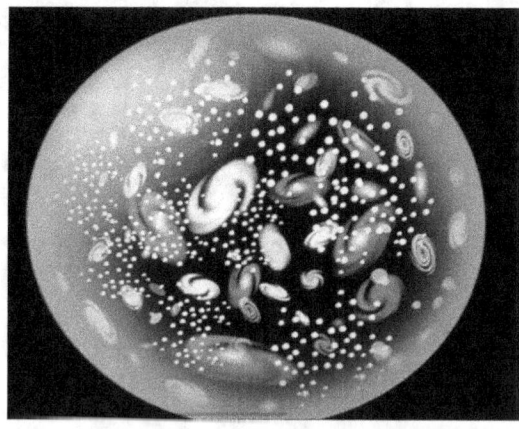

Así que no hay que confundir la velocidad de la galaxia "v" con la velocidad con la que esta galaxia se aleja de nosotros "V".
Si imaginamos una galaxia que no se desplaza (todas se desplazan), como el universo se expande, el espacio entre nosotros y esta galaxia se expande resultando que esta galaxia se alejará de nosotros.

Cuanta más grande sea la distancia "d" entre nosotros y esta galaxia, más cantidad de espacio se expandirá y por tanto más se alejará de nosotros (a mayor velocidad de alejamiento "V").
Esto es lo que Lemaître, de Sitter y Friedman teorizaron y lo que Hubble observó con su telescopio.
Y es por ello que la constante lambda "Λ" que Einstein eliminó de su ecuación para representar un universo estático, fue motivo de estudio porque permitió entender que el universo se creó a partir de un punto (quizás infinitesimal) en el que todo estaba confinado y que después se expandió aumentando de forma constante el tamaño del universo.

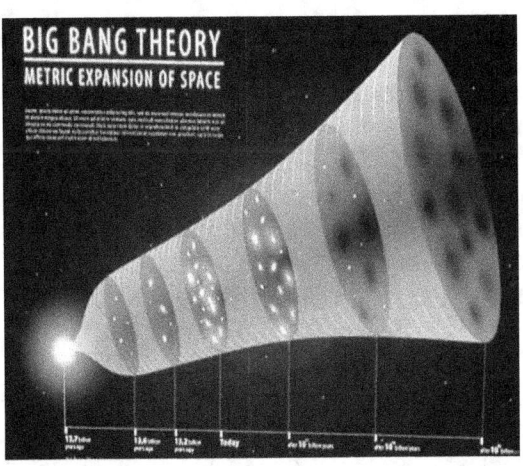

Hubble observó las galaxias con un telescopio. El telescopio capta la luz que un cuerpo emite y que llega hasta el telescopio. Esta luz viaja durante años por el espacio hasta el telescopio. Hubble observaba galaxias lejanas y anotaba sus posiciones. Observó que cuando volvía a medir la posición de estas galaxias, la luz que estas emitían era más débil, era luz que tenía menos energía. Esto significaba que esta luz había viajado más distancia y por tanto Hubble pensó que estas galaxias se desplazaban, pero observó que todas se alejaban y que cuanto más lejos estaba una galaxia más se alejaba. Solamente hay la galaxia Andrómeda que es la más cercana a nosotros la que no se aleja de nosotros (nosotros nos encontramos en la Vía Láctea).
Por tanto no habían muchas dudas, el universo se expande.
Este efecto de desplazarse de un cuerpo hacia el cuerpo o de alejarse del cuerpo es medido con las ondas que emite y es conocido como efecto Doopler.

Un claro ejemplo es el automóvil que se acerca y que lo escuchamos con un sonido más fuerte cuanto más cerca está de nosotros, y que si se aleja escucharemos el sonido cada vez más flojo.

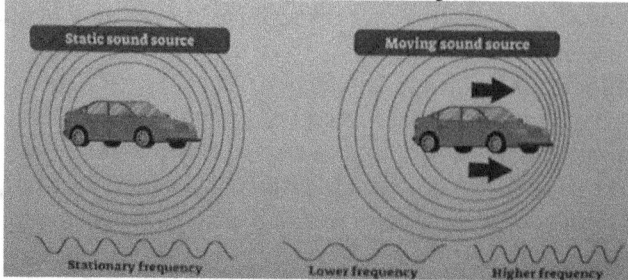

El sonido son ondas sonoras, la luz son ondas electromagnéticas.
Con la luz (por ejemplo la luz de las galaxias) sucede que cuando el objeto se acerca vemos que su luz tiene una cantidad de energía superior (su frecuencia es mayor) y viceversa cuando se aleja. Por tanto se dice que la luzse desplaza hacia el azul si aumenta su frecuencia o hacia el rojo si la disminuye porque las ondas de luz de color azul tienen màs energía que las de color rojo.
Hay que pensar que algunos científicos como Kant, habían teorizado la existencia de galaxias como conjuntos de estrellas que orbitan un centro común. Pero no fue hasta 1924 en que Edmund Hubble demostró la existencia de otras galaxias y no fue hasta 1929 que Hubble demuestra la expansión del universo. Con esta ley, Hubble podía calcular la velocidad de las galaxias y los efectos de separación de las galaxias teniendo en cuenta la expansión del universo.

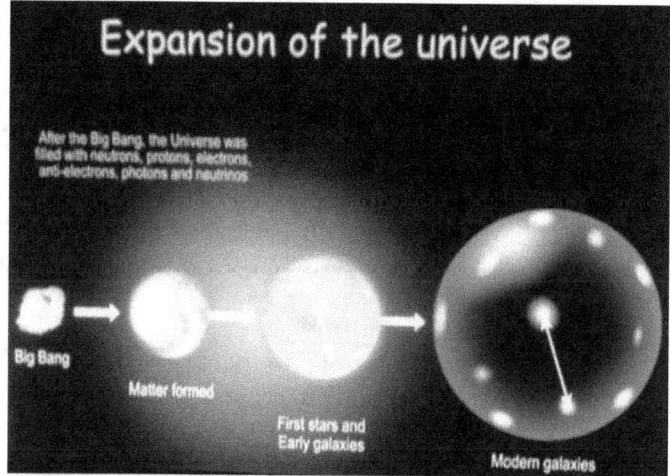

Explicando de forma resumida lo que sucedió es, Albert Einstein propone su teoría de la relatividad General en 1915-1916 la publica.
En 1915 Vesto Slipher descubre el corrimiento al rojo de las galaxias.
Después científicos como Friedman (1922-1924), de Sitter(1917), Lemaître(1927) y otros proponen hipótesis acerca de la expansión del universo.
Además en 1929 Lemaître propone la teoría del BiBang.
En 1929 Hubble utilizó los descubrimientos de Vesto Slipher sobre el corrimiento al rojo de las galaxias para crear su ley sobre la expansión del universo. Observó que todas las galaxias (excepto Andrómeda), se alejaban de la nuestra, lo cual no era producido por la velocidad de las galaxias sino debido a la expansión del universo.
En ese momento las hipótesis empiezan a mostrar un alto grado de corrección porque en 1930 Eddington demuestra la expansión del universo.
Es por ello que algunos científicos empiezan a trabajar en la constante cosmológica de Einstein ($\Lambda$) y en hipótesis sobre los primeros momentos del universo.
Por ejemplo Gamov, Alpher y Hermann predijeron y calcularon la existencia de la radiación CMB.
En 1964, de casualidad y adelantándose al proyecto ECHO de la NASA, Penzias y Wilson captan la CMB.
Después en 1989 se pone en orbita la sonda COBE.
En 1998 Saul Permutter descubre que el universo se expande de forma acelerada.
En 2001 se pone en orbita la sonda WMAP que confirma la expansión acelerada del universo.
Alrededor de 2013 la sonda Planck mide la temperatura actual de la CMB en 2,72548 grados Kelvin.

Gracias a la ley de Hubble-Lemaître y a las ecuaciones de la teoría de la Relatividad General de Einstein, se obtuvo un valor aproximado para la constante de Hubble. Pero hasta que no se enviaron sondas espaciales en el espacio exterior, no se supo precisar el valor de la constante de Hubble.

En 1989 se puso en orbita al satélite COBE aunque tardó unos años en empezar a recolectar información. COBE significa Cosmic Background Explorer. (El 1-3-2024 a las 13:15 escribí este párrafo, en mi casa, en Francia)

En 1992 COBE obtuvo una imagen de la Vía Láctea y del universo observable en frecuencia microondas. La velocidad de expansión del universo es más rápida que la velocidad de la luz. Solamente vemos la luz que nos llega pero es posible que no veamos todo el universo, es por ello que se dice universo observable a lo que vemos.

Con esta imagen se creó una carta geográfica (un mapa) de la radiación electromagnética emitida en las diferentes zonas del universo.

(La radiación electromagnética es la luz, la cual puede ser luz de altas frecuencias como los rayosX, o de bajas frecuencias como las ondas de radio, infrarrojo o de microondas. El ojo humano solamente puede ver la luz conocida como luz visible, pero no el resto de altas y bajas frecuencias).

Se descubrió que la en sus orígenes, el universo estaba todo unido en estado de plasma, con una alta densidad y temperatura.

También se descubrió que la radiación de fondo de microondas (CMB) que es la luz emitida cuando el universo tenía 380000años y que llega todavía hoy a la Tierra, presenta el espectro de cuerpo negro.

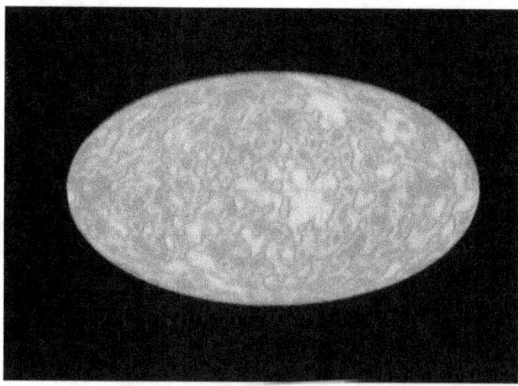

Esta imagen es una imagen del universo. Con esta imagen se supo que en su conjunto el universo es isótropo, es decir, que es igual en todas partes. Aunque se pueden observar anisotropías en algunas zonas cuando no se analiza el universo de forma general. Es decir, de forma global el universo tiene la misma temperatura y densidad, pero hay zonas específicas que no tienen la misma densidad ni la misma temperatura.

Una de las zonas que es más diferente a las demás es la zona que se conoce como vacío de Eridanus (Se supo con la sonda Planck). Este vacío es un ejemplo de anisotropía.

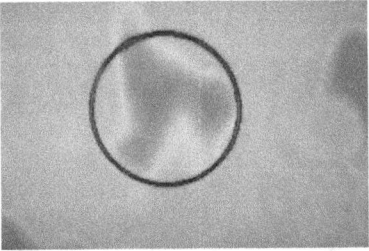

Se ha especulado mucho sobre porqué el vacío de Eridanus es la zona más fría del universo, algunas hipótesis (como yo pensé) apuntan a que este vacío de Eridanus es o era el centro del universo. Aunque muchos científicos dicen que el universo no tiene centro.

En 2001 se puso en orbita la sonda WMAP (significa Wilkinson Microwave Anisotropy Probe). Esta sonda aportó datos sobre el universo de 2003 hasta 2011 como por ejemplo un mapa del universo observable en el cual se observa la temperatura de las diferentes zonas del universo. Se observa que no es la misma temperatura en zonas específicas (se observan anisotropías) pero sí en su globalidad (isotropía).
Aportó datos muy importantes como una estimación de la edad del universo de $\approx 13772$ millones de años
También aportó una aproximación de la constante de Hubble probando que el universo se expande y de forma acelerada.
Otro de los datos importantes que se obtuvo fue que el universo observable es plano o casi plano.

En esta imagen se representa la sonda WMAP.

Después se puso en orbita la sonda Planck. Con la sonda Planck, entre 2009 a 2015 se obtuvo una imagen del universo observable algo más nítida. Se observó al universo con diferentes frecuencias, ondas de radio, rayosX, microondas, visible etc. Así que se obtuvo esta imagen en la que se observa la temperatura de las diferentes zonas del universo:

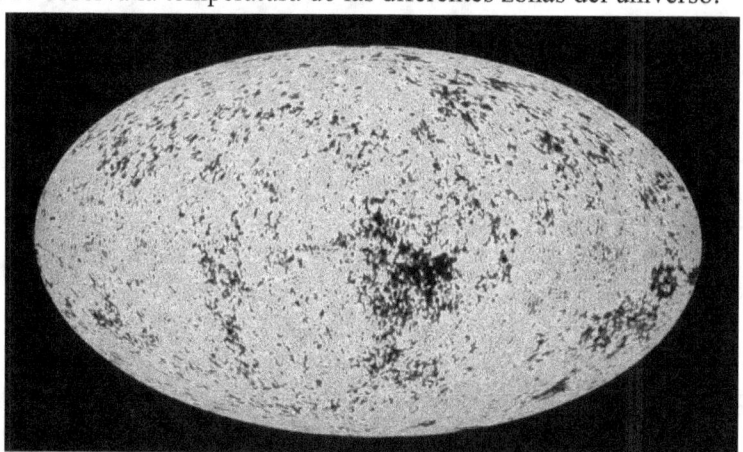

Esta sonda dató la edad del universo a 13799millones de años, la temperatura de la CMB a 2,72548K, un valor de $H_0 \approx 67.74 kKm\ s^{-1}\ Mpc^{-1}$ para la constante de Hubble. Obtuvo que el % de materia ordinaria del universo es 4,9%, 26,8% de materia oscura y 68,3% de energía oscura. Además se excluyó la existencia de un cuarto neutrino. La siguiente imagen representa diferentes galaxias con la Vía Láctea en el centro.

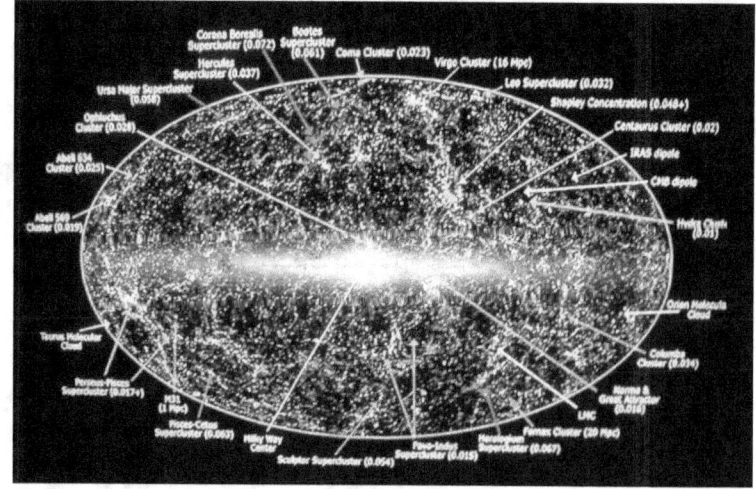

Se piensa que la constante cosmológica se produce en la energía del vacío.
Se dice que la constante cosmológica es la energía del vacío y por tanto se dice que su densidad es la misma que la del vacío.
Se dice que el valor de la constante cosmológica es de entre $10^{29}$ g/cm$^{-3}$ a $10^{-120}$g cm$^{-3}$.
Actualmente se estima la constante de Hubble "$H_0$"a 67,66Km/s/Mpc. (Mpc=Megapársec) (expresada en segundos son $\approx$2,1927089x10$^{-18}$ s$^{-1}$ o 1,1056x10$^{-52}$m$^{-2}$ , 9,9367x10$^{-36}$s$^{-2}$).
Gracias a la buena estimación de la constante de Hubble se puede crear una estimación para la constante lambda de Einstein. La constante lambda "$\Lambda$" es la constante cosmológica, es equivalente a la densidad de energía intrínseca del vacío. Esto quiere decir que a lo que antes Einstein y otros científicos, llamaban vacío, el espacio (como el espacio exterior), en realidad no está vacío. No existe nada vacío en el universo, lo que existe es la energía del vacío la cual debe de ser la energía oscura (como yo pensé en 2009 y en 2014). Por tanto hay energía oscura por todo el universo. Es el tejido espacio/tiempo que yo descubrí en 2014.
De esta ecuación:

$$\frac{3H_0}{c^2} x \Omega_\Lambda 0 = \Lambda$$

Se obtiene la constante cosmológica "$\Lambda$". Donde los valores son: c=constante de la luz, $H_0$ es la constante de Hubble y $\Omega_{\Lambda 0}$ es el ratio de densidad de energía oscura (0,6889).
Al creer que la energía oscura es la que produce la expansión del universo, se pensó que esta energía crea una presión. Esta presión es conocida como presión del vacío "$p_{vac}$".
Cuando presionamos algo por ejemplo al presionar con las manos una pelota, la pelota cede a la presión y disminuye su tamaño. A este efecto se le denomina presión positiva. El hecho es que existe la presión negativa la cual produce una presión opuesta. En vez de comprimir la pelota, lo que hace es ensanchar esta pelota. Se cree que la energía oscura produce este mismo efecto sobre todo el universo mientras que la gravedad produce el efecto opuesto, contrae el universo reduciendo su tamaño, une las galaxias. Por tanto el universo se expande, se agranda debido al efecto de una presión negativa. Se calcula la presión del vacío como:

$$-\frac{\Lambda x c^2}{8 \pi x Gc} = 5{,}92641191 x 10^{-27} Kg m^{-3} = p_{vac}$$

Así que ya no era algo teórico, el universo se expande.

Si el universo se expande quiere decir que antes debía de haber estado todo unido y confinado en un espacio muy reducido. Es por ello que algunos científicos empezaron a teorizar como se produce la expansión y como es el universo primigenio.

También gracias a ello George Gamow teorizó la existencia de una radiación la cual se emitió poco después de la creación del universo.
Esta radiación es la radiación de fondo de microondas. Gamow y otros científicos como Ralph Alpher y Robert Herman calcularon que el universo debía de haberse expandido primero, después se debía de haber contraído y después de sucesivas contracciones y expansiones la materia del universo debería de haber liberado radiación. Teorizaron que esta radiación (radiación de fondo de microondas=CMB) debería de haber viajado por el universo desde "pocos" años después del inicio del universo.
Como esta radiación emitida al principio viaja por el universo, debería de ir perdiendo energía. Así que cuanta más distancia recorre esta radiación más energía pierde y por tanto más se desplaza hacia el rojo (pues es un color de menor energía). También su "temperatura" disminuye. Esto significa que en el origen el universo era más pequeño, era más denso.
Con la expansión, cuanto más tiempo pasa más se expande el universo. Esto produce que la radiación (CMB) emitida poco después del origen, tenga que desplazarse durante más tiempo, tenga que recorrer más distancia antes de llegar a la Tierra (su velocidad debería ser constante y viajar a la velocidad de la luz). Por tanto su energía es más baja que cuando se emitió.

En 1964-1965 Penzias y Wilson que eran dos trabajadores de la compañía de teléfonos Bell (Alexander Graham Bell no inventó el teléfono la verdad es que fue Antonio Meucci quien inventó el teléfono) estaban realizando pruebas con antenas y captaban ondas bajas en todas las direcciones.
Al principio pensaron que era un error. Así que limpiaron bien el material y cambiaron el procedimiento para hacer el experimento pero nada, seguían captando una señal con una temperatura entre 3.5Kelvins a 2.5Kelvins.

Un tiempo después Penzias y Wilson se enteraron de que en Princeton científicos estaban realizando un experimento con antes que captaban señales con frecuencias muy bajas para así poder detectar la radiación liberada poco después del origen del universo.
Así que llamaron a Princeton y se confirmó que era la radiación de fondo de microondas "CMB".

La radiación de fondo de microondas apareció a los 380000 años de vida del universo cuando el universo tiene una temperatura de alrededor 4000Kelvins. Esta radiación proviene de los primeros átomos que se crearon en el universo. Por tanto su descubrimiento permitió entender mejor la formación del universo y también permitió confirmar algunas hipótesis que predecían esta radiación como consecuencia de efectos de recombinación de partículas.

La teoría de la relatividad general de Einstein se aplicó al universo y esto permitió entender que el universo tuvo un comienzo en el que estaba unido en un espacio muy reducido.

Para evitar esta interpretación de su teoría de la relatividad Albert Einstein quitó la constante cosmológica de su ecuación porque pensaba que el universo debía de ser estático.

Algunos científicos propusieron que el universo se expandía y que al principio era muy denso y estaba todo confinado en un espacio muy reducido. Pero nada se podía demostrar hasta que Edmund Hubble descubrió que las galaxias lejanas se separaban unas de otras.

Esto permitió entender las primeras bases sobre factores de evolución y de creación el universo.

Actualmente se sabe que el universo tiene aproximadamente 13700millones de años (que son $4.366 \times 10^{17}$ segundos).

Lo que se ha establecido como válido es que primero se forma el universo, (pero no se sabe exactamente como) y después el universo se expande.

Con la expansión se van creando partículas (puesto que algunas partículas no pueden crearse con una alta cantidad de energía sino que aparecen otros tipos de partículas de mayor masa).

Se dice que al principio la acción de la masa y de la gravedad hizo que se relenteciera la expansión del universo. Pero entre 8800-9800millones de años después del origen del universo, la expansión del universo volvió a acelerarse.

Por tanto el universo pierde densidad, se enfría y se aplana.

Algunas hipótesis apuntan a que el universo se crea del vacío. Luego se crea el universo. Roger Penrose dijo que el universo aparece de un agujero negro.

Ninguna teoría ha sido validada como correcta o como probable y la mayor parte tiene incoherencias y contradicciones. Por ejemplo algunos afirman que el universo se crea a partir de un universo anterior, el problema está en que no explican qué creó el anterior, con lo cual me parece algo absurdo.

Después explicaré mi hipótesis que yo creé en 2014-2015 conceptualmente, y matemáticamente en 2022 y 2024.

Se sabe que actualmente el universo se compone de ≈68% de energía oscura, 26.8% de materia oscura y el 4.9% restante es materia ordinaria (la materia ordinaria son átomos, neutrinos, fotones etc.).

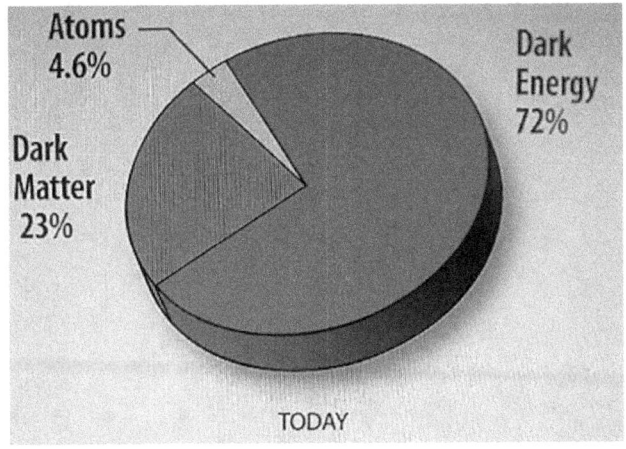
TODAY

Según la NASA al principio el universo (unos segundos, minutos o pocos años después de su formación) estaba formado por un 63% de materia oscura un 10% de neutrinos, un 12% de átomos y un 15% de fotones. Dicen que esto se explica porque con la expansión del universo, la energía oscura se expande haciendo que incremente el % de energía oscura.

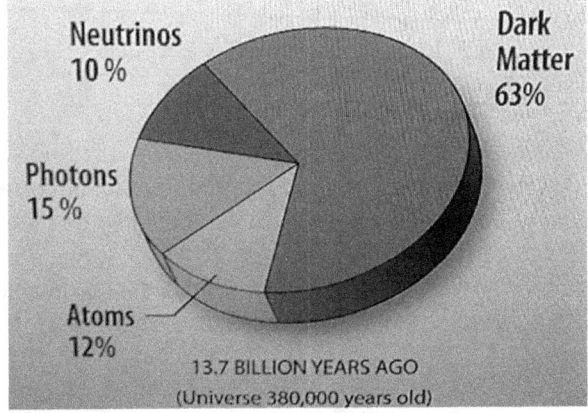
13.7 BILLION YEARS AGO
(Universe 380,000 years old)

Generalmente se divide la formación del universo en diferentes fases de tiempo. En cada fase aparecen nuevos elementos.

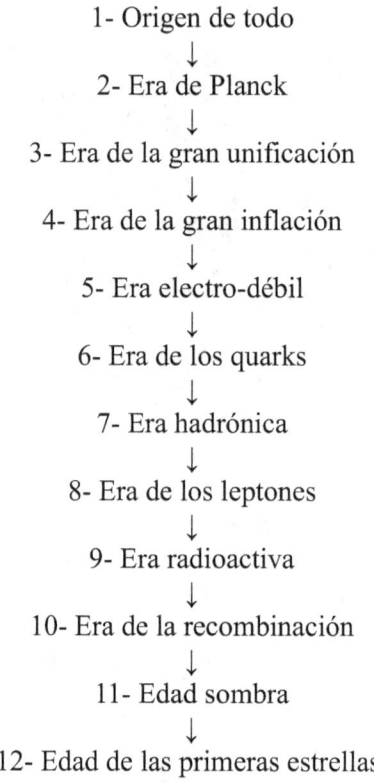

1- Origen de todo
↓
2- Era de Planck
↓
3- Era de la gran unificación
↓
4- Era de la gran inflación
↓
5- Era electro-débil
↓
6- Era de los quarks
↓
7- Era hadrónica
↓
8- Era de los leptones
↓
9- Era radioactiva
↓
10- Era de la recombinación
↓
11- Edad sombra
↓
12- Edad de las primeras estrellas

Aunque a estas fases se le podría añadir la fase 13 correspondiente a la formación de estrellas de segunda generación, la fase 14 correspondiente a la formación de estrellas de primera generación y de planetas, y la fase 15 sobre la aparición de la vida en la Tierra.
En este libro no voy a explicar nada (o casi nada) sobre la aparición de la vida y pero sí sobre la creación de planetas. Voy a incluir estas fases en la fase12.

Lo que está aceptado es que el universo se crea y toda la materia del universo está confinada en un pequeño espacio que se expanda muy rápidamente y da lugar a todo lo que conocemos.

En los aceleradores de partículas de mayor tamaño, se necesitan producir choques de partículas como neutrones o protones para poder generar altas cantidades de energía porque con estas altas cantidades de energía aparecen las partículas elementales de mayor masa como el bosón W, el bosón Z o el bosón de Higgs.

Intuitivamente una de las primeras cosas que pensé en abril2014 cuando empecé a pensar y ha crear mi hipótesis (mi trabajo Justicia Universal (vivía en casa de mi abuela materna, en España, Cataluña, Solsona)) es en recrear choques de partículas en el interior de las estrellas. Ya en Febrero2014 pensé en como crear campos magnéticos rotatorios que empujan partículas hacia el centro donde chocan con otras partículas que se aceleran y van hacia el centro. Pensé es posible que sea un factor que ocurre antes de la formación de un agujero negro. Y por eso pensé en crear choques de partículas como quarks.

Aunque partículas como protones se aceleren, los protones están hechos de quarks así que lo que realmente choca son los quarks de los protones.

Se dice que las estrellas son como aceleradores de partículas así que tenia razón.

Por tanto grandes cantidades de energía generan partículas de mayor masa. De modo que el universo se crea pero los físicos actuales saben estimar solamente el tiempo mínimo en unidades de Planck. Por tanto la primera fase que se suele exponer es en la que hay más dudas y la que no se sabe como se produce.

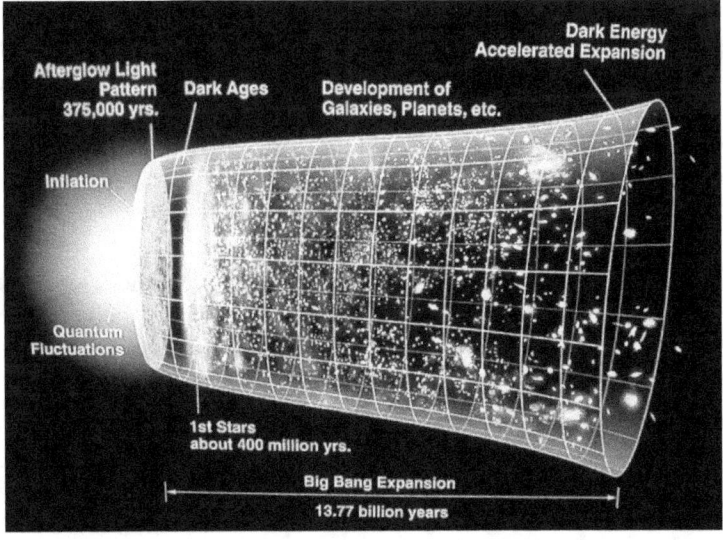

### 1- Origen de todo
En esta primera fase se crea el la materia y energía del universo pero no se sabe como se crean ni cuanto tiempo dura esta fase. No se sabe si todo sale de la nada o qué es lo que sucede. Esta es la fase que yo pensé en 2014/2015 y que después expondré (aunque también he creado ecuaciones y he tenido ideas sobre otras fases).

### 2- Era de Planck
La segunda fase es la fase que tiene el tiempo de Planck. Por tanto dura como el tiempo de Planck que es "tp = $5.39106 \times 10^{-44}$s ". Se dice que en esta fase la temperatura es tan elevada que las fuerzas fundamentales están unidas entre ellas (las fuerzas fundamentales son: gravedad, electromagnetismo, fuerza débil y fuerza fuerte). (No creo que esto sea exactamente así). Por tanto en esta fase el universo está todo unido en un espacio muy muy reducido.
En esta fase el universo mide la longitud de Planck "lp".

$$lp = 1.616199 \times 10^{-35} \, m.$$

### 3- Era de la gran unificación
Se dice que en esta fase que ocurre en $\approx 10^{-43}$s de vida del universo aparece la gravedad cuántica y la gravedad une a toda la materia creada en el origen (sino estaba ya unida). Se dice que las otras fuerzas todavía están unidas. Como el universo ya se expande se empieza a enfriar (aunque la temperatura sigue siendo muy alta).
La gravedad aparece gracias a esta expansión y más se expande el universo más espacio hay y menor es la densidad de energía con lo cual en las siguientes fases irán apareciendo más fuerzas y partículas.
En esta fase el universo mide aproximadamente $10^{-28}$m y tiene una densidad de $10^{77}$Kg m$^{-3}$.

### 4- Era de la gran inflación
En la cuarta fase que ocurre a los $\approx 10^{-36}$segundos de vida del universo, el universo se expande exponencialmente, se expande mucho en muy poco tiempo. De $10^{-36}$m a $10^{-35}$m pasa de $10^{-28}$m a aproximadamente entre 1m a 1000m.
En un periodo de $10^{-35}$s el universo incrementa su volumen a razón de $2^{100}$ veces su volumen.
Después de esta gran inflación (expansión) la expansión relentece (sigue creciendo aunque más lentamente).

De modo que se cree que el universo crece, se contrae y después se otra vez (como yo lo teoricé en 2014). Se cree que la inflación debe de haber ocurrido con una energía superior a la energía oscura (Lo cual concuerda con mi idea de creación y de expansión de 2014).
Se cree que el universo crece hasta tener un volumen de $17,692556 \times 10^{-105} m^3$ y después su contracción se frena y se produce una fase de expansión.
A los $10^{-43}$s (tiempo de Planck, tp=$5,39106 \times 10^{-43}$s) la temperatura es igual a la temperatura de Planck.
Aproximadamente a los $10^{-37}$s se produce la gran expansión del universo, y después aproximadamente a los $10^{-36}$s $10^{-32}$s se produce la separación de la fuerza fuerte de la fuerza electrodébil (la fuerza electrodébil es la unión de la fuerza electromagnética y la fuerza nuclear débil).
Hay que pensar que a mayor temperatura a mayor velocidad viajan las partículas.

## 5- Era electro-débil
En la quinta fase que ocurre a los $\approx 10^{-32}$ segundos de vida del universo, el universo se expande mucho más lo cual hace que se enfríe mucho más permitiendo la aparición de la interacción nuclear fuerte que se separa de la interacción nuclear débil y la electromagnética. (Por tanto si aparece la interacción fuerte esto supone que aparecen los gluones).
En esta etapa debido que se rompe la simetría, se crean muchas partículas y antipartículas además aparecen muchas partículas exóticas. (Hay que pensar que en condiciones normales las partículas exóticas o no se crean o son altamente inestables y decaen muy rápido).

## 6- Era de los quarks
En la sexta fase que ocurre a los $\approx 10^{-12}$ segundos de vida del universo, el universo se expande mucho más lo cual hace que se enfríe mucho más permitiendo la aparición de los quarks (y de antiquarks). Aunque al haber una temperatura muy alta los quarks todavía no se unen para formar hadrones, sino que estos quarks están en un estado plasmático, por lo que hay un plasma de quarks.
En esta fase el universo ya mide aproximadamente 1 millón de kilómetros ($1 \times 10^9$m).

### 7- Era hadrónica

En la séptima fase que ocurre a los $\approx 10^{-6}$ segundos de vida del universo, el universo se expande mucho más lo cual hace que se enfríe mucho más permitiendo que los quarks se unan y formen los primeros hadrones y bariones como los Protones y Neutrones (y antihadrones y antibariones como antiProtones y antiNeutrones).
En esta fase el universo tiene una temperatura de aproximadamente $10^{15}$ Kelvins y una densidad aproximada de $10^{17}$ Kg m$^{-3}$, y mide aproximadamente $1 \times 10^{14}$ m.

### 8- Era de los leptones

En la octava fase que ocurre a los $\approx 1$ segundo de vida del universo (o $10^2$ s), el universo se expande mucho más lo cual hace que se enfríe mucho más permitiendo que los primeros hadrones y bariones como los Protones y Neutrones se aniquilen con los primeros antihadrones y antibariones como antiProtones y antiNeutrones. Al aniquilarse se crean los primeros leptones (como el electrón) y (antileptones como el positrón).

A 1 segundo después del BigBang (del origen de todo) cuando la temperatura adquiere aproximadamente $10^{10}$ Kelvins, la densidad es de $10^9$ Kg m$^{-3}$ y los Protones dejan de transformarse en Neutrones lo cual permite que haya más Protones que Neutrones y esto hace que se creen elementos como el Hidrógeno, el Helio, el Berilio, el Litio.
Hay que pensar que estos átomos que se forman tienen una alta energía y por este motivo emiten alta radiación (radiación nuclear) y por tanto los electrones que reciben esta radiación o radiación externa, tienen una alta cantidad de energía y esto no les permite unirse a los núcleos atómicos.

A los 3 minutos el universo tiene una temperatura de aproximadamente $10^9$ Kelvins y una densidad de $10^5$ Kg m$^{-3}$.

A los 20 minutos de existencia del universo se deja de crear helio.

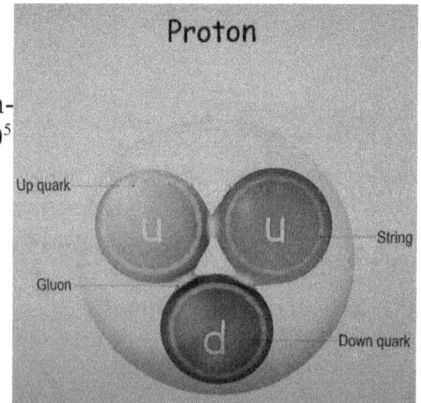

## 9- Era radioactiva

En la novena fase (se mezcla un poco con la octava) que ocurre a los ≈10segundos de vida del universo (o $10^4$s), el universo se expande mucho más lo cual hace que se enfríe mucho más permitiendo los primeros antileptones y leptones se aniquilen creando los primeros fotones. Es decir se crea la luz.

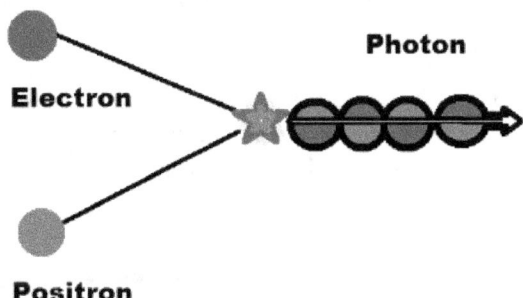

Pero como el universo es muy pequeño y denso, esta luz no viaja lejos, esta luz es rápidamente absorbida por las partículas creadas.
Los primeros átomos de helio y de litio se pueden fusionar uniéndose entre ellos lo cual produce nuevos elementos.
Algunos de estos elementos como el tritio y el Berilio7 son inestables y si no se fusionan con otros elementos decaen en otros átomos más ligeros.

El Protio es un átomo compuesto por un Protón y un electrón (no contiene neutrones).

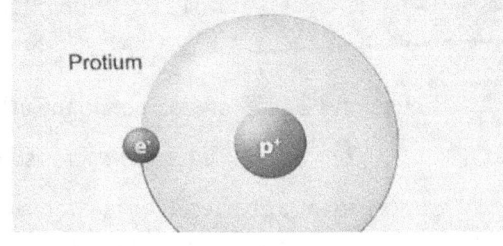

El deuterio o deuterón es la unión de 1 Protón y 1 Neutrón. El Deuterio es estable.

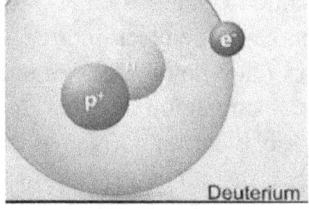

El Helio3 está formado por la unión de 2Protones y 1 Neutrón.
El Helio4 está formado por la unión de 2Protones y 2Neutrones. Es muy estable y difícil de destruir. Es por ello que se dice que el 25% de la masa del universo está formada por Helio4.
El Tritio está formado por la unión de 1Proton y 2Neutrones. Pero el átomo de Tritio no es estable y por tanto puede decaer en deuterón deuterio y liberar un Neutrón el cual podrá unirse a otros átomos y formar nuevos elementos como por ejemplo puede unirse al Helio3 para formar Helio4.
Esto hace que del decaimiento de átomos puedan aparecer nuevos elementos que todavía no habían aparecido.
El Berilio7 puede formarse a partir de átomos de helio:
$$He4 + He3 = Be7$$

También puede formarse a partir de Tritio y Helio:

$$He4 + Tr = Be7$$
Todas estas reacciones nucleares (que también ocurren en el interior de las estrellas y en reactores nucleares) se la conoce como la núcleo-síntesis primordial. Muchas de estas reacciones ocurren en las etapas 8 y 9 y cuando ocurren pueden liberar fotones (luz), con lo cual ya hay luz en etapas anteriores a la 9 pero esta luz es rápidamente absorbida.

Después en el párrafo12 expondré algunas de mis ideas sobre la fusión nuclear.

Ecuación FZ4359 creada por JoanCarles Testagorda Garcia (yo mismo):

$$2\pi x - 32{,}434 \, x \, Mme \, x \, masa \, electrón = masa \, del \, muón$$

Autor: JoanCarles Testagorda Garcia (yo mismo) ecuación que yo creé el 26-3-2024 a las 9:50am en mi apartamento (mi casa) en Francia.
$-32{,}434 \times 2\pi = -203{,}789 C \, Kg^{-1}$ es la relación giromagnética del helio. Según mi hipótesis la cual ya expuse en mis otros libros, la presión sobre los átomos de helio producirá cambios en la estructura nuclear del helio así como cambios en las capas de electrones del helio. Este efecto de presión producirá la absorción de radiaciones nucleares de los electrones produciéndose la transmutación de estos en muones. A su vez las radiaciones emitidas por el electrón o muón afectarán al núcleo de tal forma que este padecerá transmutaciones de sus quarks, por ejemplo de-

caimiento en bosones W que después decaerán en otras partículas que son radiaciones nucleares. Como pensé en 2018/2019 estas radiaciones serán absorbidas por otros electrones y estos podrán saltar hacia orbitas lejanas o liberarse del átomo y dejar al átomo ionizado sin electrones. Creo que los efectos de la presión también producen transmutaciones de por ejemplo protones en neutrones y viceversa. Mi idea de marzo 2024 es que este efecto puede desestabilizar los núcleos atómicos y con un alto nivel de presión este efecto permite que con un exceso de neutrones otros núcleos atómicos puedan unirse al núcleo con exceso de neutrones. Por tanto este efecto crea fusiones atómicas, crea átomos más pesados. Después explicaré más sobre ello.

En este caso lo que expreso en algunas de mis ecuaciones es la relación giromagnética de helio la cual es afectada por la interacción entre las capas de electrones y el núcleo. Así que cambios en el núcleo o en las capas de electrones afectan al momento giromagnético del helio.

Ecuación FZ4360 creada por JoanCarles Testagorda Garcia (yo mismo):

$$2\pi x - 32{,}434 \, x \frac{mW \, x \, m\mu}{me \, x \, 1C} \, x \, 8\pi \, x \, F_1 = 1$$

Autor: JoanCarles Testagorda Garcia (yo mismo) ecuación que yo creé el 26-3-2024 a las 11:25am en mi apartamento (mi casa) en Francia.

Ecuación FZ4361 creada por JoanCarles Testagorda Garcia (yo mismo):

$$2\pi x - 32{,}434 \, x \frac{mW \, x \, mP}{Mme \, x \, 1C \, x \, me} \, x \, 3 = 1$$

Autor: JoanCarles Testagorda Garcia (yo mismo) ecuación que yo creé el 26-3-2024 a las 11:21am en mi apartamento (mi casa) en Francia.

Ecuación FZ4365 creada por JoanCarles Testagorda Garcia (yo mismo):

$$2\pi x - 32{,}434 \, x \frac{mW}{Jquark \, x \, 1C} \, x \left(\frac{m\mu}{e \, x \, me}\right)^2 = 1$$

Autor: JoanCarles Testagorda Garcia (yo mismo) ecuación que yo creé el 26-3-2024 a las 11:55am en mi apartamento (mi casa) en Francia.

Se dice que aproximadamente a los $10^{-5}$s del universo, había 7 protones por cada neutrón. Después se produjo la recombinación en la que se fusionaron estos produciendo los primeros átomos. Después se produjo una unión, fusión de estos átomos primordiales. Dando lugar a una relación de 3átomos de Hidrógeno por cada átomo de Helio. 1/4 de Helio, 3/4 de Hidrógeno.

Otra de mis ideas del 17-2-2024 a las 9:25 (en mi apartamento en Francia) es la explicación de porqué los científicos encuentran una cantidad de hidrógeno superior a la de helio en las estrellas (sobretodo en las estrellas de tercera generación ya muertas). Es decir, los científicos encuentran en las estrellas y en general en todo el universo, que 3/4 partes del total de su masa es hidrógeno y 1/4 parte es helio.

Mi idea es muy simple, en el origen del universo transcurridos unos segundos, se forman átomos de hidrógeno. Estos átomos de hidrógeno se aglutinan, se presionan con la gravedad, de forma que de 5átomos de hidrógeno, 4átomos envuelven (presionan) a un átomo de hidrógeno que está situado en el centro de estos 5 átomos. Con una gran presión, el átomo central se fusiona con uno de los 4 átomos que lo rodean. Así que con la fusión se forma un átomo de helio primordial y quedan 3átomos de hidrógeno.

Por tanto mi idea explica de forma fácil, como una simple distribución de átomos de hidrógeno presionados, crea la proporción de que el 75% de los átomos es hidrógeno y el 25% restante son de helio.

Claro que después se formaron más elementos, pero el porcentaje sigue siendo casi el mismo.

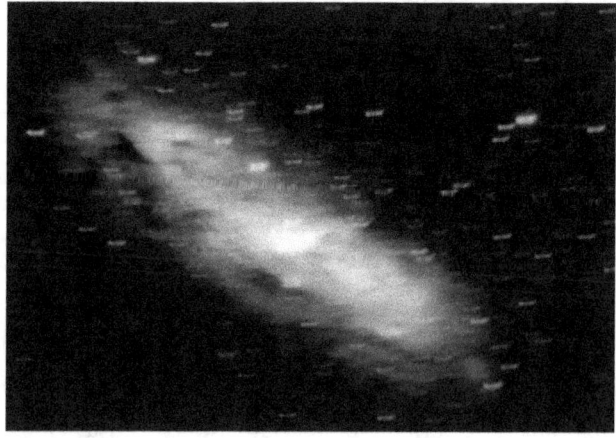

**10- Era de la recombinación**
En la décima fase que ocurre a los ≈377000 años de vida del universo, el universo se expande mucho más lo cual hace que se enfríe mucho más permitiendo que los átomos creados como el helio, puedan atraer a electrones libres. Los electrones libres que se atraen con los núcleos atómicos no tienen suficiente energía (porque la temperatura del universo disminuye reduciendo su nivel de energía) y esto hace que no puedan escapar de la atracción nuclear y por tanto quedan orbitando los núcleos atómicos.
Hay que pensar que la materia que tiene un estado de plasma como el fuego sus electrones están muy lejos del núcleo atómico. Pero en estados líquido o en el estado sólido, los electrones están mucho más cerca del núcleo atómico porque tienen menos energía. Así que los estados de la materia son cuestión de energía así como la distancia de los electrones respecto del núcleo al que orbitan.
Por tanto se empiezan a formar los átomos como los conocemos, con sus electrones.

**11- Edad sombra o era oscura**
En la onceava fase que ocurre a los ≈380000 años de vida del universo. La era oscura o era no visible del universo sucede porque los fotones emitidos son rápidamente absorbidos lo cual produce que no tengan espacio para viajar y es por ello que el universo es opaco.
El universo se expande mucho más lo cual hace que se enfríe mucho más permitiendo que los electrones pueden repeler la luz (la luz es una onda electromagnética, es radiación). Por lo tanto algunos de los átomos reflejan la luz y otros la absorben rápidamente.
Algunos de estos fotones (luz) tienen todavía una alta energía lo cual produce que algunos electrones que la absorben puedan liberarse del núcleo. Por tanto en esta era se vuelve a producir una gran liberación de electrones y algunos átomos se ionizan todavía.
Pero a nuestros días no nos llega la luz de alta energía producida en esta era o en eras anteriores porque la luz de alta energía puede ser fácilmente absorbida por los electrones o por el núcleo atómico (era oscura).

Por ejemplo cuando los astrónomos quieren ver una galaxia lejana, no pueden hacerlo con determinadas longitudes de onda (como con luz visible) porque esta luz de mayor frecuencia que emiten las galaxias lejanas es absorbido por cuerpos celestes y sobretodo por el gas cósmico interestelar que bloquea gran parte de la luz que quiere atravesarlo.

Así que lo que hacen los astrónomos es utilizar frecuencias de luz más bajas (las longitudes de onda más altas corresponden a frecuencias más bajas) para poder ver entre el polvo interestelar.
Hay que pensar que las estrellas como las galaxias emiten en casi todas las frecuencias. Por tanto se puede observar una estrella o una galaxia con múltiples longitudes de onda.

Cuando los electrones orbitan el núcleo y el átomo pierde energía, lo que sucede es que el electrón que orbita con un espín paralelo al núcleo, cambia su espín de posición, y lo cambia a un estado antiparalelo al núcleo. Al cambiar este estado de espín paralelo a antiparalelo el electrón emite un fotón (luz) con una longitud de onda de 0.21m (correspondiente a $1420 \times 10^6 Hz$).
Como esta longitud de onda de 0.21m es una longitud de onda muy baja, esta onda de luz puede pasar a través de las nubes de gas (de átomos de hidrógeno y helio) sin ser absorbida y por tanto puede viajar libremente por el universo.
Así que esta luz es la radiación de fondo de microondas (CMB) y lleva viajando por el universo desde su creación hasta nuestros días.
Las partículas que se emiten son radiación, en este caso como son fotones y estos son electromagnéticos, entonces esta lo que emite es radiación es radiación electromagnética.
Al principio esta radiación tiene una temperatura de 4000K (4000grados Kelvin). A medida que va viajando por el universo, con los años va perdiendo energía y por tanto va perdiendo temperatura. Actualmente esta radiación tiene aproximadamente 2.72548K (no llega a los 3 grados Kelvin).
Esto hace que en el espacio exterior esta radiación de menos de 3K enfríe a todos los cuerpos. Claro que las fuentes de calor a las que estamos expuestos como la luz solar, la temperatura de objetos, la radiación de la Tierra o la propia radiación que nuestro cuerpo produce, hacen que nuestro cuerpo no se enfríe y mantienen nuestra temperatura.
En el espacio exterior, nos helaríamos.

Por tanto a nuestros días, la CMB nos llega con una temperatura de menos de 3 grados Kelvin. Esto permite a los astrofísicos (como yo) saber la edad del universo, la velocidad de expansión del universo y otros factores.
Así que hay que entender que esta radiación (luz de muy baja frecuencia) es emitida por los primeros átomos creados y no por las estrellas.

## 12- Edad de las primeras estrellas

En la doceava fase que ocurre entre los 100000000años y los ≈150000000años de vida del universo (entre 100 y 150millones de años), el universo se expande mucho más lo cual hace que se enfríe mucho más y los fuerzas atractivas como la gravedad, unen los átomos de helio, hidrógeno y un poco de litio que se han creado en el origen, formando las primeras estrellas.

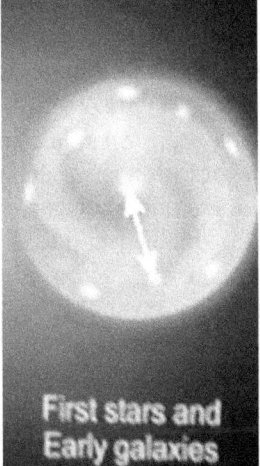

Hay que pensar que algunos de los átomos formados en el origen como el berilio o el Tritio no son estables y por tanto decaen formando átomos estables como el helio.

Es importante saber que las primeras estrellas que se crearon tenían una gran masa muy superior a la de la mayoría de las estrellas actuales.
Estas primeras estrellas que se crearon son llamadas estrellas de generación 3.
Estas estrellas de generación 3 crearon la mayor parte de elementos que formaron la siguiente generación de estrellas debido a que las estrellas consumen el hidrógeno también el helio (y otros elementos) y lo transforman en otros elementos con fusiones nucleares.
Hay que pensar que las estrellas son como reactores nucleares porque producen fusiones nucleares en las que se crean nuevos elementos.

Por tanto estas primeras estrellas crearon elementos como el helio, calcio, potasio, oxígeno, carbono, estroncio, galio, plomo, zinc, cobre, cobalto, aluminio, germanio y muchos más. Aunque no produjeron elementos como el flúor, el níquel, el manganeso o el yodo.
La vida como la conocemos se forma a partir de muchos elementos entre ellos el flúor o el yodo. Por tanto se cree que es muy poco probable que se hubiera podido formar vida a partir de las estrellas de tercera generación.

Estas estrellas de mayor masa, que eran la mayoría o todas las creadas al principio, consumieron su hidrógeno y después implosionaron dando lugar a una explosión.

Cuando las estrellas explotan, se dice que producen una nova, si es una gran nova es una supernova y si es una estrella con una gran masa produce un hipernova.

La explosión se produce cuando se supera el límite de densidad crítica, lo cual se ejerce una fuerza de presión hacia el exterior rompiendo el cuerpo (la gravedad y el electromagnetismo mantienen unidos los átomos que forman la estrella pero la fuerza de la supernova es capaz de separarlos a pesar de la fuerza gravitatoria y electromagnética produciendo que se dispersen por el espacio).

Hay que pensar que la implosión se genera creando una fuerza hacia el interior del cuerpo. El cuerpo ejerce presión sobre él mismo, hacia dentro de sí mismo. Esto hace que los electrones se acerquen al núcleo atómico o que incluso se fusionen con el núcleo si la presión es lo bastante fuerte.

Cuando los electrones se acercan demasiado al núcleo, los quarks de los protones y los neutrones (si los electrones se fusionan con los protones) pueden por ejemplo formar neutrones y producir transmutaciones.

Este efecto puede generar fusiones nucleares y transformaciones de protones en neutrones en los que se libera radiación de alta energía. Esta radiación de alta energía como rayos gamma, rayosX, rayosUV, también puede liberar otras partículas nucleares de alta energía las cuales decaen, además creo que se liberan ondas de choque por ejemplo sonido (que es parte de mi teoría) y esto hace que se generen grandes presiones pero esta vez hacia el exterior del núcleo y por tanto hacia el exterior de la estrella.

Estas ondas de choque y altas radiaciones pueden en mi opinión atraer átomos enteros, desintegrar átomos que liberan más radiación, y por tanto se desgarran y rompen uniones entre átomos y se expulsa a muchos átomos hacia el exterior de la estrella, con lo cual la estrella se desgarra creando así la explosión.

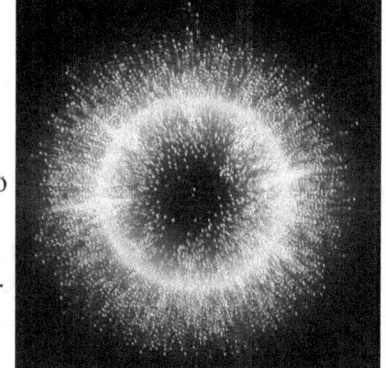

Así que hay que entender este proceso como una presión hacia dentro que después genera una presión hacia el exterior. Lo cual la presión genera explosiones que son atómicas.

En mi opinión estas explosiones atómicas son también útiles para evitar el colapso de la estrella. Es decir, como ya pensé hace muchos años (≈2015), el hecho de que se libere radiación hacia el exterior, hace que esta radiación haga una fuerza, una presión opuesta a la de la gravedad. Por tanto se evita el colapso gravitacional no solamente con el hidrógeno, sino que es la radiación emitida en la presión y en las fusiones nucleares la que consigue evitar el colapso gravitacional.

Este efecto de explotar lo podemos encontrar en los cuerpos como por ejemplo un balón el cual al comprimirse con mucha fuerza acaba reventando, superando así el límite de densidad crítica.

Hay que pensar que la fuerza que se hace sobre el balón y que lo presiona sobre él mismo es una fuerza de carácter implosivo porque la fuerza se genera hacia el interior del cuerpo. Pero esta fuerza implosiva genera la fuerza de la explosión la cual crea una fuerza hacia el exterior del cuerpo.

Es como un muelle (la ley de Hooke) el cual se presiona, más se presiona el muelle más fuerza hará el muelle en dirección contraria (es una ley de Newton, una fuerza genera otra fuerza igual e opuesta, explico mi hipótesis de 2015 del porqué ocurre esta ley de Newton en mi libro que autopubliqué en Francia el 6-8-2022 "But what is the gravity? What is the time". A no ser que con fuerza extrema se rompa el muelle porque esto es lo que posiblemente suceda cuando se crea un agujero negro. Posiblemente los agujeros negros se forman con las implosiones extremas y por tanto se generan antes de que se cree una supernova. Después expondré más sobre ello.

Las estrellas de tercera generación (las primeras estrellas) eran estrellas de gran masa, así que es muy probable que con la implosión se crearon agujeros negros y grandes hipernovas.

Creo que si se produce una hipernova muy cerca de otra estrella, puede suceder que la hipernova desgarre la estrella y la destruya o bien le haga perder mucha materia. Lo cual podría ser interesante porque con esta materia desgarrada y que se expulsa lejos, después podría formarse una nueva estrella de segunda generación.

Creo que el hecho de que las nubes de gas y materia expulsada después fuera atraída por el agujero negro, pudo hacer que estas nubes de gas y de materia orbitasen un agujero negro muy masivo (creado por las estrellas de tercera generación), permitiendo crear una estrella mucho más rápido que si la nube de gas y materia no orbita nada. Después explico un poco el proceso de formación de una estrella.

Se han observado agujeros negros supermasivos en los centros de muchas galaxias y por tanto las primeras galaxias podrían haberse formado o transformado con estos agujeros negros supermasivos.
De hecho no se sabe muy bien como se han formado los agujeros negros supermasivos. Se piensa que como las estrellas de tercera generación tenían una gran masa, entonces estas estrellas pudieron dar origen a los agujeros negros supermasivos creo que pudieron haberse creado con la fusión de agujeros negros de menor tamaño.

Estos agujeros negros supermasivos tienen como su nombre lo indica, una gran cantidad de masa. La masa produce la gravedad de los cuerpos, por tanto mayor es la masa de una estrellas, planeta o en este caso de un agujero negro, mayor es la capacidad de atracción que produce.

En mi opinión las estrellas de segunda generación se crearon con los elementos de las estrellas que produjeron supernovas, pero además creo que su formación pudo acelerarse porque los elementos liberados en la explosión de estrellas de tercera generación, pudieron quedar "cerca" de los agujeros negros supermasivos y estos agujeros pudieron acelerar la velocidad orbital de los elementos circundantes haciendo que se unieran y se densificaran.

La estrella más antigua observada en la actualidad es la estrella nombrada SM0313. Es una estrella de segunda generación formada hace unos $\approx$180millones de años. Se sabe que es una estrella de segunda generación porque al analizar la estrella se observó que contenía elementos como el hierro lo cual se dice que el hierro no se formó en las estrellas de tercera generación pero sí en las estrellas de segunda generación.

De forma que de los elementos de las primeras estrellas que son estrellas de tercera generación, se formaron las estrellas de segunda generación y como las estrellas necesitan hidrógeno como combustible entonces pudieron unirse a nubes de gas de hidrógeno remanente de la formación de las primeras estrellas.

En las estrellas de segunda generación se formaron elementos más pesados que en las estrellas de tercera generación.

También ocurrió lo mismo cuando se crearon las estrellas de primera generación como el Sol, pues en estas estrellas de primera generación se crearon elementos todavía más pesados que en las estrellas de segunda generación.

Se supone que la creación de estrellas de primera generación se produjo a partir de remanentes de estrellas de segunda generación (similar a como ocurrió con las estrellas de segunda generación que se crearon a partir de elementos remanentes de estrellas de tercera generación).

Hay que decir que uno de los factores clave en la creación de las estrellas es su cantidad de hidrógeno.

A mayor cantidad de hidrógeno más se sostiene la estrella pero más reacciones nucleares se pueden producir.

El hidrógeno es utilizado como combustible para las reacciones nucleares (aunque hay otros elementos que también se fusionan.

Es como un automóvil el cual tiene una mayor cantidad de combustible en el carburador y que utiliza el combustible para generar la explosión que mueve los pistones y piezas que generan la fuerza de movimiento. Aunque en este caso se generan reacciones nucleares y explosiones que liberan grandes cantidades de energía en forma por ejemplo de rayosX.

Según la cantidad de masa de las estrellas, las estrellas pueden simplemente implosionar y explotar, o bien pueden implosionar y explotar creando una estrella de neutrones (si superan el límite Chandrasekhar de 1.44masas solares) o bien si su masa es muy grande (como en las estrellas azules), con la presión extrema de la implosión consiguen superar el límite TOV (Tolmann, Oppenheimer, Volkov, mTOV= 2.74masas solares) formando un agujero negro.

Más grande es la masa de la estrella mayor es la masa del agujero negro que produce.

Las estrellas tienen una evolución diferente en función de su masa. Mayor es la masa de la estrella mayor es la presión que ejerce sobre sus elementos y por tanto mayores y más fuertes reacciones nucleares se producen haciendo que la estrella viva menos años.

## Stellar evolution

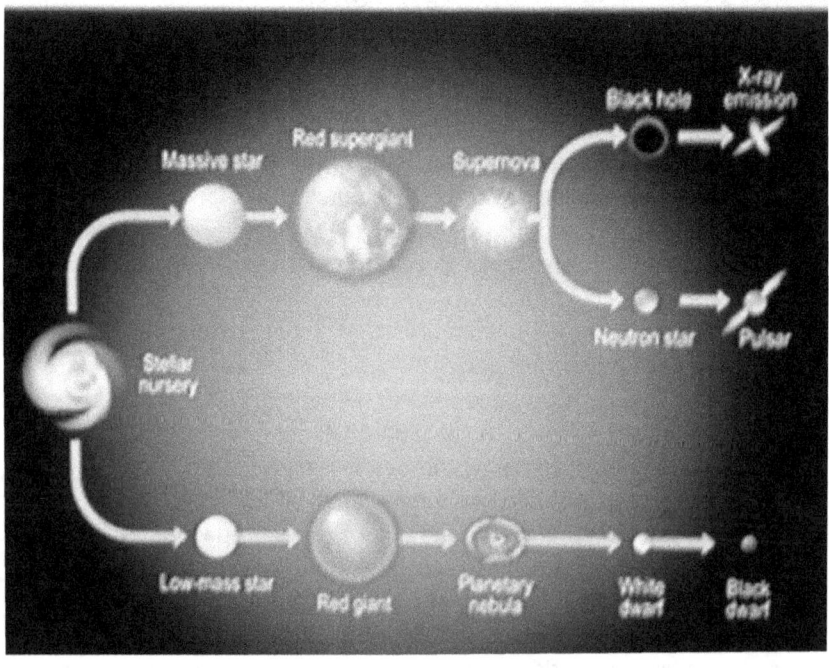

La masa de las estrellas suele medirse en masas solares. Una masa solar es $1.9891 \times 10^{30}$Kg se representa con el símbolo M☉.

Ahora explicaré la evolución de las estrellas según su masa.

Una estrella pequeña de menos de 0.123M☉ en sus capas externas tiene una baja temperatura la cual hace que emita radiación electromagnética de menor energía, en general de color marrón.
Por este motivo se les llama enanas marrones.
Estas estrellas evolucionan y se transforman en enanas negras. Se llaman así porque emiten luz de baja frecuencia. Estas estrellas pueden vivir trillones de años ($1000000 \times 10^{6}$años).

Una estrella con una masa aproximadamente de 1M☉ (por tanto que tenga una masa como la del Sol), acabará formando una gigante roja. Esta gigante roja evoluciona en una estrella gigante roja la cual pierde sus capas. Después se transforma en una enana blanca. Este tipo de estrella vive aproximadamente 10000millones de años ($10000 \times 10^{6}$años).

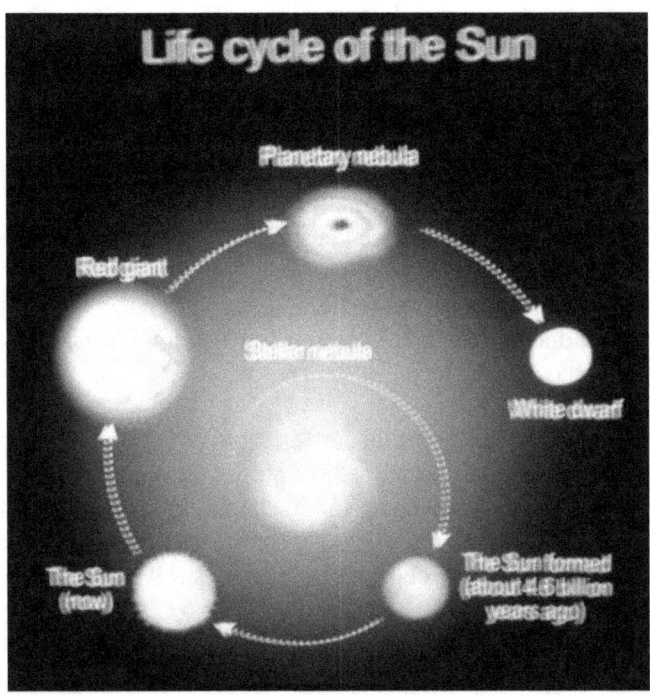

Una estrella con una masa aproximadamente de 7M☉ (por tanto como 7 veces el Sol), que es una estrella azul que forma una gigante azul, acabará formando una súpergigante roja. Esta súpergigante roja producirá una supernova la cual formará una estrella de neutrones. Este tipo de estrella vive aproximadamente 25millones de años ($25 \times 10^6$ años).

Una estrella con una masa aproximadamente de 50M☉ (por tanto como 50 veces el Sol), ya es una gigante azul, acabará formando una súpergigante azul. Esta súpergigante azul producirá una hipernova la cual formará un agujero negro. Este tipo de estrella vive aproximadamente 6millones de años ($6 \times 10^6$ años). Las primeras estrellas que se crearon que son estrellas de tercera generación eran este tipo de estrellas las cuales podían tener más de 100masas solares.
Y es por ello que vivieron pocos años. De hecho se estima que la vida de las primera estrellas era de menos de 1millón de años debido a que las primeras estrellas estaban formadas principalmente por hidrógeno, helio y un poco de litio. Debian de ser todas azules o violetas.

El motivo por el cual una estrella aumenta mucho su tamaño es debido a que su masa atrae y comprime su materia, sus átomos. Estos átomos se fusionan liberando grandes cantidades de energía en forma de radiaciones. Estas radiaciones empujan a los átomos de la estrella hacia el exterior. Por tanto esta estrella crece si la estrella no tiene una gran masa. Porque si la estrella tiene una gran masa entonces la masa presiona los átomos hacia el interior de la estrella produciendo que la estrella reduzca su talla.
Así que es una constante acción entre la gravedad que empequeñece la estrella y la radiación que empuja y repele los átomos hacia el exterior de la estrella haciendo que la estrella crezca.

De modo que cuan mayor sea una estrella mayor es su gravedad y más presión ejercerá sobre los átomos de la propia estrella haciendo que el tamaño de la estrella se reduzca. Aunque también libera radiación de mayor energía. Lógicamente la gravedad es más fuerte que la radiación liberada porque sino no se conseguiría que la estrella permanezca unida y se destruiría.
Creo que también es importante la composición de la estrella porque si la estrella está formada por elementos menos compresibles esto afectará al tamaño y evolución de la estrella.

De modo que estas estrellas de una masa no muy grande, como el Sol, pueden incrementar mucho su tamaño creando estrellas gigantes rojas. El hecho de que sean rojas es porque cuando la estrella pierde densidad entonces se enfría. Al enfriarse pierde temperatura lo cual hace que los átomos de sus capas más externas emitan radiación de menor frecuencia.
Hay que pensar que el color de la estrella depende de su temperatura debido a la ley de Planck. A mayor temperatura mayor es la frecuencia electromagnética emitida. Así que más caliente más hacia frecuencias azules o violetas se emite. (Como un hierro al calentarse).

Las estrellas de neutrones se crean porque con la alta presión que generan con su masa, en el núcleo de la estrella, los electrones son presionados con tanta fuerza que pueden unir a los electrones con los protones formándose así neutrones. Si cuando la estrella explota, produce una supernova la cual supera el límite Chandrasekhar pero no supera el límite TOV, no se forma un agujero negro pero sí que se forma una estrella de neutrones.
Creo que para que se cree un agujero negro es necesario presionar los neutrones con una fuerza que permita hacer que los quarks del neutrón se fusionen (como pensé en 2013).

Las estrellas de neutrones emiten jets de partículas como fuertes radiaciones, rayosX, rayos gamma.
Estas estrellas rotan a altas velocidades.

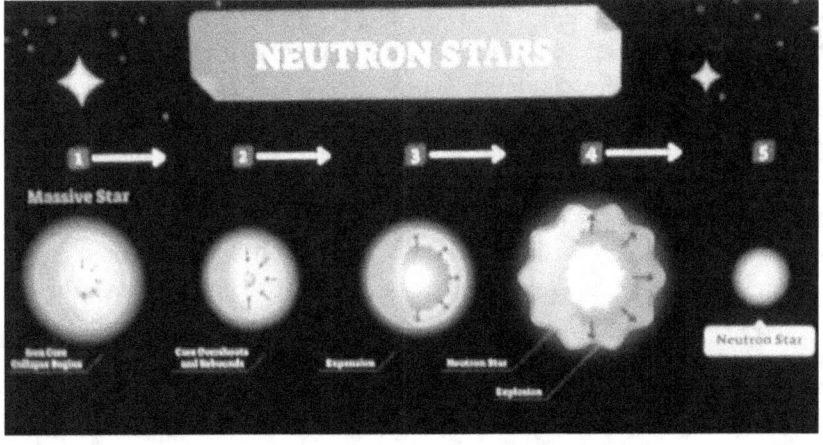

Como ya he dicho las estrellas tienen un color diferente según su temperatura externa (La temperatura del núcleo es mucho más alta).
Las estrellas violetas (de clase O) tienen una temperatura externa de 25000K a 50000K. Las estrellas azules (de clase B) tienen una temperatura externa de entre 10000K a 25000K. Las estrellas amarillas como el Sol (son de clase G), tienen una temperatura externa de entre 5000K a 6000K.
Hay que pensar que el núcleo de la estrella es mucho más caliente y que emite alta radiación. El hecho está en que esta radiación no suele llegar a la superficie si es radiación de alta energía porque los propios átomos de la estrella absorben esta radiación.
De modo que solamente nos llega la radiación de las capas externas de la estrella la cual tiene mucha menos energía que la interna.
Así que según la temperatura de la capa externa de la estrella, veremos que la estrella tiene un color azul o violeta si tiene una alta temperatura, color verde, blanco o amarillo si tienen una temperatura menor, o si tiene una baja temperatura, por ejemplo de 1000K, 2000K, veremos que esta estrella tiene un color rojo o marrón (o incluso una estrella negra la cual no es visible o es apenas visible).
Un dato curioso es que las estrellas de menor temperatura pueden contener agua (las más calientes no porque el hidrógeno se ioniza).
En el núcleo de la estrella es donde se produce su mayor actividad porque el núcleo recibe una mayor presión.
Esta alta presión hace que los átomos se acerquen tanto que se fusionan formando nuevos elementos más pesados mientras que de los restos de la fusión se liberan radiaciones de alta energía, o incluso protones u otros elementos en algunos casos como por ejemplo deuterio.
Seguramente estos elementos residuales como el deuterio, permite a la estrella fusionar estos elementos a otros y es por ello que se pueden formar múltiples elementos.
Hay que pensar que todas estas fusiones nucleares ocurren solamente cuando la temperatura es muy alta.
El día 20/4/2024 a las 19:23 pensé que esto sucede porque con las altas temperaturas los quarks se mueven un poco más libremente como en un plasma de quarks (aunque no parece posible que se pueda formar un plasma de quarks en el núcleo de una estrella con temperaturas tan bajas, quizás sí que se adquieran una temperatura necesaria de forma puntual en zonas muy cercanas al núcleo atómico cuando este se desintegra). Esto en mi opinión explica que los elementos se puedan fusionar gracias a la acción de quarks como quizás gluones, los cuales penetran

en los campos de fuerza fuerte de por ejemplo los protones o los neutrones, lo cual separa y transforma la composición de quarks formando partículas exóticas como por ejemplo gluonios (tetraquarks), los cuales decaen formando protones o neutrones de forma que se unan en un mismo núcleo tras haber expulsado energía.

Es decir, mi idea es que la penetración de partículas dentro de un protón o un neutrón, puede provocar que uno de sus quarks decaiga haciendo que se transforme el protón en neutrón además de que estas partículas decaigan perdiendo energía. De modo que este neutrón creado (el cual antes era un protón) y que tiene una baja energía porque ha liberado radiación, permite unirse a protones de un átomo el cual esta ya casi unido a él.
Así que partículas exóticas podrían interferir en el decaimiento de protones y neutrones permitiendo generar fusiones nucleares en la que los núcleos de diferentes átomos se unen.
Por tanto es posible que mi bosónJC o mi bosónTeGa puedan influenciar las fusiones atómicas.

De modo que a mayor temperatura, más cercanos están los quarks de un estado de plasma de quarks (o llegan a entrar en el estado de plasma) y esto repercute en a capacidad de unión de los núcleos de los átomos cuando estos se presionan unos con otros.

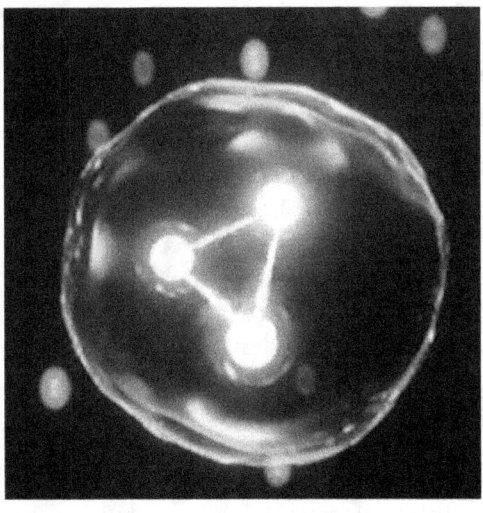

La siguiente tabla muestra los valores de fusiones nucleares que se pueden producir en las estrellas de gran masa cuando adquieren valores de temperatura y de densidad como los que se muestran en la tabla.

| Fusión del elemento | Temperatura del núcleo (Kelvin) | Densidad del núcleo (Kg m$^{-3}$) | Tiempo |
|---|---|---|---|
| Fusión del hidrógeno (H+He) | $37 \times 10^6$ | 3800 | 7,3 millones de años |
| Fusión del helio (He+C+O) | $180 \times 10^6$ | $6,2 \times 10^5$ | 660000 años |
| Fusión del carbono (C+Ne) | $720 \times 10^6$ | $0,64 \times 10^9$ | 165 años |
| Fusión del neón (Ne + Mg + Si) | $1400 \times 10^6$ | $3,7 \times 10^9$ | 1,2 años |
| Fusión del Oxígeno (O + Si) | $1800 \times 10^6$ | $13 \times 10^9$ | 6 meses |
| Fusión del Silicio (Si + Fe) | $3400 \times 10^6$ | $110 \times 10^9$ | 1,5 días |

En la tabla periódica los símbolos de los elementos se representan como: H = Hidrógeno; He = Helio; C = Carbono; O = Oxígeno; Ne = Neón; Mg = Magnesio; Si = Silicio; Fe = Hierro

Como las estrellas de menor masa no tienen una alta densidad del núcleo no pueden incrementar la temperatura suficientemente para producir la fusión de determinados elementos.

Hay que pensar que las estrellas son bolas de plasma, el plasma es como el fuego (de hecho el fuego es plasma, es un estado de la materia). Para que se forme una estrella la temperatura es clave ya que se necesitan altas temperaturas. Claro está que la masa de los elementos que se unen es clave.

La teoría actualmente aceptada para la formación de una estrella es que primero se aglomera el gas y el polvo cósmico si lo hay. Al unirse y aglomerarse entre sí el gas se contrae y aumenta su densidad incrementando su temperatura debido a la presión. Mientras ocurre este proceso se crea un disco alrededor del centro de la masa de gas y polvo. Este disco que se crea orbita el centro de la masa de gas y polvo.

El hecho de que los elementos adquieran velocidad permitiendo que friccionen entre sí y emitan calor y radiaciones con el que incrementan la temperatura de los elementos circundantes.

Con el tiempo la materia de la masa se va compactando y densificando debido a la fuerza de la gravedad de la masa. A su vez la materia del disco va cayendo hacia el centro de la masa. Esto hace que la masa vaya aumentando su densidad más y más. Más masa hay mayor es la presión que ejerce la gravedad sobre la propia masa lo cual va aumentando la densidad de esta masa.

Al aumentar esta densidad aumenta la presión sobre el centro de la masa, lo cual hace que esta masa libere radiación con la que se aumenta la temperatura y llega a un punto de densidad crítica en el que se producen fusiones nucleares en el centro de la masa.

Se dice que estas primera reacción nuclear es la que crea la estabilidad de la estrella.

Estas fusiones liberan gran cantidad de radiación y como los elementos fusionados son elementos más densos lo que hacen es atraer con mayor fuerza a la materia circundante. Se dice que en las primeras reacciones nucleares, se libera deuterio. A medida que la estrella va creando fusiones nucleares va aumentando su temperatura y va atrayendo la materia circundante la cual utiliza su hidrógeno para crear fusiones nucleares.

En mi opinión esta explicación sobre como se crea una estrella es muy incompleta.

Lo primero es que creo que las estrellas de segunda y primera generación se crean alrededor de agujeros negros supermasivos o de estrellas supermasivas de tercera generación.

EL 19-4-2024 a las 11:18 (en mi casa en Francia) anoté (aunque en 2015, 2016, 2018 ya había tenido ideas relacionadas con este tema) que las condiciones generales para que se produzca una fusión nuclear, dependen de la temperatura y de la fuerza electrodébil, pero que la temperatura y las fuerzas dependen de la presión y la presión depende de la gravedad, a su vez la gravedad depende de la cantidad de masa (similar a lo que expliqué en mi trabajo "Earth Mine Functioning" de 2018.

Es decir se debe de producir un efecto gravito-presure-termo-electrodébil.

La masa genera bosonesJCTG4(gravitones) estos crean la atracción de los átomos que se aglomeran y se presionan. Por tanto la gravedad crea la presión. La presión sobre los átomos produce en mi opinión 2 cosas importantes.

Una es que los electrones se acercan a sus núcleos emitiendo fotones.

Y dos es que parte de la energía que emiten también pueden emitirla hacia el núcleo el cual produce decaimientos de quarks los cuales transforman protones en neutrones y viceversa. A su vez estos decaimientos continuos de quarks libera radiaciones como neutrinos, fotones, bosonesTes, bosones Gar, bosonesJC etc. Por tanto el núcleo pierde energía en forma de radiaciones.

Estas radiaciones son absorbidas por átomos circundantes los cuales producen un proceso similar y aumentan su estado de energía (su estado cuántico). Por tanto se genera una mayor presión sobretodo porque aumenta la capacidad de vibrar de los átomos.

Así que estos efectos nucleares que producen decaimientos de quarks también producen la liberación de piones y de bosones Z y W los cuales pueden decaer en otras partículas.

De forma que aumenta la temperatura de los elementos de la masa con la absorción de radiaciones nucleares emitidas por los átomos más presionados. Como estos átomos aumentan su energía, sus electrones incrementan la distancia respecto sus núcleos y presionan más todavía a sus átomos circundantes.

A su vez los electrones que reciben radiaciones absorben estas radiaciones nucleares y pueden liberarse de sus núcleos en efectos fotoeléctricos, en efectos presureléctricos, sonoeléctricos, termoeléctricos etc.

Como la gran masa de átomos es muy grande, los átomos generan todavía más presión de forma que va incrementando más la presión con este proceso y también energía de las radiaciones emitidas y la temperatura.

Creo que también es posible que se produzca la idea que pensé en 2015 acerca de como y porqué rotan los cuerpos. Porque con las radiaciones que absorben y emiten se empujan (con la energía JOL) produciendo un movimiento de rotación (ya lo expliqué en otros de los libros que creé). Por tanto en mi opinión los elementos que rotan hacen rotar también a los elementos de su alrededor en la misma dirección de rotación. En 2014 pensé que la rotación de partículas en los cuerpos como estrellas, permite que algunas partículas sean empujadas al interior del cuerpo en el cual chocan (lo pensé para crear energía estelar la cual ya expuse en febrero2014 se puede ver en mi correo electrónico joancarles@hotmail.es).

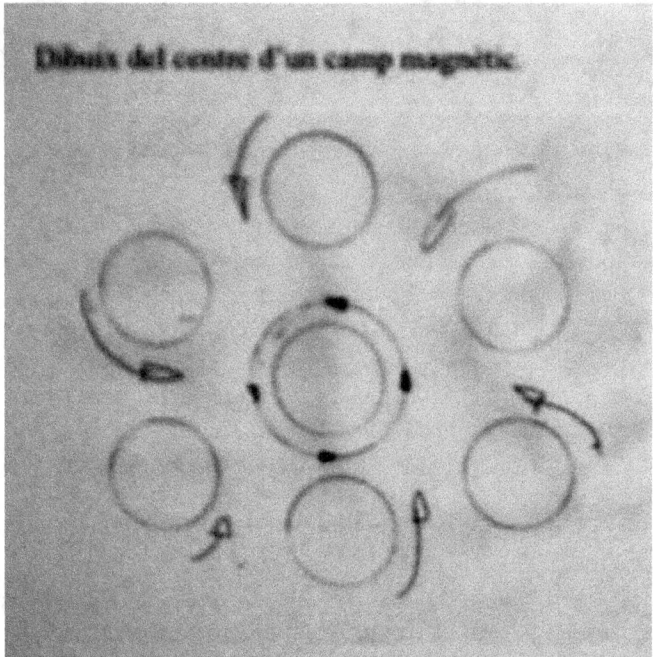

Esta imagen es un dibujo que yo mismo creé en primavera 2014.

Hay que pensar que un átomo que rota, sus electrones rotan sincronizados con él. Lo cual hace que estos electrones externos del átomo empujen a los electrones de otros átomos produciendo que los otros átomos roten sincronizados con el primer átomo que rota.

Por tanto este movimiento también puede provocar que la materia de alrededor se ponga a orbitar la masa central.
Aunque como ya he dicho, estas estrellas de primera y segunda generación se pueden crear porque los elementos orbitan un agujero negro u otra estrella o masa.

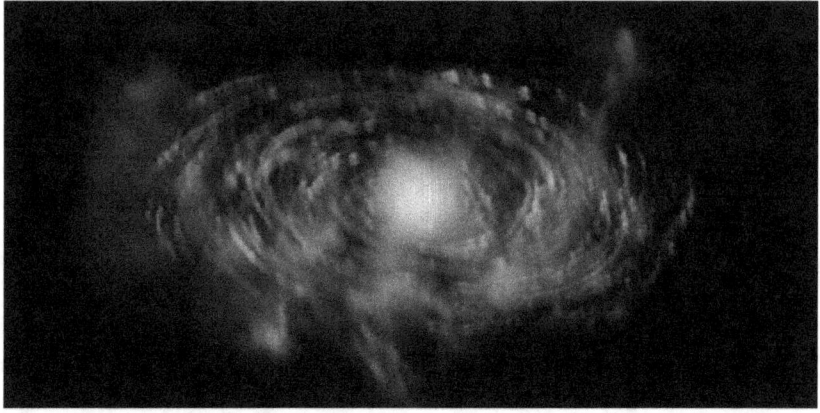

Esto hace que a la presión de la masa deba de añadirse que se producen presiones de los átomos que orbitan acelerados por una gran estrella o un agujero negro (y como estos átomos friccionan unos con otros liberan radiaciones las cuales aumentan la presión).

Supongo que de las primeras estrellas se crean grandes agujeros negros los cuales pueden fusionarse y que alrededor de ellos se forman estrellas de segunda generación las cuales después darán lugar a estrellas de primera generación (y planetas que se formarán con los restos de la creación de las estrellas de primera generación).

De forma que sí que aumenta mucho la temperatura con la presión, pero se produce un efecto gravito-presure-termo-electrodébil.
Cuando se incrementa mucho la densidad y la presión de la parte central de la masa algunos átomos se ionizan. Entonces los núcleos de átomos ionizados, pierden energía en forma de radiación y con la energía débil se pueden unir átomos.

Por ejemplo si un electrón se fusiona con un protón, entonces se crean neutrones. Estos núcleos de neutrones pierden energía debido a la fuerte presión porque sus quarks decaen con la radiación externa y esto hace que emitan partículas, radiación. Esta radiación que emiten es energía que pierden. Lo cual hace que en ese momento los núcleos como átomos de hidrógeno ionizado que contienen un protón, puede acercarse lo suficiente, gracias a la presión de la gran masa, hacia este átomo que ha transformado un protón en un neutrón. De tal forma que la fuerza débil (debilitada por la presión) permite que se unan este protón con el núcleo que contiene un neutrón de más. Hay que pensar que la radiación la emiten antes de la unión porque con menos energía su fuerza de repulsión es menor, lo cual permite la unión con la pérdida de energía y no al contrario.

Creo que en la presión se liberan ondas de sonido y ondas de choque que participan en el incremento de la presión.
Ya en 2015, así como con mi ley universal F49 que yo creé el 12deAbril2019 en Niza (llegué a Francia el 5-4-2019), pensé que el tamaño que ocupa un cuerpo debe de ser proporcional a su densidad y esta debe de ser proporcional a su rotación y la energía que libera. En 2015 pensé que la energía que libera empuja el cuerpo contra la energía oscura (energía JOL) permitiendo empuje y con empuje se produce la rotación. Por tanto lo mismo sucede con las radiaciones que la partícula emite, de modo que su campo magnético depende de la radiación que emite.

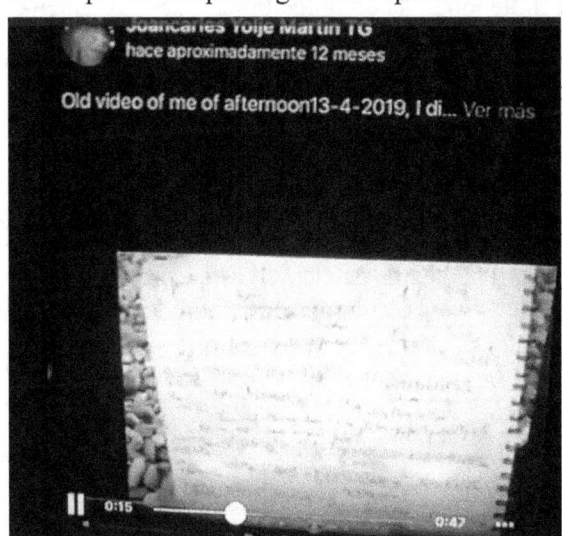

Esta imagen es una captura de pantalla de mi facebook JoanCarles YoIje Martin TG (solamente utilizo esta cuenta de facebook, la misma desde siempre desde2010) y aparezco yo en un videoselfie el 13-4-2019 en Niza, en el vídeoselfie muestro mi leyF49 que anoté en mi dossier de mi obra "Earth Mine Functioning.

Esta imagen es una fotografía de una página de mi obra "*Earth mine functioning 2019*" en esta imagen se puede observar mi ecuación F49 es una ley universal (que como todas las ecuaciones que muestro, es una ecuación que yo mismo creé).

> So when the pressure increases the energy increases, like the emission of energy that are thermal waves. In my opinion this happens because the bodies communicate the hot with thermal waves, if increase the pressure of the body increase the quantity or the energy of it thermal waves that the body emits.
>
> FORMULA I (F49 in my notes):
>
> $Pressure = \frac{mass}{volume}$, Energy = mass x $c^2$, $space = velocity \times time$, $E = f \times h$
>
> $Pressure = \frac{(energy \div c^2)}{(velocity \times time)^3 \times JCT} = \frac{((f \times h) \div c^2)}{(velocity \times time)^3 \times JCT}$
>
> JCT = My constant = $\frac{1}{6} \times (\frac{1}{\pi})^2$

Así que como estaba explicando las fusiones nucleares se crean dependiendo de la masa y dependiendo de la compresibilidad de los elementos. Claro que si hay elementos poco pesados estos elementos se fusionan más rápidamente. Sino es posible que habiendo suficiente masa, la gravedad acabe por presionar tanto algunos elementos los cuales liberarán bosones TeGa, y producirán la fisión de elementos que liberarán protones o deuterio.

Es decir que antes de una fusión nuclear, si hay suficiente masa, es posible que se produzcan fisiones nucleares de elementos que se desintegran debido a las altas radiaciones. Estos elementos desintegrados, liberan por ejemplo protones o deuterio (quizás incluso neutrones), los cuales con la presión se fusionarán con elementos pesados de la masa.
Así que en este caso se deberán de crear fisiones antes de producir una fusión nuclear.

Como estaba explicando, mi idea también es que para que se produzca una alta temperatura en el centro de la masa, la energía liberada debe de proceder de los propios átomos que hay en la misma masa. Así que la presión ejercida sobre los átomos, hace que estos pierdan energía liberando radiaciones y esta radiación es absorbida por otros átomos. Sucediendo que unos átomos pierden energía y los otros la acumulan al absorberla.
Y los átomos que reciben mucha radiación producen ionizaciones porque sus electrones se liberan. Por tanto estos átomos que tengan un solo protón se podrán presionar hacia otros núcleos y átomos ionizados que hayan perdido mucha energía. Lo cual permite la fusión nuclear.

Esta fusión nuclear aumenta la densidad porque se reduce el espacio entre los núcleos y esto hace que se presione todavía más esta masa dando lugar a más fusiones nucleares.
Por tanto en cada fusión nuclear se libera mucha radiación la cual incrementa mucho la temperatura y produce estados de plasma. Es un poco como crear una chispa la cual se alimenta con materia.

Hay que pensar que el hidrógeno también es muy útil porque al contener un solo electrón y un solo protón, se puede ionizar fácilmente y el protón puede fusionarse directamente sin necesidad de fisiones o sin necesidad de crear una presión mucho más fuerte.
Por tanto estas estrellas se encienden. Cuando se encienden pueden liberar mucha radiación y empujar parte de su materia circundante hacia el exterior de la masa, haciendo que de esta materia que expulsa se puedan formar otras estrellas o planetas alrededor.

La mayoría de los sistemas estelares son binarios. Esto quiere decir que son dos estrellas las que forman el sistema estelar.

Quizás esto suceda porque cuando una masa de gas o materia gira con su giro puede arrastrar a elementos circundantes. Esto puede generar que parecido a como si fueran ruedas dentadas, una masa de gas empuja a otra a rotar pero de forma inversa a esta.

Por tanto una estrella se forma en una masa que orbita un punto mientras que otra estrella se forma al lado y de forma sincronizada a la otra estrella. Este proceso también puede observarse en algunas tormentas.

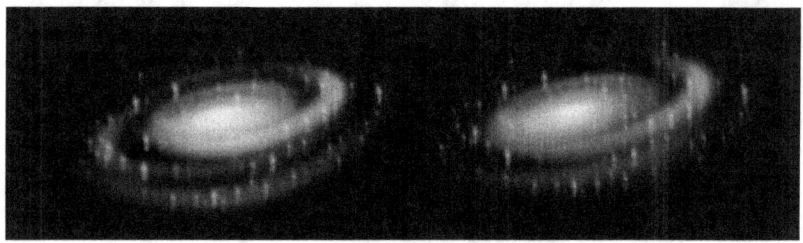

Aunque mi idea también explica que estas estrellas pueden ayudarse a encenderse con la primera fusión nuclear. Porque creo que debido a las primeras explosiones de la estrella que se enciende primero, se libera materia y ondas de compresión que afectan a la masa de materia de la estrella gemela (la cual todavía no se ha encendido). Así que estas ondas de compresión, aumentan la presión de la masa de la estrella gemela y esta se enciende porque empieza a producir fusiones nucleares.

Por tanto es posible que debido a que la radiación que se emite en la masa, presiona la masa y permite la formación de más fusiones nucleares, produciéndose así dos zonas en las que se producen las chispas.

Esto podría dar lugar a que haya en vez de un núcleo de alta densidad, que haya 2 núcleos de alta densidad los cuales atraerán a la materia circundante respectivamente.

Así que habrá 2 núcleos (o múltiplos) en la misma masa en vez de 1 núcleo. Estos 2 núcleos (o múltiples) podrán separarse gracias a las fuertes radiaciones que emiten los dos núcleos.
Por tanto transcurrido cierto tiempo irán emitiendo radiación e mayor energía hasta que se repelerán dando lugar a diferentes estrellas.

De modo que su fuerza gravitatoria une estas 2 estrellas, pero las radiaciones que emiten las separa.
Así que no se unen, quedan a una determinada distancia la una de la otra orbitando la una a la otra y se retroalimentan enviándose radiación.
Por tanto se crean estrellas gemelas.
Supongo que si no se enciende una estrella, sino hay esta chispa, después de esta masa se formarán planetas.

Esto también podría explicar los sistemas binarios. Incluso podría explicar que las estrellas formadas por materia que orbita otras, forma sistemas unitarios y la materia que no orbita nada forma sistemas binarios.

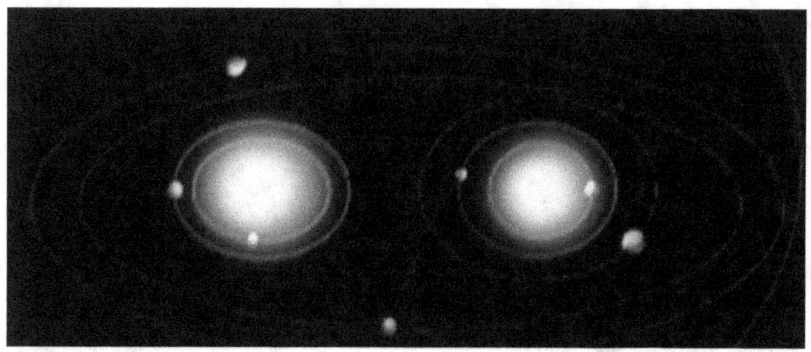

Me parece interesante mencionar que en estrellas de muy baja temperatura, como su hidrógeno no se ha ionizado (porque no ha perdido su electrón) entonces en estas estrellas se puede formar agua porque el hidrógeno no ionizado puede unirse a átomos de oxígeno formando agua.

Quizás se haya podido crear agua de esta forma o bien creo que en las nubes de gas de hidrógeno mezclado con elementos remanentes de estrellas que explotaron, (las cuales produjeron oxígeno), la mezcla que orbite una estrella, un agujero negro o una gran masa de gas denso, podría dar lugar a la formación de agua.
Es decir, que una gran masa de átomos de hidrógeno no ionizado y de oxígeno (procedente de estrellas muertas) los cuales estén cerca y los cuales orbiten una estrella, pueden ir atrayéndose al mismo tiempo que orbitan una estrella. Puede suceder que con la presión y velocidad generada por la masa, estos átomos se unen formando agua.

Después si en esta gran masa hay otros elementos como residuos de elementos pesados, esta gran masa formará capas de elementos los cuales orbitarán un objeto al mismo tiempo que se presionan unos a otros y van amasándose y formando rocas las cuales también se amasarán para formar planetas.
Supongo que primero debe de formarse una estrella de los restos de otras estrellas y después del gas y de elementos circundantes a las estrellas se forman los planetas.

Ahora voy a exponer algunas ecuaciones que yo mismo creé las cuales están relacionadas con la creación de agua.
- $dH_2O = 1000 Kg\ m^{-3}$ = densidad del agua
- $mH_2O = 2.99015023 \times 10^{-26}$ Kg = masa del agua
- $rH_2O = 7.410960667 \times 10^{-11}$ m = radio del agua
- rH = rB = radio del hidrógeno es igual al radio de Bohr
- $Rw = 120 \times 10^{-12}$ m = radio de Van der Waals del hidrógeno
- $25 \times 10^{-12}$ m = radio medio del hidrógeno
- $Owr = 152 \times 10^{-12}$ m = radio de Van der Waals del oxígeno
- $rO = 60 \times 10^{-12}$ m = radio del oxígeno

Lo que he creado en mis ecuaciones es una relación entre la densidad del agua y el tamaño de los elementos que la componen (el hidrógeno y el oxígeno).

Si por ejemplo se produce un cambio en la temperatura, los elementos que componen el agua padecerán cambios, como un aumento de la liberación de radiaciones y esto producirá cambios en la densidad del agua o incluso podría separarse la molécula de agua. (Unirse en el caso de que los elementos estén separados y liberar radiación proporcionalmente.

Por tanto el núcleo atómico producirá cambios como transmutaciones de sus partículas.

Ecuación FZ4414 creada por JoanCarles Testagorda Garcia (yo mismo):

$$\frac{mX17}{mUp \times JC^{TG}} \times \frac{rH_2O}{2rH+Owr} \times \frac{2me \times \alpha^2}{mP} = 1 \times 10^{-7} = pH$$

Autor: JoanCarles Testagorda Garcia (yo mismo) ecuación que yo creé el 2-4-2024 a las 10:40am en mi apartamento (mi casa) en Francia. En mi libro "*Brief introduction to quantum physics*" que autopubliqué el 22/3/2022 en Francia, expuse mi idea y mis ecuaciones sobre la acidez cuántica en la que expuse como la fuerza electrodébil y residual nuclear produce la capacidad de emitir un protón o de atraer 2 electrones, creando así la acidez. Por tanto con un equilibrio de estos, se consigue tener un pH neutro de $1 \times 10^7$.

Además en mi ecuación FZ4414 expresé la posibilidad de que una quinta fuerza (bosón X17) participase en procesos nucleares.

Ecuación FZ4415 creada por JoanCarles Testagorda Garcia (yo mismo):

$$\frac{1 \times 10^{-7} Kg\, m\, C^{-2} \times (1C)^2}{mve \times (\cosh^{-1})^2} \times \frac{c \times m\mu}{h} \times 2\, mUp \times JC^{TG} \times \alpha^2 = mX\, 17$$

Autor: JoanCarles Testagorda Garcia (yo mismo) ecuación que yo creé el 3-4-2024 a las 10:50am en mi apartamento (mi casa) en Francia.

Ecuación FZ4416 creada por JoanCarles Testagorda Garcia (yo mismo):

$$\sqrt[3]{\frac{dH_2O \times c^2}{KB}} \times \frac{2\, rH + Owr}{CMB} \times \frac{8\pi}{3} \times \frac{(mve)^2 \times mUp}{mFermi \times (mD)^2} = 1$$

Autor: JoanCarles Testagorda Garcia (yo mismo) ecuación que yo creé el 4-4-2024 a las 0:20am en mi apartamento (mi casa) en Francia. Utilizo el radio de Hidrógeno unido al radio de van der Waals del Oxígeno (Owr) porque el radio de van der Waals se utiliza en enlaces de átomos. Hay que pensar que cuando los átomos se enlazan cambian el espacio que ocupan porque pueden compartir electrones.
Quizás si se ioniza un átomo de Oxígeno porque con la presión pierde un electrón, entonces este átomo de Oxígeno ionizado atrae electrones de otros átomos de Hidrógeno creando una molécula de agua.
Claro que todo este proceso no podría suceder sin que el núcleo produzca cambios como transmutaciones de los quarks Up y de los quarks Down. Porque estas transmutaciones pueden liberar radiaciones, como bosones W que decaen liberando radiaciones que son absorbidas por los electrones. De forma que estas transmutaciones producen que los electrones sobrepasen sus límites orbitales, decaigan en muones produciendo saltos cuánticos, e incluso liberando estos electrones del átomo. Esto ionizaría el átomo y este se podría enlazar con mayor facilidad.

Ecuación FZ4418 creada por JoanCarles Testagorda Garcia (yo mismo):

$$\sqrt[3]{\frac{dH_2O \times c^2}{KB}} \times \frac{2\, rH + Owr}{CMB} \times \frac{mve}{mUp \times \alpha} = \left(\frac{2\, mUp}{mD}\right)^2 = 2 \times \left(\frac{me}{m\mu \times \alpha}\right)^2$$

$$0{,}88 = 0{,}88 = 0{,}88$$

Autor: JoanCarles Testagorda Garcia (yo mismo) ecuación que yo creé el 4-4-2024 a las 9:27am en mi apartamento (mi casa) en Francia.

Ecuación FZ4417 creada por JoanCarles Testagorda Garcia (yo mismo):

$$\sqrt[3]{\frac{dH_2O \times c^2}{KB}} \times \frac{2rH+Owr}{CMB} \times 2\pi \times \frac{me \times \sqrt{2} \times JC^{TG}}{mW} = 1$$

Autor: JoanCarles Testagorda Garcia (yo mismo) ecuación que yo creé el 4-4-2024 a las 8:40am en mi apartamento (mi casa) en Francia

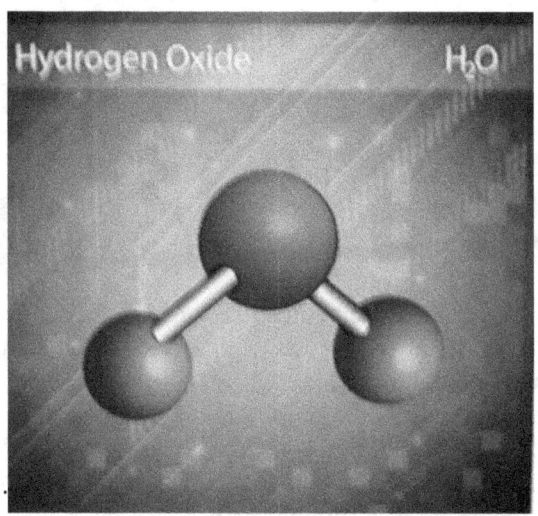

Ecuación FZ4419 creada por JoanCarles Testagorda Garcia (yo mismo):

$$\sqrt[3]{\frac{dH_2O \times c^2}{KB}} \times \frac{2rH+Owr}{CMB} \times \frac{mve}{2mUp \times \alpha} \times \left(\frac{m\mu \times \alpha}{me}\right)^2 = 1$$

Autor: JoanCarles Testagorda Garcia (yo mismo) ecuación que yo creé el 4-4-2024 a las 9:36am en mi apartamento (mi casa) en Francia.

Ecuación FZ4420 creada por JoanCarles Testagorda Garcia (yo mismo):

$$\sqrt[3]{\frac{dH_2O \times c^2}{KB}} \times \frac{2Rw+Owr}{CMB} \times \frac{(mve)^2 \times e \times 2mUp}{mFermi \times (mD)^2} = 1$$

Autor: JoanCarles Testagorda Garcia (yo mismo) ecuación que yo creé el 4-4-2024 a las 9:46am en mi apartamento (mi casa) en Francia.

Como ya he dicho antes, los elementos que orbitan la estrella y que forman la estrella, siempre se ordenan por densidades y por uniones producidas por la carga de los elementos.

Así que esto hará que los elementos más pesados y que formen rocas, quedarán por lo general orbitando el centro de la masa dentro o muy cerca de donde se crea la estrella.
Esto hace que los planetas próximos a la estrella sean planetas rocosos. Y según mi idea de 2015, lo que ocurrirá es que debido al %de fuerza atractiva y repulsiva, algunos elementos quedarán orbitando a determinada distancia. Por tanto se forman capas de desechos, de restos de estrellas, las cuales se ordenan por su densidad y por su carga (puesto que hay elementos que se ataren con más fuerza que otros), permitiendo por tanto que los planetas gaseosos sean más externos, los rocosos más internos y que los elementos que contienen estos planetas dependen de las capas con las que se formaron. Así que si un planeta tiene agua es porque en la capa en la que se formó, había elementos que formaron el agua que contiene.
Así que es lógico que haya agua en Marte si también la hay en la Tierra. Aunque en zonas alejadas también podrá formarse agua si hay elementos de gran fuerza que hayan atraído oxígeno e hidrógeno.
Por tanto la mayoría de sistemas estelares que tengan solamente una estrella (que no sean binarios), sus planetas tendrán características similares. Obviamente las características de la estrella determinará las características de los planetas. Así como las características de las estrellas que explotaron dejando como herencia los elementos de los que se formaron estos sistemas estelares.

Como estaba explicando, la creación de una estrella depende de las reacciones nucleares y estas dependen de factores como la masa que genera una presión y aumenta la temperatura.

Por tanto después del origen de todo, cuando disminuye la energía porque disminuye la temperatura debido a la expansión del universo, la fuerza electromagnética pierde intensidad. La pérdida de intensidad de la fuerza electromagnética hace que disminuya la repulsión entre el electrón y el núcleo. Produciendo que los electrones se acercan a los núcleos atómicos.

Una vez los electrones están muy cerca de sus núcleos, lo que ocurre es que no repelen con tanta fuerza a otros átomos. Por tanto los átomos se juntan más debido a que la fuerza repulsiva disminuye y la fuerza atractiva de la gravedad los une. Esto permite que se empiecen a aglutinar los átomos unos con otros.

Esta gran aglutinación de átomos, hace que los átomos se presionen unos contra otros. Por tanto aumenta la presión y en mi opinión se producen efectos gravito-presure-termoeléctromagnéticos.

Estos efectos gravito-presure-termo-electromagnéticos hacen que los átomos más centrales de la masa de átomos, sufra una gran presión. Con la presión (como expliqué en mi trabajo *"Earth Mine Functioning"* que autopubliqué en2018(en España) y después el 6-1-2020 en Francia, así como en mi libro *"But what is the gravity? what is the time"* que autopubliqué el 6-8-2022 en Francia) se liberan radiaciones como calor, electrones, fotones... y esto hace que algunos átomos centrales queden ionizados y sin electrones.

Creo que estos átomos ionizados empiezan a desestabilizarse con las radiaciones emitidas sobre ellos, como por ejemplo con el calor que se emite sobre ellos. Esto hace que estos núcleos se desestabilicen y cuando el calor (energía) y presión son muy elevados porque hay suficiente cantidad de átomos aglutinados que ejercen suficiente presión, algunos de estos elementos desestabilizados se fusionan en elementos más pesados los cuales ejercen una mayor fuerza de gravedad porque su densidad es mayor. (Con lo cual se producen procesos de fusiones nucleares).

Así que se atrae una mayor cantidad de átomos y con mayor fuerza, lo cual hace que incremente todavía más la presión sobre la parte central de la masa de gas.

La siguiente imagen es una ley universal, es mi ecuación FZ2435 la cual yo mismo creé en Febrero2022 (en Francia) y la expuse en ACADEMIA.edu, así como en mis libros "But what is the gravity? What is the time" autopublicado el 6-8-2022, y en mi libro "But what is the temperature? How are created the fields?" que auto-publiqué el 30-4-2022.

In 22-2-2022 I created my law FZ2438, in 24-2-2022 I created my law FZ2435. My laws are useful to calculate the internal temperature of bodies, but also other characteristics like the magnetic field, the gravity etc.

My law Equation FZ2435 that I created for my work QOJCTGU:

$$\frac{massSun \times B}{radiusSun \times CoreTSun} \times \sqrt{7.25(inc)} = 1.48658 \times 10^{12} Kg \approx Constant\ JC^{TeGa}$$

$$\frac{massVenus \times B}{radiusVenus \times CoreTVenus} \times \sqrt{177.36(inc)} = 6.0153895 \times 10^{12} Kg \approx Constant\ JC^{TeGa}$$

$$\frac{massEarth \times B}{radiusEarth \times CoreTEarth} \times \sqrt{23.45(inc)} = 1.8868 \times 10^{12} Kg \approx Constant\ JC^{TeGa}$$

$$\frac{massMars \times B}{radiusMars \times CoreTMars} \times \sqrt{25.19(inc)} = 1.412039 \times 10^{12} Kg \approx Constant\ JC^{TeGa}$$

$$\frac{massJupiter \times B}{radiusJupiter \times CoreTJupiter} \times \sqrt{3.13(inc)} = 3.7811022 \times 10^{12} Kg \approx Constant\ JC^{TeGa}$$

Equations created by JoanCarles Testagorda Garcia at 11:59 in 24-2-2022. My law expresses, the mass of the body pressures itself, in fact is the gravity force produced for the mass who pressures itself. Increasing the force of the pressure until the internal point, until the centre, so I used

Ecuación FZ2435 creada por JoanCarles Testagorda Garcia (yo mismo):

$$\frac{masa \times B}{radio \times temperatura\ núcleo} \sqrt{inclinación orbital} = Constante\ JC^{TeGa}$$

Autor: JoanCarles Testagorda Garcia (yo mismo) ecuación que yo creé a las 11:59 del 24-2-2022 en Francia. (B es la constante de Wien).

Con mi ley se puede entender que la masa del cuerpo presiona el propio cuerpo produciendo que reduzca su tamaño y un incremento de su temperatura interna. Mayor masa tenga la estrella mayor será su temperatura interna.
Temp = temperatura, in=interna, ext=externa, inc=inclinación, orb=orbital, rad=radio, cos= coseno,

La siguiente imagen es una ley universal, es mi ecuación FZ2596 la cual yo mismo creé en 2018 (en España) (la serie de ecuaciones FZ la empecé en verano 2019 decidí renombrar mi ecuación de 2018 porque la apliqué a muchos planetas) y la expuse en mi libro "But what is the gravity?What is the time" autopublicado el 6-8-2022.

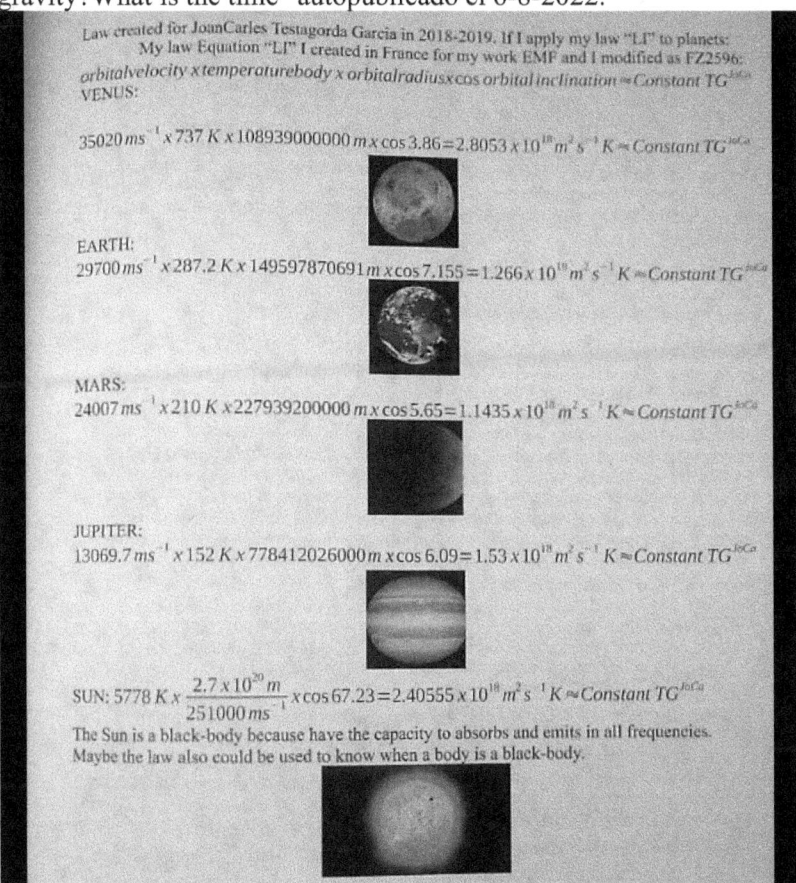

Ecuación FZ2596 creada por JoanCarles Testagorda Garcia (yo mismo):

$$rad\ orb \times temp\ ext \times velocidad\ orb \times \cos(inc) = Constante\ TG^{JoCa}$$

Autor: JoanCarles Testagorda Garcia (yo mismo) ecuación que yo creé en 2018 en España. Con mi ecuación se puede entender que la distancia de las partículas (por ejemplo átomos) respecto al centro de la estrella es importante porque su velocidad aumentará produciendo así un aumento dela fricción con otros átomos de su alrededor. Esta fricción aumentará la liberación de radiaciones y la presión.

La siguiente imagen es una ley universal, es mi ecuación FZ2438 la cual yo mismo creé en Febrero2022 (en Francia) y la expuse en ACADEMIA.edu, así como en mis libros "But what is the gravity?What is the time" autopublicado el 6-8-2022, y en mi libro "But what is the temperature? How are created the fields?" que auto-publiqué el 30-4-2022.

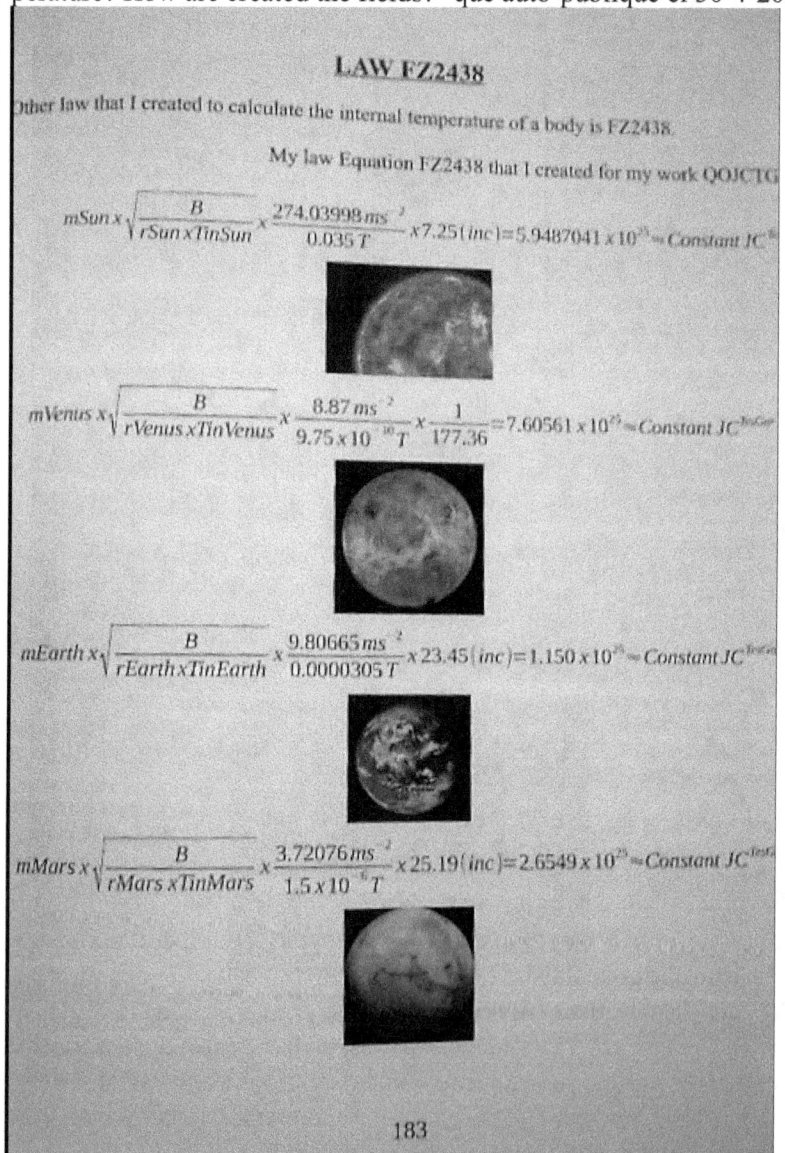

Ecuación FZ2438 creada por JoanCarles Testagorda Garcia (yo mismo):

$$masa \times \sqrt{\frac{B}{radio \times tempint}} \times \frac{gravedad}{campo\,magnético} \times inc.\,axial = Constante\,JC^{TesGar}$$

Autor: JoanCarles Testagorda Garcia (yo mismo) ecuación que yo creé a las 11:59 del 24-2-2022 en Francia.

También con mi ecuación FZ2438 se puede entender que la masa produce la gravedad y esta presiona el propio cuerpo haciendo que se liberen radiaciones. Con lo cual estas radiaciones producen el campo magnético y un aumento de la temperatura interna del cuerpo. Así que mayor es la masa de la estrella mayor es su temperatura interna y mayor es su campo magnético.

Hay que pensar que el campo magnético puede repeler a partículas y esto hace que estas queden orbitando la estrella (o futura estrella). También mi idea es que el campo magnético al repeler y la gravedad al atraer, producen efectos de compresión los cuales también afectan a la atracción de estas partículas externas ya que estas disminuyen su densidad.

La siguiente imagen es una ley universal, es mi ecuación FZ2680 la cual yo mismo creé el 16-4-2022 (en Francia) y la expuse en mi libro "But what is the gravity?What is the time" autopublicado el 6-8-2022.

My law Equation FZ2680 that I created for my work QOJCTGU:

$$\frac{Bond\,albedo \times Temperature \times Magnetic\,field}{Rotational\,velocity \times Mean\,anomaly\,orbital} \times \sqrt{axial\,inclination} = Constant\,JC^{TestGar}$$

and applied to planets is:

$$\frac{0.689 \times 787\,K \times 9.75 \times 10^{-10}\,T}{1.81\,ms^{-1} \times 50.115} \times \sqrt{177.36\,(inc)} = 7.762 \times 10^{-8}\,Kg\,K\,C^{-1}\,m^{-1} \approx Const\,JC^{TestGar}$$

Venus

$$\frac{0.306 \times 287.2\,K \times 3.05 \times 10^{-5}\,T}{465\,ms^{-1} \times 358.17} \times \sqrt{23.45\,(inc)} = 7.7935 \times 10^{-8}\,Kg\,K\,m^{-1}\,C^{-1} \approx Const\,JC^{TestGar}$$

Earth

$$\frac{0.25 \times 210\,K \times 1.5 \times 10^{-6}\,T}{241.17\,ms^{-1} \times 19.412} \times \sqrt{25.19\,(inc)} = 8.4425 \times 10^{-8}\,Kg\,K\,m^{-1}\,C^{-1} \approx Constant\,JC^{TestGar}$$

Mars

$$\frac{0.508 \times 152\,K \times 4.2 \times 10^{-4}\,T}{12600\,ms^{-1} \times 20.020} \times \sqrt{3.13\,(inc)} = 2.2745 \times 10^{-7}\,Kg\,K\,m^{-1}\,C^{-1} \approx Constant\,JC^{TestGar}$$

Jupiter

My law, equation created like all equations always created by myself (also the reasoning), Joan-Carles Testagorda Garcia at 17:33 in 16-4-2022. My law expresses my idea about the bond albedo (emission in all directions) permits push the body meanwhile all K2 around the body keeps

Ecuación FZ2680 creada por JoanCarles Testagorda Garcia (yo mismo):

$$\frac{albedoBond \times temp\,ext \times campomagnético}{velocidad\,rotación \times anomalía\,media\,orb} \times \sqrt{inc.axial} = Constante\,JC^{TestGarc}$$

Autor: JoanCarles Testagorda Garcia (yo mismo) ecuación que yo creé a las 17:33 del 16-4-2022 en Francia.

El albedo de Bond es un porcentaje del total de la energía que llega al cuerpo y que este cuerpo es capaz de repeler hacia una dirección específica que en este caso es que parte de la energía que el Sol emite sobre el cuerpo, el cuerpo es capaz de repelerla emitiéndola hacia el Sol.

La anomalía media orbital son los grados de desviación de la orbita en un momento (La excentricidad de la orbita es producida por la anomalía media orbital).

Por tanto se produce el efecto que yo pensé en 2015 (lo expuse en mi obra "la Respuesta al Universo 2015/2016), en el cual la energía que el cuerpo repele, que expulsa, puede impulsar al cuerpo produciendo que a mayor repulsión mayor será la velocidad (en este caso rotacional). También es una idea que expuse en mi libro "But what is the gravity?What is the time" autopublicado el 6-8-2022.

Hay que pensar que esta el campo magnético repele energía electromagnética y es por ello que creo que este efecto produce la velocidad rotacional. Así que yo descubrí como se produce la velocidad rotacional ya en2015.

Lo que estaba aceptado era que la gravedad del cuerpo produce esta velocidad rotacional, pero en un artículo de la Nasa de ≈2018 (el cual consulté en Noviembre2019) se dijo que se había medido que desde el último siglo la velocidad rotacional disminuye. La gravedad no varía (o varía muy poco porque la masa es casi la misma), por tanto no puede producir la velocidad rotacional.

Es importante mencionar que las partículas que orbitan alrededor de una estrella (ya formada o todavía sin formar) en este caso átomos que forman nubes de gas, incrementan su velocidad aumentando la fricción y su estado de energía.

Este proceso debe de irse retroalimentando hasta que la estrella se forma siempre que haya suficiente gas como para poder aumentar la presión hasta que se produzcan fusiones nucleares que liberan radiaciones de alta energía como luz de alta frecuencia.

Creo que esta luz de alta frecuencia es fundamental para poder retroalimentar el proceso porque los átomos ionizados pueden absorber la luz de alta energía y crear estados de plasma que es el estado de las estrellas. El fuego es un estado de plasma.
Por tanto creo que de las desintegraciones o fusiones nucleares y sobretodo con anterior fricción a la que está sometido el gas ionizado que orbita cuerpos masivos, se puede formar una estrella cuando tiene suficiente masa como para ejercer suficiente presión sobre los elementos centrales.

En mi opinión es muy importante la presión central porque esta presión central consigue ionizar elementos y consigue liberar radiaciones las cuales al empujar la materia hacia zonas exteriores de la masa, se consigue en mi opinión crear un efecto de presión de la gravedad hacia el centro de la masa y un efecto de presión hacia el exterior de la masa que es producido por las radiaciones emitidas con la presión hacia el interior.
Por tanto hay átomos que se presionan con la acción de la gravedad por un lado y por el lado opuesto se presionan con la acción de la radiación emitida por los átomos centrales. De tal modo que esta doble presión interna externa permite la fusión de elementos y permite que aumente el estado de la materia (la energía, el estado cuántico) hacia un estado de plasma. Supongo que se produce como una "chispa" que empieza a consumir elementos como el hidrógeno y que por tanto "enciende" la estrella.

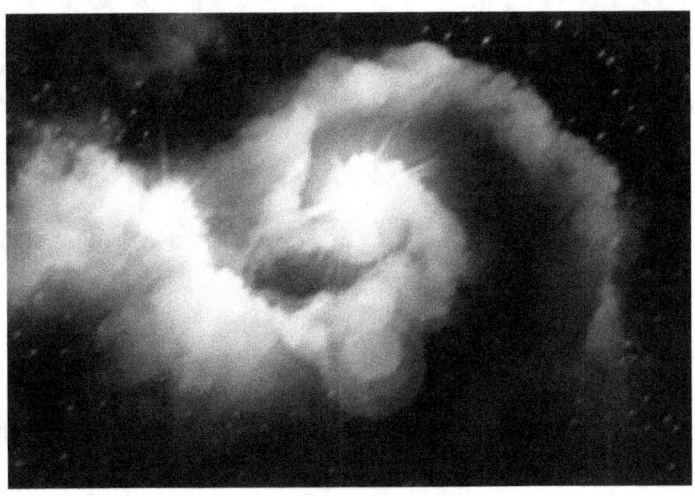

La mayoría de científicos pensaba que la acción de la gravedad y la rotación del gas a alta velocidad, eran los principales causantes de la creación de estrellas. Pero mi teoría incluye también las radiaciones emitidas en en la presión como un factor determinante en el proceso de formación. Porque con una doble presión interna y externa el proceso de formación estelar es mucho más rápido.

También en mi auto-publicación del 8-12-2022 en ACADEMIA.edu (en Francia) expuse la ecuación Fz3040 que como siempre yo mismo creé la cual es una ley universal que apliqué a varios planetas y a el Sol.

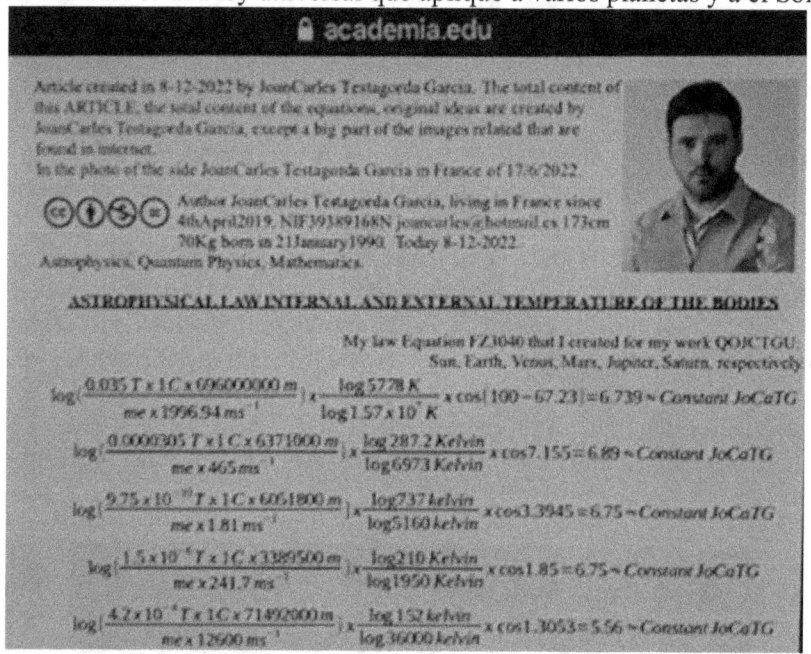

Ecuación FZ3040 creada por JoanCarles Testagorda Garcia (yo mismo):

$$\log\left(\frac{campomagn. \times 1C \times radio}{masa\,ele \times velocidad\,rotación}\right) \times \frac{\log tempext}{\log tempin} \times \cos Inc = Constante\,JoCaTG$$

Autor: JoanCarles Testagorda Garcia (yo mismo) ecuación que yo creé a las 17:33 del 16-4-2022 en Francia. Masa ele= masa del electrón, campomagn = campo magnético, radio= radio del cuerpo, 1C= carga elemental ( $1,602 \times 10^{-19}$ Columbios), tempext= temperatura externa (de la atmosfera), tempin= temperatura interna del núcleo interno, cosinc= coseno inclinación orbital.

Lo que se puede entender de mi ecuación FZ3040, es que la presión que el cuerpo genera sobre sí mismo (sobre los electrones de sus propios átomos produce la liberación de partículas como de electrones y fotones, un aumento de la temperatura interna, haciendo que estas radiaciones emanen del interior y protejan la Tierra de radiaciones externas lo cual disminuye la entrada de radiaciones externas haciendo que la temperatura de su superficie disminuya. Si entran menos fotones procedentes del Sol en la atmósfera, la temperatura de la atmósfera disminuye.

También se aplica mi idea de 2018 sobre la aplicación del efecto termoeléctrico a la Tierra que expliqué en mi trabajo Earth Mine Functioning. Más grande es la diferencia de temperatura entre el interior y el exterior, más intensa es la corriente eléctrica que fluirá entre estas dos zonas. Esta corriente permite mantener la temperatura dentro de oscilaciones estables, y permite proteger la Tierra de radiaciones externas. Así que mi ley también se aplica a estrellas así como a estrellas en formación, afectando a la presión que ejerce la estrella sobre sus átomos.

Como ya expuse en mi libro "But what is the gravity? What is the time (que autopubliqué el 6-8-2022) mi idea de 2018 es que las corrientes eléctricas que fluyen desde el interior de la Tierra hacia la Ionosfera y vice-versa (del exterior al interior) así como las ondas de choque (sísmicas), pueden interaccionar con la materia del interior de la Tierra. Presionando esta materia (añadida a la presión de toda la materia de las capas superiores) y haciendo que se creen materiales como diamantes y minerales. Claro está que el ascenso de lava del interior permite la creación de materiales y minerales.
Así que los elementos que no se forman en las estrellas se pueden formar en los plantes antes de la creación de los plantes o con el planeta ya formado. También pensé que estas "betas" de minerales que forman un recorrido más vertical, podrían ser útiles como caminos por los que fluyen las corrientes eléctricas del planeta. Así que la explotación minera podría estar cambiando estas sendas, caminos por donde fluye electricidad natural del planeta.

Supongo que los elementos de los que está formada la gran masa de gas inicial, es un factor determinante a la hora de crear un planeta o una estrella.

También creo que un factor determinante es el cuerpo masivo al cual se orbita porque cuan mayor sea su masa mayor será la velocidad de rotación(orbital) del gas y esto generará una mayor presión sobre la masa de gas formando más rápidamente la estrella.

Como escribí en mi libro "But what is the gravity, What is the time" (que autopubliqué el 6-8-2024, mi idea es que si en los aceleradores de partículas hacen chocar partículas no solamente frontalmente sino que fijan una partícula central y hacen chocar al mismo tiempo partículas por los lados, por debajo, por arriba, frontalmente y por detrás quizás consigan crear una presión superior a la que crean actualmente con los choques frontales.

Lo cual podría abrir un agujero que después se podría controlar con antimateria.

Generalmente las primeras fusiones nucleares de las estrellas producen deuterio, después entran a edad adulta cuando empiezan a crear helio a partir del hidrógeno ($\approx 15 \times 10^6$ K). En esta reacción se transforman 4 protones del Hidrógeno en 1Protón, 1 Neutrón y se liberan 2neutrinos y 2positrones.

Mi idea 2014 que expuse en mi trabajo "*Justicia Universal*"es que la gravedad y la sincronización de partículas acelera a determinadas partículas y las hace chocar en el núcleo. Este fenómeno también debe de tenerse en cuenta en la presión interna ya que puede participar en las fusiones nucleares.

Como expliqué, una de mis ideas de Febrero2024 es que es posible que en los átomos ionizados se produzcan radiaciones que producen fisiones o fusiones nucleares. Quizás en estas fusiones o fisiones nucleares se liberan partículas como neutrones los cuales chocan con otros núcleos atómicos produciendo reacciones en cadena igual que en una bomba atómica.

También mi idea del 17-2-2024 (Francia) es que a partir de los elementos que se producen en las fisiones nucleares, después con la alta presión se pueden crear otros elementos diferentes a los elementos que se producen con el proceso de fusión. Por tanto mi idea de estos procesos de fusión permite la creación de más elementos sin necesidad de que decaigan elementos ya formados.

Es decir, con las fusiones nucleares se crean elementos, pero estos elementos creados deben de decaer para después fusionarse a elementos que no hayan decaído. Pero con mi idea de que se producen fisiones nucleares se producen múltiples elementos lo cual al fusionarse (siempre que la presión sea suficiente se fusionarán) dan como resultado múltiples elementos.

Creo que a cada fisión y fusión se libera radiación, siendo mayor con las fisiones, esta radiación aumentará más la presión interna y ello permitirá nuevas fusiones y fisiones nucleares.

Es como lanzar múltiples bombas atómicas, la presión de estas genera fusiones y fisiones nucleares en un efecto en cadena. Mi idea del 13-8-2024 a las 20:23 (en mi apartamento, en Francia) es que siempre que se sigan produciendo incrementarán la presión interna y si se evita que produzcan hierro, creo que así se podrían crearse grandes agujeros negros.

Esto es importante porque para que decaigan algunos elementos la presión y la temperatura deben disminuir (o aumentar). Esto reduce las posibilidades de obtener elementos diferentes en un corto periodo de tiempo. También mi idea permite obtener elementos más pesados y una mayor variedad de estos.

Por tanto mis ideas son menos simplistas pero explican una mayor riqueza de fusión de elementos.

La fusión nuclear del hierro no libera radiación (o no mucha). Por este motivo las estrellas que contienen más hierro colapsan más rápidamente. Creo que del hierro producido de las estrellas de segunda generación se crearon los planetas.

A no ser que si las primeras estrellas (estrellas de tercera generación) crearon hierro, esto hizo que con este hierro se crearon estrellas de segunda generación las cuales explotaron rápidamente (debido a que colapsan más rápidamente con más cantidad de hierro) y después de este hierro se crearon planetas.

La Tierra está compuesta de hierro, el 70% de la totalidad de la Tierra es hierro.

Hay que entender que la liberación de radiación es clave en la evolución y las propiedades de la estrella. Porque estrellas que contengan más hierro liberarán menos radiación y esto hará que liberen menos calor y su temperatura será más baja. Por tanto estas estrellas que contienen más cantidad de hierro son de color rojo, su temperatura es más baja, emiten radiación de menor frecuencia.

Por el contrario, las estrellas que contengan poco hierro y elementos que liberan más radiación al fusionarse, liberan más radiación, de mayor frecuencia, con lo cual son de color azul o violeta.

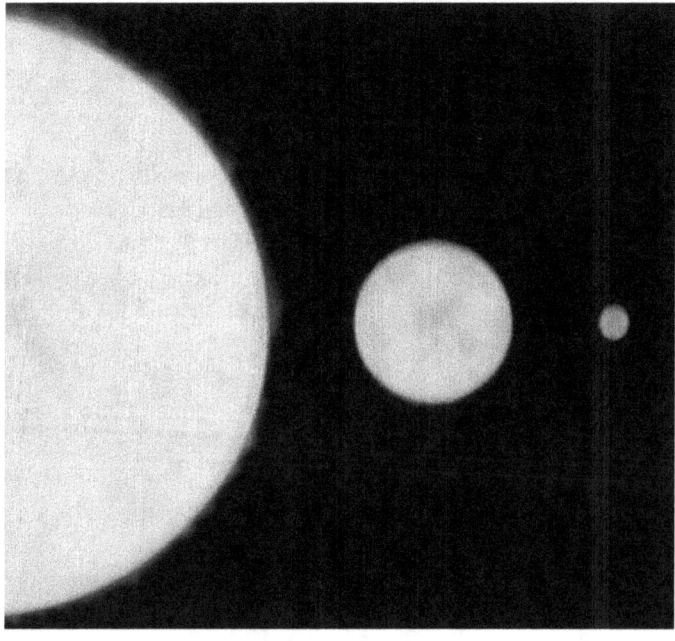

En 1849 Édouard Roche calculó la distancia mínima en la que un cuerpo como un satélite que es atraído por 2 cuerpos (2 cuerpos de diferente distancia y masa) se destruiría o saldría repelido si reduce esta distancia mínima:

$$a > 2{,}44 \text{radios} \, (p.\,planeta \,/\, p.\,satélite)^{1/3}$$

Se dice que este proceso se debe a las fuerzas de atracción. Por ejemplo si una estrella orbita otra estrella de mayor masa, puede suceder que la estrella pequeña se despedace y sus pedazos serán atraídos por la estrella de mayor masa. Este efecto se puede conocer como canibalismo estelar. Esto también puede suceder con los agujeros negros que despedazan a estrellas cercanas.

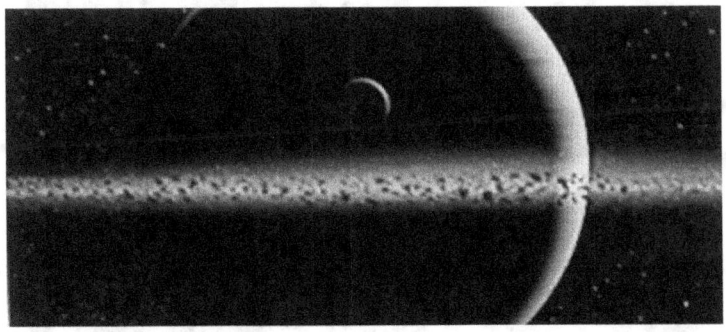

Supongo que Roche no tuvo en cuenta muchos factores como la velocidad, la velocidad de rotación, los campos electromagnéticos o incluso las fuerzas nucleares.

Creo que se podría medir este límite con imanes o la propia gravedad para separar cuerpos en ingeniería como en procesos de reciclaje (2020).

Pensé que el límite Roche debe de tener relación con la ley Titius-Bode. De hecho Roche calculó un límite de 3,35radios como zona en la que se empiezan a formar cuerpos.

Pero como ya he mencionado, Roche no tuvo en cuenta muchos factores que en mi opinión afectan a la formación de cuerpos, como la velocidad, las fuerzas electrostáticas y electromagnéticas, las inclinaciones etc.

Hay que pensar que en las nubes de gas o en pedazos de estrellas muertas que orbiten otras estrellas, se forman estrellas o planetas de forma proporcional a la masa de la estrella a la que orbitan.

Por tanto se forman espacios, vacíos entre las estrellas o planetas que se forman. Y creo que también los pedazos (como rocas) se ordenan proporcionalmente a su densidad y a la densidad y distancia que se encuentran de la estrella.

Supongo que esto explica porqué se forman planetas rocosos cerca de la estrella y planetas gaseoso lejos de la estrella. Debido no solamente a la presión de su propia gravedad sino que además de la gravedad y radiación que emite la estrella porque aumenta las fuerzas que presionan los elementos (claro que la velocidad orbital es clave en las fuerzas de compresión que unen los pedazos para formar el planeta).

Supongo que también se forman satélites al mismo tiempo y que después estos podrían incluso fusionarse con el planeta
Pensé que la ley de la flotabilidad de los cuerpos se aplicará a este proceso. (Este párrafo lo escribí el día 21-2-2024 a las 10:49, en mi casa en Francia.)

El día 21-2-2024 yo creé algunas ecuaciones para relacionar este límite de 2,44radios y 3,35radios con factores de proporcionalidad:

Ecuación FZ4083 creada por JoanCarles Testagorda Garcia (yo mismo):

$$\frac{\varphi}{Llim} = 2,441 = \frac{\varphi \, x \, m \, \mu \, x \, \alpha}{me}$$

Autor: JoanCarles Testagorda Garcia (yo mismo) ecuación que yo creé a las 10:52 del 21-2-2024 en Francia.

Ecuación FZ4085 y FZ4086 creadas por JoanCarles Tes. Gar. (yo):
$$\frac{mP \times c^2}{rB \times -1{,}1648708} \approx 2{,}4387 \approx \frac{mP \times c^2 \times 2}{rB \times \ln 10}$$
Autor: JoanCarles Testagorda Garcia (yo mismo) ecuación que yo creé a las 11:08 y 11:10 del 21-2-2024 en Francia.

Ecuación FZ4087 creada por JoanCarles Testagorda Garcia (yo mismo):
$$2{,}464 = \frac{2{,}2955871 \times 4}{\varphi \times \ln 10} \approx \frac{2{,}2955871 \times 2}{\varphi \times -1{,}1648708}$$
Autor: JoanCarles Testagorda Garcia (yo mismo) ecuación que yo creé a las 11:13 del 21-2-2024 en Francia.

Ecuación FZ4088 creada por JoanCarles Testagorda Garcia (yo mismo):
$$\frac{3{,}35 \, radios}{2{,}44 \, radios} \approx TG^{JC} \approx JQD$$
Autor: JoanCarles Testagorda Garcia (yo mismo) ecuación que yo creé a las 11:15 del 21-2-2024 en Francia. Es un poco como que deben de crearse determinadas partículas en las transmutaciones nucleares (como la transmutación del quark Down) para que los átomos puedan unirse para formar moléculas que a su vez en gran masa formarán planetas.

Por tanto es como un límite de radiación. El número "e" se utiliza para representar la radiación:

Ecuación FZ4990 creada por JoanCarles Testagorda Garcia (yo mismo):
$$2{,}44 = e^{\frac{1}{e}} + 1$$
Autor: JoanCarles Testagorda Garcia (yo mismo) ecuación que yo creé a las 18:05 del 6-8-2024 en Francia.

Creo que lo que tiene que pensarse primero es qué fuerzas mantienen unidas las moléculas y qué efectos cuánticos pueden alterar estas fuerzas. Por ejemplo el calor, la temperatura y otros factores porque provocan un aumento de la energía que afecta al núcleo atómico y a los electrones del átomo. Con los cambios de energía se producen transmutaciones que liberan radiaciones y cambian la estructura del átomo. Así que se crean proporciones entre las transmutaciones de los átomos y su capacidad para asociarse con otros átomos. Por tanto pensé que un límite como el límite de Roche tiene que ser proporcional a las transmutaciones y efectos del átomos como por ejemplo al límite orbital, (Laplace límite que en Mayo2019 relacioné con la transmutación del electrón en un muón al absorber o emitir un fotón ya que produce un salto cuántico). Porque cualquier cuerpo está formado por átomos, así que el radio de cualquier cuerpo produce y esta sometido a los efectos del átomo, a las leyes y principios atómicos.

Ecuación FZ4991 creada por JoanCarles Testagorda Garcia (yo mismo):

$$\frac{mZ}{mFermi} x \left(\frac{rN\pi}{Rw \, x \, \pi}\right)^3 x \frac{1}{JNeut\,2} = 2{,}44 \approx \frac{mZ}{mFermi} x \left(\frac{rN\pi}{Rw \, x \, \pi}\right)^3 x \frac{mUp \, x \, 2}{mD}$$

Autor: JoanCarles Testagorda Garcia (yo mismo) ecuación que yo creé a las 18:01 del 6-8-2024 en Francia.

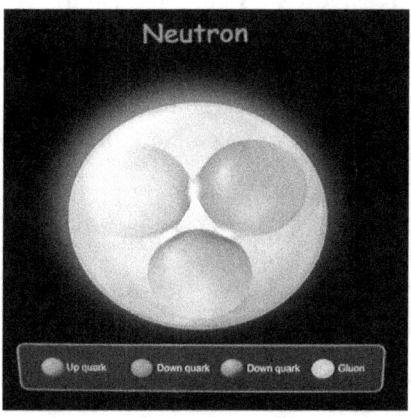

Ecuación FZ5015 creada por JoanCarles Testagorda Garcia (yo mismo):

$$\frac{mWDec}{mFermi} x \left(\frac{rN\pi}{Rw \, x \, \pi}\right)^2 x \frac{\alpha}{3} = 2{,}4343 \approx 2{,}44$$

Autor: JoanCarles Testagorda Garcia (yo mismo) ecuación que yo creé a las 17:36 del 12-8-2024 en Francia.

Otra de mis ideas del 12-8-2024 ≈13h, es que el debido al límite de Roche, debido a estas fuerza de atracción y compresión, un planeta que orbitase entre Júpiter, Marte y el Sol podría haberse destrozado, o simplemente no haberse formado.
Esto explicaría porqué entre Júpiter y Marte hay esta acumulación de rocas que se llama cinturón de asteroides.

Si se unen las rocas del cinturón, podría crearse un gran planeta. Pero claro este planeta estaría sometido a fuertes fuerzas de atracción y compresión producidas por un lado por Júpiter y Saturno, y por el otro principalmente por el Sol y Marte. Así que si había un planeta pudo destrozarse o bien no haberse formado debido a las fuerzas de compresión.
Algunos científicos apuntaban a que hubo un planeta el cual fue destruido debido a una colisión contra un asteroide (meteorito).
Si hubo un planeta y después se destruyó, su destrucción pudo producir efectos sobre las orbitas de otros planetas que a su vez modificaron las orbitas de los otros.

Hay que entender el sistema solar, así como cualquier sistema estelar, como un conjunto de cuerpos que interaccionan constantemente entre ellos y que sus velocidades y posiciones varían de forma ordenada, coherente y harmoniosa. Así que es como un ecosistema, todo el universo forma un gran ecosistema harmonioso.

Se cree que de las ondas de choque de las supernovas (explosiones de estrellas) se creó el sistema solar así como otros sistemas estelares de estrellas de primera generación hace aproximadamente 9100 millones de años. Las ondas de choque pueden comprimir las nubes de gas de Hidrógeno y Helio.

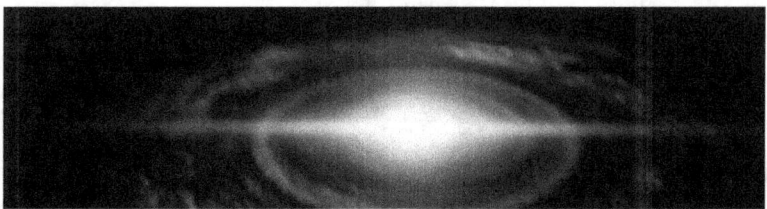

El día 2/6/2024 a las 16:10 (en mi casa, mi apartamento, en Francia) pensé que lo que sucede es que de una nube de gas se forman estrellas y que de la primera explosión inicial de la estrella que se forma (debida a las primeras fusiones nucleares se crean explosiones nucleares que liberan radiación) se destrozan estrellas que estaban en proceso de formación y de sus pedazos que quedan orbitando la estrella que se enciende, se forman planetas.
Es decir de las estrellas que explotaron se producen restos y nubes de gas. Estos restos orbitan uno o varios centros comunes hasta formar una o varias estrellas y otras se quedan sin formarse. Cuando se enciende una estrella, esta libera una fuerte radiación y ondas de choque, generándose fuertes fuerzas de compresión sobre estrellas en formación haciendo que queden sin formarse pues parte de la materia es expulsada.
Mi idea también es que la materia menos densa creo y la que tiene una mayor fuerza de repulsión magnética con la estrella (en el caso de que no esté unida a otros elementos que le hacen perder su carga) viaja hacia zonas lejanas.
Así que algunos de sus elementos comprimidos forman rocas que después se unirán para formar los planetas. Así que los planetas se forman a partir de los restos de estrellas de segunda generación (y de tercera) y de restos de estrellas de primera generación las cuales nunca nacieron (porque estaban en fase de creación y no les dio tiempo a formarse).

Por tanto mi idea explica que elementos neutros y no neutros(si se ionizan pierden su neutralidad) como el agua, pueden encontrase en muchos planetas porque las moléculas de agua formadas antes de la creación de planetas se mezclaban con restos de estrellas.

Es decir, hubo elementos que se mezclaron debido a que se atraían con una fuerte atracción electromagnética y después de la repulsión del nacimiento de la estrella quedaron unidos y formaron planetas. Esto hizo que algunos elementos unidos fueran neutros, otros quedaron cargados. Y la repulsión del nacimiento de la estrella expulsó con más fuerza los elementos menos densos y aquellos que sufrieron una mayor repulsión electromagnética.

Mientras que otros que se unieron débilmente como gas suelto pudo repelerse hacia zonas más exteriores. Esto hace que los restos espaciales estén repartidos en función de su relación:

densidad-cantidad de carga electromagnética

Porque la gravedad los atraía hacia la estrella pero su fuerza electromagnética podía atraerlos o repelerlos de la estrella. Así que es un balance de fuerzas.
Lo cual produjo que en general los planetas rocosos queden más cerca de la estrella y los gaseosos en zonas lejanas.

No hay que olvidar que con la fuerte rotación muchos elementos se ionizaron. Más cerca se está de la estrella más rápido podían rotar pues la gravedad es superior. Así que estos elementos cercanos se ionizaban y se comprimían con mayor velocidad, por tanto formaban uniones de átomos ionizados de diferente carga. Así pudieron atraer elementos gaseosos o plasma que después formaría su atmósfera.
Y así los elementos cercanos y más pesados pudieron formar planetas rocosos.
Supongo que la luz emitida por la estrella hizo que se crearan efectos fotoeléctricos ionizando moléculas cercanas las cuales se fusionaban con otros elementos dando lugar a elementos más complejos.

También puede ser interesante mi idea de 2018 que expuse en mi obra "*Earth Mine Functioning*"sobre porqué en centro de cuerpos muy masivos es sólido si su temperatura y energía es muy alta.

Por ejemplo en el centro de la Tierra el núcleo interno es sólido y su temperatura es de 6973 grados Kelvin mientras que el núcleo externo es menos caliente 5523K pero es líquido.

En el estado sólido los electrones de los átomos están más cerca del núcleo, en el líquido más lejos del núcleo, en el de gas todavía más lejos etc. Es decir, al aumentar la temperatura los electrones se desplazan hacia orbitas más alejadas del núcleo lo cual hace que el átomo incremente su volumen.

Lo que yo pensé en 2018 es que en las estrellas así como en el centro de los planetas esto no sucede así porque la gran presión ejercida sobre los electrones hace que estos electrones se acerquen a sus respectivos núcleos y no puedan alejarse.

Pensé que esta presión sobre ellos es proporcional a la radiación emitida por el átomo. De tal manera que estos átomos liberan grandes cantidades de radiación y sus electrones presionados se quedan orbitando en orbitas cercanas al núcleo. Con lo cual estos átomos quedan en un estado sólido emitiendo alta radiación.

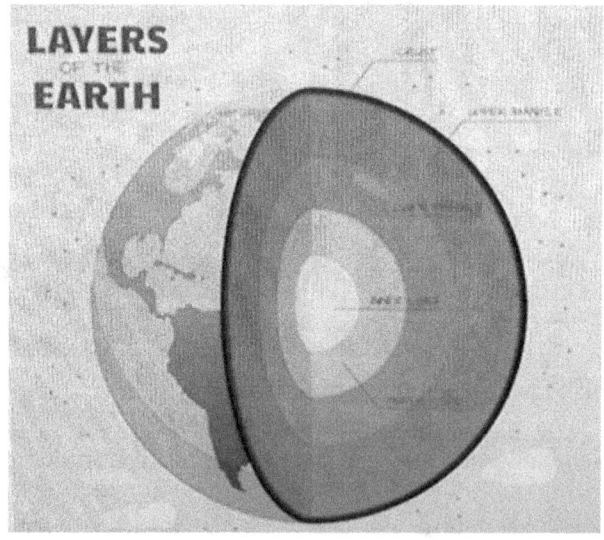

También se cree que hace:

-4500millones de años se creó la Tierra.

-3800millones de años se creó la vida (en la Tierra, no se sabe si existe vida extraterrestre).

-A 1000millones de años se crearon los primeros organismos multicelulares.

-600millones de años se crearon los primeros vertebrados.

-500millones de años se crearon los peces.

-220millones de años aparecieron los primeros mamíferos.

-200000-150000años aparecieron los primeros homo sapiens.

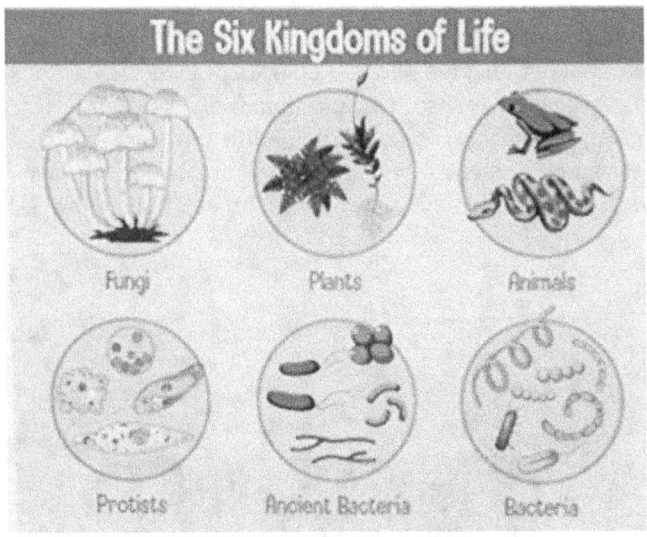

Los fotones de CMB que inicialmente tenían una temperatura de 4000K, con el paso del tiempo han ido debilitándose, perdiendo energía, es por ello que actualmente su temperatura es de 2,72548 grados Kelvin (menos de 3 grados por encima del cero absoluto).
Aunque no solamente se enfría la CMB sino que con la expansión acelerada, se estima que todo el universo se está enfriando.

Se estima que dentro de $100 \times 10^{12}$ años las estrellas actuales desaparecerán dando lugar a enanas blancas, estrellas de neutrones o agujeros negros.

Después, a los $10^{39}$ años las estrellas de neutrones y las enanas blancas se transformarán en enanas negras (que son estrellas que casi no emiten luz visible propia). En esta etapa ya no se formarán más estrellas, solamente quedarán estrellas viejas.

A los $10^{100}$ años los agujeros negros se evaporarán al ir perdiendo su masa debido a la radiación que emiten (quizás esto no sea exactamente así en el caso de que reabsorban su propia radiación, porque creo que si no hay nada, nada absorberá la radiación que emiten y esta como en cualquier campo de fuerza, volverá a su fuente de emisión que en este caso es el agujero negro. No se producirá un efecto de entropía).

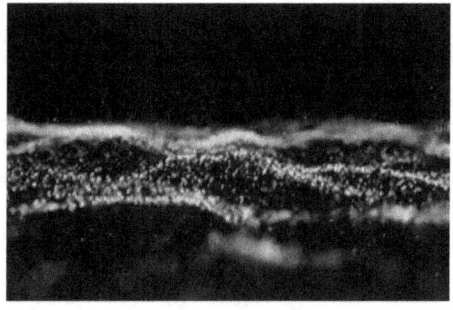

# 4-EXPLICACIÓN SIMPLE SOBRE FÍSICA DE PARTÍCULAS Y EL ESPÍN

Para entender todas las fases del origen del universo, primero es necesario entender las partículas elementales. Las partículas elementales que salen en el recuadro de la imagen son la base de todos las partículas.

Por ejemplo, el cuerpo humano está formado por células. Las células están formadas por proteínas, las proteínas están formadas por moléculas, las moléculas están formadas por átomos. A su vez los átomos están formados por electrones por neutrones y por protones. Los neutrones y los protones están formados por quarks.

Hasta ahora lo que se sabe es esto. Se piensa que los quarks y los electrones no están formados de otras partículas más elementales.

Claro que es posible que estas partículas estén formadas de energía oscura o de materia oscura, o de cuerdas como sugiere la teoría de cuerdas. Así que no serían su estado más elemental.
Por el momento lo que está aceptado es que este grupo de partículas son las partículas elementales. De hecho en febrero2019 yo mismo uní mi idea sobre la materia y la energía oscura (de 2014 pero esta vez con el método científico) con el bosón de Higgs.

Después en Abril 2020 cuando uní todas las partículas al bosón de Higgs (en mis ecuaciones FZ413, FZ418, FZ419... algunas de las cuales autopubliqué en mi facebook y en páginas de facebook) lo que hice fue unir todo. En 2024 creé más ecuaciones uniendo todo las cuales voy a exponer después.

Mi idea de 2020 (en Francia) es que deben de existir también los bosonesJC, el bosonJCTG4 (que expongo en mi libro sobre la gravedad), el bosónJCTG2, el bosón Gar y el bosónTes. También pensé en la existencia del bosón GaTe en verano2021. En esta serie de libros que yo he creado y en la que expongo solamente mis ideas, explicaré en otros libros mis bosones.

En el recuadro de cada partícula se pueden observar obsevar algunas de sus características como la masa (mass) en electronvoltios, la carga (charge) y el espín (spin):

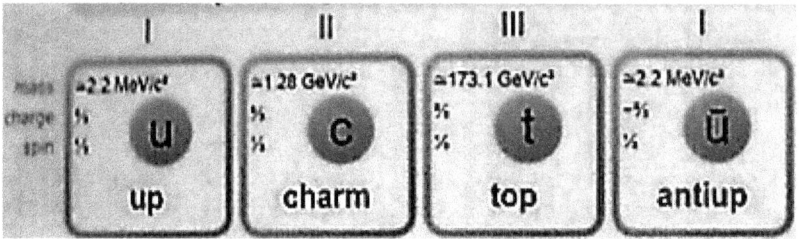

Existen otras propiedades de las partículas como el isospín, el isospín débil, la quiralidad pero no aparecen en este cuadro.

Ahora solamente explicaré lo más básico y ya aceptado.
Mirando bien el cuadro, lo primero que puede observarse es que el cuadro está dividido en 2 tipos de grupos.

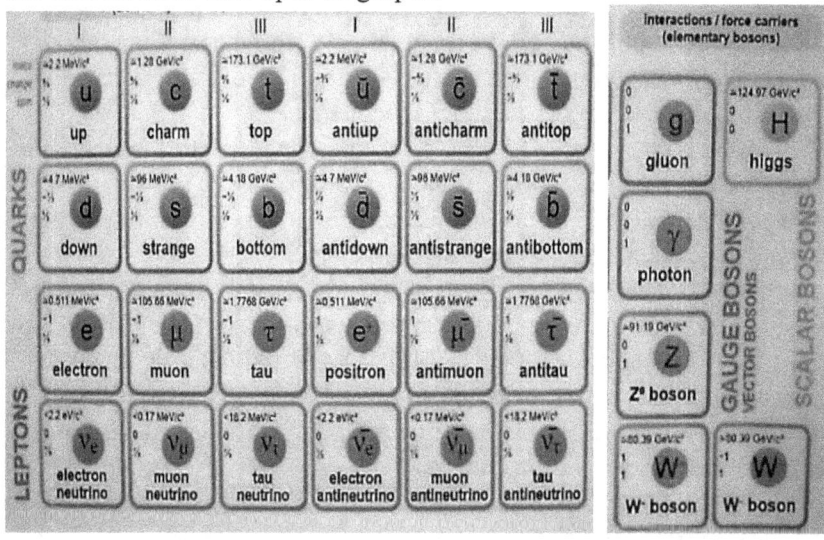

Un grupo son los fermiones que tienen espín no entero como 1/2, 1/3, 3/4 o -1/2, -1/3, -3/4. Después explicaré brevemente qué es el espín.
A su vez los fermiones pueden ser de 2 tipos, leptones o quarks (son fermiones todos los quarks y todos los leptones).

El otro grupo son los bosones, estos bosones tienen espín entero como 0,1,2.

Los bosones pueden ser de 2 tipos, los bosones escalares y los bosones de gauge (vectoriales). Los bosones de gauge son los que producen las interacciones las interacciones son las fuerzas como el electromagnetismo, la gravedad, la nuclear débil y la nuclear fuerte.
Los bosones escalares pueden dar propiedades a las partículas (o crean otras partículas). Por ejemplo el bosón de Higgs da a las partículas la propiedad de tener masa.

```
              PARTÍCULAS ELEMENTALES
                ↓                           ↓
             FERMIONES                   BOSONES
           ↓         ↓                 ↓         ↓
        QUARKS   LEPTONES           DE GAUGE  ESCALARES
```

Por tanto se sabe que existen partículas elementales y que tienen diferentes propiedades. Se podría decir que las propiedades de cada partícula elemental, es producida porque estas partículas elementales pueden pueden emitir y absorber otras partículas (las cuales también son elementales) y al emitir partículas producen campos (los cuales pueden ser campos de fuerza). Por ejemplo la propiedad de tener masa se debe a que las partículas emiten y absorben bosones de Higgs. El hecho de producir e interaccionar campos de Higgs crea la propiedad de tener masa. (Con mi idea del efectoJC de 2020-2021 pude explicar porqué todas las partículas tienen masa aunque no voy a explicarlo aquí).

Por tanto cada partícula elemental produce campos que es la liberación de otras partículas.
Con estos campos unas partículas pueden interaccionar con otras partículas.

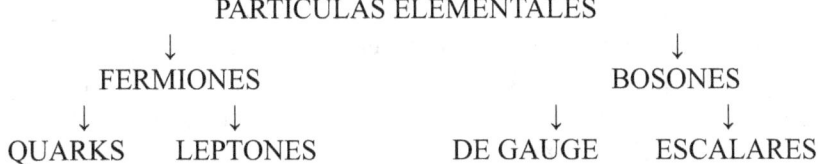

En esta imagen que es un dibujo que yo mismo creé en Abril2022 se puede ver una simple representación sobre como dos partículas (grandes) emiten otras partículas. Creé esta imagen la cual expuse en mi libro "But what is the temperature? How are created the fields?" que autopubliqué el 30 de Abril de 2022 (en Francia).

Se sabe que algunas partículas no interaccionan directamente con otras. Es decir que para interaccionar unas partículas con otras, las partículas absorben y emiten otras partículas. Aunque no todas las partículas pueden absorber o emitir todas las partículas.
Esto hace que algunas partículas no puedan interaccionar con otras partículas.
Por ejemplo un quark tiene la propiedad de la carga de color con la cual pueden emitir y absorber quarks y emitir y absorber gluones. Los gluones producen la interacción nuclear fuerte.
Los electrones no tienen no pueden absorber ni emitir gluones. Esto hace que los electrones no puedan interaccionar con los quarks mediante la fuerza nuclear fuerte.
Aunque los electrones tienen carga electromagnética y los quarks también tienen carga electromagnética la cual se transmite mediante fotones. Por tanto quarks y electrones pueden interaccionar intercambiándose fotones y por tanto pueden interaccionar electromagnéticamente (también mediante la fuerza débil al intercambiar bosones W o Z porque tanto fermiones como quarks tienen carga débil, es decir, tienen la capacidad de emitir y absorber bosones W y Z).
A principios del siglo XX se descubrió el átomo con el electrón el protón y el neutrón. Después se descubrió que el protón y el neutrón estaban compuestos de partículas más elementales que son los quarks (también pueden escribirse como cuarks).

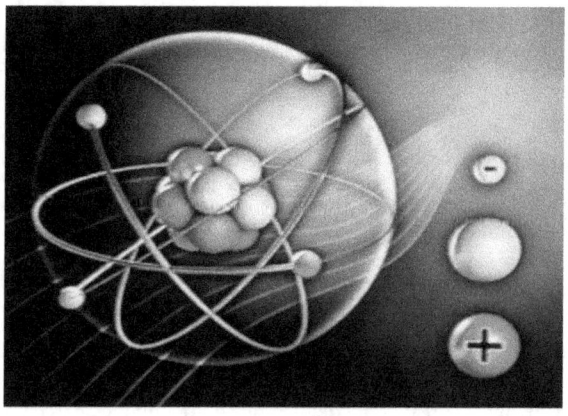

Se sabe que los cuerpos como planetas y estrellas están unidos por la fuerza de la gravedad (las fuerzas son interacciones). Así un planeta está unido a la estrella a la cual orbita porque la gravedad no permite que el planeta deje de orbitar la estrella.

También se sabe que existen otras fuerzas, por ejemplo la fuerza electromagnética. (De hecho se sabía que existía la fuerza eléctrica y la fuerza magnética por separado, pero después se supo que estas fuerzas estaban relacionadas por las partículas de luz (los fotones) así que se unieron estas fuerzas en la fuerza electromagnética).
Cuando se descubrió el átomo se descubrió que los electrones están unidos al núcleo atómico debido a la fuerza electromagnética.
Debido a que la masa de los electrones y del núcleo atómico es muy ligera, la fuerza de la gravedad no podía explicar la unión de entre estos elementos, pero la fuerza electromagnética sí.
El problema surgió cuando se descubrió que en el núcleo atómico había neutrones porque los neutrones al no tener carga electromagnética y al no tener una gran masa (la cual produza suficiente gravedad) no podía ser que estos neutrones estuviésen unidos a los protones.
Se descubrió el neutrón porque el núcleo atómico se pesó y se supo que tenían que haber diferentes partículas en el núcleo y no solamente una partícula cargada o varias partículas cargadas. Se midió la carga del núcleo y se obtuvo que los núcleos podían estar compuestos por partículas de carga positiva. Pero que estas partículas de carga positiva se repelerían entre ellas y no podrían formar un núcleo.

También al medir la carga se supo que debía de ser positiva o neutra y que no podía ser negativa. Así que se pensó que debía de existir el neutrón, el cual era masivo y sin carga electromagnética.

El problema es que estos neutrones los cuales no tenían carga, no podían explicar porqué se mantenían unidos a los protones ya que la fuerza de la gravedad no podía explicar una fuerte unión entre protones y neutrones, sino que se debería de desintegrar el núcleo con facilidad.

La solución fue pensar que los protones y los neutrones no eran elementales y por tanto se postuló que estaban hecho de partículas subatómica, los cuales se llaman quarks.

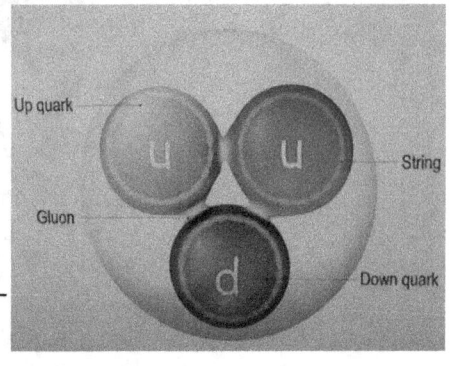

De hecho se postuló que debía de existir una interacción nuclear la cual era producida por piones (partículas compuestas por quarks) y que estos son emitidos y absorbidos por piones produciéndose una interacción entre protones y neutrones manteniendo estos unidos.

Así que se postuló la existencia de nuevas partículas subatómicas y se descubrió que los protones y los neutrones están unidos mediante la fuerza nuclear residual que son los piones (también la fuerza nuclear débil tiene sus efectos en la cantidad de protones y neutrones). Aunque la interacción nuclear residual no podía explicar porqué los quarks estaban unidos de forma tan fuerte.

Por tanto se descubrió que los quarks (que forman los protones y los neutrones) están unidos mediante la fuerza nuclear fuerte.

La fuerza nuclear fuerte es producida por el intercambio de gluones. Esta es una propiedad a la cual se le llama carga de color y es una propiedad la cual solamente poseen los quarks y algunas partículas compuestas por quarks como el propio gluón. Los bosones gluones producen la fuerza nuclear fuerte. Con la cual un trío de quarks intercambiándose gluones se unen y forman un protón o un neutrón.

En esta imagen que es un dibujo que yo mismo creé en 2020 (en Francia) se puede ver la composición de un átomo en partículas sub-nucleares que decaen y emiten gluones, fotones, electrones y piones.

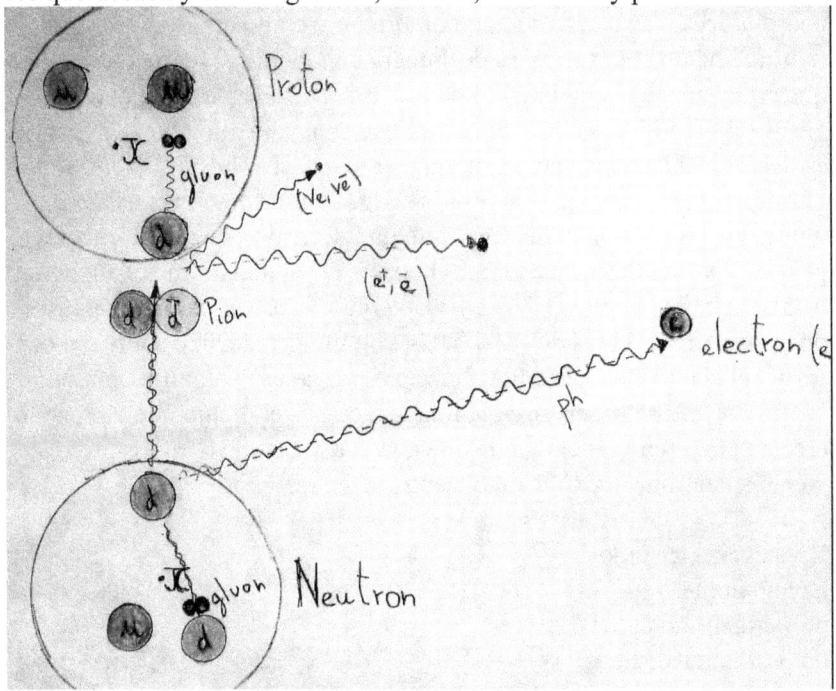

La fuerza nuclear residual une los protones con los neutrones. (Al principio se pensaba que los piones que son otras partículas no elementales producían la fuerza nuclear, aunque después se dijo que eran partículas residuales de la fuerza nuclear).

De tal modo que en un protón formado por 2quarks Up y 1quark down, uno de sus quarks Up decae transformándose en un quark down y emite un Pion ($\pi^+$) positivo. Esto hace que el protón se transforme en un neutrón.

A su vez el pion positivo ($\pi^+$) es emitido y es absorbido por un quark down de un neutrón cercano. Esto hace que este quark down se transforme en un quark Up y emite un pion negativo ($\pi^-$). De tal modo que este neutrón se transforma en un Protón.

Este pion negativo es absorbido por un quark Up de un Protón sucediendo que el quark Up se transforme en un quark down haciendo que este Protón se transforme en un Neutrón.

Los bosones W⁺, W⁻ y Z producen la fuerza nuclear débil la cual equilibra el número de protones y electrones. Es decir cuando hay un neutrón de más respecto al número total de protones, lo que sucede es que el neutrón decae (se transforma) en un protón y emite un bosón W⁻. (Normalmente el bosón W se desintegra con facilidad (al menos es lo que está aceptado actualmente) pero lo que pensé en la tarde del 12/7/2024 (en mi casa en Francia) es que si hay un alto nivel de energía, es decir una alta densidad de energía, creo que si el bosón W⁻ emitido es absorbido por un protón este protón se transforma en un neutrón, de tal modo que un neutrón al decaer emite un bosón W⁻ y se transforma en protón, y otro protón al absorber el bosón W⁻ se transforma en un neutrón). (También el día 13/7/2024 11:06 (en mi casa en Francia) pensé que podía unir mi idea del 12-7-2024 con mi idea de2020 sobre del centroJC (el centroJC no es ningún edificio (yo no estado nunca en ningún centro), se puede observar en la imagen, que es el dibujo que yo mismo creé en 2020 (en Francia) en la que aparece el centroJC en los protones y en los neutrones), explicaré el centroJC en otro libro.

Y viceversa, cuando hay un número superior de protones un protón puede decaer transformándo-se en un neutrón y emitiendo un bosón W⁺ . Normalmente el bosón W⁺ se desintegra pero mi idea es que con un alto nivel de energía el bosón W⁺ es absorbido por un neutrón el cual se transforma en un protón. Normalmente sucede que como el bosón W es muy masivo, se desintegra rápidamente lo cual produce que decaiga en un leptón y un neutrino. A este proceso se le denomina desintegración beta y fue descubierto por Enrico Fermi alrededor de 1930. De tal modo que el número de protones y neutrones se equilibra.
Lo que pensé en 2015 y en 2020 mejoré y que expongo en mi libro "Brief introduction to quantum physics (lo autopubliqué el 22-3-2022 en Francia)" es que como este proceso ocurre contínuamente las partículas emitidas en el desintegramiento beta interaccionan con los electrones del átomo haciendo que estos puedan cambiar de orbita o modificar ligeramente su orbita. Por tanto permite cambiar el diámetro del átomo según la energía del núcleo.

Así que se descubrió que los bosones fotones producen la fuerza electromagnética con la que unen a los electrones a los núcleos. La fuerza nuclear fuerte mediante gluones une los quarks de los protones, de los neutrones de los piones o de los gluones y de otros mesones (los mesones son partículas compuestas por la unión de 2 quarks). La fuerza nuclear residual (y también la fuerza nuclear débil con mi idea del 12/7/2024) une los protones con los neutrones, por tanto une los nucleones (los nucleones son las partículas que forman el núcleo, los protones y los neutrones).

Y es allí cuando se puso la cuestión sobre qué pasa con la gravedad. Debido a que Albert Einstein postuló que la gravedad es producida por la deformación del espacio/tiempo el cual se deforma con la masa. Entonces al saber que las otras fuerzas estaban creadas por partículas se postuló al gravitón como la partícula que produce la fuerza gravitatoria. Yo en mi libro "But what is the gravity? What is the time" expongo mi teoría acerca de como el bosónJCTG que es el gravitón, produce la fuerza de la gravedad, además explico porqué parece que es el espacio/tiempo el que produce la gravedad. De hecho en 2014 pensé y creé hipótesis sobre que la energía oscura (energíaJol) produce la gravedad, pero después en 2019/2020 mejoré mi hipótesis estableciendo que era el gravitón y su relación con el espacio/tiempo.

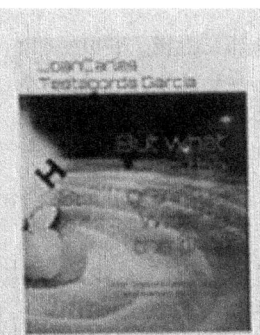

But what is the gravity? What is the time: Union Einstein's General Relativity and quantum physics theory.
Edición en Inglés | de Mr JoanCarles Testagorda Garcia
Tapa blanda
19$^{76}$€
Entrega por 7,54 € el mar, 19 de dic
Otro formato: Tapa dura

Hay que pensar que después del origen del universo se crearon todas las partículas con el descenso de la densidad y el descenso de la temperatura. Esto ocurre porque las partículas se pueden transformar en otras partículas (aunque no de cualquier manera).

**Standard Model of Elementary Particles**

| three generations of matter (elementary fermions) | | | three generations of antimatter (elementary antifermions) | | | Interactions / force carriers (elementary bosons) | |
|---|---|---|---|---|---|---|---|
| I | II | III | I | II | III | | |
| u (up) ≈2.2 MeV/c² | c (charm) ≈1.28 GeV/c² | t (top) ≈173.1 GeV/c² | ū (antiup) ≈2.2 MeV/c² | c̄ (anticharm) ≈1.28 GeV/c² | t̄ (antitop) ≈173.1 GeV/c² | g (gluon) | H (higgs) ≈124.97 GeV/c² |
| d (down) ≈4.7 MeV/c² | s (strange) ≈96 MeV/c² | b (bottom) ≈4.18 GeV/c² | d̄ (antidown) ≈4.7 MeV/c² | s̄ (antistrange) ≈96 MeV/c² | b̄ (antibottom) ≈4.18 GeV/c² | γ (photon) | |
| e (electron) ≈0.511 MeV/c² | μ (muon) ≈105.66 MeV/c² | τ (tau) ≈1.7768 GeV/c² | e (positron) ≈0.511 MeV/c² | μ̄ (antimuon) ≈105.66 MeV/c² | τ̄ (antitau) ≈1.7768 GeV/c² | Z (Z⁰ boson) ≈91.19 GeV/c² | |
| νₑ (electron neutrino) <2.2 eV/c² | ν_μ (muon neutrino) <0.17 MeV/c² | ν_τ (tau neutrino) <18.2 MeV/c² | ν̄ₑ (electron antineutrino) <2.2 eV/c² | ν̄_μ (muon antineutrino) <0.17 MeV/c² | ν̄_τ (tau antineutrino) <18.2 MeV/c² | W (W⁻ boson) ≈80.39 GeV/c² | W (W⁺ boson) ≈80.39 GeV/c² |

También se descubrió que los quarks Up y down así como lo electrones tienen partículas con sus mismas características pero con la diferencia de que tienen una masa mayor y por tanto se las ordenó por familias las cuales tienen 3 generaciones.

Se descubrió que estas partículas de mayor masa decaen (se desintegran) dando lugar a las partículas de la misma familia, por tanto que tienen sus mismas cualidades pero con la diferencia de que tienen menor masa. Así que producen partículas de su misma familia pero de generación diferente.

Además se descubrieron partículas que no tienen carga que son los neutrinos. La familia de los neutrinos y la familia de los electrones forman los leptones.

Así que la familia del electrón es:
electrón (e) - muon (μ)- tau (τ)

La familia del neutrino-electrón es:
neutrino-electrón (ve) - neutrino-muon(vμ) - neutrino-tau (vτ)

La familia del quark down es:
down (d)- strange (s) - bottom (b)

La familia del quark Up es:
up (u)- charm (ch) - top (t)

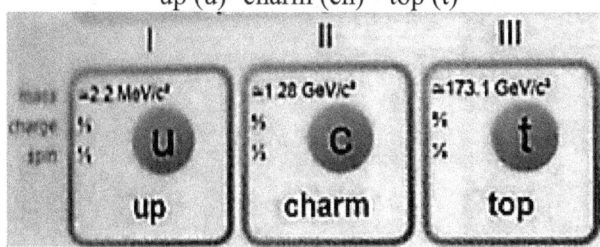

Las familias se dividen en generaciones I, II, III. Las generación III es la de partículas de mayor, la II es la de partículas de masa intermedia y la generación I es la partículas de menor masa que son más estables.

A cada partícula se la denomina como sabor. Por ejemplo de quarks positivos existen los sabores Up, charm , top, Antidown, antistrange, antibotom. También se descubrió que las partículas tienen sus antipartículas las cuales son idénticas a ellas en masa pero con la diferencia de que son opuestas en espín, en carga (si es que tienen carga porque los neutrinos no la tienen).

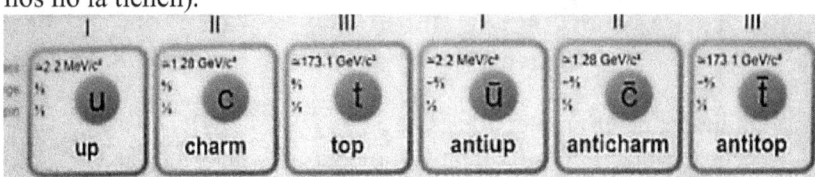

De tal forma que el electrón que su partícula es el anti-electrón (también conocido como positrón) y todas las partículas de cada familia tienen sus antipartículas. Por ejemplo todos los quarks tienen su antiquarks, todos los leptones como el electrón o el neutrino-electrón también.

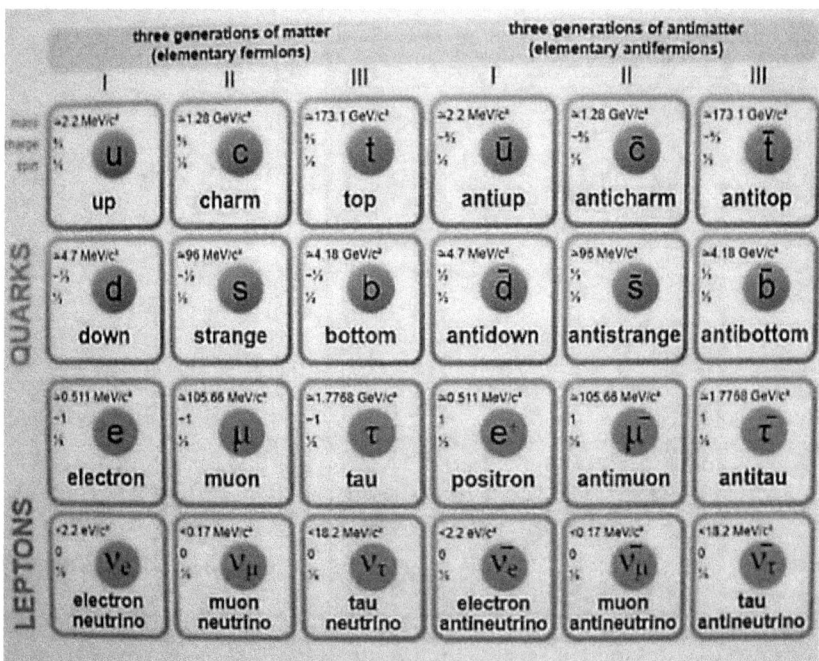

Hay que pensar que aunque no aparezca en en cuadro, existen las antipartículas de los bosones también .

Lo que sucede con todas las partículas de mayor masa, es que su tiempo de vida es muy corto. Por tanto decaen rápidamente transformándose en otras partículas. Estas otras partículas en las que decaen son partículas de diferentes tipos, aunque muchas veces los quarks y los leptones decaen en una partícula de su familia y otras partículas, en general lo hacen transformándose antes en bosones y estos decaen.

Lo primero que hay que saber sobre el decaimiento de las partículas es que en la física existe la ley de la conservación de la masa, o conservación de la energía y también la ley de la conservación de la carga electromagnética, además de la conservación de carga de color (y en general el número leptónico se conserva).
Por tanto siempre que una partícula de mayor masa decae, cuando decae tiene que transformarse en partículas las cuales sumadas tendrán un valor de energía igual al de la partícula que decae. Muchas veces las partículas pueden decaer porque absorben otras partículas (en una interacción). En mis libros "But what is th gravity? What is the time, que autopubliqué en Francia el 6-8-2022" y "But what is the temperature?How are created the fields? que autopubliqué el 30-4-2022 en Francia" expongo mi hipótesis acerca de como y porqué decaen las partículas.

Uno de los grandes descubrimientos del siglo pasado fue el bosón de Higgs. Se dice que el bosón de Higgs es una partícula la cual produce que las partículas tengan masa.

De hecho la ley de la conservación de la masa se produce en las partículas las cuales tienen masa. Así que las partículas que decaen deberían de conservar la cantidad de masa (con mi efectoJC esto siempre se cumple).
Como la masa es energía ($E=mc^2$) entonces se produce la conservación de la energía siempre. (De hecho la equivalencia masa energía y la teoría de la relatividad especial de Einstein dicen que una partícula cambia su masa según la cantidad de velocidad que tiene). Resolví esto en 2020/2021 lo cual está unido a mi idea del efectoJC.

Lo importante ahora es entender que existen leyes de conservación las cuales se respetan cuando una partícula decae y se transforma en otras partículas. Por tanto en principio sus propiedades se conservan lo cual hace que se transforme en partículas que algunas conservan sus mismas propiedades pero pueden aparecer partículas con propiedades nuevas. El porqué de todo esto también lo pensé entre 2020 y 2021.

Otra ley de la conservación, es la ley de la conservación de la carga ya sea carga electromagnética, débil o de color. La carga electromagnética es una propiedad la cual permite a la partícula de absorber y emitir fotones. Estos fotones son los que producen la fuerza electromagnética. (A las fuerzas también se las conoce como interacciones).
Por ejemplo si un Protón (que es positivo) decae (el Protón no es elemental lo que sucede es que uno de sus quarks up que es positivo decae), emite al menos una partícula que tenga carga positiva como un Pión positivo, un bosón W con carga positiva.
También si un bosón W positivo decae, lo hará emitiendo una partícula con carga positiva como un positrón.

Para las partículas con carga electromagnética neutra lo que sucede es que decaen emitiendo una partícula de carga positiva y otra de carga negativa siendo la suma de sus cargas igual a 0.
Por ejemplo un bosónZ (el cual tiene carga neutra) decae en un par partícula antipartícula como un positrón y un electrón, o en un quarkUp y un quark antiUp, o un muón y un antimuón.

O bien decae en partículas neutras como los neutrinos o en fotones.

Por ejemplo un Pión neutro decae en un par de fotones (los fotones son portadores de la carga electromagnética pero no tienen carga electromagnética).

Aunque también existe la carga de color la cual es una propiedad de las partículas que son quarks. Esta carga de color es la capacidad de emitir o absorber gluones los cuales transmiten la fuerza nuclear fuerte.

Hay que pensar que las partículas de la misma familia cambian de sabor y para hacerlo emiten bosones. Las partículas cargadas emiten bosones, los bosones W.

Por ejemplo un quark strange decae en un quark Up y un bosón W positivo y después el bosónW decae en un electrón y un ani-electrón neutrino.

Otro ejemplo es un leptón tau que decae en un bosón W negativo y un neutrino-tau. Después el bosón W negativo decae en un leptón muon y un neutrino-muón.

A continuación puede suceder que el muón decae en bosón W negativo y un neutrino-muón. El bosón W negativo decae en un electrón y en un neutrino-electrón.

Hay que observar que en este proceso aparecen partículas neutras que son los neutrinos. Por tanto en algunas ocasiones aparecen partículas neutras juntamente con las partículas cargadas. Este proceso siempre respeta la ley de conservación de la energía.

Supongo que si aparecieran partículas sin masa o con una masa muy baja y que no tuvieran carga de color ni carga electromagnética, entonces no las sabríamos detectar con la tecnología actual.

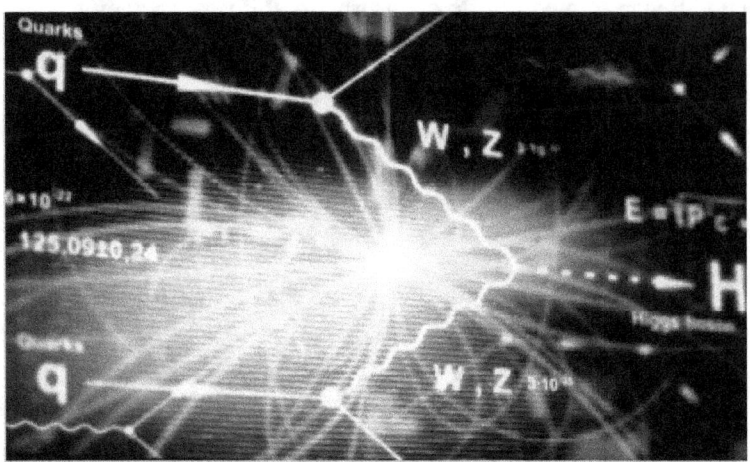

Según lo que pensé y según mis ecuaciones como mi ecuación FII del 16-4-2019 (en Niza, Francia, la cual expuse en mi trabajo "*Earth Mine Functioning de 2019*") la desintegración beta produce que el átomo aumente o disminuya su tamaño.

Mi idea es que esto ocurre porque en la desintegración se producen partículas como neutrinos, fotones, positrones las cuales creo que interaccionan directamente con los electrones (o supuse que interaccionan con los campos que producen los electrones lo expliqué en mi libro "*But what is the temperature? How are created the fields 30-4-2022*") haciendo que estos electrones aumenten su energía y produciendo saltos cuánticos. Por ejemplo en estos saltos cuánticos los electrones van hacia orbitas más alejadas produciendo con ello que el átomo incremente su volumen.

Por tanto lo que pensé es que cuando aumenta o disminuye la energía del núcleo, algunas de sus partículas (algunos de sus quarks) decaen, transmutan. Produciendo que los neutrones se transformen en protones y viceversa, lo cual libera radiación que son partículas. Estas partículas interaccionan con los electrones que orbitan el núcleo y esto hace estos electrones produzcan saltos cuánticos hacia orbitas exteriores o hacia orbitas interiores y por tanto el átomo aumenta o disminuye su volumen.

También pensé que mediante este proceso el átomo equilibra su energía y puede llegar a un equilibrio al absorber o al liberar radiación.

En estas ecuaciones que yo mismo creé, se puede ver la relación del radio del neutrón (rN) con el radio del átomo (en forma de radio de van der Waals, Rw). Mi idea de 2019 es que el neutrón y el electrón también interaccionan entre ellos (no voy a explicar aquí el porqué). Hay que pensar que los Protones y los Neutrones transmutan constantemente, entonces cuando un quark de dentro del neutrón se aleja puede transmutar decayendo en otro quark el cual también decae en un quark y en partículas como piones y bosones W. A su vez el bosón W decae (WDec) en otras partículas que interaccionan con el electrón haciendo que el electrón se acerque o se aleje del núcleo. Por tanto si el electrón (electrones) se aleja o se acerca del núcleo esto produce que el átomo aumente o disminuya su volumen.

En esta ecuación incluí la constante JCT que yo mismo creé el 12-4-2019 en Niza (Francia) (llegué a Francia, Niza el 5-4-2019). Mi constante la creé como solución de mi ecuación F49 (FI), es una ley física. JCT es una constante de proporcionalidad en 3dimensiones.

También utilizo la constante de Fermi (mFermi) la cual es útil para la cantidad de protones y neutrones. Pues estos transmutan constantemente. Además se pueden producir en fisiones o fusiones nucleares cuando se desprenden protones o neutrones los cuales pueden fisionar afectar a otros núcleos. A su vez pueden separar átomos que están unidos por enlaces atómicos.

De mi idea de 2019 es importante entender que a mayor tamaño del neutrón mayor es la transmutación de este y por tanto mayor es el tamaño del átomo.

Ecuación FZ4980 creada por JoanCarles Testagorda Garcia (yo mismo):

$$\frac{mWDec}{mFermi} x \left(\frac{rN \times \pi}{Rw \times \pi}\right)^3 x \frac{1}{JCT} x \frac{me}{2 mUp \times e^{\left(\frac{1}{e}\right)}} \approx 1$$

Autor: JoanCarles Testagorda Garcia (yo mismo) ecuación que yo creé a las 20:01 del 5-8-2024 en mi casa en Francia.

Ecuación FZ4981 creada por JoanCarles Testagorda Garcia (yo):

$$\frac{mWDec}{mFermi} x \left(\frac{rN \times \pi}{Rw \times \pi}\right)^3 x \frac{1}{JCT} x \frac{2}{3 \pi \times e} \approx 1$$

Autor: JoanCarles Testagorda Garcia (yo mismo) ecuación que yo creé a las 10:54 del 5-8-2024 en mi casa en Francia.

Ecuación FZ4982 creada por JoanCarles Testagorda Garcia (yo):

$$\frac{mZ}{mFermi \times 4} \times \left(\frac{rN \times \pi}{Rw \times \pi}\right)^3 \times TG^{JC} \approx 1$$

Autor: JoanCarles Testagorda Garcia (yo mismo) ecuación que yo creé a las 13:56 del 5-8-2024 en mi casa en Francia.

Ecuación FZ4983 creada por JoanCarles Testagorda Garcia (yo):

$$\frac{mWDec}{mFermi} \times \left(\frac{rN \times \pi}{Rw \times \pi}\right)^3 \times \frac{1}{JCT} \times \frac{mX17}{2m\pi} \times TG^{JC} \approx 1$$

o bien:

$$\frac{mWDec}{mFermi} \times \left(\frac{rN \times \pi}{Rw \times \pi} \times 2\pi\right)^3 \times \frac{mX17}{2m\pi} \approx 1$$

Autor: JoanCarles Testagorda Garcia (yo mismo) ecuación que yo creé a las 11:53 del 6-8-2024 en mi casa en Francia. En esta ecuación se puede ver que en este proceso también se crean partículas como el bosón mX17 el cual produce una quinta fuerza apareciendo en la desintegración de átomos por ejemplo.

Ecuación FZ4984 creada por JoanCarles Testagorda Garcia (yo):

$$\frac{mWDec}{mFermi} \times \left(\frac{rN \times \pi}{Rw \times \pi}\right)^3 \times \frac{1}{JCT} \times \frac{mX17}{2m\mu} \approx 1$$

Autor: JoanCarles Testagorda Garcia (yo mismo) ecuación que yo creé a las 12:09 del 6-8-2024 en mi casa en Francia.

Ecuación FZ4985 creada por JoanCarles Testagorda Garcia (yo):

$$\frac{mWDec}{mFermi} \times \left(\frac{rN \times \pi}{Rw \times \pi}\right)^3 \times \frac{1}{JCT} \times \frac{me}{mDown} \times 4/3 \approx 1$$

Autor: JoanCarles Testagorda Garcia (yo mismo) ecuación que yo creé a las 12:11 del 6-8-2024 en mi casa en Francia.

Ecuación FZ4986 creada por JoanCarles Testagorda Garcia (yo mismo):

$$\frac{mWDec}{mFermi} x \left(\frac{rN \times \pi}{Rw \times \pi}\right)^3 x \frac{3}{2}\pi^2 \approx 1 \; ; \; \frac{mWDec}{mFermi} x \left(\frac{rN \times \pi}{Rw \times \pi}\right)^3 x \frac{\pi^2}{Llim} \approx 1$$

Autor: JoanCarles Testagorda Garcia (yo mismo) ecuación que yo creé a las 12:21 del 6-8-2024 en mi casa en Francia.

Ecuación FZ4987 creada por JoanCarles Testagorda Garcia (yo mismo):

$$\frac{mWDec}{mFermi} x \left(\frac{rN}{Rw}\right)^3 x \sqrt{\frac{Rw \times \pi^4}{rB}} \approx 1 = \frac{mWDec}{mFermi} x \left(\frac{rN}{Rw}\right)^3 x \frac{\pi^2 \times m\mu \times \alpha}{me}$$

Autor: JoanCarles Testagorda Garcia (yo mismo) ecuación que yo creé a las 12:22 del 6-8-2024 en mi casa en Francia. En esta ecuación se puede ver otra de mis ideas que descubrí en 2019, en la cual es posible que los electrones al absorber fotones se convierten durante unos instantes en muones los cuales después decaen en electrones y otras partículas. Pensé que este proceso se produce sobretodo en los saltos cuánticos. Los saltos cuánticos producen a su vez que el electrón cambie de orbita así que el átomo aumenta o disminuye de tamaño con los saltos cuánticos.

Ecuación FZ4989 creada por JoanCarles Testagorda Garcia (yo mismo):

$$\frac{mWDec}{mFermi} x \left(\frac{rN \times \pi}{Rw \times \pi}\right)^3 x \frac{JC_{aqj}}{4\pi} \approx 1$$

Autor: JoanCarles Testagorda Garcia (yo mismo) ecuación que yo creé a las 14:18 del 6-8-2024 en mi casa en Francia. $JC_{aqj}=188,44$

$$\frac{121.5\,nm}{91.15\,nm} x \frac{656.3\,nm}{364.6\,nm} x \frac{1874.5\,nm}{820.1\,nm} x \frac{4052.5\,nm}{1458\,nm} x \frac{7476\,nm}{2279\,nm} x \frac{12368\,nm}{3282\,nm} = JCaqj$$

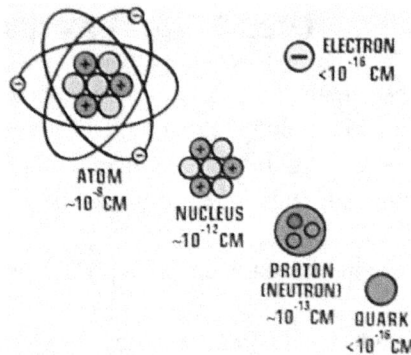

Un quark top que tiene una gran masa 173.1GeV. Por ejemplo en los choques entre protón antiprotón se pueden crear quarks top y quarks antitop. Este quark top decae en un quark charm que tiene una masa de 1.28GeV y en el decaimiento puede liberar otras partículas como gluones o en este caso bosones $W^+$ (positivos porque es un quark top). Después este quark charm produce un decaimiento transformándose en otras partículas como quarks o fotones u otras partículas como otros bosones W que decaen en otras partículas.

El bosón W decae en otras partículas como un par antimuón muón-neutrino. Aunque si se fijan en la imagen, en el decaimiento del bosón $W^-$ pueden aparecer partículas como un quark anticharm y un quark bottom que después estos quarks decaerán en otras partículas como otros quarks leptones o fotones.

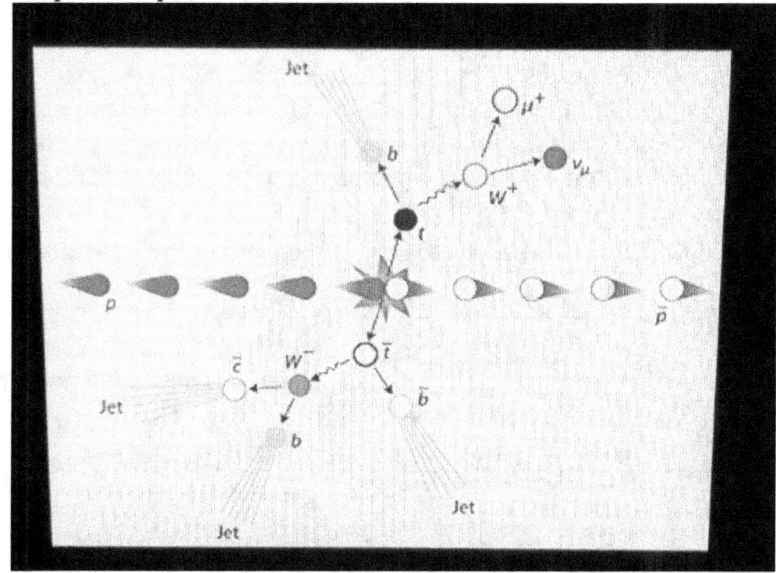

Todas las propiedades de las partículas se producen mediante partículas que emiten y absorben. Es decir, si una partícula tiene carga, esto quiere decir que está cargada electromagnéticamente. Por tanto esta partícula emitirá y podrá absorber partículas que transmiten la fuerza electromagnética. Estas partículas que transmiten la fuerza electromagnética son los fotones que es la luz.

Las partículas que tienen masa, tienen masa porque emiten y absorben bosones de Higgs etc.

Las partículas que emiten y absorben gluones tienen carga de color.

Esta imagen es una fotografía del dibujo que yo mismo creé en junio2022 en Francia, para mi trabajo "QuantumOpticsJoanCarlesTestagordaGarciaTheoryGeneralUniversal" abreviado "QOJCTGU".

Este trabajo es mi investigación científica sobre el origen del universo, creación de todas las partículas y de muchas de mis ideas sobre temas como óptica, sonido, temperatura, calor etc. Lo que hice es dividir mi trabajo QOJCTGU (el cual nunca ha estado acabado) en la serie de libros que he estado creando, de la cual este libro forma parte, es el cuarto libro que he creado de esta serie de libros.

Mi serie de libros es un recogido de muchas de mis ideas y muchas de mis ecuaciones sobre física (aunque no todas).

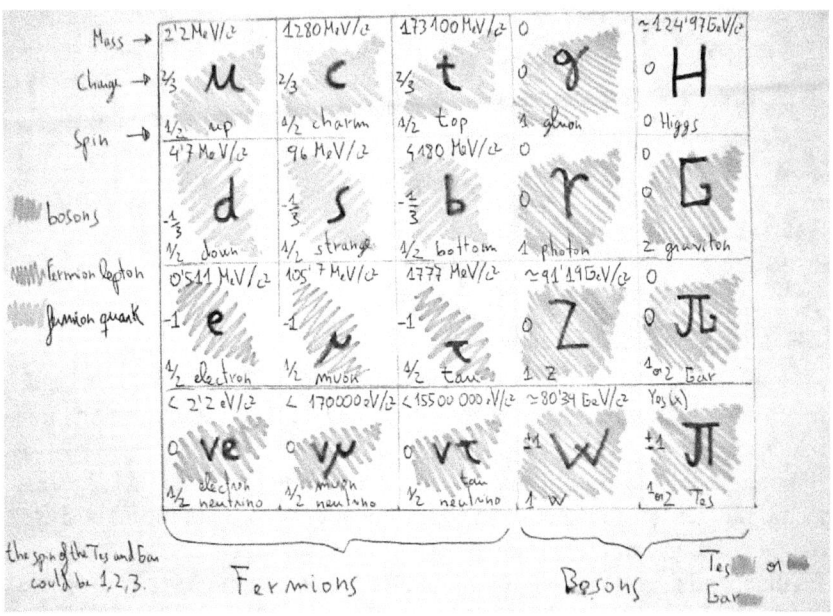

El espín es una propiedad que todas las partículas tienen. En física se define al espín como el momento angular sin respecto a un eje de coordenadas. Esto quiere decir que el espín es la capacidad que tiene un cuerpo de girar sobre sí mismo en un determinado ángulo y sin tener en cuenta su posición.
Es como la medida de rotación de los cuerpos pero no es exactamente igual que la capacidad de rotar sobre sí mismo.
Aunque parezca útil, no hay que imaginar a las partículas como bolitas que giran, pues como yo ya pensé en 2014 (en mi trabajo *Justicia Universal* lo expuse) es muy probable que sean flujos de energía con una forma poco definida.

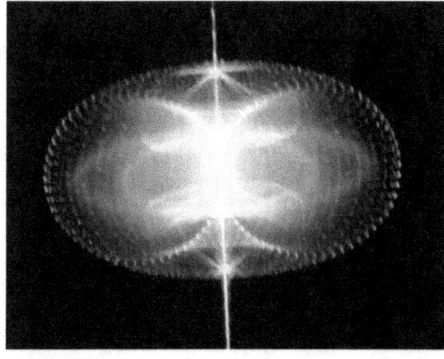

En el caso de la imagen es la forma de un toroide, pues creo que la forma en que se crean las partículas es similar a la de la imagen.

La gran diferencia entre la física cuántica y la mecánica clásica, es que muchas de las cantidades y propiedades de la física cuántica están cuantizadas.
Supongo que esto sucede porque existe un límite en el cual las partículas no pueden ser más pequeñas y más elementales. Este límite corresponde a la constante de Planck.
En el caso del espín esto también ocurre y esto produce que el espín de las partículas sea un múltiplo de la constante de Planck.
Para explicarlo de forma sencilla, sabiendo mi idea de 2014 sobre que todas las partículas están hechas de energía Jol (o de materia oscura), entonces se puede imaginar al espín como un flujo de energía que se envuelve sobre sí mismo creando un cuerpo que es una partícula.

Supongo que el hecho de que este flujo de energía vaya más rápido de lo que debería o con una velocidad 0, produciría una superación de mi límite Q5/K2 y transportaría la partícula hacia una dimensión interna o externa a nuestro universo. Porque este flujo de energía entraría dentro de sí mismo o al revés. Así que creo que se formaría un agujero negro o de gusano. Yo creé una unión de muchos factores (además de mis descubrimientos) como la energía oscura, materia oscura, mi límite universal, la creación de todo y de las partículas etc. Y el resultado es que este efecto debe de producir un cambio de dimensión hacia otro universo quizás o dentro del propio universo como en un agujero de gusano (esto lo explicaré en otro libro sobre los agujeros negros).

Como ya he mencionado el espín es una característica fundamental de las partículas (como la masa o la carga) y una de sus propiedades es que está cuantizado en unidades de la constante de Planck reducida.

La constante de Planck "h" tiene un valor igual a
$$6{,}62606957 \times 10^{-34} \, J \, s^{-1}$$
Este valor tiene como unidades Julios segundo$^{-1}$, esto significa que es energía debido a los Julios, y que se mueve debido a lo segundos$^{-1}$. Por tanto es un flujo de energía.
Al dividir esta constante "h" entre $2\pi$, se obtiene que este flujo de energía se encierra en $2\pi$, es decir se encierra en un cuerpo, se encierra sobre sí mismo (en 2 dimensiones).

$$\frac{h}{2\pi} = \hbar = 1{,}054571725 \times 10^{-34} \, J \, s^{-1}$$

Esto es lo mismo que yo pensé en 2014, de forma simple, y que expuse en mi obra "*Justicia Universal*". Como se puede ver lo que pensé en 2014 es que la energíaJol forma la materia y la antimateria y que según la dirección del flujo formará la materia o bien antimateria haciendo que tengan propiedades opuestas.

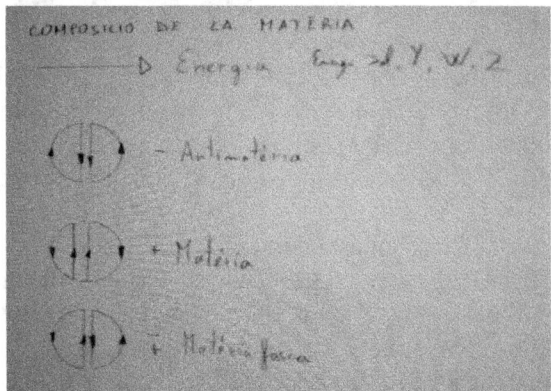

Por tanto el espín es un flujo de energía que gira entorno de sí y forma un cuerpo, una partícula. Al ser una formación de energía Jol (si tengo razón en mi hipótesis de 2014), entonces esta energía adoptan valores específicos y por tanto adopta múltiples enteros o semi-enteros de esta constante de Planck reducida como 0, 1, 2, 1/2, -1/2, 3/4, 2/3, 1/3, -1/3 etc..
Como ya mencioné antes los bosones tienen espín entero como 0, 1, o 2. Y los fermiones tienen espín semi-entero como 1/2, -1/2, 1/3, -1/3, 2/3 etc.

También lo que yo descubrí en ≈2020 es porqué los bosones tienen espín entero y los fermiones espín semi-entero. Esto me permitió descubrir porqué y como se producen las fuerzas.
Por este motivo teoricé mi bosonJCTG4 como el gravitón (el cual produce la gravedad estando este compuesto por neutrinos) porque tiene espín2, el bosón JCTG con espín 1 (el cual debería de producir una fuerza como una quinta fuerza estando compuesto por un neutrino y un antineutrino) etc.

Se puede ver en mis ecuaciones de 2020 porque teoricé que la unión de 4neutrinos, 2neutrinos y 2antineutrinos deberían de crear el bosón JCTG4 el cual es el gravitón mientras que un par neutrino-antineutrino deberían de producir una fuerza por ejemplo una quinta fuerza. Lo expliqué en mi libro "But what is the gravity? What is the time" que autopubliqué el 6-8-2022.
Lo que pensé en 2020 es que si la unión de 2 partículas como un electrón y un positrón produce un fotón (bosón) de espín1, la unión de un quark y un antiquark crea un gluón (bosón) de espín 1, entonces es posible que el espín entero se crea a partir de partículas con espín semi-entero que giran en una dirección concreta.

Estas ecuaciones las creé yo mismo en 2020.

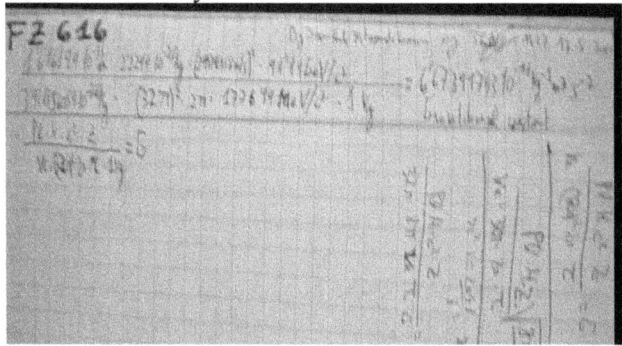

Esta imagen es una fotografía de mayo2020 de mi libreta en la cual creé y anoté mi ecuación FZ617(en Francia). Autopubliqué un videoselfie en mi facebook (en mayo2020) en el cual se puede ver mi ecuación.

Ecuación F616 creada por JoanCarles Testagorda Garcia (yo mismo):

$$\frac{lp \times mH \times mZ \times c^2}{4mve \times m\tau \times 4\pi^2 \times 32\pi \times 1\,Kg} = 6{,}6751 \times 10^{-11}\,Kg^{-1}\,m^3\,s^{-2} = Gc$$

Autor: JoanCarles Testagorda Garcia (yo mismo) ecuación que yo creé a las 11:27 del 17-5-2020 en Francia.

Uní mi ecuación FZ617 con la teoría de la Relatividad General.

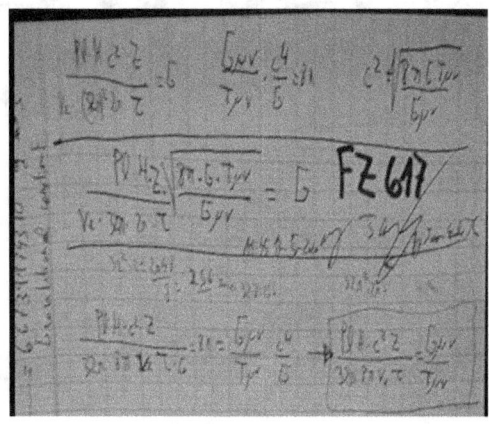

Ecuación F617 creada por JoanCarles Testagorda Garcia (yo mismo):

$$\frac{mPl \times mH \times mZ \times c^2}{4mve \times m\tau \times 4\pi^2 \times 32\pi \times 1\,Kg} = \frac{G_{\mu\nu} \times c^4}{8\pi \times T_{\mu\nu}}$$

Autor: JoanCarles Testagorda Garcia (yo mismo) ecuación que yo creé a las 11:45 del 17-5-2020 en Francia.

Pensé que algunas partículas unidas podrían anular su espín dando lugar a la creación de partículas de espín 0, o uniones de 4 partículas formando una partícula con espín 1 o semi-entero o 2.

Pensé que esto deberían de hacer que uniones de 4 partículas podrían crear partículas con espín 2 siendo que 4neutrinos que crean el bosón-JCTG4 dan lugar a una partícula con espín2 que es el gravitón.

Pensé que si los neutrinos tienen una sola quiralidad esto produce que la fuerza sea solamente atrayente, que es el caso de la gravedad.

A pesar de ello y en mi libro sobre la gravedad expuse que el bosón JCTG produce la gravedad pero que existía la posibilidad de que fueran 4neutrinos (bosónJCTG4).

Una de las particularidades del espín es que el espín produce que las partículas de espín entero (bosones) tengan una función de onda simétrica. Mientras que las partículas de espín semi-entero (fermiones) tienen funciones de onda no simétricas.

Esto produce que los bosones puedan no repelerse entre ellos y puedan amontonarse. Supongo que es por ello que la luz blanca está compuesta por múltiples ondas de luz de diferentes frecuencias.

(Explicaré más sobre mi hipótesis de qué es la luz en otro libro).

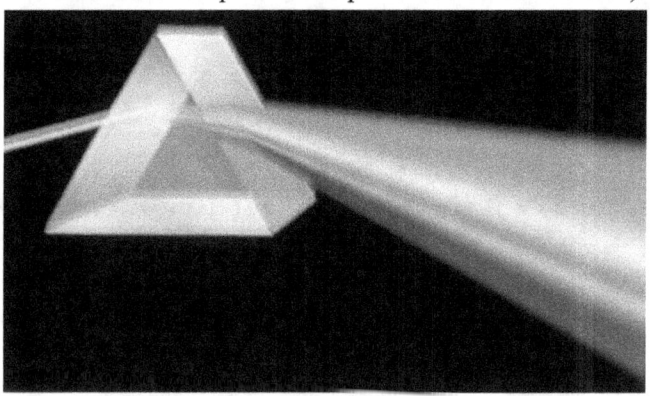

De modo que como descubrió Pauli, los electrones que son fermiones producirán el principio de exclusión de Pauli, lo cual hará que se repelerán entre ellos y es por ello que no podrán orbitar el núcleo atómico en la misma orbita. Así que solamente encontraremos 2electrones en la misma orbita en el caso de que uno de ellos tenga espín opuesto al otro (como sucede con los fotones pensé en 2020).

Observadores externos que vean una partícula desde diferentes perspectivas, lo único que pueden ver diferentemente al observar esta partícula es la dirección de giro de su espín pero la cantidad de movimiento siempre la verán igual. El día 21/5/2024 a las 19:32 pensé que esto sucede solamente en 3dimensiones x,y,z a las que estamos acostumbrados, pero que esto podría no producirse si un observador observa la partícula desde una dimensión interna o externa.

También el 21/5/2024 a las 19:20 pensé que si se viola la ley de los números leptónicos se debe a que se emiten más partículas (quizás de masa casi nula) de las que se observan en las dimensiones que observamos, pues no las podemos ver todas porque algunas podrían emitirse en dimensiones que no observamos como internas o externas.

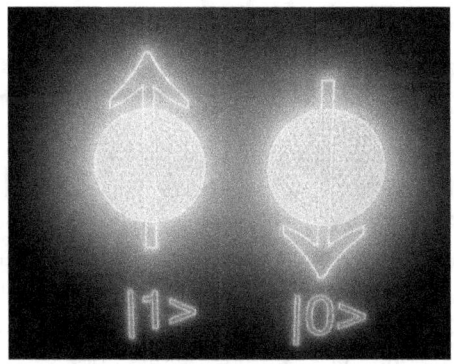

El 29/4/2021 11:47 yo creé escritos en los que expuse mis ideas relacionadas con los postulados de la física cuántica los cuales nombré como postuladosJC pues es una reformulación de los postulados de la física cuántica que yo hice. Lo explicaré en otro de mis libros.

En abril2020 pensé una idea muy hipotética que es que el espín podría estar creado por una partícula (o bien como pensé en 2014 por una energía elemental, Jol) lo cual hará que si varias partículas interaccionan, estas podrían cambiar su espín mediante partículas que producen campos de espín. Por ejemplo esto explicaría como y porqué al disminuir la energía un protón puede cambiar su espín y adoptar un espín inverso. Después si las partículas se alejan la partícula que cambió su espín cambia su espín al estado que tenía antes de interaccionar. Este proceso se parece a un cambio de carga, es por ello que mi idea de que una partícula produce un cambio de espín es plausible. Siendo mi bosónJCTG4 el gravitón, es posible que mi bosónJCTG produjera este efecto (el bosón X17 o como pensé en 2014 la energía Jol).

# 5-MI HIPÓTESIS SOBRE LA CREACIÓN DEL UNIVERSO

-¿De donde nació todo, como se creó todo?

Para responder a esto el ser humano he tenido que aprender mucho, observar mucho y crear para observar y para aprender, sobretodo he creado mucho.
Yo creo en Dios, también creo que el ser humano podrá responder algún día a la gran pregunta de como se creó todo de forma humilde.
Por mi parte de joven, de adolescente (nací el 21 de Enero de 1990, en 2024 tengo 34 años ya no soy tan joven) me pregunté como era posible la creación del universo, también de joven me gustaba observar el firmamento y en 2014 empecé mi investigación científica acerca de la creación de universo y acerca de otros temas como qué es la luz, el sonido, como funciona el cerebro etc. Y claro empecé con la base que te enseñan en la escuela y en 2012, 2013 y 2014 empecé a pensar ideas que anotaba, lógicamente pensaba antes de leer acerca de los temas sobre los que me cuestionaba, después consultaba en la enciclopedia, en documentales y después se me ocurrían más ideas con la mezcla de lo que había pensado antes con lo que leía y sin mezclar también. Por ejemplo pensé acerca de como se crea el universo, pensé en como podía expandirse, lo que contenía y como evolucionaba.

# 5.1-BREVE AUTOBIOGRAFÍA Y TIMELINE DE MI OBRA

Antes de explicar como y porqué llegué a los resultados que llegué, voy a explicar un poco como llegué a pensar y creer en que pensando puedes llegar ha hacer algo importante. (La mayor parte de este párrafo la escribí en Abril2024 (en Francia))
Creo que la confianza es básica para toda persona que quiere hacer algo en la vida. Aunque se puede tener suerte en la vida, muchas veces se necesita trabajar mucho durante años para poder logar algo importante.
Todo el mundo puede tener una idea y hacerse rico, todo el mundo puede pensar algo en lo que nadie pensó, pero si se quiere estar siempre en la cima hay que trabajar constantemente y no basta una sola idea sino que se deben de tener muchas ideas innovadoras.
Más talento se tiene menos trabajo hace falta, menos hace falta esforzarse, pero esfuerzo y talento permiten obtener resultados más importantes.
Mozart podía improvisar melodías que eran mejores que las de sus contemporáneos, porque Mozart era talento puro. Pero desde pequeño trabajó su talento. Sino hubiera tocado ningún instrumento de pequeño nunca habría sido Mozart como lo conocemos.
Otros se han esforzado muchísimo más que Mozart y nunca han logrado realizar grandes composiciones. Talento y esfuerzo. pero además lo que quiero exponer es que la auto-confianza, creer en sí mismo es imprescindible.

Voy a explicar como adquirí autoconfianza y porqué fue un factor clave en que yo empezara ha hacer ciencia. Creo que es necesario educar bien a los niños, educarlos para que piensen, para que razonen y no para que repitan lo que memoricen. Creo que la curiosidad es lo que puede motivar a la persona cuando la persona cree que saber es importante o útil.
En mi caso, es cierto que cuando yo era un bebé empecé a andar y a hablar mucho antes que la mayoría de personas. Nací el 21 de Enero de 1990, en Solsona, Cataluña, España.
Tenía mucha facilidad para los estudios. En clase escuchaba y entendía siempre de forma fácil, aprendía muy rápido, siempre era de los primeros de la clase sin esforzarme.

Ya desde pequeño salía con los amigos a la calle a jugar a fútbol, con la bicicleta, con los patines, skate, etc. Tuve muchos juguetes aunque no me regalaban todos los juguetes que pedía.

Siempre me adapté bien a las situaciones, era un poco travieso y siempre he sido de hacer comentarios divertidos con los amigos, la familia o incluso en clase.

Cuando era pequeño leía libros pero no científicos ni de arte. Por ejemplo algunas veces le leía libros a mi hermano pequeño.

Fotografía de mi mismo (JoanCarles Testagorda Garcia) en la comunión de mi hermano pequeño (tengo una hermana mayor pero no tengo hermanos mayores). En esta fotografía yo tenía aproximadamente 12 años.

En realidad en todas las clases que he asistido, siempre he sido de los primeros de la clase aunque no siempre en las calificaciones y siempre he hecho amigos en todas las clases. Es decir, siempre he tenido una gran facilidad para los estudios pero el nivel escolar siempre va aumentando de año en año así que como no estudiaba, con los años las calificaciones pasaron de todo excelentes a todo excelentes con algún notable, después eran todo notables, después ya empezaron los suficientes y a la edad de 14años ya llegó algún insuficiente. Repetí curso a los 15 años aunque considero que de forma injusta.

No tenía ninguna motivación para estudiar y de año en año me interesaban menos los estudios.

Nunca pensé que haría nada importante en la vida, ni si quiera me interesaba la ciencia.

Me acuerdo que a los 13 o 14 años nos hicieron un examen sorpresa estatal. Saqué unas de las mejores calificaciones de mi clase en algunas asignaturas y saqué la mejor calificación en matemáticas. Lo cual me sorprendió porque mis calificaciones escolares no mostraban que yo fuera un buen estudiante.

Es cierto que ir a la escuela, en clase, me aborrecía, aunque más que aburrimiento era falta de interés y de confianza.
De pequeño creía que los niños superdotados son como los niños sabelotodo que hablan muchas lenguas y que eran niños calculadora a los que les preguntas que te digan el resultado de por ejemplo 1745x2847 y te dan el resultado correcto en pocos segundos.
Así que ya desde pequeño no pensé que pudiera tener una alta inteligencia, ni si quiera intenté aprender por mi cuenta.

Tuve una educación bastante represiva a veces, no se me explicaba el porqué hacer las cosas de una manera u de otra, se me decía haz esto y hazlo así. También en la escuela porque de hecho creo que el sistema escolar no incentiva y no promueve el pensar y razonar. Sino que es un sistema basado en repetir y resumir información.
Cuando tenía 14 años, en clase la profesora nos hizo aprendernos de memoria las leyes eléctricas de Coulomb, de Ampere, etc. hasta que no recitáramos o escribiéramos exactamente las leyes no podíamos salir al patio de recreo.
Estuve castigado sin recreo algunos días porque nunca me aprendí las leyes eléctricas de memoria. De hecho ni aprendía ni me aprendo nada de memoria (excepto mi número de tarjeta, mi número DNI, mi número de teléfono etc.). También a los 13 o 14 años el profesor me dijo que yo era la ley del mínimo esfuerzo porque con poco esfuerzo aprobaba con suficientes.
A los 16 años la profesora de química nos hizo aprendernos de memoria la tabla periódica en un examen que era solamente de la tabla periódica. Nunca me aprendí la tabla periódica de memoria. Lógicamente me sé la mayoría de los símbolos de la tabla periódica porque en física trabajo con algunos de ellos y he pensado ideas por ejemplo sobre los elementos de la atmósfera (en2014), sobre la electronegatividad, sobre los elementos de las estrellas etc.

Tengo una buena memoria, nunca olvido mi número de teléfono, ni mi número de DNI, ni mi clave de tarjeta o mi contraseña de mi correo electrónico, ni nada de este tipo de cosas. Me sé hasta mi número de seguridad social francesa. Simplemente no memorizo y no me gusta memorizar.

En 2006 (cuando tenía 16 años) me castigaron porque no había ido a clase muchos días. Me castigaron en casa y en la escuela me castigaron durante todo el semestre a quedarme una hora más en clase todos los días. Uno de esos días la profesora de inglés, que era mi tutora por aquél entonces, la misma que me había castigado, nos puso de deberes aprenderse una lista con muchos de los verbos irregulares en pasado, presente y futuro (apoximadamente 40 verbos).

Como:           "drink, drank, drunk"

Como estaba castigado decidí aprenderme la lista de los verbos en la hora de castigo.

Al día siguiente nos puso un examen de la lista de verbos, saqué un 9.5 o un 10. La profesora pensaba que había copiado. Pero no copié.

Por ejemplo en la escuela las matemáticas o la física no me gustaban porque eran muy mecánicas. Siempre te enseñaban que tienes que seguir unos pasos para llegar a la solución. Aunque muchas veces no te explicaban el porqué. De mayor me di cuenta de que esto ocurre porque en realidad no conocen la respuesta de porqué suceden muchos de los procesos físicos. Por ejemplo te dicen que de una corriente eléctrica genera un campo magnético pero no te explican porqué pues no saben porqué ni como sucede (en mis libros explico mis ideas de como y porqué). Por ejemplo los físicos saben que la materia se transforma pero no saben exactamente como y porqué se transforma, tampoco saben exactamente qué es la materia o como se crea.

De hecho en aproximadamente 2018 revisé el libro escolar de física que tenía que haber estudiado a los 23y24años y empecé a pensar ideas sobre el porqué y el como suceden muchos de los procesos físicos como por ejemplo como y porqué se produce la energía cinética, qué es, como se produce la gravedad etc (pues son cuestiones en las que ya había pensado en 2014, 2015, 2016 y 2017).

En el libro escolar exponen ecuaciones pero no explican exactamente porqué y como ocurren los procesos físicos. Un buen ejemplo es la gravedad en la que exponen la ley de Newton pero no explican si quiera la teoría de la relatividad de Einstein o el gravitón. Por tanto solamente te explican como calcular la gravedad de forma básica.

Lo que quiero decir es que el sistema académico no promueve el pensar, el razonar y esto puede afectar la motivación de la persona a la hora de satisfacer su curiosidad.
Ya de pequeño tenía mucha curiosidad. Aunque nunca tuve ni he tenido un entorno en el que se hable de ciencia, de economía o de arte.
Pero sí que por ejemplo con mis tíos vimos alguna vez la lluvia de estrellas de Agosto, o incluso con mis padres vimos un eclipse solar en casa.
De hecho desde pequeño sentía curiosidad por la astronomía nunca me regalaron un telescopio (aunque lo pedí) pero sí un microscopio (el cual no pedí), y me gustaban los animales.
Cuando era pequeño quería ser futbolista y ser muy rico, después nunca supe qué quería ser de mayor, siempre cambiaba, a los 11años quería ser biólogo y después a los 12 arqueólogo (de hecho estudié biología a los 12 e hice 2 años de arqueología a los 13 y 14años). También de adolescente hice cursos de eléctrica, después de etimología, de matemáticas y de mecánica. Pero no tenía motivación ni interés por los estudios, mi interés fue menguando de año en año.

De adolescente, aproximadamente a los15años me sentía un poco diferente en el aspecto de que no me interesaba hablar de otras personas. Por ejemplo algunos compañeros hablaban de otros compañeros (también lo hacían mis amigos o en mi familia), no era algo que me interesase, no comprendía porque hablaban de otras personas.

Aunque estaba bastante bien integrado a veces era un chico algo callado porque los temas de conversación de muchas conversaciones no me interesaban. De hecho muchas veces cuando los demás hablan de otras personas hacen suposiciones o transmiten las suposiciones que otros han dicho. Por tanto la información que transmiten es falsa o son medias verdades. No es algo inteligente ni interesante desde un punto de vista de justicia y de verdad, aunque puede permitir integrarse en determinados grupos sociales.

No creo haber hecho nada significante en ciencias cuando era adolescente, tampoco lo intenté nunca, no creía que pudiera hacer nada, ni si quiera se me pasó por la cabeza pensar en que podía lograr algo. Aproximadamente a los 16 años, en clase nos explicaron los pasos para resolver un tipo de ecuación y nos pusieron deberes. En casa no me acordaba de los pasos a seguir para resolver la ecuación, y tenía que hacer los ejercicios de deberes, así que resolví las ecuaciones como me pareció. Después en la clase de matemáticas la profesora dio los pasos a seguir para resolver la ecuación (supongo que era una ecuación de primer o segundo grado) y yo resolví la ecuación de forma algo diferente, supongo que igualando, se lo mostré a la profesora y me dijo que era correcto.

No creo que fuera algo innovador, simplemente algo que no nos habían enseñado, pero lo que quiero reflejar es el hecho de que ni siquiera pensé en que podía haber creado algo nuevo.

A los 16 y 17 años pensaba en que de mayor quería ser empresario o economista. Lo que nunca ha cambiado a lo largo de mi vida es que siempre he querido ser rico aunque no es algo que intente o haya intentado por ejemplo abriendo empresas o patentando ideas (supongo que ser rico me permitiría hacer ciencia continuamente, en mejores condiciones además de poder relajarme mejor y tener menos preocupaciones). También a los 17años en Otoño 2007 el profesor de economía nos explicó un poco como se producen las crisis económicas, y mi comentario al profesor fue que esto es lo que estaba ocurriendo en ese momento. Casualidad o no, en 2008 empezó la crisis económica pero ni siquiera pensé en ello.

Durante la crisis económica me gustaba seguir las tertulias de los economistas por la televisión.

Fotografía de mi mismo (JoanCarles Testagorda Garcia) en esta fotografía yo tenía 18 años.

De ciencia no recuerdo haber tenido ninguna conversación en familia, ni tampoco de arte, no eran temas de los que se haya hablado en mi entorno ni de pequeño ni tampoco de adolescente y casi nunca de mayor. Aunque sí recuerdo una de las pocas conversaciones que tuve con mi padre fue ya en 2010 o después de 2010 en la que me dijo que la crisis económica de 2008 fue creada por bancos estadounidenses.

La política nunca me ha interesado, considero que actualmente existen grandes políticos pero que los políticos actuales son malos gobernantes. Es decir, saben hablar y convencer, son buenos oradores pero no saben dirigir un país.
A los políticos actuales no les avergüenza ser como son, no les avergüenza criticar a los demás políticos e despreciar a los demás políticos a fin de reducir las cualidades de los otros para hacer creer que son ellos mejores.
Estamos asistiendo a grandes circos políticos mediáticos los cuales no aportan ninguna solución a los problemas reales de los ciudadanos.
Eso por no hablar de la influencia de algunos grupos industriales sobre las decisiones políticas.
Creo que la democracia es un buen sistema y que el capitalismo es un buen sistema económico. Pero no creo que una mala democracia, o un sistema capitalista no controlado y no regulado vayan a solucionar los problemas de las personas.
Las empresas no pueden regular los mercados porque lo único que les interesa es ganar dinero, no son ONG. Las empresas son necesarias pero no pueden decidir sobre la regulación económica de un país porque ayudar a los demás no es su prioridad sino una estrategia de marketing.
La mayor parte de los problemas económicos podrían haberse reducido o eliminado habiendo controlado o bloqueado el precio de algunos productos como de las primeras materias, y de buscar una equipartición justa sobre las ganancias de los productos (sin perder el ánimo de lucro el cual permite esforzarse para crear).
Supongo que tenemos un poco la sociedad que nos merecemos porque de algún modo permitimos las injusticias.

Siempre fui más de ser que de parecer. Siempre me centré en mí mismo y claro no era alguien alto (mido 1.73m), no era gordo, nunca he tenido sobrepeso, ni tampoco muy delgado (ahora peso ≈74Kg, sí que estoy un poco musculado), no era el chico más atractivo, tampoco ni soy ni he sido nunca rico, no tenía confianza en mí mismo.

A partir de los 22 años me empecé a cuestionar sobre mi vida, sobre mi mismo y la sociedad. Antes, no prestaba mucha atención a mi mismo, simplemente no me veía ni muy atractivo, ni rico, ni inteligente y ni siquiera muy buena persona (tampoco mala persona). Empecé ha analizar mis conductas, mi forma de ser y la de los demás y entendí que era mejor de lo que yo creía cuando me comparaba con cualquier persona normal porque los demás también tienen defectos.
Es curioso porque entender a otras personas permite entenderse y entenderse permite entender a los demás.

Yo me centraba en mis defectos y por ello tenía una baja autoestima, y otros tenían una alta autoestima porque solo se centraban en los defectos de los demás pero no en los suyos.

Siempre me habían dicho que era inteligente, aunque pudiera creerlo un poco, nunca pensé realmente en que podía haber una gran diferencia en el desarrollo de mi vida. En 2012 a los 22 años empecé a creer un poco en que era realmente inteligente.
Claro que siempre me han interesado los documentales aunque casi nunca veía documentales de adolescente, hasta aproximadamente 2012 en que empecé a ver documentales científicos.
Aproximadamente en 2012 al ver un documental sobre "secretos del universo" cuando empecé a pensar que podía tener buenas ideas. Porque al ver un documental sobre "secretos del universo" presentado por "Morgan Freeman", en el documental hablaban sobre la existencia de la energía oscura. Yo en 2009 antes de dormir, casi nunca pensaba en ciencia, pero pensé en porqué la velocidad de la luz es limitada, pensé que si la luz que viaja por el universo no viaja más rápido, es porque debe de existir algo en el espacio vacío lo cual frena la luz. Es decir, pensé que existía algo que no vemos, que se encuentra en el universo y que frena la luz produciendo que su velocidad fuera limitada.

Pensé que cuando un objeto baja por una bajada acelera su velocidad, pero que la luz que bajase por una bajada infinita no aceleraría debido a que hay algo que la frena.
Claro que no pensé más en ello.

También mientras jugaba a videojuegos con mi hermano, pensé que quizás los elementos del núcleo atómico se componían de elementos más pequeños. No se lo expliqué a mi hermano. Simplemente pensé que podían existir partículas que componen que neutrones y protones. Aunque lo pensé ni siquiera pensé que pudiera tener una validez científica o que fuera una buena idea.
Cuando vi otro documental (muchos años después de haberlo pensado) hablaban de que dentro de los protones y los neutrones hay quarks. Entonces fue cuando entendí que tenía ideas acertadas. Pero claro pensé que no tenía suficiente capacidad intelectual para desarrollar mis ideas. Así que fui poco a poco creyendo en mi mismo.

En 2012 pensé algunas ideas, me cuestionaba por ejemplo sobre la luz, sobre como crear sistemas de invisibilidad desviando la luz, como saben los animales cuando migrar, la percepción de estados ajenos por parte de los animales, e ideas de ese tipo. Pero aunque pensaba que quizás podía tener alguna buena idea, no pensaba que tuviera capacidad intelectual para desarrollarlas matemáticamente porque no pensaba que solamente personas como Albert Einstein saben hacer ese tipo de cosas. Así que mi falta de autoconfianza, de autoestima, seguían limitándome.

Pasó un tiempo en el que ya dejaba de ir con los amigos, y me centraba en mis ideas, en hacer deporte.

Claro que a los 15años y a los 16 años había ganado el concurso de poesía de mi clase y que en 2011, 2012, 2013... en mi casa había creado poesías cada vez de mejor nivel. Pero hacer una buena poesía es una cosa y crear ecuaciones es otra muy diferente.

En Diciembre 2013 el profesor de matemáticas nos mandó de deberes para navidades hacer un plano y aplicar las ecuaciones de la recta que habíamos trabajado en clase (ecuación paramétrica, continua, vectorial, implícita, explicita). La casa en la que vivía en 2013 que era la casa de mis padres, (del 18-3-2014 al 17-3-2015 vivía solamente en casa de mi abuela materna, y después el 18-3-2015 volví a vivir a casa de mis padres (mis padres vendieron la casa alrededor de 2022-2023)) era una casa adosada unifamiliar de 4plantas contando el garaje (el sótano). El recorrido que quería hacer era de la entrada de mi casa a la cocina (que está en la misma planta) y de la cocina a mi cuarto. Mi cuarto estaba en la segunda planta.

Pero claro, las ecuaciones que habíamos estudiado en clase eran ecuaciones de la recta para planos en 2 dimensiones. Así que el recorrido que quería hacer no podía representarlo con las ecuaciones que habíamos trabajado en clase.

Pensé que quizás tenía una gran capacidad intelectual y fue en aproximadamente 23Diciembre2013 el día que pensé en crear ecuaciones de la recta en 3dimensiones.

Ese día me puse a pensar durante al menos media hora o una hora, y nada, no sabía por donde o como hacer, empezaba a pensar en aplicar el número pi y el número áureo y cosas complicadas como abrir dimensiones.

La semana siguiente el 29 de Diciembre de 2013 pensé otra vez en el problema, y pensé que quizás podía hacerlo de forma más sencilla aplicando las ecuaciones en 2 dimensiones y añadiendo algo similar pero con un punto en una dimensión "z". El resultado fue magnífico, me sorprendí a mi mismo, mis ecuaciones concordaban con los puntos de la recta por la que había trazado el recorrido.

Ese día sentí una gran satisfacción personal que nunca o casi nunca había sentido antes.

Presenté mi trabajo de las ecuaciones de la recta en 3 dimensiones en clase al profesor, también se puede ver en mi correo electrónico en mayo2014 en mi trabajo "*Justicia universal*".

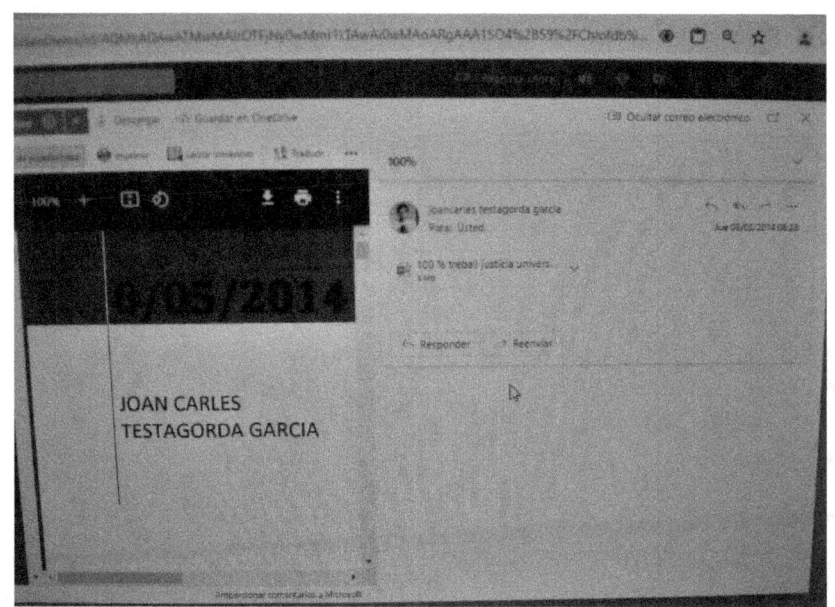

## CIRCUIT I CÀLCUL DE LES RECTES

El circuit es basa en 11 rectes, on jo entro per la porta de l'entrada de casa meva, vaig al lavabo (L), després a la cuina (C) i finalment vaig a la habitació (H) de dalt, com que he d'anar a l'habitació de dalt poso un altra dimensió per aconseguir tenir l'altura ($z$).
El primer punt és la porta d'entrada. P1
El segon és a davant de la porta del lavabo P2.
El tercer és a dins del lavabo P3.
El quart és un altra vegada davant de la porta del lavabo P4.
El cinquè és a dins de la cuina P5.
El sisè és davant de la porta de l'entrada P6.
El setè és davant de l'escala P7.
El vuitè és on comença l'escala P8.
El novè és on s'acaba l'escala P9.
El desè és davant de l'escala P10.
El onzè és davant de la porta de l'habitació P11.
El dotzè és a dins l'habitació P12.

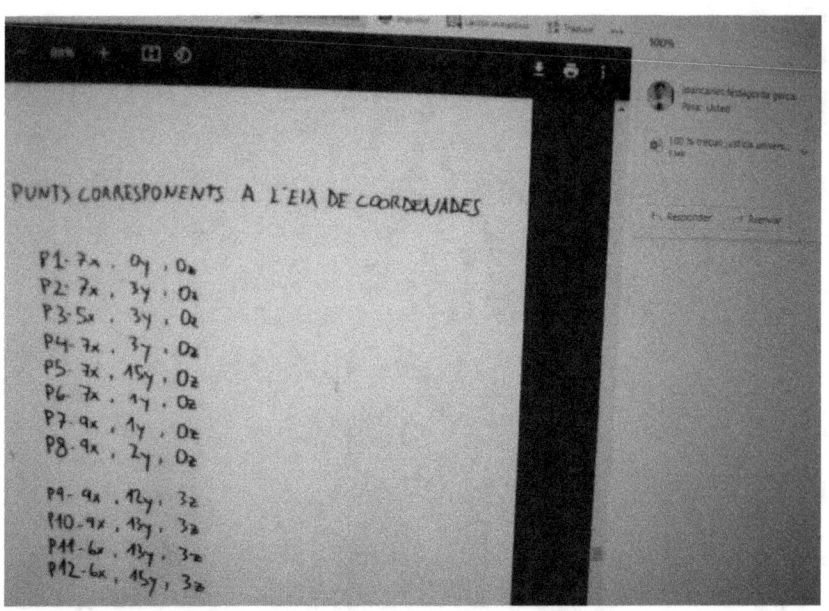

PUNTS CORRESPONENTS A L'EIX DE COORDENADES

P1- 7x, 0y, 0z
P2- 7x, 3y, 0z
P3- 5x, 3y, 0z
P4- 7x, 3y, 0z
P5- 7x, 15y, 0z
P6- 7x, 1y, 0z
P7- 9x, 1y, 0z
P8- 9x, 2y, 0z

P9- 9x, 12y, 3z
P10- 9x, 13y, 3z
P11- 6x, 13y, 3z
P12- 6x, 15y, 3z

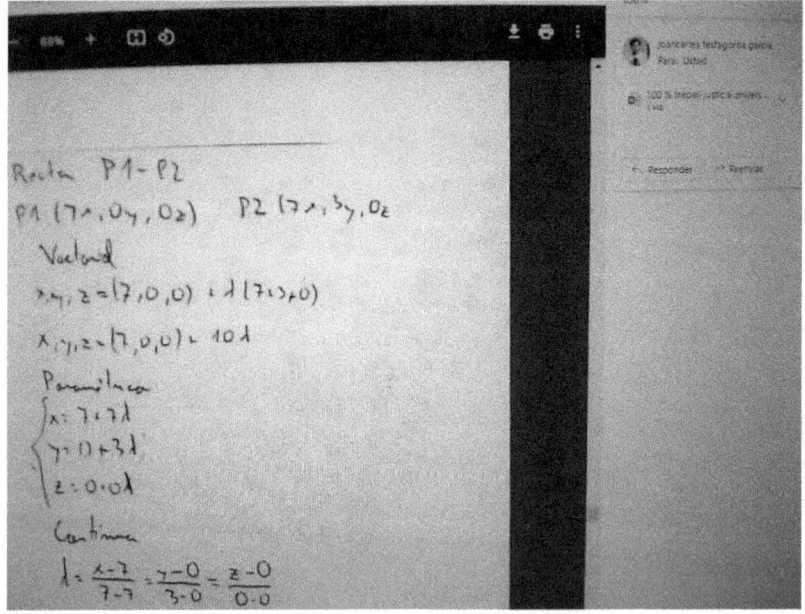

Recta P1-P2

P1 (7x, 0y, 0z)   P2 (7x, 3y, 0z)

Vectorial
$x,y,z = (7,0,0) + \lambda (7,3,0)$
$x,y,z = (7,0,0) + 10\lambda$

Paramètrica
$\begin{cases} x = 7 + 7\lambda \\ y = 0 + 3\lambda \\ z = 0 + 0\lambda \end{cases}$

Contínua
$\lambda = \dfrac{x-7}{7-7} = \dfrac{y-0}{3-0} = \dfrac{z-0}{0-0}$

Recta P2-P3

P2 $(7_x, 3_y, 0_z)$   P3$(5_x, 3_y, 0_z)$

Vectorial

$x, y, z = (7, 3, 0) \cdot 8t$

Paramétrica
$\begin{cases} x = 7 + 5t \\ y = 3 + 3t \\ z = 0 + 0t \end{cases}$

Continua

$t = \dfrac{x-7}{5-7} = \dfrac{y-3}{3-3} = \dfrac{z-0}{0-0}$

Implícita

$-2x + 0y + 0z - (-2) = 0$

Explícita

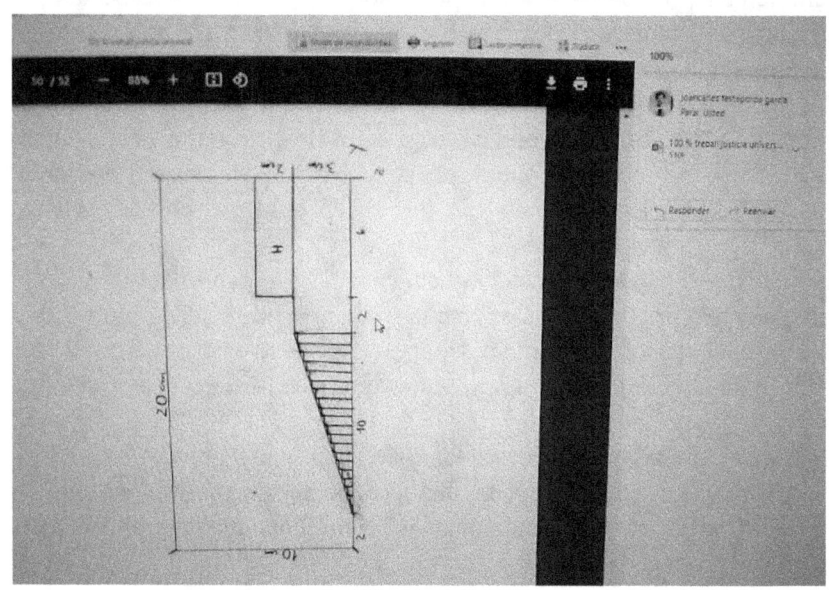

En clase, todos los trabajos que nos hacían hacer eran de recopilar información y de resumirla, hasta 2013 nunca había hecho buenos trabajos de clase porque nunca pensé en crear, siempre nos hacían repetir información aunque sea resumiendola y sacando conclusiones. Nunca me motivaron. Hasta que decidí crear porque pensé que tenía capacidad para crear.

Por ejemplo en mayo2014 (también se puede ver en mi correo electrónico "joancarles@hotmail.es") en clase de matemáticas teníamos que crear un trabajo de estadística sobre la subida del IPC español desde el año aproximadamente 1960. Tuve que hacer el trabajo con una compañera la cual creó una media estadística que era lo que teníamos que hacer en clase.

Pero pensé que sería mejor explicar porqué el IPC español subía. Así que yo creé un trabajo de economía el cual llamé "Economía básica"en el que acabé concluyendo que el IPC español aumentaba debido al aumento del DownJones (de la bolsa estadounidense), debido a la especulación en otros sectores en Estados Unidos produciendo que el precio de los productos españoles aumentaba.

Es decir, cuando aumentaban las ganancias en la bolsa (sobretodo producida por los especuladores en la compraventa de productos) el precio de los productos incrementaba el próximo año o en los próximos años también en otros países como España (sobretodo porque se especula con primeras materias que después se compran para crear productos).

Es algo lógico porque cuanto más se consume un producto más ganan los inversores de ese producto. El problema es que al aplicar la ley de la oferta y la demanda sin bloquear los precios, lo que ocurre es que cuanto más se consume un producto más se dice que hay escasez y por tanto más aumentará su valor. Esto hace que el IPC aumente (el IPC es el precio de los productos básicos).

Expuse que a partir de la creación del euro las economías europeas tenían una mayor correlación entre ellas y que cuando se creó la moneda del euro, la economía española dependía más de los países europeos que adoptaron el euro y que anteriormente su moneda era de una valor muy superior.

También expuse algunas de mis ideas en economía como por ejemplo como la inversión extranjera en un país debe de ser continuada y de reinvertir lo ganado para que no hayan crisis económicas en el país en el que se produce la inversión.

Después de haber creado las ecuaciones de la recta en 3 dimensiones, me motivé para crear mi trabajo *"Justicia universal"* en 2014.
En 2013 tuve ideas sobre como producir energía estelar porque pensé que las estrellas emiten luz porque aceleran partículas hacia su interior y en su interior estas partículas chocan liberando energía, así que producen luz. Pensé que los átomos de las estrellas rotan de forma sincronizada y eso hace que puedan empujar las partículas hacia su interior haciendo que choquen en el interior de la estrella.
Mi idea de 2013 la cual expuse en mis trabajo de 2014 *Justicia Universal n*o es del todo correcta (se puede ver en mi cuenta de correo electrónico en febrero2014 y ya en abril y mayo2014). Porque gran parte de la luz que emite la estrella es producida por los átomos de sus capas más externas. Pero lo que estaba exponiendo es como se producen los campos electromagnéticos y gravitatorios de los cuerpos.
También pensé que estos choques de partículas son los que podrían producir agujeros negros si los choques superan un límite de fuerza, de presión. Y como ya había visto en documentales, pensé que quizás los agujeros negros podían ser como puertas hacia otras dimensiones temporales.
Ya en 2013-2014 pensé que se debían de producir dimensiones externas o internas y que con los choques al superar el límite se podían abrir como pasajes hacia esas dimensiones. (También se puede ver en mi cuenta de correo electrónico, en mi trabajo *Justicia universal*). Claro que esto sin una base científica es absurdo.
No soy supersticioso, ni místico, ni nada de eso, no creo en los extraterrestres, ni en teorías del complot ni nada de eso, pero sí creo en Dios y me gusta saber como funcionan las cosas sobretodo aquello que nadie puede explicar, o incluso fenómenos sobrenaturales los cuales creo que no existen sino que creo que todo fenómeno tiene su explicación racional, científica. Por tanto creo que los agujeros negros al ser uno de los fenómenos más extraños del universo pensé que sería una buena divertido poder crear ecuaciones y teorías acerca de ellos.

Ya era finales de marzo2014 (ya vivía con mi abuela materna) y decidí que el 1 de abril de 2014 empezaría a trabajar en si era posible o no abrir agujeros negros y como decían algunos científicos si con ellos se podía viajar por el espacio o el tiempo, pensé en empezar a trabajar pero de forma matemática y con una base científica.

En 2013 y 2012 ya había pensado que se tenían que alterar las partículas, modificarlas o hacer chocar partículas como en el interior de una estrella. En 2012 pensé que quizás cambiando el espín de los quarks. Pero no fue hasta el 1 de abril de 2014 en que empecé a crear ecuaciones sobre choques de quarks. Aplicaba la típica ecuación de Newton de "Fuerza=masa x aceleración" aplicando la masa de quarks down y Up multiplicados por la velocidad de la luz y sumados a la masa de otros quarks también acelerados a la velocidad de la luz.
Aunque tenía muy poca base matemática.

Ahora voy a explicar un poco algunas de las cosas que hice en 2015 hasta 2024 y después volveré a explicar acerca de como llegué a crear mi teoría (en este período he creado muchas más cosas de las que voy a mencionar, así que mencionaré solamente algunas de las cosas las cuales ya he publicado o que tienen reación con este libro sobre el origen de odo y con la energía y materia oscura).
Digo que empecé a crear ciencia en 2014, aunque como ya he explicado antes de 2014 ya tenía muchas ideas y en 2013 ya apuntaba algunas de ellas (aunque las apuntaba de forma muy simple e incluso utilizando códigos).
El 18-3-2014 fui a vivir con mi abuela materna y el 17-3-2015 volví a vivir en casa de mis padres (hasta el 4de Abril de 2019). EL 17-Marzo-2015 cuando volví a casa de mis padres, habían tirado a la basura lo que había hecho en 2013 y principios de 2014. Solo pude conservar algunas hojas que había llevado conmigo en mi mochila.
Es por ello que después en 2015 llevaba siempre conmigo en mi mochila gran parte de lo que hacía.
Unas de las mayores pérdidas de información que sufrí, fue en verano 2015 cuando me desapareció una libreta verde grande (tenía varias libretas verdes grandes) en la cual había anotado de forma explícita algunas de mis ideas sobre la energía oscura (energía Jol) y como esta produce la gravedad con las corrientesJol produciendo un campo gravitatorio. Es una idea que expliqué en mis trabajos "*Justicia Universal*" y "*La respuesta al universo 2015-2016*".

Entre el 1 de Abril2014 hasta principios de Diciembre2014 creé mi trabajo *Justicia Universal* el cual iba modificando y mejorando cada semana en todo este periodo, aunque nunca lo publiqué de forma pública porque todavía estaba trabajando en mi trabajo y porque no lo expuse siguiendo el método científico. Después lo explicaré con más detalle. También tenía ideas sobre otros temas como economía, medicina (sobre virus, electro-fisiología, comunicación neuronal, regeneración celular etc.), ingeniería, y creé muchas poesías sobretodo en 2014, por ejemplo "esclavos por amor". 2013 2014 y 2015 son los años en los que creé más cantidad de poesías, también se puede ver en mi correo electrónico.

Después desde Marzo2015 hasta Abril2016 estuve creando mi trabajo *"La respuesta al Universo"* en el cual mejoré mi trabajo *"Justicia Universal"* y fui introduciendo más ideas que iba teniendo por ejemplo sobre el origen de todo, la expansión del universo, la energía oscura, la materia oscura, los estados de la materia, la dualdad onda corpúsclo etc. También creé más de 60 ecuaciones que apliqué a la Tierra, Mercurio, Venus, Marte, Júpiter, Saturno, el Sol, la Luna, el electrón, el protón y al neutrón. Son ecuaciones las cuales no siguen el método científico porque están basadas en mi idea de 2014 de la adimensionalidad como se puede ver en mi trabajo *Justicia Universal* en mi correo electrónico en 2014.

Además aprendí que existía la radiación de fondo de microondas "CMB", la composición del universo, su tamaño, etc. y tuve muchas ideas sobre como y porqué se producen, creé ecuaciones pero siempre con mi método adimensional, muchas de mis ecuaciones son incorrectas aunque no todas eran correctas.

Lógicamente seguía teniendo y anotando ideas en medicina, ingeniería, economía y creando poesías.
Nunca tuve ningún amigo al cual yo le contara mis ideas científicas y con el cual hablásemos de mis ideas científicas, pues ninguno de mis amigos era o es físico o matemático o investigador científico (al menos que no me lo haya dicho).

De hecho cada vez salía menos con mis amigos y más horas pasaba haciendo ciencia (tenía un hobby, una pasión).

Mi trabajo "*La respuesta al Universo*" lo puse en un USB y lo entregué a la policía porque había días en los que alguien entraba en mi facebook y en mi correo electrónicos.

Nunca he dado mi consentimiento a nadie para que entre en mi correo electrónico y tampoco en mis redes sociales. Supe que alguien entraba en mi facebook y en mi correo electrónico el día 29-12-2014 porque en 2014 casi todos los días me conectaba pero estuve una semana en navidades sin entrar ni en mi facebook ni en mi correo electrónico. Entonces una semana después cuando entré recibí una notificación la cual decía que me había conectado en mi facebook el día 29-12-2014. Acto seguido revisé mi actividad (los días que indica que me había conectado) y vi que había muchas IP extrañas, por ejemplo irlandesas y de otros países y que no coincidían con los días que yo había entrado (en toda mi vida solamente habia estado en España, en Venecia y Andorra pero solamente me he conectado desde España solamente desde Cataluña, nunca he estado en Madrid  (a partir del 5-4-2019 solamente me he conectado desde Francia)). Yo nunca utilicé un VPN y nunca desde un teléfono móvil, solamente durante unos meses de 2023 utilicé una conexion VPN y con el teléfono solamente a partir de Octubre2019 (nunca antes desde un teléfono). Además hubo intentos de sincronización con dispositivos lo cual yo nunca creé porque yo no tuve internet en mi teléfono y nunca conecté mi teléfono al Wifi hasta a partir de 2019 en Francia. Por tanto el día 16-3-2015 puse mi primera denuncia a la policía. Supe que alguien sincronizaba mi facebook y mi correo electrónico a su teléfono porque cuando entraba a mi centq correo (joancarles@hotmail.es) y cambiaba la contraseña la dirección IP cambiaba y aparecía un intento de sincronización fallido. Además aparecían muchas veces una IP con ubicación Madrid cuando yo cambiaba mi contraseña, nunca he estado en Madrid.

Hay que decir que estas entradas a mi facebook y a mi correo electrónico eran puntuales.

Es decir no se producían cada día (atualmente intentan entrar cada día múltiples veces). Años después expuse en mi facebook muchas de las fotografías que había tomado sobre mi actividad de entrar en mi correo electrónico y en mi facebook en las cuales se puede ver como hay IP extrañas y horas de conexión en las cuales yo estaba durmiendo. Fue la policía la que me dijo que tomara capturas de la pantalla de mi actividad y que se las diera.

Además otra de las cosas extrañas que sucedió es que me llegaron correos electrónicos con direcciones que yo no creé. Mi dirección es "joancarles@hotmail.es" y tengo esta dirección de correo electrónico desde 2009 o 2010, pero alguna vez recibí correos de publicidad con destino a dirección joancarles@hotmail.com o con direcciones diferentes. Entonces si mi dirección es ".es" y no es ".com" no deberían de llegar correos con direcciones diferentes (además eran solo de publicidad de servicios que yo nunca había contratado). Hay que pensar que los PC no se equivocan porque se basan en matemáticas, en logaritmos etc. a no ser que se manipulen. Por tanto supe de forma clara que había alguien que estaba entrando en mis redes sociales aunque yo no veía que hubieran mandado mensajes a nadie.

Después lo expuse en Facebook (mi facebook lo creé en 2009 y nunca lo he cambiado, solamente el nombre pero la cuenta es la misma que desde2009), expuse muchas de las capturas de pantalla que había tomado sobre mi actividad. Después de ello intensificaron los intentos de entrar en mis cuentas sobretodo a partir de 2021 y también la forma en la que intentan entrar. Porque utilizan servicios VPN diferentes a los anteriores.

Actualmente por ejemplo el día 29-4-2024 volví a ver si alguien intentaba entrar en mi correo y vi que había en un mismo día más de 10 intentos de entrar en mi correo y que utilizan servicios VPN con los que desvían su verdadera IP hacia otros países y por tanto aparece el intento incorrecto de contraseña para entrar en mi cuenta desde muchos países diferentes. Muchos intentos se producían en la madrugada y yo casi siempre duermo a esas horas.
Por tanto supe que habían cambiado el método de entrar a mi correo electrónico y que incluso no es si quiera la misma persona. Sino fuera por las capturas de pantalla mucha gente no lo creería, al haber las capturas de pantalla es algo que no se puede ni discutir.

La policía me preguntó si había algo de valor en mis cuentas de correo electrónico, les dije que algunas de mis ideas (claro que no todas, pues no todas las expongo en mis trabajos y tampoco las anoto todas en papel, solamente algunas).

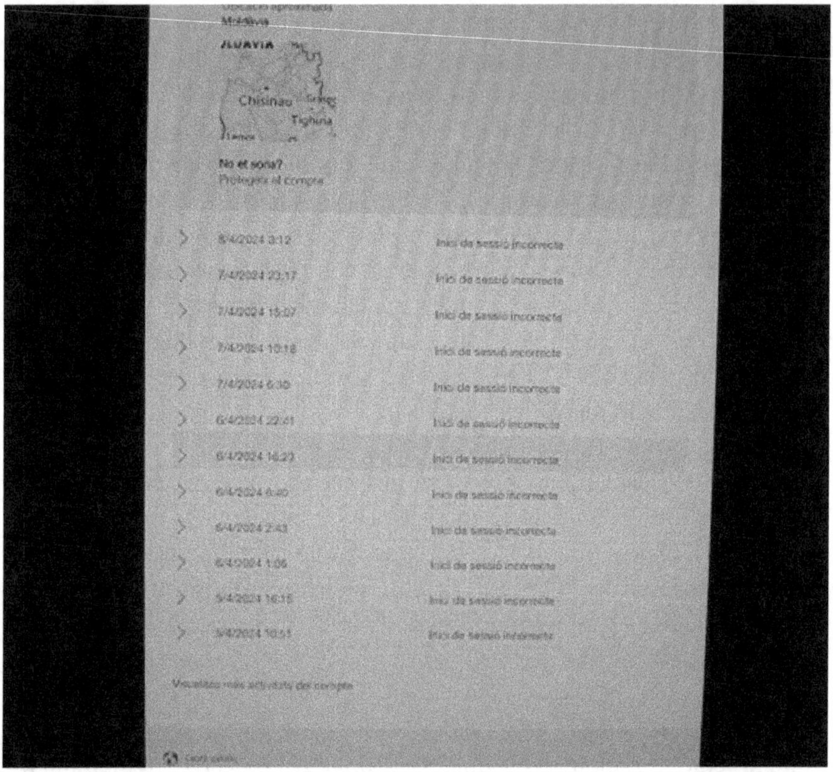

En esta imagen que es una captura de pantalla de la actividad de mi correo electrónico joancarles@hotmail.es se puede ver como todavía en 2024 me intentan entrar a mi correo electrónico a múltiples horas del día y utilizando redirecciones VPN.

Explico todo esto porque es importante para saber porqué no trabajé más en mi trabajo "*La respuesta al universo*" hasta muchos años después. Cuando supe que me entraban constantemente en mi correo electrónico paré de guardar mis ideas en mi correo electrónico. También porque pensé en empezar a exponer mis ideas siguiendo el método científico tradicional.

Foto de mi mismo JoanCarles Testagorda Garcia (selfie) del día 21 de junio de 2015 en casa (en España).

Lo que hice en los años 2016 y 2017 fue leer libros de "National Geographic" de física y física cuántica, desde mi infancia nunca había leído libros y menos libros científicos. No creo que es tanto como encontrar la lectura adecuada sino que es más el hecho de estar motivado para leer y pensar en las cosas interesantes que un libro te puede ofrecer.

Leí libros de la colección de 2016 titulada "grandes ideas de la ciencia" los tomos, Einstein, Heisenberg, Newton, Planck, Boltzmann, Feynman, Schrödinger, Kepler, Pitágoras y Copérnico.

Mientras iba leyendo los libros iba teniendo más ideas sobre aquello que sus teorías no podían explicar por ejemplo en Julio2017 pensé que quizás el calor era radiación térmica producida por una partícula. Así que iba teniendo ideas y las iba anotando para después poder crear mi trabajo el cual ya quería titular *"Teoría General Universal, TGU"*, de hecho mis iniciales son JCTG, por lo que pensé en *"Teoría General Universal JoanCarles Testagorda Garcia, TGUJCTG"*.

También en 2016 leí el primer capítulo del libro de psicología *"los textos fundamentales de Freüd"* con el cual pensé ideas acerca el funcionamiento neuronal. Así que mientras iba creando en física también creaba en medicina y en otras áreas. Por ejemplo en Abril2017 creé una ecuación para calcular los estados de ánimo (los estados son producidos por los neurotransmisores del cerebro) y después en Mayo2017 y 17agosto-2017la apliqué al amor (después en 2021 al amor de pareja) (también auto-publiqué mis ecuaciones en mi Facebook "JoanCarles YoIje Martin TG" el mismo día en que las creé).

FORMULA ESTADOS DE ANIMO:

$$\frac{Cantidad\ de\ hormonas\ en\ estado\ normal}{\sqrt{1-\left(\frac{(cantidad\ de\ hormonas\ producidas)^2}{(cantidad\ maxima\ limite\ de\ hormonas)^2}\right)}} = Estado\ de\ ánimo\ que\ la\ persona\ siente$$

Autor: JoanCarles Testagorda Garcia formula creada en Abril2017

d = dopamina    o = oxcitocina    s = serotonina
en = estado normal    ea = estado actual    em = estado máximo

FORMULA AMOR A:

$$\left[\frac{d\ en}{\sqrt{1-\left(\frac{(d\ ep)^2}{(d\ em)^2}\right)}}\right] x \left[\frac{o\ en}{\sqrt{1-\left(\frac{(o\ ep)^2}{(o\ em)^2}\right)}}\right] x \left[\frac{s\ en}{\sqrt{1-\left(\frac{(s\ ep)^2}{(s\ em)^2}\right)}}\right] = Estado\ de\ amor\ que\ la\ persona\ siente$$

Autor: JoanCarles Tes.Gar. formula creada el 26-5-2017

FORMULA AMOR B:

$$\frac{\left[\frac{d\ en}{\sqrt{1-\left(\frac{(d\ ep)^2}{(d\ em)^2}\right)}}\right] + \left[\frac{o\ en}{\sqrt{1-\left(\frac{(o\ ep)^2}{(o\ em)^2}\right)}}\right] + \left[\frac{s\ en}{\sqrt{1-\left(\frac{(s\ ep)^2}{(s\ em)^2}\right)}}\right]}{3} = Estado\ de\ amor\ que\ la\ persona\ siente$$

Autor: JoanCarles Tes.Gar. formula creada el 21-1-2021. En esta ecuación se debe crear al menos una hormona en estado normal mínimo para que el sentimiento sea de amor.

En abril2015 o mayo2015 pensé que después de crear mi trabajo de física podría crear mi trabajo *"Anatomía Magna (resumido AMA)"* en el cual expondría mis ideas sobre medicina. De hecho entre Septiembre2022 a Enero2024 he creado 4 libros de medicina en los que expongo muchas de mis ideas en medicina desde2013 (aunque no he expuesto todas mis ideas) en una serie que he titulado *"Fisiología Magna"* *"Como se produce un trauma psicológico, la memoria, el aprendizaje y causa y desarrollo de las enfermedades neuro-degenerativas, mentales y auto-inmunes"*.

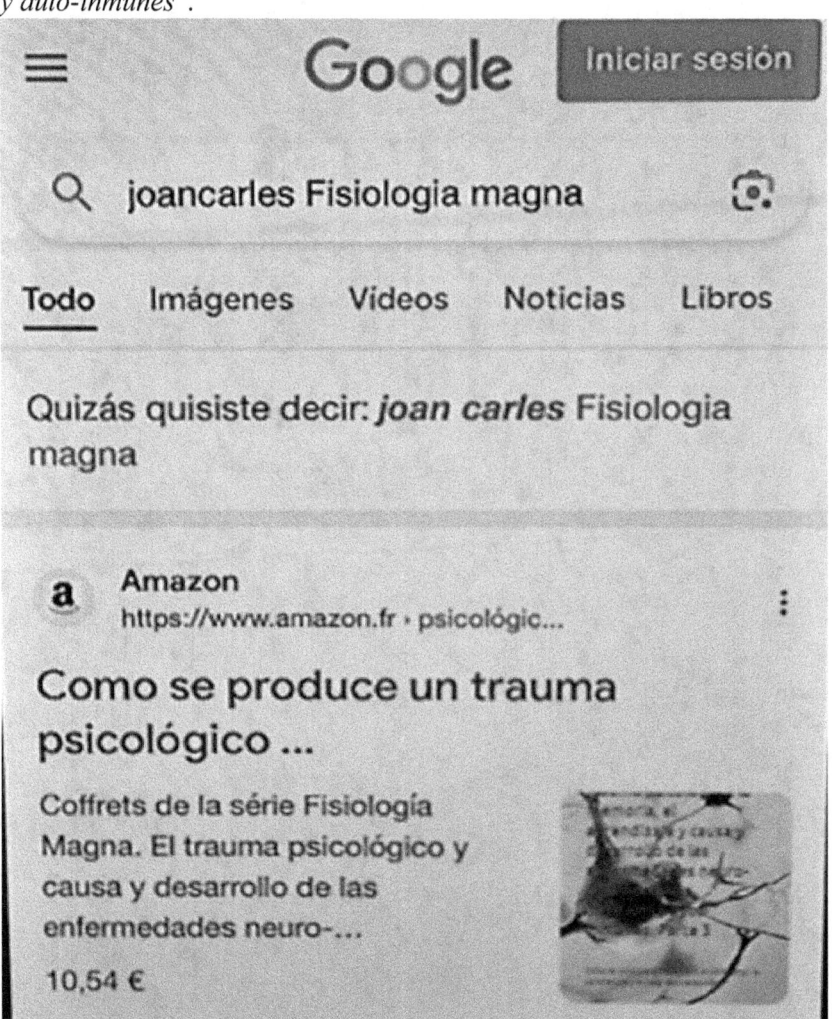

El primer libro de medicina que autopubliqué es la parte1 "*Como se produce la memoria, el aprendizaje, el trama psicológico y el procesamiento cerebral*" lo autopubliqué el 24-12-2022 (en Francia, desde2019 todas las Navidades las he pasado en Francia). (155páginas).
En esye diario noticias Salamanca catalogaron mi libro como top número2 de ventas pero no sé porqué...

El segundo libro de medicina que autopubliqué es la parte 3 "*Causa y desarrollo del Párkinson, el Alzheimer la consciencia y la magneto-recepción*" lo autopubliqué el 9-2-2023 (en Francia). (274 páginas)

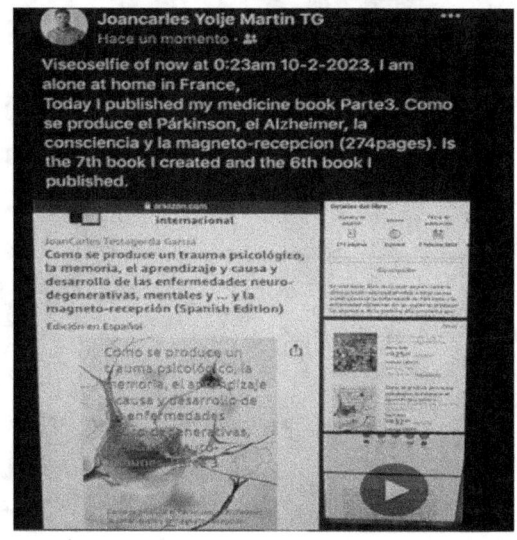

El tercer libro de medicina que autopubliqué es la parte 2B "*Como se produce el reumatismo, sistema inmune, adicciones y evolucionismo*" lo autopubliqué el 19-8-2023 (en Francia). (525páginas)

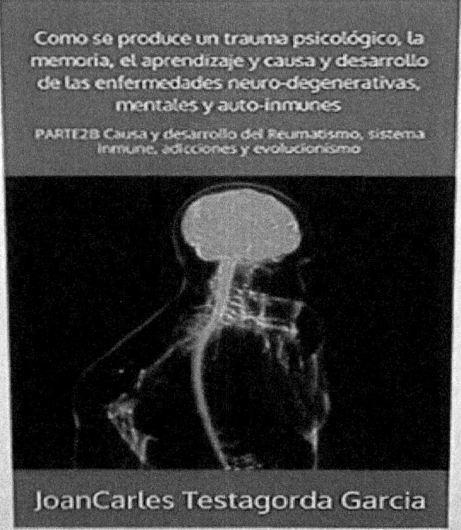

**Détails du livre**

| Nombre de pages de... | Langue | Date de publication | Dimensions | ISBN-13 |
|---|---|---|---|---|
| 525 pages | Espagnol | 19 août 2023 | 15.24 x 3.02 x 22.86 cm | 979-8856755311 |

**Aperçu du livre**

En este libro parte2B sobre la causa y el desarrollo del reumatismo, expongo mi teoría la desregulación celular y neuronal con una base genética desarrolla el reumatismo por causas multifactoriales, la relación entre el estrés y la aparición de fallos genéticos. Explico cómo y porqué aparece el reumatismo, su cronicidad y su componente genético, y porqué se desarrolla el reumatismo y su sintomatología en enfermedades reumáticas la artritis reumatoide, el lupus eritematoso sistémico, la espondilitis anquilosante y el síndrome de Sjögren

El cuarto libro de medicina que autopubliqué es la parte 2A "*Causa y desarrollo de la Depresión, el TOC, la Esquizofrenia y la Epilepsia*" lo autopubliqué el 13-1-2024 (en Francia). (525 páginas).

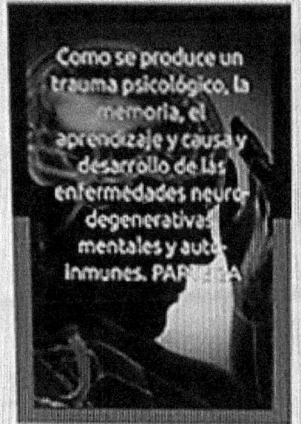

Para completar la serie faltará que haga al menos un libro más acerca de la esclerosis múltiple (es una investigación científica que realicé en verano y Otoño 2021 en Francia).

En esta casa de ediciones mexicana catalogaron mi libro como uno de los mejores libros de deprersión y enfermedades mentales.

 edicionesb.com.mx
https://edicionesb.com.mx › libros

## Los Mejores Libros De Depresión Y Enfermedades Mentales Para ...

Juliana Sepúlveda García, Stacy Willingham, Dr. Javier Albares, JoanCarles Testagorda Garcia, Efrén Martínez, Sara Mesa, rupi kaur, Dra. Emma Cotterill,...

*Es posible que algunos resultados se hayan eliminado de acuerdo con la ley de protección de datos europea. Más información*

 Book Culture
https://www.bookculture.com › book

El 16 de Enero de 2015 hice un curso intensivo de inglés (del cual obtuve un diploma) de seis meses. Es por ello que ya en 2015 empecé a realizar algunos de mis escritos en inglés. De hecho en junio2015 ya hablaba de forma fluida inglés manteniendo conversaciones.
En España nunca hice ningún curso de francés, tampoco en la escuela no hicimos francés. Yo elegí arqueología en vez de hacer francés. Así que en España nunca estudié francés (pensé que nunca lo necesitaría). Todo el francés que he aprendido, lo he aprendido viviendo en Francia (es verdad que había jugado a juegos de cuestiones "QUIZ" en diferentes lenguas como el francés y que podía entender por el contexto muchas preguntas, pero la pronunciación y hablar francés es mucho más complejo que la comprensión escrita). Sumando los 3 lugares diferentes en los que he ido ha aprender francés (en Francia) en total he ido aproximadamente un año seguido a cursos de francés. (En febrero2023 obtuve un diploma de nivel B1, y en mayo2019 obtuve otro diploma universitario del nivel B2 de francés) La última vez que fui a un curso de francés fue el 24deEnerode2023. Mi nivel de francés es universitario, siempre hago todo en francés como todos los papeles de las administraciones. En 2020 ya hablaba francés de forma fluida. Me dijeron que aprendí francés rápidamente aunque no presto atención a ello.
En Febrero2021 presenté una poesía que había creado en francés "*Terre qui bat en moi*" (además de mis otras poesías que creé en 2019 "*Le bateau de la vie derrière la vielle fenêtre des rêves*" en Julio2019, "*Quand quand tombera l'étoile*" el14 de Octubre2019 en Francia) y en marzo2024 me presenté a mi primer concurso oficial de poesía francesa (Aleph) con mi poema "*Oseront-ils vers la fenêtre regarder?*".

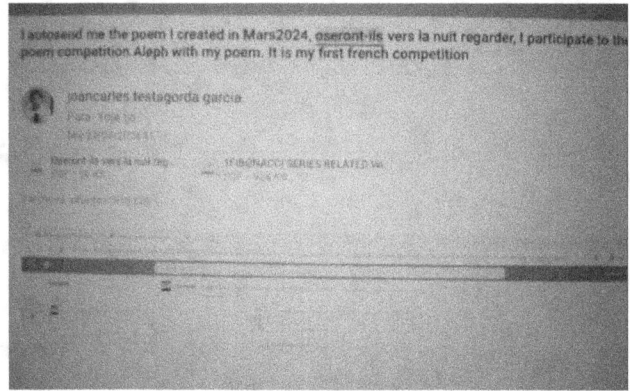

## OSERONT-ILS VERS LA LUNE REGARDER?

Comme un tournesol au visage baissé
Le langoureux jour s'est éteint
Avec quelques dociles bougies
Je caresse l'obscurité de la nuit satinée
Dévoilant le noir maculé des songes brillants
Et les larmes de lumière semées en mon honnête portrait
Qui fouleront le noble noir de l'avenir et de lendemain.

Comme des éclats de verre cassé
Illuminent les étoiles une autre nuit calme,
Sur mon humble fenêtre
Tombe la nuit en forme de lune dorée,
Ténue, je la sens clamer
Si fragile elle repose sur ma peau comblée ... (son 99 versos)

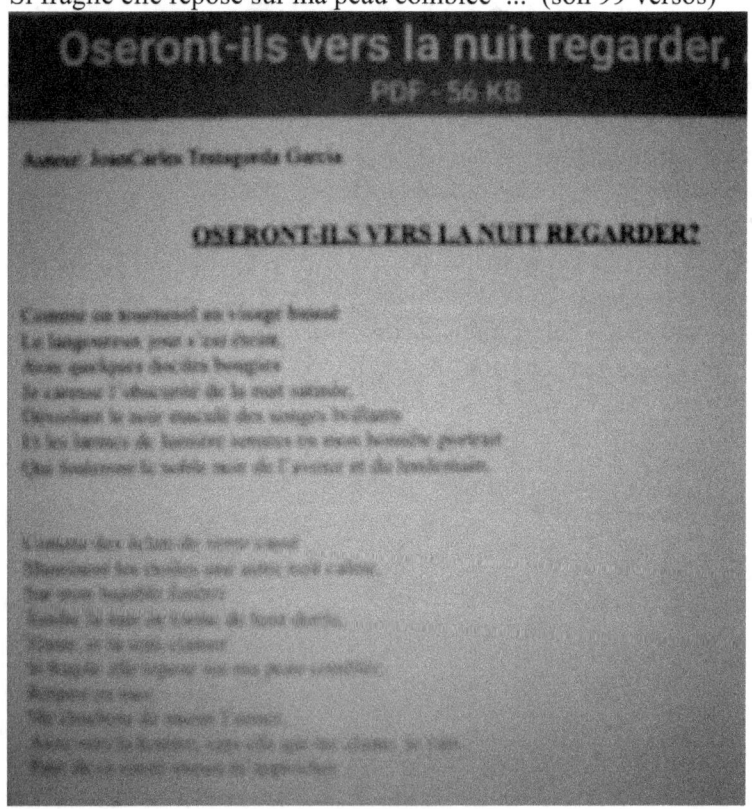

**Joancarles Yolje Martin TG**
23 mar

Viseoselfie of today 23 March2024 13:34 like always in the viseoselfie I focus myself in my home, I focus what I created.
I show the poem I created : oseront-ils vers la nuit regarder, (99verses) it is a poem I created in approximately 6hours in the lasts days I created it to a poem competition in French languag... Ver más

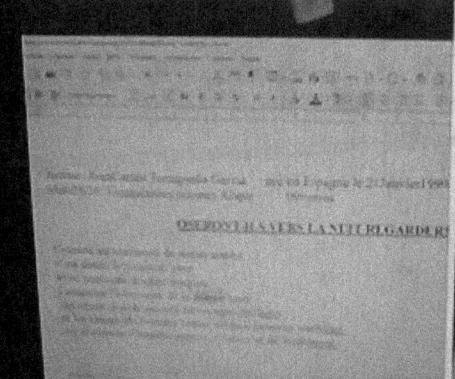
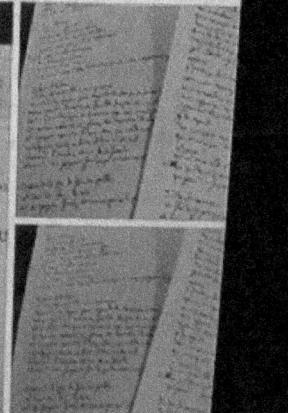

**Joancarles Yolje Martin TG**
23 mar

Viseoselfie of today 23 March2024 13:34 like always in the viseoselfie I focus myself in my home, I focus what I created.
I show the poem I created : oseront-ils vers la nuit regarder, (99verses) it is a poem I created in approximately 6hours in the lasts days I created it to a poem competition in French languag... Ver más

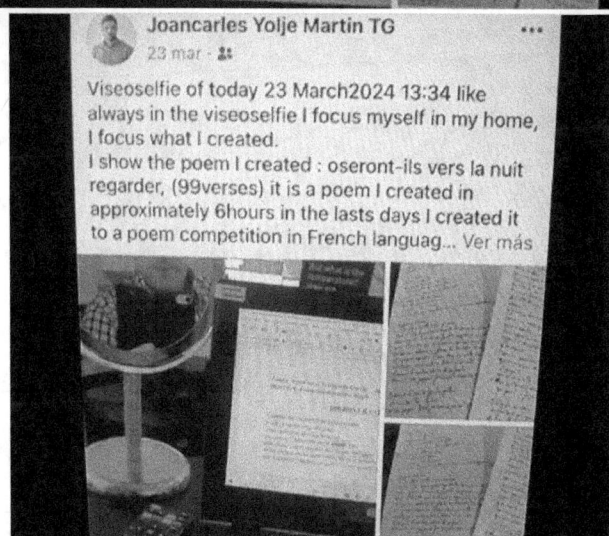

Por tanto en 2015 como sabía que cuando me autoenviase mi trabajo en mi correo electrónico había peligro de que me robasen. Entonces pensé en crear otro trabajo de menor importancia que es "*Earth Mine Functioning*", y si no me lo robaban entonces crearía mi trabajo "*TeoriaGeneralUniversalJCTG*". Se lo conté a la policía que lo haría así.

Y también es importante saber que por este motivo grababa algunas de las cosas que creaba en videoselfies (videoselfie significa hacer un vídeo de sí mismo) y después los exponía en mi facebook. Puede parecer algo absurdo pero esto son pruebas las cuales en caso de juicio serán muy útiles.

Por ese motivo antes de acabar mi trabajo sobre el universo, en febrero2018 empecé a crear mi trabajo de investigación científica sobre la unión y producción de procesos de la Tierra que nombré "*Earth Mine Functioning*". En mi trabajo expongo mis hipótesis y mis ecuaciones (aunque no todas mis ideas e hipótesis sobre la Tierra porque tuve ideas en 2015, 2016, 2017 las cuales no expuse en mi trabajo).

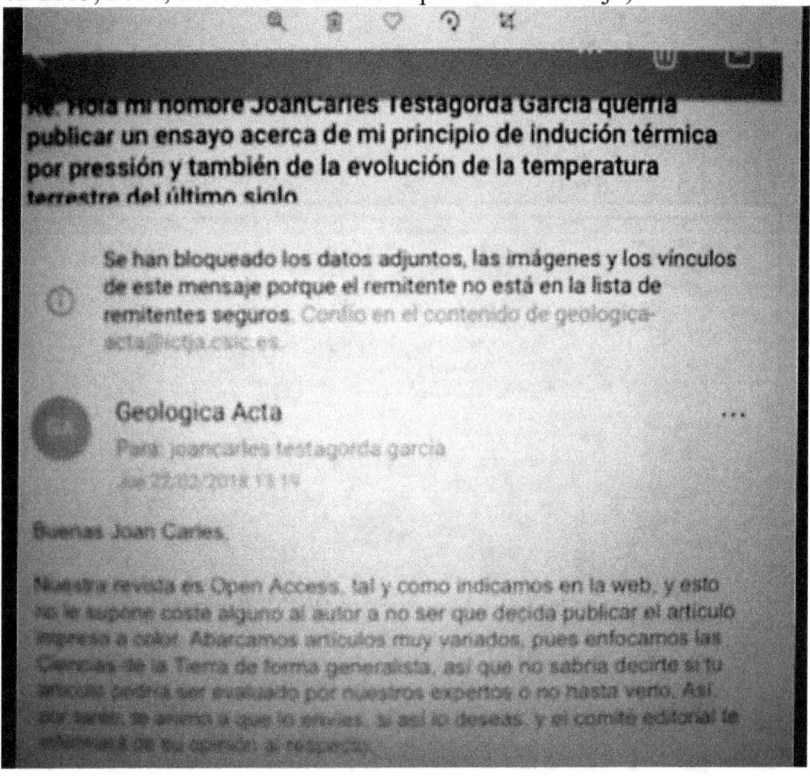

En este trabajo "*Earth Mine Functioning2018*"empecé a utilizar el método científico tradicional. El 22-2-2018 envié un mensaje de correo electrónico a la revista universitaria Geologica Acta, expliqué que había tenido ideas sobre geoastrofísica y creado ecuaciones para calcular la evolución de la temperatura terrestre (F5) y otras ecuaciones en las cuales calculé que la presión de la gravedad produce una liberación de calor, de electrones y de fotones que aumentan la temperatura de la Tierra y producen (según mi opinión) otros efectos como la inclinación axial de la Tierra o el campo magnético terrestre (así que pensé que no solamente las corrientes convectivas (corrientes magmàticas) como dicen las teorías actuales las cuales no explican bien el campo magnético de Venus o Marte), de hecho mi teoría es mucho más completa porque también engloba las corrientes magmáticas (Ya autopubliqué mi explicación en no solamente mi trabajo Earth Mine Functioning sino que también la expuse en mi libro "*But what is the gravity?What is the time*" libro que autopubliqué el 6-8-2022 en Amazon (en Francia) y también por ejemplo en mi auto-publicación del 8-12-2022 en ACADEMIA.edu (en Francia) (en esta publicación expuse la ecuación Fz3040 que yo mismo creé la cual es una ley universal que apliqué a varios planetas como Venus,Marte, el Sol).

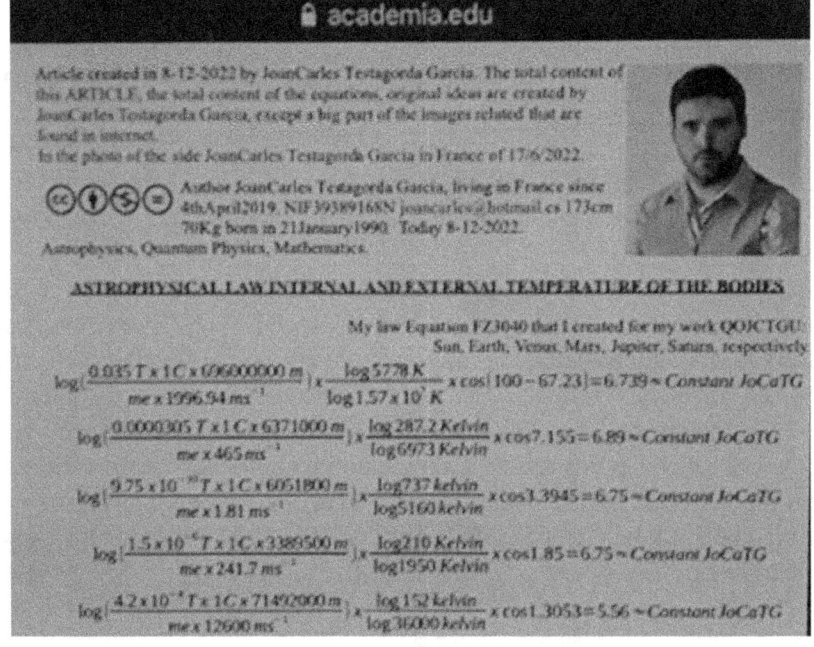

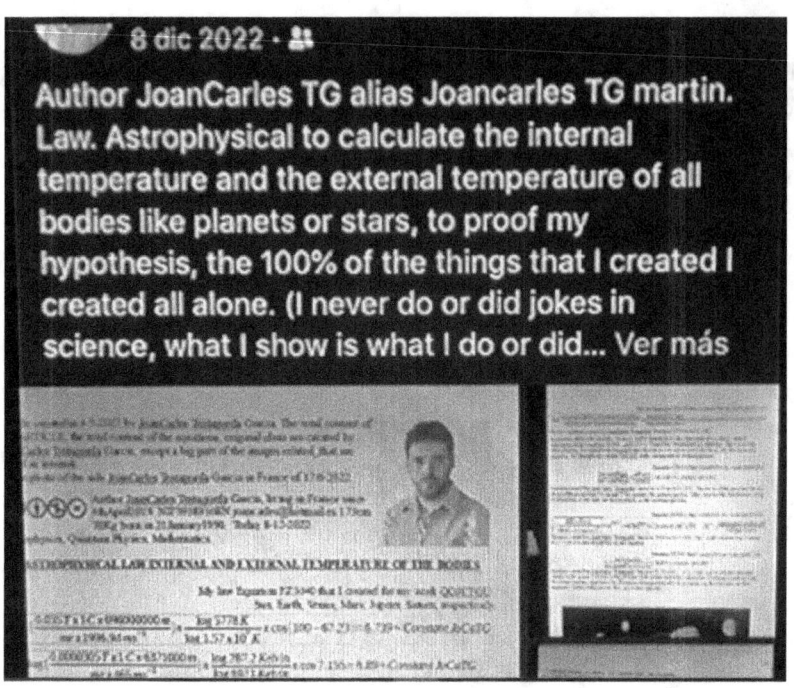

Desde Febrero 2018 estuve unos meses creando mi trabajo (con mis ideas de 2014,2015,2016,2017), hasta julio2018, después dejé de crearlo, después en septiembre u Octubre volví a trabajar en mi trabajo, hasta Diciembre2018. Fui a Barcelona a diferentes revistas científicas (lógicamente fui físicamente, o llamé y no contacté por e-mail) y pregunté si les interesaba publicar mi trabajo, algunos me dijeron que no, otros me dijeron que ya me responderían aunque no recibí nunca ninguna respuesta.

No todas mis ecuaciones eran correctas pero algunas de ellas sí. Creé ecuaciones relacionando muchos de los fenómenos de la Tierra como es la gravedad, la densidad de las diferentes capas, las inclinaciones, la velocidad de rotación y la velocidad orbital, la excentricidad, la distancia al Sol, la intensidad del campo magnético, la temperatura y la fuerza magnética de los polos respecto al Ecuador, también por ejemplo mi formula F5 en la cual calculaba la relación de la temperatura terrestre, la inclinación y la intensidad magnética del año 1900 respecto al año2000 etc.

Después a finales de Diciembre2018 envié diferentes mensajes por e-mail con mi cuenta joancarles@hotmail.es a diferentes revistas, ninguna de ellas me contestó. Las pocas revistas que me respondieron fue porque tenían un correo interno en su propia página web y estas sí que me respondieron. Aunque ninguna de forma afirmativa y las que me respondieron que recontara a otra dirección desde mi correo nunca me recontactaron.

Así que en aproximadamente Diciembre2018 autopubliqué mi trabajo *"Earth Mine Functioning"* en mi facebook "JoanCarles YoIje Martin TG", solamente utilizo esta cuenta de facebook desde2009, y si cambio el nombre en 2025 me pondré solamente mi nombre JoanCarles Testagorda Garcia. En el mundo solamente existo yo con el nombre JoanCarles Testagorda Garcia, así que si hay cuentas con ese nombre yo no soy a pesar de que mi nombre sea JoanCarles Testagorda Garcia. Además Martin es solamente un pseudónimo, no tengo ni familia ni amigos con ese apellido.

Después volví a auto-publicar otra vez mi trabajo en las redes sociales en Febrero2019. De hecho ya me lo auto-envié en mi correo electrónico.

También en 2018 en Abril, para la clase, creé pequeños artículos basados en mis ecuaciones F17 y F20 acerca de como la gravedad del Sol afecta con la deformación espacio/tiempo sobre los efectos magnéticos terrestres. También se puede ver en mi correo electrónico.

Lógicamente en 2018 y 2019 también anoté muchas de mis ideas sobre medicina, ingeniería, economía y creé alguna poesía como por ejemplo *"Jovial Primavera"*.

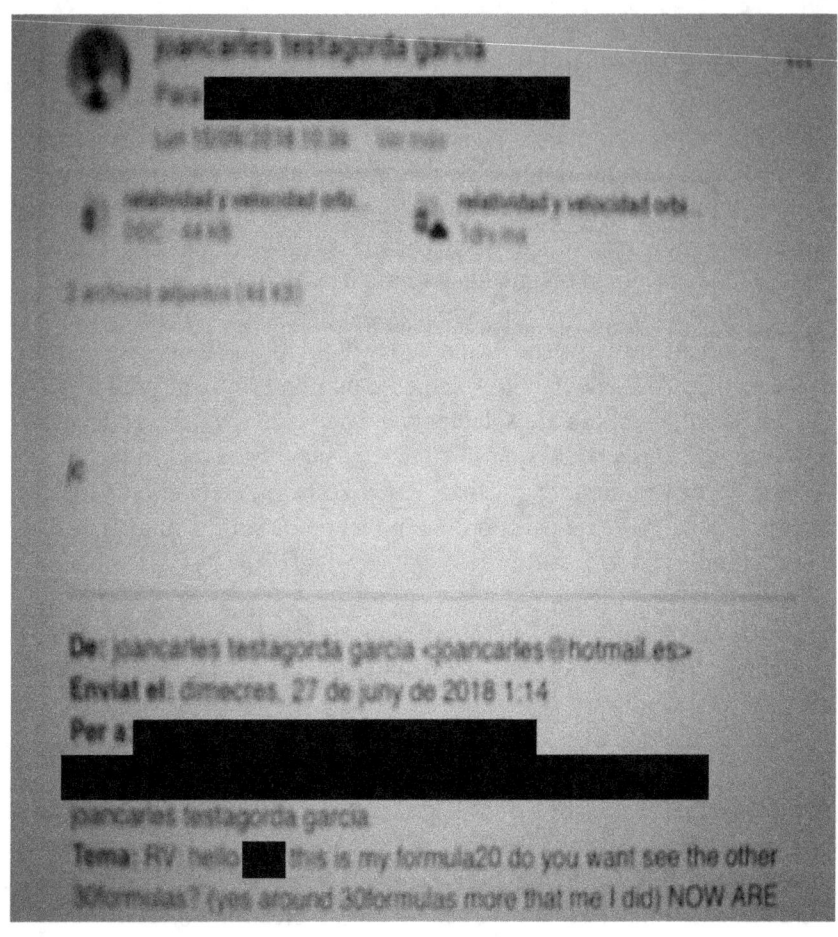

En esta imagen se puede ver como el 27 de Junio de 2018 envié un mensaje a través de mi correo electrónico con documentos en los que hay mis ecuaciones f17 y f20 a una amiga (mi amiga no es científica y no me respondió). (En verdad en el junio2018 ya había creado más de 40ecuaciones de la serie de ecuaciones "f" que son ecuaciones acerca de la Tierra, algunas de ellas son leyes universales como f49, algunas ecuaciones correctas aunque no todas son correctas, después las mejoré.

**MY equation F67 that I created in 10-10-2...**
PDF · 226 KB

Author: JuanCarlos Testagorda Garcia my formula F67(10-10-2018 17:34) that are in my work Earth main functioning (that contained ful equations that I did all alone). Like always I DID ALL ALONE without any exception.   Now are 25/11/2018  3:59

[...] my work Earth main functioning (EMF) that I did all the equations alone so don't confuse with my equation F45 or other equations of my work RAU. For example the equations F26 F17B F20 F49 F45 F56 or others equations that I did also are in my work EMF, I did more equations that are not in my work EMF.

Explicated very briefly in my equation F67 that I did in the day 10-10-2018 at 17:34 I express that the magnetic Earth phenomena that here I don't want explain and that are affected for the Sun, creates some phenomena like the orbital inclination.

$$[0.00024166666 \times 2 \times 149597870691m / 696000000m]$$

$$\times$$

$$(9.80665ms{-2} / 9.780327ms{-2})$$

$$\times$$

$$Cos\,7.155$$

$$(30300ms / 29300ms)$$

$$Cos\,23.45 \times (37.03599907 / 4phi)$$

0.103358849 = 0.103368406

Deviation of a ray of light that is produced for the Sun's gravity, like Einstein measured: 0.00024166666 degrees.

En esta imagen se puede ver mi ecuación F67 la cual yo creé el día 10-10-2018 (España), (yo mismo creé todas las ecuaciones, ideas, explicaciones, todo), por ejemplo relacioné los efectos gravitatorios y electromagnéticos, orbitales.

En febrero ya había creado más de 100ecuaciones de la serie "f". Y en 2014-2015 sin seguir el método científico creé más de 90ecuaciones para mi trabajo *RAU2015-2016* (la policía las tiene en un USB).

Joancarles Yolje Martin TG

19 feb 2019

Author: Joancarles Testagorda Garcia 21-1-1990, 1.73m 69kg NIF:39389168N
El Pi de Sant Just, Olius, Solsonés, LLeida, Catalonia, Spain.
This morning at 12h20 I created a formula that permit calculate the CMB (microwave background radiation = 2.72548K using some Earth p... Ver más

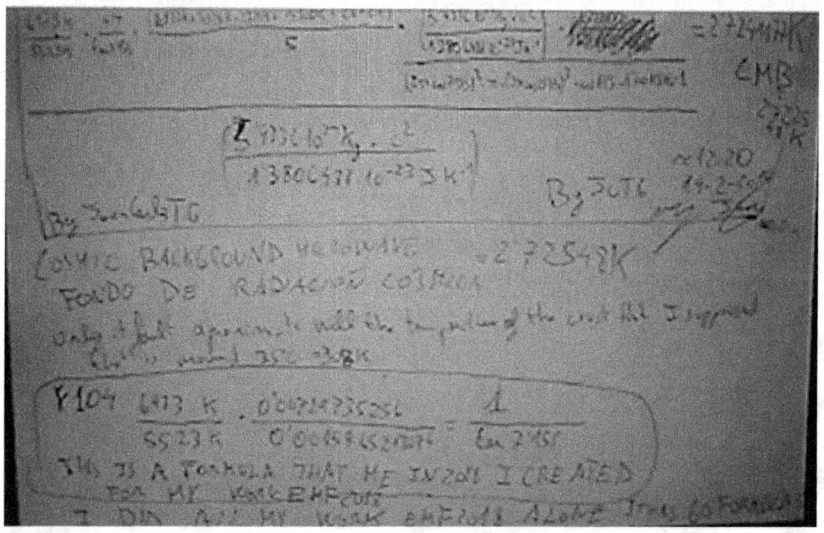

En esta imagen se puede ver como el día 19-2-2019 (en España) me envié a mi propio correo electrónico joancarles@hotmail.es y autopubliqué en mi Facebook "JoanCarles YoIje Martin TG" la ecuación F104 y una ecuación en la que expreso la suma de las temperaturas de las capas internas de la Tierra y la temperatura media del universo que es igual a la radiación de fondo de microondas (CMB) proporcional a efectos de la Tierra.

En 2019 leí el libro de grandes ideas de la ciencia de National Geographic el cual era una libro del gran matemático del sigloXIX Carl Friedrich Gauss. Leyendo su libro el cual decía que la diferencia de 2 números primos grandes se podía quizás encontrar con el logaritmo de 10 (ln10), el 14 de Marzo a las 19:55 creé mi teoremaJC, el cual todavía no lo titulé *teoremaJC*. Lo expuse en mi red social Facebook.

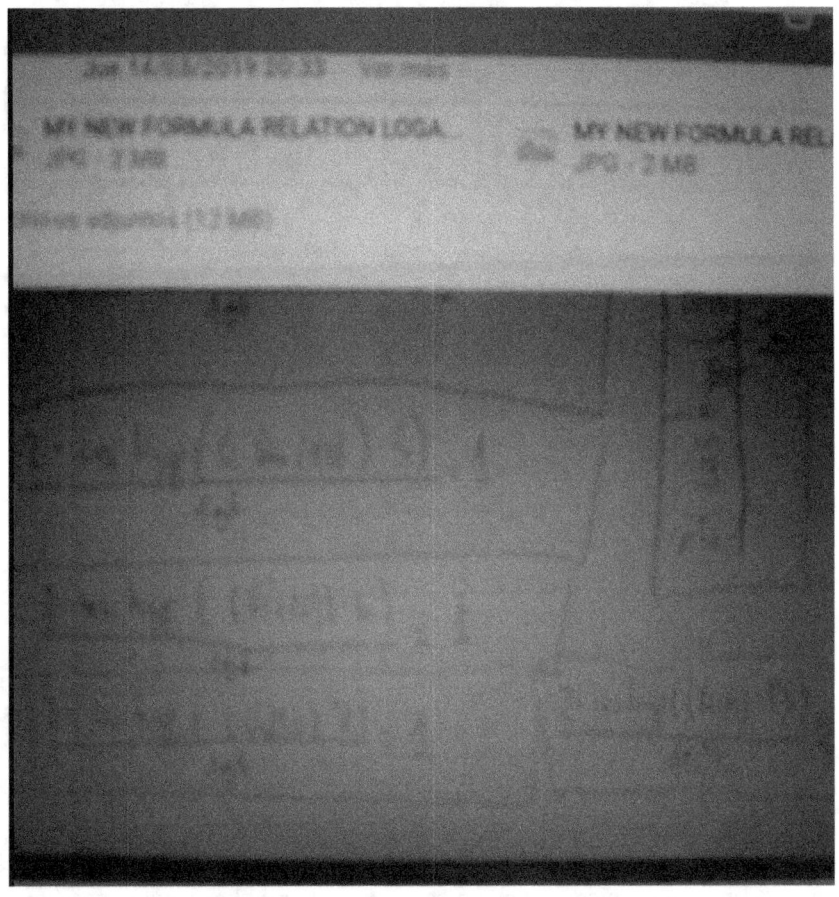

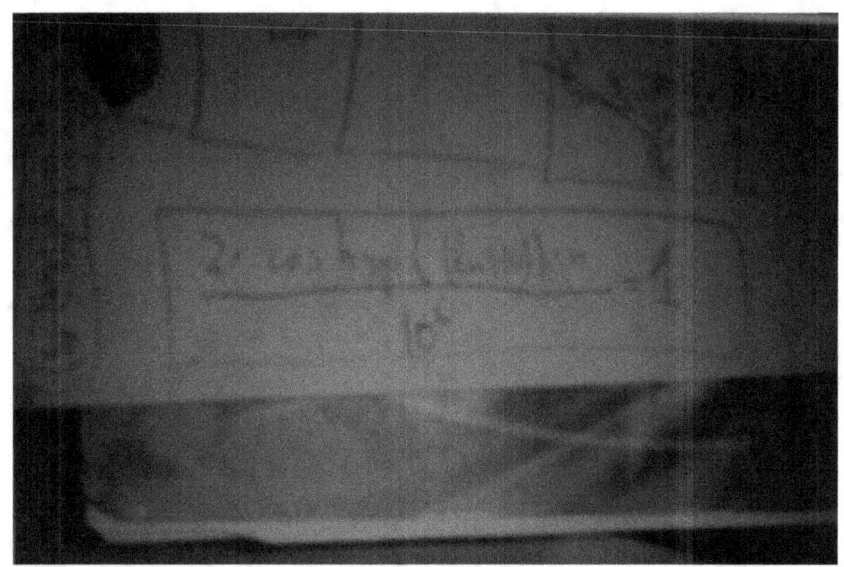

Ya en Enero2019 tenía pensado ir a vivir a otro país, no tenía novia, no tenía trabajo, no tenía mi propia casa y la desde mi infancia la relación con mis padres nunca fue buena. Pensé que en Febrero todavía hacia mucho frío así que esperé hasta abril. No sabía donde ir si a Italia o a Francia, pensé que el italiano era una lengua más fácil de aprender siendo español por tanto no era tan buena opción ir a Italia porque quería aprender otra lengua diferente. Pero también pensé que en Francia encontraría trabajo más fácilmente. Solamente sabía que quería ir a un lugar cerca de la playa porque hace menos frío.

El día 4-4-2019 a las 10 de la mañana me fui de casa hasta Barcelona (está a más de una hora) y después llegué a Niza (en autobús), en Francia, el 5 de Abril de 2019 (durante el viaje realicé algunas ecuaciones) (nunca he visitado París, ni Lyón, ni Marsella ni Mónaco, solamente he pasado con mi coche por dentro de París y de Lyon pero nunca los he visitado). Al principio estuve en un hotel barato unas semanas, y después estuve en un piso algunos meses y realicé muchas ecuaciones (tengo videoselfies de todo, algunos ya los autopubliqué en mi Facebook) por ejemplo resolví con múltiples soluciones mi *teoremaJC* sobre los números primos (porque conocí un ex-profesor universitario de Matemáticas al cual mostré mi teorema y me dijo que debería de demostrar mi teorema, así lo hice), también creé muchas ecuaciones sobre mi trabajo *Earth Mine Functioning*, también sobre física cuántica, sobre óptica, sobre la creación de colores etc (en medicina etc.). No encontré trabajo en Francia hasta Julio2019. De hecho en la mayoría de trabajos me dijeron que era porque no hablaba francés. Hablaba catalán, castellano e inglés fluidamente pero no francés.

Cuando llevaba 5meses en Francia, en Septiembre, ya hablaba un poco el francés y mi jefe me puso en la venta de productos. Antes en Agosto2019 llevaba un camión y hacía otro tipo de tareas (en la misma empresa). Estuve viviendo cerca de Cannes.

Después en Verano2020 cambié de trabajo, trabajé con animales pero sin un salario. Así que después en verano2021 trabajé 2 meses en un restaurante (con salario) del cual me fui porque solamente querían prolongar el contrato 3 meses más y con un contrato indefinido o de larga duración no podía encontrar un apartamento por la zona (antes siempre vivía en donde trabajaba). Así que cambié de zona.

Foto de mi mismo (selfie) tomada el 17 de Enero de 2020 en Francia (región Alpes Côte d'Azur).

No me fui a Francia de vacaciones (yo nunca he dicho a nadie que fui a Francia de vacaciones), y siempre que la administración francesa me ha preguntado siempre les he dicho claramente que vine a Francia a trabajar y a vivir.

Siempre estoy pensando y trabajando en mis ideas, en mis ecuaciones y desde hace unos años expongo mis hipótesis en mis libros. No intercambio ni he intercambiado ideas científicas ni nada de eso, nunca he trabajado en equipos científicos, simplemente publico y he publicado algunas de mis ideas y ecuaciones, por ejemplo en mis libros.

También como medida de seguridad auto-publico videoselfies en mi red social facebook y algunas veces en páginas de ciencia de facebook. Por ejemplo en 2020 y 2021 autopubliqué ecuaciones como FZ413, FZ1448, FZ1449 etc. aunque las autopubliqué sin revisar.

Lógicamente creé muchas ecuaciones y por ejemplo en 2020 pensé acerca de qué es el espacio/tiempo retomando mis ideas de 2014 como mis ideas sobre la energía oscura y su posible interacción con partículas, pero también sobre agujeros negros por ejemplo en enero 2021 etc.

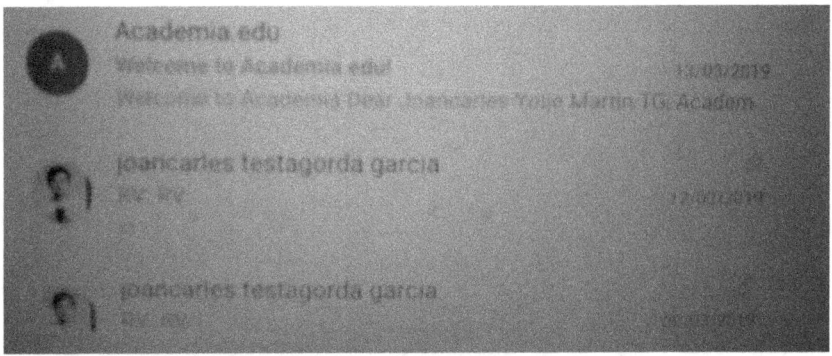

También como se puede ver en internet, en ACADEMIA.edu autopubliqué algunos artículos científicos desde2019 (yo creé mi propia cuenta en ACADEMIA.edu el 13 de Marzo de 2019 (en España) "JoanCarles YoIje Martin TG, JoanCarles Testagorda Garcia). Pero no leo ningún artículo de otras personas por diferentes motivos, uno es porque siempre estoy ocupado en lo que yo hago.

Cuando creo ecuaciones siempre me baso en constantes universales. Así que con una hoja de constantes universales, una calculadora, un bolígrafo (no escribo con lápiz) y un papel en blanco creo mis ecuaciones. Lógicamente tengo una base científica que aprendí en clase o leyendo, por ejemplo las leyes de Newton, la relatividad de Einstein, la ecuación de agujeros negros de Hawking y de Schwarschild y también bases matemáticas de figuras y formas como son una espiral, el círculo, el toroide, el triángulo, los ángulos, el espacio hiperbólico, etc.

Odio a las personas que copian creo que merecen ser castigados (que vayan a la cárcel) porque la ciencia debe de crearse de forma justa y honesta pues es la base del desarrollo de la sociedad. Sin valores y buenas conductas, sin justicia, la sociedad avanzará pero la tecnología se utilizará para dominar a los demás, para someterlos, robarlos, encubrir el mal hecho etc.

Prefiero que la sociedad avance aunque sea de forma lenta pero que avance de forma justa.

Si una persona ha hecho algo malo por ejemplo cometer un asesinato, pero la misma persona ha descubierto un nuevo remedio para la calvicie, entonces considero que es justo que vaya a la cárcel por el asesinato pero también considero que es justo darle los méritos por haber encontrado un remedio para la calvicie.

En Octubre2019 hasta el 6 de Enero2019 modifiqué y mejoré mi trabajo *"Earth Mine Functioning"* y lo autopubliqué en ACADEMIA.edu y en mi facebook.

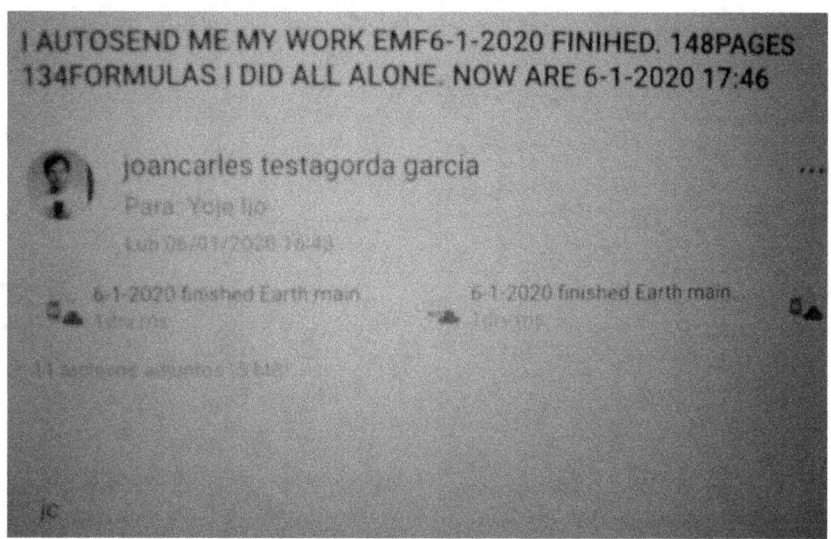

En esta imagen se puede ver como el 6-1-2020 me envié a mi correo electrónico "joancarles@hotmail.es" mi trabajo *Earth Mine Functioning* (2018-2020).

Después a partir de aproximadamente Marzo 2019 cuando empezó el primer confinamiento por CoVid, empecé a crear mi trabajo *QuantumOpticsTheoryGeneralUniversal JoanCarlesTestagorda Garcia.* De vez en cuando iba publicando algunas de mis ecuaciones en mis video-selfies en mi Facebook. Continué creando mi trabajo durante meses hasta aproximadamente Abril2021 (al mismo tiempo trabajaba en mi empleo).

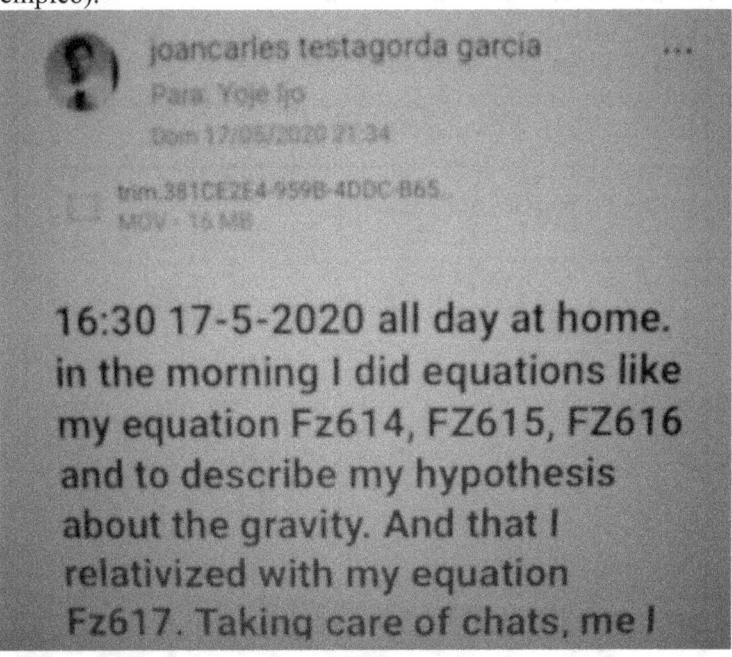

En este mensaje del 17/5/2020se puede ver como me auto-envié lagunas de mis ecuaciones en mi correo, por ejemplo FZ614, FZ617. También en mi cuenta de facebook auto-publiqué algunas de mis ecuaciones que como siempre yo mismo había creado.

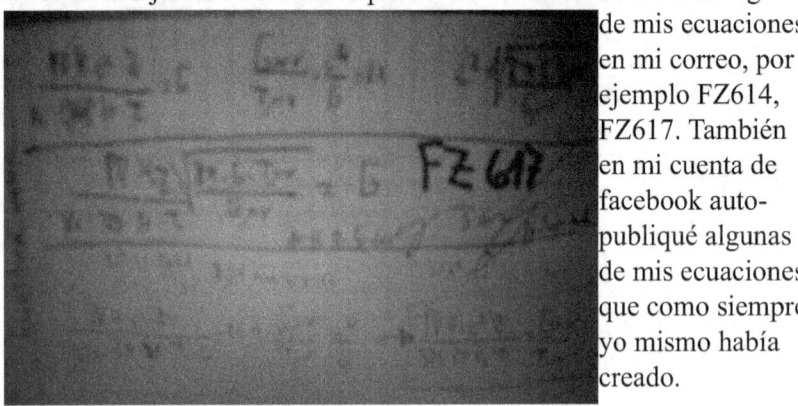

En otros mensajes que me autoenvié en mi propio correo electrónico (joancarles@hotmail.es), por ejemplo el 25/4/2020 o el del 12/9/2020 se puede ver como me autoenvié imágenes que yo mismo dibujé y euaciones que yo mismo creé por ejemplo FZ413(para mi trabajo QuantumOptics):

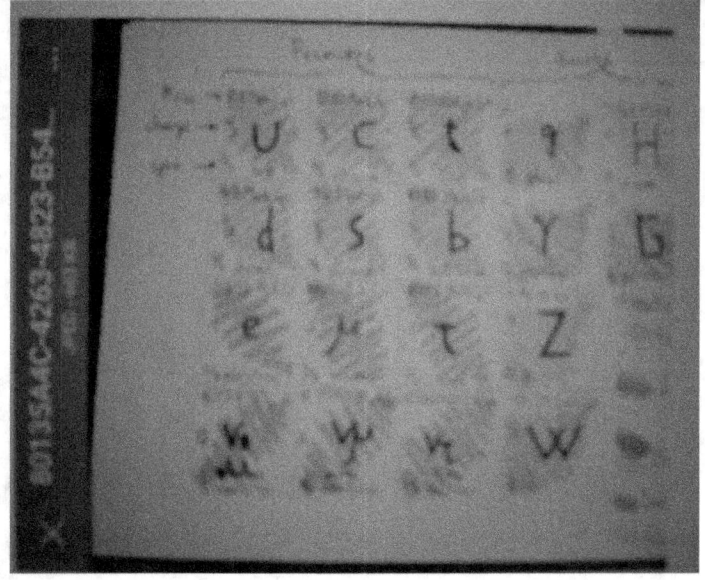

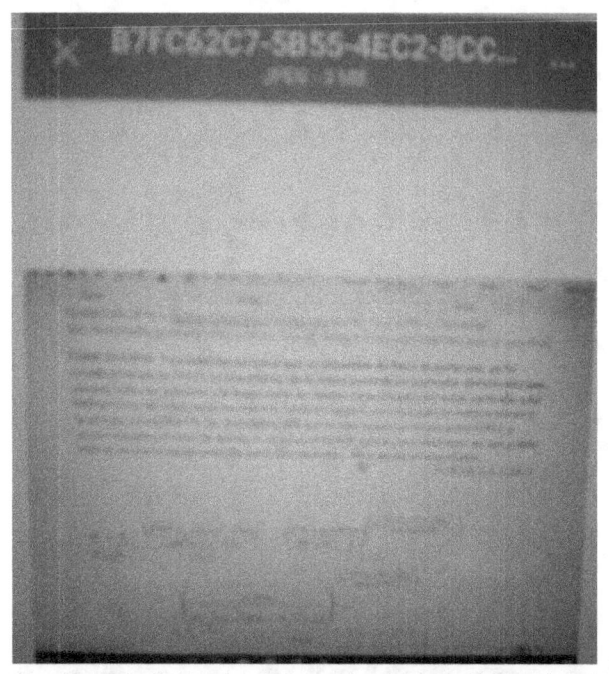

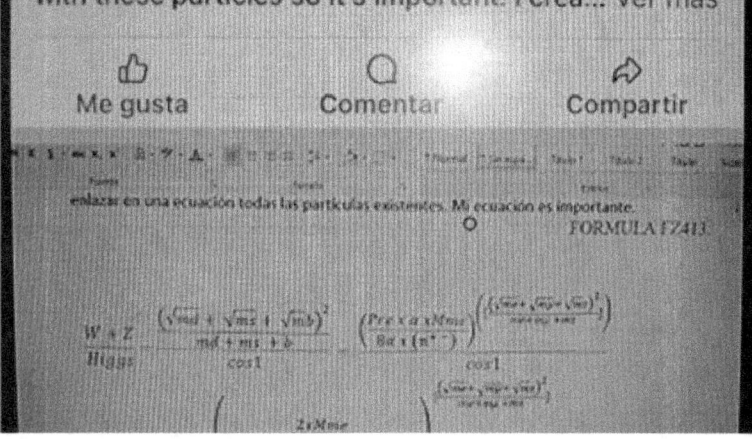

**joancarles testagorda garcia**
Para: joancarles testagorda garcia
Sáb 12/09/2020 00:07

Some of my equations of my work Quantum optics (QO), I created more than 900equations all alone (FZ) to explain all atom functioning. Here I only show my equations Fz906 that I create today11-9-2020, eq FZ843, FZ751-753, FZ724, FZ17, FZ212. Like always there are people that stole me, for example my ideas of the light composition. In my work QO I propose the existence of my bosons, JC, JCTG, Tes and Gar. I am in France alpes Côte d'Azur since April2019 and I never returned to Spain in all this time.

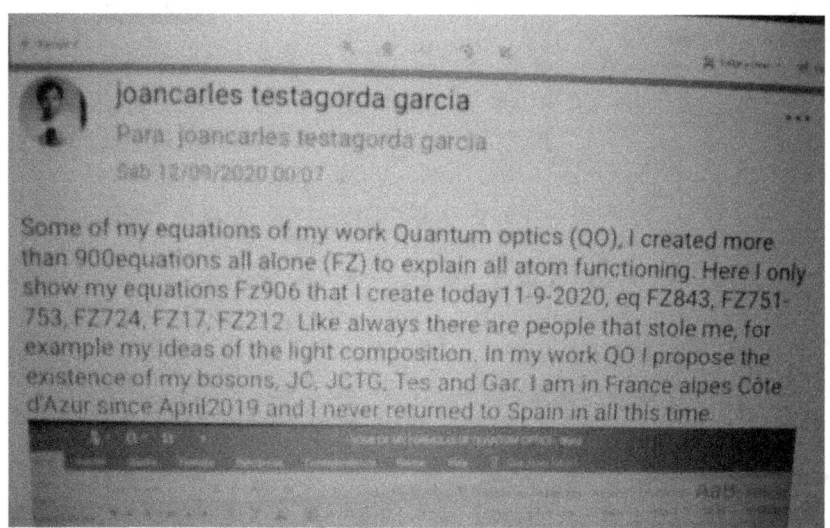

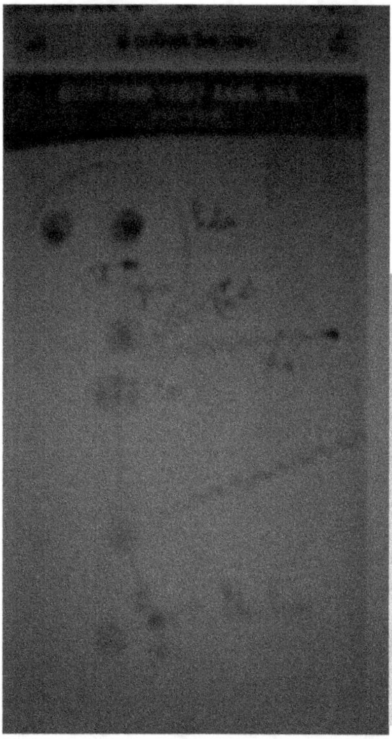

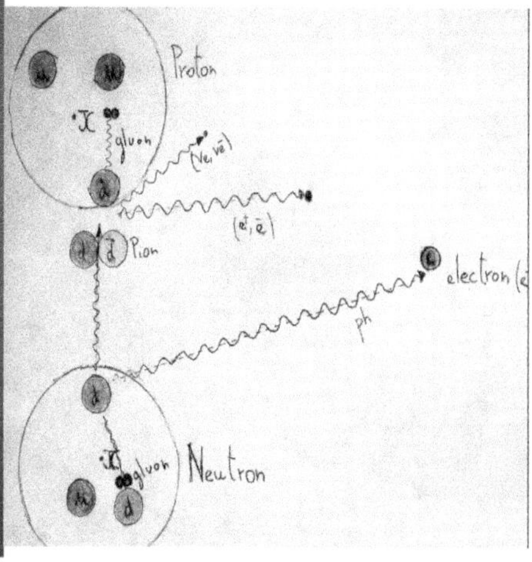

Lógicamente como todos mis trabajos en mi trabajo (obra) solamente exponía mis ecuaciones, mis ideas e hipótesis que son mis investigaciones científicas. No publiqué mi trabajo porque todavía me quedaban entre 6 a 11 años de investigación para acabarlo (aunque ya tenía las ideas básicas pensadas), hay que pensar que en mi trabajo expongo mis ideas sobre el origen del universo, su evolución, composición, sobre la producción de las partículas, sobre la energía oscura, la materia oscura, sobre qué es el tiempo, la temperatura, el calor, la naturaleza de la luz, porqué los bosones no masivos tienen masa con mi efectoJC, el sonido, los olores, los gustos, los colores, como se crean los campos de partículas, sobre la gravedad, sobre el electromagnetismo, los agujeros negros y sobre otros temas también. No se hace en un día, sino en muchos años, y se necesita dinero, tiempo, un entorno estable, confortable y seguro en el que no te roben (porque sino antes de que publiques el trabajo ya te han robado muchas de las ideas).
Lógicamente no tengo hijos, nunca he estado con ninguna mujer que tenga o haya tenido hijos o marido.

También en Noviembre2020 en ACADEMIA.edu autopubliqué un artículo de 40 páginas sobre economía el cual nombré como "*Economics for the people*". En 13 días de enero2021 creé mi primer libro de narrativa "*Conocerse para conocer y conocer para conocerse*" el cual acabé el día 3-2-2021 y que después autopubliqué.

## My work Economics for the people

joancarles testagorda garcia

Para: joancarles@hotmail.es
Data: 09/11/2020 14:08

Economics for the people by ... PDF · 119 KB

Economics for the p... DOCX · 35 KB

### I EXPLAIN THE MAIN GENERAL FUNCTIONING OF THE ECONOMY

## Economics for the people b...
PDF · 119 KB

### ECONOMICS FOR THE PEOPLE

En Julio2021 empecé a crear una investigación científica sobre la esclerosis múltiple y los neurotransmisores. Continué mi investigación durante meses al mismo tiempo que creaba ecuaciones y tenía ideas en física (también trabajaba en empleos al mismo tiempo). Desde Septiembre2021 tenía todo el día para trabajar en mis ideas, lo cual nunca antes me había sucedido porque antes tenía empleos. Estuve muchos meses creando y autopubliqué algunos artículos y muchos videoselfies.En Febrero 2022 pensé en auto-publicar mis investigaciones científicas en física en diferentes libros(diferentes tomos) de una misma serie de libros, empecé a crear mi libro "*Brief introduction to Quantum Physics*" el 22 de marzo de 2022 lo auto-publiqué cual autopubliqué.

También en febrero creé ottras cosas importantes como mis leyes astrofísicas FZ2435 y FZ2438 las cuales autopubliqué en ACADEMIA.edu. Después el 30 de Abril2022 autopubliqué mi libro "*But what is the temperature? How are created the fields?*". En el cual expongo muchas de mis ideas en especial mi idea de Julio2017 acerca de que el calor podría estar producido por el neutrino (aunque en 2023 y 2024 pensé en modificarlo y añadir que también produce el magnetismo, algo que ya pensé en 2017 y 2020 pero lo descarté por (se puede ver en mi artículo en mi correo electrónico "joancarles@hotmail.es" en Agosto 2024)).

Y el 6-8-2022 auto-publiqué mi libro "*But what is the gravity?What is the time*"en el cual expongo algunas de mis ideas científicas y ecuaciones, por ejemplo sobre que el bosónJCTG que había pensado en 2020 podría ser el gravitón. Además expuse muchas más ideas que había pensado sobre como se produce el movimiento de los cuerpos el cual ya había pensado en 2015-2016 etc.

> Nowadays exist the Einstein theory General Relativity and the quantum gravity to explain what is the gravity, but these theories are not united. In this book I explain why both theories can be united with my theory of unification. I expose my idea of 2014 about the space/time is the dark energy, also other phenomena produced or related with the gravity like the gravitational lens, the time dilatation, the temperature. I explain the history of the gravity, what is the time why it is irreversible. Also I expose the quantum postulates and the other explications about the Einstein's theories, accessibly to the people who are interested in physics but are not professionals and also is interesting to the professional to know the new theory. Also I added the Fourier transform applied to the Earth producing the light's dispersion, so how are created the colors, and the relation of Fourier transform with the growth of structures like the trees, the human body, related with the divine proportion and neuroscience.
> Finally I added the gravitothermoelectromagnetic interaction between the Sun and the Earth permitting explain some Earth phenomena like it orbital velocity, rotational velocity, inclinations, magnetic field, temperature, climate change... and how the Earth disperse the light like a quantum particle, producing the blue of the sky.
>
> General Relativity
> History of gravity
> Quantum physics
> Mathematics.
> First publication 6thAugust2022

En 18-9-2022 empecé a crear un artículo sobre el trauma psicológico. El cual quería titular "*el cerebro se destruye a sí mismo*". Mientras estaba creándolo pensé que mis ideas podían aplicarse a otras enfermedades como la depresión.

Por tanto pensé en crear un libro para exponer mi investigación en medicina aunque después tuve más ideas y cada vez creaba más y más páginas lo cual pensé en dividir en libros (partes) para exponer mis ideas en medicina.

De tal modo que el 24 de Diciembre2022 autopubliqué mi libro "*Como se produce un trauma psicológico, la memoria, el aprendizaje y causa y desarrollo de las enfermedades neuro-degenerativas, mentales y auto-inmunes*" parte1 Como se produce la memoria, el aprendizaje, el trauma psicológico y el procesamiento cerebral.

El día 9 de Febrero de 2023 autopubliqué mi libro "*Como se produce un trauma psicológico, la memoria, el aprendizaje y causa y desarrollo de las enfermedades neuro-degenerativas, mentales y auto-inmunes*" parte3 Causa y desarrollo del Párkinson, del Alzheimer y la magneto-recepción.

En Primavera 2023 autopubliqué algunos artículos en física por ejemplo sobre las capas de la atmósfera como la exosfera, la termosfera o la Ionosfera y "*Quantum physics and high radiations*" (Abril2023).

El 19 de agosto 2023 autopubliqué mi libro "*Como se produce un trauma psicológico, la memoria, el aprendizaje y causa y desarrollo de las enfermedades neuro-degenerativas, mentales y auto-inmunes*" parte2B Causa y desarrollo del reumatismo, el sistema inmune, las adicciones y evolucionismo.

Fotografía hecha en mi casa en Francia en Otoño2023.

El día 13 de Enero 2024 auto-publiqué mi libro "*Como se produce un trauma psicológico, la memoria, el aprendizaje y causa y desarrollo de las enfermedades neuro-degenerativas, mentales y auto-inmunes*" parte2A Causa y desarrollo de la depresión, el Toc, la esquizofrenia y la epilepsia.

Supongo que con lo que he explicado puede entenderse porqué hasta 2022 no autopubliqué mis trabajos en mis libros, de hecho muchas de mis ideas de 2014 no las autopubliqué hasta 2024 e incluso todas mis ideas aun no las auto-publicaré hasta dentro de unos años.
Considero que es importante explicar porqué la autoconfianza y una buena auto-estima son necesarias para poder crear. Además es importante ser tenaz, esforzarse y trabajar mucho durante mucho tiempo. No es el esfuerzo de un día ni de un año es el esfuerzo de toda una vida.
Voy a explicar un poco el "timeline" (orden cronológico) de la creación de mi trabajo *Justicia Universal2014*. Considero que es importante mencionar como realicé mi obra (trabajo, libro) porque muchas de mis ideas de este libro sobre el origen de todo, sobre la materia/energía oscura etc. y de otras de mis investigaciones científicas proceden de mis obras anteriores en las que expuse solamente mis ideas son *"Justicia Universal2014"* y *"La Respuesta al Universo2015-2016"* que son obras que nunca terminé. (Después de crear estas obras en 2016, 2017 seguí anotando mis ideas para después crear mi teoría (obra) la cual quería titular como *Teoría General Universal (TGU)*). Nunca he trabajado con otros científicos y no ha habido ningún intercambio de ideas ni este tipo de cosas.
En mi cuenta de correo electrónico "joancarles@hotmail.es" se puede ver la totalidad de mi trabajo JusticiaUniversal2014, pero no de mi trabajo "L*a Respuesta al Universo2015-2016*". Me entraban constantemente en mi correo electrónico, lo supe en Diciembre2014 porque miré las conexiones a mi cuenta y no siempre coincidían con los días en los que yo entraba a mi correo electrónico (lo denuncié a la policía), así que dejé de auto-enviarme mi trabajo en mi correo electrónico. Una pena porque auto-enviarme mis trabajos a mi correo electrónico permite tener pruebas de mi obra.
Los primeros indicios de mi trabajo *JusticiaUniversal2014* se pueden ver en el 24 de Febrero2014, porque me autoenvié un archivo en el que aparece como nombre de archivo *Justicia Universal*. Aunque en este primer archivo no expuse todavía las ecuaciones de la recta en 3 dimensiones (las cuales había creado el 29-12-2013). Lo que expuse en este archivo es mi idea de 2013 sobre como la gravedad y el magnetismo de una estrella o cuerpo, empuja las partículas hacia su interior y las hace chocar emitiendo así luz y cuando los choques son muy fuertes se puede incluso producir la aparición de agujeros negros pensé (no solamente

con la presión). Pensé esto porque en 2012-2013 estaba pensando en como las estrellas podían emitir luz, pensé que si chocan partículas se produce luz, así que quizás la gravedad acelere partículas las cuales chocan con la materia (átomos) que hay dentro de la estrella o incluso contra otras partículas. De modo que pensé que así se podía emitir luz.

Por tanto mayor es la estrella, más gravedad tiene, más acelera esta gravedad a las partículas y estas chocan con mayor fuerzo liberando radiación de mayor energía como luz de frecuencias más altas.

También pensé en la posibilidad de que estas partículas se aceleren con los campos magnéticos atómicos producidos en el interior de las estrellas, como los campos atómicos (del átomo porque estos átomos están ionizados en estado de plasma repelen a los electrones así que pueden acelerarlos).
Pensé y anoté que es posible que las partículas y átomos se orienten específicamente haciendo que sus campos puedan empujar las partículas hacia el interior de la estrella donde chocan y liberan radiación.
Pensé y anoté que estos choques quizás podrían abrir agujeros negros.

En esta imagen se puede ver que me envié a mi mismo en mi correo electrónico "joancarles@hotmail.es" los principios de mi trabajo *Justicia Universal* el 22 de Febrero de 2014.

Las ecuaciones de la recta en 3dimensiones las creé en Diciembre2013 pero las puse en mi trabajo *Justicia Universal* en mayo2014. Se puede ver que en mayo 2014 (día 8) me envié a mi mismo en mi correo electrónico "joancarles@hotmail.es" el primer esbozo de mi trabajo *Justicia Universal* con las ecuaciones de la recta en 3dimensiones que yo mismo creé y después apliqué a la casa de mis padres en la que yo vivía en Diciembre2013.

(Aunque durante el periodo de 18Marzo2014 al 17Marzo2015 viví en casa de mi abuela materna sin volver a casa de mis padres. Y a partir del 4Abril 2019 nunca más he vuelto a esa casa).

En España nunca he vivido solo, ni en pareja sentimental, ni con amigos, en Francia sí he vivido solo y también con pareja sentimental.

"Aunque la calidad de algunas imágenes no es óptima voy a exponerlas de todos modos. Son extraídas de mi correo electrónico y de mi cuenta de facebook. (Mi cuenta de correo electrónico joancarles@hotmail.es la creé en 2009 y mi cuenta de facebook JoanCarlesYoIje Martin TG la creé en 2010".

Lo que pensé es que los campos magnéticos sincronizados podían empujar partículas hacia el centro en el cual se producen los choques de partículas y se concentra la energía. Pensé que era posible utilizar este sistema para por ejemplo producir energía o abrir agujeros negros.

Después en las siguientes versiones de mi trabajo incluí este dibujo que yo mismo realicé para representar mi idea.

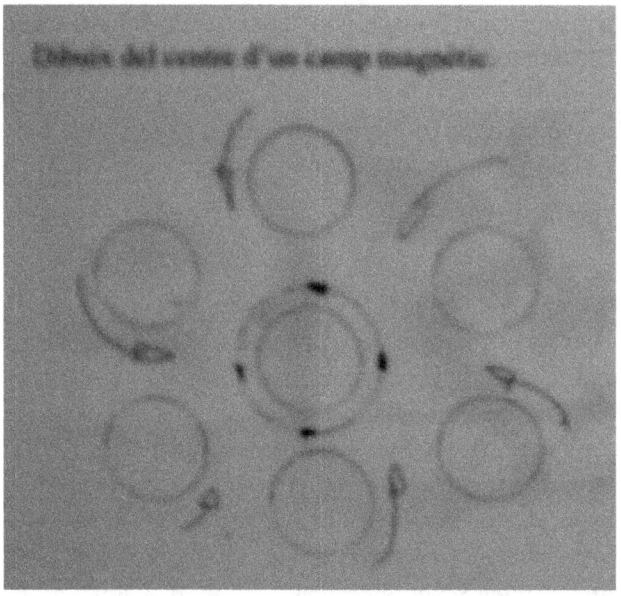

Así que se puede ver como el 8-5-2014 me auto-envié en mi correo electrónico joancarles@hotmail.es un primer esbozo de mi trabajo *JusticiaUniversal2014*. En esta primera versión de mi trabajo se puede observar que ya expuse las ecuaciones de la recta en 3 dimensiones (las creé el 29-12-2013).

En Abril2014 (ya en casa de mi abuela materna, des del 18-3-2014) empecé a trabajar más seriamente en la posibilidad de que partículas que choquen a altas velocidades podrían abrir agujeros negros (o muy hipotéticamente agujeros de gusano).

En 2012 ya había pensado que los choques de quarks a la velocidad de la luz podrían producir agujeros negros.

Así que en Abril2014 pensé que quizás podía intentar probar mi idea y que puede haber de cierto sobre los agujeros de gusano y viajar por el espacio y el tiempo.

Empecé a crear las primeras ecuaciones (muy simples y sin seguir el método científico) en la que los quarks que viajan a la velocidad (debido a la teoría de la relatividad especial un cuerpo con masa como los quarks, no puede llegar a viajar a la velocidad de la luz a menos que su masa sea infinita (el porqué de porqué se debe de tener una masa infinita lo pensé en 2020/2021, lo resolví aplicando mi idea del tiempoJC el cual explico en mi obra, mi libro *"But what is the gravity? What is the time"* 6-8-2022))de la luz chocan entre ellos. Así que apliqué la ecuación de Newton:

$$\text{Fuerza} = \text{masa} \times \text{aceleración}$$

Aunque ya había creado antes las ecuaciones de la recta en 3dimensiones, la primera vez que intenté crear ecuaciones en física era como tirarse al agua sin saber nadar.

Al principio no obtuve ningún resultado matemático concluyente. Pero no me desanimé porque algunas de las ideas que tuve tenían buen sentido, parecían correctas. Hay que pensar que las ecuaciones de la recta en 3 dimensiones aplicadas a 4 o 5 dimensiones daban a entender que debe de haber más dimensiones. Así que si los agujeros negros pueden ser portales dimensionales, entonces tiene sentido relacionar ambas cosas.

Ya en 2012 había pensado en la posibilidad de dimensiones internas, de universos paralelos internos y externos en el caso de que estos existan. Por tanto relacioné mis ideas:
choques de partículas - agujeros negros - dimensiones internas/externas

Claro que es algo muy hipotético, ¿pero qué hay de verdad en ello? Pensé que podía investigar en ello, pensando y utilizando matemáticas.

Empecé a hipotetizar acerca de que debe existir como un punto de origen "0,0,0" en 3 dimensiones o bien "0,0,0,0" en 4 dimensiones. Este punto de origen es la confluencia de las dimensiones, también de dimensiones internas o externas pensé. Pensé que debe de ser como la nada y por tanto no debe de haber dimensiones es por ello que pensé que los agujeros negros deben de ser estos puntos inter-dimensionales (puntos de confluencia dimensional).

En todas mis obras, libros, artículos y trabajos solamente he expuesto mi ideas, yo no trabajo ni he trabajado nunca con otras personas en investigación científica.

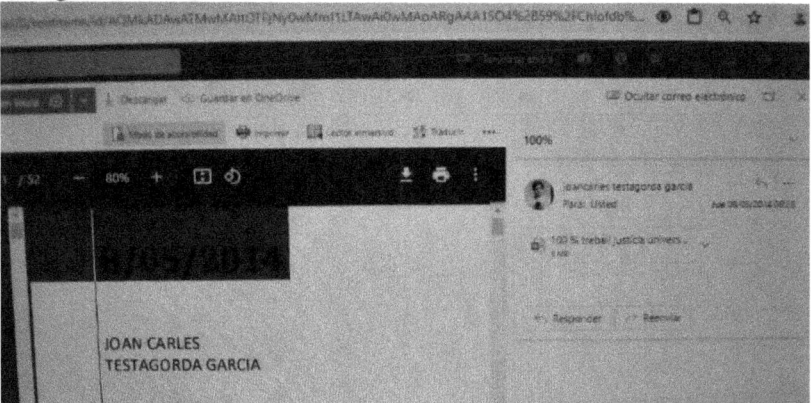

En mi trabajo del 8-5-2014 también se puede observar ideas que pensé como que esta idea de la confluencia dimensional en la que confluyen dimensiones internas con dimensiones externas en las dimensiones en las que vivimos. Otras ideas que pensé es la unidad relativa, que es una idea relacionada con la confluencia dimensional porque en el punto de origen 0,0,0,0 si no hay nada y si todo confluye en este punto, entonces las unidades que se utilizan para el punto de origen son unidades nulas. No hay concepto de metros o de metros cuadrados o cúbicos porque no hay nada. Después explicaré la importancia de mi idea en mi hipótesis.

También se puede observar que ya en la versión del 8-5-2014 expuse otras de mis ideas como el rozamiento universal y la de la presión universal producida por la energía Jol (K2), la cual expuse en mi libro "*But what is the gravity?What is the time 6-8-2022*" y sobretodo en mi trabajo "*La Respuesta al Universo2015-2016*". Mis ideas del rozamiento universal y de la presión universal me permitieron descubrir el porqué se producen las leyes de Newton, me permitió explicar cómo y porqué una fuerza produce otra fuerza igual e opuesta, así como explicar porqué las fuerzas producen aceleraciones, como se producen las aceleraciones etc.

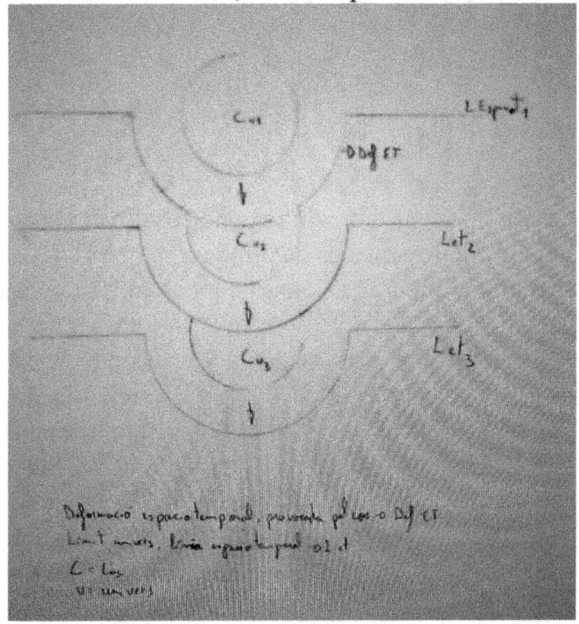

Mi idea del rozamiento universal la pensé en 2009 para poder explicar porqué la velocidad de la luz no es infinita y de esta idea surgió que debía de existir la energía oscura. Expuse mi idea de que la energía Jol es la energía elemental (pensé que esta energía Jol debía de ser la energía oscura) y que es el espacio/tiempo. Sí, ya en 2014 pensé que el espacio/tiempo es la energía Jol y también la materia oscura Q5.

Años después en 2021 se descubrió que yo tenía razón con mi idea de 2014 (casualmente poco tiempo después de que yo volviera a pensar en ello a finales de 2020 cuando estaba creando mi trabajo "*QuantumOpticsJCTGU*").

Se puede ver que pensé sobre deformación del espacio/tiempo (el cual expuse que es la energía y materia oscura K2/Q5) produciéndose un límite el cual nombré límite universal, en el que la cantidad de materia en un espacio (en el tejido espacio/tiempo) no puede superar la relación entre K2/Q5 (energía oscura /materia oscura correspondiente a $E=mc^2$ ). Expuse que si se supera mi el límite que descubrí, entonces se viajará hacia otras dimensiones. (Esto era el principal motivo por el cual creé mi investigación científica).

Otras de mis ideas que expuse en mi obra del 8-5-2014 son el principio de interacción entre partículas débil y fuerte, que son diferentes a la fuerza nuclear fuerte y fuerza nuclear débil. Además pensé sobre el sonido y la destrucción de sólidos.

Otra de mis ideas importantes que se puede ver en mi obra es el flujo interno de energía elemental (energía Jol) el cual crea los cuerpos. Pensé la relación que tiene este flujo con la materia y la antimateria.

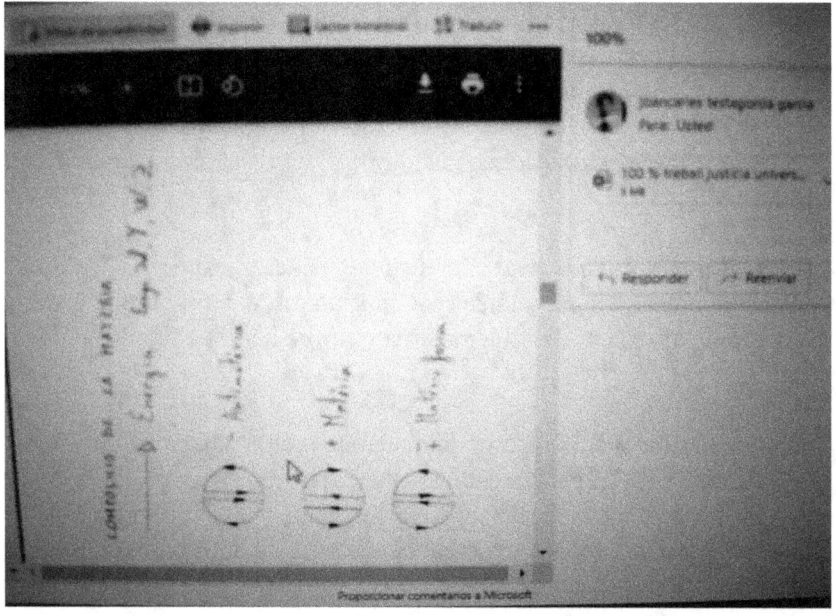

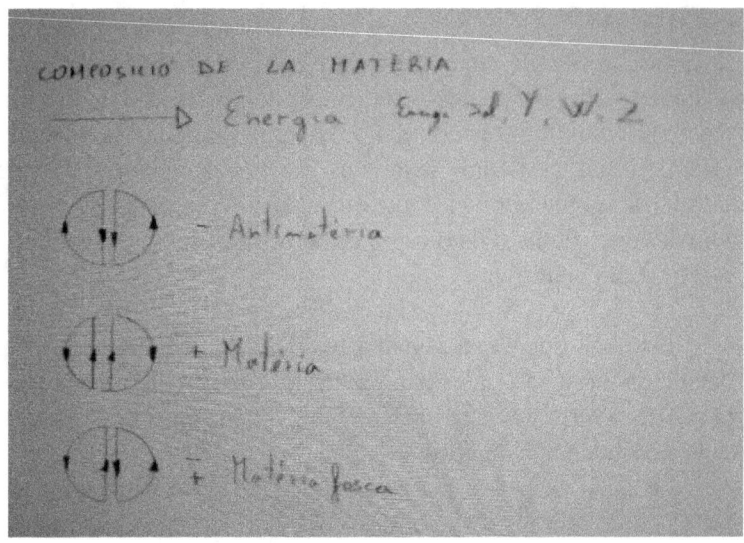

Lógicamente mis primeros trabajos (que no estaban acabados) son la exposición de mis ideas de forma simple, casi sin demostración matemática y sin seguir el método científico debido a mi idea de la unidad relativa como voy a mostrar. Poco a poco fui creando ecuaciones y siempre tenía más y más ideas con lo cual mis trabajos se iban alargando pero al haber personas que presuntamente me robaban entrando en mis redes sociales etc. tuve que decidir de parar de crear mis trabajos en el ordenador.

Mi trabajo Justicia Universal lo creé en lengua catalana porque en Cataluña estudiamos todo en catalán (con mis padres, con mi familia paterna y con gran parte de mi familia materna siempre hemos hablado en catalán).

Entregué mi trabajo al profesor de matemáticas el cual tenía que valorar las ecuaciones de la recta en 3 dimensiones. El profesor nos había mandado de deberes crear un trabajo sobre ecuaciones de la recta en 2 dimensiones. Yo lo que hice fue crear ecuaciones en de la recta en 3 dimensiones.

Como se puede ver en mi correo electrónico "joancarles@hotmail.es" el día 3 de Junio de 2014 volví a auto-enviarme otra versión actualizada (respecto a la versión anterior) del 2-6-2014 con ideas que había tenido, que iba teniendo, con más cosas que iba creando.

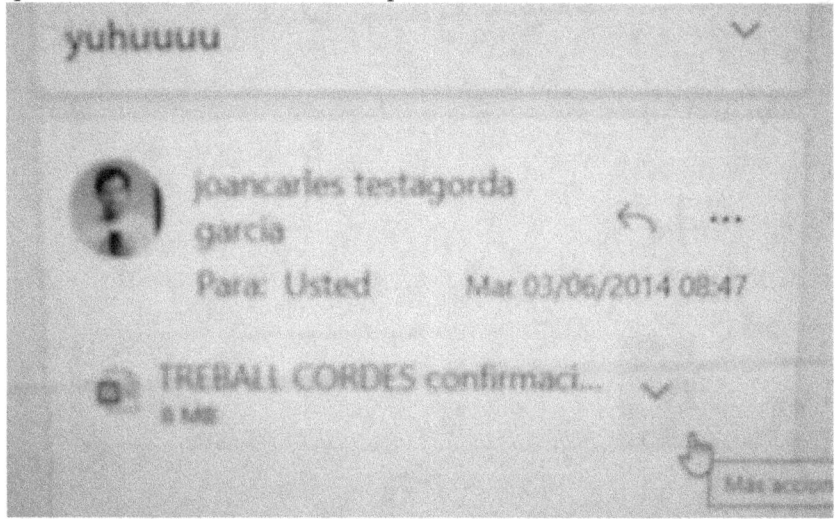

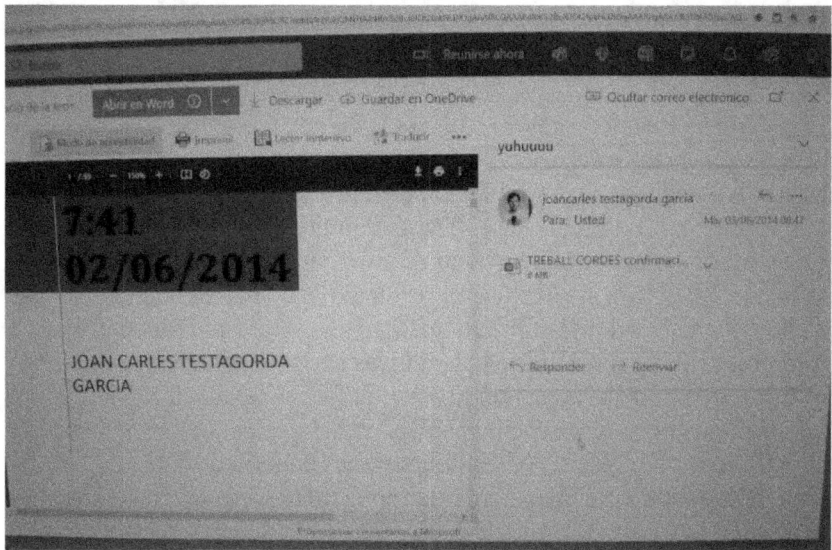

En esta versión expuse mi idea (la cual era todavía muy simple) sobre el origen de todo.

## INDEX

| | |
|---|---|
| Introducció | 3 |
| Origen de tot | 4 |
| Colors | 6 |
| Equacions actuals | 11 |
| Equacions noves | 12 |
| Unitat relativa | 13 |
| Punt d'origen | 14 |
| Canvi de dimensió | 17 |
| Número φ i pressió universal | 23 |
| Energia JOL, composició de l'univers i evolució de l'univers | 24 |
| Magnetisme, electromagnetisme i Interaccions nuclears dèbil i forta | 33 |
| Principis d'interacció de partícules trencament de partícules, i el so | 36 |
| Unitats elementals | 40 |
| Circuit i càlcul de rectes | 43 |
| Mapa planta baixa | 56 |
| Mapa escala | 57 |
| Mapa planta de dalt | 58 |
| Conclusions | 59 |

Voy a traducir lo que escribí como introducción:

El trabajo se basa en crear un recorrido con principio y final el objeto (que se desplaza) en este caso soy yo, voy de unos puntos a otros de mi casa calculando las rectas basándome en diferentes ejes de coordenadas que forman las 3 dimensiones . Para la comprensión del trabajo primero es necesario entender la necesidad de crear nuevos conceptos hasta ahora inexistentes para así explicar el recorrido con la formula matemática tridimensional porque la formula matemática actual es bidimensional, esto quiere decir que con las matemáticas actuales solamente podemos trabajar en un plano, descartando así toda forma de que coexistan más dimensiones matemáticamente hablando. Así que para representar el recorrido sobre el espacio en tres dimensiones debería de haber superposición de espacios en el plano sin estar en el mismo espacio, no existiría la altura o la profundidad. El espacio que ocupa un cuerpo es relativo, así como es relativo que un cuerpo forme una unidad, porque depende de su talla y de la subdivisión espacial que se quiera hacer. De modo que un cuerpo puede estar en el mismo espacio es decir, en dos lugares en el mismo instante de tiempo. O bien si se utiliza otra unidad de medida puede estar en uno solo (espacio), o si se utiliza otro cuerpo pueden formar una unidad o múltiples o incluso dividir el cuerpo en diferentes partes.

Es necesario decir que el trabajo lo que creado yo solo, me he basando en los conceptos que se saben así que solamente expongo conceptos que yo introduzco (que yo he creado), así que no sé si corresponden a la realidad(son hipótesis) porque todavía no han estado verificadas científicamente o aceptadas por la comunidad científica, pero los conceptos tienen una argumentación lógica, algunos de ellos con argumentación matemática.

Resumiendo: introduzco conceptos como las 9 dimensiones, el punto de origen, la equivalencia entre densidad masa y tiempo, la unidad relativa, el cambio de dimensión, la presión universal, como se crea la materia etc.

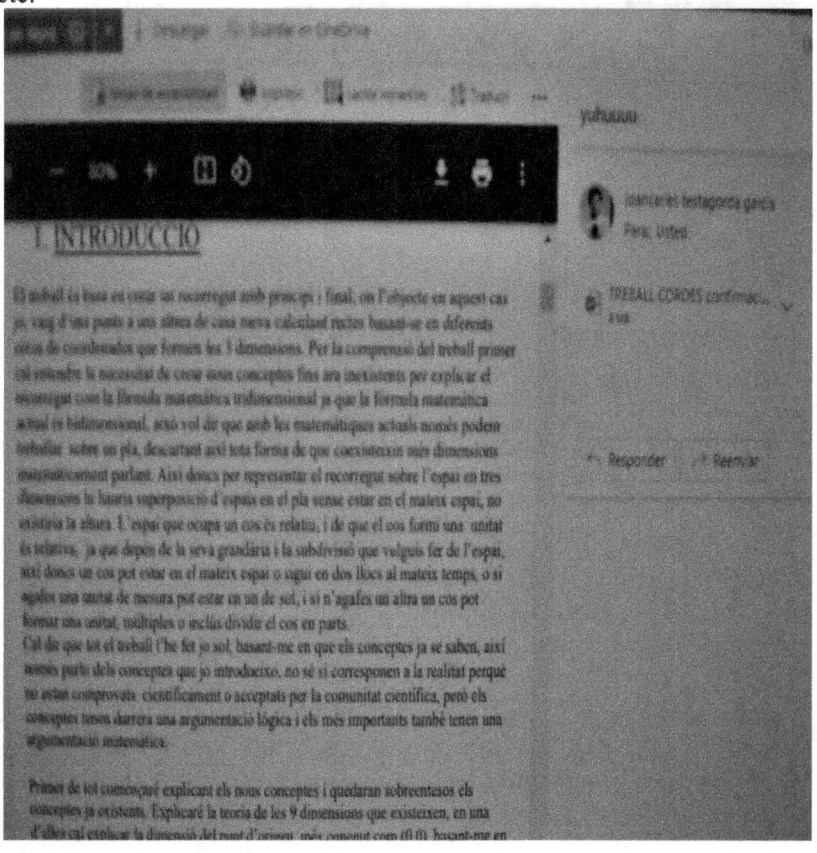

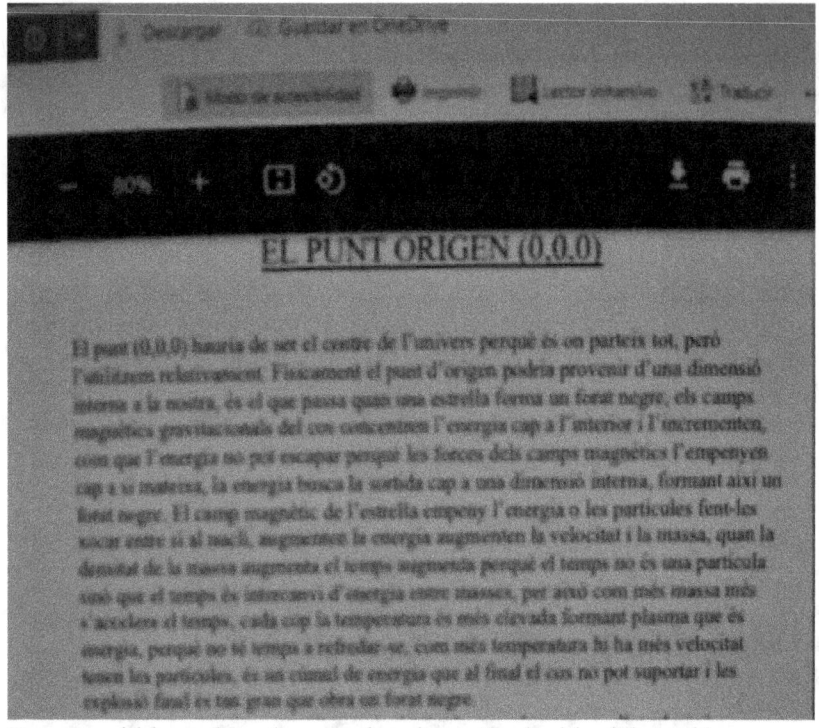

Expuse mi idea sobre el punto de origen. Traducido del catalán es:

El punto (0,0) debería de ser el centro del universo porque es donde nace todo, pero lo utilizamos relativamente. Físicamente el punto de origen debería provenir de una dimensión interna a la nuestra, es lo que pasa cuando una estrella forma un agujero negro, los campos magnéticos y gravitacionales del cuerpo concentran la energía hacia el interior y la incrementan. Como la energía no puede escapar porque las fuerzas la empujan hacia sí misma, la energía busca la salida hacia una dimensión interna. Formando así un agujero negro. El campo magnético de la estrella (y gravitacional) empuja las partículas haciéndolas chocar entre ellas en el núcleo, aumentan la energía, la velocidad y la masa. Cuando la densidad de masa aumenta el tiempo aumenta (transcurre más lento) porque el tiempo no es una partícula. (Puse que el tiempo es un intercambio de energía entre cuerpos). Cada vez la temperatura aumenta más se produce materia en forma de plasma porque no tiene tiempo para enfriarse. Esto produce que la energía aumenta tanto que al final se produce una explosión tan grande que se abre un agujero negro.

Hay que pensar que soy una persona muy racional, bastante escéptica, no soy místico, creo que todo tienen una explicación racional. Lo que hice es aprovechar mi idea de 2013 acerca de que la luz de las estrellas es producida por choques de partículas (partículas que forman el campo magnético por ejemplo) y que estos choques de partículas podrían de algún modo llegar a un límite en el cual se abre un agujero negro (pues se añade a la presión de la gravedad). Relacioné mi idea de 2013 con las ecuaciones de la recta en 3 dimensiones porque matemáticamente pueden existir infinitas dimensiones. Lo cual pensé que esta fuerza, esa presión tiene que producir una salida de la materia por otras dimensiones. Por tanto pensé porqué sería posible el cambio inter-dimensional, como un cambio de universo hacia otro universo.
Matemáticamente esto tiene sentido.
En este párrafo (capítulo) expongo solamente imágenes de mi correo electrónico pero escribí mis ideas en cientos de hojas de papel, en libretas etc.
Como se puede observar en la imagen en la versión del 3-6-2014 es muy parecida a la del 8-5-2024 aunque como ya mencioné, en esta versión incluyo el primer modelo que creé acerca del origen de todo y también mi idea de aplicar el número 6,6666666... como infinito.

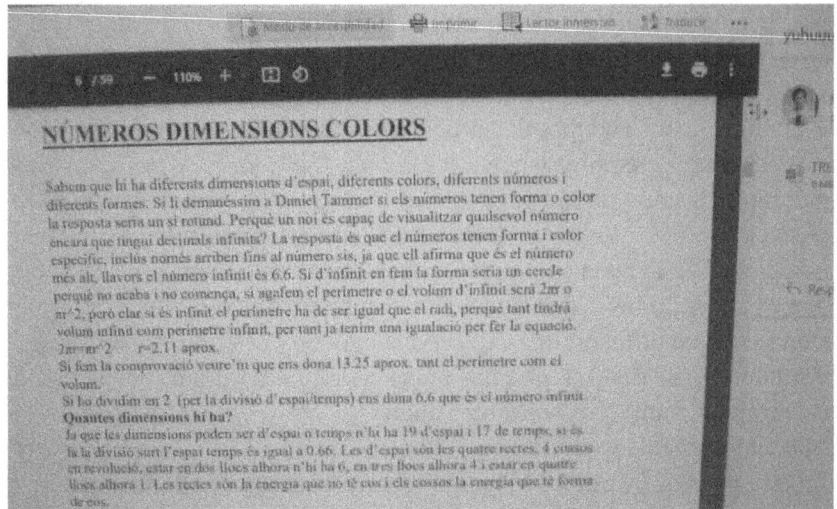

En este párrafo expuse que Tammet que es un chico que es un savant y ve los números debido a un efecto de sinestesia, puede realizar operaciones matemáticas complejas y que esto me hizo pensar en que todos los números pueden tener una representación gráfica.

Expuse que por ejemplo el número infinito podría representarse como un círculo (o un punto) porque no tiene principio ni fin. En el documental Tammet dice que veía cada número diferente a los otros números y que esto le permitía que al realizar una operación matemática lo que hacía era leer un paisaje con sus formas y colores dando así la respuesta. No creo que existan los números de forma física, pero creo que se pueden transformar de forma proporcional a figuras, formas, colores. De hecho es lo que se hace en geometría.

Yo cuando opero en matemáticas o en física, imagino la operación matemática como en una hoja o en el caso de la física lo que hago es imaginar de forma simple por ejemplo las partículas interaccionando, como dos bolitas que se mueven y se intercambian una tercera pequeña bola. Tammet dijo que veía el número 6 como un número muy grande, con una forma grande. Lo que pensé es que quizás este número representa el infinito como 6,66666666.

También lo que deduje en 2014 (antes de junio2014) es que si el espacio/tiempo es un todo y que hay dimensiones confluyendo, quizás pudiera establecerse como que 360grados (reducidos a 36) que se dividen en 2 mitades y que estas mitades no son iguales, después lo explicaré porque pensé que deberán ser 17 y 19.

También como ya expliqué en la versión del 8-5-2014, expuse mi idea sobre la composición del universo creado por energíaJol.
Expuse que esta energía Jol creaba la materia oscura y la antimateria oscura (lo cual después pensé que podría ser al revés). Expuse una hipotética descompensación de su carga, lo cual debería ser incorrecto. Expuse su hipotética interacción con la materia como por ejemplo con la luz lo cual era mi idea de 2009 sobre que esta interacción produce la fricción universal la cual limita la velocidad de la luz.
Expuse que aunque no tenga masa ocupa espacio.
Expuse una hipotética interacción con la materia oscura.

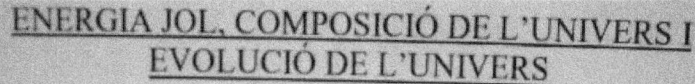

## ENERGIA JOL, COMPOSICIÓ DE L'UNIVERS I EVOLUCIÓ DE L'UNIVERS

L'aire a la Terra fa la força de fregament, i a l'univers l'aire seria la energia JOL, "el nom l'he posat jo". La energia JOL és l'energia amb la qual s'ha creat tot l'univers, el xoc d'energia fa que és pugui fusionar i convertir-se en matèria, matèria fosca, antimatèria o energia. Té la velocitat de la llum i està composada per carga + -, per això no interacciona amb pràcticament res, però té una petita descompensació de carga - (la carga és la direcció amb la que gira), el moviment és recte com la llum, però també gira sobre si mateixa de forma helicoïdal, la càrrega negativa fa que la matèria fosca es vegi repel·lida, amb lo qual l'acceleració de l'univers augmenta. La energia no té massa perquè té variabilitat d'espai, és un moviment rapidíssim dins de l'espai.
Quan la energia JOL xoca entre si és fusiona creant matèria.
La energia JOL també fa que la matèria canviï d'espin i és transformi en antimatèria, i que la antimatèria assoleixi molta velocitat i transformi tota la matèria en antimatèria ja que giren en la mateixa direcció (tenen la mateixa càrrega "-") i la pot accelerar.

La antimatèria de l'últim univers en el multivers crea forats negres que viatgen al passat, i tenen tanta energia que viatgen a la creació del primer univers i separa la antimatèria tornant-la al seu estat primari, amb energia JOL, degut a la seva velocitat (la

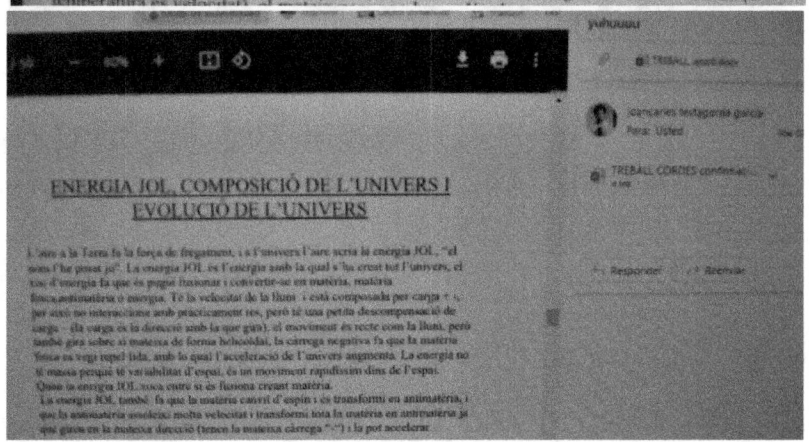

Como se puede ver en mi correo electrónico "joancarles@hotmail.es" el día 24 de Junio de 2014 volví a auto-enviarme otra versión actualizada (respecto a la versión anterior) con ideas que había tenido, que iba teniendo. En esta versión del 23/6/2014 expuse mi idea de que el vacío es velocidad infinita, de que el magnetismo también deforma el tejido espacio/tiempo, mi idea de la diferencia de presión entre universos etc.

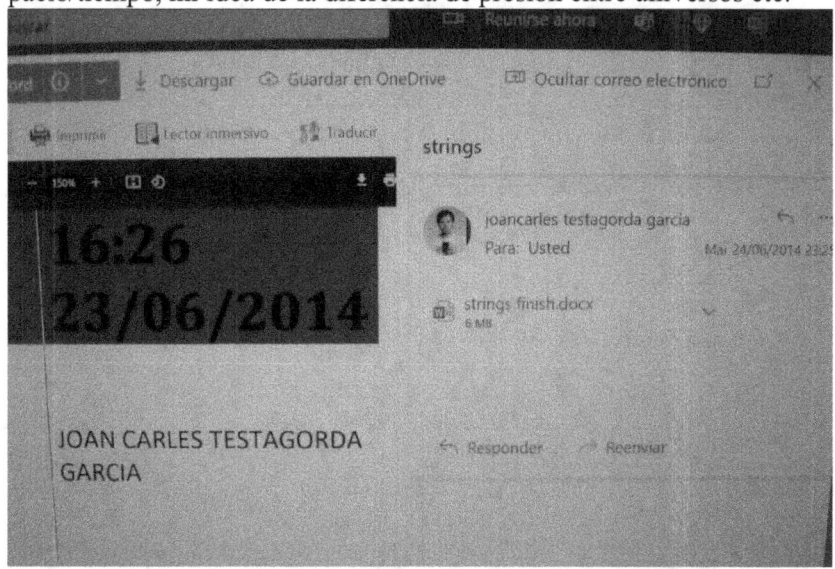

### ÍNDICE

Introducción..................................................3
Origen de todo.............................................4
Daniel Tammet y otros savants.................7
Números colores y dimensiones..............8
Ecuaciones actuales....................................14
Ecuaciones nuevas......................................15
Unidad relativa.............................................16
Punto de origen............................................17
Cambio de dimensión................................20
Parar el tiempo............................................28
Todo es tiempo y espacio.........................29
Número φ y presión universal................30
Energía JOL, composición
y evolución del universo............................31
Magnetismo, electromagnetismo y
Interacciones nucleares débil y
Fuerte..............................................................40
Principios de interacción de partículas
romper partículas y el sonido..................43
Unidades elementales................................47
Circuito y cálculo de rectas......................48
Mapa de la planta baja..............................61
Mapa de la escalera...................................62
Mapa de la planta de arriba.....................63
Conclusiones................................................64

Mi idea de que el vacío es velocidad infinita implica que los objetos que tienen velocidad infinita podrían aparecer como objetos que no presentan ningún tipo de interacción. Por tanto si la energía Jol y la materia oscura se crean con esta velocidad infinita no interaccionarán con la materia ordinaria de forma directa.
La velocidad infinita al ser 0 e infinito no tiene un comienzo o un fin pues es la nada, el vacío. Expuse que la existencia se basa en la división de $0/0 = 1$. Es decir, que la interacción del vacío con el propio vacío produce la existencia. El espacio infinito se divide entre el tiempo infinito, son lo mismo, son el espacio y el tiempo.
Después explicaré más sobre mi idea de 2014.

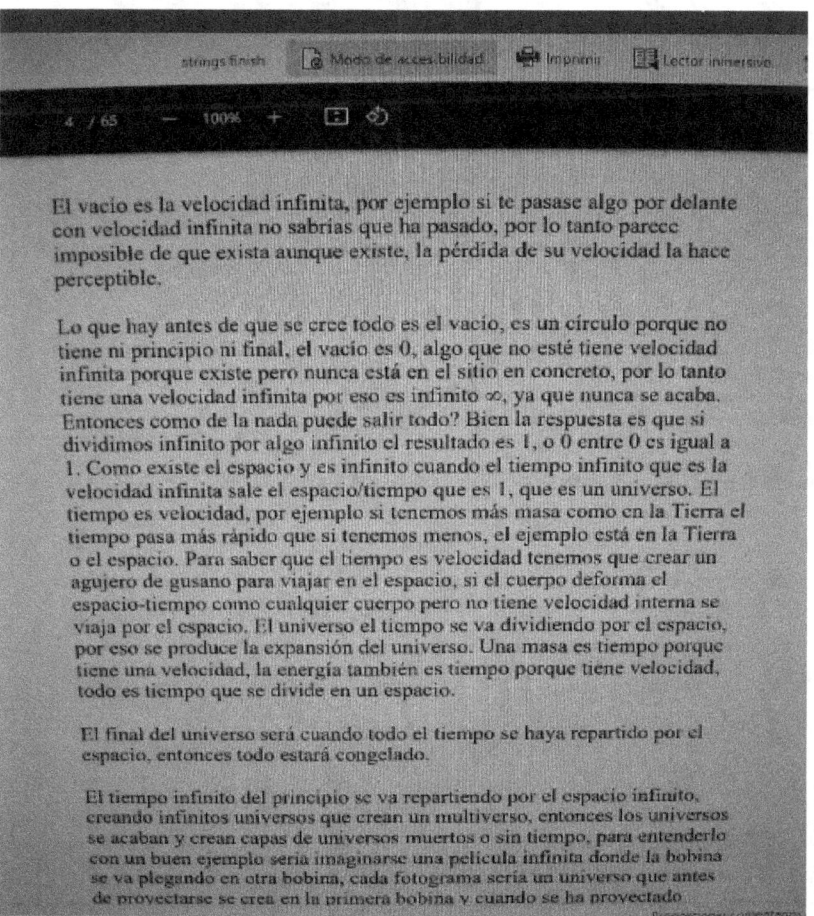

Pensé que de esta división de espacio nace la energía Jol y que esta crea la materia antes del BigBan (después lo explicaré).

Descargar   Guardar en OneDrive

strings finish   Modo de accesibilidad   Imprimir   Lector inmersivo

4 / 65   —   100%   +

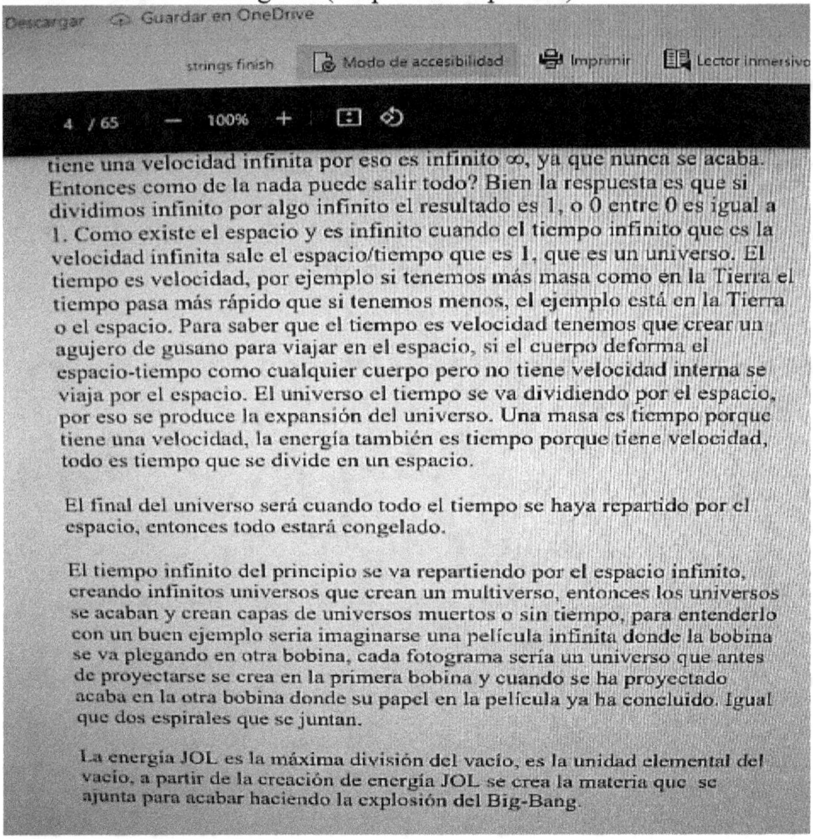

tiene una velocidad infinita por eso es infinito ∞, ya que nunca se acaba. Entonces como de la nada puede salir todo? Bien la respuesta es que si dividimos infinito por algo infinito el resultado es 1, o 0 entre 0 es igual a 1. Como existe el espacio y es infinito cuando el tiempo infinito que es la velocidad infinita sale el espacio/tiempo que es 1, que es un universo. El tiempo es velocidad, por ejemplo si tenemos más masa como en la Tierra el tiempo pasa más rápido que si tenemos menos, el ejemplo está en la Tierra o el espacio. Para saber que el tiempo es velocidad tenemos que crear un agujero de gusano para viajar en el espacio, si el cuerpo deforma el espacio-tiempo como cualquier cuerpo pero no tiene velocidad interna se viaja por el espacio. El universo el tiempo se va dividiendo por el espacio, por eso se produce la expansión del universo. Una masa es tiempo porque tiene una velocidad, la energía también es tiempo porque tiene velocidad, todo es tiempo que se divide en un espacio.

El final del universo será cuando todo el tiempo se haya repartido por el espacio, entonces todo estará congelado.

El tiempo infinito del principio se va repartiendo por el espacio infinito, creando infinitos universos que crean un multiverso, entonces los universos se acaban y crean capas de universos muertos o sin tiempo, para entenderlo con un buen ejemplo seria imaginarse una película infinita donde la bobina se va plegando en otra bobina, cada fotograma sería un universo que antes de proyectarse se crea en la primera bobina y cuando se ha proyectado acaba en la otra bobina donde su papel en la película ya ha concluido. Igual que dos espirales que se juntan.

La energía JOL es la máxima división del vacío, es la unidad elemental del vacío, a partir de la creación de energía JOL se crea la materia que se ajunta para acabar haciendo la explosión del Big-Bang.

Supuse que del mismo modo en el que se crea un universo, también se crean otros formando un multiverso en el cual vuelve a suceder lo mismo, los mismos sucesos que ocurren en lo anteriores.

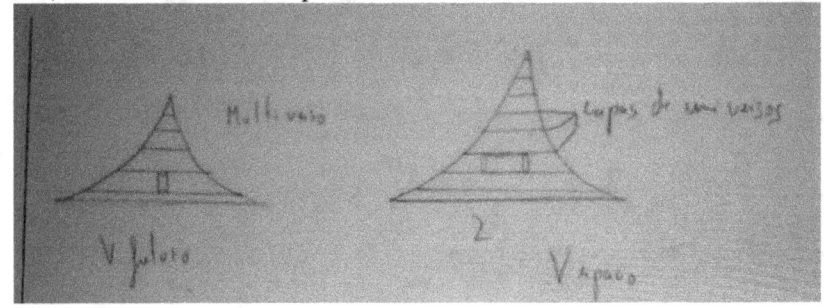

Y por tanto la repercusión de este hecho es que si existen otros universos, entonces se puede viajar hacia ellos como en un cambio de dimensión. Así que relacioné mis ideas, ecuaciones de la recta, punto0,0,0,0, agujeros negros, materia oscura y energía oscura como límite Q5 /K2 con $E=mc^2$ como que es el espacio/tiempo, con que la superación de este límite universal produce un cambio de dimensión abriendo una agujero negro o un agujero de gusano.

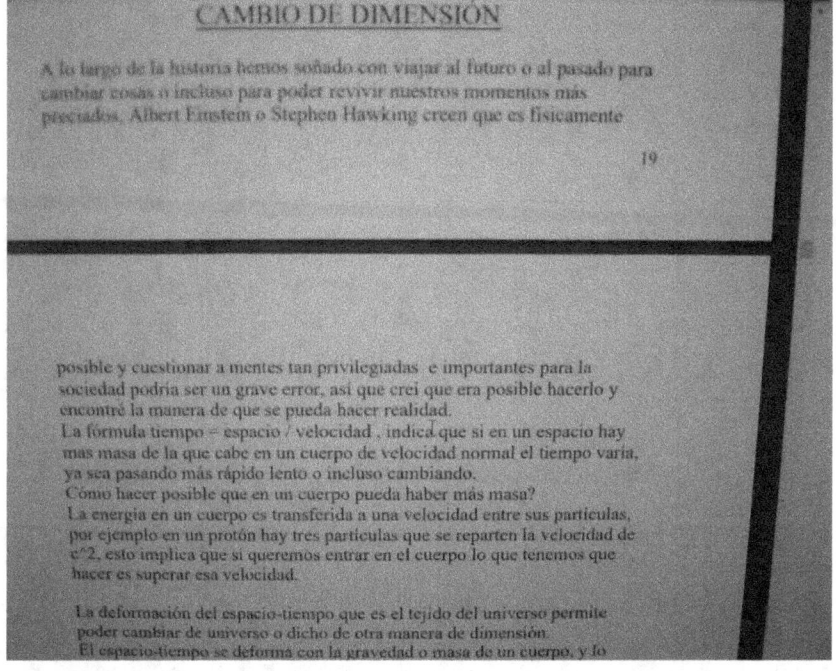

Por este motivo yo descubrí qué es el espacio/tiempo en 2014 como materia oscura y energía oscura K2 y Q5, y que esta relación K2/Q5 produce la deformación del espacio/tiempo al ser el propio espacio/tiempo. Teoricé este límite $Q5/K2 = c^2$ como un límite universal el cual al superarse este límite se produce un cambio de dimensión. Se accede a dimensiones internas o externas, a universos paralelos internos o externos. Es el objetivo que me puse en Abril2014.

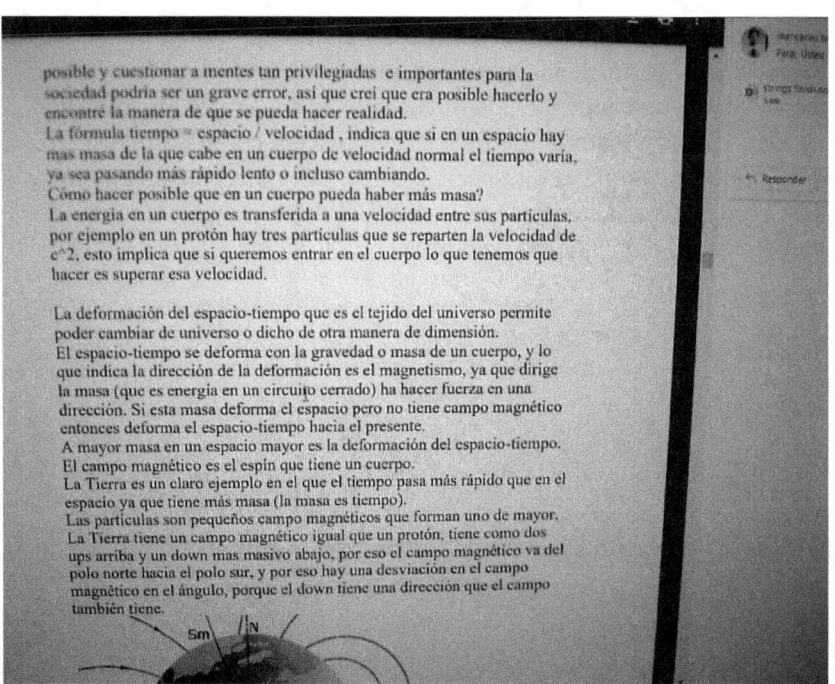

Pensé que el magnetismo, la carga, podría cambiar la dirección de la presión sobre el tejido espacio/tiempo (K2/Q5) aunque esta idea debería de ser errónea. También expuse mi idea de la relación de la presión con el número áureo lo cual debería también de ser errónea.

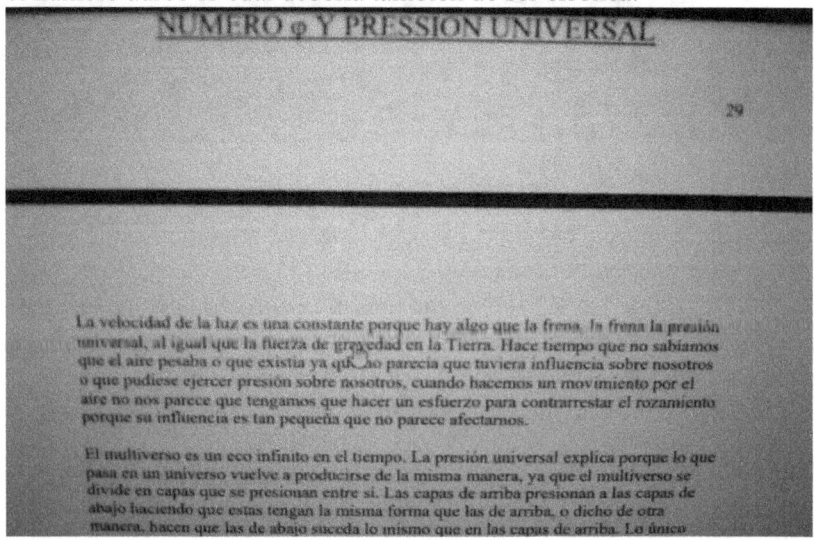

Expuse mi idea de la presión universal que es ejercida por los universos paralelos y que la expansión produce que la energía Jol (energía oscura, K2) se expanda expandiendo el universo y haciendo que entre los universos haya una diferencia entre las energías Jol. Porque las energíasJol de los universos de arriba son más presionadas y por tanto más expandidas (por tanto ya en 2014 descubrí qué produce la expansión del universo).
Lo cual da lugar a una diferencia como el aire frío y el aire caliente haciendo que cuando se abra un agujero negro se produzca un intercambio de energías como si fuera aire caliente y aire frío.
Expuse que también el hecho de que el universo esté lleno de energía Jol produce la presión universal como si fuera el aire de la atmósfera produciendo así la fricción universal y la presión universal. Y que dicho aire frío o caliente (energía oscura caliente y fría como materia oscura fría y caliente) juega un rol importante en la producción de corrientes Jol, de la atracción del agujero negro en el intercambio de energía Jol fría y caliente entre universos.

A pesar de que en 2014 todavía no expuse una buena base matemática a mis ideas (o poca base matemática) no me desanimé porque con mis ideas podía explicar muchos de los fenómenos físicos que todavía nadie no había sabido explicar.

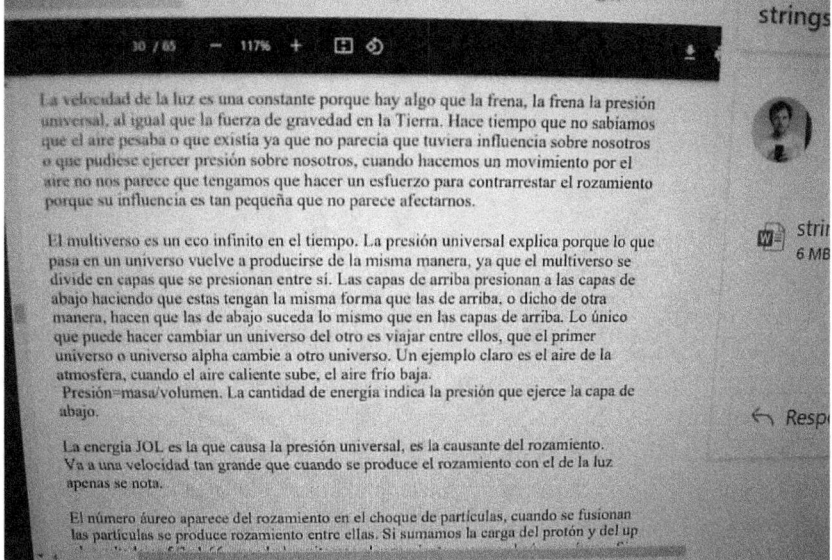

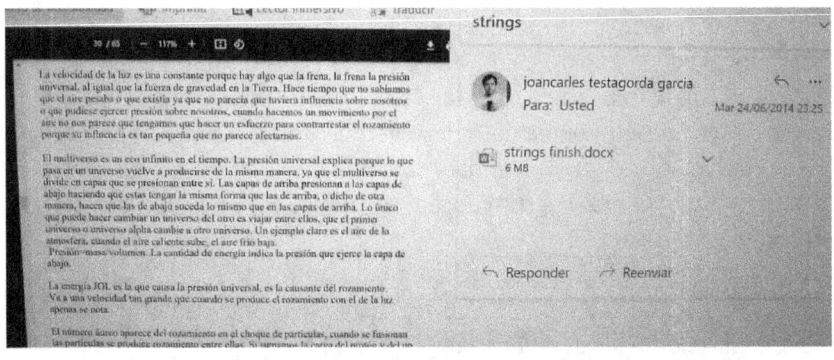

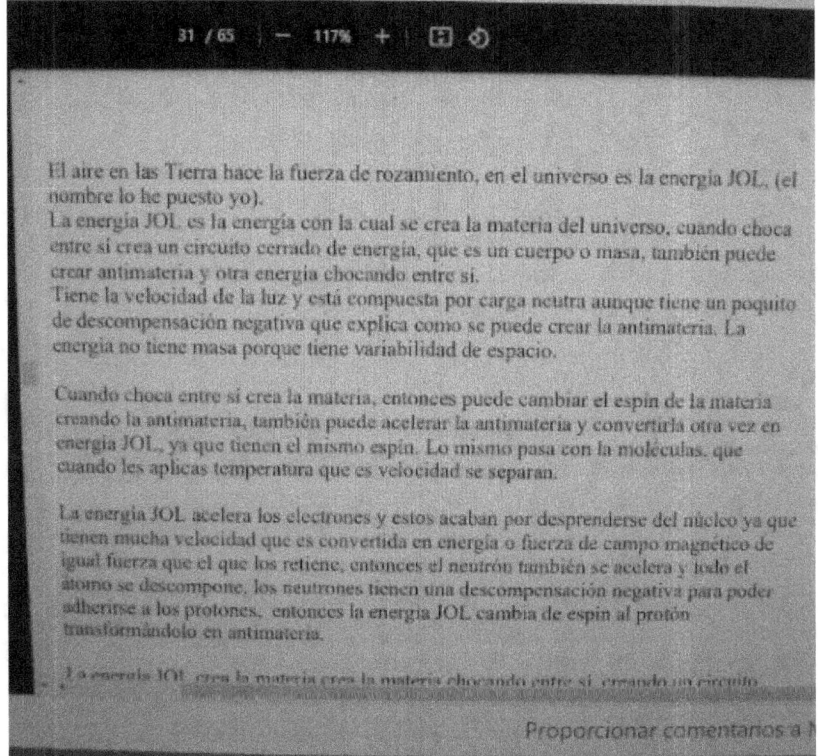

Expliqué otras de mis ideas como que la energía al formar un circuito cerrado forma los cuerpos, la materia y la antimateria. (Claro que según su vibración o forma crea cuerpos diferentes).
Pero no todas mis ideas eran correctas, fui mejorándolas cada vez más hasta poder explicar todo, no solamente la creación.

atmósfera, cuando el aire caliente sube, el aire frío baja.
Presión=masa/volumen. La cantidad de energía indica la presión que ejerce la capa de abajo.

La energía JOL es la que causa la presión universal, es la causante del rozamiento. Va a una velocidad tan grande que cuando se produce el rozamiento con el de la luz apenas se nota.

El número áureo aparece del rozamiento en el choque de partículas, cuando se fusionan las partículas se produce rozamiento entre ellas. Si sumamos la carga del protón y del up el resultado es 5/3=1.66, cuando le quitamos el rozamiento aparece el número áureo. Si restamos el tiempo 1 (que es sin rozamiento) y le restamos el tiempo 2 (con rozamiento) y lo dividimos por tres porque es el número de partículas con las que se produce el rozamiento del up.
F= ((E1-E2/ 5/3 -4/3) /3)

AIRE DESCENDENTE

EMBUDO DE NUBES CON MASAS DE AIRE

energía no tiene masa porque tiene variabilidad de espacio.

Cuando choca entre sí crea la materia, entonces puede cambiar el espín de la materia creando la antimateria, también puede acelerar la antimateria y convertirla otra vez en energía JOL, ya que tienen el mismo espín. Lo mismo pasa con la moléculas, que cuando les aplicas temperatura que es velocidad se separan.

La energía JOL acelera los electrones y estos acaban por desprenderse del núcleo ya que tienen mucha velocidad que es convertida en energía o fuerza de campo magnético de igual fuerza que el que los retiene, entonces el neutrón también se acelera y todo el átomo se descompone, los neutrones tienen una descompensación negativa para poder adherirse a los protones, entonces la energía JOL cambia de espín al protón transformándolo en antimateria.

La energía JOL crea la materia crea la materia chocando entre sí, creando un circuito cerrado de energía, que es el que crea la masa, la suma de dos energía JOL crea la materia la antimateria o la materia oscura, todo depende del espín con el que gire, o dicho de otra forma depende de la dirección del campo magnético.

La energía JOL es la energía con la cual se crea el rozamiento en el espacio, tiene que tener un poco más de velocidad que la velocidad de la luz, para que la velocidad de la luz sea una constante.

Como se puede ver en mi correo electrónico "joancarles@hotmail.es" el día 5 de Agosto de 2014 volví a auto-enviarme otra versión actualizada (respecto a la versión anterior) con ideas que había tenido, que iba teniendo.

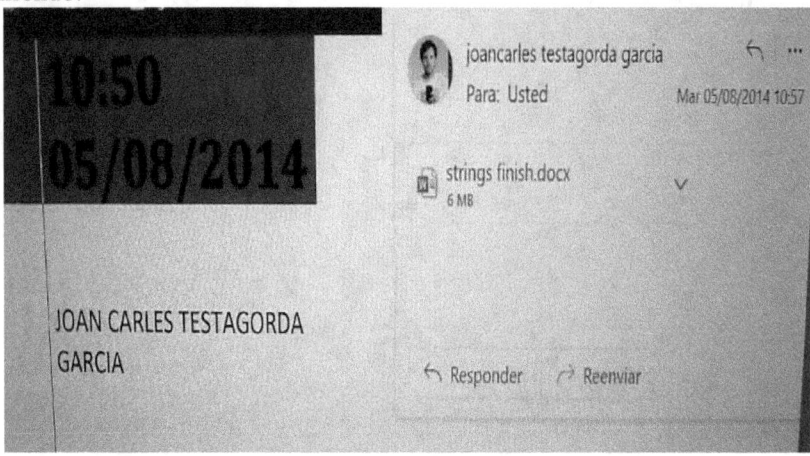

11- Energía JOL y composición
Del universo ...................................................................52
12- Magnetismo, interacciones nucleares
débil y fuerte y la gravedad ............................................54
13- Principios de interacción de partículas
romper partículas y el sonido..........................................59
14- Unidades elementales ................................................63
15- Fórmulas para calcular puntos de
una recta actuales.............................................................64
16- Fórmulas nuevas en tres dimensiones .....................65
17- Circuito y cálculo de rectas.........................................66
17.1- Mapa de la planta baja............................................73
17.2 - Mapa de la escalera................................................80
17.3 – Mapa de la planta de arriba .................................81
18 - Unidad relativa..........................................................82
19- Todo es tiempo en un espacio ..................................83
20- La humanidad será infinita ......................................84
21- Conclusiones...............................................................85

En esta versión expuse mi idea sobre la relación entre la temperatura y la vibración de la energía Jol. Como se dice que el universo se enfría, pensé que si en el inicio se produce una gran vibración que crea la materia, las partículas, entonces debido al descenso de la temperatura, esta vibración podría no producirse y todo se convertiría en vacío. Un poco como una pastilla efervescente que se deshace.

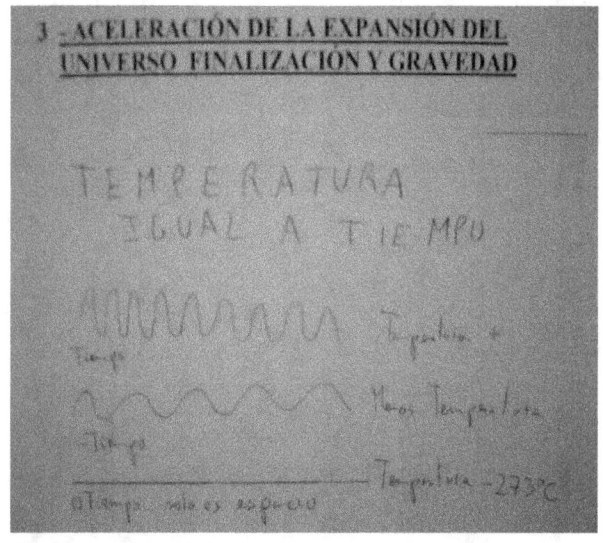

> Cuando el espacio-tiempo se enfría sus ondas o masas pierden su altura pero se ensanchan de los lados, esto hace que el universo se expanda aceleradamente, el tiempo se vuelve a convertir en espacio y cuando solamente hay espacio la temperatura es la mínima posible (-273 grados Celsius).
> El universo pierde el tiempo y acaba congelado, el espacio vuelve a ser recto por eso el universo se expande.
> Como el espacio es como una goma elástica, de la misma manera que una goma se estira también vuelve a su estado original, es decir, que el universo transforma el tiempo en su forma original, espacio.
> Se utiliza la ley de hooke.

En esta versión se puede ver uno de mis primeros modelos de creación del universo que yo mismo creé y que después mejoré. En esta versión del 8-5-2014 lo que expuse como idea es que el espacio (espacio/tiempo) que es la energía Jol (energía oscura, K2) está confinada como en un punto. Este punto es como velocidad infinita. Se expande, se rompe y crea una vibración, crea energía, el espacio/tiempo. diviendose infinitamente creando el espacio/tiempo (la energía Jol). Mientras se expande la vibración disminuye hasta el día en que sea igual a 0 y todo se congelará. Expuse que la energía choca y crea la masa que es la materia oscura (esto debería ser al revés).

3- Al ser un punto infinito se divide infinitamente, la expansión es que el espacio se divide ya que al ser una unidad no se crea más espacio si no que el espacio simplemente se expande, se expande él mismo como unidad. Como una goma elástica que es una unidad se estira. Esto explica porqué existe la gravedad o porqué el universo se expande, el universo se expande porque él universo tiende a volver a ser espacio, perdiendo altura y ganando anchura, como una goma elástica cuando no hacemos ninguna presión sobre ella.

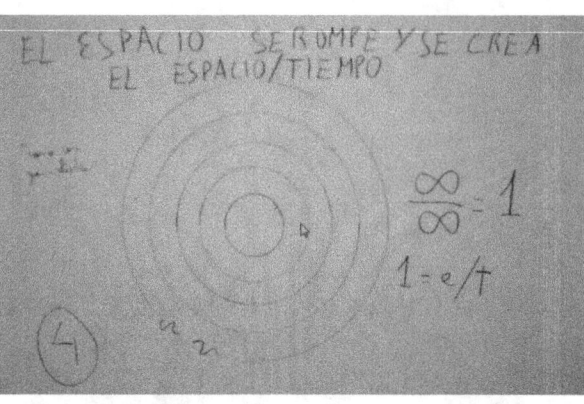

4- Cuando divides una cosa infinita infinitamente el resultado es 1 cuando haces la operación matemática el resultado es 1, del mismo modo que cuando divides una cosa entre ella misma el resultado es 1

Como el espacio es igual que una goma elástica, tiene un punto en el que se parte por un punto. De aquí que la división es 1. Cuando el espacio se rompe crea el espacio-tiempo.
La ley de hooke es la fórmula a aplicar para saber la fuerza que hace una masa sobre el tejido del espacio.
Cuando se rompe el espacio crea vibración que es energía primaria, es tiempo.
El tiempo es el espacio en movimiento, puesto que si solo hay espacio el tiempo no existe y todo está congelado.
El tiempo es temperatura y va perdiendo altura (temperatura) hasta congelarse, por eso el universo se expande.

5- Esta vibración primaria es energía, energía Jol (el nombre lo he

5- Esta vibración primaria es energía, energía Jol (el nombre lo he puesto yo), que cuando dos de estas ondas chocan crean una unidad de masa.

A diferencia de lo que se cree ahora el vacío no existe en nuestro universo, puesto que de existir el vacío si entraramos en contacto con él no habría tiempo, nos congelaríamos, no podríamos tener movimiento, por eso la temperatura cuando salimos de nuestra atmosfera es fría pero no llega a -273 grados. Ya que la temperatura del universo no es la temperatura baja máxima podemos movernos a través del universo.

La temperatura más baja es solo espacio y si es solo espacio quiere decir que no tiene tiempo y que por lo tanto si no hay tiempo no podriamos movernos a través de ese espacio.

6- Por las dos bandas donde se ha roto el espacio la onda o vibración

7- Cuando la energía Jol se encuentra en el espacio choca y crea la

7- Cuando la energía Jol se encuentra en el espacio choca y crea la masa, cuando choca se suma la altura de cada onda.

La energía a parte de cierta altura se convierte en masa, por eso la fórmula más conocida de Albert Einstein: Energía es igual a la masa de un cuerpo multiplicado por velocidad de la luz al cuadrado, es cierta. $E=mc^2$.

Cuando la masa se convierte en energía, se produce más energía que la masa que tenemos, esto pasa porque la altura o masa no ocupa el mismo espacio que cuando se estira.

Pensé que la energía choca consigo mismo y crea la masa creando que esta masa aumente mucho (y quizás explote como en el BigBang).

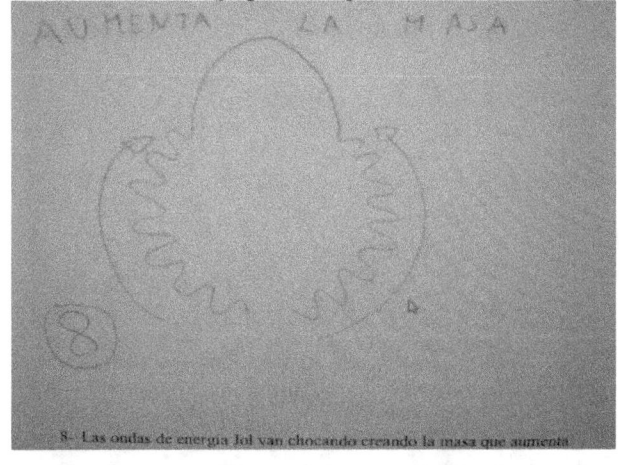

8- Las ondas de energía Jol van chocando creando la masa que aumenta

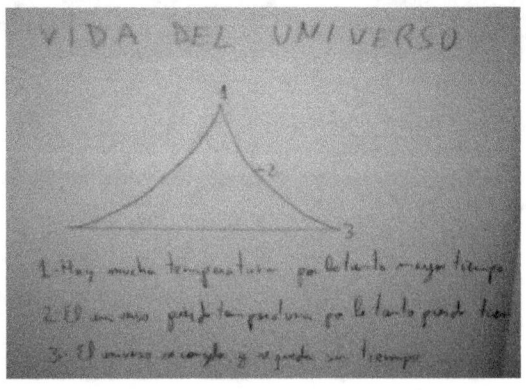

Se puede ver como expuse que se van creando universos formando un multiverso. Escribí que se crea el tiempo dividido entre el espacio (el espacio/tiempo) que es la energía Jol. De tal modo que ya en 2014 expuse que el espacio/tiempo es la energía oscura. Expuse que después se crea la masa (la materia oscura).

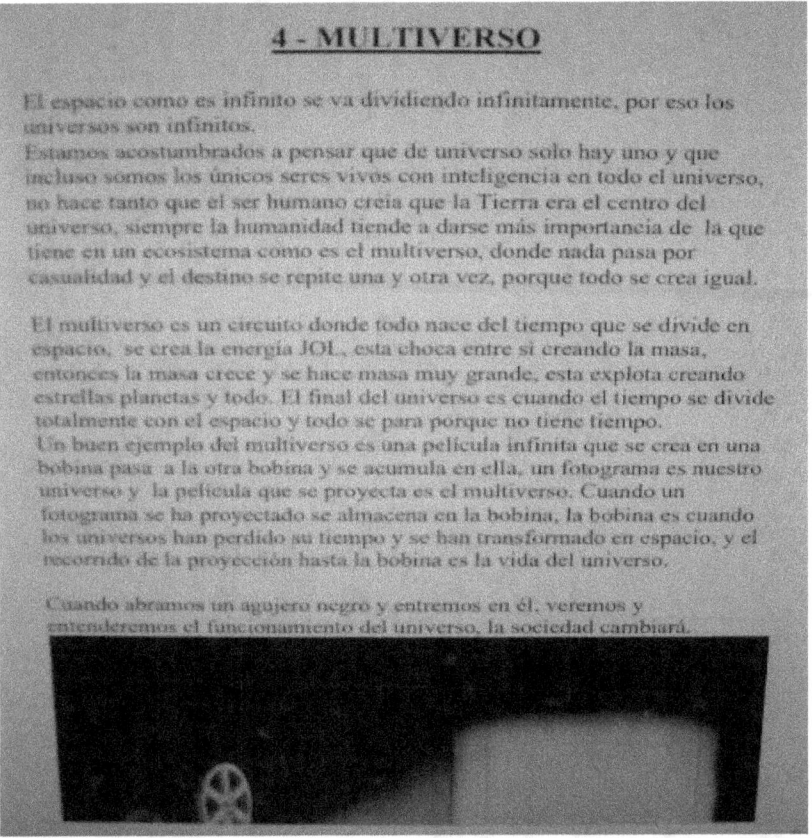

En Abril 2014 me había planteado como deben de ser y de crearse las dimensiones. Porque en el origen de todo hay un punto pero después deben de crearse más dimensiones. Pensé en la posibilidad de dividir un círculo de 360 grados en dos mitades no iguales de espacio y de tiempo. Pensé que no podía ser 360 sino que debía de ser 36 debido a mi idea de la unidad relativa. Llegué a la conclusión de que deberían haber 17 dimensiones de tiempo y 19 de espacio. Después explicaré más sobre mi idea.

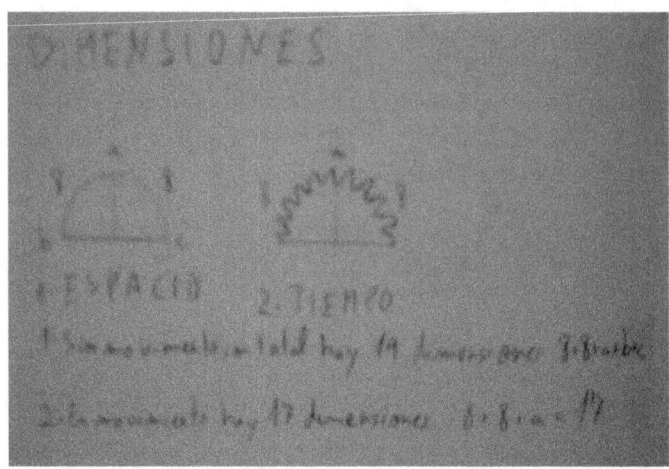

## 6.1 -¿Cuantas dimensiones hay y qué son las dimensiones?

Sabemos que existen dimensiones de tiempo y espacio, y acertamos en eso, aunque las dimensiones de tiempo están hechas de espacio pero es espacio en movimiento. Si Daniel Tammet ve seis números con seis colores o formas distintos, si multiplicamos el número seis por seis veces que es la cantidad de combinaciones que podemos hacer el número es 36, que corresponde a las 36 dimensiones que existen, por lo tanto cada número podría ser una dimensión.

Como las dimensiones están creadas por espacio y tiempo, sabemos que la forma que tiene es de círculo puesto que son ondas, cuando el espacio tiene movimiento es tiempo, este tiempo es espacio que vibra.
El tiempo ocupa el espacio. Por lo tanto tenemos que dividir las dimensiones de tiempo entre las dimensiones de espacio.

Las dimensiones son diferentes ángulos de una circunferencia respecto a un punto concreto, como todo es espacio, cuando el espacio se deforma por que se ejerce presión sobre él adquiere forma circular porque es igual que una cuerda elástica, esto hace que podamos medir las dimensiones con ángulos respecto a un punto en concreto, y que podamos decir que un círculo es la forma que tienen las dimensiones juntas.

Sumando las dimensiones de espacio y de tiempo el resultado es 36, un círculo, representa el infinito.

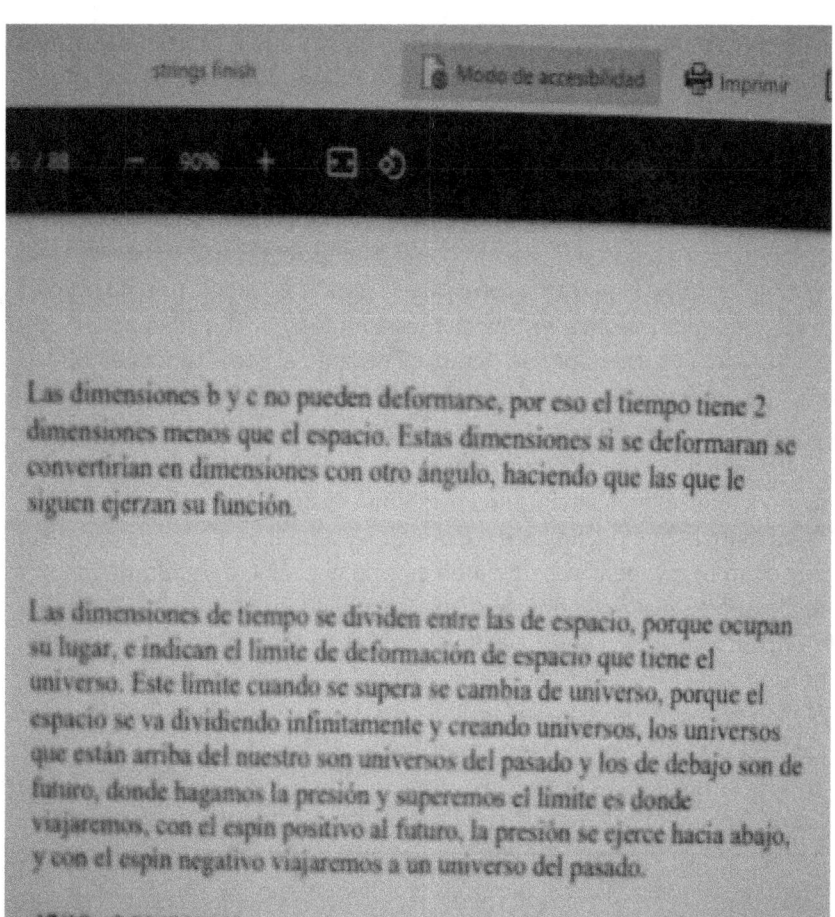

Vi que al dividir 17/19 obtenía 0.894 que es un número que corresponde a la velocidad de la luz ($c^2$) pero adimensional.

Llegué a la conclusión de que el todo que es el espacio/tiempo, eran dimensiones de espacio y de tiempo con valores 19 y 17 (Q5 y K2) y que eran la materia oscura y la energía Jol que es una energía elemental (o quizás la energía oscura).

Pensé que se debía de crear un límite K2/Q5 el cual correspondía a la velocidad de la luz al cuadrado (debido a la ecuación $E=mc^2$).

Es decir, si hay una gran cantidad de masa en un espacio, este se deforma, pero si excede una cantidad límite, se abre un agujero negro o de gusano. (Hay que pensar que esto era el inicio de mi investigación).

En esta versión del 5-8-2014 empecé a aplicar mi idea del límite universal $Q5/K2= c^2$ (límite espacio/temporal) a cuerpos como la Tierra, la Luna, Marte, Mercurio, Júpiter, Venus, Saturno, el Sol y cuerpos como el protón, el neutrón, el electrón (en ese orden). Pensé que mi límite $Q5/K2=c^2$ es un límite de densidad en el cual no se puede haber una determinada masa en un espacio muy reducido pues si la hay se produce como una explosión o un efecto como es el de crear vacío (volver al estado de origen). Hay que recordar que llegué a la conclusión de que K2 y Q5 eran dimensiones pertenecientes a un total de dimensiones (360grados) de espacio y de tiempo. Por tanto al ser materia oscura y energía Jol (energía oscura) entonces al superar una cantidad de materia límite en un espacio concreto, se consigue superar el límite de espacio/tiempo en el cual se abre un agujero negro. El hecho de abrir un agujero negro produce la superación de este límite porque hay más masa en un espacio de la que puede haber. Es decir se supera un límite de densidad. Por tanto lo que pensé es que todo cuerpo que supere este límite, incrementando su masa o reduciendo su espacio de forma infinita, se convierte en un agujero negro. Así que toda la materia que existe, existe porque no supera este límite universal Q5/K2 que yo descubrí.

De modo que pensé en aplicar de forma adimensional, mi límite universal a planetas, el Sol, la Luna o partículas. El hecho es que lo hice sin utilizar el método científico.

En mi trabajo "*La Respuesta al Universo*" creé más de 45 ecuaciones que no siguen el método científico aplicadas a la Tierra, la Luna, Marte, Mercurio, Júpiter, Venus, Saturno, el Sol y cuerpos como el protón, el neutrón, el electrón.

También de mis ideas se puede entender que en principio los agujeros negros por dentro son todos iguales a excepción de su tamaño. Pues no puede haber una singularidad diferente a otras, solamente pueden existir conjuntos de singularidades pero cada unidad del conjunto tiene las mismas propiedades que las demás.

Para crear una deformación espacio/tiempo más grande en altura que la que ejerce un cuerpo normal en el tejido espacio/tiempo, introduciremos más masa dentro de un cuerpo, dicho de otra manera dentro de un volumen habrá más masa con lo cual podremos superar el límite del universo y viajar a otro

# 7.-CONFIRMACIÓN DE LAS TEORÍAS MECÁNICA CLÁSICA CON MECÁNICA CUÁNTICA

Sabiendo que hay 36 dimensiones, 17 de tiempo y 19 de espacio, sabemos que cuando se combinan entre ellas crean todo. Todo tiene 19 dimensiones de espacio, pero no todo tiene 17 dimensiones de tiempo. El magnetismo es una onda en movimiento, por eso un campo magnético es las dimensiones de tiempo de un cuerpo.

Para confirmar la teoría hay que utilizar las dimensiones, dividir las de tiempo de un cuerpo entre las de espacio que todos los cuerpos tienen las mismas, 19.
Entonces compararé la Tierra con un protón y calculando el radio de un neutrón, hay una semejanza que aún no sé responder.
El límite de cada cuerpo depende de sus dimensiones de tiempo, cada cuerpo tiene que estar próximo al límite pero no superarlo, excepto los agujeros negros.

### PROTÓN

Un protón tiene todas las dimensiones de tiempo porque tiene un campo magnético que afecta a todo su cuerpo y el espín es 1, la diferencia de un protón y la Tierra es qué en la Tierra hay una parte del campo magnético, concretamente en el polo sur donde el efecto de su campo magnético no es eficaz, y la energía se escapa del campo magnético.
Esto ocurre a su gran masa, la gran diferencia entre la mecánica clásica y la mecánica cuántica es la masa de los cuerpos, en los cuerpos más masivos su campo magnético no llega a toda la superficie del cuerpo, haciendo que el campo no pueda actuar en alguna parte del cuerpo.

Entonces cuando dividimos 17 dimensiones de tiempo / 19 dimensiones de espacio, el resultado es **0.8947**.
Sabemos que la masa de un protón es **1.672**, y que su radio es **8.41235**, tenemos que elevar al cubo el radio y multiplicarlo por el número pi $\pi$, el resultado es el volumen **1.870**.
http://es.wikipedia.org/wiki/Prot%C3%B3n

Si dividimos la masa 1.672 entre el volumen 1.870 el resultado es **0.8941**.

## 9- CAMBIO DE DIMENSIÓN

A lo largo de la historia hemos soñado con viajar al futuro o al pasado para cambiar cosas o incluso para poder revivir nuestros momentos más preciados o para saber que haremos en un futuro por si hacemos algo que no nos gusta o por si podríamos hacer algo y cambiarlo, Albert Einstein o Stephen Hawking creen que es físicamente posible y cuestionar a mentes tan privilegiadas e importantes para la sociedad podría ser un grave error, así que creí que era posible hacerlo y encontré la manera de que se pueda hacer realidad.

La fórmula presión= masa / volumen
Aplicada al tejido espacio-temporal indica que el tejido puede romperse si tenemos suficiente masa en un espacio concreto.
Indica que dependiendo del espacio que ocupa la masa hay más presión o menos en un cuerpo, y como toda relación de presiones hay un límite que al superarlo superas la barrera que indica la presión. Tenemos la presión del universo, por lo tanto si superamos la presión de nuestro universo conseguiremos deformar tanto el tejido espacio/tiempo (universo) de tal manera que cambiaremos de dimensión temporal o espacial, todo depende de hacia dónde hagamos la deformación.
Hay dimensiones de espacio y de tiempo, las de tiempo (crean masas) se dividen en el espacio que tienen porque las dimensiones de tiempo ejercen

La fórmula presión= masa / volumen.

Aplicada al tejido espacio-temporal indica que el tejido puede romperse si tenemos suficiente masa en un espacio concreto.

Indica que dependiendo del espacio que ocupa la masa hay más presión o menos en un cuerpo, y como toda relación de presiones hay un límite que al superarlo superas la barrera que indica la presión. Tenemos la presión del universo, por lo tanto si superamos la presión de nuestro universo conseguiremos deformar tanto el tejido espacio/tiempo (universo) de tal manera que cambiaremos de dimensión temporal o espacial, todo depende de hacia dónde hagamos la deformación.

Hay dimensiones de espacio y de tiempo, las de tiempo (crean masas) se dividen en el espacio que tienen porque las dimensiones de tiempo ejercen presión en las de espacio, porque una masa que es tiempo hace que el tejido de espacio se estire, es decir ejerce una presión sobre él.

La masa que son las dimensiones de tiempo hacen presión dentro de un volumen que es el tejido espacio-temporal que ocupa esta masa que son las dimensiones de espacio, por eso las dimensiones de tiempo se dividen entre las de espacio, creando así el límite de **17/19= 0.89473684.**

Ningún cuerpo en el espacio puede superar este límite excepto los agujeros negros gracias a su masa.

Si hacemos la presión hacia abajo, que es lo más normal viajaremos hacia el futuro. Si hacemos la deformación hacia arriba viajaremos hacia el pasado, puesto que encima de nuestro universo hay más universos que ha creado el espacio al dividirse y debajo también.

Los agujeros negros son como tornados o remolinos donde hay aire que entra por el centro y aire por alrededor del centro aire en dirección contraria que succiona hacia el agujero o hacia el tornado, eso explica porqué a veces hay desprendimientos de luz por un agujero negro y también que tengan radiación.

Los haces de luz son debidos a que materia que entra choca con gran velocidad con materia que sale del agujero provocando colisiones de partículas como una estrella cuando emite luz.

La presión en los agujeros igual que los tornados se hace presión hacia arriba y hacia abajo.

Esta es una hoja de papel (de una libreta péqueña) en la cual el día 10 de Octubre del 2014 a las 14:15 escribí mi idea de la relación K2/ Q5 = $c^2$ (como Energía / Materia = velocidad de la luz al cuadrado E=$mc^2$).

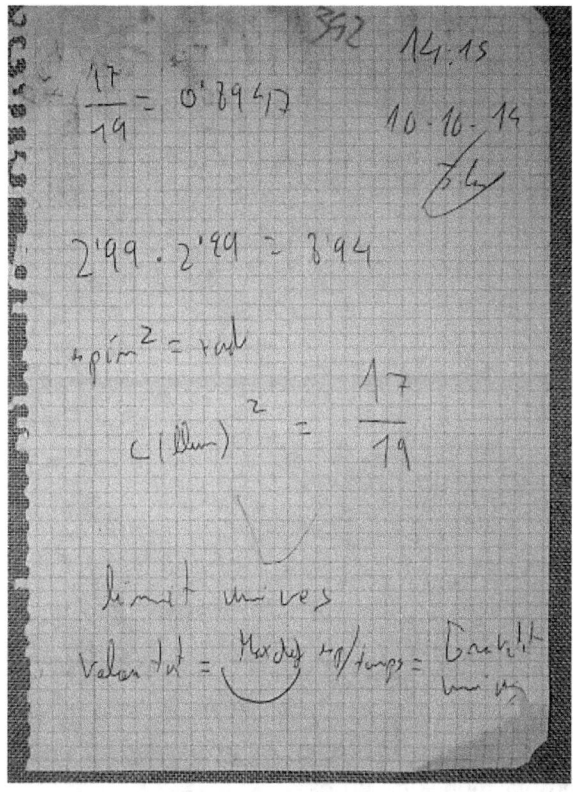

Como todas mis hojas es una hoja original.
En esta hoja se puede ver como conseguí relacionar algunas de mis ideas de primavera2014.
De modo que 17/19 = 0,89
donde 2,99 es la,velocidad de la luz 299792458m/s
y al cuadrado: 2,99x2,99 =8,94
Da como resuotado la relación Q5 y K2. Materia oscura y energía oscura.
Aunque en 2014 pensaba que la energía debería de ser 19 porque era un valor superior y porque pensaba que primero se creaba la energía y después la materia. En 2016 y 2017 lo invertí, pensé que debería ser al revés. Después lo explicaré.

Como se puede ver en mi correo electrónico "joancarles@hotmail.es" en Septiembre de 2014 volví a auto-enviarme otra versión actualizada (respecto a la versión anterior) con ideas que había tenido, que iba teniendo.

Como se puede ver en mi correo electrónico "joancarles@hotmail.es" el día 7 de Diciembre de 2014 volví a auto-enviarme otra versión actualizada (respecto a la versión anterior) con ideas que había tenido, que iba teniendo.

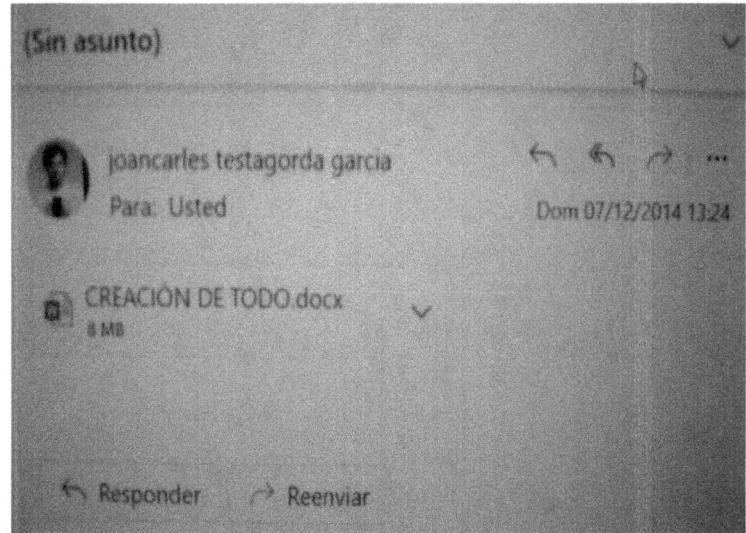

Esta versión la traducí (lógicamente yo mismo hice la traducción de mi obra, nunca he hecho ningún tipo de traducción de otras obras o escritos, solamente de mis propias obras y escritos).

Como se puede ver en mi correo electrónico "joancarles@hotmail.es" el día 8 y el día 9 de Diciembre de 2014 (a las 20.07 y a las 2:10am respectivamente) volví a auto-enviarme otra versión actualizada (respecto a la versión anterior) con ideas que había tenido, que iba teniendo. Esta versión la traducí (lógicamente yo mismo hice la traducción de mi obra, nunca he hecho ningún tipo de traducción de otras obras o escritos, solamente de mis propias obras escritos).

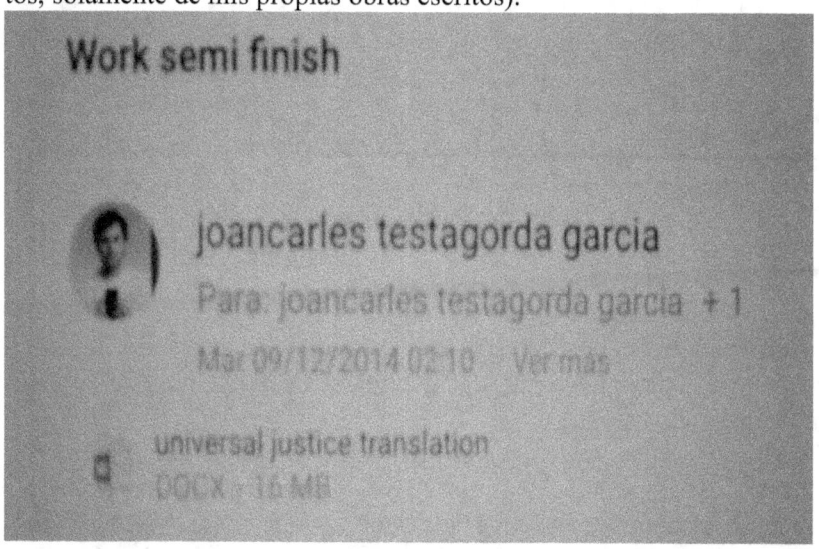

> ...  
> ese círculo. No podríamos retener algo infinito en un espacio. Si nos fijamos en cualquier cuerpo del universo que esté retenido, si tiene una aceleración constante siempre acaba por salir del cuerpo que lo retiene.
>
> La velocidad sale del vacío y se convierte en un punto. Este punto se expande sobre sí mismo y va perdiendo su velocidad mientras avanza.
>
> Al salir de ese círculo va perdiendo velocidad porqué se divide entre él mismo. $\sqrt{6.66666}$
>
> Un ejemplo de espacio es si pasara un coche por delante nuestro a velocidad infinita para nosotros no existiría, pero si redujera su velocidad participaría en la existencia.
>
> Cuando se crea el punto se crea el tiempo.
>
> El tiempo es espacio en movimiento, es velocidad, excepto la velocidad infinita.

En esta versión expuse mis ideas anteriores con mejoras que iba pensando. En esta versión se puede ver otro modelo de creación del universo que como siempre yo mismo creé. (Hasta Enero 2015 no finalicé mi modelo de universo).

En esta versión se puede ver como expongo mi idea de que el punto se expande. Es el vacío que al ser infinito se expande y se divide infinitamente creando múltiples universos. Cada vez que el punto pierde velocidad, su velocidad deja de ser infinita lo cual crea la materia y la energía Jol creando así el espacio y el tiempo, creando el universo.

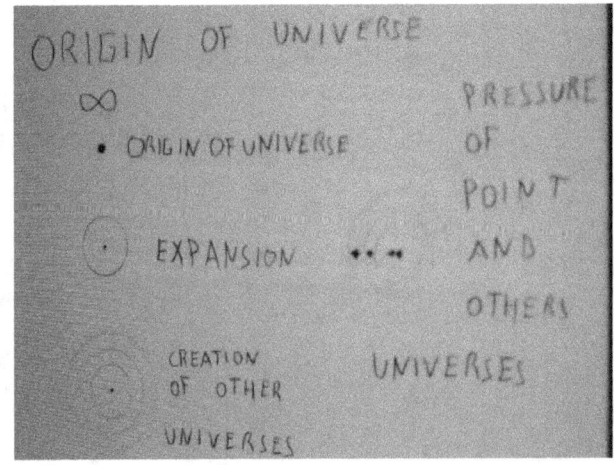

Lo que expuse en esta versión es que el punto que se expande en forma de espiral (quizás debido a la acción de la gravedad) hasta que esta espiral se cierra sobre sí misma. Pensé que el hecho de que el punto se expanda de forma espiral, hace que se abran dimensiones porque el punto es unidimensional o adimensional.

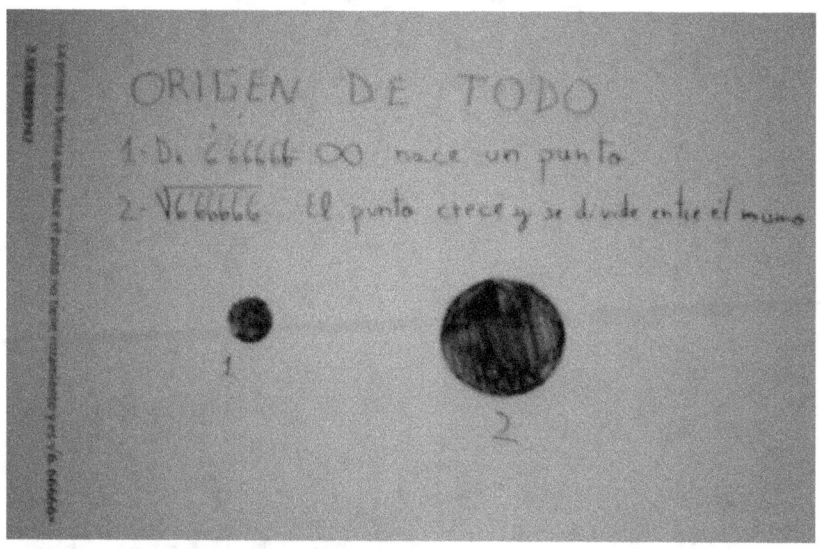

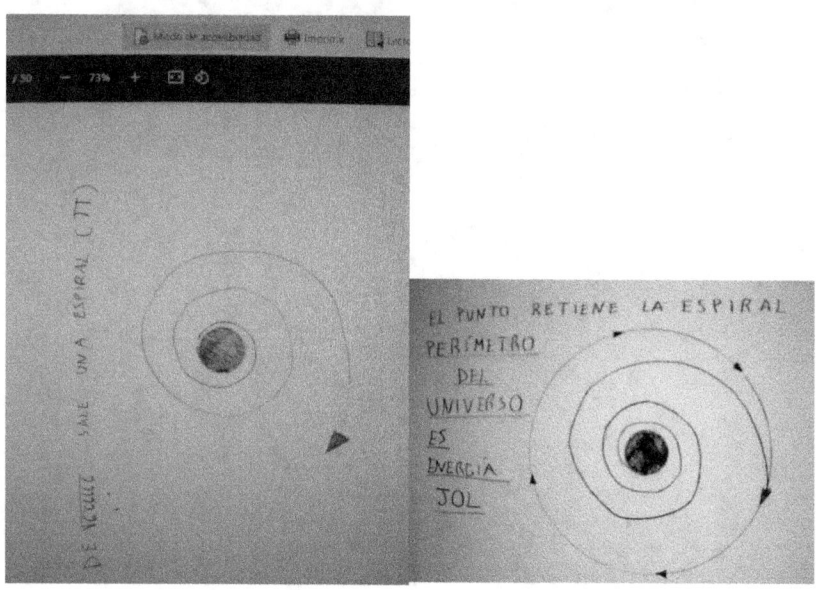

Expuse que la espiral creada crea un perímetro y después crece sobre sí misma, hacia dentro de sí misma. Pensé que así se forma la materia y que eso hacía que la materia tenga una cantidad diferente de dimensiones respecto de la energía.

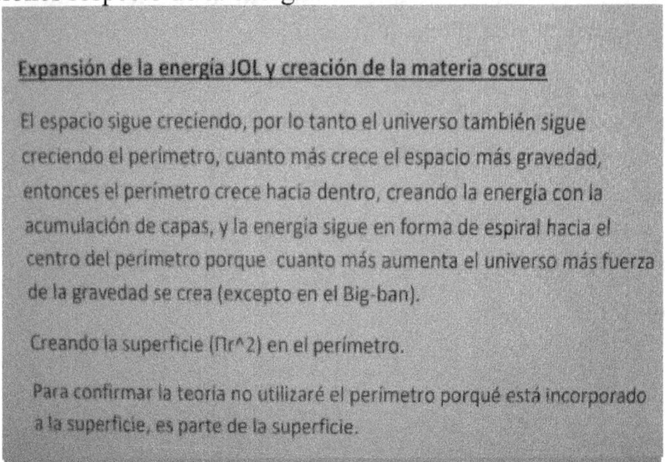

### Expansión de la energía JOL y creación de la materia oscura

El espacio sigue creciendo, por lo tanto el universo también sigue creciendo el perímetro, cuanto más crece el espacio más gravedad, entonces el perímetro crece hacia dentro, creando la energía con la acumulación de capas, y la energía sigue en forma de espiral hacia el centro del perímetro porque cuanto más aumenta el universo más fuerza de la gravedad se crea (excepto en el Big-ban).

Creando la superficie ($\Pi r^2$) en el perímetro.

Para confirmar la teoría no utilizaré el perímetro porqué está incorporado a la superficie, es parte de la superficie.

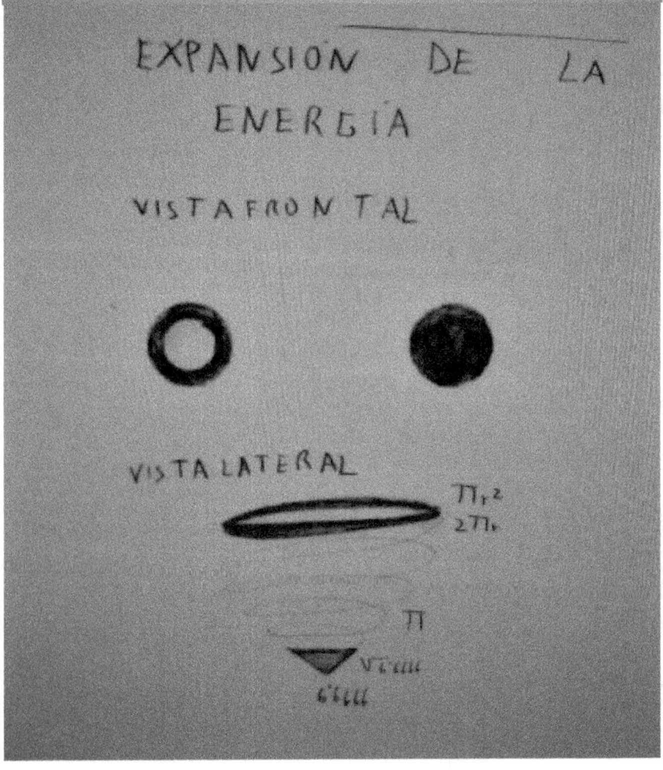

EXPANSION DE LA ENERGIA

VISTA FRONTAL

VISTA LATERAL

$\Pi r^2$
$2\Pi r$

$\Pi$

Entonces pensé que como la energía se amontona sobre sí misma y forma la materia, es posible que esto produzca el BigBang porque se llega a un límite de densidad crítico.

### Creación de la materia oscura y el Big-ban

La energía choca en el centro del perimetro mientras creando la materia oscura.

Y la materia oscura es la energía pero con volumen, pero esta materia no es la masa de la famosa ecuación de Albert Einstein $E = mc^2$.

Porque la expansión del universo sólo tiene una punta y la energía choca con ella misma pero de lado, por eso aunque la energía tiene la velocidad de la luz no choca con otra energía que no va hacia ella, por la otra energía aunque tenga la velocidad de la luz no impacta con velocidad.

La energía choca en el centro creando la materia, y como el espacio es infinito sigue chocando energía con la materia que ha creado, y así forma un gran cúmulo de materia.

La masa se enfría y cuando se enfría se expande haciendo presión sobre la energía mientras que la energía sólo impacta en ella por un costado.

Esto crea un choque de presiones que acaba con la explosión del Big-ban.

Cuando se crea la explosión la materia choca con la energía creando la masa.

Por lo tanto la materia está hecha de 2 partículas de energía que chocan a la velocidad de la luz.

El total es la famosa ecuación de Albert Einstein $E = mc^2$.

La energía de un cuerpo es igual a una masa por la velocidad de la luz al cuadrado.

> √6.66666 = origen del universo. Es un punto que se expande.
>
> ∏= crecimiento del universo
>
> 2∏r= crecimiento del universo
>
> ∏r^2= energía
>
> ∏r^3= materia elemental
>
> ∏r^4= masa = mc^2.
>
> Las dimensiones para crearse necesitan una fuerza que haga presión sobre el espacio.
>
> En los cuerpos en revolución esa velocidad es la luz, o superior., hasta c^2.

También expuse que mi idea explica la expansión acelerada del universo porque siempre se crean universos que van `presionando a los ya creados formando capas de universos unos dentro de otros (unos encima de otros). Por tanto se produce la expansión y esta se acelera porque se expande hacia todas las direcciones.

> **Multiverso y expansión del universo**
>
> La gran explosión libera mucha energía materia y masa que al chocar entre sí forma otros tipos de materia ordinaria o antimateria e energía.
>
> Cómo el espacio es infinito vuelve a crear un nuevo cúmulo de materia, y esta vuelve a hacer otro Big-ban del mismo modo.
>
> Esto hace que se creen diferentes universos, que se presionan entre ellos, estando así unos universos dentro de otros pegados.
>
> Cómo antes del Big-ban la materia tarda en explosionar entre universos hay espacio porqué el universo al expandir-se hace que cierto espacio pierda velocidad y exista. Creando una membrana de espacio con mucha velocidad alrededor del universo.
>
> Esta membrana de espacio hace la succión en los agujeros negros. Igual que un remolino o un desagüe hay un intercambio de presiones entre la capa de espacio y el universo y se produce un intercambio de velocidades.
>
> Los universos están unos dentro de otros, y cómo el espacio es infinito

estando así unos universos dentro de otros pegados.

Cómo antes del Big-ban la materia tarda en explosionar entre universos hay espacio porqué el universo al expandir-se hace que cierto espacio pierda velocidad y exista. Creando una membrana de espacio con mucha velocidad alrededor del universo.

Esta membrana de espacio hace la succión en los agujeros negros. Igual que un remolino o un desagüe hay un intercambio de presiones entre la capa de espacio y el universo y se produce un intercambio de velocidades.

Los universos están unos dentro de otros, y cómo el espacio es infinito sigue haciendo universos que hacen presión sobre los de su exterior.

Esto hace que el universo tenga una expansión acelerada.

## DIMENSIONES

Las dimensiones son espacio con velocidad no infinita, si la velocidad fuera infinita sería el vacio. Todas las dimensiones se crean igual que el universo que provienen del vacio que es velocidad infinita (el número infinito es 6.66666).

Los savants son gente que puede ver lo que nuestro cerebro descarta, en cierto modo son unos privilegiados en un sector del cerebro.

Daniel tammet es un conocido savant que afirma que puede ver los números, dice que cada número tiene un color y una forma específica, gracias a esto puede hacer multiplicaciones o divisiones complejas en pocos segundos, dice que visualiza los números, dice que puede leer los números como si fueran paisajes, dice que los números largos son como paisajes y que él sólo tiene que leerlos, se le hicieron pruebas para ver si era verdad y en una de ellas dijo 22000 decimales del número pi sin equivocarse. Puesto que nadie sería capaz de memorizar semejante capacidad de números a parte de un savant con capacidad para la memoria, descartaron que lo hubiese memorizado y que utilizara algún método para poder hacerlo.

Utilicé el número 6 para sustituirlo por 9 para hacer infinito para saber el origen de todo, los colores y para confirmar las dimensiones. Realmente sí que él puede ver los números porqué los resultados son correctos.

Según la velocidad que tiene el universo se crea una dimensión (+ velocidad) o se entra en una de interna (- velocidad).

Una de las cosas más interesantes que descubrí en 2014 y que expuse en mi trabajo "*Justicia Universal*" es la relación Q5 K2, la cual confirmé además de con la ecuación E=mc$^2$ con la ecuación siguiente (más adelante explicaré mi ecuación):

> La siguiente ecuación nos permite saber la equivalencia de 17 y 19, entre masa y energía, E=mc^2.
>
> (((((17^2) / $\sqrt{radio\ elemental}$ = 1.047197551) / volumen con el radio elemental)
>
> +
>
> 19/ 17.213) "es 17.213 porqué no hay rozamiento", diferencia hasta el limite
>
> \* C)
>
> / $\sqrt{c}$
>
> = **18.9986987**   aproximadamente 19
>
> Esta fórmula indica que transformamos la masa en energía.

> Esta fórmula indica que transformamos la masa en energía.
>
> Y la equivalencia es mayor cuando le sumamos el rozamiento de **E=mc^2**.
>
> El rozamiento es 0.00004, cómo la energía choca para crear la materia hacemos la raíz de 0.00004
>
> $\sqrt{0.00004}$ = **0.000632455**
>
> 18.9986987 + 0.000632455 = **18.99933123**
>
> Se aproxima mucho más a 19.

> Cuando cambiamos de una dimensión con una forma elemental y la dimensión contiene la velocidad de la luz porque es un cuerpo en revolución la luz experimenta el rozamiento del cambio de dimensión.
>
> El rozamiento que tiene la velocidad de la luz es el mismo que el rozamiento universal.
>
> Esto confirma la teoría uniendo $E=MC^2$ con la teoría del origen de todo

Además expuse otras ideas simples acerca de la creación de dimensiones.

> ## Cómo se crean las dimensiones
>
> Para abrir una dimensión sólo hay que empujar del espacio con una velocidad igual a la que tiene la dimensión en la que estamos.
>
> El espacio se empuja con la velocidad del espín haciendo fuerza sobre $\sqrt{radio}$.
>
> Esta fuerza se tiene que dividir por la dimensión interna en la que estamos, porqué las dimensiones internas tiran de las externas.
>
> $\sqrt{radio}$ * espín / espacio de la dimensión interna = dimensión en nos encontramos.

También como en la versión de Septiembre2014 expuse otra de mis ideas acerca de que la gravedad es producida por la energía oscura (este es un proyecto de ecuación de 2014 que después creé en 2022 uniendo la energía oscura con los gravitones (bosonesJCTG4) que expuse en el libro (mi obra) que creé y autopubliqué el 6-8-2022 "*But what is the gravity? What is the time*", "*Pero qué es la gravedad? Que es el tiempo*").

En mi trabajo "*La respuesta al universo*" 2015/2016 expuse mi idea sobe que la gravedad es producida por corrientes Jol.

> Además sabiendo mi ecuación de la gravedad
>
> G= Diámetro / 19.

Como ya mencioné antes traducí mi trabajo en inglés, voy a exponer algunas imágenes más:

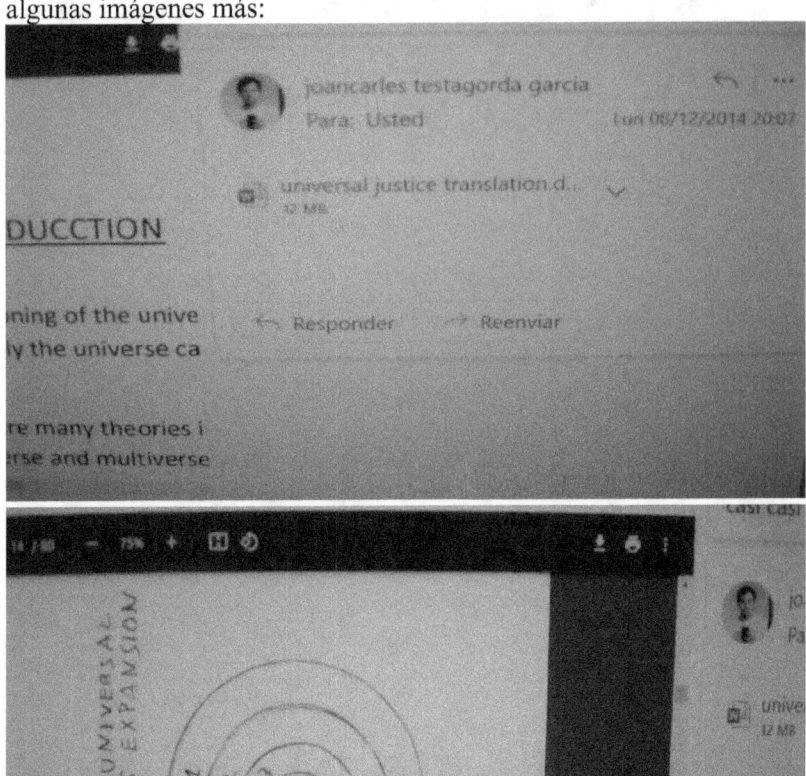

Como ya expliqué antes lo que se puede ver en la siguiente imagen es que en 2014 después de hacer los choques de partículas, pensé que si estos choques producían un agujero negro y que este agujero era producido por la deformación extrema el espacio/tiempo, entonces debería saber qué es el espacio/tiempo. Porque Einstein expuso la existencia del espacio/tiempo, pero no supo explicar qué era. Así que en abril 2014 pensé que deberían de existir dimensiones de espacio y dimensiones de tiempo (que son la energía y la materia oscura, Q5 y K2).

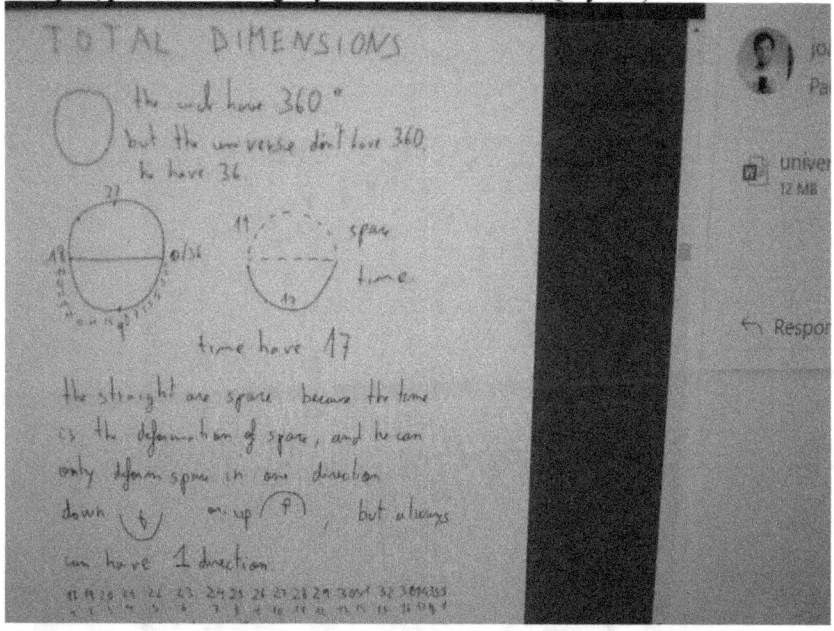

En 2014 todavía se puede observar que creía que primero se debería de crear la energía (energía Jol) y después la materia. Esta fotografía es una de mis hojas la cual creé el 3 de Diciembre 2014 a las 15:17h (en España, Cataluña centro, en casa de mi abuela materna) en las cuales escribí (como siempre de forma resumida) mi idea sobre el origen del universo, en especial de la creación de la energía oscura la cual después crea la materia oscura (y posteriormente se crea otra universo pensé).

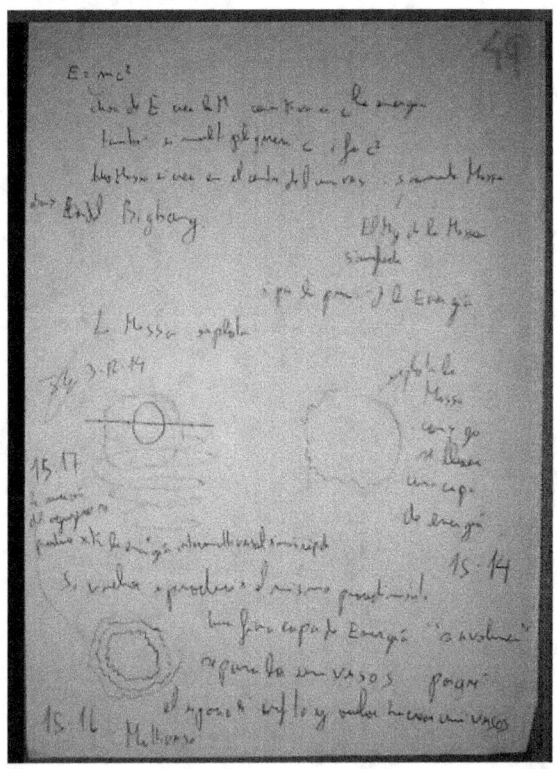

Seguí pensando y teniendo ideas, como mi idea del 17/12/2014.

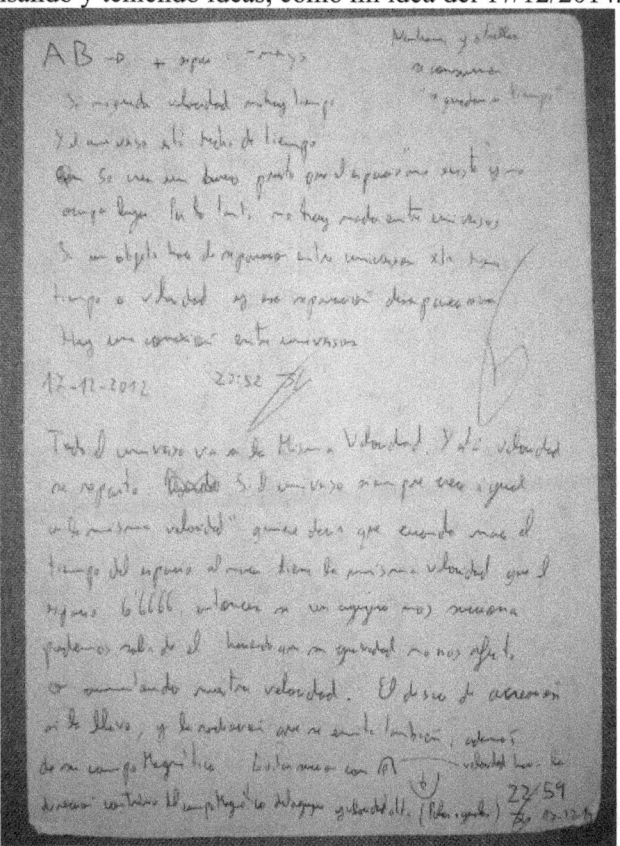

Aunque no estaba satisfecho de mi modelo de universo y después en Enero2015 creé otro.
La versión del 9 de Diciembre de 2014 es la última versión que creé de mi obra "Justicia Universal". Porque ya en Diciembre 2014 me dí cuenta de que alguien entraba en mi cuenta de correo electrónico "joancarles@hotmail.es" y en mi cuenta de Facebook "Joancarles YoIje Martin TG".
Ya en Diciembre2014 creé más ideas relacionadas con mi obra "*Justicia Universal*" pero como me entraban en mis redes sociales decidí crear otra obra diferente y no dejarla en mis cuentas de correo electrónico.
Como se puede ver a principios de Enero2015 pensé otro modelo de universo el cual es algo más complejo que el anterior.

Y es el modelo que la policía tiene porque lo expuse en mi obra "*La Respuesta al Universo02026-18Abril2016*".

A excepción de la Policía a nadie de España le envié o le mostré mi obra "*La Respuesta al Universo 2015-2016*" ni tampoco las versiones de Diciembre de "*Justicia Universal*" ni ideas relacionadas (solamente algún familiar directo vio la última versión).

Así que en Enero 2015 creé otro modelo de universo (el cual no se puede ver en mi obra "*Justicia Universal*" pero sí que se puede ver en mi obra "*La respuesta al universo, 2015-Abril2016*" (la cual entregué en un USB a la policía autonómica de Cataluña).

Ahora solamente voy a exponer algunas de mis hojas en las que anoté mis ideas, solamente voy a comentar algo, después en los siguientes capítulos expondré toda mi hipótesis con más detalle.

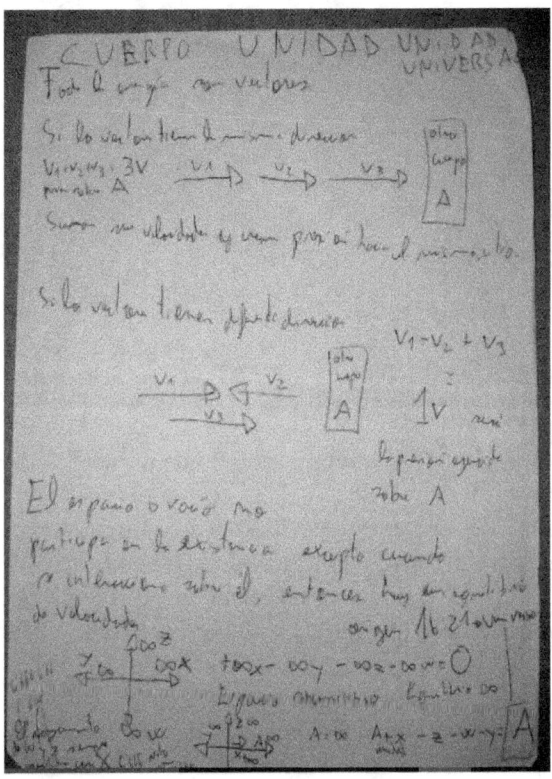

En esta fotografía aparece mi escrito del 4 de Enero de 2015 en el cual expuse mi idea de aplicar puntos que forman vectores y que estos siendo infinitos confluyen en un espacio, en equilibrio.

En esta fotografía aparece mi escrito del 4 de Enero de 2015 a las 16:12 en el cual expuse mi idea de aplicar mi idea del valor de infinito a vectores y operar con estos vectores.

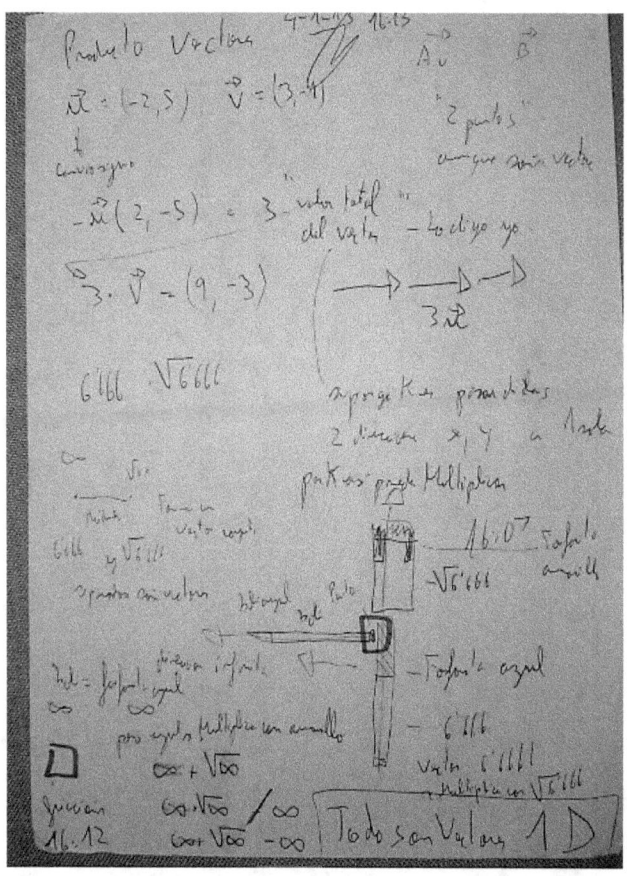

Pensé (y anoté) que este equilibrio de vectores se rompe de forma espontánea dando lugar a la rotura del equilibrio naciendo de ella la energía que después crea la materia y el universo.

A esta rotura del equilibrio la llamé rozamiento universal aunque el rozamiento universal es mi idea de 2014 sobre la interacción de cualquier cuerpo, de cualquier partícula con la energía oscura.

Pensé que esta energía es la energía Jol (K2) y puede ser que sea la energía oscura.

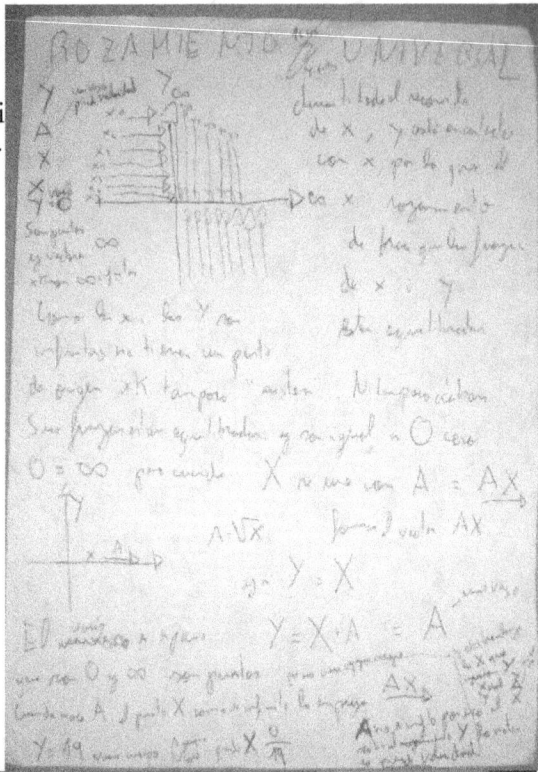

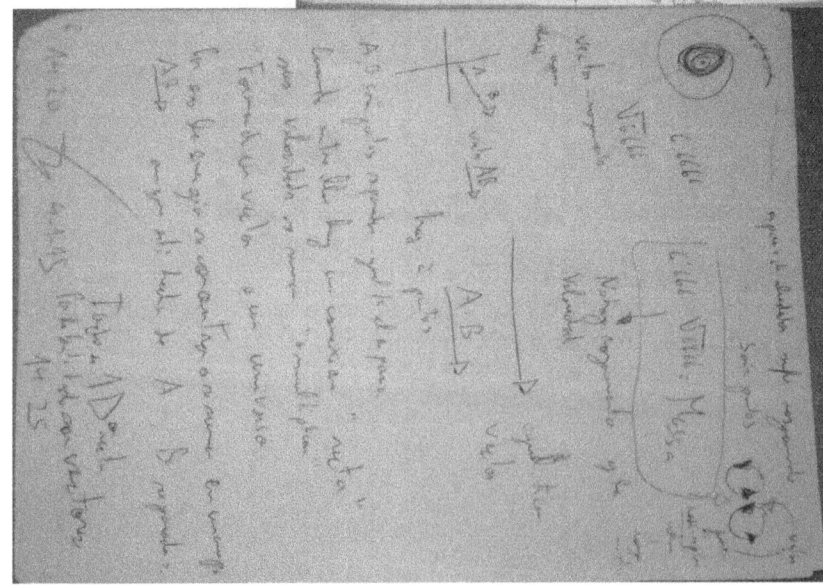

Para explicar mi idea del 4/1/2015 lo que hice fue aplicar mi idea de la creación de materia a partir de 2 energías elementales (después lo explicaré).

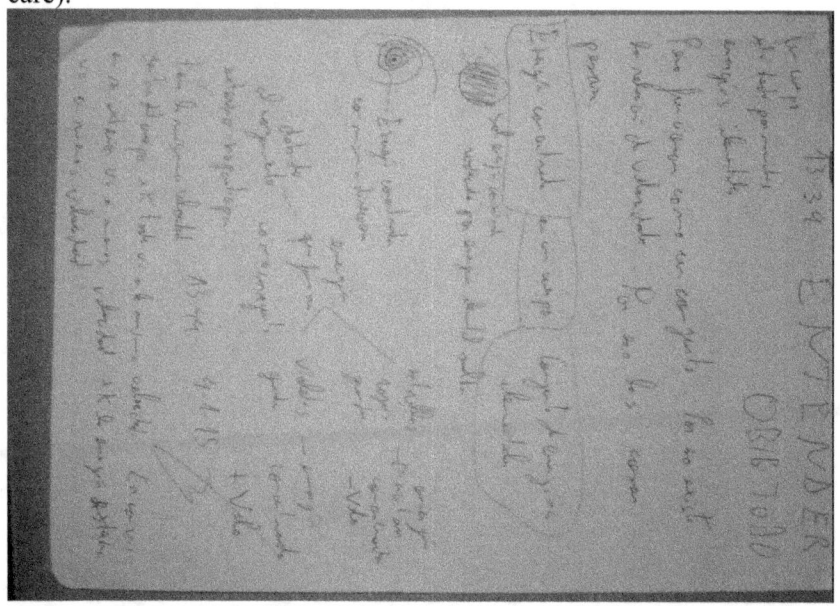

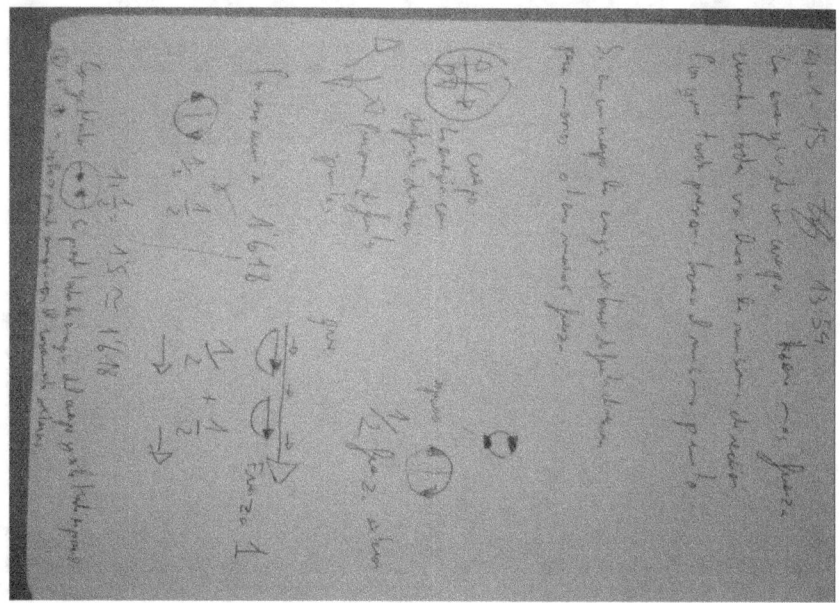

Después el 17/1/2015 mejoré mi idea del 4/1/2015 pudiendo así explicar como se forma la materia y el universo.

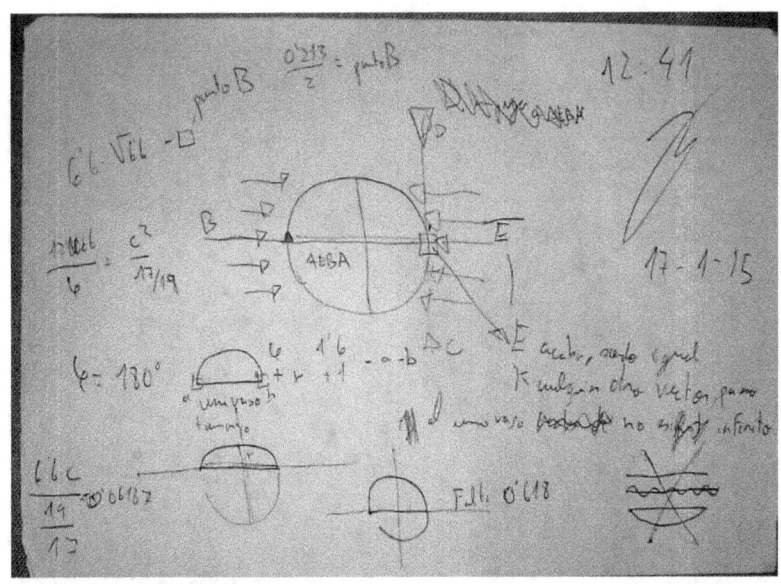

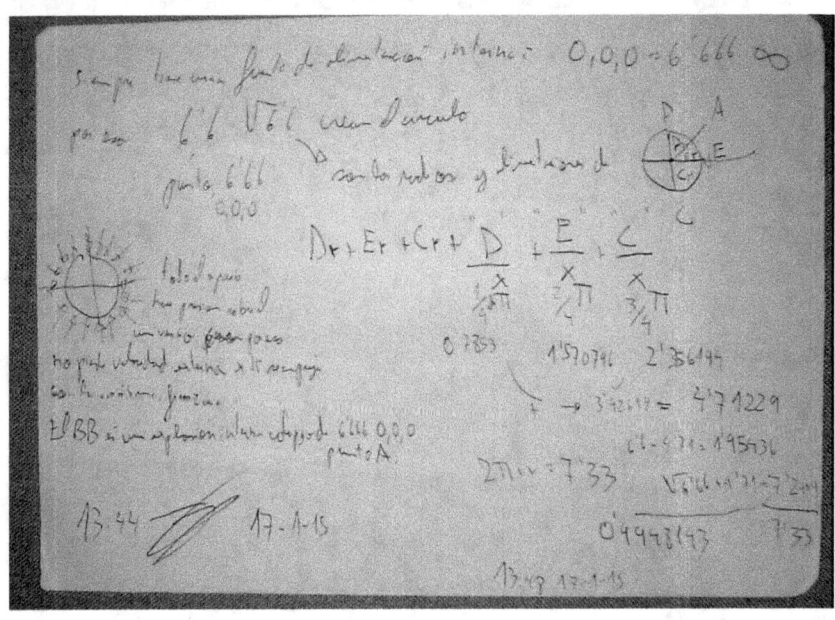

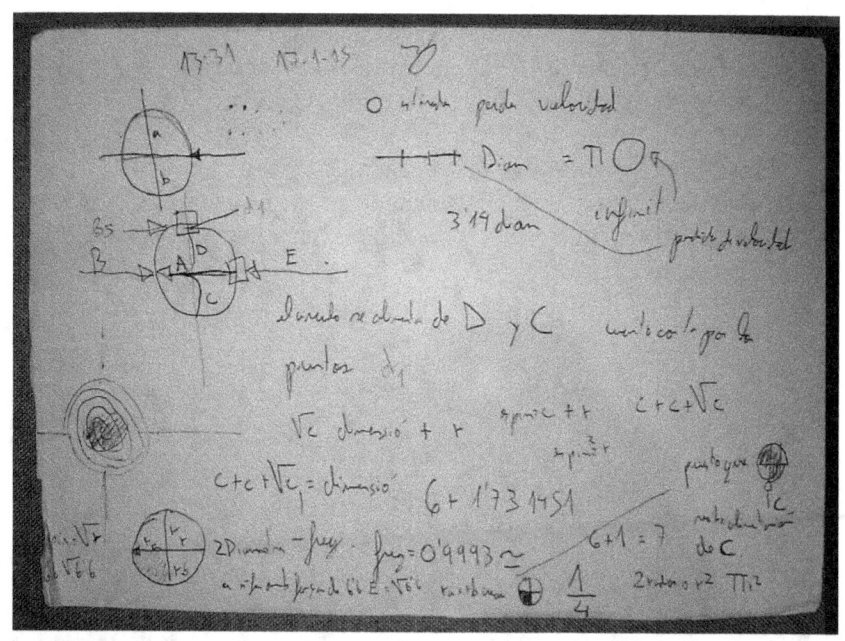

En Enero 2015 mi modelo de universo era muy prometedor, por este motivo los días 16 y 17 de Enero 2015 dibujé mi modelo de creación del universo como el que aparece en la imagen, después expondré mis dibujos.

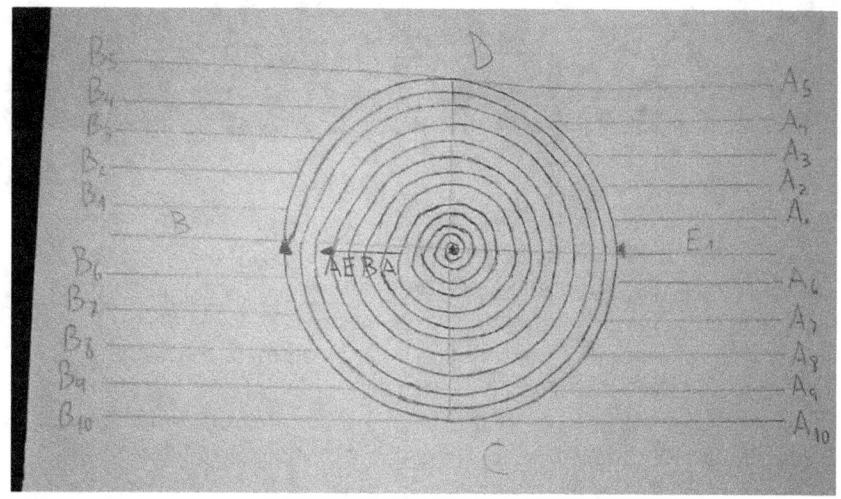

Las siguientes semanas tuve más ideas,,creé más cosas. El 17 de Marzo 2015 puse una denuncia a la policía y volvía a vivir a casa de mis padres (hasta el 4/4/2019 que fui al sur de Francia a vivir).

Ya en casa de mis padres creé más ecuaciones, por ejemplo el 31/7/2015/a las 6:08am creé una ecuación en la que geometricé mi ecuación de 2014 sobre la transformación de energía en materia. De 17 a 19. Despúes lo explicaré.

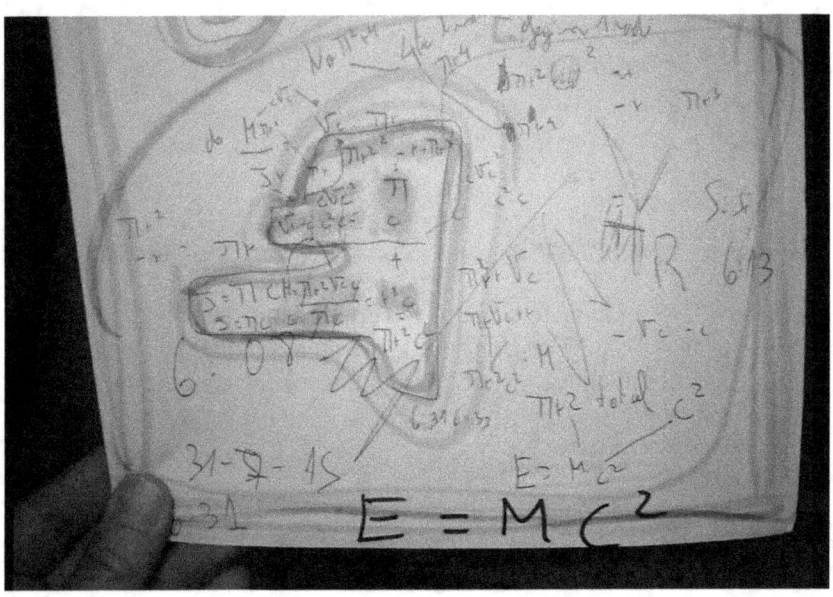

En mi obra "*La respuesta al universo*" expuse algunas de mis ideas en física como qué es la,materia y la energía oscuras, como se crea y se expande el universo, su composición, el cambio de dimensión, pero también más ideas que iba teniendo sobre como se producen los estados de la materia, los campos de partículas, la dualidad onda corpúsculo con el principio de Heisenberg, qué es la luz, el sonido, y también creé muchas ecuaciones adimensionales (basadas en mi idea sobre la unidad relativa) que apliqué al Sol, la Tierra, la Luna, Venus, Mercurio, Júpiter, Marte, Saturno, al Protón, el Neutrón y el electrón.

El 18 de Abril de 2016 dejé de trabajar en mi obra "*La respuesta al universo*" porque me seguían entrando en mi correo electrónico. A pesar de ello no dejé de trabajar, tuve muchas más ideas científicas relacionadas con mi hipótesis pero también en otros ámbitos como en medicina, neurociencia, sociología etc. también escribía poemas.

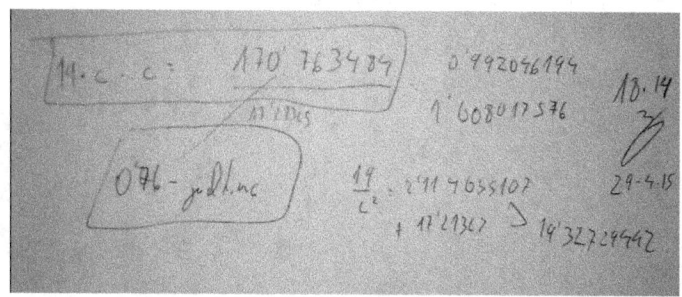

Hay que pensar que en 2016 pensé que 19 era la materia oscura y 17 la energía oscura, aunque dudaba en si eso era así o no porque pensé que primero se debía de crear la energía.

Por ejemplo el 5/11/2017 a las 13:30 pensé y escribí una idea sobre que la antimateria y la materia se fusionaban para formar la energía oscura. Pensé que energía PK2 podría crear la antimateria.

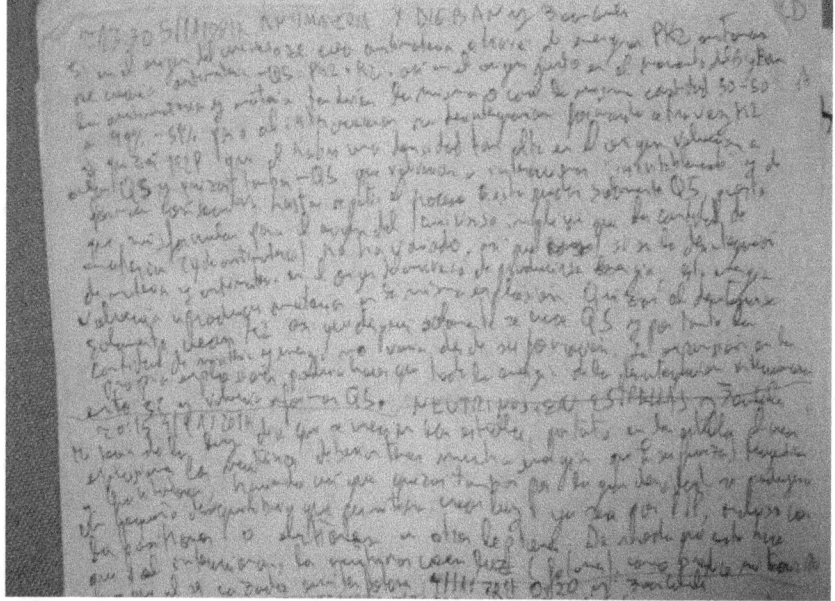

Como ya expuse en 2014 y como se puede ver en mi correo electrónico (joancarles@hotmail.es), mi idea de 2014 fue que la energía Jol (K2, energía oscura) es el espacio/tiempo y que produce la gravedad.
En este escrito del día 15/3/2017 a las 10:41 y 1:19am, se puede ver como escribí como la energía oscura que es el espacio/tiempo, se ensancha con la presión de la masa sobre ella.

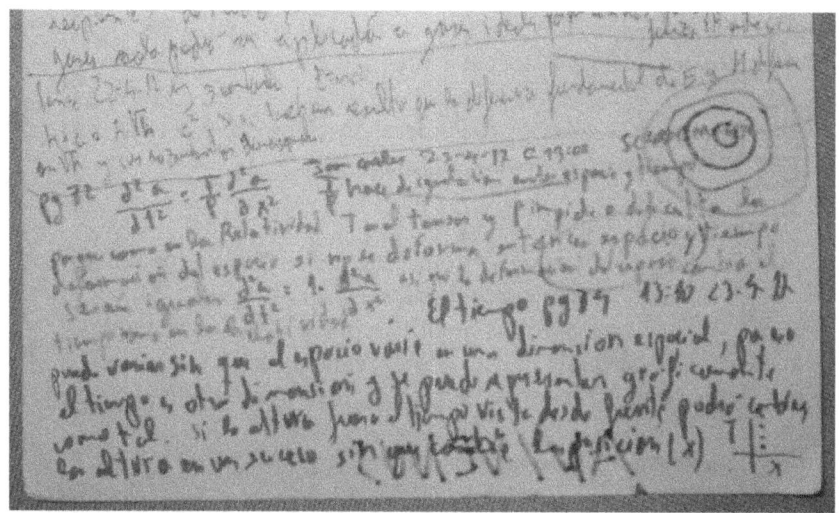

Como se puede ver en la imagen en 22/4/2017 pensé en aplicar la constante de Planck en vez de utilizar mi constante de infinito.

Así que de forma esporádica (es decir alguna vez pocos minutos porque trabajaba en otras cosas, pero nunca trabajando en ello de forma constante) creé ecuaciones utilizando la constante de Planck (h).

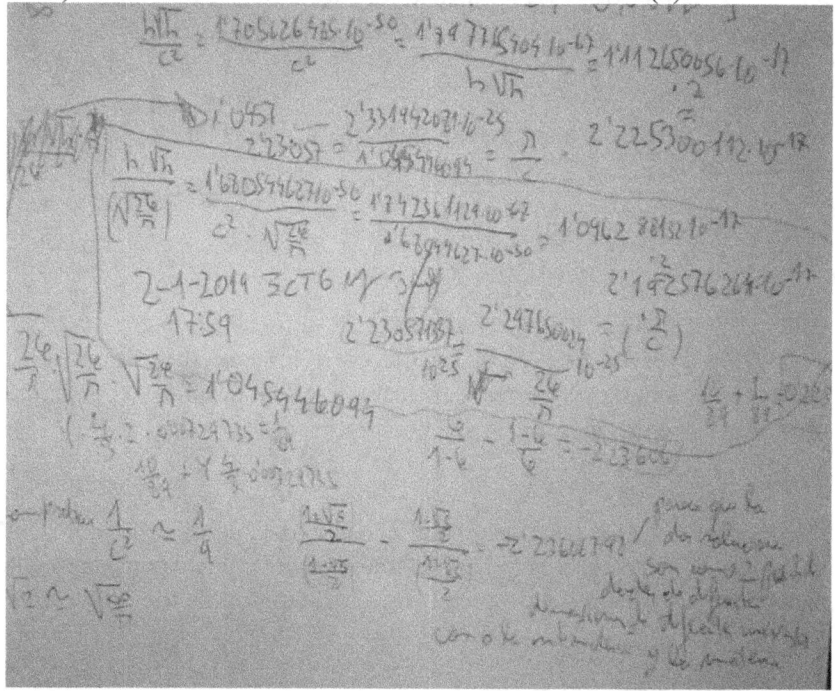

En esta última imagen aparece la ecuación que yo creé el 2-1-2019 a las 17:59 en España, en casa de mis padres.

Ecuación creada por JoanCarles Testagorda Garcia (yo mismo):
$$\frac{2}{c^2 x \sqrt{\frac{2\varphi}{\pi}}} = 2{,}19 \times 10^{-17}$$

Curiosamente esta ecuación da como resultado un valor igual a la constante de Hubble en segundos = $H_{0ins}$ = $2{,}19 \times 10^{-17}$ s
$H_{0ins}$ = $2{,}194007 \times 10^{-18}$ s$^{-1}$. "Ins" significa in seconds, (en segundos).
Aunque es muy probable que no sea correcta la escribo.
Autor: JoanCarles Testagorda Garcia (yo mismo) ecuación que yo creé a las 17:59 del 2-1-2019 (España).

Ecuación FZ5300 creada por JoanCarles Testagorda Garcia (yo mismo):
$$\frac{\frac{\infty_{dim}}{\infty} x \frac{\infty_{dim} x c_{dim}}{c^2 x \sqrt{\frac{2\varphi}{\pi}}}}{} = 2{,}1910 \times 10^{-18} = H_{0ins} = 2{,}194007 \times 10^{-18} \text{ s}^{-1}$$

Autor: JoanCarles Testagorda Garcia (yo mismo) ecuación que yo creé a las 19:41 del 3-10-2024 en mi apartamento (Francia, sur-este).
Aunque es muy probable que no sea correcta la escribo.

Ecuación FZ5301 creada por JoanCarles Testagorda Garcia (yo mismo):
$$\frac{\sqrt{\infty \times 10^{48}} \times \infty \times 10^{-48}}{(\frac{17^2}{\pi x (\frac{\pi}{3})^4})} = 2{,}25 \times 10^{-25} \, (Higgs)$$

Autor: JoanCarles Testagorda Garcia (yo mismo) ecuación que yo creé a las 19:49 del 3-10-2024 en mi apartamento (Francia, sur-este). Esta ecuación no debería ser correcta aún así la escribo, después expondré otras de mis ecuaciones que sí son correctas.

Después creé otras ecuaciones modificando el exponente de mi constante "∞" para crear el origen del universo matemáticamente pero también para crear la creación del bosón de Higgs matemáticamente.

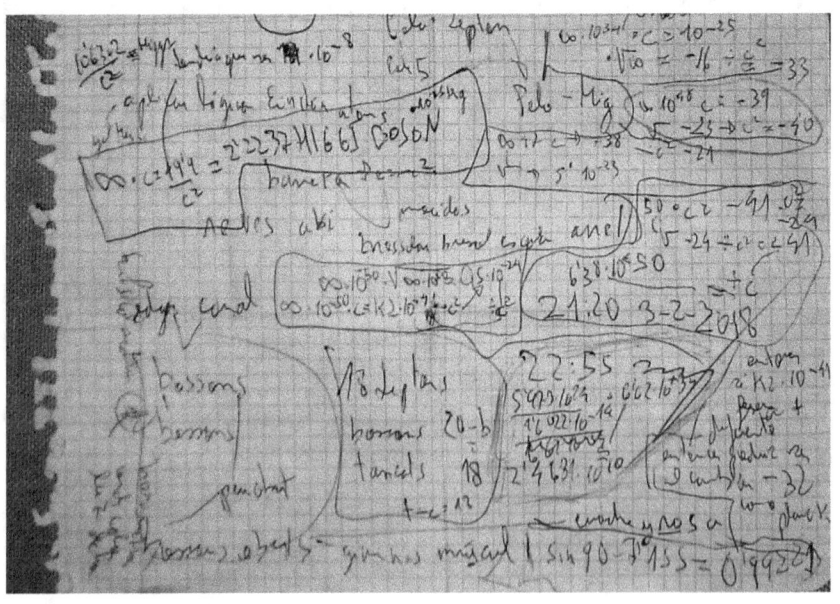

Como se puede ver en la imagen pensé en relacionar mi ecuación de la confluencia ($\varphi$), de las dualidades, con mi ecuación de creación, es lo que después creé en 2024 para crear mi teoría del todo.

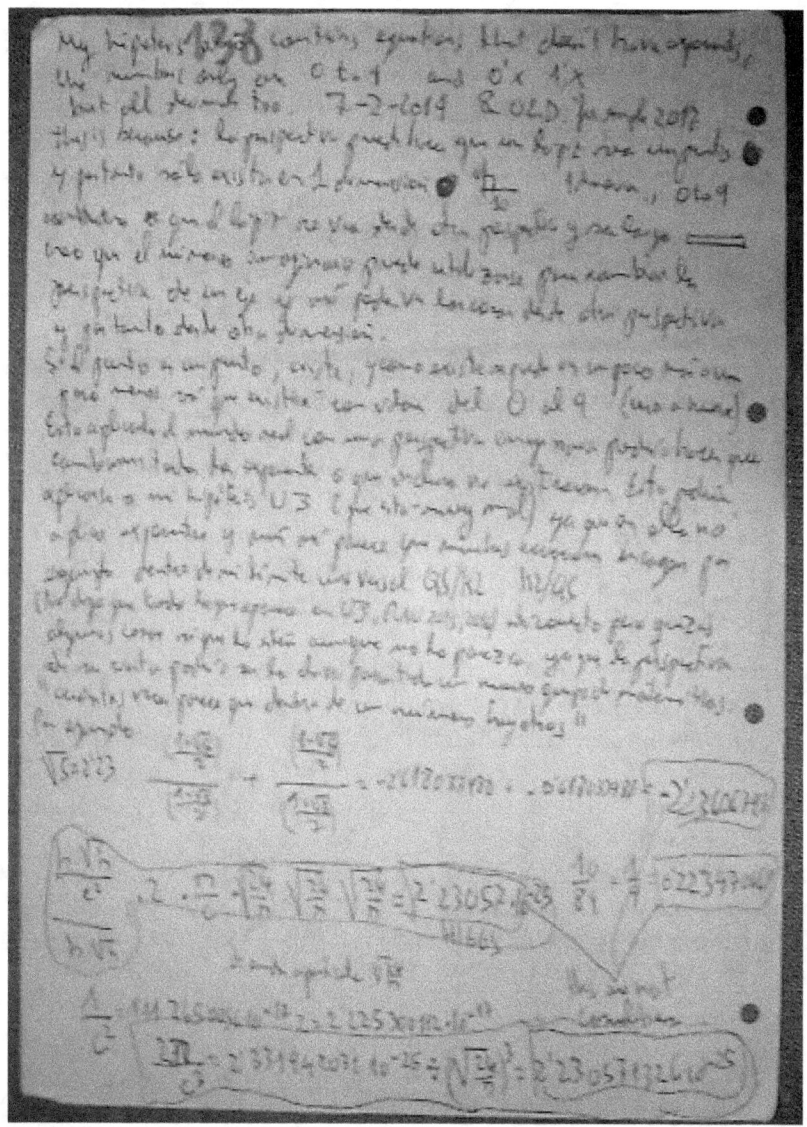

## 5.2-MI HIPÓTESIS SOBRE LAS DIMENSIONES

En física existen las unidades escalares (como la masa) y las unidades vectoriales (como la velocidad).
Una unidad es función de otra cuando el valor de esta unidad depende de esta otra. Lo que se aplica es una función como el cálculo derivado, integral.
Por ejemplo si la velocidad se mide en metros/segundo, esto implica que la velocidad depende del tiempo y del espacio. Sin tiempo o espacio no existe la velocidad.
Albert Einstein dijo que existía un espacio/tiempo, yo en 2014 pensé que lo que existe es una energía elemental (energía Jol, energía oscura) y que es una velocidad. Postulé que todo lo que existe en el universo se debe a una relación de velocidades (la interacción angular entre ellas define su forma y propiedades, esta interacción depende del ángulo, por tanto depende de las dimensiones espaciales).
Por este motivo, como se puede ver en mi correo electrónico "joancarles@hotmail.es" expuse mi idea de que la gravedad es producida por la energía Jol. Después mejoré y extendí mi idea uniendo mi bosónJCTG4 al espacio/tiempo que es la energía Jol.

Si la masa es producida por energía elemental que fluye, la masa depende de la velocidad, por tanto la masa no debería ser considerada una unidad elemental.
También esta energía no es elemental porque sin espacio no podría ocupar nada, no podría estar en ningún lugar, así que no existiría.
Esto es lo que pensé en 2014 "*Justicia Universal*" y es por ello que creé el término unidad relativa y el de velocidad intrínseca y extrínseca.
El término unidad relativa también lo apliqué para conjuntos de unidades que forman una unidad.
Por ejemplo un átomo en sí mismo puede ser considerado como una unidad, pero el átomo está formado por sub-partículas como quarks, electrones y otras partículas que crean los campos escalares y vectoriales.

Por tanto el universo es como una unidad, pero no es una unidad elemental porque el universo puede subdividirse en sub-unidades.
Por ejemplo, la masa del universo está compuesta por la masa de todo lo que existe en el universo y tiene masa.

Esto produce que la masa total del universo no aparece en el primer instante del universo, sino que esta masa debe de crearse a partir de la creación de masas de partículas elementales.
¿Pero como se crean estas masas elementales?
En 2014 pensé (y expuse en mis obras como en mi obra RAU) que definiendo la masa como un flujo de energía y este flujo con una velocidad intrínseca que recorre un espacio cerrándose en sí misma. Es decir, mi idea fue de definir los cuerpos como energía elemental que se mueve creando un circuito cerrado.

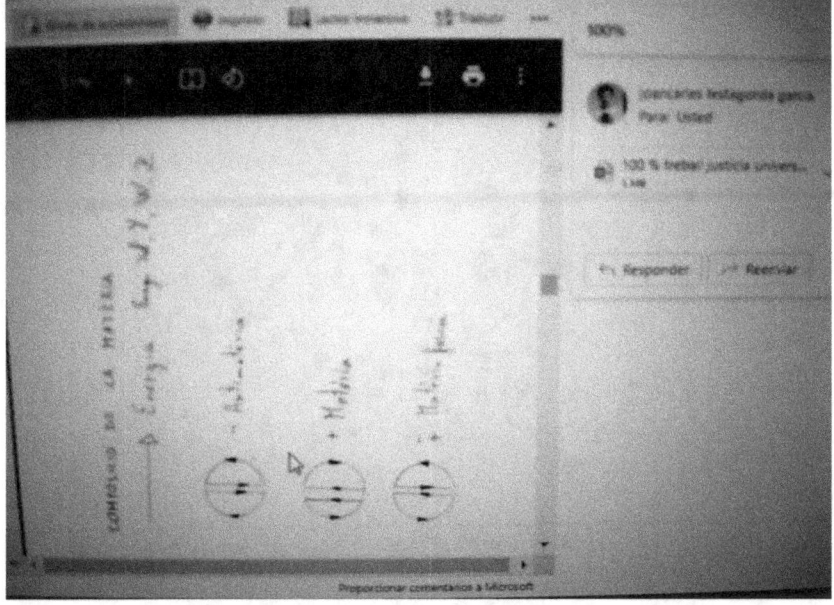

Como se puede ver en mi obra de pensé que este flujo de energía puede crear la materia y si gira en sentido contrario creará la materia.
Como ya expuse este flujo tiene relación con el espín, con la cantidad de energía de Planck que compone el cuerpo.
Por tanto siempre hay una relación entre cuerpo y espacio. Todo lo que existe ocupa un lugar.
Debido a mi hipótesis esto es así porque como expuse "$Q5 = \infty \times c_{dim}$".
Q5 es la materia oscura. Por tanto Q5 es la materia y esta es energía elemental, energía Jol (K2).
Y de este fenómeno al igual que Albert Einstein en 1905 creé la relación $E=mc^2$.

En mi caso empecé pensando en los valores 17 y 19, K2 y Q5, los cuales pensé que eran la energía y la materia oscura. Y en 2014 (tenía 24años) cuando dividí estos valores obtuve el valor:

$$17/19 = 0,8947$$

Donde apliqué mi idea de la unidad relativa como:

$$17/19 = 0,8947 = c^2$$

Donde "c" es la velocidad de la luz, c=299792458m/s. En esta hoja del 10/10/2014 se puede ver como descubrí que mi intuición de encontrar un límite con 17 y 19 era correcta y me dí cuenta de que este límite era la velocidad de la luz al cuadrado. (En catalán "llum" quiere decir luz). Sin saberlo redescubrí el límite E=mc² pero además supe explicar este límite, porqué se producía y a qué correspondía.

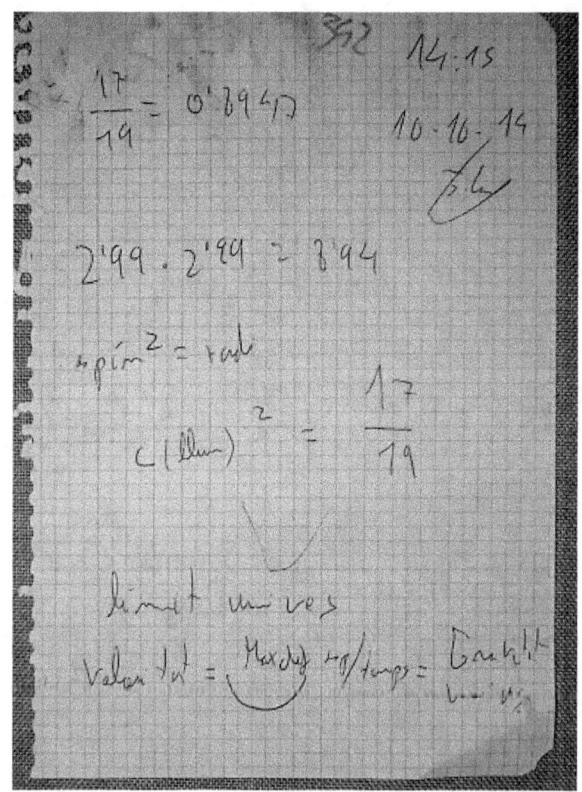

Claro que a partir de mi idea creé más cosas y la relacioné con mis otras ideas como que el espacio/tiempo es la energía oscura y la materia oscura y que por tanto producen la gravedad.

En la ciencia moderna se utiliza el método científico en el cual todo tiene unidades, ya sea de espacio, de cantidad de masa, de energía, de calor, de tiempo etc. Pero para crear una teoría del todo, en donde se crea el todo, no se puede aplicar unidades si nada existe. Así que pensé que el método científico podría no aplicarse de forma normal. Por este motivo creé muchas ecuaciones adimensionales, sin dimensiones ni unidades. Cuando estaba creando mi obra "*La Respuesta al Universo*" ya pensaba en que después tenía que aplicar el método científico, por eso nunca terminé mi obra.

Como estaba diciendo, la velocidad no es elemental porque es espacio y tiempo. El espacio sí. Esto implica que de alguna manera todo es espacio, para que algo exista debe de ocupar un espacio.

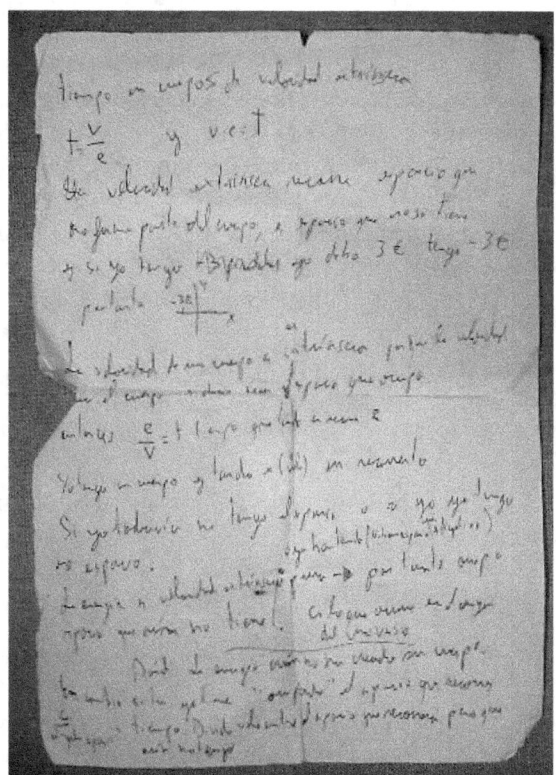

Pero pensé que este espacio podría todavía no existir, por este motivo utilicé el número -1, el número imaginario el cual también puede expresarse con la letra griega "$\psi$".

Por este motivo en algunas de mis ecuaciones utilizo estos valores para designar lo que todavía no está creado, o lo que procede de otra dimensión y aparece en otra. Pensé que así podría representar mi idea matemáticamente y los resultados que obtuve fueron excelentes.
También apliqué mi idea a las dimensiones como espacios todavía no creados o masa que todavía no se ha creado o incluso partículas que todavía no existen (algunas se teleportan pasando por otras dimensiones pensé).

El ejemplo que utilicé en algunos de mis escritos es el de pedir un préstamo. Pensé que esta energía que se crea en el origen del universo es como energía prestada a la nada, prestada al infinito el cual se vuelve finito al perder energía. Pensé que el propio equilibrio del conjunto de vectores infinitos se desequilibra de forma instantánea porque la no existencia y la existencia se encuentran en el propio infinito. La nada es el infinito y la nada es el todo.
Es como que los números reales se mezclan con los imaginarios y forman el todo y números irracionales.
Los números irracionales son infinitos. Por tanto es como crear un infinito dentro de un finito.
En 2014 (en 2023 supe que Cantor había pensado una idea similar a la mía) pensé en que los números son finitos e infinitos a su vez porque siempre se puede crecer infinitamente decimalmente.

Es decir, que entre dos números por ejemplo entre 2 y 3, hay infinitos números. Como:

2,10   2,11   2,111   2,11101   2,11110   2,11111111...

Por tanto si los números son infinitos, con los números decimales, existen infinitos dentro de la infinitud.

También pensé que si el número 0 representa el infinito, entonces los números debería de representarse como:

$14 = 014 = 0014 = 14,0 = 14,0000000... = ...000014$

Claro que no escribimos el número 14 como 0000000014. Pero es posible que sea más adecuado a la realidad ya que aunque no escribimos todos los 0, estos sí están allí.
Pero claro lo que sucede es que si existen otras perspectivas como la perspectiva inversa (opuesta) y vemos el número 014, desde otra

perspectiva este número es 410. Y si existen infinitos 0 el número se extendería hasta infinito.

En 2014 tuve esta idea la cual apliqué a las unidades y es por ello que creé el apartado unidad relativa en mi obra "Justicia Universal". Posteriormente a 2014 creé otros escritos exponiendo mi idea, por ejemplo en este de 2018.

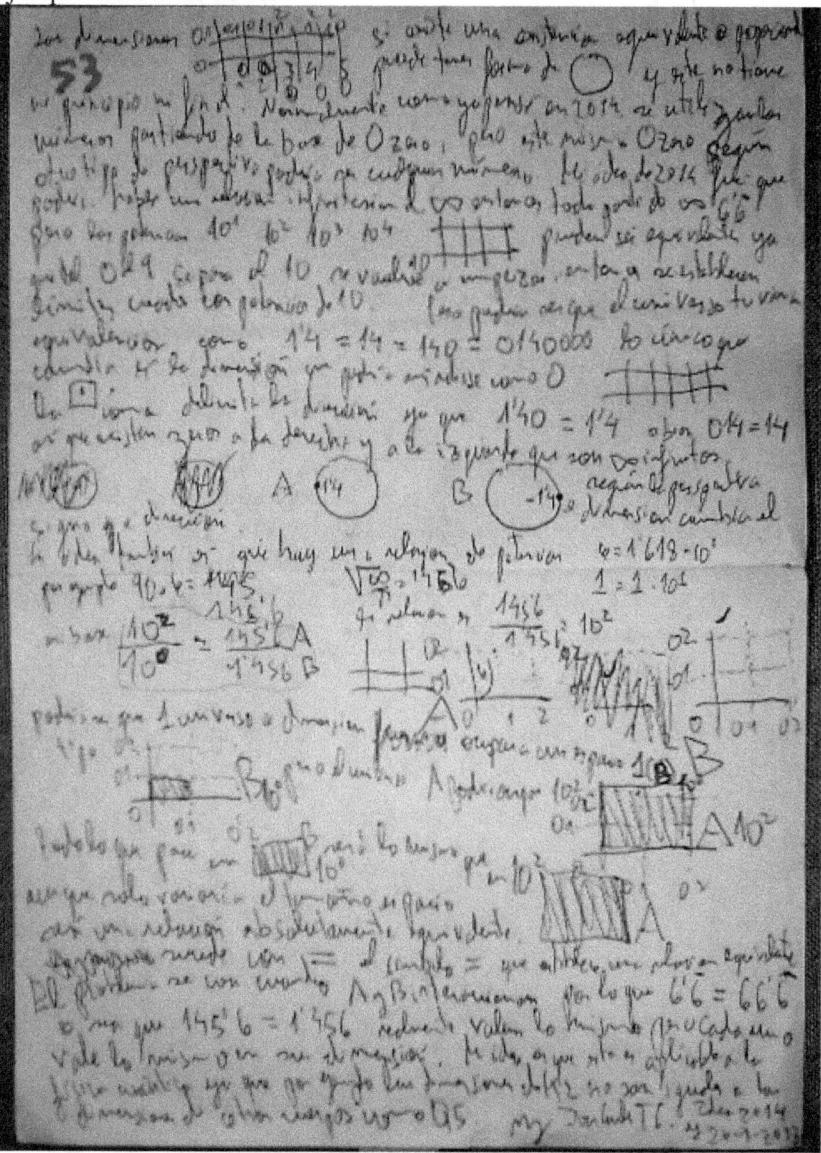

Lo que expuse en mi escrito es que la dimensión cambia según la perspectiva.

Por ejemplo si vivimos en una dimensión interna que se encuentra entre 2 y 3, tendremos un universo finito porque está limitado dimensionalmente entre 2 y 3 pero que se extiende infinitamente porque entre 2 y 3 existen infinitos números.

Muchos físicos hablan de que existen 11 dimensiones, o 4, o 26. Yo creo que se equivocan y que como ya expuse en mis obras anteriores mi idea es que existen infinitas dimensiones.

Algunos dicen que el universo es infinito otros que es finito.

Mi teoría es que el universo es finito pero que puede extenderse de forma infinita, hasta convertirse en la nada otra vez (se devuelve el préstamo al vacío).

Por ejemplo si vivimos en un universo entre 2 y 3, podrían existir otros universos por ejemplo entre 4 y 5, entre 5 y 6. Por tanto el universo finito o (infinito) se encuentra en un multiverso infinito. También pueden existir infinitos multiversos.

Claro que decir todo esto sin tener pruebas es un simple razonamiento basado en una lógica matemática. ¿Qué pruebas sólidas hay de que existan otros universos?. Yo trabajé un poco en ello. Y mis hipótesis de creación del universo, de su expansión, composición, de creación de la materia, de agujeros negros... se basan en datos obtenidos por sondas espaciales como la sonda de Planck y en las ecuaciones y razonamientos que yo mismo creé.

Primero voy a explicar un poco las dimensiones después explicaré de forma más consistente mi hipótesis.

Como ya mencioné antes, en 2014 pensé acerca de como se crean las dimensiones del universo. Hay que pensar que en el origen del universo no hay nada y después todo se crea.
Si no hay nada significa que no hay ninguna dimensión y que después se crean las dimensiones.
En 2014 expuse que existen 17 dimensiones de tiempo y 19 de espacio, pero no creo que esto sea así.
Después como aparece en la fotografía de una hoja de papel en la cual expuse mi idea (el día 31/7/2015 a las 6:40am en España), en mi obra *"La respuesta al universo, 2015-2016, abreviada RAU"* geometricé mi ecuación de transformación de energía en materia.
Obtuve que:
(Hasta 2018 ya había creado algunas ecuaciones, pero en 2018 al crear mi obra *"Earth Mine Functioning2018- 6-1-2020"* creé más de 100 ecuaciones en el mismo año. De modo que creé la serie de ecuaciones F (número) para organizarme mejor. Después en 2019 creé la serie de ecuaciones FZ (número) de la cual ya he creado más de 5300ecuaciones en Octubre2024. Por este motivo las ecuaciones que creé antes de 2018 no tienen número).

Ecuación creada por JoanCarles Testagorda Garcia (yo mismo):

$$[\frac{(17)^2}{r \times \pi\, r^3} + (2 x \frac{190}{\infty x \sqrt{\infty}})] x \frac{1}{c_{dim} x \sqrt{c_{dim}}} + 0,0004 = 18,99$$

Autor: JoanCarles Testagorda Garcia ecuación creada el día 31-7-2015 a las 6:0am (en casa de mis padres en España). r = π/3

Ecuación creada por JoanCarles Testagorda Garcia (yo mismo):

$$[\frac{(\pi x r^2 x c \sqrt{c})^2}{r \times \pi\, r^3} + \frac{\pi r^3 x c^2}{\pi r^2 x c \sqrt{c}}] x \frac{r x (r)^\psi}{c x \sqrt{c}} = \pi r^3 x c^2$$

$$[\frac{(\pi x r^4 x c \sqrt{c})^2}{r \times \pi\, r^3} + \frac{\pi r^4 x c^2}{\pi r^4 x c \sqrt{c}}] x \frac{1}{c x \sqrt{c}} = \pi r^4 x c^2$$

Autor: JoanCarles Testagorda Garcia ecuación creada el día 31-7-2015 a las 6:0am (en casa de mis padres en España).
Con la geometrización de mi ecuación obtuve que 17 correspondía a la energía Jol (energía oscura), que 19 correspondía a la materia oscura Q5, que a la materia le correspondía $c^2$ y a la energía c x √c. Y que esto podía deberse a que la energía que se crea se crea al chocar diferentemente como pensé.

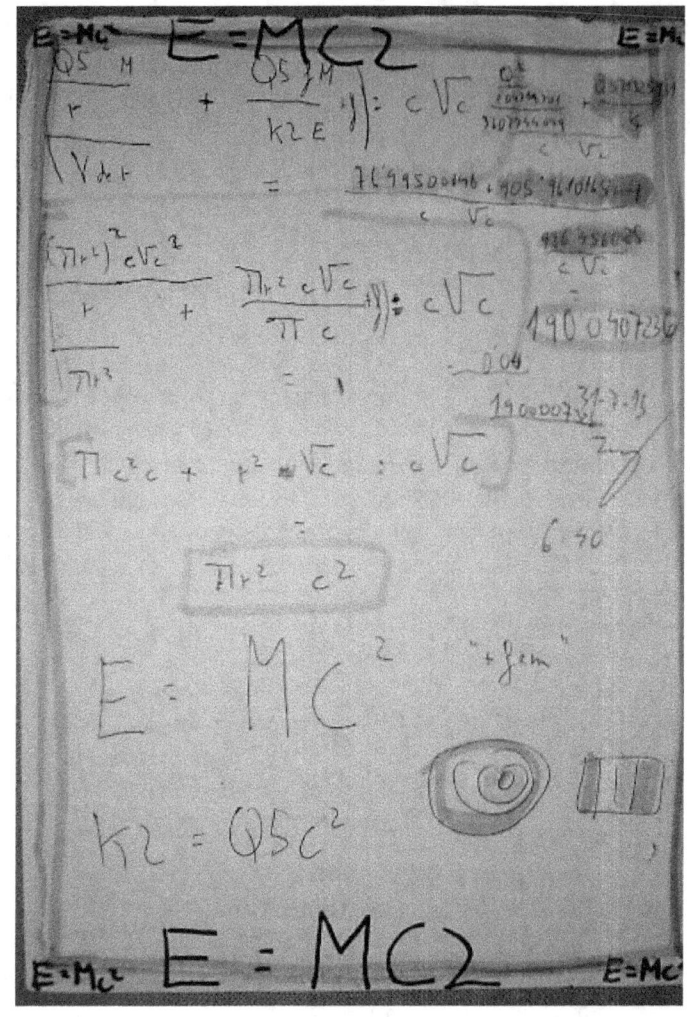

Ecuación FZ5302 creada por JoanCarles Testagorda Garcia (yo mismo):
$$[\frac{(17{,}21325)}{r \times \pi r^3} + (2 \times \frac{190}{\infty \times \sqrt{\infty}})] \times \frac{1}{c_{dim} \times \sqrt{c_{dim}}} = \frac{\log(rmUn)}{2} = \frac{\log dQ5}{2}$$
$$26{,}6321 = 27{,}7 = 26{,}6$$
Autor: JoanCarles Testagorda Garcia (yo mismo) ecuación que yo creé a las 13:19 del 4-10-2024 en mi apartamento (Francia, sur-este).

Como ya expuse en mi obra "*But what is the gravity? What is the time*" expuse que en mi opinión existen 4 dimensiones (3 de espacio y una de tiempo) en un universo pero que en un multiverso existen infinitas. Esto sucede porque según mi hipótesis primero se crea un multiverso pero después se crean otros universos de forma consecutiva.

En física cuántica lo que se hace es operar utilizando un espacio al que se llama espacio de Hilbert. El espacio de Hilbert es un espacio de dimensiones infinitas.
Lo que se hace para operar es dividir el espacio en infinitos puntos. Si un objeto se mueve o si se crea un campo, lo que se hace es unir puntos mediante vectores, los cuales pueden indicar la dirección (o direcciones) en que se produce la fuerza de un campo.
Esto es útil porque si un objeto atraviesa un campo de fuerza, este objeto sentirá una fuerza en cada punto de ese campo y sentirá esta fuerza hacia una o varias direcciones en concreto. Por tanto el objeto en movimiento siente la fuerza del campo y desvía su trayectoria en función de la fuerza que este campo aplica sobre el objeto.
Esto es lo que creó Albert Einstein entre 1906 a 1916 obteniendo una teoría válida para calcular el movimiento de un cuerpo dentro de un campo gravitatorio en 4dimensiones (al utilizarse una matriz de 4x4 se utilizan 4dimensiones).
El problema es que en física cuántica esto no ha podido aplicarse así.
Lo que hicieron algunos físicos es aplicar muchas más dimensiones que solamente 4 para poder explicar como se ven afectadas las partículas.
No hay un consenso claro de cuantas dimensiones hay.
Por mi parte lo que hice fue pensar en aplicar mi modelo de creación del universo obteniendo así que existen infinitas dimensiones en conjuntos de 4 dimensiones.

Ya en 2014 pensé que cada vez que se añade una dimensión se añade un radio porque la energía Jol (energía de vacío) se abre paso sobre el vacío.
Según mi hipótesis de creación del universo del 4/1/2015 existen grupos de 4 dimensiones porque para que se cree el universo y se forme una tercera dimensión, esta se encierra en sí misma. Por tanto solamente habrá conjuntos de 3 dimensiones espaciales.

En esta serie de diferentes dimensiones que puede tener una "bola" se ve la relación del número pi ($\pi$) y el radio para crear las dimensiones del volumen de una bola en múltiples dimensiones, y del área de una bola en múltiples dimensiones (se dice bola y no se dice esfera porque por definición una esfera tiene siempre 3dimensiones).

VOLUMEN DE SÓLIDOS ESFÉRICOS DE DIFERENTES DIMENSIONES (N-bola):

| 1D | 2D | 3D | 4D | 5D | 6D | ... |
|---|---|---|---|---|---|---|
| $2\pi$ | $\pi r^2$ | $4/3\ \pi r^3$ | $1/2\ \pi^2 r^4$ | $8/15\ \pi^2 r^5$ | $1/6\ \pi^3 r^6$ | ... |

ÁREAS DE SÓLIDOS ESFÉRICOS DE DIFERENTES DIMENSIONES (N-bola):

| 1D | 2D | 3D | 4D | 5D | 6D | ... |
|---|---|---|---|---|---|---|
| 2 | $2\pi r$ | $4\pi r^2$ | $2\pi^2 r^3$ | $8/3\ \pi^2 r^4$ | $\pi^3 r^5$ | ... |

r= radio,   $\pi$= número pi,   D=Dimensión

Como se puede observar, cada vez que se añade una dimensión se añade un radio. Ya en 2014 y en Enero2015 cuando trabajé sobre el origen del universo, el cambio de dimensión, la unidad relativa y la creación de dimensiones, pensé que esto sucede porque la energía que crea el universo y que es como un vector, cuando es empujada por otros vectores encuentra menor resistencia hacia nuevas dimensiones mientras que todas lo empujan y es por ello que curva su trayectoria.

Lo que hice el día 24deJunio de 2024 (en mi casa en Francia) fue crear la ecuación FZ4829 (que supongo que debería ser algo ya descubierto, pero como no estaba puesto lo que hice fue crearlo).

Ecuación FZ4829 creada por JoanCarles Testagorda Garcia (yo mismo):

$$nÁrea \times \frac{radio}{ndim} = Volumen$$

por ejemplo:

para 2 dimensiones : $2\pi r \times \frac{r}{2D} = \pi r^2$

para 3 dimensiones $4\pi r^2 \times \frac{r}{3D} = \frac{4}{3}\pi r^3$

Autor: JoanCarles Testagorda Garcia ecuación creada el día 24-6-2024 a las 14:39 (en mi apartamento en Francia). Deducí que cada vez que se crea una dimensión, el vector sale por una dimensión y curva su trayectoria. Y en bolas esto sucede de forma equivalente en cada radio. Por tanto se añade un radio y este se curva como los demás. Como hay una nueva dimensión esta crece proporcionalmente a las otras, es como si las otras empujaran o tirasen del vector que crea las dimensiones.

En física, los cuerpos ocupan espacio y están compuestos de energía, así que la energía debe de dividirse entre el espacio que ocupa. Esto define la densidad, define la cantidad de energía que hay en un espacio.
El límite que yo descubrí en 2014, define la cantidad de materia que puede haber en un espacio. Pero como pensé en el universo no hay nada vacío, hay energía Jol, por tanto la masa presiona la energía Jol. O bien se transforma en ella. Y si se supera el límite K2/Q5 lo que sucede es el efecto inverso a la creación que es volver al estado de vacío, la singularidad, el infinito. Este estado es el que forma un agujero negro.

Los agujeros negros , los cuales explico mis hipótesis sobre ellas en otra de mis obras, objetos en los que se superó mi límite K2/Q5. La masa produce un colapso gravitacional, pero eso sucede porque la masa supera el límite de densidad. De hecho mi hipótesis que explico en mi otra obra (en otro de mis libros por ejemplo en mi libro " *But what is the gravity? What is the time, Autopublicada el 6/8/2022*") es que la gravedad solamente es un residuo de esta interacción.

Las siguientes ecuaciones que yo mismo creé, expresan el colapso gravitacional de por ejemplo una estrella ($M_{TOV}$) o de otros cuerpos como el universo (mUn) y que como ya expliqué en 2015en mi obra son proporcionales a la compresión de la energía Jol, (K2) la cual se transforma en singularidad formando el agujero negro. Esta es otra de mis consecuencias de mi límite universal.

Si se aplica la teoría de la relatividad, esta permite entender que si el espacio/tiempo (energía Jol), se curva al máximo y se pliega sobre sí misma, se forma un agujero negro.

Roger Penrose dijo que el universo provenía de otro universo, de un agujero negro. Me pareció algo absurdo porque en realidad no resuelve la cuestión de donde se crea todo. Como yo pensé en 2014 el universo sí proviene de una singularidad igual que lo hace un agujero. De modo, que puede representarse un efecto inverso, de reversión de creación. Es decir, se puede volver a un estado inicial de singularidad al multiplicar la masa y el radio del universo, pero esto no explicaría como se crea exactamente el universo.

Ecuación FZ5193 creada por JoanCarles Testagorda Garcia (yo mismo):

$$\frac{Gc \, x \, mUn \, hc}{2{,}035 \, x \, 10^{-35} \, s^{-2} \, x \, (2 \, rUn)^2} \approx \frac{dK2}{dQ5}$$

Autor: JoanCarles Testagorda Garcia (yo mismo) ecuación que yo creé el 12-9-2024 a las 18:45 en mi apartamento (mi casa) en Francia. En mi ecuación represento mi idea de que la energía Jol

Ecuación FZ3014 creada por JoanCarles Testagorda Garcia (yo mismo):

$$\sqrt{\frac{2Gc \, x \, mUn}{c^2 \, x \, (2 \, x \, rUn)^2}} \, x \, \frac{hc \, x \, c^2}{4 \, lp} = TG^{JC}$$

$$1{,}3731 = 1{,}37161$$

Autor: JoanCarles Testagorda Garcia (yo mismo) ecuación que yo creé el 16-10-2022 17:35 en mi apartamento (mi casa) en Francia.

En este caso con mi ecuación expresé que del colapso y posterior al colapso se crean todas las partículas, por este motivo utilicé mi constante $TG^{JC}$ que yo creé en 2020 y en la que uní todas las partículas.

Ecuación FZ2502C creada por JoanCarles Testagorda Garcia (yo mismo):

$$\frac{2Gc \times mUn}{c^2 \times 2xrUn} \times \Lambda = 6{,}6 \times 10^{-52} \, m^{-2} = \infty_{52}$$

$$\frac{2Gc \times mUn}{c^2 \times 2xrUn} \times \Lambda \times 32\pi = 6{,}677 \times 10^{-50} \, m^{-2} = \infty_{50}$$

o bien

$$\frac{2Gc \times mUn}{c^2 \times 2rUn \times 2} \times \frac{19}{17} = 6{,}71 \approx JoCa^{TeGa} \approx \infty$$

Autor: JoanCarles Testagorda Garcia (yo mismo) ecuación que yo creé el 22-5-2022 a las 22:05 en mi apartamento (mi casa) en Francia.
En este caso utilizo el colapso del universo con la constante de densidad "$\Lambda$" para obtener mi constante de infinito porque como ya expuse en 2014 creo que mi constante representa el infinito (con diferentes exponentes debido a la unidad relativa).

Esta es la ecuación de la teoría de la Relatividad General de Albert Einstein. Representa la curvatura del espacio/tiempo la cual es proporcional a la fuerza de la gravedad.

$$R_{\mu\nu} - \frac{1}{2} g_{\mu\nu} R + g_{\mu\nu} \Lambda = \frac{8\pi G}{c^4} T_{\mu\nu}$$

En este caso lo que hice fue sustituir la parte constante la cual representa la fuerza gravitatoria en 4dimensiones ($8\pi$) por otros elementos. Lo más probable es que las primeras ecuaciones (2766) son incorrectas a pesar de ello las expondré.

Ecuación FZ2766 creada por JoanCarles Testagorda Garcia (yo mismo):

$$\frac{8\pi \times Gc}{c^4} = \frac{\infty^2 \times \ln 10}{h \times \cosh 180} \text{ o bien } \frac{8\pi \times Gc}{c^4} = \frac{\infty^2 \times 2{,}295587}{h \times \cosh 180}$$

Autor: JoanCarles Testagorda Garcia (yo mismo) ecuación que yo creé el 17-5-2022 a las 20:03 en mi apartamento (mi casa) en Francia.
2,295587 es la constante parabólica universal que podría aplicarse como un límite orbital.

La constante Gravitacional "Gc", Einstein la adaptó a su teoría en forma de:

$$\frac{8\pi \, x \, Gc}{c^4} = 3{,}8183 \times 10^{-40} \, m^{-3} s^2 \, (const. \, gravitacional \, de \, Einstein)$$

Lo que he hecho es crear ecuaciones con la constante gravitacional de Einstein.

Ecuación FZ4546 creada por JoanCarles Testagorda Garcia (yo mismo):

$$\cosh 180 x \, \frac{8\pi \, x \, Gc \, x \, (mUn)^\psi}{c^4} \, x \, \sqrt{\Lambda} \, x \, \frac{c^2 \, x \, mPl}{mve \, x \, Fgc(i)} = 1$$

Autor: JoanCarles Testagorda Garcia (yo mismo) ecuación que yo creé el 26-4-2024 a las 8:43am en mi apartamento (mi casa) en Francia. Autopubliqué esta ecuación en mi cuenta de facebook "JoanCarles YoIje Martin TG" el día 26-4-2024 a las 9:55 en un videoselfie.

Ecuación FZ4741 creada por JoanCarles Testagorda Garcia (yo mismo):

$$\frac{8\pi \, x \, Gc}{c^2} \, x \, \sqrt{\Lambda} \, x \cosh 180 x \, (mUn)^\psi \, x \, mPl \, x \, \frac{\sqrt{2}}{mve + mve} = (Llim)^2$$

$$0{,}44298 \approx 0{,}4392$$

Autor: JoanCarles Testagorda Garcia (yo mismo) ecuación que yo creé a las 19:50 del 20-5-2024 en mi apartamento (Francia, pero no en Alpes Côte d'Azur).

Ecuación FZ4743 creada por JoanCarles Testagorda Garcia (yo mismo):

$$\frac{8\pi \, x \, Gc}{c^2} \, x \, \sqrt{\Lambda} \, x \cosh 180 x \, (mUn)^\psi \, x \, \frac{2 \, mve \, x \, c^2}{mX \, 17 \, x \, 1C \, x \, 6} = 1$$

siendo : mve = $3{,}92 \times 10^{-36}$ Kg

o bien

$$\frac{8\pi \, x \, Gc}{c^2} \, x \, \sqrt{\Lambda} \, x \cosh 180 x \, (mUn)^\psi \, x \, \frac{mve \, x \, c^2}{mX \, 17 \, x \, 1C} \, x \, \frac{dQ5}{dK2} = 1$$

siendo : mve = $3{,}92 \times 10^{-36}$ Kg

Autor: JoanCarles Testagorda Garcia (yo mismo) ecuación que yo creé a las 20:07 del 20-5-2024 en mi apartamento (Francia, pero no en Alpes Côte d'Azur).

Ecuación FZ4900 creada por JoanCarles Testagorda Garcia (yo mismo):

$$\frac{8\pi \times Gc}{c^2} = \frac{\cosh^{-1} 180 \, x(tp)^2}{dK \, 2x(lp)^4} \times \frac{(c)^{\psi}}{c}$$

2,076504x10$^{-43}$ Kg$^{-1}$ m$^{-1}$ s$^2$ = 2,1964x10$^{-43}$ Kg$^{-1}$ m$^{-1}$ s$^2$

Autor: JoanCarles Testagorda Garcia (yo mismo) ecuación que yo creé a las 9:44am del 5-7-2024 en mi apartamento (Francia, no en Alpes Côte d'Azur).

Ecuación FZ2766B creada por JoanCarles Testagorda Garcia (yo mismo):

$$\frac{8\pi \times Gc}{c^4} = \frac{mG^3 \times c^3}{\infty \times 2 \times F_1}$$

Autor: JoanCarles Testagorda Garcia (yo mismo) ecuación que yo creé el 17-5-2022 a las 20:03 en mi apartamento (mi casa) en Francia. Como ya expliqué en mi otro libro "*But what is the gravity? What is the time*" que autopubliqué el 6-8-2022, mi idea es que la gravedad es producida por el gravitón (bosónJCTG4) pero que es producido por la interacción de la masa con la energía oscura (energía Jol, K2), y como ya expuse en mi obra de 2014 siendo el espacio/tiempo la energía oscura. Aunque en este caso esta ecuación pueda ser incorrecta, en mi otro libro expuse otras ecuaciones que sí son correctas.

Cuando esta masa supera mi límite K2/Q5 sucede que colapsa y se crea un agujero negro.

Los agujeros negros se pueden representar con la ecuación de 1915-1916 de Karl Schwarschild que es:

$$\frac{2Gc \times masa}{c^2} = radio \, del \, agujero \, negro$$

"Gc" es la constante gravitacional y $c^2$ es la velocidad de la luz al cuadrado.

Ecuación FZ2822 creada por JoanCarles Testagorda Garcia (yo mismo):
$$\frac{2Gc \times (1C)^2 \times rUn \times \mu_0}{c^2 \times 4 \times (2 \times lp)^2} \times hc = 1$$
Autor: JoanCarles Testagorda Garcia (yo mismo) ecuación que yo creé el 31-5-2022 7:41am en mi apartamento (mi casa) en Francia.

Ecuación FZ1221 creada por JoanCarles Testagorda Garcia (yo mismo):
$$\frac{2Gc \times mUn}{c^2 \times 2 \times rUn} \times \frac{1}{6} = 1 \; ; \; \frac{Gc \times mUn \, hc}{2{,}035 \times 10^{-35} \, s^{-2} \times (rUn)^2 \times 12} = 1$$
Aquí $2{,}035 \times 10^{-35} s^{-2}$ es la constante de expansión del universo ($\Lambda$) en segundos
Autor: JoanCarles Testagorda Garcia (yo mismo) ecuación que yo creé el 20-2-2021 13:32 (Alpes Côte d'Azur, en el alojamiento del trabajo en el cual ayudaba a animales des del 17-8-2020 hasta el 4-9-2021 en donde me mudé más al norte).

Ecuación FZ5263 creada por JoanCarles Testagorda Garcia (yo mismo):
$$\frac{Gc \times mUn \times hc}{(rUn)^2 \times \Lambda} \approx \frac{2Gc \times mH}{c^2} \times \frac{mG \times c}{h} \times \cosh 180 \approx 4 \times \frac{dK2}{dQ5}$$
Aquí "$\Lambda$" es $= 2{,}036 \times 10^{-35} \, s^{-2}$.
$$12 \approx 12 \approx 12$$
$$\sqrt{\cosh^{-1}\left(\frac{mUn \times c^2}{(pT - 0K) \times KB}\right)} \approx \frac{mG}{h \times AgUn \times \Lambda} \times \log(4000 \, K)$$
$12 \approx 12$ \qquad Aquí "$\Lambda$" es $= 1{,}1056 \times 10^{-52} \, m^{-2}$.
Autor: JoanCarles Testagorda Garcia (yo mismo) ecuación que yo creé el 23-9-2024 a las 12:40 en mi apartamento (mi casa) en Francia.

Ecuación FZ4068 creada por JoanCarles Testagorda Garcia (yo mismo):
$$\frac{2Gc \times MTOV}{c^2} \times \sqrt{\Lambda} \times \frac{mH}{mY} = 12 \; = \; \frac{Gc \times mUn \times hc}{(rUn)^2 \times \Lambda}$$
Aquí "$\Lambda$" es $= 2{,}036 \times 10^{-35} \, s^{-2}$.
Autor: JoanCarles Testagorda Garcia (yo mismo) ecuación que yo creé a las 19:58 del 18-2-2024 en mi apartamento (Francia, pero no en Alpes Côte d'Azur).

Ecuación FZ4069 creada por JoanCarles Testagorda Garcia (yo mismo):
$$\frac{2Gc \times MTOV}{c^2 \times 4\pi^2} \times \sqrt{\Lambda} \times \frac{mH}{mY} \times \frac{3+\sqrt{13}}{2} = 1$$
o bien
$$\frac{2Gc \times MTOV}{c^2 \times 4\pi^2} \times \sqrt{\Lambda} \times \frac{mH}{mY} \times \frac{\infty}{2} = 1$$
o bien
$$\frac{2Gc \times MTOV}{c^2} \times \sqrt{\Lambda} \times \frac{mH}{mY} \times \frac{mX\,17}{2mUp} \times JC^{TG} = 1$$

Autor: JoanCarles Testagorda Garcia (yo mismo) ecuación que yo creé a las 20:00 del 18-2-2024 en mi apartamento (Francia, pero no en Alpes Côte d'Azur).

Ecuación FZ4711 creada por JoanCarles Testagorda Garcia (yo mismo):
$$\frac{mUn}{mG} \times \frac{rUn \times (lp)^2 \times (\Lambda)^{\frac{3}{2}}}{\cosh\left(\frac{dK\,2}{dQ5}\right)} \times \pi^2 \times \frac{dK\,2}{dQ5} \approx \frac{dK\,2_1}{dQ5} \times 4$$
$$12 \approx 12$$

Autor: JoanCarles Testagorda Garcia (yo mismo) ecuación que yo creé a las 21:20 del 11-3-2024 en mi apartamento (Francia).

Ecuaciones FZ5244 y FZ5246 creada por JoanCarles Testagorda Garcia (yo mismo):
$$\sqrt{\cosh^{-1}\left(\frac{mUn \times c^2}{KB \times (Tp-CMB)}\right)} \approx \left(\frac{mUn \times c^2}{KB \times (Tp-CMB)}\right) \times \frac{lp \times 2}{rUn} \approx \frac{dK\,2_1}{dQ5} \times 4$$
$$11{,}99 \approx 12{,}016 \approx 12$$

Autor: JoanCarles Testagorda Garcia (yo mismo) ecuación que yo creé a las 8:07 y 8:19am del día 22-9-2024 en mi apartamento (Francia).

Ecuación FZ5293 creada por JoanCarles Testagorda Garcia (yo mismo):
$$\sqrt{\frac{mUn \times \left(\frac{H_{0ins}}{c}\right)^3}{deUn}} \approx \frac{dK\,2_1}{dQ5} \times 4 \approx \cosh\frac{dK\,2}{dQ5}$$
$$11{,}872 \approx 12 \approx 11{,}38$$

Autor: JoanCarles Testagorda Garcia (yo mismo) ecuación que yo creé el día 28-9-2024 a las 11:01am en mi apartamento en Francia.

Ecuación FZ4350 creada por JoanCarles Testagorda Garcia (yo mismo):
$$\frac{2Gc \times MTOV}{c^2} \times \Lambda \times \frac{mPl}{2me} = 1$$
Autor: JoanCarles Testagorda Garcia (yo mismo) ecuación que yo creé el 24-3-2024 a las 9:11am en mi apartamento (mi casa) en Francia.

Ecuación FZ4351 creada por JoanCarles Testagorda Garcia (yo mismo):
$$\frac{2Gc}{c^2} \times \frac{dK2}{2} \times (rUn)^2 = 1 \quad ; \quad dK2 \times (rUn)^2 = \frac{4me}{mPl \times MTOV \times \Lambda}$$
Autor: JoanCarles Testagorda Garcia (yo mismo) ecuación que yo creé el 25-3-2024 a las 11:31am en mi apartamento (mi casa) en Francia.

Ecuación FZ4352 creada por JoanCarles Testagorda Garcia (yo mismo):
$$\frac{2Gc}{c^2} \times \frac{mH}{mW} \times dQ5 \times (rUn)^2 = 1$$
Autor: JoanCarles Testagorda Garcia (yo mismo) ecuación que yo creé el 25-3-2024 a las 11:37am en mi apartamento (mi casa) en Francia.

Ecuación FZ4353 creada por JoanCarles Testagorda Garcia (yo mismo):
$$\frac{2Gc}{c^2} \times \left(\frac{19}{17}\right)^4 \times dQ5 \times (rUn)^2 = 1$$
Autor: JoanCarles Testagorda Garcia (yo mismo) ecuación que yo creé el 25-3-2024 a las 11:38am en mi apartamento (mi casa) en Francia.

Ecuación FZ4354 creada por JoanCarles Testagorda Garcia (yo mismo):
$$\frac{2Gc}{c^2} \times dQ5 \times (rUn)^2 \times \cosh 1 = 1$$
Autor: JoanCarles Testagorda Garcia (yo mismo) ecuación que yo creé el 25-3-2024 a las 11:39am en mi apartamento (mi casa) en Francia.

Ecuación FZ1219B creada por JoanCarles Testagorda Garcia (yo mismo):

$$\left(\frac{Gc \times mUn}{c^2 \times rUn} \times AgUn \times c \times mH \times \alpha\right)^{3/2} \times \frac{1}{1\,Kg \times 1\,m} = e^{(1/e)}$$

Autor: JoanCarles Testagorda Garcia (yo mismo) ecuación que yo creé el 20-2-2021 (Alpes Côte d'Azur, en el alojamiento del trabajo en el cual ayudaba a animales des del 17-8-2020 hasta el 4-9-2021 en donde me mudé más al norte).

Ecuación FZ1321A creada por JoanCarles Testagorda Garcia (yo mismo):

$$\left(\frac{Gc \times mUn}{c^2 \times rUn} \times \frac{AgUn \times c \times mH \times \alpha}{1\,Kg \times 1\,m}\right)^{3/2} = e^{(1/e)} = \frac{VPl}{(\Lambda)^2 \times 1\,m^7}$$

Autor: JoanCarles Testagorda Garcia (yo mismo) ecuación que yo creé el 9-3-2021 ~20:00 (Alpes Côte d'Azur, en el alojamiento del trabajo en el cual ayudaba a animales des del 17-8-2020 hasta el 4-9-2021 en donde me mudé más al norte). VPl es el volumen de Planck = $17{,}692 \times 10^{-105}$ m = $4/3\pi \times (lp)^3$.

Como el universo se crea, crece. Es por ello que el universo tuvo el tamaño del volumen de Planck (VPl) pero antes de ello era infinito, la singularidad.

Ecuación FZ1278 creada por JoanCarles Testagorda Garcia (yo mismo):

$$\frac{2Gc \times mUn \times c^2 \times 4\pi^2}{c^2 \times (rUn)^3 \times 2{,}036 \times 10^{-35}\,s^{-2} \times JC^{TG} \times JUAP} = \frac{2Gc \times h}{c^2 \times \pi \times (lp)^2} = \frac{Z_0 \times (1C)^2}{\frac{1}{2} h \times \alpha}$$

$$4 = 4 = 4$$

Autor: JoanCarles Testagorda Garcia (yo mismo) ecuación que yo creé el 4-3-2021 20:40 (Alpes Côte d'Azur, en el alojamiento del trabajo en el cual ayudaba a animales des del 17-8-2020 hasta el 4-9-2021 en donde me mudé más al norte).

El resultado $4/\pi = 1{,}273$ es debido a la forma espiral. Es posible que durante el crecimiento del universo se cree la forma espiral con el vector que modifica su trayectoria. Después lo explicaré.

Ecuación FZ1265 creada por JoanCarles Testagorda Garcia (yo mismo):

$$\frac{2Gc \times mUn \times c^2 \times 4\pi^2}{c^2 \times (rUn)^3 \times 2{,}036 \times 10^{-35} s^{-2} \times JC^{TG} \times JUAP} = \frac{2Gc \times h}{c^2 \times \pi \times (lp)^2}$$
$$4 = 4$$

Autor: JoanCarles Testagorda Garcia (yo mismo) ecuación que yo creé el 3-3-2021 17:45 (Alpes Côte d'Azur, en el alojamiento del trabajo en el cual ayudaba a animales des del 17-8-2020 hasta el 4-9-2021 en donde me mudé más al norte).

Ecuación FZ1317 creada por JoanCarles Testagorda Garcia (yo mismo):

$$\frac{2Gc \times mUn}{c^2 \times 2 \times rUn} \times mH \times c \times AgUn \times \alpha = (JQU)^{(3/2)} = \frac{4}{\pi}$$
$$1{,}2796 = 1{,}2792 = 1{,}273$$

Autor: JoanCarles Testagorda Garcia (yo mismo) ecuación que yo creé el 9-3-2021 14:32 (Alpes Côte d'Azur, en el alojamiento del trabajo en el cual ayudaba a animales des del 17-8-2020 hasta el 4-9-2021 en donde me mudé más al norte).

Ecuación FZ1321B creada por JoanCarles Testagorda Garcia (yo mismo):

$$\left(\frac{VPl}{(\Lambda)^2 \times 1m^7}\right)^{2/3} = \frac{4}{\pi} = \frac{\infty \times c}{TG^{JC} \times (lp)^2 \times \cosh 180 \times \cosh^{-1} 180}$$
$$1{,}2791 = 1{,}279 = 1{,}27$$
$$\left(\frac{8{,}8 \times 10^{(26 \times \Psi)} m \times TG^{JC} \times 16\pi}{hc \times \infty \times 1 J^{-1}} \times \frac{dQ5}{dK2}\right)^{\left(\frac{mW}{mH}\right)} = \frac{4}{\pi}$$
$$1{,}279 \approx 1{,}2732 = 1{,}2726$$
$$\frac{Gc \times mUn}{rUn} \times \frac{mH \times AgUn \times ptime \times \alpha}{lp \times 1m \times 1Kg} = (JQU)^2 = \frac{4}{\pi}$$
$$1{,}279 = 1{,}279 = 1{,}2732$$
$$\frac{Gc \times mUn}{c^2 \times rUn} \times AqUn \times mH \times c \times \frac{1}{1Kg \times 1m} \approx \frac{4}{\pi}$$

Autor: JoanCarles Testagorda Garcia (yo mismo) ecuación que yo creé el 9-3-2021 ~20:20, en mi apartamento (Francia sud-este, no en Alpes Côte d'Azur).

Ecuación FZ1334 creada por JoanCarles Testagorda Garcia (yo mismo):

$$6{,}6260695 \times 10^{-34} \times 6{,}626069 \times 10^{-34} \, \Psi \times \sqrt{\frac{\hbar \times c}{KB \times CMB \times 1m}} = \frac{4}{\pi}$$

$$1{,}2726 = 1{,}273$$

Autor: JoanCarles Testagorda Garcia (yo mismo) ecuación que yo creé el 11-3-2021 8:48 (Alpes Côte d'Azur, en el alojamiento del trabajo en el cual ayudaba a animales des del 17-8-2020 hasta el 4-9-2021 en donde me mudé más al norte).

Ecuación FZ1223 creada por JoanCarles Testagorda Garcia (yo mismo):

$$\frac{Gc \times mUn}{c^2 \times rUn} \times AgUn \times \frac{pt \times mH \times c^2}{lp} \times \frac{1}{1\,Kg \times 1\,m} \approx JC^{TG}$$

o bien

$$\frac{Gc \times mUn}{c^2 \times rUn} \times AgUn \times mH \times c \times \frac{1}{1\,Kg \times 1\,m} \times \frac{\pi}{4} \approx 1$$

Autor: JoanCarles Testagorda Garcia (yo mismo) ecuación que yo creé el 20-2-2021 14:18 (Alpes Côte d'Azur, en el alojamiento del trabajo en el cual ayudaba a animales des del 17-8-2020 hasta el 4-9-2021 en donde me mudé más al norte).

Ecuación FZ1105 creada por JoanCarles Testagorda Garcia (yo mismo):

$$\left(\frac{17}{19} + 10{,}972\right) \times \frac{\pi^3}{17^2} = \left(TG^{JC} \times \frac{\pi}{3}\right)^{(2/3)}$$

$$1{,}27316 = 1{,}27303 = 1{,}27323$$

Autor: JoanCarles Testagorda Garcia (yo mismo) ecuación que yo creé el 5-12-2021 19:03 (Alpes Côte d'Azur, en el alojamiento del trabajo en el cual ayudaba a animales des del 17-8-2020 hasta el 4-9-2021 en donde me mudé más al norte).

Ecuación FZ1097 creada por JoanCarles Testagorda Garcia (yo mismo):

$$\frac{Gc \times mUn}{rUn} \times \frac{mH \times AgUn \times ptime \times \alpha}{lp \times 1\,m \times 1\,Kg} = (JQU)^2 = \frac{4}{\pi}$$

$$1{,}279 = 1{,}279 = 1{,}2732$$

Autor: JoanCarles Testagorda Garcia (yo mismo) ecuación que yo creé el 17-11-2020 23:33 (Alpes Côte d'Azur, en el alojamiento del trabajo en el cual ayudaba a animales des del 17-8-2020 hasta el 4-9-2021 en donde me mudé más al norte).

Ecuación FZ1222 creada por JoanCarles Testagorda Garcia (yo mismo):
$$\frac{Gc \times mUn}{c^2 \times rUn} \times \frac{1}{\infty \times \sqrt{\log(\infty)}} = 1$$
Autor: JoanCarles Testagorda Garcia (yo mismo) ecuación que yo creé el 20-2-2021 13:59 (Alpes Côte d'Azur, en el alojamiento del trabajo en el cual ayudaba a animales des del 17-8-2020 hasta el 4-9-2021 en donde me mudé más al norte). En esta ecuación expresé mi idea de que el universo procede del infinito, de la singularidad.

Ecuación FZ1100 creada por JoanCarles Testagorda Garcia (yo mismo):
$$\frac{Gc \times mUn \times mH}{c^2 \times (rUn)^2 \Lambda} = 2 \times \infty$$
$13{,}44 = 13{,}33$
Autor: JoanCarles Testagorda Garcia (yo mismo) ecuación que yo creé el 19-11-2020 15:58 (Alpes Côte d'Azur, en el alojamiento del trabajo en el cual ayudaba a animales des del 17-8-2020 hasta el 4-9-2021 en donde me mudé más al norte).

Ecuación FZ978 creada por JoanCarles Testagorda Garcia (yo mismo):
$$\frac{c^2 \times \infty \times radio\,universo}{Gc} = 3{,}9502 \times 10^{54}\,Kg$$
Autor: JoanCarles Testagorda Garcia (yo mismo) ecuación que yo creé el 14-11-2020 18:52 (Alpes Côte d'Azur, en el alojamiento del trabajo en el cual ayudaba a animales des del 17-8-2020 hasta el 4-9-2021 en donde me mudé más al norte).

Ecuación FZ1102 creada por JoanCarles Testagorda Garcia (yo mismo):
$$\frac{Gc \times mUn \times hc}{(rUn)^2 \times 8\pi \times c^2} \approx \Lambda$$
Autor: JoanCarles Testagorda Garcia (yo mismo) ecuación que yo creé el 19-11-2020 18:40 (Alpes Côte d'Azur, en el alojamiento del trabajo en el cual ayudaba a animales des del 17-8-2020 hasta el 4-9-2021 en donde me mudé más al norte).Aquí "$\Lambda$" es = $1{,}1056 \times 10^{-52}$ m$^{-2}$.

Como estaba explicando, lo que pensé en 2014 (aproximadamente en primavera 2014 paseando por el lado del río) acerca de las dimensiones es que si mezclo mi idea de la unidad relativa con la creación del universo obtengo que el universo es finito pero que existen infinitos multiversos.
En física existen diferentes dimensiones, arriba, abajo, izquierda, derecha, como también dimensiones de profundidad.

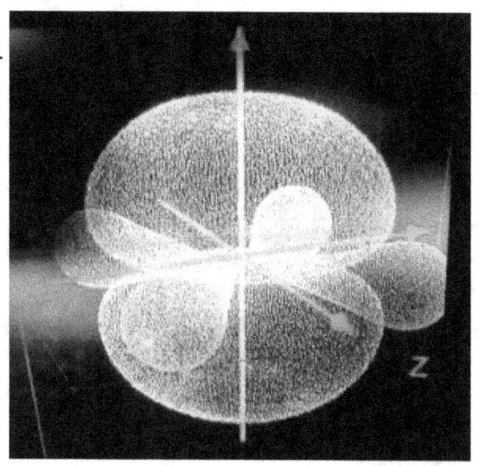

Como ya expliqué en el apartado anterior, mi idea es que existen dimensiones internas y externas que son universos paralelos.
Lo que sabe actualmente es que existen tres dimensiones de espacio.

(El siguiente escrito lo creé aproximadamente en mayo2024 (lo expuse en mi red social) basándome en mis ideas de 2014, 2015 y 2016.
Si una partícula se desplaza por una dimensión, por ejemplo si va hacia arriba, y otra se desplaza hacia su izquierda. Estas partículas nunca interaccionarán. En física cuántica se dice que las partículas que tienen diferente espín o espin no entero, solamente pueden interaccionar entre ellas mediante bosones (también tengo hipótesis de 2020 sobre porqué esto es así).
Supongo que si el espacio se curvara (representado por ejemplo con el coseno hiperbólico (cosh), entonces la trayectoria de la partículas se curvaría y estas podrían interaccionar más fácilmente.
No hay que confundir que el universo sea plano con que el espacio del universo sea geométricamente plano. Mi hipótesis de 2015 es que la geometría del universo cambia, se va aplanando.

Con la teoría de la relatividad General, Albert Einstein consiguió expresar matemáticamente que el universo puede cambiar su geometría y deformarse lo cual pensó que produce la gravedad.

Lo que yo pensé en 2019 es en aplicar espacios hiperbólicos por ejemplo en mi teoremaJC es lo que hice.
Cuando se estudia física lo primero que se enseña es que hay magnitudes escalares y vectoriales. Lasàvectoriales afectan a todas las dimensiones. La masa pues produce gravitones en todas las dimensiones quizás por ello pueda interaccionarse con la energía y materia oscura con la gravedad. Aunque mi idea de 2020 es que debido a mi efectoJC toda partícula tiene masa y mi otra idea es que siempre se interacciona con la energía Jol (energía oscura) debido a la masa de las partícula.

Si mi idea de que la geometría espacial del universo cambia, entonces es posible que se reduzca la posible interacción entre partículas y que se reduzca también debido a la expansión del universo.
Como ya expuse en otros de mis libros, si toda partícula tiene masa entonces todas las fuerzas cambiarán el paso del tiempo y la curvatura espacio/temporal (la presión sobre K2). Esto también lo expliqué en 2022 con mi idea del proceso JCTG.
En este libro poco explicaré sobre esto.

Aunque quizás sea importante que las dimensiones se representan también con valores como $2\pi$, $4\pi$ o $8\pi$.
Por ejemplo como aparece en la fotografía de uno de mis escritos del 29-4-2015 2:05am, se puede ver $2\pi$ (de $2\pi r$) como un radio que crea un círculo. Con 2 pi porque son como 2 mitades.

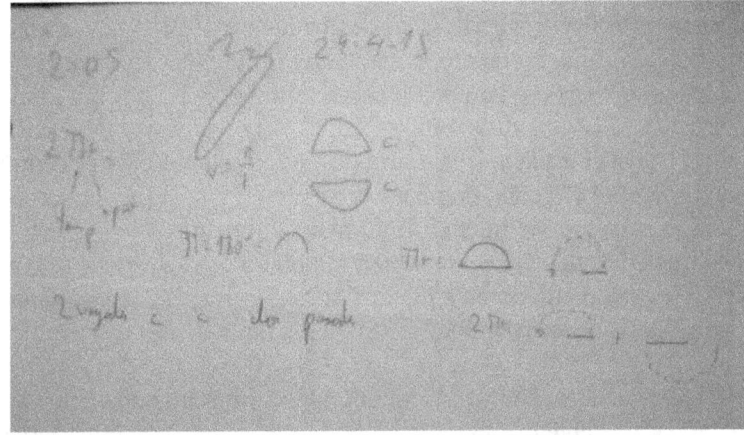

Albert Einstein utilizó $8\pi$ para representar 4 dimensiones. A veces en mis ecuaciones utilizo $32\pi$.

Cuando el radio es al cuadrado como en $\pi r^2$, es como si este radio se moviera, rota sobre sí mismo describiendo una circunferencia.
Si se eleva al cubo, se obtiene una esfera porque hay otro radio que gira sobre sí mismo en otra dimensión.
El número pi sirve para representar la forma circular.
Si los radios tuvieran diferente valor se crearían figuras diferentes.

Es importante entender que la perspectiva puede hacer que no veamos a una figura o que la veamos diferente. Por ejemplo si vemos que un tren viene recto hacia nosotros, con una trayectoria recta hacia nosotros, entonces no veremos la longitud del tren. Incluso si estamos muy lejos podríamos verlo como un punto en el horizonte.
De modo que toda recta, como todo vector puede parecernos como un punto. De hecho un vector puede considerarse como un conjunto de puntos.
Supongo que si viéramos el universo desde lejos, desde otro universo, nos parecería que es un punto. Como una singularidad. De modo que las singularidades podrían conectar universos, como los agujeros negros.

Mi hipótesis es que el espacio de justo antes del origen del universo son todo puntos, infinitos puntos que forman infinitas dimensiones. A izquierda, derecha, arriba, abajo, pero también puntos dentro de puntos.
Todo punto es una singularidad, es infinito.
Como números intervalos de números, de 0 a 1 y que contienen decimales por tanto contienen infinitos números como, 0,1   0,1111 0,1111 0,12 0,1201...
Y todos estos puntos confluyen entre ellos.

Para crear una recta, o una curva, se necesitan crear puntos, unirlos o que estén unidos. Para que haya una velocidad se necesita un espacio y tiempo. Si un punto se mueve, describe una línea que es un conjunto de puntos.
Después esta línea que es como un radio, se mueve y crea otra dimensión. Así se crearán las dimensiones del Universo.

Como en el origen de todo no hay todavía nada, la singularidad no tiene dimensiones es por ello que aplico la unidad relativa como en
$\infty$, $\infty_d$, $\infty_{dim}$, $\infty_{50} 0$, $\infty_{52}$.

Ahora voy a exponer más ecuaciones que yo mismo creé. Para entender como se crea y se expande el universo no es necesario entender las ecuaciones. Las ecuaciones son expresiones matemáticas que pueden permitir dar mayor veracidad a las hipótesis. En algunos casos sirven para calcular exactamente los procesos físicos. Aunque a veces sucede que las ecuaciones son correctas pero sus interpretaciones o aplicaciones no lo son.

En la siguiente ecuación expreso algunas de mis ideas como el bosón-JCTG2 el cual podría ser una quinta fuerza. Otra de mis ideas importantes es entender el exponente negativo (con números imaginarios, con $\psi$).

Como explicaré y como ya cité, mi idea es que cuando el universo nace es como si le fuese prestada energía del vacío, de la nada y que esta energía proviene de otra dimensión (universo). Apliqué este proceso a agujeros negros debido a mi idea y la aplico como una posible interconexión entre universos.

También aplico mi idea de la curvatura hiperbólica, hastaè180 grados, como si se abriera un agujero de gusano.

En algunas de mis ecuaciones aplico mi constante "JCT" la cual creé en Niza el 12-4-2019 para mi ley universal. Mi constante sirve para crear una proporción de 3 dimensiones a 1 dimensión, por el hecho de que el agujero podría tener menos cantidad de dimensiones.

Otra de mis ideas que aplico es la reducción de la energía Jol, (K2) a la singularidad.

Ecuación FZ4345 creada por JoanCarles Testagorda Garcia (yo mismo):

$$\frac{2 \times Gc \times dK2}{c^2 \times \Lambda} \times \cosh\left(\frac{dK2}{dQ5}\right) \approx 1$$

Autor: JoanCarles Testagorda Garcia (yo mismo) ecuación que yo creé el 24-3-2024 a las 8:58am en mi apartamento (mi casa) en Francia.

Ecuación FZ4543 creada por JoanCarles Testagorda Garcia (yo mismo):

$$\cosh 180 \times \frac{4\pi^2 \times Gc}{c^2} \times 3,56 \times 10^{54\psi} \times \frac{\sqrt{2}}{2mve + 2mve} \times \sqrt{\Lambda} \times mPl \times \frac{dQ5}{deUn} = 1$$

Autor: JoanCarles Testagorda Garcia (yo mismo) ecuación que yo creé el 26-4-2024 a las 8:20am en mi apartamento (mi casa) en Francia. Autopubliqué esta ecuación en mi cuenta de facebook "JoanCarles YoIje Martin TG" el día 26-4-2024 a las 9:55 en un videoselfie.

Ecuación FZ4544 creada por JoanCarles Testagorda Garcia (yo mismo):

$$\cosh 180 \, x \, \frac{4\pi^2 \, x \, Gc}{c^2} \, x \, 3{,}56 \, x \, 10^{54\psi} \, x \, \frac{\sqrt{2} \, x \, \sqrt{\Lambda} \, x \, mPl}{2\,mve + 2\,mve} = \pi \, x \, \sqrt{2}$$

$$4{,}40 = 4{,}44$$

$$\cosh 180 \, x \, \frac{4\pi^2 \, x \, Gc}{c^2} \, x \, 3{,}56 \, x \, 10^{54\psi} \, x \, \frac{\sqrt{\Lambda} \, x \, mPl}{2\,mve + 2\,mve} = \frac{dK2}{dQ5}$$

$$3{,}11 = 3{,}12$$

$$\cosh 180 \, x \, \frac{2\,Gc}{c^2} \, x \, 3{,}56 \, x \, 10^{54\psi} \, x \, \frac{\sqrt{\Lambda} \, x \, mPl}{2\,mve} \, x \, \frac{dK2}{dQ5} = 1$$

Autor: JoanCarles Testagorda Garcia (yo mismo) ecuación que yo creé el 26-4-2024 a las 8:08am en mi apartamento (mi casa) en Francia. Autopubliqué esta ecuación en mi cuenta de facebook "JoanCarles YoIje Martin TG" el día 26-4-2024 en un videoselfie.

Ecuación FZ4545 creada por JoanCarles Testagorda Garcia (yo mismo):

$$\frac{c^2}{8\pi \, x \, Gc} \, x \, \frac{\left(\frac{2\,mve + 2\,mve}{\sqrt{2}}\right) x \left(\frac{2\pi}{\cosh 180}\right)}{Fgci \, x \, 4\,mPl \, x \, c^2 \, x \, 3{,}56 \, x \, 10^{54\psi} \, Kg \, x \, \sqrt{\Lambda}} = \cosh \frac{dK2}{dQ5}$$

$$4{,}40 = 4{,}47$$

Autor: JoanCarles Testagorda Garcia (yo mismo) ecuación que yo creé el 26-4-2024 a las 8:39am en mi apartamento (mi casa) en Francia. Autopubliqué esta ecuación en mi cuenta de facebook "JoanCa un rles YoIje Martin TG" el día 26-4-2024 a las 9:55 en un videoselfie.

Ecuación FZ4540 creada por JoanCarles Testagorda Garcia (yo mismo):

$$\frac{8\pi \, x \, Gc}{c^{2x} \, JCT} \, x \, dK2_2 \, x \, \frac{(mH)^{\psi}}{mH} \approx (Llim)^2$$

$$0{,}466 \approx 0{,}439$$

$$\frac{8\pi \, x \, Gc}{c^{2x} \, JCT} \, x \, dK2_1 \, x \, \frac{(mH)^{\psi}}{mH} \approx \frac{mUp}{mD}$$

$$0{,}469 \approx 0{,}468$$

o bien

$$\frac{8\pi \, x \, Gc}{c^{2x} \, JCT} \, x \, dK2 \, x \, 2 \, x \, \frac{(mH)^{\psi}}{mH} = 1$$

Autor: JoanCarles Testagorda Garcia (yo mismo) ecuación que yo creé el 27-4-2024 a las 15:01 (esperando dentro de un tren turístico de vapor, es un tren que circula por la montaña y su trayecto solamente vuelve al punto inicial, no hay paradas, es solamente turístico) en Francia. Autopubliqué esta ecuación en mi cuenta de facebook "JoanCarles YoIje Martin TG" el día 25-4-2024 en un videoselfie.

Ecuación FZ4587 creada por JoanCarles Testagorda Garcia (yo mismo):

$$\frac{8\pi \, x \, Gc}{c^{2x} \, JCT} \, x \, dK2_1 \, x \, \frac{(mH)^\psi}{mH} \approx \frac{mD}{mUp} \, x \, \frac{h}{mG \, x \, c} \, x \, \sqrt{\Lambda}$$

$$0{,}469 \approx 0{,}4641$$

Autor: JoanCarles Testagorda Garcia (yo mismo) ecuación que yo creé el 2-5-2024 a las 20:17 en mi apartamento (mi casa) en Francia.

Ecuaciones FZ4538, FZ4539 y FZ4540 creadas por JoanCarles Testagorda Garcia (yo mismo):

$$\frac{2Gc \, x \, mUn \, x \, 4\pi}{c^2 \, x \, rUn} \, x \, TG^{JC} \, x \, \frac{me}{m\mu} = 1$$

$$\frac{2Gc \, x \, mUn \, x \, 4\pi}{c^2 \, x \, rUn} \, x \, TG^{JC} \, x \, \alpha \, x \, \infty = 1$$

$$\frac{Gc \, x \, mUn}{c^2 \, x \, rUn \, x \, 4} \, x \, \infty = 1$$

Autor: JoanCarles Testagorda Garcia (yo mismo) ecuación que yo creé el 25-4-2024 a las 8:22 en mi apartamento (mi casa) en Francia.

Ecuación FZ4547 creada por JoanCarles Testagorda Garcia (yo mismo):

$$\frac{4\pi^2 \, x \, 2Gc}{c^2} \, x \, (mUn)^\psi \, x \, \frac{\sqrt{2}}{mve + mve} \, x \, \sqrt{\Lambda} \, x \, mPl \, x \, 2 \approx \cosh\left(\frac{dK2}{dQ5}\right)$$

$$11{,}13 \approx 11{,}3$$

Autor: JoanCarles Testagorda Garcia (yo mismo) ecuación que yo creé el 26-4-2024 a las 8:51am en mi apartamento (mi casa) en Francia. Autopubliqué esta ecuación en mi cuenta de facebook "JoanCarles YoIje Martin TG" el día 26-4-2024 a las 9:55 en un videoselfie.

Ecuación FZ4548 creada por JoanCarles Testagorda Garcia (yo mismo):

$$\frac{2Gc}{c^2} \times (mUn)^{\psi} \times \frac{\sqrt{2}}{2mve + 2mve} \times \frac{\sqrt{\Lambda} \times mPl \times \cosh 180}{F_1 \times 2 \times JCT} \times \frac{dQ5}{dK2} \approx 1$$

Autor: JoanCarles Testagorda Garcia (yo mismo) ecuación que yo creé el 26-4-2024 a las 8:54am en mi apartamento (mi casa) en Francia. Autopubliqué esta ecuación en mi cuenta de facebook "JoanCarles YoIje Martin TG" el día 26-4-2024 a las 9:55 en un videoselfie.

Ecuación FZ4586B creada por JoanCarles Testagorda Garcia (yo mismo):

$$\sqrt{\Lambda} \times \frac{8\pi \times Gc}{c^2} \times \cosh 180 \times \frac{\sqrt{2}}{2mve_1} \times (mUn)^{\psi} \times mPl \approx \left(\frac{1}{Llim}\right)^2$$

$$0,442 \approx 0,439 \text{ siendo } mve_1 = 1,42612 \times^{-36} Kg$$

$$\sqrt{\Lambda} \times \frac{8\pi \times Gc}{c^2} \times \cosh 180 \times \frac{\sqrt{2}}{4mve_2} \times (3,56 \times 10)^{54\psi} Kg \times mPl \approx 1$$

siendo $mve_2 = 3,92185 \times^{-36} Kg$

Autor: JoanCarles Testagorda Garcia (yo mismo) ecuación que yo creé el 2-5-2024 a las 19h en mi apartamento (mi casa) en Francia.

Ecuación FZ4549 creada por JoanCarles Testagorda Garcia (yo mismo):

$$\frac{8\pi \times Gc}{c^2} \times (mUn)^{\psi} \times \frac{\sqrt{2}}{2mve + mve} \times \sqrt{\Lambda} \times mPl \approx 1$$

en este caso mve= es 2.2eV su masa es $3.921856059 \times 10^{-36} Kg$.

$$\frac{8\pi \times Gc}{c^2 \times rUn} \times (mUn)^{\psi} \times \frac{e^e}{mve} \times \cosh 180 \times mPl \approx 1$$

en este caso mve= es 2.2eV su masa es $1.42612 \times 10^{-36} Kg$.

Autor: JoanCarles Testagorda Garcia (yo mismo) ecuación que yo creé el 26-4-2024 a las 9:01am en mi apartamento (mi casa) en Francia. Autopubliqué esta ecuación en mi cuenta de facebook "JoanCarles YoI Martin TG" el día 26-4-2024 a las 9:55 en un videoselfie.

Ecuación FZ4532 creada por JoanCarles Testagorda Garcia (yo mismo):

$$\sqrt{\frac{2\,Gc\,x\,mG}{c^2 x\,2\,lp}} \, x \, \frac{(2mve+2mve)}{\sqrt{2}} \, x \, \frac{F_1}{mG} = \frac{2mZ}{mWDec}$$

$$87,4747 \approx 87,47$$

Autor: JoanCarles Testagorda Garcia (yo mismo) ecuación que yo creé el 23-4-2024 a las 8:43am en mi apartamento (mi casa) en Francia. Autopubliqué esta ecuación en mi cuenta de facebook "JoanCarles YoIje Martin TG" el día 25-4-2024 en un videoselfie.

Ecuación FZ4573 creada por JoanCarles Testagorda Garcia (yo mismo):

$$\frac{KM\,x\,(1\,C)^2}{rB\,x\,JC^{TG}\,x\,(\frac{2\,mve}{\sqrt{2}})\,x\,(Llim)^2} \, x\,2 \approx \frac{2\,mZ}{mWDec}$$

$$86,54 \approx 87,47$$

Autor: JoanCarles Testagorda Garcia (yo mismo) ecuación que yo creé el día 2/5/2024 a las 17:01 en mi apartamento (mi casa) en Francia.

Ecuación FZ5150 creada por JoanCarles Testagorda Garcia (yo mismo):

$$\frac{2\,Gc\,x\,mUn\,x\,mH}{c^2\,x\,(rUn)^2\,x\,\Lambda\,x5} \approx \cosh\left(\frac{dK2}{dQ5}\right)$$

$$12,01 \approx 11,38$$

Autor: JoanCarles Testagorda Garcia (yo mismo) ecuación que yo creé a las 21:29 del 9-9-2024 en mi apartamento (Francia).

# 5.3-MI HIPÓTESIS SOBRE LA CREACIÓN DEL UNIVERSO

Como ya expliqué en los capítulos anteriores la creación del universo se divide en varias fases. En este capítulo explicaré mi hipótesis sobre como se produce la primera fase.
Como de esto:

(Este espacio en blanco representa la nada).
Se crea esto:

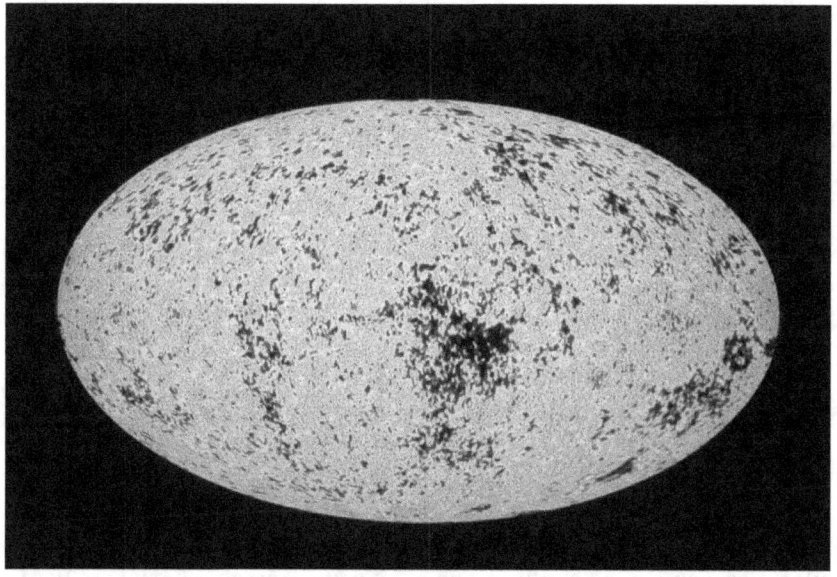

(Esta imagen es como una fotografía del universo realizada a partir de los datos proporcionados por el telescopio Hubble).

La gran pregunta que la mayoría de las personas se han hecho a lo largo de los siglos: ¿Cómo se creó todo?
La teoría de la relatividad general de Einstein se aplicó al universo, esto permitió entender que el universo tuvo un comienzo en el que estaba unido en un espacio muy reducido.
Algunos científicos propusieron que el universo se expandía y que al principio era muy denso y estaba todo confinado en un espacio muy reducido.
Pero nada se podía demostrar hasta que Edmund Hubble descubrió que las galaxias lejanas se separaban unas de otras.

Años después se descubrió la radiación de fondo de microondas, lo cual aumentó la solidez de las teorías como el BigBan.
Actualmente se sabe que el universo tiene aproximadamente 13700millones de años (que son $\approx 4.366 \times 10^{17}$ segundos).

Lo que se ha establecido como válido es que primero se forma el universo, (pero no se sabe exactamente como) y después el universo se expande.
En los primeros instantes, con la expansión se van creando partículas (puesto que algunas partículas no pueden crearse con una alta cantidad de energía sino que aparecen otros tipos de partículas de mayor masa).

Se dice que al principio la acción de la masa y de la gravedad hizo que se relenteciera la expansión del universo.
Pero entre 8800-9800millones de años después del origen del universo, la expansión del universo volvió a acelerarse.

Por tanto el universo pierde densidad, se enfría y se aplana.

Algunas hipótesis apuntan a que el universo se crea del vacío. Luego se crea el universo. Roger Penrose dijo que el universo aparece de un agujero negro.
Ninguna teoría ha sido validada como correcta o como probable y la mayor parte tiene incoherencias y contradicciones. Por ejemplo algunos afirman que el universo se crea a partir de un universo anterior, el problema está en que no explican qué creó el anterior, con lo cual me parece algo absurdo.

Pero... ¿Cómo se creó todo?. También me la puse como cualquier otra persona. A pesar de que creo en Dios, también creo que se puede encontrar la respuesta de como se creó todo y una expresión matemática para ello. En 2014 lo que sí sabía era que existía la teoría del BigBang de Lemaître en donde todo nace en un pequeño espacio, sabía que posiblemente existían la materia y la energía oscuras, que la temperatura del universo es de ≈2,72548K y que el universo se expandía. Hasta 2019 no supe que existían constantes como la energía del vacío "$\Lambda$", ni valores aproximativos como la masa del universo, ni la constante de Hubble, y hasta 2023 no supe sobre los valores de densidad de energía oscura dK2 y materia oscura dQ5.

Como se puede ver en mis hojas de 2014 y en mi trabajo "*Justicia Universal*", en juniomayo2014 (después de 2015 empecé a crear mi trabajo RAU15-16) me puse la cuestión sobre como puede crearse el universo. Lo primero que hice en primavera 2014 fue pensar qué tipo de operación en la que el cero no es nulo, da un resultado no nulo. Pensé en qué valor podría representar el número infinito, la singularidad.
Como ya expliqué antes, en 2014 pensé que podría representarlo con el valor 6,6666666 y que este valor debe de ser adimensional porque si nada existe no existen las dimensiones o existen infinitas.
Pensé que del 0, es decir, de la nada, se debe de crear el universo y que por tanto el universo debe de ser tratado como una unidad (1). Porque una unidad puede aparecer cuando 0 es divido entre 0.
De forma que:
$$\frac{0}{0} = 1$$

Entonces el infinito se divide entre él mismo para dar lugar a la existencia.
Pensé que esta misma existencia es la que crea la energía Jol y después la materia oscura que son el espacio y el tiempo. La cual pensé que tenía un valor de 19 que después en 2015 cambié por 17.

Aunque claro esto no prueba nada, así que pensé como el universo podía crearse.
En verano 2014 pensé que al principio era como un punto infinito y que este punto se expande de forma infinita. Pero pensé que esto no podía ser exactamente así porque de ser así el universo sería simplemente

una línea infinita. Así que pensé que la línea siente como una atracción hacia el centro y esto hace que se curve hacia el centro.
Después la línea se enrosca sobre sí misma, choca contra sí misma y forma la materia. Después al aumentar su masa esta colapsa y se produce un BigBang.
Pero esto no satisfacía todas las preguntas. Por ejemplo porqué el punto se expande, y porqué si no hay nada esta línea vuelve hacia sí misma.

Así que seguí pensando modelos de creación del universo hasta Enero2015.

El 4 de Enero de 2015 pensé en un modelo de creación basado en un espacio infinito de puntos infinitos que a su vez son vectores. Pensé un modelo de creación más coherente que los anteriores y que satisfacía mejor las preguntas no resueltas. Este modelo lo expuse en mi obra "*La Respuesta al Universo 2015/2016*".
Los días 16 y 17 de Enero de 2015 dibujé este modelo de creación del universo que pensé.

Mi modelo consiste en pensar que el vacío es un conjunto de puntos infinitos. Nada existe. Así que no hay unidades. Como es infinito, las dimensiones son infinitas como ya expliqué en el capítulo anterior. Por tanto un conjunto de puntos es un vector según la perspectiva en la que se vea.

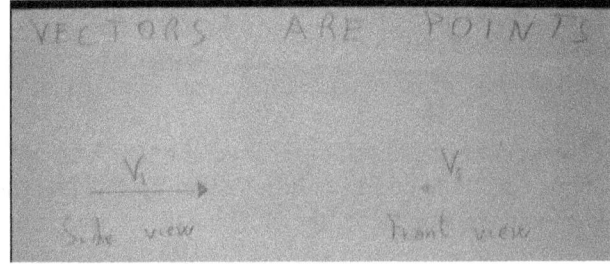

Así que pensé que si de la nada se crea todo, entonces pensé que cuando ya se empieza a crear el universo, se crea la energía Jol. Es lo que escribí en mis escritos como el que aparece en la siguiente imagen:

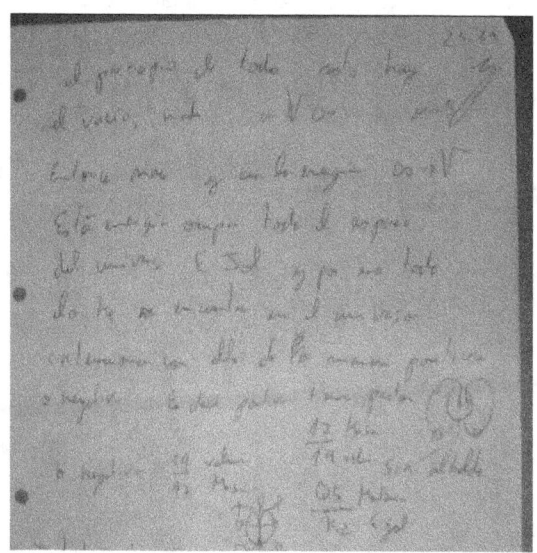

También expuse que la energía Jol ocupa todo el espacio que se crea (y que por ello es el espacio/tiempo) y que es por ello que todo interacciona con ella.

Pensé que después esta energía choca consigo misma para formar la materia oscura. Después esta materia oscura forma las partículas y es por ello que todo está formado por energía Jol.

De hecho esto correspondía con mi idea matemática de 2014 de representar el vacío, el infinito con el número 6,66666666 (en este caso adimensional). Puesto que como ya había descubierto en 2014, podía representar a la energía Jol como:

$$\infty \times \sqrt{\infty} = 17{,}21325 \approx 17 \text{ (K2)}$$

Mi idea ya representaba que la energía Jol se creaba a partir del vacío, del infinito. Esto implica que mi idea del punto y el vector infinito forman la energía Jol.

De hecho es como que existe el infinito "$\infty$" y que este infinito interacciona consigo mismo, $\sqrt{\infty}$, como si fuera empujado por sí mismo, por otro vector infinito dando nacimiento a la energía Jol.

Pero claro, me faltaba pensar en qué tipo de forma tiene el universo, con qué forma se crea. Es lo que pensé el 4/1/2015 (España, en casa de mi abuela).

Pensé que como aparece en la imagen, el espacio vacío es un conjunto de puntos vectores:

> **VECTORS ARE SPACE**
>
> $A, B, C, D$ are vectors with infinite velocity $(6,666)$
>
> The vectors confluence in the center. The center is the point $(0,0,0)$. But this point also have direction, is a vector too.

Mi idea del 4/1/2015 fue que debía de haber un punto central en el que todo confluye. En el que todas las dimensiones confluyen. Por tanto en este punto central se genera toda la presión del vacío, de todos los vectores. Pensé que el punto central, debería de tener una dirección si los otros la tenían. Por tanto este simple hecho rompe la simetría en la que todo se equilibra. Así que esto genera que haya una presión no simétrica. Y de este desequilibrio se crea una fuerza de empuje, el punto por tanto genera un vector. El punto puede expandirse y crea.

Como ya he explicado, este desequilibrio genera la energía Jol (K2):

$$\infty \times \sqrt{\infty} = 17{,}21325 \approx 17 \ (K2)$$

Por tanto el universo ya nace, se crea de la nada, y de esta nada se crea la energía Jol. El primer producto del universo.

Por tanto pensé que este punto desequilibrado genera un vector, genera que las dimensiones se empujen unas a otras en direcciones específicas. Siendo esto así pensé que este vector era empujado. Con el equilibro roto, este empuje supera cualquier empuje contrario. De hecho porque es como sumar ∞+1 o más concretamente ∞+∞.
Infinito más uno es superior a infinito sólo, y concretamente es 2∞. Por tanto este hecho hace que el vector "E" pueda avanzar sobre el vector "A" pero con el vector vector. Esto genera el vector "AE".

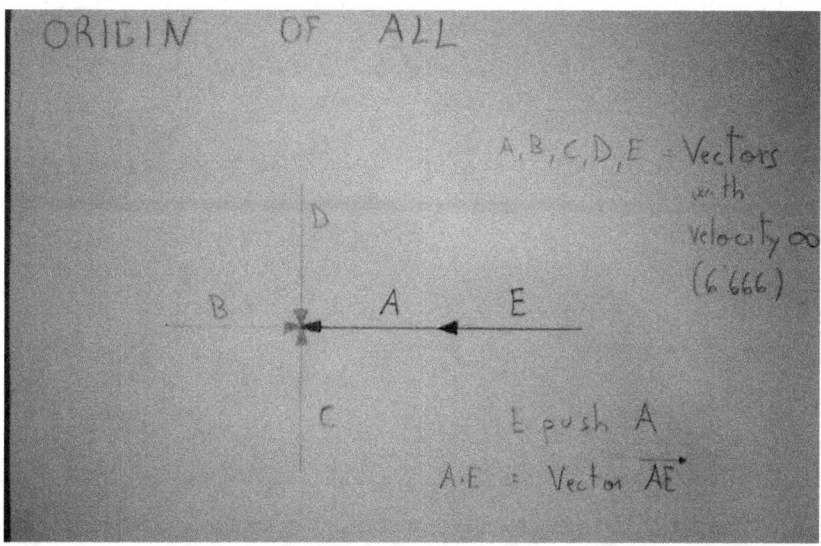

Aunque pensé este modelo en dimensiones planas y simples, como existen infinitas dimensiones entonces no se puede imaginar o representar, al menos no de forma simple.
Este vector que avanza empuja o se suma al vector opuesto que hace una fuerza contraria. Pero después sigue avanzando.
Pensé que no puede avanzar de forma recta, pensé que el hecho de encontrar oposición por el vector "B" hace que se genere una curva. Por tanto el vector "AE" avanza porque tiene más fuerza que "B" pero va curvándose a medida que avanza.
Si este espacio plano fuera todo contenido en un espacio curvo, por ejemplo dentro de un punto. Es decir, si este espacio o vector que crece se encuentra dentro de otras dimensiones porque las dimensiones son infinitas, entonces si avanzase recto, esta recta sería una curva que se cierra sobre sí misma. Después lo explicaré.

De modo que el 4-1- 2015 pensé que al vector inicial "A" se le suma el vector "E" porque se dirigen en la misma dimensión. Hay que pensar que si existen dimensiones infinitas, unas dimensiones se encuentran dentro de otras. Es como que el centro de un punto es un punto. Este centro será el vector inicial "A" y como su dimensión es interna hago la raíz cuadrada de infinito resultando en la energía Jol = $\infty \times \sqrt{\infty}$.

Como muestro en las siguientes imágenes, después de la suma de vectores "AE", estos avanzan así que presionan B pero se curvan al avanzar.

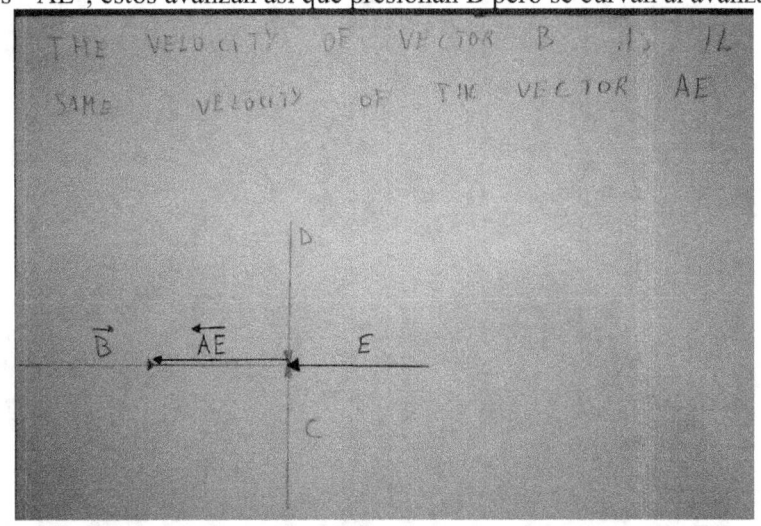

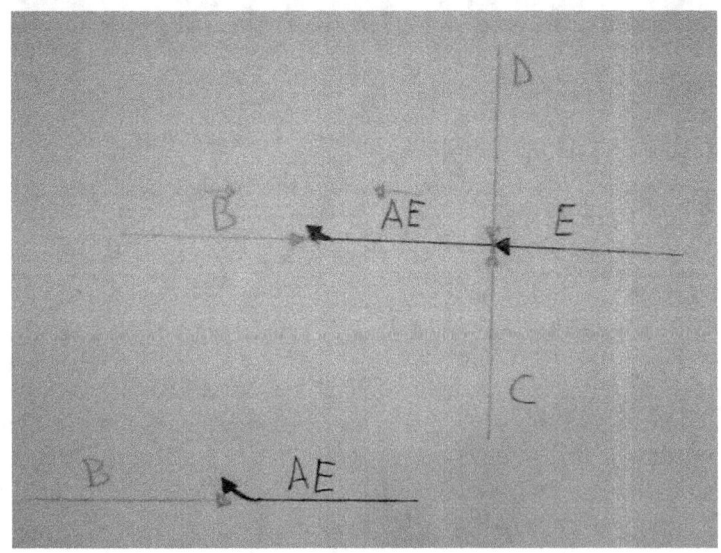

Este vector sigue avanzando y curvándose. Su ángulo le hace retroceder hacia su propia dirección mientras sigue avanzando porque de la dimensión B que es infinita, hay infinitos puntos/vectores como B1, B2, B3...

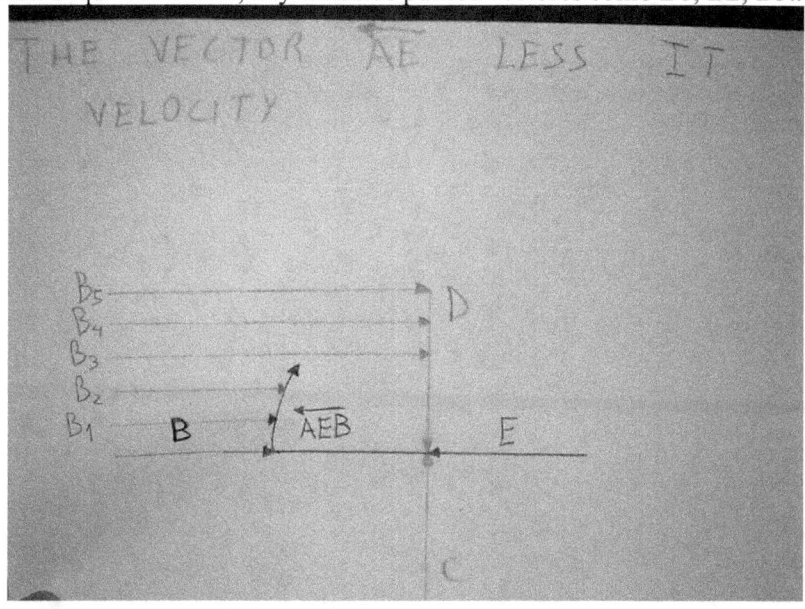

Esto hace que los vectores B1, B2, B3 etc empujen al vector "AE" hasta que se curva por completo y ahora avanza hacia la dirección A.

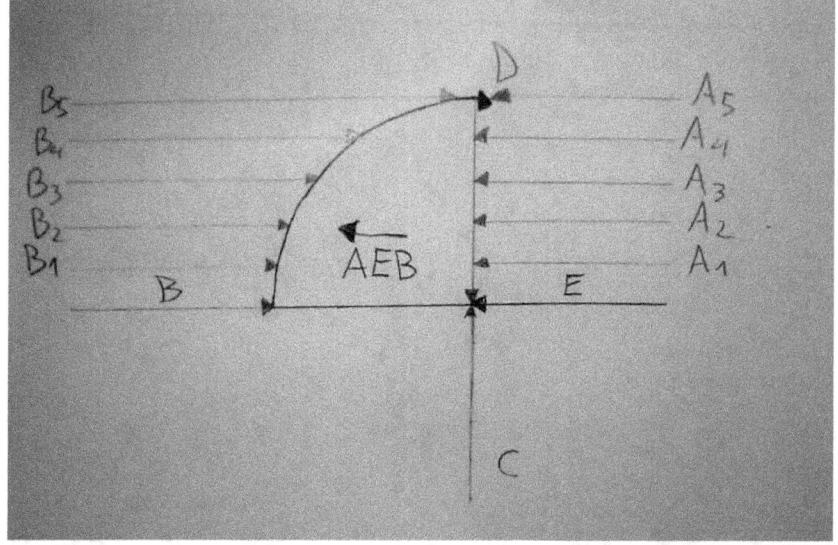

Esto hace que los vectores B, en especial el vectorB3 se sume al vector "AE" porque ahora van hacia la misma dirección, resultando en un vector "AEB".

Aunque no lo haya dibujado para que se vea un dibujo muy simple, los vectores "D" también ejercen una presión sobre "AE" y cuando el vector "AEB" va hacia vectores C. ,Este vector D se sumará al vector "AEB", resultando en el vector "AEBD" .

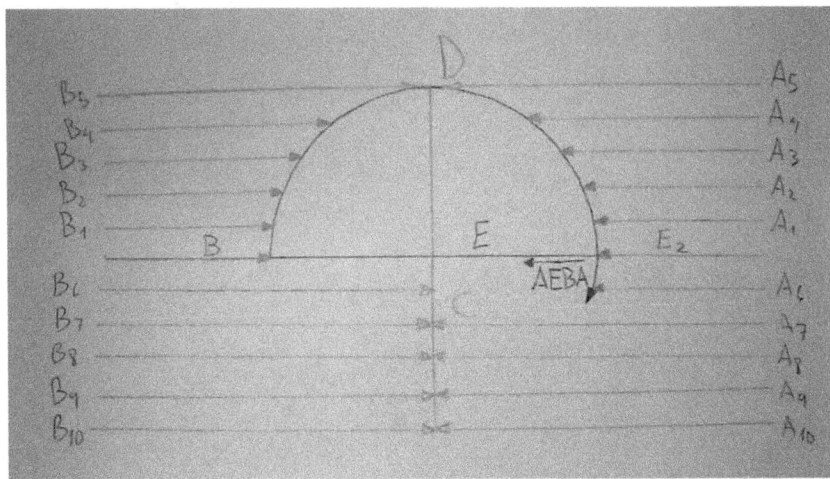

Lo mismo sucederá con los vectores A y con los vectores C, estos curvará la trayectoria del vector "AEBD" este se cerrará sobre sí mismo y por tanto se sumarán a él resultando en "AEBDAC" . En el dibujo lo simplifiqué como vector "AEBA".

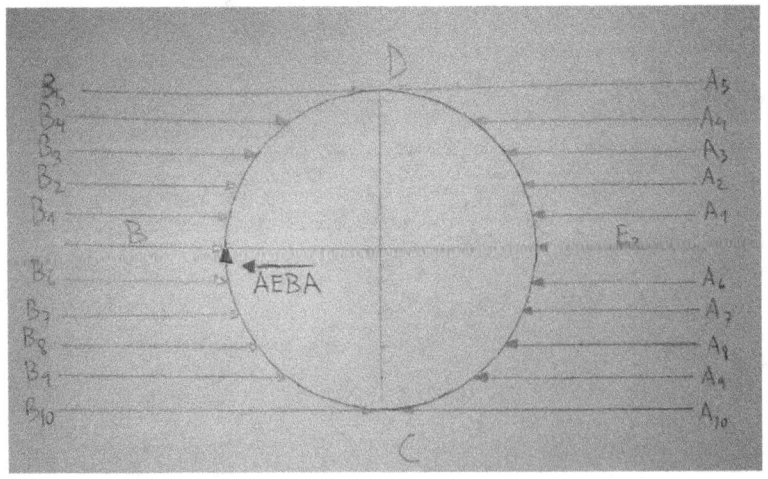

Como dije y como se puede ver en la imagen, este vector inicial al cual se le han ido sumando vectores de otras dimensiones, es empujado y curva su trayectoria hasta que se cierra sobre sí mismo. El resultado es que como encuentra menos presión por la zona interna al círculo que creó, entonces se curva hacia dentro del círculo avanzando lo más externamente posible pero por la parte.

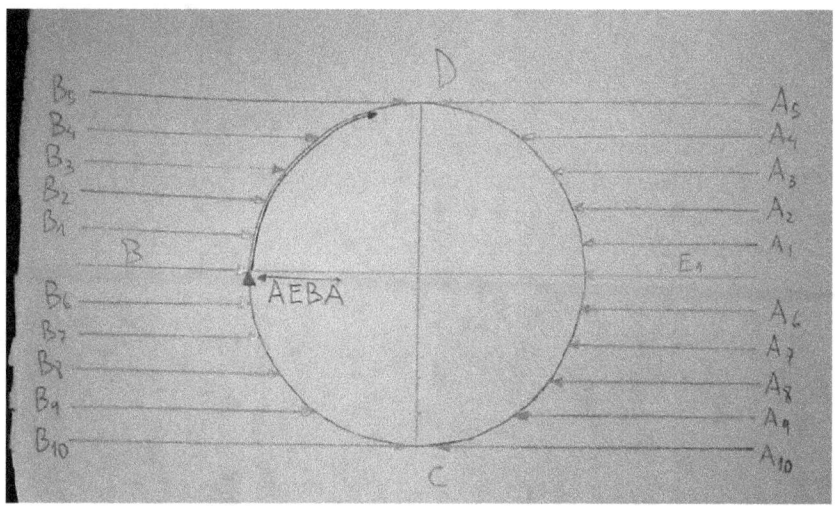

De tal modo que el vector inicial que se convierte en el vector "AEBDAC" o como en los dibujos simplificado a "AEBA" va rellenando el círculo que él mismo creó.

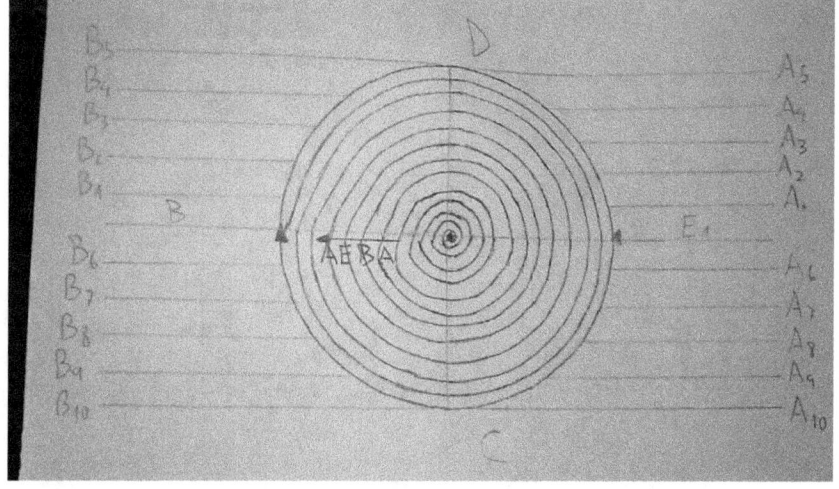

Una de las cosas que pensé el 4/1/ 2015 es que cuando el vector inicial se encuentra consigo mismo y avanza dentro de sí mismo, entonces se roza a sí mismo y esto hace que la velocidad inicial reduzca a una velocidad no infinita. Pensé que si esta velocidad es la velocidad de la luz, entonces se forma la materia oscura.
Que como pensé es de un valor próximo a 19, resultando en mi constante Q5:

$$\infty \times c_{dim} = 19{,}986163 = Q5_d$$

Así que según mi hipótesis de 2015 la energía oscura con el rozamiento de la energía Jol consigo misma.
A pesar de que en 2015 pensara que esto es así, después explicaré que quizás la materia oscura se crea después.

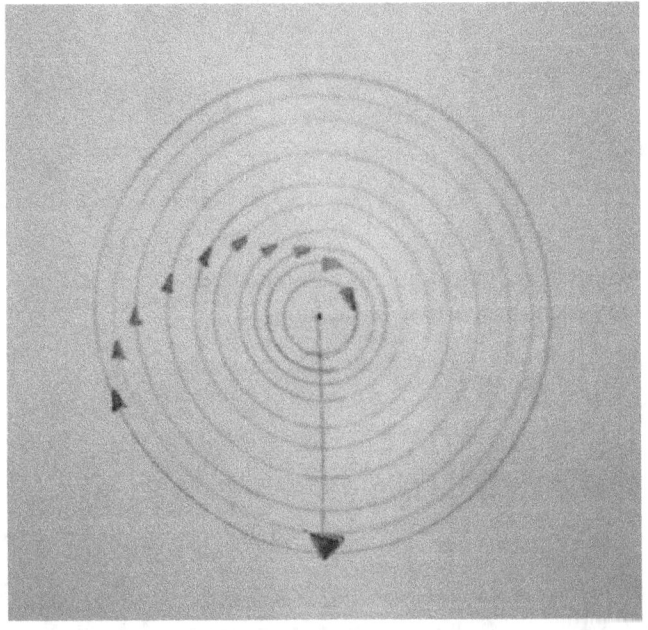

Otro de los factores clave de mi hipótesis, es que cuando este vector infinito acaba de rellenar el círculo y llega al punto inicial, al centro de todo, al punto central, esto produce que choque consigo mismo y produzca una compresión sobre la propia energía Jol creada, resultando en que crea una singularidad, crea otra vez un el infinito, el punto.
Esto quiere decir que se puede formar un agujero negro en el centro.

Pensé que si se forma una singularidad central, se vuelve a crear un punto. Entonces como un punto es en sí mismo una dimensión pero también es un conjunto de dimensiones infinitas internas, lo que sucede internamente es que se vuelve a repetir el proceso de que un vector "A" interno, es empujado por un vector "E" interno. Esto crea un universo dentro de un universo. Se crea todo exactamente igual. Es lo mismo pero con un tiempo retardado de fracciones de segundo.

Pero además como pensé en 2014, lo que sucede es que este universo interno que se crea, empuja al universo externo haciendo que este universo externo se expanda.

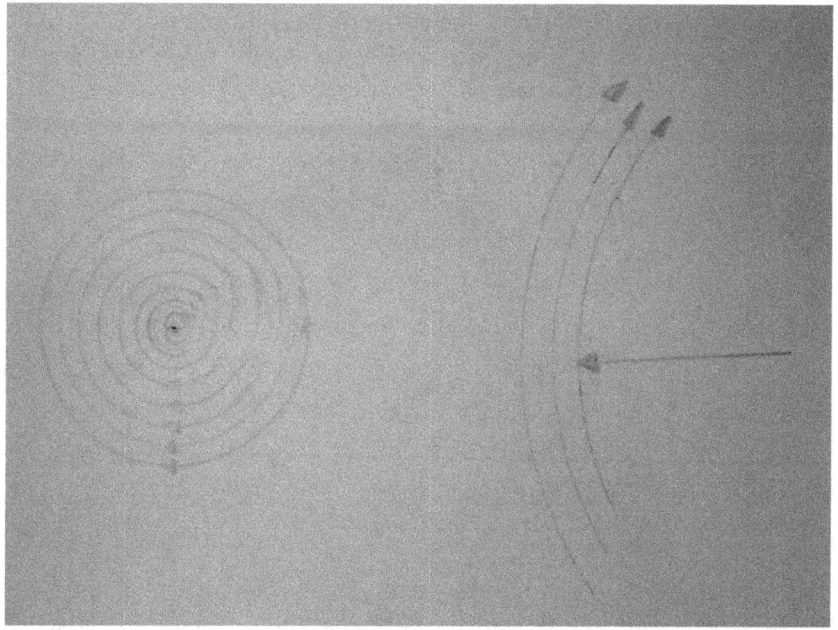

Más universos internos se crean, más se expande el universo.
Como esta velocidad de creación no es del todo infinita, entonces podrían producirse oscilaciones en esta expansión de fracciones de segundo igual o menores que el tiempo de Planck (el tiempo de Planck es la fracción más pequeña de tiempo que se conoce).

Así que la propia creación del universo crea la expansión de un universo paralelo externo. (Como ya pensé en 2014 las singularidades producen pasajes entre conjuntos de dimensiones tales como universos. Por tanto conseguí crear un modelo de creación del universo que puede explicar todo y que en el cual se pueden producir saltos interdimensionales o pasajes interdimensionales. Así que conseguí el objetivo que me propuse. Lo que hice años después fue demostrar matemáticamente mi modelo de verdadera teoría del todo.

Mi modelo de universo lo creé el 4/1/2014 (en España), lo dibujé el 16 y 17 de Enero de 2015, lo expuse en mi trabajo "RAU2015/2016" pero nunca antes lo publiqué porque antes quería demostrarlo matemáticamente y antes debía de crear otras cosas relacionadas como la interacción de la materia con la energía Jol, el procesoJCTG etc.

Este modelo de universo que creé es un modelo de universo plano. Ya en 2014 pensé que la tridimensionalidad se produce debido a l choque de energía Jol con el centro lo cual crea una gran bola de materia oscura. Esta bola crece hasta que llega a mi límite $K2/Q5= c^2$.
Produciendo una singularidad, por ejemplo central, que da inicio a otro universo interno el cual produce la expansión de este universo.

De modo que como aparece en la imagen se puede formar una bola cuyo centro es una singularidad.

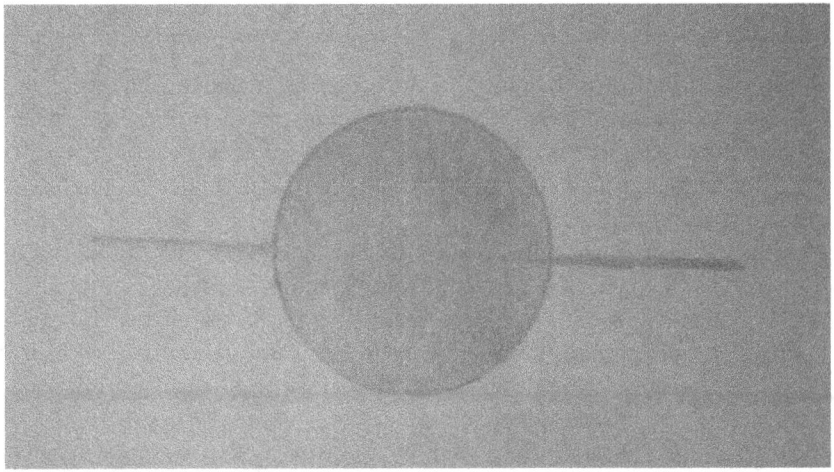

Ahora voy a explicar de forma menos simple a nivel gráfico, la forma tridimensional del universo la cual debería de ser un toroide, es una forma de rosquilla.

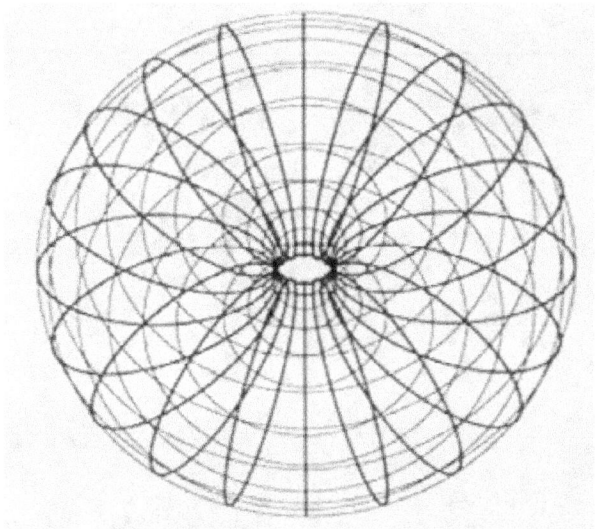

Esta figura representa un toroide.

Como ya dije, lo que pensé es que el primer vector no puede avanzar de forma recta. Pensé que el hecho de encontrar oposición por el vector "B" hace que se genere una curva. Por tanto el vector "AE" avanza porque tiene más fuerza que "B" pero va curvándose a medida que avanza.

Si este espacio plano fuera todo contenido en un espacio curvo, por ejemplo dentro de un punto. Es decir, si este espacio o vector que crece se encuentra dentro de otras dimensiones porque las dimensiones son infinitas, entonces si avanzase recto, esta recta sería una curva que se cierra sobre sí misma.
Es como avanzar recto por la Tierra, lo que sucede es que se da la vuelta a la Tierra se llega al punto inicial. Como este punto inicial ya está ocupado, se desvía el vector hacia un costado, se repite el bucle, se mueve hacia el costado y así infinitamente hasta que debido a este espacio curvo (hiperbólico) se cierra toda la superficie externa (Como una pelota hueca). Por tanto ahora el vector avanza hacia dentro de sí mismo. Produce el mismo efecto de curvarse hacia el costado y va recubriendo el espacio como creando capas.
El resultado es que forma una esfera toda llena a excepción del punto central..

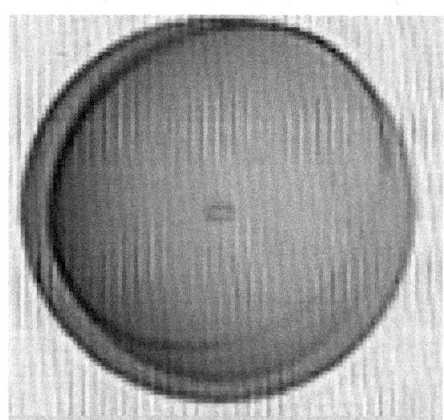

Cuando esto sucede y como ya expliqué, en el centro de esta bola sin centro que es un universo (universo1), el vector inicial choca consigo mismo creando una singularidad en el centro. En esta singularidad que es un punto interno se forma otro universo interno (universo 2) y mientras este se forma el vector que lo forma, empuja al universo1. Este empuje resulta en una dilatación, en un ensanchamiento del universo1. Así se expande. Lo expande porque están unidos, están pegados. Como dibujar con rotulador un punto en un globo e hinchar el globo. Lo que sucede es que este punto se expande.

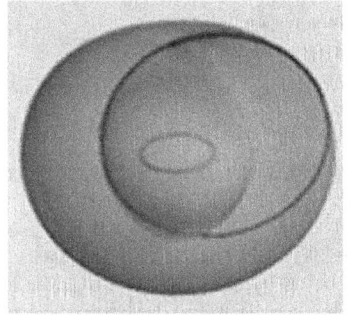 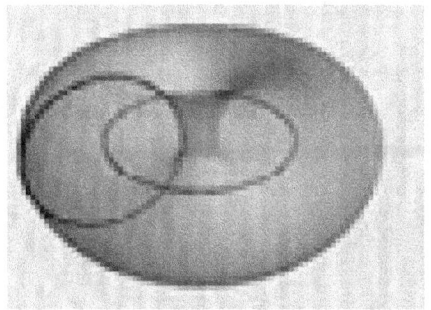

Como se puede ver en las imágenes, la bola se expande, el centro (que es un universo paralelo interno se infla dilatando al externo, lo expande. Esto crea que la bola se transforme en un toroide.

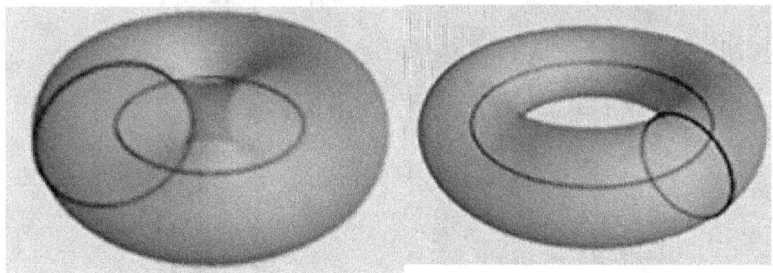

La expansión durará siempre que se creen universos paralelos internos. Al crearse del infinito, se crearán infinitos universos paralelos internos, nunca se frenará esta expansión. Mi idea de 2014 fue que la expansión hará que el universo se expanda tanto que se convertirá en nada, en una singularidad.

Supuse que el universo se irá dispersando y que la materia acabará por evaporarse, es decir, se convertirá de nuevo en energía Jol y después en singularidad de nuevo. Después lo explicaré.

La expansión se produce debido a la creación de universos internos sucesiva. Al ser algo que se repite constantemente lo que hecho es aplicar fractales. Las fractales son operaciones matemáticas que expresan la repetición continua de un suceso ya sea interna o externamente a un grupo de dimensiones.
Por este motivo en algunas de mis ecuaciones aplico constantes fractales como log2/log3, log3/log4 etc.

Como estaba explicando, mi hipótesis también es que la creación de la energía Jol o energía del vacío en el caso de que la energía Jol (oscura) fuera diferente a la energía del vacío, creará la materia oscura y con la expansión, de la materia oscura nacerán las partículas elementales. Después explicaré como.
El hecho está en que como ya expuse en 2014, creo que la energía Jol forma todas las partículas del universo. Y que aunque no tenga una forma precisa exacta (porque cambia con oscilaciones), podría ser que formase como un toroide y que esto cree el espín de las partículas. Es por ello que se podrían aplicar fractales.

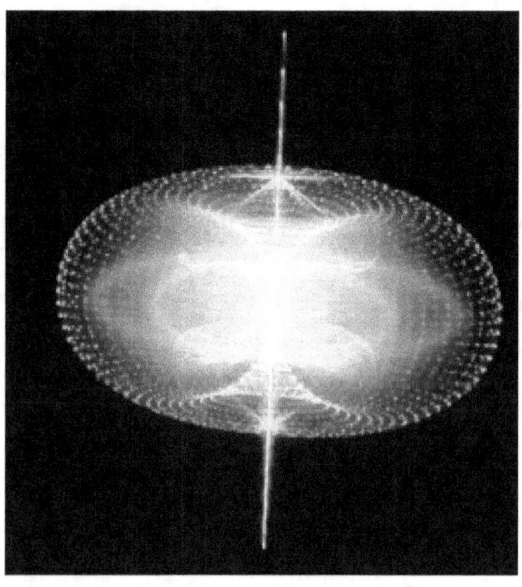

Para expresar matemáticamente el volumen del toroide, se utiliza la siguiente fórmula matemática:

$$4\pi^2 \times (radio\ pequeño)^2 \times Radio\ grande = Volumen\ del\ toroide$$

El radio pequeño es el del centro y el grande es desde el centro hasta la mitad del toroide.

Lo que pensé es que podía aplicar el toroide siendo radio pequeño la longitud de Planck (lp) y el grande el radio del universo (rUn).

El resultado es que del infinito se crea el universo y luego se expande expandiendo la energía oscura, la energía del vacío y cambiando la densidad de materia oscura.

Ecuación FZ4259 creada por JoanCarles Testagorda Garcia (yo mismo):

$$\frac{4\pi^2 \times (lp)^2 \times rUn \times dK2 \times c}{rUn \times \Lambda \times (1C)^2 \times Z_0} \approx \frac{dK2}{dQ5} \times \infty \approx \frac{mUn}{AgUn \times dK2 \times (rUn)^2 \times c}$$

$$20{,}24 \approx 20 \approx 20{,}4$$

$$\frac{dK2}{dQ5} \times \infty \approx \frac{h}{c^2 \times rUn \times AgUn \times dK2 \times (lp)^2} \approx e^3$$

$$20{,}24 \approx 20{,}988 \approx 20{,}08$$

Autor: JoanCarles Testagorda Garcia (yo mismo) ecuación que yo creé a las 12:42 del día 14-5-2024 en mi apartamento (Francia).

Ecuación FZ4635 creada por JoanCarles Testagorda Garcia (yo mismo):

$$\sqrt{\frac{dK2_1}{dQ5}} = \frac{((\frac{\infty \times 10^{-34}}{2\pi})^2 \times \frac{\infty \times 10^{-34}}{2\pi})}{4\pi^2 \times VPl}$$

$$1{,}731 \approx 1{,}7111$$

Autor: JoanCarles Testagorda Garcia (yo mismo) ecuación que yo creé a las 14:26 del 7-5-2024 en mi apartamento (Francia, pero no en Alpes Côte d'Azur). En este caso utilicé mi idea de constante del vacío dimensional la cual acaba formando el volumen de Planck.

Ecuación FZ4779 creada por JoanCarles Testagorda Garcia (yo mismo):

$$\frac{hc \times 4\pi^2}{2 \times rUn \times (lp)^2 \times \Lambda \times c^2 \times mUn} = 1$$

Autor: JoanCarles Testagorda Garcia (yo mismo) ecuación que yo creé a las 20:46 del 29-5-2024 en mi apartamento (Francia, no en Alpes Côte d'Azur).

Lo que hice también es aplicar "4π" invertido porque el universo adquiere esa forma al cerrarse.

Ecuación FZ5262 creada por JoanCarles Testagorda Garcia (yo mismo):

$$\log\left(\frac{mUn \times c^2}{KB \times (pT - CMB)}\right) \times \frac{1}{4\pi^2} \approx 1$$

Autor: JoanCarles Testagorda Garcia (yo mismo) ecuación que yo creé el día 23-9-2024 a las 11:42am en mi apartamento en Francia.

Ecuación FZ2754 creada por JoanCarles Testagorda Garcia (yo mismo):

$$\frac{hc \times 4\pi^2}{c \times (lp \times \pi)^2 \times rUn \times Z_0} \times \left(\frac{mY \times mPl \times \alpha^2}{(me)^2}\right)^2 = 1$$

Autor: JoanCarles Testagorda Garcia (yo mismo) ecuación que yo creé el 11-5-2022 a las 19:17 en mi apartamento (mi casa) en Francia.

Ecuación FZ1267 creada por JoanCarles Testagorda Garcia (yo mismo):

$$\frac{mUn \times \pi \times c^2 B \times KB}{TG^{JC} \times JUAP \times (rUn)^3 \times h^2 \times 2{,}036 \times 10^{-35} s^{-2}} \times 4\pi \times (lp)^2 \times e^e = 1$$

Autor: JoanCarles Testagorda Garcia (yo mismo) ecuación que yo creé el 3-3-2021 18:17 (Alpes Côte d'Azur, en el alojamiento del trabajo en el cual ayudaba a animales des del 17-8-2020 hasta el 4-9-2021 en donde me mudé más al norte).

Ecuación FZ1285 creada por JoanCarles Testagorda Garcia (yo mismo):

$$\frac{lp \times 4\pi \times \alpha G}{hc \times \Lambda \times \alpha \times \varphi} \times \frac{1 Kg}{s^2} = TG^{JC}$$
$$2{,}2198 = 2{,}2193$$

Autor: JoanCarles Testagorda Garcia (yo mismo) ecuación que yo creé el 5-3-2021 17:41 (Alpes Côte d'Azur, en el alojamiento del trabajo en el cual ayudaba a animales des del 17-8-2020 hasta el 4-9-2021 en donde me mudé más al norte).

Ecuación FZ5195 creada por JoanCarles Testagorda Garcia (yo mismo):

$$\frac{lp \times 4\pi^2 \times \alpha G \times 32\pi}{hc \times \Lambda \times \varphi} \times \frac{1Kg}{s^2} = \frac{dK2}{dQ5} \text{ o bien } \frac{lp \times 4\pi^2 \times \alpha G \times 16}{\hbar c \times \Lambda \times \varphi} \times \frac{1Kg}{s^2} = 1$$

$$3{,}1619 = 3{,}123$$

Autor: JoanCarles Testagorda Garcia (yo mismo) ecuación que yo creé el 13-9-2024 9:56, en mi apartamento (Francia sud-este, no en Alpes Côte d'Azur).

Ecuación FZ1286 creada por JoanCarles Testagorda Garcia (yo mismo):

$$\left(\frac{8{,}8 \times 10^{(26 \times \Psi)} m}{\hbar c \times \infty \times \alpha \times 4\pi^2 \times 1 J^{-1}}\right)^{\left(\frac{mW}{mH}\right)} = JC^{TG}$$

$$1{,}269 = 1{,}2654$$

Autor: JoanCarles Testagorda Garcia (yo mismo) ecuación que yo creé el 5-3-2021 17:41 (Alpes Côte d'Azur, en el alojamiento del trabajo en el cual ayudaba a animales des del 17-8-2020 hasta el 4-9-2021 en donde me mudé más al norte). $8{,}8 \times 10^{26}$ m es el diámetro del universo (o del universo observable). En este caso se crean partículas elementales.

Ecuación FZ1319 creada por JoanCarles Testagorda Garcia (yo mismo):

$$\frac{\left(\left(\frac{\infty \times 10^{-34}}{2\pi}\right)^2 \times \frac{\infty \times 10^{-34}}{2\pi}\right)^2}{\left[\frac{4\pi^2}{Planck\ Volumen\ constante}\right]} = JUAP$$

$$2{,}9275 = 2{,}928$$

Autor: JoanCarles Testagorda Garcia (yo mismo) ecuación que yo creé el 11-3-2021 14:54 (Alpes Côte d'Azur, en el alojamiento del trabajo en el cual ayudaba a animales des del 17-8-2020 hasta el 4-9-2021 en donde me mudé más al norte).

Como ya expliqué, los experimentos aportados por la sonda WMAP en ≈2003 dan como resultado que el universo es plano o casi plano.
Se dice que la geometría del universo puede ser de 3 tipos:

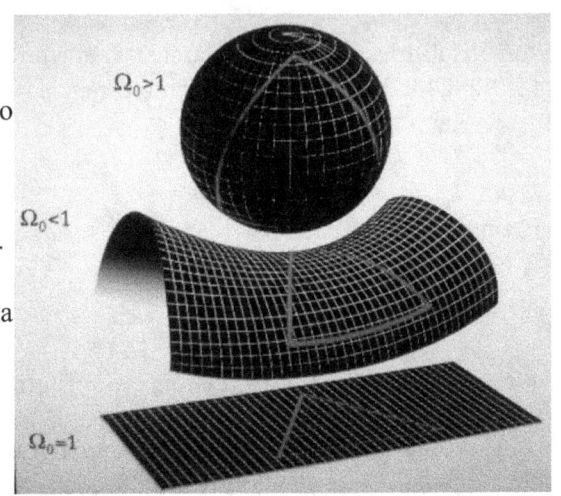

1-Si su curvatura es positiva por ejemplo como una esfera, como una pelota $\Omega_0 > 1$.

2-Si su curvatura es negativa siendo un espacio hiperbólico. En este caso tendría forma de silla de montar $\Omega_0 < 1$.

3-Si es plano $\Omega_0 = 1$.

En la imagen se puede apreciar los distintos tipos de forma del universo.

La materia en un espacio es la densidad. La densidad crítica es el límite de densidad máxima. Como la materia tiene masa y la masa produce una fuerza atractiva que es la gravedad, entonces esta gravedad es la que frena la expansión del universo.
1- Si es esférico, la expansión puede relentecer pero nunca puede dejar de acelerarse porque la densidad de materia es inferior a la densidad crítica.
2- Si es hiperbólico se dice que se producirá un bigcrunch en el que la expansión llegará a un límite y después se contraerá porque la densidad del universo será superior a la densidad crítica.
El bigcrunch es que el universo empezará a contraerse, es decir, se irá haciendo pequeño y más pequeño hasta que colapse sobre sí mismo. Es parecido a un colapso gravitacional en el que se forma un agujero negro.
3- Se dice que si el universo es plano su expansión se frenará porque la densidad de materia es igual a la densidad crítica.
Gracias a las sondas como la sonda de Planck, se sabe que el universo es plano o casi plano. Pero todavía no se sabe si el universo es finito o infinito porque la expansión del universo es más rápida que la velocidad de la luz.

Habiendo explicado mi hipótesis, ahora se puede responder a esta pregunta de que tipo de geometría tiene el universo.
Es posible que tenga una forma de toroide y geometría hiperbólica (debido al punto infinito en el que se encuentra) pero que con la expansión continua, se va ensanchando tanto que se aplana. Por este motivo la geometría del universo es casi plana pero no totalmente plana.

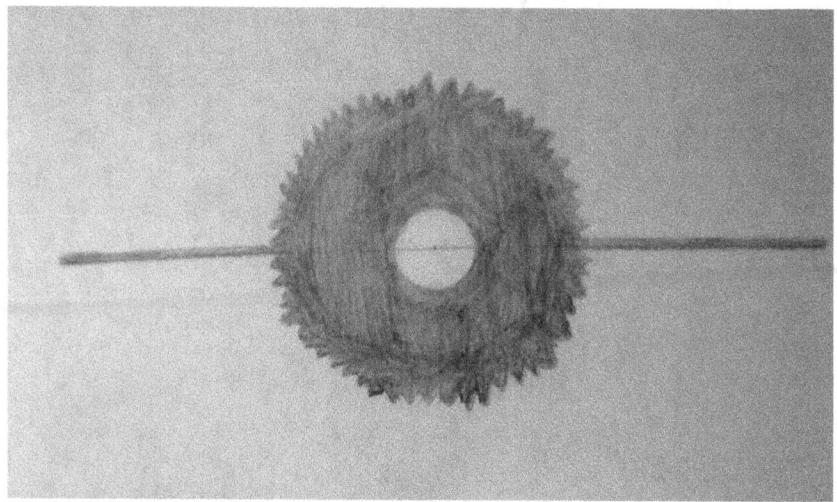

Algunas teorías decían que la expansión del universo es producida por la energía oscura. El problema es que la expansión medida es más rápida que la velocidad de la luz. Difícilmente la energía oscura podría crear una expansión superior a la velocidad de la luz con una presión negativa. Mi hipótesis sí explica bien como y porqué se produce la expansión y porque es más rápida que la velocidad de la luz.

George Gamow predijo la existencia de la CMB. En 1948 Ralph Alpher y Robert Hermann calcularon que después de la contracción inicial se produjeron sucesivas contracciones y expansiones en las cuales se pudo liberar CMB. Como mi hipótesis de 2014 es que se crean infinitos universos (un multiverso) estas sucesivas expansiones y contracciones son como fluctuaciones producidas por la creación de universos. Comoàya dije, mi modelo de creación es que primero se crea el universo de forma externa, pero después este crece internamente. Lo cual la expansión tiene fracciones de segundo en las que no se produce mientras el universo interno crece dentro de él mismo.

La siguiente imagen es uno de mis escritos de primavera2015 en el que expuse mi hipótesis de creación del universo. Es lo que utilicé para crear mi obra "RAU 2015-2016".

La siguientes imágenes son uno de mis escritos de primavera2015 en el que expuse mi hipótesis de creación del universo. Es lo que utilicé para crear mi obra "RAU 2015-2016".

Cuando E se retira, B cede el ["lugar" que E gana]
Pero el espacio que B cede es el que que B [ ? ] no es [ ? ]
y cuando B no cede más, [ ? ] sale que cuando E
empujado por A (E⃗A) se hace un costado

B⃗E ⊂ y E⃗A       y lo [ ? ] de C ( [ ? ] es igual con
                  A⃗E y este igual por B

• Cuando E⃗A subieron "abad" [ ? ] los vectores B⃗A y B⃗C
  [diagram] (EA) empujan a EA y cuando EA no
  puede con C (igual [ ? ] con B) se [ ? ] por el
  lado donde los vectores B lo empujan [diagram]
  El [ ? ] [ ? ]

• y el vector E⃗A acaba formando un frente
  donde se empuja [ ? ] sus interiores C    [diagram]
  [ ? ] siempre, va [ ? ] en el mismo
  sentido que su interior y es empujado (C)
  por su interior. Haciendo que su velocidad [ ? ] porque su
  recorrido es menor que su [ ? ] y el va hacia dentro
  [ ? ] a E y va continuamente creando hace dentro.

El vacío EA que ahora crea boc... de tan clara
consigo mismo en su centro ya que no s csq a dentro
🌀→ ↕ y crea la Materia. Con otra
dimensión. Esta vez crea boca fuera de
sí. (creando y no absorb.)

• cuando choca en su centro a velocidad C y crea
la Materia esto significa que $E = Mc^2$

la energía que choca a la Materia va creando un gran
cantidad de Masa que va creciendo cada vez +

🌀→ ─●─ ─●─ ─●─  a origen es toda E
velocidad

• cuando la Masa crece la energía se ve "comprometida"
a trabajar y perder parte [?] transformarse en M
la Masa del centro super findo comprime la E hasta que
esta no puede comprimirse + y sale que
es y está en         Big Bang         ●💫

Si produce el Big Bang y se liberan
energías y creando una universo y.  El Big Bang es
                                     Un comportable E
                                     desa afuera.

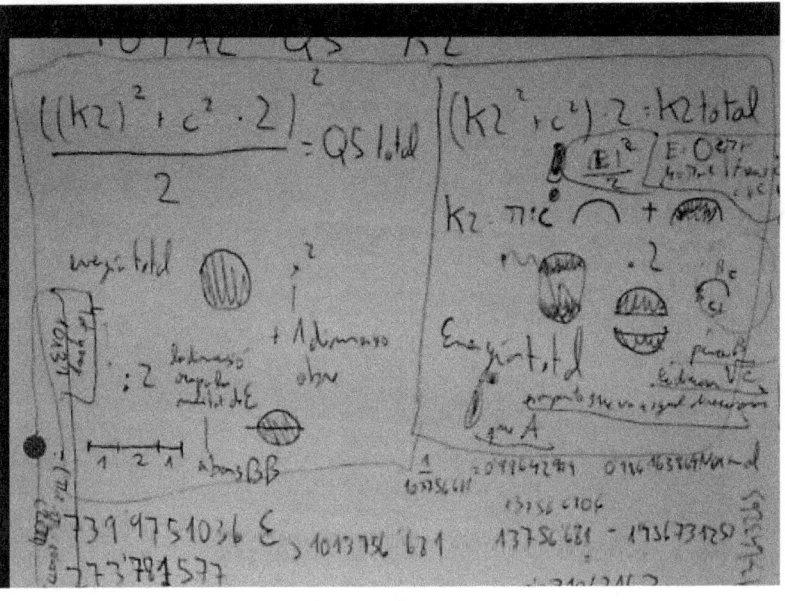

$E=MC2$ QUARK BOSON Y HIGGS y $E=MC2$

materia y energía

QS  La materia es la llena ⊙ y la energía ⊙ $k2$

La materia justa cuando e choca consigo misma
en el origen del universo

desde A ·→ |B  la energía que choca
a dentro,        colisiona con ella
                 misma

• A va a $c$  pero B aunque va a $c$
no ... pero ... solo al llegar al punto donde
         velocidad constante $\sqrt{c}$
QS ... que a nado un punto de B
     pague horizontalmente sino
     que colisiona por su lado
por tanto su velocidad al chocar a $c\sqrt{c}$

Como lo demuestra not ⊙ va a la velocidad de $\sqrt{c}$
y cuando a partir la MO que al ir formada por 2 en sol
el resultado es $c^2$ ya que las 2 energías que
forman QS van a velocidad de $c$ cada una.

A |⊙  ⊙|B   Si tiramos todos que se empujaran
  |B||   A|   en cadena crea una circunferencia
   |A|⊙|a|   llena, que es Materia.

Esta es una fotografía de uno de mis escritos del 23/9/2016 a las 20:00 (en casa de mis padres en España, Cataluña centro). Dibujé una hipopeda como posible solución de forma del universo donde la materia y la antimateria confluyen, forman la energía Jol.

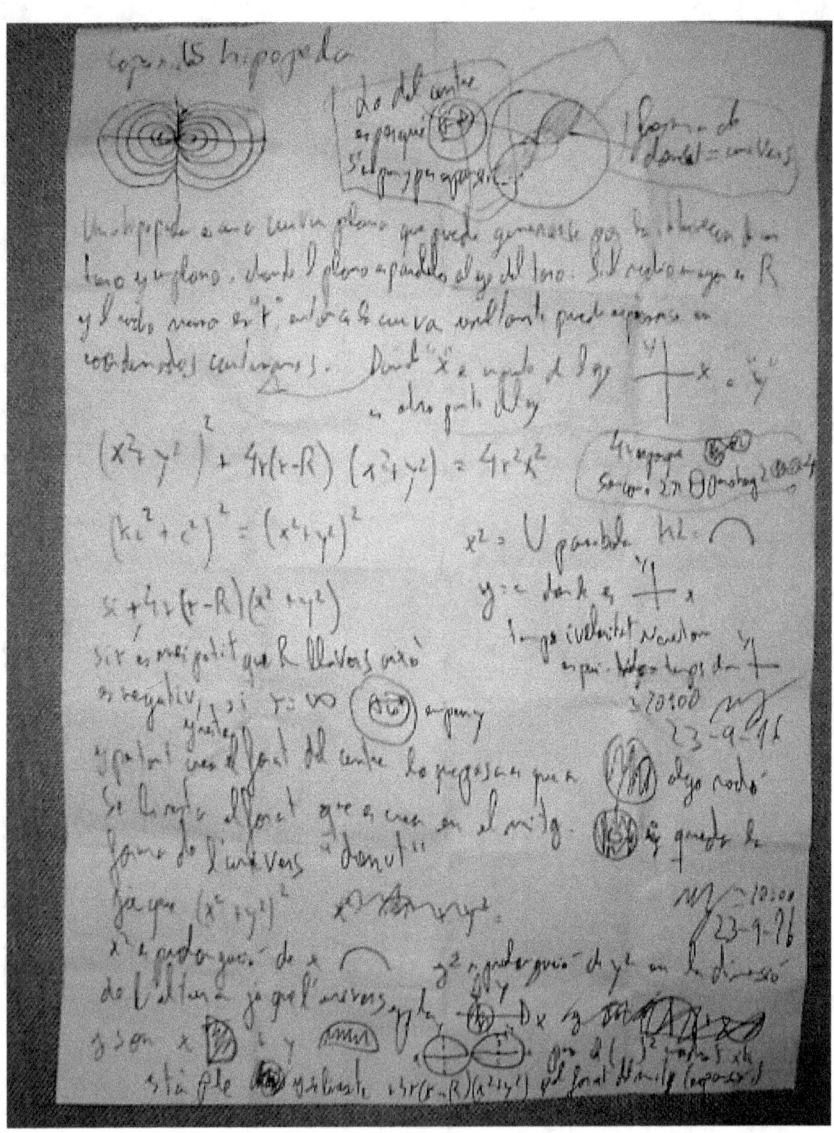

Algunas hipótesis apuntan a que el universo se crea del vacío. Luego se crea el universo. Roger Penrose dijo que el universo aparece de un agujero negro.

Ninguna teoría ha sido validada como correcta o como probable y la mayor parte tiene incoherencias y contradicciones. Por ejemplo algunos afirman que el universo se crea a partir de un universo anterior, el problema está en que no explican qué creó el anterior, con lo cual me parece algo absurdo.

Como ya expliqué, mi hipótesis es que del vacío nace el universo y que después en el punto central se forma una singularidad que da origen a otro universo. De modo que el universo no procede de un agujero negro pero sí procede de una singularidad igual que la que hay en un agujero negro.

Hay que pensar que el universo nace con una densidad crítica infinita, pero es posible que no colapse porque su masa todavía no se forma hasta que aparece el bosón de Higgs. Además la expansión podría no permitir el colapso. Solamente en el punto central.

Es posible que el punto central tenga relación con el vacío de Eridanus que es la zona conocida más fría del universo.

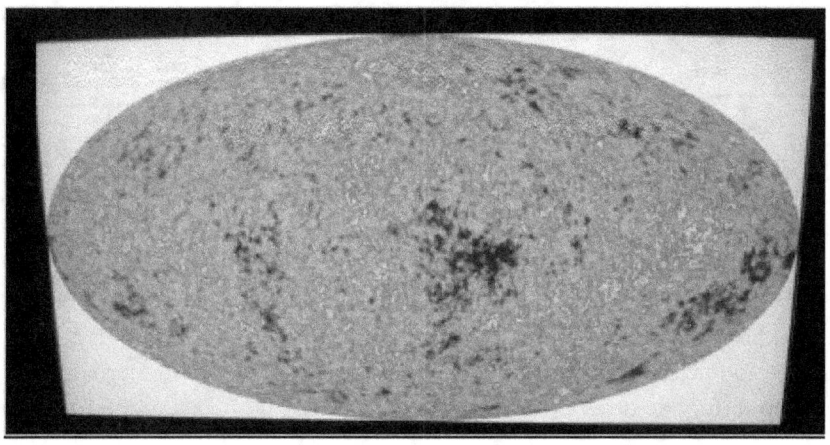

En esta imagen muestro otra de mis ideas de Febrero2019 sobre la dualidad, el efecto espejo el cual expresé matemáticamente como dos soluciones de una ecuación de segundo grado.

En esta imagen muestro otra de mis publicaciones en mi cuenta de Facebook Joancarles YoIje Martin TG del 3deFebrero2019 (España), (desde2011 solamente utilizo esta cuenta. Si hubiera otras cuentas con mi nombre yo no soy y tendrían que ser denunciadas a la policía). En esta autopublicación se puede ver un videoselfie y fotografías sobre una ecuación que yo mismo creé en la cual expuse mi idea de la dualidad, la contraposición (relacionada con el número de oro, áureo). En ACADEMIA.edu la autopubliqué en uno de mis artículos:

Mi idea fue de unir la solución positiva con la solución negativa de una ecuación de segundo grado la cual da como resultado el número áureo y su opuesto y de otras formas

$$\frac{\varphi+\sqrt{5}}{2}+\frac{\varphi-\sqrt{5}}{2}=1$$

Con las ecuaciones que yo creé, pensé que quizás podrían servir para establecer una conexión, una convergencia entre dimensiones. Siendo estas dimensiones, contrarias, opuestas, espejo... las cuales forman en conjunto parte de un conjunto de dimensiones que convergen en un punto que debe de ser un punto central.

Ecuación FZ3127 creada por JoanCarles Testagorda Garcia (yo mismo):

$$\frac{(\frac{1-\sqrt{5}}{2})}{(\frac{1+\sqrt{5}}{2})}+[\frac{(\frac{1+\sqrt{5}}{2})}{(\frac{1-\sqrt{5}}{2})}x\psi]=[\frac{(\frac{1-\sqrt{5}}{\varphi})}{(\frac{1+\sqrt{5}}{\varphi})}+(\frac{(\frac{1+\sqrt{5}}{\varphi})}{(\frac{1-\sqrt{5}}{\varphi})})x\psi]x\psi=\varphi^3-2=\sqrt{5}$$

$$2.2360679$$

Autor: JoanCarles Testagorda Garcia (yo mismo) ecuación que yo creé a las 18:39 del 3-2-2019 en España (Cataluña centro).

Ecuación FZ3127 creada por JoanCarles Testagorda Garcia (yo mismo):

$$\frac{(\frac{1-\sqrt{5}}{2})}{(\frac{1+\sqrt{5}}{2})}+[\frac{(\frac{1+\sqrt{5}}{2})}{(\frac{1-\sqrt{5}}{2})}x\psi]=[\frac{(\frac{1-\sqrt{5}}{\varphi})}{(\frac{1+\sqrt{5}}{\varphi})}+(\frac{(\frac{1+\sqrt{5}}{\varphi})}{(\frac{1-\sqrt{5}}{\varphi})})x\psi]x\psi=\varphi^3-2=\sqrt{5}$$

$$2.2360679$$

$$[\frac{(\frac{1+\sqrt{5}}{2})}{(\frac{1-\sqrt{5}}{2})}x\psi]+[\frac{(\frac{1-\sqrt{5}}{2})}{(\frac{1+\sqrt{5}}{2})}]^\psi=\varphi^3-2=\sqrt{5}$$

$$2.2360679$$

Autor: JoanCarles Testagorda Garcia (yo mismo) ecuación que yo creé a las 18:39 del 3-2-2019 en España (Cataluña centro).

Cinco años después en Febrero2024 apliqué mi idea a mi hipótesis del origen del universo porque pensé que mi ecuación podía representar una confluencia de dimensiones como según mi hipótesis ocurre en el origen del universo, en el infinito donde hay infinitas dimensiones.
Así que creé muchas ecuaciones en las que utilicé este valor de raíz cuadrada de "5" (√5) para expresar como 4 vectores confluyen en un mismo punto y este punto se expande como vector.

Ya en 2014 y principios de 2015, pensé que la forma que se crea en el desequilibrio del universo es una cruz. Como yo creo en Dios, tiene sentido para mi que una cruz pueda formarse para crear el universo. Claro, Dios creó el universo.

Ahora expondré algunas ecuaciones con un valor igual o aproximado a √5, que yo mismo creé y que se podrían sustituir en la ecuación anterior.

Ecuación FZ4096 creada por JoanCarles Testagorda Garcia (yo mismo):

$$Si: \sqrt{5} \approx \frac{dK\,2_2}{dQ\,5\,x\,2\,x\,\infty_{dim}}$$

$$2{,}23606 \approx 2{,}23423$$

$$\left[\frac{1+\frac{dK\,2_2}{dQ\,5\,x\,2\,x\,\infty_{dim}}}{1-\frac{dK\,2_2}{(\frac{dQ\,5\,x\,2\,x\,\infty_{dim}}{2})}} \times \psi\right] + \left[\frac{1-\frac{dK\,2_2}{(\frac{dQ\,5\,x\,2\,x\,\infty_{dim}}{2})}}{1+\frac{dK\,2_2}{(\frac{dQ\,5\,x\,2\,x\,\infty_{dim}}{2})}}\right]^{\psi} = \frac{dK\,2_2}{dQ\,5\,x\,2\,x\,\infty_{dim}} = \sqrt{5}$$

$$2{,}236 = 2{,}236 = 2.2360679$$

Autor: JoanCarles Testagorda Garcia (yo mismo) ecuación que yo creé a las 10:38am del día 22-2-2024 en un alojamiento del trabajo (en Francia).

Ecuaciones FZ4100 y FZ4101 creadas por JoanCarles Testagorda Garcia:

$$\left(\frac{2Gc \times mUn \times \sqrt{\Lambda}}{c^2 \times 8\pi \times F_1}\right)^2 \times \frac{1}{2} \approx \sqrt{5} \approx \frac{B \times KB \times 2\pi}{vso \times mve \times c \times \alpha}$$

$$2{,}234 \approx 2{,}236 \approx 2{,}2381$$

$$\left[\frac{\left(\frac{1+\left(\frac{2Gc \times mUn \times \sqrt{\Lambda}}{c^2 \times 8\pi \times F_1 \sqrt{2}}\right)^2}{2}\right)}{\left(\frac{1-\left(\frac{2Gc \times mUn \times \sqrt{\Lambda}}{c^2 \times 8\pi \times F_1 \sqrt{2}}\right)^2}{2}\right)} \times \psi\right] + \left[\frac{\left(\frac{1-\left(\frac{2Gc \times mUn \times \sqrt{\Lambda}}{c^2 \times 8\pi \times F_1 \sqrt{2}}\right)^2}{2}\right)}{\left(\frac{1+\left(\frac{2Gc \times mUn \times \sqrt{\Lambda}}{c^2 \times 8\pi \times F_1 \sqrt{2}}\right)^2}{2}\right)}\right]^\psi = \left(\frac{2Gc \times mUn \times \sqrt{\Lambda}}{c^2 \times 8\pi \times F_1 \times \sqrt{2}}\right)^2$$

$$\left[\frac{\left(\frac{1+\left(\frac{2Gc \times mUn \times \sqrt{\Lambda}}{c^2 \times 8\pi \times \sqrt{2}}\right)^2}{2}\right)}{\left(\frac{1-\left(\frac{2Gc \times mUn \times \sqrt{\Lambda}}{c^2 \times 8\pi \times \sqrt{2}}\right)^2}{2}\right)} \times \psi\right] + \left[\frac{\left(\frac{1-\left(\frac{2Gc \times mUn \times \sqrt{\Lambda}}{c^2 \times 8\pi \times \sqrt{2}}\right)^2}{2}\right)}{\left(\frac{1+\left(\frac{2Gc \times mUn \times \sqrt{\Lambda}}{c^2 \times 8\pi \times \sqrt{2}}\right)^2}{2}\right)}\right]^\psi = \left(\frac{2Gc \times mUn \times \sqrt{\Lambda}}{c^2 \times 8\pi \times \sqrt{2}}\right)^2$$

Autor: JoanCarles Testagorda Garcia (yo mismo) ecuación que yo creé a las 15:42 del día 21-2-2024 en mi apartamento (Francia).

Ecuación FZ4104 creada por JoanCarles Testagorda Garcia:

$$JCAP \times 2 \approx 5 \text{ o bien } JCAP \times 2 \times \left(\frac{mN}{mP}\right)^3 \approx 5$$

$$5 \approx 5$$

$$\left[\frac{\left(\frac{1+\sqrt{JCAP \times 2}}{2}\right)}{\left(\frac{1-\sqrt{JCAP \times 2}}{2}\right)} \times \psi\right] + \left[\frac{\left(\frac{1-\sqrt{JCAP \times 2}}{2}\right)}{\left(\frac{1+\sqrt{JCAP \times 2}}{2}\right)}\right]^\psi = \sqrt{JCAP \times 2} = \sqrt{5}$$

Autor: JoanCarles Testagorda Garcia (yo mismo) ecuación que yo creé a las 11:20am del día 22-2-2024 en mi apartamento (Francia). JCAP significa JoanCarles, all particles. Con esta constante uní todas las partículas elementales. Esto implica que se pueden crear todas las partículas después del origen del universo, en la creación.

Pero también como explicaré después mi hipótesis es que siempre hay un orden de creación en el que se produce el procesoJCTG.

Ecuaciones FZ4245 y FZ4248 creadas por JoanCarles Testagorda Garcia:

$$\frac{(AgUn)^2 \, x \, mUn \, x \, c^2 x (\Lambda)^{(\frac{3}{2})}}{(2 \, x \, rUn)^2 \, x \, dK \, 2 \, x \, 2 \, x \, \infty} \approx 1$$

$$\frac{(AgUn)^2 \, x \, mUn \, x \, c^2 x (\Lambda)^{(\frac{3}{2})}}{(2 \, x \, rUn)^2 \, x \, dK \, 2 \, x \, 2 \, \pi} \, x \, \frac{1}{(e \, x \, TG^{JC})^2} \approx 1$$

Autor: JoanCarles Testagorda Garcia (yo mismo) ecuación que yo creé a las 19:12 y 19:27 del día 11-3-2024 en mi apartamento (Francia).

Ecuación FZ4246 creada por JoanCarles Testagorda Garcia:

$$\frac{(AgUn)^2 \, x \, mUn \, x \, c^2 x (\Lambda)^{(\frac{3}{2})}}{(2 \, x \, rUn)^2 \, x \, dK \, 2 \, x \, 2 \, \pi} \approx \frac{\infty}{3} \approx \infty \, x \, \frac{dQ \, 5}{dK \, 2_1}$$

$$2{,}21 \approx 2{,}22 \approx 2{,}22$$

o bien

$$\frac{(AgUn)^2 \, x \, mUn \, x \, c^2 x (\Lambda)^{(\frac{3}{2})}}{(2 \, x \, rUn)^2 \, x \, dK \, 2 \, x \, 2 \, \pi} \approx \sqrt{5}$$

$$2{,}21 \approx 2{,}236$$

Autor: JoanCarles Testagorda Garcia (yo mismo) ecuación que yo creé a las 19:16 del día 11-3-2024 en mi apartamento (Francia).

Ecuación FZ4247 creada por JoanCarles Testagorda Garcia:

$$\frac{(AgUn)^2 \, x \, mUn \, x \, c^2 x (\Lambda)^{(\frac{3}{2})}}{(2 \, x \, rUn)^2 \, x \, dK \, 2 \, x \, 2 \, \pi} \approx \sqrt{5} \approx \frac{1}{2} \, x \, (\frac{2 \, Gc \, x \, mUn \, x \, \sqrt{\Lambda}}{c^2 \, x \, 8 \, \pi \, x \, F_1})^2$$

$$2{,}21 \approx 2{,}236 \approx 2{,}236$$

Ecuación FZ4131 creada por JoanCarles Testagorda Garcia:

$$\frac{2 \, Gc \, x \, MTOV}{c^2 \, x \, \sqrt{\Lambda} \, x \, 2 \, x \, e} \, x \, \frac{mMTOV}{mUn} \, x \, (\frac{mve \, x \, (vso)^2}{KB \, x \, B})^2 \, x \, \frac{me}{m \, \mu} \approx \sqrt{5}$$

$$2{,}236 \approx 2{,}236$$

Autor: JoanCarles Testagorda Garcia (yo mismo) ecuación que yo creé a las 10:52 del día 27-2-2024 en mi apartamento (Francia).

Ecuación FZ3000 creada por JoanCarles Testagorda Garcia (yo mismo):
$$(mve \times c^2 \times (\cosh^{-1} e)^2)^2 \times \frac{lp \times 2\pi}{\hbar c \times CMB \times KB} \times \sqrt{\frac{TG^{JC}}{\alpha G}} \approx \sqrt{5}$$
$$2{,}2632 \approx 2{,}236$$
Autor: JoanCarles Testagorda Garcia (yo mismo) ecuación que yo creé el 3-10-2022 20:12 en mi apartamento (mi casa) en Francia.

Ecuación FZ1095 creada por JoanCarles Testagorda Garcia (yo mismo):
$$\frac{(\hbar c)^{2\Psi} \times 4\pi^2 \times 32\pi \times 2}{mUn} = \frac{(\frac{c^2 \times \infty}{rUn})}{(\frac{Gc \times mUn}{(rUn)^2})} \times 2 \approx \sqrt{5}$$
$$2{,}2307 = 2{,}2192 \approx 2{,}236$$
Autor: JoanCarles Testagorda Garcia (yo mismo) ecuación que yo creé el 17-11-2020 23:01 (Alpes Côte d'Azur, en el alojamiento del trabajo en el cual ayudaba a animales des del 17-8-2020 hasta el 4-9-2021 en donde me mudé más al norte).
donde me mudé más al norte).

Ecuación FZ97 creada por JoanCarles Testagorda Garcia (yo mismo):
$$(\frac{1}{2} + \frac{2}{6} + \frac{6}{20} + \frac{20}{70} + \frac{70}{252} + \frac{252}{924} + \frac{924}{3432}) \times (\frac{\sin 1 \times \cos 1}{\tan 1})^4 \approx \sqrt{5}$$
$$2{,}236057 \approx 2{,}23606$$
Autor: JoanCarles Testagorda Garcia (yo mismo) ecuación que yo creé a las 15:42 del día 22-9-2019 en un alojamiento del trabajo (en Francia, en la región Alpes Côte d'Azur, cerca de Niza (Nice), llegué a,Francia en Niza el 5-4-2019 nunca antes había estado en Francia a excepción de cuando tenía 11-12años con el equipo de fútbol fuimos en un torneo en Toulouse).

Ecuación FZ5187 creada por JoanCarles Testagorda Garcia (yo mismo):
$$\frac{32\pi \times 2 lp \times \alpha G \times TG^{JC}}{\hbar c \times \Lambda} = \frac{19}{17} \times 2 = \sqrt{5} = \frac{4\pi^2 \times 32 lp \times \alpha G \times TG^{JC}}{hc \times \Lambda}$$
$$2{,}2336 = 2{,}2352 \approx 2{,}236 = 2{,}2336$$
Autor: JoanCarles Testagorda Garcia (yo mismo) ecuación que yo creé el 12-9-2024 10:50, en mi apartamento (Francia sud-este, no en Alpes Côte d'Azur).

Ecuación FZ1318 creada por JoanCarles Testagorda Garcia (yo mismo):

$$\frac{64\pi x (\hbar c)^{2\Psi} x 4\pi^2}{mUn} = \sqrt{mH \times 2{,}2299 \times 10^{(-25 x \Psi)} Kg} = \frac{c^2 x rUn \times 4\infty}{Gc \times mUn} = \sqrt{5}$$

$$2{,}2307 = 2{,}2299 = 2{,}219 = 2{,}236$$

Autor: JoanCarles Testagorda Garcia (yo mismo) ecuación que yo creé el 9-3-2021 17:15 (Alpes Côte d'Azur, en el alojamiento del trabajo en el cual ayudaba a animales des del 17-8-2020 hasta el 4-9-2021 en donde me mudé más al norte).

Ecuación FZ5238 creada por JoanCarles Testagorda Garcia (yo mismo):

$$\frac{4\pi^2}{\infty} = \frac{JLept \times JNeut}{JQD \times JQU}$$

$$1{,}125 \approx 1{,}12$$

Autor: JoanCarles Testagorda Garcia (yo mismo) ecuación que yo creé el 20-9-2024 a las 13:04 en mi apartamento (mi casa) en Francia.

Ecuación FZ4265 creada por JoanCarles Testagorda Garcia (yo mismo):

$$\log\left[\frac{mUn \times c^2 \times (AgUn)^2 \times (\Lambda)^{\frac{3}{2}}}{dK2 \times (2 \times rUn)^2}\right] \approx \frac{19}{17}$$

$$1{,}11659 \approx 1{,}117$$

Autor: JoanCarles Testagorda Garcia (yo mismo) ecuación que yo creé a las 21:45 del 11-3-2024 en mi apartamento (Francia, pero no en Alpes Côte d'Azur).

Ecuación FZ4499 creada por JoanCarles Testagorda Garcia (yo mismo):

$$F_{EF} \approx \frac{\infty \times c_{dim}}{\infty \sqrt{\infty}}$$

$$1{,}16111 \approx 1{,}161$$

Autor: JoanCarles Testagorda Garcia (yo mismo) ecuación que yo creé a las 10:48 del 17-4-2024 en mi apartamento (Francia, pero no en Alpes Côte d'Azur).

Ecuación FZ4093 creada por JoanCarles Testagorda Garcia (yo mismo):

$$Si: \left(\frac{1}{2}+\frac{2}{6}+\frac{6}{20}+\frac{20}{70}+\frac{70}{252}+\frac{252}{924}+\frac{924}{3432}\right) \times \left(\frac{\sin 1 \times \cos 1}{\tan 1}\right)^4 = TL$$

TL (significa Triángulo de Laplace).

$$\left[\frac{\left(\frac{1+TL}{2}\right)}{\left(\frac{1-TL}{2}\right)} \times \psi\right] + \left[\frac{\left(\frac{1-TL}{2}\right)}{\left(\frac{1+TL}{2}\right)}\right]^\psi = TL = \sqrt{5}$$

$$2{,}236 = 2{,}236 = 2{.}2360679$$

Autor: JoanCarles Testagorda Garcia (yo mismo) ecuación que yo creé a las 19:35 del día 21-2-2024 en un alojamiento del trabajo (en Francia).

Otra de mis ideas es aplicar la confluencia de dimensiones a los agujeros negros. Pensé que si los agujeros son la singularidad entonces en la singularidad deben de confluir múltiples dimensiones. Quizás universos paralelos con un tiempo transcurrido diferente.

Ecuación FZ4103 creada por JoanCarles Testagorda Garcia:

$$\frac{2Gc \times MTOV}{c^2 \times c^2} \times \frac{\sqrt{\Lambda} \times mPl}{me} \times \frac{\cosh^{-1}\left(\frac{rUn}{lp}\right)}{\cosh^{-1}\left(\frac{mUn}{mPl}\right)} \times \frac{mW}{mH} \approx 1$$

$$\frac{2Gc \times MTOV}{c^2} \times \frac{\sqrt{\Lambda} \times mPl}{me} \approx 1$$

Autor: JoanCarles Testagorda Garcia (yo mismo) ecuación que yo creé a las 12:17am del día 22-2-2024 en mi apartamento (Francia).

Ecuación FZ4094 creada por JoanCarles Testagorda Garcia (yo mismo):

$$\frac{\left(\frac{1+\sqrt{5}}{2}\right)^\psi}{\left(\frac{1+\sqrt{5}}{2}\right)^\psi} + \left(\frac{\left(\frac{1+\sqrt{5}}{2}\right)}{\left(\frac{1+\sqrt{5}}{2}\right)^\psi}\right) + \left(\frac{1+\sqrt{5}}{2}\right)^\psi \times \frac{1}{2} \approx \cosh^{-1}\left(\frac{dK2}{dQ5}\right) \approx \cosh^{-1}\pi$$

$$1{,}809 \approx 1{,}805 \approx 1{,}8111$$

Autor: JoanCarles Testagorda Garcia (yo mismo) ecuación que yo creé a las 9:30am del día 22-2-2024 en un alojamiento del trabajo (en Francia).

Ecuación FZ5295 creada por JoanCarles Testagorda Garcia(yo mismo):

$$\frac{\log(mUn)}{\log(mPl)} \approx \frac{e\,x\,2}{\tanh 1} \approx 2xex[(\frac{(\frac{1+\sqrt{5}}{2})^{\psi}}{(\frac{1-\sqrt{5}}{2})}) + [\frac{(\frac{1-\sqrt{5}}{2})}{(\frac{1+\sqrt{5}}{2})}]]$$

$7{,}1195 \approx 7{,}138399 \approx 7{,}116554$

Autor: JoanCarles Testagorda Garcia (yo mismo) ecuación que yo creé a las 19:55 del día 28-9-2024 en un alojamiento del trabajo (en Francia).

Ecuación FZ1103 creada por JoanCarles Testagorda Garcia (yo mismo):

$$\frac{Gc\,x\,mUn\,x\,hc}{(rUn)^2 x\,\Lambda\,x\,2\,x\,e} = \frac{(\hbar c)^{2\Psi} x\,4\pi^2 x\,64\pi}{mUn} = \frac{(\frac{c^2 x\infty}{rUn})}{(\frac{Gc\,x\,mUn}{(rUn)^2})} x\,2 \approx \sqrt{5}$$

$2{,}2307 = 2{,}2192 \approx 2{,}236$

Autor: JoanCarles Testagorda Garcia (yo mismo) ecuación que yo creé el 19-11-2020 19:07 (Alpes Côte d'Azur, en el alojamiento del trabajo en el cual ayudaba a animales des del 17-8-2020 hasta el 4-9-2021 en donde me mudé más al norte). Aquí "$\Lambda$" es = $2{,}036 \times 10^{-35}$ s$^{-2}$.

Ecuación FZ1318 creada por JoanCarles Testagorda Garcia (yo mismo):

$$mH\,x\,2{,}2299\,x\,10^{(-25\,x\,\Psi)} Kg\,x\,\theta\,\omega = \frac{Gc\,x\,mUn\,x\,hc}{(2rUn)^2 x\,\Lambda\,x\,2} x \frac{\pi}{\sqrt{18}} = \frac{(\frac{c^2 x\infty}{rUn})}{(\frac{Gc\,x\,mUn}{(rUn)^2})}$$

$1{,}1044 = 1{,}10826 = 1{,}11$

Autor: JoanCarles Testagorda Garcia (yo mismo) ecuación que yo creé el 9-3-2021 17:15 (Alpes Côte d'Azur, en el alojamiento del trabajo en el cual ayudaba a animales des del 17-8-2020 hasta el 4-9-2021 en donde me mudé más al norte). ). Aquí "$\Lambda$" es = $2{,}036 \times 10^{-35}$ s$^{-2}$.

Ecuación FZ4608 creada por JoanCarles Testagorda Garcia (yo mismo):
$$\frac{2Gc}{c^2} \times \frac{(mve \times c^2)^2}{mG} \times \frac{(Fgc(i))^2}{\infty \times 2\pi} \approx \frac{mUp \times \lambda_{ce}}{KB \times B}$$
$$42{,}51 \approx 42{,}3$$
Autor: JoanCarles Testagorda Garcia (yo mismo) ecuación que yo creé el 4-5-2024 a las 10:40am en mi apartamento (mi casa) en Francia.

Ecuación FZ4253 creada por JoanCarles Testagorda Garcia (yo mismo):
$$\frac{2 \times mUn}{AgUn \times dK2 \times (rUn)^2 \times c} \approx \frac{dK2}{dQ5} \times 2 \times \infty \approx 2\pi \times \infty$$
$$40{,}13 \approx 41{,}6 \approx 41{,}8$$
o bien
$$\frac{mUn}{AgUn \times dK2 \times (2 \times rUn)^2 \times c} \approx 5$$
Autor: JoanCarles Testagorda Garcia (yo mismo) ecuación que yo creé a las 19:56 del día 11-3-2024 en mi apartamento (Francia)

Ecuación FZ4250 creada por JoanCarles Testagorda Garcia (yo mismo):
$$\frac{\pi^2}{4} \times \frac{mUn \times c^2 \times (\Lambda)^{\frac{3}{2}} \times ExUn \times AgUn}{(2 \times rUn)^2 \times dK2} \approx \frac{h}{2 \times (1C)^2 \times Z_0} \approx \frac{\cosh(\frac{dK2_1}{dQ5})}{\infty}$$
$$34{,}2503 \approx 34{,}258 \approx 33{,}514$$
o bien
$$\left(\frac{dK2}{2 \times dQ5}\right)^2 \times \frac{mUn \times c^2 \times (\Lambda)^{\frac{3}{2}} \times ExUn \times AgUn}{(2 \times rUn)^2 \times dK2} \approx \frac{me \times Qoc}{(1C)^2 \times Z_0}$$
Autor: JoanCarles Testagorda Garcia (yo mismo) ecuación que yo creé a las 19:36 del día 11-3-2024 en mi apartamento (Francia).

Ecuación FZ3031 creada por JoanCarles Testagorda Garcia (yo mismo):
$$\frac{\sqrt{5}}{2} = \frac{19}{17} = \sqrt{\frac{5}{4}} = \frac{masa\ del\ Higgs}{masa\ partícula\ 112\ GeV}$$
Autor: JoanCarles Testagorda Garcia (yo mismo) ecuación que yo creé el 21-10-2022 19:00 en mi apartamento (mi casa) en Francia. Antes de encontrar el bosón de Higgs en el acelerador de partículas LHC, se midió una partícula de 112GeV. Pensé que podía ser una partícula nueva, no catalogada. Así que la utilicé en mi ecuación.

Ecuación FZ5058 creada por JoanCarles Testagorda Garcia (yo mismo):

$$JC^{TG} = \left(\frac{m\pi x c^2}{h x \sqrt{(3 \times 10^{19} Hz \times 3 \times 10^{25} Hz)}}\right)^2 = \frac{2mFermi}{mve} x Pgf x \frac{mP}{mStrange}$$

$$1{,}265466 = 1{,}26546 = 1{,}2637$$

Autor: JoanCarles Testagorda Garcia (yo mismo) ecuación que yo creé a las 10:14 del 24-8-2024 en Francia en Normandia. (En mi correo electrónico "joancarles@hotmail.es" el día 2/9/2024 11:20am (en Francia, Sureste) me auto-envié un artículo que yo creé en Abril2023 y auto-reedité en Agosto2024 para una revista, en el cual expuse esta ecuación.)

Ecuación FZ3131 creada por JoanCarles Testagorda Garcia (yo mismo):

$$\sqrt{5} = \frac{mH \times mWDec}{mZ \times mCharm} = \frac{1}{\theta \omega x 2} x \left(\frac{mP}{mN}\right)^4 = \frac{2rH + rO}{rH_2O}$$

$$2{,}23606 = 2{,}2344 = 2{,}2368 = 2{,}2377$$

Autor: JoanCarles Testagorda Garcia (yo mismo) ecuación que yo creé a las 12:16 del 13-4-2023 en Francia (Sureste). (En mi correo electrónico "joancarles@hotmail.es" el día 2/9/2024 11:20am (en Francia, Sureste) me auto-envié un artículo que yo creé en Abril2023 y auto-reedité en Agosto2024 para una revista, en el cual expuse esta ecuación.)

Ecuación FZ3182 creada por JoanCarles Testagorda Garcia (yo mismo):

$$\sqrt{5} = \sqrt{\left[\left(\frac{(\lambda_{c\mu})^3}{3} - \frac{(\lambda_{ce})^3}{3}\right)^{\Psi}\right]^{1/3} x \Psi x \frac{rB}{2\pi}} = \sqrt{\frac{4052{,}5 nm}{1458 nm} x \frac{656{,}3 nm}{364{,}6 nm}}$$

$$2{,}23606 = 2{,}237 = 2{,}2377$$

Autor: JoanCarles Testagorda Garcia (yo mismo) ecuación que yo creé a las 23:40 del 23-4-2023 en Francia (Sureste). (En mi correo electrónico "joancarles@hotmail.es" el día 2/9/2024 11:20am (en Francia, Sureste) me auto-envié un artículo que yo creé en Abril2023 y auto-reedité en Agosto2024 para una revista, en el cual expuse esta ecuación).

Ecuación FZ1939 creada por JoanCarles Testagorda Garcia (yo mismo):

$$\sqrt{5} = \frac{2rH + rO}{rH_2O} = \frac{1}{\theta \omega x 2} = \frac{mD}{2mUp} x \frac{2\pi}{3} = \frac{mD}{2mUp} x \frac{4\pi^2 x m\pi}{JC^{TG} x mWDec}$$

$$2{,}23606 = 2{,}2377 = 2{,}249 = 2{,}2371 = 2{,}236$$

Autor: JoanCarles Testagorda Garcia (yo mismo) ecuación que yo creé a las 10:46 del 4-10-2021 en Francia (Sureste). (En mi correo electrónico "joancarles@hotmail.es" el día 2/9/2024 11:20am (en Francia, Sureste) me auto-envié un artículo que yo creé en Abril2023 y auto-reedité en Agosto2024 para una revista, en el cual expuse esta ecuación).

Ecuación FZ5025 creada por JoanCarles Testagorda Garcia (yo mismo):
$$\sqrt{5} = \frac{2rH + rO}{rH_2O} = \frac{JC^{TG} \times mWDec \times mN}{m\pi \times 2\pi \times mP} \times \frac{mD \times me}{(mUp)^2}$$
$$2,23606 = 2,2377 = 2,235$$
Autor: JoanCarles Testagorda Garcia (yo mismo) ecuación que yo creé a las 13:57 del 18-8-2024 en Francia (Normandia). (En mi correo electrónico "joancarles@hotmail.es" el día 2/9/2024 11:20am (en Francia, Sureste) me auto-envié un artículo que yo creé en Abril2023 y auto-reedité en Agosto2024 para una revista, en el cual expuse esta ecuación).

Ecuación FZ5048 creada por JoanCarles Testagorda Garcia (yo mismo):
$$\sqrt{5} = \frac{2rH + rO}{rH_2O} = \frac{(mD + mg)^2}{\sin \pi \times m\mu \times mUp \times JC^{TG}}$$
$$2,23606 = 2,2377 = 2,235$$
Autor: JoanCarles Testagorda Garcia (yo mismo) ecuación que yo creé a las 11:22 del 22-8-2024 en Francia (Normandia). (En mi correo electrónico "joancarles@hotmail.es" el día 2/9/2024 11:20am (en Francia, Sureste) me auto-envié un artículo que yo creé en Abril2023 y auto-reedité en Agosto2024 para una revista, en el cual expuse esta ecuación).

Ecuación FZ5035 creada por JoanCarles Testagorda Garcia (yo mismo):
$$\sqrt{5} = \frac{2rH + rO}{rH_2O} = \frac{696000 \, Km}{139000 \, Km} = \frac{6371 \, Km}{1278 \, Km} = \frac{1}{(2 \times \theta \omega)^2}$$
$$5 = 5,077 = 5,0070 = 4,985 = 5,0058$$
Autor: JoanCarles Testagorda Garcia (yo mismo) ecuación que yo creé a las 17:02 del 19-8-2024 en Francia (Normandia). 696000Km es el radio del Sol, 139000Km es el radio del núcleo del Sol, 6371000 es el radio de la Tierra, 1278Km es el radio del núcleo interno de la Tierra. (En mi correo electrónico "joancarles@hotmail.es" el día 2/9/2024 11:20am (en Francia, Sureste) me auto-envié un artículo que yo creé en Abril2023 y auto-reedité en Agosto2024 para una revista, en el cual expuse esta ecuación).

Ecuación FZ5069 creada por JoanCarles Testagorda Garcia (yo mismo):

$$TG^{JC} = \left(\left(\frac{m\pi \times c^2}{h \times \sqrt{(3 \times 10^{19} Hz \times 3 \times 10^{25} Hz)}}\right)^2 \times \frac{mFermi \times Pgf \times mP \times \theta \times \omega}{mve \times mUp \times 2\pi}\right)^{JLept}$$

$1,3716130 = 1,37159$

Autor: JoanCarles Testagorda Garcia (yo mismo) ecuación que yo creé a las 8:01am del 26-8-2024 en Francia en Normandia.

Esta imagen es un extracto del libro que yo creé y autopubliqué el 6-8-2022 (en Francia) "*But what is the gravity? What is the time*". Se pueden ver algunas de las ecuaciones que yo creé.

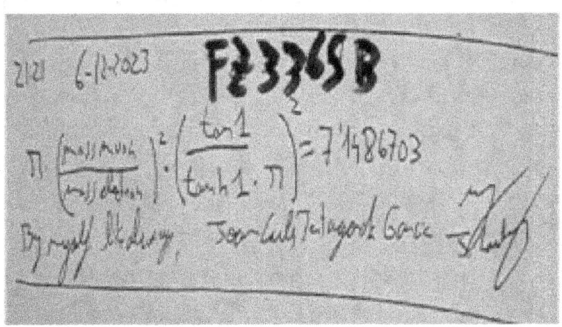

Esta imagen es una fotografía del 6-12-2023 de una hoja en la cual creé y anoté mi ecuación FZ3365B(en Francia). Autopubliqué mi videoselfie en mi facebook (el 17-1-2024) en el cual se puede ver mi ecuación. Desde 2019 todas las Navidades las he pasado en Francia y no he ido a España. En las Navidades 2023/2024 creé ecuaciones relacionadas con la constante de Taylor (7,1486...) (como siempre en mi casa en Francia).

Ecuación FZ3365B creada por JoanCarles Testagorda Garcia (yo):

$$\pi \times \left(\frac{massa\ muón}{massa\ electrón} \times \frac{\tan 1}{\tanh 1 \times \pi}\right)^2 = 7.14867...$$

Autor: JoanCarles Testagorda Garcia (yo mismo) ecuación que yo creé a las 21:21 del 6-12-2023 en Francia.

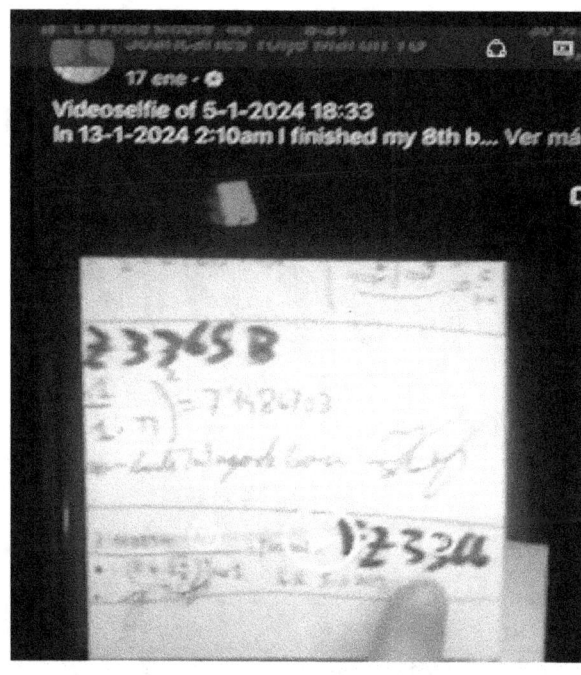
En este videoselfie (siempre he hecho videoselfies de mis libros el mismo día que los autopubliqué) se pueden ver algunas de las ecuaciones que creé y además cité que el día 13-1-2024 acabé mi octavo libro

"El trauma psicológico y causa y desarrollo de las enfermedades neuro-degenerativas, mentales y auto-inmunes", "Como se produce un trauma psicológico, la memoria, el aprendizaje y causa y desarrollo de las enfermedades neuro-degenerativas, mentales y auto-inmunes". parte2A Parte2A "Causa y desarrollo del Toc, la depresión, la esquizofrenia y la epilepsia" autopublicado en Francia el 13 de Enero de 2024:

Ecuación FZ5106 creada por JoanCarles Testagorda Garcia (yo mismo):
$$\frac{\log(mUn)}{\log(mPl)} \approx \frac{mG \times c}{h} \times \frac{2\pi}{rUn \times \Lambda} \approx \frac{\infty^2}{AgUn \times c \times rUn \times \Lambda}$$
$$7{,}11 \approx 6{,}25 \approx 6{,}98$$
Autor: JoanCarles Testagorda Garcia (yo mismo) ecuación que yo creé a las 12:33 del 6-9-2024 en mi apartamento (Francia, pero no en Alpes Côte d'Azur).

Ecuaciones FZ4556, FZ4557 y FZ4559 creadas por JoanCarles Testagorda Garcia (yo mismo):

$$\frac{4\pi^2 x 2x(1C)^3 x Z_0}{mve \, x \, c \, x \, KB \, x \, B} \approx \frac{\cosh\left(\frac{dK2}{dQ5}\right)}{2\pi} x \, FGc(i) \approx Taylor \, constante$$

$$7{,}1519 \approx 7{,}11 \approx 7{,}148894$$

$$\frac{\cosh\left(\frac{dK2}{dQ5}\right)}{2\pi} x \, FGc(i) \approx Taylor \, constante \approx 2\pi x \left(\frac{mD}{mUp} - 1\right)$$

$$7{,}11 \approx 7{,}148894 \approx 7{,}1399$$

Autor: JoanCarles Testagorda Garcia (yo mismo) ecuación que yo creé el día 29/4/2024 a las 14:50 y el 1-5-2024 a las 11:27 en mi apartamento (mi casa) en Francia.

Ecuación FZ4238 creada por JoanCarles Testagorda Garcia:

$$\cosh^{-1}\left[\frac{AgUn \, x \, mUn \, x \, c^2}{(2 \, x \, rUn)^2 x \left(\frac{h}{c^2}\right)^{\psi}} x \frac{h}{4\pi^2 x \, rUn \, x \, (lp)^2 x \, dK2}\right] \approx \frac{\log(mUn)}{\log(mPl)}$$

$$7{,}11 \approx 7{,}1195$$

$$\cosh^{-1}\left[\frac{AgUn \, x \, mUn \, x \, c^2}{(2 \, x \, rUn)^2 x \left(\frac{h}{c^2}\right)^{\psi}} x \frac{h}{4\pi^2 x \, rUn \, x \, (lp)^2 x \, dK2}\right] \approx e \, x \, \varphi^2$$

$$7{,}11 \approx 7{,}1165$$

Autor: JoanCarles Testagorda Garcia (yo mismo) ecuación que yo creé a las 19:21 del día 11-3-2024 en mi apartamento (Francia).

Ecuación FZ5155 y FZ5163 creadas por JoanCarles Testagorda Garcia (yo mismo):

$$\frac{\log(mUn)}{\log(mPl)} x \, \psi \approx \frac{\infty}{2} x \frac{dQ5}{dK2} \approx \infty x \frac{\sqrt{18}}{\pi} x \frac{1}{JC^{TG}} \approx \infty x \frac{\sqrt{18}}{\pi} x \frac{\log 3}{\log 2}$$

$$7{,}116 \approx 7{,}114 \approx 7{,}114 \approx 7{,}1348$$

Autor: JoanCarles Testagorda Garcia (yo mismo) ecuación que yo creé a las 12:07 del 10-9-2024 en mi apartamento (Francia).

Ecuación FZ5243 creada por JoanCarles Testagorda Garcia (yo mismo):

$$\frac{KB \times pT}{B \times h} \times \frac{rUn}{mUn \times H_{0ins2}} \approx 2\pi \times \frac{JNeut \times JLept}{JQU \times JQD} \approx \frac{\log(mUn)}{\log(mPl)} \times \psi$$

$$7{,}104984 \approx 7 \approx 7{,}116$$

Autor: JoanCarles Testagorda Garcia (yo mismo) ecuación que yo creé a las 8:02am del 22-9-2024 en mi apartamento (Francia, sureste).

Otra de las posibilidades de aplicar y operar con mi idea de la confluencia de dimensiones pero estableciendo un orden diferente me dio un valor de aproximadamente 1,7. Este valor ha sido una pieza clave en mi hipótesis porque con este valor uní muchas de mis ideas como por ejemplo la forma toroide del universo, la creación del universo a partir del vacío y que forma la energía Jol:

Ecuaciones FZ4423 y FZ4424 creadas por JoanCarles Testagorda Garcia (yo mismo):

$$[(\frac{(\frac{1+\sqrt{5}}{2})^{\psi}}{(\frac{1-\sqrt{5}}{2})}) + [\frac{(\frac{1-\sqrt{5}}{2})^{\psi}}{(\frac{1+\sqrt{5}}{2})}]] + [\frac{(\frac{1-\sqrt{5}}{\varphi})}{(\frac{1+\sqrt{5}}{\varphi})}] \times \psi = 1{,}690983006$$

$$1{,}690983006$$

$$\frac{mUp}{mg} \approx \Lambda \times (\frac{mH}{mPl} \times lp \times \cosh 180)^2 \approx \sqrt{\frac{(\cosh^{-1} e) \times (c)^3}{2\,Gc \times MTOV \times vso}}$$

$$1{,}69230 \approx 1{,}681 \approx 1{,}681182$$

Autor: JoanCarles Testagorda Garcia (yo mismo) ecuación que yo creé a las 15:55, 16:05 y 16:13 del 4-4-2024 en mi apartamento (Francia, pero no en Alpes Côte d'Azur).

Ecuación FZ5200 creada por JoanCarles Testagorda Garcia (yo mismo):

$$\frac{((\frac{\infty \times 10^{-34}}{2\pi})^2 \times \frac{\infty \times 10^{-34}}{2\pi})}{4\pi^2 \times VPl} = 1{,}7110147$$

Autor: JoanCarles Testagorda Garcia (yo mismo) ecuación que yo creé el 13-9-2024 16:02 (Alpes Côte d'Azur, en el alojamiento del trabajo en el cual ayudaba a animales des del 17-8-2020 hasta el 4-9-2021 en donde me mudé más al norte).

Ecuación FZ5197 creada por JoanCarles Testagorda Garcia (yo mismo):

$$\frac{((\frac{\infty \times 10^{-34}}{2\pi})^2 \times \frac{\infty \times 10^{-34}}{2\pi})}{4\pi^2 \times VPl} = \frac{\log(masa\,del\,Universo)}{\log(masa\,de\,Planck)} \times \frac{3}{4\pi} \times \Psi$$

$$1{,}711 \approx 1{,}699$$

Autor: JoanCarles Testagorda Garcia (yo mismo) ecuación que yo creé el 13-9-2024 15:46 en mi apartamento (Francia sud-este, no en Alpes Côte d'Azur).

Ecuación FZ5201 creada por JoanCarles Testagorda Garcia (yo mismo):

$$\frac{((\frac{\infty \times 10^{-34}}{2\pi})^2 \times \frac{\infty \times 10^{-34}}{2\pi})}{4\pi^2 \times VPl} = \frac{dK2}{dQ5} \times \frac{1}{(mH)^2 \times GF \times 10} = \frac{dK2}{dQ5} \times \frac{\sqrt{TG^{JC} \times \alpha}}{(mH)^2 \times GF}$$

$$1{,}7111 \approx 1{,}699 \approx 1{,}711 \approx 1{,}7122$$

Autor: JoanCarles Testagorda Garcia (yo mismo) ecuación que yo creé el 13-9-2024 16:31 en mi apartamento (Francia sud-este, no en Alpes Côte d'Azur).

Ecuación FZ5221 creada por JoanCarles Testagorda Garcia (yo mismo):

$$\frac{((\frac{\infty \times 10^{-34}}{2\pi})^2 \times \frac{\infty \times 10^{-34}}{2\pi})}{4\pi^2 \times VPl} = \log[\frac{mUn \times c^2 \times (\Lambda)^{3/2}}{dK2} \times (\frac{AgUn}{rUn})^2]$$

$$1{,}7111 \approx 1{,}7186$$

Autor: JoanCarles Testagorda Garcia (yo mismo) ecuación que yo creé el 19-9-2024 12:44 en mi apartamento (Francia sud-este, no en Alpes Côte d'Azur).

Ecuación FZ5210 creada por JoanCarles Testagorda Garcia (yo mismo):

$$\frac{\infty \times c}{(lp)^2 \times \cosh 180 \times \cosh^{-1} 180} \approx \frac{((\frac{\infty \times 10^{-34}}{2\pi})^2 \times \frac{\infty \times 10^{-34}}{2\pi})}{4\pi^2 \times VPl}$$

$$1{,}7455 \approx 1{,}711$$

Autor: JoanCarles Testagorda Garcia (yo mismo) ecuación que yo creé el 16-9-2024 11:37 en mi apartamento (Francia sud-este, no en Alpes Côte d'Azur).

Ecuación FZ1361 creada por JoanCarles Testagorda Garcia (yo mismo):

$$\frac{(\frac{(\hbar)^3}{2\pi})}{VPl} = \left(TG^{JC} \times \frac{2\varphi}{\pi}\right)^{(3/2)} = \frac{e}{\varphi}$$

$$1{,}6795 = 1{,}6739 = 1{,}6799$$

Autor: JoanCarles Testagorda Garcia (yo mismo) ecuación que yo creé el 17-3-2021 23:04 (Alpes Côte d'Azur, en el alojamiento del trabajo en el cual ayudaba a animales des del 17-8-2020 hasta el 4-9-2021 en donde me mudé más al norte).

Ecuación FZ1388 creada por JoanCarles Testagorda Garcia (yo mismo):

$$\frac{(\frac{(\hbar)^3}{2\pi})}{VPl} = \left(\frac{2\pi \times 1C}{mve \times c^2}\right)^2 = \left(TG^{JC} \times JC^{TG}\right)^{(3/2)} \times \frac{\pi}{\sqrt{18}}$$

$$1{,}6795 = 1{,}6852 = 1{,}6933$$

Autor: JoanCarles Testagorda Garcia (yo mismo) ecuación que yo creé el 20-3-2021 13:30 (Alpes Côte d'Azur, en el alojamiento del trabajo en el cual ayudaba a animales des del 17-8-2020 hasta el 4-9-2021 en donde me mudé más al norte). Mve = $3{,}92185 \times 10^{-36}$ Kg.

Ecuación FZ4606 creada por JoanCarles Testagorda Garcia (yo mismo):

$$\left(\frac{dK2}{dQ5}\right)^{1{,}84905} \approx \frac{8\pi}{3} \approx \frac{2\pi}{\tanh 1}$$

$$8{,}215 \approx 8{,}39 \approx 8{,}4$$

Autor: JoanCarles Testagorda Garcia (yo mismo) ecuación que yo creé el 4-5-2024 a las 10:09am en mi apartamento (mi casa) en Francia.

Ecuación FZ4608 creada por JoanCarles Testagorda Garcia (yo mismo):

$$\frac{2Gc}{c^2} \times \frac{(mve \times c^2)^2}{mG} \times \frac{(Fgc(i))^2}{\infty \times 2\pi} \approx \frac{mUp \times \lambda_{ce}}{KB \times B}$$

$$42{,}51 \approx 42{,}3$$

Autor: JoanCarles Testagorda Garcia (yo mismo) ecuación que yo creé el 4-5-2024 a las 10:40am en mi apartamento (mi casa) en Francia.

Ecuación FZ2858 creada por JoanCarles Testagorda Garcia (yo mismo):

$$\frac{\cosh 180 \times h \times pt}{1,226742} = \frac{1}{\hbar \times c^3} \times \frac{mPl+mPl+mPl+mPl}{\sqrt{2}} = Gc \times (h)^2 \times \cosh 180$$

$21,684 J = 21,66 \text{ m}^{10} \text{ s}^8 = 21,82 \text{ m}^7 \text{ Kg s}^{-4}$

Autor: JoanCarles Testagorda Garcia (yo mismo) ecuación que yo creé el 9-6-2022 2:28am en mi apartamento (mi casa) en Francia. En este caso aplico la partícula masa de Planck como una unión de 4 partículas que crean otra partícula. 1,22674201072 es la constante factorial de Fibonacci (relacionada con la serie de Fibonacci). Esta ecuación debe de ser incorrecta.

El día 19-9-2024 creé la ecuación FZ5226:

Ecuación FZ5226 creada por JoanCarles Testagorda Garcia (yo mismo):

$$\frac{(dQ5+dQ5)}{\sqrt{2}} \times \left(1 + \frac{JNeut\,2 \times JLept}{JQU \times JQD}\right) = 6,6756 \times 10^{-27} \, Kg\,m^{-3} = dK2$$

Autor: JoanCarles Testagorda Garcia (yo mismo) ecuación que yo creé a las 17:40 del 19-9-2024 en mi apartamento (Francia, pero no en Alpes Côte d'Azur).

Pensé que podía unir mi ecuación FZ5226 con mi ecuación FZ5218, para obtener mi ecuación FZ5229:

Ecuación FZ5218 creada por JoanCarles Testagorda Garcia (yo mismo):

$$\frac{\left(\left(\frac{\infty \times 10^{-34}}{2\pi}\right)^2 \times \frac{\infty \times 10^{-34}}{2\pi}\right)}{4\pi^2 \times VPl} = \log\left[\frac{\log(mUn)}{\sqrt{\left(\frac{JNeut\,2 \times JLept}{JQU \times JQD}\right)}}\right]$$

$1,7111 \approx 1,7118$

Autor: JoanCarles Testagorda Garcia (yo mismo) ecuación que yo creé el 18-9-2024 10:03am en mi apartamento (Francia sud-este, no en Alpes Côte d'Azur).

Ecuación FZ5229 creada por JoanCarles Testagorda Garcia (yo mismo):

$$\frac{((\frac{\infty \times 10^{-34}}{2\pi})^2 \times \frac{\infty \times 10^{-34}}{2\pi})}{4\pi^2 \times VPl} = \log\left[\frac{\log(mUn)}{\sqrt{(\frac{6{,}675 \times 10^{-27} Kg\, m^{-3}}{(\frac{dQ5+dQ5}{\sqrt{2}})} - 1)}}\right]$$

$$1{,}7111 \approx 1{,}7148$$

Autor: JoanCarles Testagorda Garcia (yo mismo) ecuación que yo creé el 18-9-2024 10:03am en mi apartamento (Francia sud-este, no en Alpes Côte d'Azur).

Ecuación FZ5296 creada por JoanCarles Testagorda Garcia (yo mismo):

$$\frac{((\frac{\infty \times 10^{-34}}{2\pi})^2 \times \frac{\infty \times 10^{-34}}{2\pi})}{4\pi^2 \times VPl} = \frac{\cosh^{-1}\left[\frac{((\frac{\infty \times 10^{-34}}{2\pi})^2 \times \frac{\infty \times 10^{-34}}{2\pi})}{4\pi^2 \times VPl}\right]}{Llim}$$

$$1{,}7111 \approx 1{,}706$$

$$\frac{((\frac{\infty \times 10^{-34}}{2\pi})^2 \times \frac{\infty \times 10^{-34}}{2\pi})}{4\pi^2 \times VPl} = \frac{\log 4}{\log 3} \times \frac{\sqrt{18}}{\pi}$$

$$1{,}7111 \approx 1{,}7041$$

Autor: JoanCarles Testagorda Garcia (yo mismo) ecuación que yo creé el 29-9-2024 9:13am en mi apartamento (Francia sud-este, no en Alpes Côte d'Azur).

Ecuación FZ4775 creada por JoanCarles Testagorda Garcia (yo mismo):

$$\log\left[\frac{m\mu \times c + mUp \times c}{(mY \times c + me \times c)^2} \times 2\pi \times \alpha\right] \approx \log\left[\frac{\cosh(\frac{dK2}{dQ5})}{Llim} \times \frac{dK2}{dQ5}\right]$$

$$1{,}748 \approx 1{,}732$$

$$\left(\frac{dK2_2}{mG}\right)^{1/3} \times \frac{\hbar}{mD \times c} = 1{,}665 = \frac{5}{3} \approx 1{,}7$$

Autor: JoanCarles Testagorda Garcia (yo mismo) ecuación que yo creé a las 17:17 del 25-5-2024 en mi apartamento (Francia, no en Alpes Côte d'Azur).

Ecuación FZ4588 creada por JoanCarles Testagorda Garcia (yo mismo):

$$\sqrt{\frac{Gc \times mG}{c^2}} \times \frac{mve \times c^2}{2\pi \times mG} \approx \frac{2\pi \times hc}{KB \times B} \times \sin \pi \approx \frac{mUp}{mg}$$

$$1{,}699 \approx 1{,}709 \approx 1{,}692$$

Autor: JoanCarles Testagorda Garcia (yo mismo) ecuación que yo creé a las 20:56 del 2-5-2024 en Francia.

Ecuación FZ4594 creada por JoanCarles Testagorda Garcia (yo mismo):

$$(\frac{8\pi \times Gc}{c^2} \times mG) \times (\frac{8\pi \times Gc}{c^2} \times (mG)^{\psi}) \times dK\, 2 \times \cosh 180 = \cosh^{-1} \pi$$

$$1{,}815 \approx 1{,}8115$$

$$\cosh^{-1}(\frac{mUn}{mH}) \times \frac{1}{32\pi} = \cosh^{-1} \pi$$

$$1{,}81209 \approx 1{,}8115$$

Autor: JoanCarles Testagorda Garcia (yo mismo) ecuación que yo creé a las 12:14 del 3-5-2024 en Francia.

Ecuación FZ4255 creada por JoanCarles Testagorda Garcia (yo mismo):

$$(\frac{(\Lambda)^{\frac{3}{2}} \times (lp)^2 \times rUn \times mUn}{mG} \times \frac{\pi}{4} \times \frac{\pi}{\sqrt{18}})^2 \approx \frac{mUp}{mg}$$

$$1{,}6722 \approx 1{,}69$$

Autor: JoanCarles Testagorda Garcia (yo mismo) ecuación que yo creé a las 20:06 del día 11-3-2024 en mi apartamento (Francia).

Ecuación FZ5204 creada por JoanCarles Testagorda Garcia (yo mismo):

$$\frac{((\frac{\infty \times 10^{-34}}{2\pi})^2 \times \frac{\infty \times 10^{-34}}{2\pi})}{4\pi^2 \times VPl} \approx \cosh(\frac{dK2}{dQ5}) \times \frac{1}{\infty}$$

$$1{,}7111 \approx 1{,}7079$$

Autor: JoanCarles Testagorda Garcia (yo mismo) ecuación que yo creé el día 14-9-2024 a las 23:17 en mi apartamento en Francia.

Ecuación FZ5203 creada por JoanCarles Testagorda Garcia (yo mismo):

$$\frac{((\frac{\infty \times 10^{-34}}{2\pi})^2 \times \frac{\infty \times 10^{-34}}{2\pi})}{4\pi^2 \times Planck\ Volumen} = 1{,}7111$$

$$\frac{\cosh(\frac{dK2}{dQ5})}{(\frac{dQ5}{dK2})} \times \frac{mUn \times c^2 \times rUn \times (lp)^2 \times \Lambda}{hc \times \infty^2} = 1{,}6786$$

$$\frac{\infty \times c_{dim}}{\infty \times \sqrt{\infty}} \approx \cosh(\frac{dK2}{dQ5}) \times (\frac{dQ5}{dK2})^2$$

$$1{,}16 \approx 1{,}166$$

Autor: JoanCarles Testagorda Garcia (yo mismo) ecuación que yo creé el día 14-9-2024 a las 22:24 en mi apartamento en Francia.

Ecuación FZ5207 creada por JoanCarles Testagorda Garcia (yo mismo):

$$\frac{((\frac{\infty \times 10^{-34}}{2\pi})^2 \times \frac{\infty \times 10^{-34}}{2\pi})}{4\pi^2 \times VPl} \approx \frac{1}{\varphi} \times \frac{h}{AgUn \times mG \times c^2} \times \infty$$

$$1{,}7111 \approx 1{,}70298$$

Autor: JoanCarles Testagorda Garcia (yo mismo) ecuación que yo creé el día 16-9-2024 a las 9:20am en mi apartamento en Francia.

Ecuación FZ1362 creada por JoanCarles Testagorda Garcia (yo mismo):

$$[\frac{((\frac{\infty \times 10^{-34}}{2\pi})^2 \times \frac{\infty \times 10^{-34}}{2\pi})^{(\frac{mUn \times c^2 \times \Lambda \times (lp)^2 \times rUn}{hc \times \infty^2})}}{4\pi^2 \times Planck\ Volumen}] = \frac{4}{\pi}$$

$$1{,}27 \approx 1{,}273$$

$$\frac{(\frac{(\hbar)^3}{2\pi})^{(\frac{mUn \times c^2 \times \Lambda \times (lp)^2 \times rUn}{hc \times \infty^2})}}{VPl} \approx \frac{4}{\pi} \approx JC^{TG}$$

$$1{,}2696 \approx 1{,}273 \approx 1{,}2654$$

Autor: JoanCarles Testagorda Garcia (yo mismo) ecuación que yo creé el 17-3-2021 23:04 (Alpes Côte d'Azur, en el alojamiento del trabajo en el cual ayudaba a animales des del 17-8-2020 hasta el 4-9-2021 en donde me mudé más al norte).

Ecuación FZ4958B creada por JoanCarles Testagorda Garcia (yo mismo):

$$\frac{c^2 \times lp \times hc^2}{Gc \times mG} \times \frac{\cosh 180}{\mu_0 \times (1C)^2} \approx \frac{((\frac{\infty \times 10^{-34}}{2\pi})^2 \times \frac{\infty \times 10^{-34}}{2\pi})}{4\pi^2 \times VPl}$$

$$1{,}7 \approx 1{,}7111$$

Autor: JoanCarles Testagorda Garcia (yo mismo) ecuación que yo creé a las 16:20 del 30-7-2024 en mi apartamento (Francia, pero no en Alpes Côte d'Azur).

Ecuaciones FZ4396 creadas por JoanCarles Testagorda Garcia (yo mismo):

$$\left(\sqrt{\Lambda} \times lp \times \cosh 180 \times \frac{mH}{mPl}\right)^2 = 1{,}681$$

Autor: JoanCarles Testagorda Garcia (yo mismo) ecuación que yo creé el 31-3-2024 a las 12:02 en mi apartamento (mi casa) en Francia.

Ecuación FZ5269 creada por JoanCarles Testagorda Garcia (yo mismo):

$$\left(\sqrt{\Lambda} \times lp \times \cosh 180 \times \frac{mH}{mPl}\right)^2 \approx \frac{((\frac{\infty \times 10^{-34}}{2\pi})^2 \times \frac{\infty \times 10^{-34}}{2\pi})}{4\pi^2 \times Planck\ Volumen\ constante}$$

$$1{,}681 = 1{,}7111$$

Autor: JoanCarles Testagorda Garcia (yo mismo) ecuación que yo creé el 23-9-2024 a las 17:40 en mi apartamento (mi casa) en Francia.

Ecuaciones FZ4386 FZ4387 creadas por JoanCarles Testagorda Garcia (yo mismo):

$$\sqrt{\Lambda} \times lp \times \cosh 180 \times \frac{mW}{mPl} \times 6/5 = 1 \quad \text{o bien}$$

$$\sqrt{\Lambda} \times lp \times \cosh 180 \times \frac{mW}{mPl} \times JNeut = 1$$

Autor: JoanCarles Testagorda Garcia (yo mismo) ecuación que yo creé el 31-3-2024 a las 2:22am en mi apartamento (mi casa) en Francia.

Otra de mis ideas fue aplicar espacios hiperbólicos (debido a mi hipótesis de la curvatura dentro de una dimensión que es como un punto). Así que como siempre yo mismo creé más ecuaciones utilizando mis ideas y el resultado me sorprendió porque uno de los valores que obtuve es próximo a la constante del límite orbital de Laplace. Este límite podría en este caso, corresponder a salir del punto inicial o a expandirse. O incluso al de una singularidad si se excede el límite de densidad crítica.

Ecuación FZ5206 creada por JoanCarles Testagorda Garcia (yo mismo):

$$\cosh^{-1}\left(\frac{\left(\left(\frac{\infty \times 10^{-34}}{2\pi}\right)^2 \times \frac{\infty \times 10^{-34}}{2\pi}\right)}{4\pi^2 \times VPl}\right) = Viswanath\ constante$$

$$1{,}131035 = 1{,}1319$$

$$\cosh^{-1}\left(\frac{\left(\left(\frac{\infty \times 10^{-34}}{2\pi}\right)^2 \times \frac{\infty \times 10^{-34}}{2\pi}\right)}{4\pi^2 \times VPl}\right) = \frac{(mZ+mW) \times 1/2 \times \frac{dK2}{dQ5}}{\alpha^2 \times 0{,}119 \times \alpha\ G \times GF \times (mPl)^3}$$

$$1{,}131035 = 1{,}13$$

$$\cosh^{-1}\left(\frac{\left(\left(\frac{\infty \times 10^{-34}}{2\pi}\right)^2 \times \frac{\infty \times 10^{-34}}{2\pi}\right)}{4\pi^2 \times VPl}\right) = \left(\frac{1}{Llim}\right)^2 \times 1/2$$

$$1{,}131035 = 1{,}1383$$

$$\cosh^{-1}\left(\frac{\left(\left(\frac{\infty \times 10^{-34}}{2\pi}\right)^2 \times \frac{\infty \times 10^{-34}}{2\pi}\right)}{4\pi^2 \times VPl}\right) = \frac{mH}{mW \times TG^{JC}} = \frac{(mH)^2}{mW \times (mW+mZ)}$$

$$1{,}131035 = 1{,}134 = 1{,}13225$$

Autor: JoanCarles Testagorda Garcia (yo mismo) ecuación que yo creé el 16-9-2024 a las 8:19am en mi apartamento (Francia).

Ecuación FZ1327 creada por JoanCarles Testagorda Garcia (yo mismo):

$$\cosh^{-1}\left(\frac{\left(\left(\frac{\infty \times 10^{-34}}{2\pi}\right)^2 \times \frac{\infty \times 10^{-34}}{2\pi}\right)}{4\pi^2 \times VPl}\right) = \cosh\left(\frac{mD}{mUp} \times \frac{\pi \times \varphi}{Pgf \times Ngf}\right)$$

$$1{,}131035 = 1{,}1319$$

Autor: JoanCarles Testagorda Garcia (yo mismo) ecuación que yo creé el 10-3-2021 20:20 (Alpes Côte d'Azur, en el alojamiento del trabajo en el cual ayudaba a animales des del 17-8-2020 hasta

Ecuación FZ943 creada por JoanCarles Testagorda Garcia (yo mismo):

$$1{,}13198 \times mWxTG^{JC} = mH\; ;\; \frac{mW \times TG^{JC}}{2x(Llim)^2} = mH = \left(\frac{mD}{2mUp}\right)^2 xmW \times TG^{JC}$$

$2{,}238 \times 10^{-25}$ Kg $= 2{,}2299 \times 10^{-25}$ Kg ; $2{,}236 \times 10^{-25}$ Kg $= 2{,}2299 \times 10^{-25}$ Kg

donde

$$Llim = \frac{me}{m\mu x\alpha}$$

$$\sqrt{1{,}13198824 \times mW \times (mW + mZ)} = mH \text{ o bien } \sqrt{\frac{mW \times (mZ + mW)}{2x(Llim)^2}} = mH$$

$2{,}2271 \times 10^{-25}$ Kg $= 2{,}2299 \times 10^{-25}$ Kg ; $2{,}2328 \times 10^{-25}$ Kg $= 2{,}2299 \times 10^{-25}$ Kg
Autor: JoanCarles Testagorda Garcia (yo mismo) ecuación que yo creé a las 20:15 del 17-9-2020 en Francia (Alpes Côte d'Azur, en el alojamiento del trabajo en el cual ayudaba a animales, en general a perros abandonados, estuve realizando este trabajo des del 17-8-2020 hasta el 4-9-2021 en donde me mudé más al norte).

Ecuación FZ5275 creada por JoanCarles Testagorda Garcia (yo mismo):

$$\frac{4\pi \times deUn}{mUn \times \left(\frac{H_{0ins}}{c}\right)^3} \approx \left(\frac{(\hbar)^2 x\hbar}{4\pi^2 \times VPl}\right)^4 \approx \frac{dK2}{p_{vac}}$$

$1{,}1364 \approx 1{,}1384 \approx 1{,}1384$

$$\cosh^{-1}\left(\frac{\left(\left(\frac{\infty \times 10^{-34}}{2\pi}\right)^2 x \frac{\infty \times 10^{-34}}{2\pi}\right)}{\frac{4\pi^2}{Planck\,Volumen}}\right) \approx Viswanath\,c. \approx \frac{1}{2}x\left(\frac{1}{Llim}\right)^2$$

$1{,}1312 \approx 1{,}131988 \approx 1{,}13835$

$$\frac{\cosh^{-1}\left(\frac{c^2 \times mUn}{(Tp-0K) \times KB}\right)}{\cosh^{-1}(mUn)} \approx \left(\frac{(\hbar)^2 x\hbar}{4\pi^2 \times VPl}\right)^4$$

$1{,}1396 \approx 1{,}1384$

Autor: JoanCarles Testagorda Garcia (yo mismo) ecuación que yo creé a las 11:19 del 25-9-2024 en mi apartamento (Francia, pero no en Alpes Côte d'Azur). Viswanath c = Viswanath constante.

Ecuación FZ4249 creada por JoanCarles Testagorda Garcia (yo mismo):

$$\log\left(\frac{mUn \times c^2 \times (\Lambda)^{\frac{3}{2}} \times ExUn \times AgUn}{(2 \times rUn)^2 \times dK2}\right) \approx \left(\frac{mD}{2mUp}\right)^2$$

$$1{,}1425 \approx 1{,}14$$

$$\frac{\sqrt{5}}{2} \approx \frac{1}{2 \times (Llim)^2} \approx \frac{\infty \times c_{dim}}{\infty \times \sqrt{\infty}} 1{,}118 \approx 1{,}138 \approx 1{,}16$$

o bien

$$\log\left(\frac{mUn \times c^2 \times (\Lambda)^{\frac{3}{2}} \times AgUn}{\frac{(2 \times rUn)^2}{ExUn} \times dK2}\right) \approx \cosh^{-1}\left(\frac{\left(\left(\frac{\infty \times 10^{-34}}{2\pi}\right)^2 \times \frac{\infty \times 10^{-34}}{2\pi}\right)}{4\pi^2 \times Planck\ Volumen}\right)$$

$$1{,}1425 \approx 1{,}131$$

$$\log\left[\frac{2 \times mUn \times AgUn \times (\Lambda)^{\frac{3}{2}}}{(dK2 \times lp)^2 \times (2 \times rUn)^3 \times 4\pi^2}\right] \approx 1{,}143$$

Autor: JoanCarles Testagorda Garcia (yo mismo) ecuación que yo creé a las 19:33 del día 11-3-2024 en mi apartamento (Francia). Según mis ecuaciones, la masa del universo podría ser 1,060 veces más pequeña (mUn / 1,060 = 3,35x10$^{54}$ Kg), así ExUn sería igual a "AgUn".

Ecuación FZ5247 creada por JoanCarles Testagorda Garcia (yo mismo):

$$\cosh^{-1}\left(\frac{\left(\left(\frac{\infty \times 10^{-34}}{2\pi}\right)^2 \times \frac{\infty \times 10^{-34}}{2\pi}\right)}{4\pi^2 \times Planck\ Volumen}\right) \approx \frac{\cosh^{-1}\left(\frac{mUn \times c^2}{KB \times (Tp-CMB)}\right)}{\cosh^{-1}(mUn)}$$

$$1{,}131 \approx 1{,}139$$

Autor: JoanCarles Testagorda Garcia (yo mismo) ecuación que yo creé a las 8:21am del día 22-9-2024 en mi apartamento (Francia).

Ecuación FZ5248 creada por JoanCarles Testagorda Garcia (yo mismo):

$$\frac{\cosh^{-1}\left(\frac{mUn \times c^2}{KB \times (pT)}\right)}{\cosh^{-1}(mUn)} \approx \cosh^{-1}\left(\frac{\left(\left(\frac{\infty \times 10^{-34}}{2\pi}\right)^2 \times \frac{\infty \times 10^{-34}}{2\pi}\right)}{4\pi^2 \times Planck\ Volumen}\right)$$

$$1{,}1397 \approx 1{,}131$$

Autor: JoanCarles Testagorda Garcia (yo mismo) ecuación que yo creé a las 8:23am del 22-9-2024 en mi apartamento (Francia, sureste).

Ecuación FZ5258 y 5260 creada por JoanCarles Testagorda Garcia (yo mismo):

$$\frac{mUn \, x \left(\frac{H_{0ins}}{c}\right)^3}{deUn \, x \, 4\pi^2} \times \frac{2}{\pi} \approx \cosh^{-1}\left(\frac{\left(\left(\frac{\infty \, x \, 10^{-34}}{2\pi}\right)^2 x \frac{\infty \, x \, 10^{-34}}{2\pi}\right)}{4\pi^2 x \, Planck \, Volumen}\right)$$

$$1{,}13 \approx 1{,}131$$

$$\frac{mUn \, x \left(\frac{H_{0ins}}{c}\right)^3}{deUn \, x \, 4\pi^2} \times \frac{dQ5}{dK2} \approx \frac{\cosh^{-1}\left(\frac{mUn \, x \, c^2}{KB \, x \, (Tp - CMB)}\right)}{\cosh^{-1}(mUn)} \approx \left(\frac{1}{Llim}\right)^2 x \frac{1}{2}$$

$$1{,}143 \approx 1{,}131$$

Autor: JoanCarles Testagorda Garcia (yo mismo) ecuación que yo creé el día 22-9-2024 a las 10:06am en mi apartamento en Francia.

Como las dimensiones son infinitas, el coseno hiperbólico inverso permite establecer ángulos externos, de curvatura hacia el exterior. Y el coseno hiperbólico no inverso, puede ser útil para curvaturas internas. Así que establecí una relación entre ellos porque existen universos internos y externos que se crean igual y a los que hipotéticamente se podría acceder. Es por ello que también lo relacioné con agujeros negros.
También pensé que la doble curvatura interna y externa podría implicar la creación de partículas. Como en bosones, por ejemplo con mi bosón-JCTG2, una posible quinta fuerza.

Ecuación FZ5219 creada por JoanCarles Testagorda Garcia (yo mismo):

$$\cosh\left[\frac{\left(\left(\frac{\infty \, x \, 10^{-34}}{2\pi}\right)^2 x \frac{\infty \, x \, 10^{-34}}{2\pi}\right)}{4\pi^2 x \, VPl}\right] \approx \frac{c^2 x \, lp}{Gc \, x \left(\frac{2mve \, x \, 2mve}{\sqrt{2}}\right)} \times \frac{mZ \, x \, mH}{4\pi^2 x \, 32\pi}$$

$$2{,}8578 \approx 2{,}8284 \qquad mve = 3{,}926 \times 10^{-36} Kg$$

Autor: JoanCarles Testagorda Garcia (yo mismo) ecuación que yo creé el 18-9-2024 13:01 en mi apartamento (Francia sud-este, no en Alpes Côte d'Azur).

Ecuación FZ5216 creada por JoanCarles Testagorda Garcia (yo mismo):

$$\cosh^{-1}\left(\frac{rUn}{lp}\right) \times \frac{1}{16\pi} = \cosh\left[\frac{\left(\left(\frac{\infty \times 10^{-34}}{2\pi}\right)^2 \times \frac{\infty \times 10^{-34}}{2\pi}\right)}{4\pi^2 \times Planck\ Volumen\ constante}\right]$$

$$2{,}857 \approx 2{,}8280$$

Autor: JoanCarles Testagorda Garcia (yo mismo) ecuación que yo creé a las 11:32 del 17-9-2024 en mi apartamento (Francia, pero no en Alpes Côte d'Azur).

Ecuación FZ5205 creada por JoanCarles Testagorda Garcia (yo mismo):

$$\cosh\left(\frac{\left(\left(\frac{\infty \times 10^{-34}}{2\pi}\right)^2 \times \frac{\infty \times 10^{-34}}{2\pi}\right)}{4\pi^2 \times Planck\ Volumen}\right) \approx 2 \times \sqrt{2}$$

$$2{,}8578 \approx 2{,}8282$$

Autor: JoanCarles Testagorda Garcia (yo mismo) ecuación que yo creé el día 14-9-2024 a las 23:20 en mi apartamento en Francia.

Ecuación FZ5245 creada por JoanCarles Testagorda Garcia (yo mismo):

$$\cosh\left(\frac{\left(\left(\frac{\infty \times 10^{-34}}{2\pi}\right)^2 \times \frac{\infty \times 10^{-34}}{2\pi}\right)}{4\pi^2 \times Planck\ Volumen}\right) \approx \frac{\cosh^{-1}\left(\frac{mUn \times c^2}{KB \times (Tp - CMB)}\right)}{16\pi}$$

$$2{,}8578 \approx 2{,}863$$

Autor: JoanCarles Testagorda Garcia (yo mismo) ecuación que yo creé a las 8:08am del día 22-9-2024 en mi apartamento (Francia).

Ecuación FZ5208 creada por JoanCarles Testagorda Garcia (yo mismo):

$$\cosh\left(\frac{\left(\left(\frac{\infty \times 10^{-34}}{2\pi}\right)^2 \times \frac{\infty \times 10^{-34}}{2\pi}\right)}{4\pi^2 \times Planck\ Volumen}\right) = 2{,}8578$$

$$\frac{GF \times \alpha \times \alpha G \times 0{,}119 \times (mPl)^2 \times mH \times c^2}{CMB \times KB} \times 2 = 2{,}81$$

Autor: JoanCarles Testagorda Garcia (yo mismo) ecuación que yo creé el día 16-9-2024 a las 10:31 en mi apartamento en Francia.

Ecuación FZ4010 creada por JoanCarles Testagorda Garcia (yo mismo):

$$\frac{mN \times c^2}{rB} \times 16\pi = \frac{mN \times c^2}{2rB \times \alpha \times TG^{JC}} = \cosh^{-1}\left(\frac{rUn}{lp}\right)$$

$$142{,}1 \approx 142 \approx 141{,}152$$

Autor: JoanCarles Testagorda Garcia (yo mismo) ecuación que yo creé a las 19:37 del 25-1-2024 en mi apartamento (Francia, pero no en Alpes Côte d'Azur).

Ecuación FZ4011 y FZ4012 creadas por JoanCarles Testagorda Garcia (yo mismo):

$$\cosh^{-1}\left(\frac{rUn}{lp}\right) = \frac{mN \times c^2}{rB} \times 32\pi = \frac{mN \times c^2}{rB \times \alpha \times TG^{JC}}$$

$$284{,}3 \approx 284{,}2$$

$$\cosh^{-1}\left(\frac{rUn}{lp}\right) = \frac{mN \times c^2}{rB \times Mme} \times 32\pi$$

$$285{,}69 \approx 285{,}64$$

Autor: JoanCarles Testagorda Garcia (yo mismo) ecuación que yo creé a las 19:44 y 19:47 del 25-1-2024 en mi apartamento (Francia, pero no en Alpes Côte d'Azur).

Ecuación FZ4018 creada por JoanCarles Testagorda Garcia (yo mismo):

$$\frac{\cosh^{-1}\left(\frac{2\,xrUn}{lp}\right)}{\cosh^{-1}\left(\frac{mUn}{mH}\right)} = \frac{mHiggs}{mW \times 2} = 2 \times \alpha \times TG^{JC} \times 4\pi^2$$

$$0{,}7802 \approx 0{,}778 \approx 0{,}7902$$

Autor: JoanCarles Testagorda Garcia (yo mismo) ecuación que yo creé a las 19:45 del 7-2-2024 en mi apartamento (Francia, pero no en Alpes Côte d'Azur).

Ecuación FZ2852 creada por JoanCarles Testagorda Garcia (yo mismo):

$$\frac{\infty_d \times \sqrt{\infty_d} \times 2 \times lp \times c}{2\,Gc \times h^2} = \left(\frac{hc \times c^2 \times lp}{\cosh 180 \times \mu_0 \times Gc \times mG \times (1C)^2}\right)^2$$

$$2{,}8463 = 2{,}8315$$

Autor: JoanCarles Testagorda Garcia (yo mismo) ecuación que yo creé el 6-6-2022 ≈20:19 en mi apartamento (mi casa) en Francia.

Ecuación FZ4022 creada por JoanCarles Testagorda Garcia (yo mismo):

$$\frac{\cosh^{-1}(\frac{2xrUn}{lp})}{\cosh^{-1}(\frac{mUn}{mH})} = \frac{mHiggs}{mW \times 2} = \frac{1}{(JC^{TG})}$$

$$0{,}7802 \approx 0{,}79022$$

Autor: JoanCarles Testagorda Garcia (yo mismo) ecuación que yo creé a las 19:50 del 7-2-2024 en mi apartamento (Francia, pero no en Alpes Côte d'Azur).

Ecuación FZ4025 creada por JoanCarles Testagorda Garcia (yo mismo):

$$\frac{\cosh^{-1}(\frac{2xrUn}{lp})}{\cosh^{-1}(\frac{mUn}{mH})} \times \frac{1}{\tanh 1} = 1$$

Autor: JoanCarles Testagorda Garcia (yo mismo) ecuación que yo creé a las 20:17 del 7-2-2024 en mi apartamento (Francia, pero no en Alpes Côte d'Azur).

Ecuación FZ5267 creada por JoanCarles Testagorda Garcia (yo mismo):

$$\frac{\log(4000K)}{\log(CMB)} \times \frac{1}{e^{\frac{1}{e}} \times 2} = \cosh\left(\frac{((\frac{\infty \times 10^{-34}}{2\pi})^2 \times \frac{\infty \times 10^{-34}}{2\pi})}{4\pi^2 \times Planck\ Volumen\ constante}\right)$$

$$2{,}86 \approx 2{,}8578 \quad = \frac{mG \times 2}{h \times AgUn \times \Lambda \times (JQD^{JQU^{JLept^{lNeu}}})^2} = 2{,}866$$

Autor: JoanCarles Testagorda Garcia (yo mismo) ecuación que yo creé el 23-9-2024 a las 12:51 en mi apartamento (mi casa) en Francia.

Ecuación FZ5156 creada por JoanCarles Testagorda Garcia (yo mismo):

$$\sqrt{\frac{1}{\log \infty}} \times 2 \approx \frac{c^2 \times 2xrUn \times 2 \times \infty}{2Gc \times mUn}$$

$$2{,}203 \approx 2{,}213$$

Autor: JoanCarles Testagorda Garcia (yo mismo) ecuación que yo creé a las 12:07 del 10-9-2024 en mi apartamento (Francia, sureste).

Ecuación FZ4776 creada por JoanCarles Testagorda Garcia (yo mismo):

$$\sqrt{\left(\frac{dK2_2}{mG}\right)^{1/3} \times \frac{\hbar}{mD \times c} \times 3} = \sqrt{5}$$

$$2{,}2352 = 2{,}236$$

Autor: JoanCarles Testagorda Garcia (yo mismo) ecuación que yo creé a las 17:33 del 25-5-2024 en mi apartamento (Francia, no en Alpes Côte d'Azur).

Ecuación FZ5223 creada por JoanCarles Testagorda Garcia (yo mismo):

$$2 \times \log\left[\frac{mUn \times c^2 \times (AgUn)^2 \times (\Lambda)^{3/2}}{(2 \times rUn)^2 \times dK2}\right] = \sqrt{5}$$

$$2{,}235 \approx 2{,}236$$

Autor: JoanCarles Testagorda Garcia (yo mismo) ecuación que yo creé a las 13:01 del 19-9-2024 en mi apartamento (Francia, no en Alpes Côte d'Azur).

Ecuación FZ4859 creada por JoanCarles Testagorda Garcia (yo mismo):

$$\frac{hc}{1s \times (\Lambda)^{\psi} \times c^2 \times mUn} \times rUn \times AgUn = 1$$

Autor: JoanCarles Testagorda Garcia (yo mismo) ecuación que yo creé a las 14:36 del 29-6-2024 en mi apartamento (Francia, no en Alpes Côte d'Azur).

Ecuación FZ4861 creada por JoanCarles Testagorda Garcia (yo mismo):

$$\frac{hc \times \infty^2}{(lp)^2 \times \Lambda \times c^2 \times mUn \times rUn} = \frac{h}{\Lambda \times AgUn \times 2\pi \times 1J \times 1m^2} \approx \frac{mDown}{mUp}$$

$$2{,}175 \approx 2{,}18 \approx 2{,}13$$

Autor: JoanCarles Testagorda Garcia (yo mismo) ecuación que yo creé a las 15:06 del 29-6-2024 en mi apartamento (Francia, no en Alpes Côte d'Azur).

Ecuación FZ4862 creada por JoanCarles Testagorda Garcia (yo mismo):

$$\frac{hc \times \infty^2}{(lp)^2 \times \Lambda \times c^2 \times mUn \times rUn} \approx \cosh\left(\frac{dK2}{dQ5}\right) \times (Llim)^4$$
$$2{,}175 \approx 2{,}196$$

$$\frac{hc \times \infty^2}{(lp)^2 \times \Lambda \times c^2 \times mUn \times rUn} \approx \frac{c^2 \times mUn}{0{,}28\% \times \cosh 180} \times \frac{c^2 \times lp}{hc} \times (Llim)^4$$
$$2{,}175 \approx 2{,}164$$

Autor: JoanCarles Testagorda Garcia (yo mismo) ecuación que yo creé a las 16:28 del 29-6-2024 en mi apartamento (Francia, no en Alpes Côte d'Azur).

Ecuaciones FZ4590, FZ4591 y FZ4749 creadas por JoanCarles Testagorda Garcia (yo mismo):

$$\frac{4\pi^2 \times Gc \times 3{,}56 \times 10^{(54\psi)} \, Kg}{c^2 \times 2} \times \sqrt{\Lambda} \times \cosh 180 \times mPl \times \frac{\sqrt{2}}{4 \, mve} = \frac{deUn}{2 \, dQ5}$$
$$2{,}204 \approx 2{,}203$$

$$2/3\,\pi \times \frac{mD}{mUp} \approx \frac{\cosh^{-1}\left[\frac{mN}{mP} \times \frac{GF \times 0{,}119 \times \alpha \times \alpha G \times (mPl)^3}{mW + mZ}\right]}{e}$$
$$2{,}23 \approx 2{,}18$$

$$\frac{mG \times c}{2h} \times \frac{1}{\sqrt{\Lambda} \times F_1} \approx \frac{hc \times \infty^2}{mUn \times c^2 \times rUn \times \Lambda \times (lp)^2} \approx 2 \times \frac{19}{17}$$
$$2{,}189 \approx 2{,}1715 \approx 2{,}23$$

$$\frac{dK2_2}{2 \times dQ5 \times \infty_{dim}} = \frac{deUn}{2 \, dQ5}$$
$$2{,}23 \approx 2{,}203$$

Autor: JoanCarles Testagorda Garcia (yo mismo) ecuación que yo creé a las 11:29 del 3-5-2024 en Francia.

Ecuación FZ5103 creada por JoanCarles Testagorda Garcia (yo mismo):

$$\frac{hc \times \infty^2}{mUn \times c^2 \times rUn \times \Lambda \times (lp)^2} \approx \frac{\log mUn}{\log mH} \approx 2 \times \sqrt{\left(\frac{1}{\log \infty}\right)}$$
$$2{,}1715 \approx 2{,}212 \approx 2{,}203$$

Autor: JoanCarles Testagorda Garcia (yo mismo) ecuación que yo creé a las 12:31 del 6-9-2024 en mi apartamento (Francia, pero no en Alpes Côte d'Azur).

Ecuación FZ5276 creada por JoanCarles Testagorda Garcia (yo mismo):

$$2 x \cosh^{-1}\left(\frac{(\hbar)^2 x \hbar}{4\pi^2 x VPl}\right) \approx \frac{dK2}{\sqrt{2} x dQ5}$$

$$2{,}217 \approx 2{,}2087$$

$$2 x \cosh^{-1}\left(\frac{(\hbar)^2 x \hbar}{4\pi^2 x VPl}\right) \approx \frac{mUn \, x \, rUn \, x (lp)^2 x (\Lambda)^{\frac{3}{2}}}{2 x mG} \approx \frac{\pi}{\sqrt{2}}$$

$$2{,}217 \approx 2{,}223 \approx 2{,}2219$$

Autor: JoanCarles Testagorda Garcia (yo mismo) ecuación que yo creé a las 11:26 del 25-9-2024 en mi apartamento (Francia, pero no en Alpes Côte d'Azur).

Ecuación FZ4075 creada por JoanCarles Testagorda Garcia (yo mismo):

$$\frac{2Gc \, x \, MTOV}{c^2 x 8\pi} x \sqrt{\Lambda} \approx \sqrt{5} \approx \frac{B \, x \, KB \, x \, 2\pi}{mve \, x \, vso \, x \, c \, x \, \alpha}$$

$$2{,}2119 \approx 2{,}236 \approx 2{,}238$$

Autor: JoanCarles Testagorda Garcia (yo mismo) ecuación que yo creé a las 20:51 del 18-2-2024 en mi apartamento (Francia, pero no en Alpes Côte d'Azur).

Ecuación FZ4074 creada por JoanCarles Testagorda Garcia (yo mismo):

$$\frac{2Gc \, x \, MTOV}{c^2 x 8\pi} x \sqrt{\Lambda} = \frac{hc \, x \, \infty^2}{mUn \, x \, c^2 \, x \, rUn \, x (lp)^2 x \Lambda}$$

$$2{,}2119 = 2{,}17151$$

$$\frac{hc \, x \, \infty^2}{mUn \, x \, c^2 \, x \, rUn \, x (lp)^2 x \Lambda} = \frac{2Gc \, x \, MTOV}{c^2 x 1 m^2} x \frac{B \, x \, KB \, x \, 2\pi}{\alpha \, x \, mve \, x \, c^2}$$

$$2{,}17151 = 2{,}1753$$

Autor: JoanCarles Testagorda Garcia (yo mismo) ecuación que yo creé a las 20:33 del 18-2-2024 en mi apartamento (Francia, pero no en Alpes Côte d'Azur).

Ecuación FZ4810 creada por JoanCarles Testagorda Garcia (yo mismo):
$$\frac{hc\, x\, \infty^2}{mUn\, x\, c^2\, x\, rUn\, x\, (lp)^2\, x\, \Lambda} \approx \frac{c^2\, x\, lp}{2Gc} \times \frac{\sqrt{2}}{2mve} \times \frac{2mY\, x\, mH}{\alpha G} = \frac{mv\tau\, x\, 2}{mX\, 17}$$
$$2{,}17151 \approx 2{,}1705 \approx 2{,}1796$$
Autor: JoanCarles Testagorda Garcia (yo mismo) ecuación que yo creé a las 11:05am del 9-6-2024 en mi apartamento (Francia, pero no en Alpes Côte d'Azur).

Ecuación FZ2848 creada por JoanCarles Testagorda Garcia (yo mismo):
$$\frac{hc\, x\, (\infty)^2}{(c\, x\, lp)^2\, x\, \Lambda\, x\, rUn\, x\, mUn} = (\cosh 180)^2\, x\, 4/3\, \pi\, x\, (lp)^3\, x\, 2\, x\, \Lambda$$
$$2{,}1715 = 2{,}1684$$
Autor: JoanCarles Testagorda Garcia (yo mismo) ecuación que yo creé el 6-6-2022 a las ≈20:00 en mi apartamento (mi casa) en Francia.

Ecuación FZ5108 creada por JoanCarles Testagorda Garcia (yo mismo):
$$\frac{\infty^2\, x\, (\frac{dK\, 2}{dQ\, 5})}{rUn\, x\, AgUn\, x\, \Lambda\, x\, c} \approx \sqrt{5} \approx \frac{\log(mUn)}{\log(mH)}$$
$$2{,}2346 = 2{,}236 \approx 2{,}21$$
Autor: JoanCarles Testagorda Garcia (yo mismo) ecuación que yo creé a las 12:59 del 6-9-2024 en mi apartamento (Francia, pero no en Alpes Côte d'Azur).
Pensé que si mi ecuación FZ5108 es correcta, entonces podría obtener la masa del universo.

Ecuación FZ5110 creada por JoanCarles Testagorda Garcia (yo mismo):
$$\frac{\log(1{,}33\, x\, 10^{55}\, Kg)}{\log(mH)\, x\, \sqrt{5}}\, x\, \psi = 1$$
Autor: JoanCarles Testagorda Garcia (yo mismo) ecuación que yo creé a las 13:10 del 6-9-2024 en mi apartamento (Francia, pero no en Alpes Côte d'Azur).

Ecuación FZ4709 creada por JoanCarles Testagorda Garcia (yo mismo):

$$\frac{mUn}{mG} \times rUn \times (lp)^2 \times (\Lambda)^{\frac{3}{2}} \approx \sqrt{2} \times \pi \approx \frac{dK2}{dQ5} \times \frac{1}{\infty_{dim}} \approx \sqrt{2} \times \frac{dK2}{dQ5}$$

$$4,44 \approx 4,44 \approx 4,68 \approx 4,44$$

Autor: JoanCarles Testagorda Garcia (yo mismo) ecuación que yo creé a las 11:43 del 14-5-2024 en mi apartamento (Francia, pero no en Alpes Côte d'Azur).

Ecuación FZ4742 creada por JoanCarles Testagorda Garcia (yo mismo):

$$\frac{8\pi \times Gc}{c^2} \times \sqrt{\Lambda} \times \cosh 180 \times (mUn)^\psi \times \frac{mve \times c^2}{mX\,17 \times 1C} = \frac{mY \times mPl \times \alpha^2}{(me)^2}$$

$$2,206 \approx 2,20 \quad \text{siendo}: mve = 3,92 \times 10^{-36} \text{ Kg}$$

$$\frac{mY \times mPl \times \alpha^2}{(me)^2} = \frac{hc \times \infty^2}{c^2 \times mUn \times rUn \times \Lambda \times (lp)^2}$$

$$2,206 \approx 2,1715$$

Autor: JoanCarles Testagorda Garcia (yo mismo) ecuación que yo creé a las 20:01 del 20-5-2024 en mi apartamento (Francia, pero no en Alpes Côte d'Azur).

Ecuación FZ4119 creada por JoanCarles Testagorda Garcia:

$$(lp)^{2\psi} \times \Lambda \times \frac{mH}{mPl} \times \frac{1}{2} \approx \frac{mD}{mUp}$$

$$2,1682 \approx 2,13$$

Autor: JoanCarles Testagorda Garcia (yo mismo) ecuación que yo creé a las 19:38 del día 26-2-2024 en mi apartamento (Francia).

Ecuaciones FZ4120 y FZ4121 creadas por JoanCarles Testagorda Garcia:

$$\frac{2Gc \times mUn}{c^2 \times 8\pi} \times \sqrt{\Lambda} \approx (lp)^{2\psi} \times \Lambda \times \frac{mH}{mPl} \times \frac{1}{2}$$

$$2,1624 \approx 2,168$$

$$(lp)^{2\psi} \times \Lambda \times \frac{mH}{mPl} \times \frac{1}{2} \approx \frac{2Gc \times MTOV}{c^2 \times 1m^2} \times \frac{B \times KB \times 2\pi}{mve \times c^2 \times \alpha}$$

$$2,168 \approx 2,1753$$

Autor: JoanCarles Testagorda Garcia (yo mismo) ecuación que yo creé a las 19:53 y 19:55 del día 26-2-2024 en mi apartamento (Francia).

Ecuación FZ4495 creada por JoanCarles Testagorda Garcia (yo mismo):
$$\frac{deUn}{dQ5} \approx \frac{2 \times mY \times mPl \times (\alpha)^2}{(me)^2}$$
$$4{,}417 \approx 4{,}413$$
Autor: JoanCarles Testagorda Garcia (yo mismo) ecuación que yo creé a las 0:50am del 17-9-2024 en mi apartamento (Francia).

Ecuación FZ4496 creada por JoanCarles Testagorda Garcia (yo mismo):
$$\frac{4}{3}\pi \times \left(\frac{lp}{c \times pt}\right)^3 \approx \frac{deUn}{dQ5}$$
$$4{,}1887 \approx 4{,}417$$
$$dQ5 \times 4/3\pi \times F_1 \approx deUn$$
Autor: JoanCarles Testagorda Garcia (yo mismo) ecuación que yo creé a las 10:41 del 17-4-2024 en mi apartamento (Francia, pero no en Alpes Côte d'Azur).

Ecuación FZ5104 y FZ5309 creada por JoanCarles Testagorda Garcia (yo mismo):
$$\frac{\log mUn}{\log mH} \times 2 \approx \left(\frac{dK_2 \times \sqrt{2}}{dQ5 \times 2}\right)^2 \approx \infty \times \infty_{dim}$$
$$4{,}42 \approx 4{,}429 \approx 4{,}444$$
Autor: JoanCarles Testagorda Garcia (yo mismo) ecuación que yo creé a las 12:10 del 6-9-2024 y el 5/10/2024 a las 17:33 en mi apartamento (Francia, pero no en Alpes Côte d'Azur).

Ecuación FZ4771 creada por JoanCarles Testagorda Garcia (yo mismo):
$$(lp)^2 \times (\Lambda)^{3/2} \times rUn \times \frac{mUn}{mG} = \frac{deUn}{dQ5} = \infty \times \infty_d$$
$$4{,}44 \approx 4{,}41 \approx 4{,}444$$
Autor: JoanCarles Testagorda Garcia (yo mismo) ecuación que yo creé a las 13:47 del 25-5-2024 en mi apartamento (Francia, no en Alpes Côte d'Azur).

Ecuación FZ5194, FZ5209 y 5214 creadas por JoanCarles Testagorda Garcia (yo mismo):

$$\frac{(\frac{\infty \times 10^{-34}}{lp})^2}{4\pi^2} \approx \infty^2 \approx (\frac{h}{lp})^2 \times \frac{1}{4\pi^2} \approx \frac{2x\cosh^{-1}(\frac{2xrUn}{lp})}{2\pi} \approx \frac{\cosh^{-1}(\frac{2xrUn}{lp})}{(\frac{dK2}{dQ5})}$$

$$43{,}099 \approx 44{,}444 \approx 42{,}57 \approx 45{,}469$$

$$\frac{\hbar \times c \times \Lambda}{TG^{JC} \times \alpha G \times 2lp} \approx \infty^2$$

$$45 \approx 44{,}44444$$

Autor: JoanCarles Testagorda Garcia (yo mismo) ecuación que yo creé a las 16:01 del 13-9-2024 en mi apartamento (Francia, sureste).

Ecuación FZ2754B creada por JoanCarles Testagorda Garcia (yo mismo):

$$\frac{hc}{(lp \times c)^2} \times \sqrt{((mUn)^\Psi)} = \frac{mH}{mW} \times (\frac{2}{\sinh 1})^2 = (\frac{mD}{mUp})^2 = \frac{mH}{mW} \times (\frac{mUp}{mg})^2$$

$$4{,}484 = 4{,}506 = 4{,}56 = 4{,}4565$$

Autor: JoanCarles Testagorda Garcia (yo mismo) ecuación que yo creé el 11-5-2022 a las 19:17 en mi apartamento (mi casa) en Francia.

Ecuación FZ2757 creada por JoanCarles Testagorda Garcia (yo mismo):

$$\sqrt{(\frac{DeUn \times c^2}{hc})} \times \frac{\mu_0}{\infty \times 4\pi} = 1$$

Autor: JoanCarles Testagorda Garcia (yo mismo) ecuación que yo creé el 11-5-2022 a las ≈20:00 en mi apartamento (mi casa) en Francia.

Ecuación FZ5298 creada por JoanCarles Testagorda Garcia (yo mismo):

$$\frac{\log(mUn)}{\log(mPl)} \times \frac{1}{\infty} \approx \frac{mD}{2mUp} \approx \frac{hc \times \infty^2}{2 \times mUn \times c^2 \times (lp)^2 \times rUn \times \Lambda}$$

Autor: JoanCarles Testagorda Garcia (yo mismo) ecuación que yo creé el día 29/9/2024 a las 11:13am en mi apartamento (en Francia, Sureste).

Ecuación FZ5184 creada por JoanCarles Testagorda Garcia (yo mismo):

$$\frac{(\frac{c^2 x \infty}{rUn})}{(\frac{Gc\, x\, mUn}{(rUn)^2})} \approx (\log(\cosh(\frac{dK2}{dQ5})))^2 = \sqrt{(\frac{1}{\log \infty})} = \frac{\log(mUn)}{\log(mH)} x \frac{1}{2}$$

$$1{,}10 = 1{,}10 = 1{,}101 = 1{,}101$$

$$\frac{(\frac{c^2 x \infty}{rUn})}{(\frac{Gc\, x\, mUn}{(rUn)^2})} \approx \frac{mG}{h\, x\, AgUn\, x\, \Lambda\, x\, 8\pi} x \frac{\log(4000\,K)}{\log(CMB)}$$

$$1{,}10 = 1{,}10$$

Autor: JoanCarles Testagorda Garcia (yo mismo) ecuación que yo creé el 11-9-2024 22:10, en mi apartamento (Francia sud-este, no en Alpes Côte d'Azur).

Ecuación FZ1117 creada por JoanCarles Testagorda Garcia (yo mismo):

$$\frac{(\frac{c^2 x \infty}{rUn})}{(\frac{Gc\, x\, mUn}{(rUn)^2})} \approx (\log(\cosh(\frac{dK2}{dQ5})))^2 = \frac{lp\, x\, \alpha\, G}{\hbar c\, x\, \Lambda\, x\, \alpha} = \frac{32\pi\, x\, lp\, x\, \alpha\, G\, x\, TG^{JC}}{\hbar c\, x\, \Lambda}$$

$$1{,}10 = 1{,}099 = 1{,}1099 = 1{,}116$$

Autor: JoanCarles Testagorda Garcia (yo mismo) ecuación que yo creé el 23-12-2020 (Alpes Côte d'Azur, en el alojamiento del trabajo en el cual ayudaba a animales des del 17-8-2020 hasta el 4-9-2021 en donde me mudé más al norte).

Ecuación FZ4581B creada por JoanCarles Testagorda Garcia (yo mismo):

$$\frac{8\pi\, x\, Gc}{c^2} x \frac{c^2 x (mUn)^\psi x \sqrt{\Lambda} x \cosh 180}{1C} x \frac{2mve}{mX17} \approx \frac{hc\, x\, \infty^2 x (\frac{1}{(lp)^2})}{mUn\, x\, c^2 x\, rUn\, x\, \Lambda}$$

$$2{,}2061 \approx 2{,}1715$$

Autor: JoanCarles Testagorda Garcia (yo mismo) ecuación que yo creé el 2-5-2024 a las 17:59 en mi apartamento (mi casa) en Francia.

Ecuación FZ4411 creada por JoanCarles Testagorda Garcia (yo mismo):

$$\frac{dK\,2}{dQ\,5} \times \frac{1}{\sqrt{2}} \approx \sqrt{5}$$

$$2{,}20 \approx 2{,}236$$

Autor: JoanCarles Testagorda Garcia (yo mismo) ecuación que yo creé el 2-4-2024 a las 11:10am en mi apartamento (mi casa) en Francia.

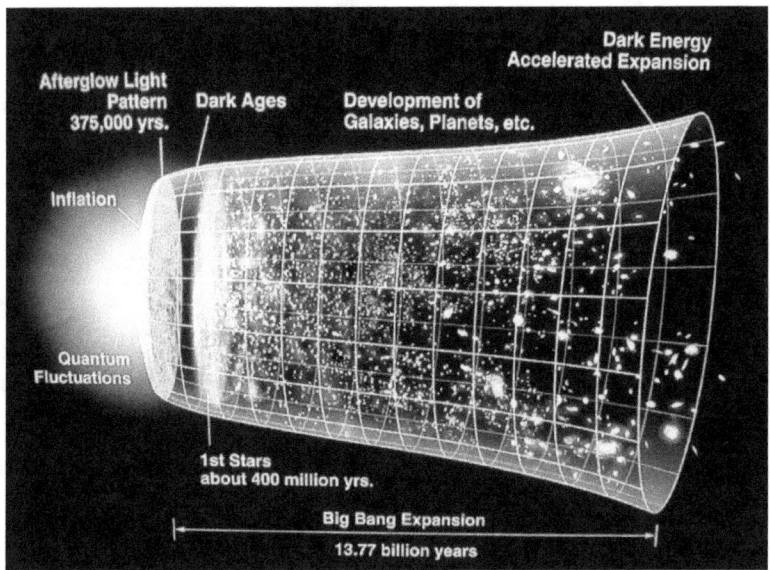

# 5.4-MI HIPÓTESIS SOBRE LA COMPOSICIÓN DEL UNIVERSO

Habiendo ya explicado la creación del universo, empezaré explicando la composición del universo, de qué está formado el universo. Hay que entender que la expansión del universo es la que crea los otros tipos de materia como los neutrinos, los leptones, los fotones o los quarks que forman los átomos. Por tanto se forman las partículas consideradas como elementales.

Sin la expansión del universo no existirían los átomos porque los quarks no se formarían y después no se unirían para formar protones y neutrones. Y si el universo no hubieran seguido expandiéndose no se habría enfriado lo suficiente como para formar las estrellas las cuales forman elementos atómicos nuevos como el hierro.

Por tanto la composición del universo cambió en las primeras etapas del universo.

Con la expansión se ensancha el universo y las partículas se amontonan en grupos como en las estrellas y estas se separan después. Esto hace que la materia, las partículas interaccionen menos entre ellas y que por tanto se van estabilizando lo cual hace que emitan menos radiaciones. Por tanto la cantidad de fotones y neutrinos podría disminuir. El universo se enfría y esto hace que se llegue a un equilibrio termodinámico.

En esta imagen se puede observar que al principio del origen del universo había una mayor cantidad de materia oscura (63%), un 10% de neutrinos, un 15% de fotones y un 12% de átomos. También se puede observar que al principio la cantidad de energía oscura representa un porcentaje del 0% o de casi 0.

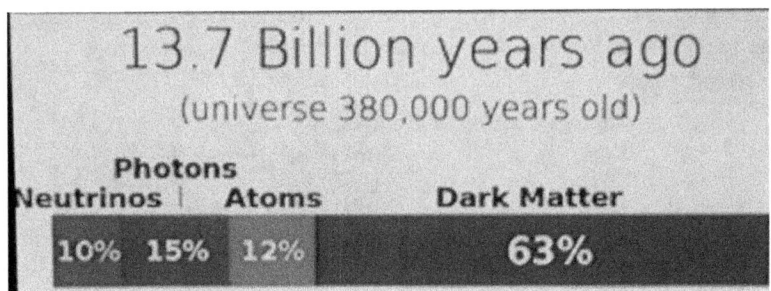

En esta otra imagen se observa que a día de hoy el porcentaje de la composición del universo ha cambiado. De tal manera que actualmente el % de energía oscura (JoI) es de ≈72%, el de átomos de ≈4,6% y el de materia oscura de ≈ 23%.

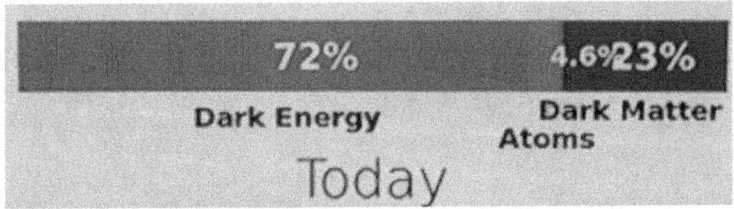

¿Como y porqué ocurrió esto?

Como ya dije la distancia entre partículas reduce la interacción entre ellas, pero esto no explica porqué cambia el % de materia y energía oscura. La expansión explica que la energía oscura (JoI) se ensancha, por tanto esta reduce su densidad pero no que su cantidad.
Para entender mi hipótesis de como y porqué sucede este cambio, es necesario entender mi hipótesis de 2014 y Octubre2020 sobre cómo interacciona la energía oscura (K2) con la materia, mi hipótesis sobre de qué esta hecha la materia, mi hipótesis sobre cómo se crea la materia, sobre el procesoJCTG y el tiempoJC.

En este libro solamente a exponer un poco mis ideas sobre porqué ocurre esto ya que lo explico en el otro libro que creé acerca de mis hipótesis sobre la energía y la materia oscura.

De forma muy resumida mi hipótesis del 5 de Noviembre de 2017 a las 13:30 (en casa de mis padres en España) es que la energía Jol, está compuesta por el vacío y creo que está compuesta por una partícula de antimateria que fusiona con otra de materia oscura. Como escribí, se piede ver en mi escrito, la energía Jol (K2) está compuesta por antimateria y materia.
Esto hace que en realidad mucha de la antimateria no desapareció en el origen del universo sino que está integrada en la energía Jol y en los bosones. Es algo que los científicos actuales no sabían responder, así que decidí pensar en ello.

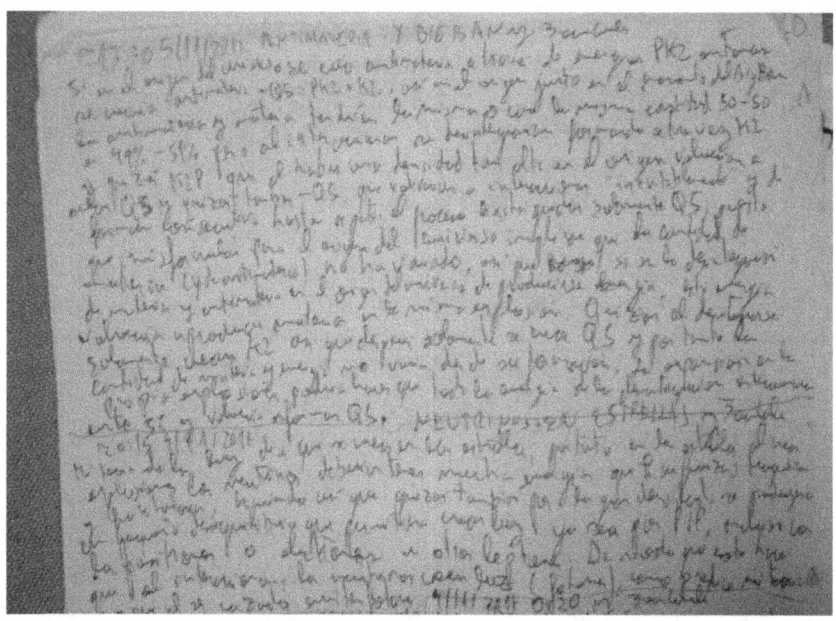

Las consecuencias de mi idea, el día 2 de Octubre de 2020 a las 17:15 (región P.A.C.A, Francia), me hicieron pensar en que si la energía Jol está compuesta de antimateria, entonces es posible que si entra en equilibrio con la materia oscura o con la materia normal (bariónica), entonces se desintegra dando lugar a partículas de materia.

Y de hecho parece que yo tenía razón porque años después leí que cuando la energía Jol (oscura) interacciona con partículas bariónicas (las partículas bariónicas son por ejemplo las partículas elementales) puede convertirse en materia oscura.
Cuando la antimateria se une a la materia entonces ambas se aniquilan, se destruyen. De la aniquilación pueden crearse bosones como los fotones.
Así que esto concuerda con mi idea.
Los científicos creen en el origen del universo había una gran cantidad de antimateria pero que actualmente hay muy poca cantidad de antimateria en el universo (las partículas de antimateria tienen la misma cantidad de masa que las de materia).
Es posible que siga allí pero confinada en la energía Jol.

Pensé que cuando la energia Jol interacciona con ella misma no ocurre nada porque tiene la misma cantidad de energía que ella misma. Por tanto en el origen se encuentra en un estado de equilibrio y no se forma la materia oscura. Como e'n mi hipótesis se produce la singularidad y nace otro universo, pensé que cuando se expande el primer vector (AE) del universo interno, lo que sucede es que esta energía Jol que roza, que toca este vector de otro universo en formación, cambia su estado, se comprime o se expande. Al comrimirse o expaèdorse, lo que sucede que ya no está en equilibrio con la otra energía Jol creada. Así que habiendo perdido el equilibrio, debido quizás a que cambia su ángulo al expandirse (pensé el 18/11/2020 a las 15:40) cambia el tipo de interacción con otras energías Jol. Esto produce que habiendo perdido el equilibrio su antimateria interaccione con la materia de otra energía Jol creando la materia oscura (Q5) Por tanto hasta que no nace otro universo interno, no nace la materia oscura y todo lo que existe es energía Jol.

Esto me llevó a pensar que cuando se expande más el universo, el desequilibrio aumenta y esto permite que más energía Jol cambie su ángulo, se aplana al expandirse. Lo cual permite la creación del bosón de Higgs.
Creo que esto ocurre en la era de Planck o en la siguiente fase, en la tercera fase produciendo que el universo adquiera masa.
Como la expansión sigue aumentando la energía Jol va modificando su ángulo. Hay que entender que la expansión no es instantánea, así que en algunas zonas empieza antes que en otras y es por ello que se crea un desequilibrio. Si fuera instantánea no se rompería el equilibrio.

Por tanto mi hipótesis explica como y porqué van apareciendo las partículas y en qué orden. Después del Higgs se crean los bosones Z y W. Quizás primero el W pero se fusiona con otros W creando el Z.
Después el Z se crea y cuando disminuye la densidad de energía debido a la expansión, se crean en mi opinión bosonesJCTG4 (gravitones).
Esto hace que se produzca la gravedad y por tanto es en ese momento en el que se frena un poco la expansión.
Se reduce su velocidad un poco.
Pero no se puede frenar totalmente así que se van creando más partículas que cada vez decaen en partículas de menor masa.

El resultado es que se crean átomos y después estrellas y planetas.

Mi hipótesis también es que debido a la interacción de la materia con la energía Jol (K2) se produce el efecto de que las partículas de menor masa se desintegran antes que las de menor masa. Y con mi hipótesis, en 2020/2021 expliqué como y porqué se produce el confinamiento de los quarks. Era un otro gran problema todavía no resuelto.

De modo que como ya predije en 2014, la materia del universo se deshace como una pastilla efervescente. Podría llamarse teoría de la efervescencia de la masa.

Mi idea también explica porqué donde hay materia concentrada también hay materia oscura alrededor. Porque cuando la materia entra en contacto con la energía Jol se forma materia oscura debido a que las partículas que interaccionan con la energía Jol toman prestado una cantidad de energía de la energía Jol y producen el procesoJCTG.
Es decir decaen en el proceso inverso hasta convertirse en energía Jol. Pero esta energía Jol a la que toman energía pierde una cantidad equivalente (la energía se conserva).
Lo cual produce que esta energía Jol se transforme en la partícula que la tocó. Produciendo el procesoJCTG pero ahora inverso. Así que esto crea los campos de partículas que la partícula crea según sus propiedades. Ya expliqué esto en mi libro " *But what is the temperature? How are created the fields, autopublicado el 30-4-2022*" y también expliqué como y porqué se crean las fuerzas y el movimiento del universo.

No me puse el objetivo de descubrir como funciona toda la física, pero sí de crear una teoría del todo, una verdadera. Así que así lo hice.
Otra de mis ideas relacionada con la expansión del universo, es que mientras se produce la expansión, la energía Jol más aislada de la materia, solamente interaccionará con ella misma. Así que no se creará más materia oscura porque la expansión produce que las galaxias se alejen. De modo que el universo no creará más materia, pero esta se disolverá en pequeñas partículas de menor masa y en átomos.
También con mis ideas expliqué como y porqué se evaporan los agujeros negros (algo diferente a Stephen Hawking). También crearé otro libro para exponer mis ideas sobre agujeros negros.

Esta imagen es un dibujo que yo mismo creé en verano2022 para mi libro "*But what is the gravity?What is the time que autopubliqué el 6-8-2022 (se puede ver en mis videoselfies*". En este dibujo expuse mi idea del procesoJCTG.

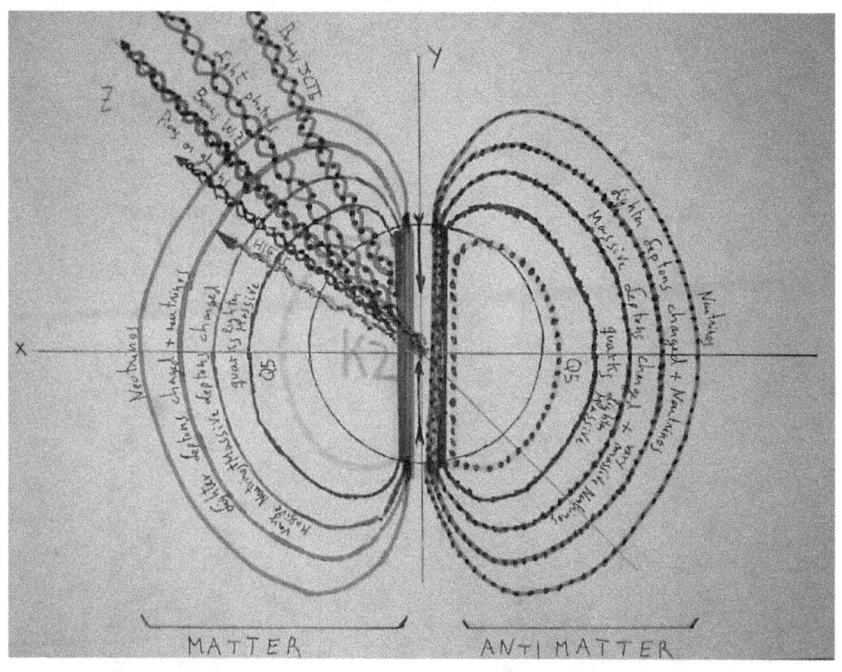

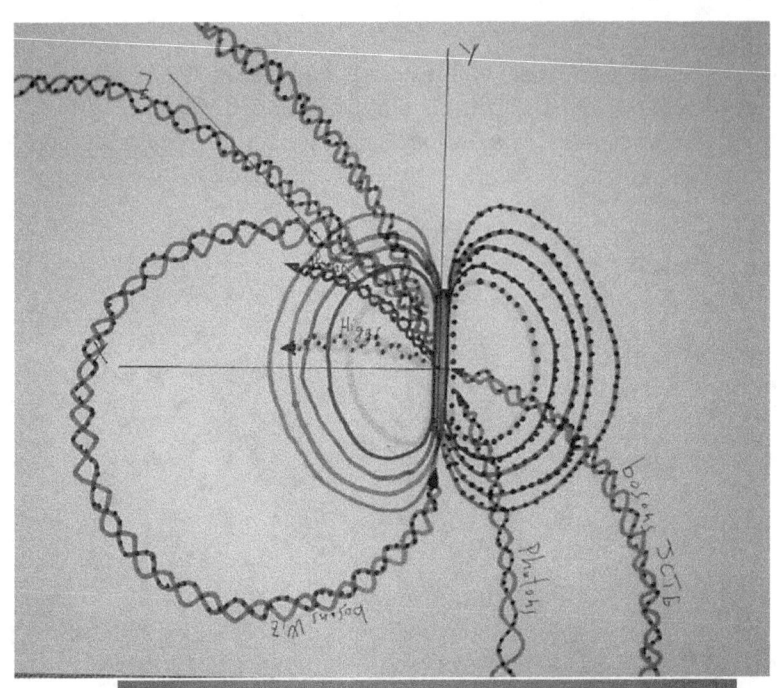

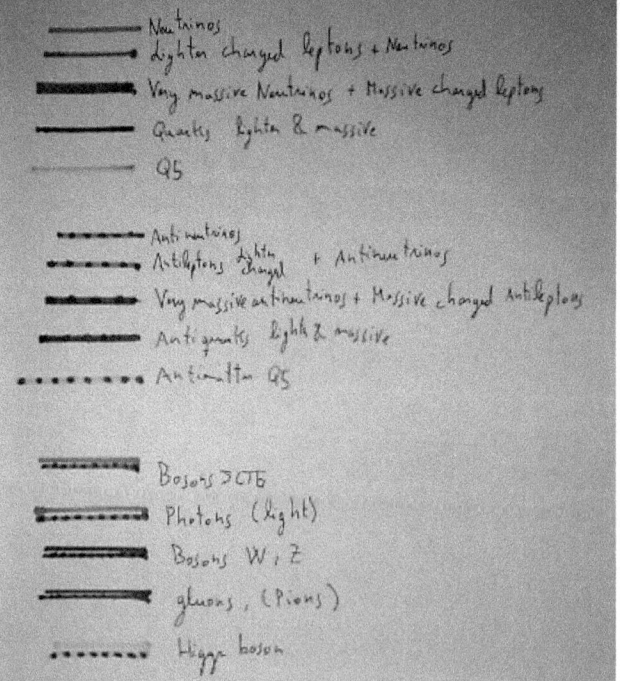

Al expandirse tanto el universo, las partículas de los campos de partículas residuales creados, no vuelven hacia la partícula madre (también lo expliqué en 2022 en mi libro " *But what is the temperature? How are created the fields?*"

Así que a los $10^{100}$ años de vida del universo, los agujeros negros se evaporarán al ir perdiendo su masa debido a la radiación que emiten (en el caso de que no reabsorban su propia radiación debido a la expansión que viajará eternamente por el universo sin interaccionar con nada.

Hay que pensar que la gravedad produce una presión positiva sobre los objetos haciendo que los objetos se atraigan entre ellos mientras que algunos científicos dicen que la energía oscura produce el efecto contrario y que por tanto produce la expansión del universo. Como expliqué antes no es la energía oscura la que produce la expansión, es la creación de un universo interno.

Así que con mi hipótesis se puede explicar todo como ya expliqué el universo se compone de ≈68% de energía oscura, 26.8% de materia oscura y el 4.9% restante es materia ordinaria (la materia ordinaria son átomos, neutrinos, fotones etc.).

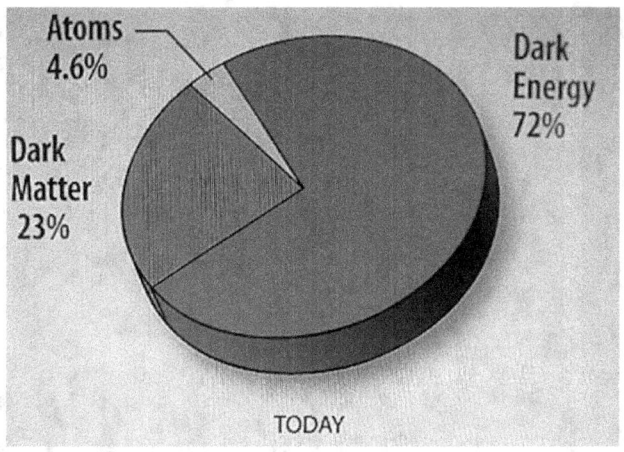

Según la NASA al principio el universo (unos segundos, minutos o pocos años después de su formación) estaba formado por un 63% de materia oscura un 10% de neutrinos, un 12% de átomos y un 15% de fotones. Dicen que esto se explica porque con la expansión del universo, la energía oscura se expande haciendo que incremente el % de energía oscura.

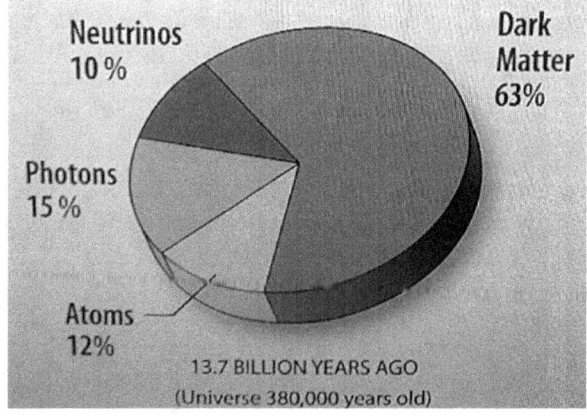

Pensando sobre la física cuántica comprendí que:

Si se eleva un número al cuadrado, por ejemplo $5^2$, se obtiene su área, se pasa de 1dimensión a 2dimensiones. Entonces si se hace la raíz cuadrada de un número $\sqrt{5}$ (que es el inverso del cuadrado $5^{1/2}$ ) se reduce la dimensión de este número. Pero no es lo mismo hacer la raíz cuadrada de 5m, de $5m^4$ que de $5m^2$. Pues no obtenemos las mismas unidades.
Las unidades sirven para señalar a qué nos referimos. Por ejemplo 5metros o 5metros cuadrados no son lo mismo aunque su valor lo sea. Si no tenemos unidades no tendremos dimensiones.

Mi hipótesis sobre la unidimensionalidad, es decir sobre reducir todo a 1 dimensión, es que en en una dimensión en la que no vemos las otras, por ejemplo si estamos yendo hacia la derecha y un objeto se mueve hacia arriba (habiendo partido del mismo punto central) nunca encontraremos el objeto, porque nuestras trayectorias nunca se cruzarán. Por tanto, no interaccionaremos con el objeto, para nosotros nunca existirá.

En física cuántica se utilizan matrices y se selecciona siempre lo que se conoce como operadores hermíticos, también se denomina el hamiltoniano. De lo que sirve es por ejemplo para saber cuando dos partículas interaccionan entre ellas si estas conmutan con el hamiltoniano. Si no conmutan con el hamiltoniano no interaccionan, por tanto su existencia puede pasar desapercibida.

Así que los operadores hermíticos, el hamiltoniano, sirve para distinguir entre las partículas que interaccionan entre ellas con las que no. Al menos es lo que se utiliza actualmente. Por ejemplo dos partículas no interaccionan directamente entre ellas porque no se mueven por la misma dirección. Pero sí pueden hacerlo mediante la interacción indirecta utilizando otras partículas que son los bosones, que sí se mueven por ambas dimensiones, por ejemplo un fotón, un bosonW o un bosónJCTG4 (gravitón).

Esta simple explicación permite entender porqué puede ser difícil operar en la física actual. Es por ello que aparecieron los grupos de simetría y los espines en física cuántica.

Lo que yo pensé el día 18/11/2020 a las 15:40 (pg108 libreta negra) es que debido a la expansión del universo cambia el ángulo de interacción con la energía Jol. Esto hace que se creen unas partículas u otras y por tanto cambia la simetría.

Aunque se mantiene la simetría esta cambia. Como en dimensiones espejo donde no cambia el punto de convergencia de las dimensiones pero sí la forma en que las dimensiones se disponen. El resultado es que el espín puede no variar pero la partícula y la interacción sí.

Lo importante es entender que la energía Jol lo crea todo.
Hay energía Jol en todo el universo. Supongo que ocupa 3 o 4 dimensiones.

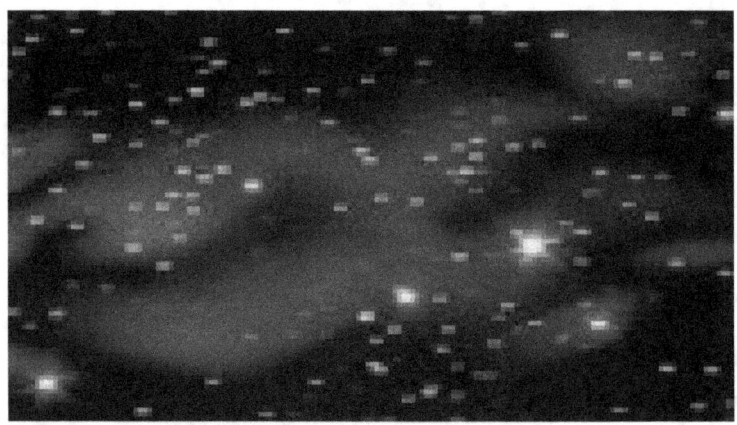

Ahora voy a exponer algunas ecuaciones que como siempre yo mismo he creado. Basándome en mi hipótesis intenté calcular un valor para la energía Jol y la materia oscura. Lo explicaré en mi libro sobre la energía y la materia oscura.

Ecuación FZ5323 creada por JoanCarles Testagorda Garcia (yo mismo):

$$\frac{h\,x\,(mUn\,x\,c^2)^\psi}{mH\,x\,c^2\,x\,pt} x\,32\,\pi = 1,9269 \times 10^{-52}\,J$$

o bien

$$\frac{h\,x\,(mUn\,x\,c^2)^\psi}{mH\,x\,c^2\,x\,pt\,x\,JUAP} x\,4\,\pi^2\,x\,\infty = 1,722 \times 10^{-52}\,J$$

o bien

$$\frac{h\,x\,(mUn\,x\,c^2)^\psi}{mH\,x\,c^2\,x\,pt} x\,4\,\pi^2\,x\,\infty\,x\,\frac{dK\,2_1}{dQ5} = 1,6803 \times 10^{-52}\,J$$

Autor: JoanCarles Testagorda Garcia (yo mismo) ecuación que yo creé el 9-10-2024 20:37, en mi apartamento (Francia sud-este, no en Alpes Côte d'Azur).

Ecuación FZ5233 creada por JoanCarles Testagorda Garcia (yo mismo):

$$\left(\frac{\hbar}{c^2\,x\,\infty}\right) = 1,760054 \times 10^{-52}\,Kg = mK2$$

o bien

$$\left(\frac{h}{c^2\,x\,1s\,x\,4\,\pi^2}\right) = 1,86747 \times 10^{-52}\,Kg \approx mK2$$

o bien

$$\frac{\hbar}{\infty} x \left(\frac{c^\psi}{c}\right) = 1,760054 \times 10^{-52}\,J \approx EK2$$

Autor: JoanCarles Testagorda Garcia (yo mismo) ecuación que yo creé el día 20/9/2024 a las 11:01am en mi apartamento (en Francia).

Ecuación FZ5235 creada por JoanCarles Testagorda Garcia (yo mismo):

$$\frac{\left[\left(\frac{dK2}{3}\right)^\psi\right] x \sqrt{\left[\left[\left(\frac{dK2}{3}\right)^\psi\right]\right]}}{\sqrt{2}} = 1,229 \approx \frac{2}{\varphi}$$

(con $(\Lambda)^{\frac{1}{2}}$ en los denominadores internos)

Autor: JoanCarles Testagorda Garcia (yo mismo) ecuación que yo creé el día 20/9/2024 a las 11:07 en mi apartamento (en Francia).

Ecuación FZ5236 creada por JoanCarles Testagorda Garcia (yo mismo):

$$\left(\frac{\hbar}{c^2 x \infty}\right) x \left(\frac{c^\psi}{c}\right) x \left(\frac{\pi}{\sqrt{18}}\right)^2 = 1{,}073 \times 10^{-67} \approx mG$$

$$\left(\frac{\hbar}{c^2 x \infty}\right) x \left(\frac{c^\psi}{c}\right) \div \cosh^{-1} \pi = 1{,}081 \times 10^{-67} \approx mG$$

$$\left(\frac{\hbar}{c^2 x \infty}\right) x \left(\frac{c^\psi}{c}\right) \div \cosh^{-1}\left(\frac{dK2}{dQ5}\right) = 1{,}084 \times 10^{-67} \approx mG$$

Autor: JoanCarles Testagorda Garcia (yo mismo) ecuación que yo creé el día 20/9/2024 a las 11:34am en mi apartamento (en Francia).

Ecuación FZ5234 creada por JoanCarles Testagorda Garcia (yo mismo):

$$\left(\frac{\hbar}{c^2 x \infty}\right) x \left(c^{(2x\psi)}\right) = 1{,}95832 \times 10^{-69} J \approx EK2_1$$

$$\left(\frac{dK2}{(\Lambda)^{\frac{3}{2}}}\right)^\psi = 1{,}6607 \times 10^{-52} Kg \approx mK2$$

$$\left(\frac{dK2_2}{(\Lambda)^{\frac{3}{2}}}\right)^\psi = 1{,}74135 \times 10^{-52} Kg \approx mK2$$

$$\left(\frac{dK2_1}{(\Lambda)^{\frac{3}{2}}}\right)^\psi = 1{,}727710^{-52} Kg \approx mK2$$

Autor: JoanCarles Testagorda Garcia (yo mismo) ecuación que yo creé el día 20/9/2024 a las 11:05am en mi apartamento (en Francia).

Ecuación FZ5306 creada por JoanCarles Testagorda Garcia (yo mismo):

$$\left(\frac{\hbar}{c^2 x \infty}\right) x \frac{c}{(c)^\psi} x 4\pi = 1{,}9878 \times 10^{-34} Kg \approx mQ5$$

Autor: JoanCarles Testagorda Garcia (yo mismo) ecuación que yo creé el día 5/10/2024 a las 11:05am en mi apartamento (en Francia).

Ecuación FZ5309B creada por JoanCarles Testagorda Garcia (yo mismo):

$$\frac{\cosh^{-1} \infty}{\sqrt{\infty}} x (\cos \pi)^{\infty_{dim}} \approx 1$$

Autor: JoanCarles Testagorda Garcia (yo mismo) ecuación que yo creé el día 9/10/2024 a las 8:19am en mi apartamento (en Francia).

Ecuación FZ5291 creada por JoanCarles Testagorda Garcia (yo mismo):

$$mUn \times \frac{4\pi^2 \times (lp)^2 \times rUn \times (\Lambda)^{\frac{3}{2}}}{(32\pi)^2} \approx 1{,}858 \times 10^{-69} Kg \approx \frac{mGraviton}{32\pi}$$

y

$$mUn \times \frac{4\pi^2 \times (lp)^2 \times rUn \times (\Lambda)^{\frac{3}{2}}}{(32\pi)^2} \times c^2 \approx 1{,}6699 \times 10^{-52} J = EK2$$

recordando que mi ecuación de energía Jol con dimensiones es

$$\frac{\infty_d \times \sqrt{\infty_d}}{32\pi} = 1{,}712234 \times 10^{-52} \, aprrox \, EK2$$

Autor: JoanCarles Testagorda Garcia (yo mismo) ecuación que yo creé el día 27/9/2024 a las 11:18am en mi apartamento (en Francia).


Ecuación FZ5292 creada por JoanCarles Testagorda Garcia (yo mismo):

$$\frac{\pi^2}{4} \times (lp)^2 \times rUn \times dK2 = 1{,}985 \times 10^{-69} Kg \approx mK2$$

o bien

$$(dK2 \times \frac{\sqrt{2}}{dQ5 + dQ5})^2 \times (lp)^2 \times rUn \times dK2 = 1{,}9624 \times 10^{-69} Kg \approx mK2$$

siendo

$$(dK2 \times \frac{\sqrt{2}}{dQ5 + dQ5})^2 \times (lp)^2 \times rUn \times dK2 \times c^2 = 1{,}7841 \times 10^{-69} Kg \approx EK2$$

o bien

$$\frac{\pi^2}{4} \times (lp)^2 \times rUn \times dK2 = 1{,}163 \times 10^{-69} Kg \approx EK2$$

Autor: JoanCarles Testagorda Garcia (yo mismo) ecuación que yo creé el día 27/9/2024 a las 18:29 en mi apartamento (en Francia).

Cuando dos partículas se unen, se fusionan y forman una nueva partícula, se puede representar matemáticamente sumando las masas de las partículas y dividirlas por la raíz de 2. (Si fueses 4 partículas se podría hacer igual pero sumando la masa de las 4 partículas.
Como pensé, si la energía Jol crea la materia en el origen del universo (o al revés si fuera el caso). Entonces se debería representar igual que la suma de dos partículas. En este caso la materia oscura y la antimateria oscura se fusionan y dan lugar a la energía Jol (energía oscura). dQ5 es = $2,241 \times 10^{-27}$ Kg, es la densidad de materia oscura. dK2 = es la densidad de energía oscura = $\approx 7 \times 10^{-27}$ Kg.
De tal modo que he creado las siguientes ecuaciones para representar este hecho.
De mis ecuaciones se puede deducir que no solamente se crea materia oscura, sino que además se pueden crear otras partículas.

A su vez como predice mi hipótesis del 2 de Octubre de 2020 a las 17:15 (región P.A.C.A, Francia), se puede ver que de la interacción de energía Jol con partículas normales, se produce materia oscura.

Ecuación FZ5225 creada por JoanCarles Testagorda Garcia (yo mismo):

$$\frac{(dQ5+dQ5)}{\sqrt{2}} \times \frac{3}{2}\sqrt{2} = 6,723 \times 10^{-27} Kg\, m^{-3}$$

o bien

$$\frac{(dQ5+dQ5)}{\sqrt{2}} \times \frac{mD}{mUp} = 6,77 \times 10^{-27} Kg\, m^{-3} = dK2$$

Autor: JoanCarles Testagorda Garcia (yo mismo) ecuación que yo creé a las 17:20 del 19-9-2024 en mi apartamento (Francia, pero no en Alpes Côte d'Azur).

Ecuación FZ5226 creada por JoanCarles Testagorda Garcia (yo mismo):

$$\frac{(dQ5+dQ5)}{\sqrt{2}} \times (1+\frac{JNeut2 \times JLept}{JQU \times JQD}) = 6,6756 \times 10^{-27} Kg\, m^{-3} = dK2$$

Autor: JoanCarles Testagorda Garcia (yo mismo) ecuación que yo creé a las 17:40 del 19-9-2024 en mi apartamento (Francia, pero no en Alpes Côte d'Azur).

Ecuación FZ4618 creada por JoanCarles Testagorda Garcia (yo mismo):

$$\frac{dK2_1}{dQ5} = 3 \approx JUAP \text{ o bien } JUAP2 \times F_1$$

Autor: JoanCarles Testagorda Garcia (yo mismo) ecuación que yo creé el 6-5-2024 a las 11:20am en mi apartamento (mi casa) en Francia.

Ecuación FZ4619 creada por JoanCarles Testagorda Garcia (yo mismo):

$$\frac{dK2_2}{TG^{JC} \times dQ5} = \frac{mD}{mUp} = \frac{hc \times \infty^2}{mUn \times c^2 \times rUn \times (lp)^2 \times \Lambda}$$

$$2,17 = 2,13 = 2,17151$$

$$\frac{dK2_1}{TG^{JC} \times dQ5} = \frac{hc \times \infty^2}{mUn \times c^2 \times rUn \times (lp)^2 \times \Lambda}$$

$$2,1862 = 2,17151$$

Autor: JoanCarles Testagorda Garcia (yo mismo) ecuación que yo creé el 6-5-2024 a las 11:25am en mi apartamento (mi casa) en Francia.

Ecuación FZ4620 creada por JoanCarles Testagorda Garcia (yo mismo):

$$\frac{dK2_2}{TG^{JC} \times dQ5} \times 2 = \infty \times \infty_{dim} = \pi \times \sqrt{2}$$

$$4,34 \approx 4,444 \approx 4,44$$

o bien

$$\frac{dK2_1}{TG^{JC} \times dQ5} \times 2 = \infty \times \infty_{dim}$$

$$4,3724 \approx 4,444$$

Autor: JoanCarles Testagorda Garcia (yo mismo) ecuación que yo creé el 6-5-2024 a las 16:20 en mi apartamento (mi casa) en Francia.

Ecuación FZ5266 creada por JoanCarles Testagorda Garcia (yo mismo):

$$\frac{dK2_2}{TG^{JC} \times dQ5} \times 2 = \frac{mG}{\hbar \times AgUn \times \Lambda \times 4\pi^2} \times \frac{\log(4000\,K)}{\log(CMB)}$$

$$4,34 \approx 4,4027$$

Autor: JoanCarles Testagorda Garcia (yo mismo) ecuación que yo creé el 23-9-2024 a las 12:40 en mi apartamento (mi casa) en Francia.

Ecuación FZ5227 creada por JoanCarles Testagorda Garcia (yo mismo):

$$\frac{(dQ5+dQ5)}{\sqrt{2}} \times (1+\frac{\sqrt{5}}{2}) = 6{,}712 \times 10^{-27} \, Kg\,m^{-3} = dK2$$

Autor: JoanCarles Testagorda Garcia (yo mismo) ecuación que yo creé a las 17:46 del 19-9-2024 en mi apartamento (Francia, pero no en Alpes Côte d'Azur).

Ecuación FZ5228 creada por JoanCarles Testagorda Garcia (yo mismo):

$$\frac{(dQ5+dQ5)}{\sqrt{2}} \times \sqrt{5} = 7{,}086 \times 10^{-27} \, Kg\,m^{-3} = dK2$$

Autor: JoanCarles Testagorda Garcia (yo mismo) ecuación que yo creé a las 17:47 del 19-9-2024 en mi apartamento (Francia, pero no en Alpes Côte d'Azur).

Ecuación FZ4954 creada por JoanCarles Testagorda Garcia (yo mismo):

$$\frac{(dQ5+dQ5)}{\sqrt{2}} \times dQ5_{dim} = 7{,}10 \times 10^{-27} \, Kg\,m^{-3}$$

o bien

$$2{,}241 \times 10^{-27} \, Kg\,m^{-3} \times 2{,}241_{dim} \times \sqrt{2} = 7{,}1 \, Kg\,m^{-3}$$

o bien

$$\frac{2 \times (dQ5 \times 2{,}241_{dim})}{\sqrt{2}} = 7{,}1 \, Kg\,m^{-3}$$

Autor: JoanCarles Testagorda Garcia (yo mismo) ecuación que yo creé a las 7:01am del 25-7-2024 en mi apartamento (Francia, pero no en Alpes Côte d'Azur).

Ecuación FZ4380 creada por JoanCarles Testagorda Garcia (yo mismo):

$$\log(\frac{dK2}{dQ5}) = 2$$

Autor: JoanCarles Testagorda Garcia (yo mismo) ecuación que yo creé el 31-3-2024 a las 2:46am en mi apartamento (mi casa) en Francia.

Ecuación FZ4402 creada por JoanCarles Testagorda Garcia (yo mismo):

$$\frac{(\cosh^{-1} e)^2 \times TG^{JC}}{c^2} \approx \frac{3}{4}\sqrt{2} \ ; \ \frac{(\cosh^{-1} e)^2 \times TG^{JC}}{c^2} \times \frac{2mUp}{mD} \approx 1$$

Autor: JoanCarles Testagorda Garcia (yo mismo) ecuación que yo cr el 1-4-2024 a las 12:10 en mi apartamento (mi casa) en Francia.

Ecuación FZ4402B creada por JoanCarles Testagorda Garcia (yo mismo):

$$\left(\frac{(\cosh^{-1} e)^2 \times TG^{JC} \times mD}{mX17}\right)^{(\cosh(\frac{dK2}{dQ5}))} = 2$$

Autor: JoanCarles Testagorda Garcia (yo mismo) ecuación que yo creé el 1-4-2024 a las 12:10 en mi apartamento (mi casa) en Francia.

Ecuación FZ4403 creada por JoanCarles Testagorda Garcia (yo mismo):

$$\left(\frac{\alpha \times Z_0 \times TG^{JC} \times mD}{mX17}\right)^{(\cosh(\frac{dK2}{dQ5}))} = 2$$

Autor: JoanCarles Testagorda Garcia (yo mismo) ecuación que yo creé el 1-4-2024 a las 12:15 en mi apartamento (mi casa) en Francia.

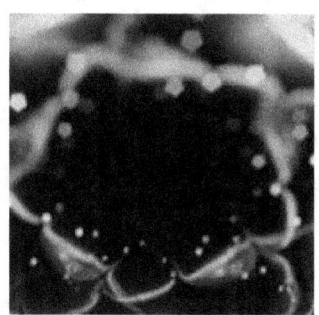

Ecuación FZ4507 creada por JoanCarles Testagorda Garcia (yo mismo):

$$\frac{19}{17} \times 2 \approx \sqrt{5}$$

$$2,235 \approx 2,236$$

Autor: JoanCarles Testagorda Garcia (yo mismo) ecuación que yo creé el 19-4-2024 a las 18:49 en mi apartamento (mi casa) en Francia.

Ecuación FZ4508 creada por JoanCarles Testagorda Garcia (yo mismo):

$$dQ5 \times 2 \times JQD^{JQU^{JLept^{JNeut}}} = 6{,}845 \times 10^{-27} \, Kg \, m^{-3} = dK2$$

Autor: JoanCarles Testagorda Garcia (yo mismo) ecuación que yo creé el 19-4-2024 a las 18:55 en mi apartamento (mi casa) en Francia. En esta ecuación represento mi idea de que de la energía Jol se crea la materia oscura y todas las partículas elementales.

Ecuación FZ4509 creada por JoanCarles Testagorda Garcia (yo mismo):

$$dQ5 \times \frac{2}{3} \pi \times \sqrt{\frac{19 \times 2}{17}} = 7{,}017 \times 10^{-27} \, Kg \, m^{-3} = dK2$$

Autor: JoanCarles Testagorda Garcia (yo mismo) ecuación que yo creé el 19-4-2024 a las 18:59 en mi apartamento (mi casa) en Francia.

Ecuación FZ4511 creada por JoanCarles Testagorda Garcia (yo mismo):

$$\sqrt{\frac{19 \times 2}{17}} = \frac{1}{Llim} = \frac{1}{\infty_{dim}}$$

Autor: JoanCarles Testagorda Garcia (yo mismo) ecuación que yo creé el 19-4-2024 a las 19:06 en mi apartamento (mi casa) en Francia.

Ecuación FZ4516 creada por JoanCarles Testagorda Garcia (yo mismo):

$$\left(\frac{mve \, xc}{h}\right)^2 \times \frac{2Gc}{4\pi} \times 1 \, Kg \, m^{-1} \times s^2 = \frac{DeUn}{dQ5}$$

$$4{,}4 = 4{,}417$$

Autor: JoanCarles Testagorda Garcia (yo mismo) ecuación que yo creé el 19-4-2024 a las 21:40 en mi apartamento (mi casa) en Francia. Autopubliqué esta ecuación en mi cuenta de facebook "JoanCarles YoIje Martin TG" el día 25-4-2024 en un videoselfie.

Ecuación FZ4366 creada por JoanCarles Testagorda Garcia (yo mismo):

$$\frac{dK2}{dQ5} \times \frac{2mUp}{mDown} \times \frac{2}{\cosh^{-1} 180} = 1$$

Autor: JoanCarles Testagorda Garcia (yo mismo) ecuación que yo creé el 28-3-2024 a las 17:40 en mi apartamento (mi casa) en Francia.

Ecuación FZ4621 creada por JoanCarles Testagorda Garcia (yo mismo):
$$\frac{dK2_2}{4 \times dQ5} \times TG^{JC} = 1$$
Autor: JoanCarles Testagorda Garcia (yo mismo) ecuación que yo creé 88el 6-5-2024 a las 16:23 en mi apartamento (mi casa) en Francia.

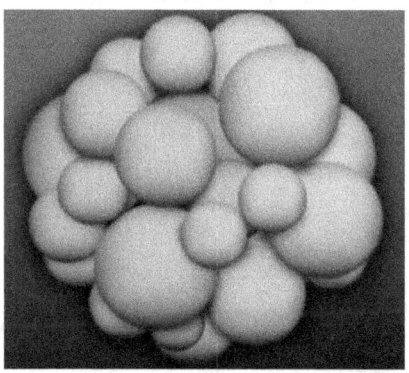

Ecuación FZ4282 creada por JoanCarles Testagorda Garcia (yo mismo):
$$2 \times dQ5 \times Llim \times \ln 10 \approx dK2$$
$6,83 \times 10^{-27}$ Kg m$^{-3}$ ≈ $7 \times 10^{-27}$ Kg m$^{-3}$
Autor: JoanCarles Testagorda Garcia (yo mismo) ecuación que yo creé el día 13-3-2024 a las 19:39 en mi apartamento en Francia.

Ecuación FZ4299 creada por JoanCarles Testagorda Garcia (yo mismo):
$$dQ5 \times \ln 10 \times \frac{\sqrt{18}}{\pi} \approx dK2$$
$6,96 \times 10^{-27}$ Kg m$^{-3}$ ≈ $7 \times 10^{-27}$ Kg m$^{-3}$
Autor: JoanCarles Testagorda Garcia (yo mismo) ecuación que yo creé el día 17-3-2024 a las 8:10am en mi apartamento en Francia.

Ecuación FZ4300 creada por JoanCarles Testagorda Garcia (yo mismo):
$$\frac{dQ5}{Llim \times 4} \times \frac{\infty \times c_{dim}}{\infty \times \sqrt{\infty}} \approx dK2$$
$6,96 \times 10^{-27}$ Kg m$^{-3}$ ≈ $7 \times 10^{-27}$ Kg m$^{-3}$
Autor: JoanCarles Testagorda Garcia (yo mismo) ecuación que yo creé el día 17-3-2024 a las 8:20am en mi apartamento en Francia.

Ecuación FZ5274 creada por JoanCarles Testagorda Garcia (yo mismo):
$$\frac{p_{vac}}{(Llim)^2 x 2} \approx dK2_1$$
$6.74 \times 10^{-27}$ Kg/m³ = $6.72 \times 10^{-27}$ Kg/m³

Autor: JoanCarles Testagorda Garcia (yo mismo) ecuación que yo creé a las 11:07 del 25-9-2024 en mi apartamento (Francia, pero no en Alpes Côte d'Azur).

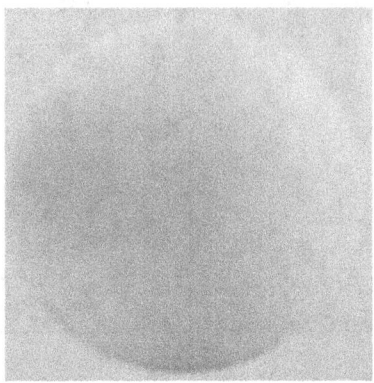

"Suplc" significa superlogaritmo constante. Me interesé a esta constante porque la forma que describe es una confluencia de líneas curvas, de trayectorias curvas que confluyen dentro de un aro. Pensé que en algunos aspectos es algo similar a la creación de un campo de partículas en forma de toroide. Así que pensé que estaban relacionadas con la creación de la materia y con otros factores tales como el hecho de orbitar una singularidad..

Ecuación FZ4429 creada por JoanCarles Testagorda Garcia (yo mismo):
$$\frac{2Gc \, x \, (mPl)^2 \, x \, c}{c^2 \, x \, h} \approx Suplc \approx \frac{dQ5}{dK2}$$
$0{,}31830 \approx 0{,}318 \approx 0{,}320$

Autor: JoanCarles Testagorda Garcia (yo mismo) ecuación que yo creé a las 16:50 del 4-4-2024 en mi apartamento (Francia, pero no en Alpes Côte d'Azur).

Ecuación FZ4464 creada por JoanCarles Testagorda Garcia (yo mismo):
$$Suplc \, x \, \varphi \, x \, \lambda \, x \, \pi = 1$$

Autor: JoanCarles Testagorda Garcia (yo mismo) ecuación que yo creé a las 10:46 del 9-4-2024 en Francia.

Ecuación FZ4465 creada por JoanCarles Testagorda Garcia (yo mismo):
$$\sqrt{\frac{dK2}{Suplc \times 2 \times dQ5}} = \sqrt{5} = FZ4091 = FZ4094$$
$$2{,}2159 = 2{,}236$$
Autor: JoanCarles Testagorda Garcia (yo mismo) ecuación que yo creé a las 10:55 del 9-4-2024 en Francia.

Ecuación FZ5304 creada por JoanCarles Testagorda Garcia (yo mismo):
$$\log 3 \times \infty_{dim} \approx Splc \approx \frac{dQ5}{dK2}$$
Autor: JoanCarles Testagorda Garcia (yo mismo) ecuación que yo creé el día 4/10/2024 a las 22:10 en mi apartamento (en Francia, Sureste).

Ecuación FZ4643 creada por JoanCarles Testagorda Garcia (yo mismo):
$$\frac{dK2_2}{2dQ5 \times \sqrt{2}} \times \sqrt{\frac{\infty \times \sqrt{\infty}}{\infty \times c_{dim}}} = 1$$
Autor: JoanCarles Testagorda Garcia (yo mismo) ecuación que yo creé a las 15:33 del 7-5-2024 en mi apartamento (Francia, pero no en Alpes Côte d'Azur).

Ecuación FZ4667 creada por JoanCarles Testagorda Garcia (yo mismo):
$$e^{\frac{1}{e}} \approx \sqrt[3]{\frac{dK2_2}{dQ5}} \approx \frac{dK2_2}{dQ5} \times \frac{Llim}{TG^{JC}}$$
$$1{,}444 \approx 1{,}438 \approx 1{,}44$$
Autor: JoanCarles Testagorda Garcia (yo mismo) ecuación que yo creé a las 17:01 del 7-5-2024 en mi apartamento (Francia, pero no en Alpes Côte d'Azur).

Ecuación FZ4273 creada por JoanCarles Testagorda Garcia (yo mismo):
$$\frac{\ln 10}{2} \times \frac{\log 3}{\log 2} \approx TG^{JC}$$
Autor: JoanCarles Testagorda Garcia (yo mismo) ecuación que yo creé el día 13-3-2024 a las 18:40 en mi apartamento en Francia.

Ecuación FZ4274 creada por JoanCarles Testagorda Garcia (yo mismo):
$$2 \, x \, dQ5 \, x \frac{\log 3}{\log 2} \approx dK2$$
$7{,}10 \times 10^{-27}$ Kg m$^{-3}$ $\approx$ $7 \times 10^{-27}$ Kg m$^{-3}$
Autor: JoanCarles Testagorda Garcia (yo mismo) ecuación que yo creé el día 13-3-2024 a las 18:42 en mi apartamento en Francia.

Ecuación FZ4275 creada por JoanCarles Testagorda Garcia (yo mismo):
$$\ln 10 \, x \, TG^{JC} \, x \, dQ5 \approx dK2$$
$7{,}07 \times 10^{-27}$ Kg m$^{-3}$ $\approx$ $7 \times 10^{-27}$ Kg m$^{-3}$
Autor: JoanCarles Testagorda Garcia (yo mismo) ecuación que yo creé el día 13-3-2024 a las 18:42 en mi apartamento en Francia.

Ecuación FZ4276 creada por JoanCarles Testagorda Garcia (yo mismo):
$$\frac{dQ5 \, x \, 2}{TG^{JC}} \, x \, \frac{mD}{mUp} \approx dK2$$
$6{,}980 \times 10^{-27}$ Kg m$^{-3}$ $\approx$ $7 \times 10^{-27}$ Kg m$^{-3}$
Autor: JoanCarles Testagorda Garcia (yo mismo) ecuación que yo creé el día 13-3-2024 a las 19:10 en mi apartamento en Francia.

Ecuación FZ4117 creada por JoanCarles Testagorda Garcia:
$$\cosh\left(\frac{dK2}{dQ5}\right) \approx \cosh^{-1}\left(\frac{dK2}{dQ5}\right) x \, 2\pi$$
$11{,}38 \approx 11{,}344$
Autor: JoanCarles Testagorda Garcia (yo mismo) ecuación que yo creé a las 19:45 del día 26-2-2024 en mi apartamento (Francia).

Ecuación FZ4118 creada por JoanCarles Testagorda Garcia:
$$\cosh\left(\frac{dK2}{dQ5}\right) \approx 2\pi \, x \, (TG^{JC})^2$$
$11{,}38 \approx 11{,}82$
Autor: JoanCarles Testagorda Garcia (yo mismo) ecuación que yo creé a las 19:43 del día 26-2-2024 en mi apartamento (Francia).

Ecuación FZ4750 creada por JoanCarles Testagorda Garcia:

$$\frac{\pi}{4} x \cosh^{-1}\left(\frac{dK2_2}{dQ5}\right) \approx TG^{JC}$$

$$1{,}3785 \approx 1{,}37161$$

o bien

$$\frac{dK2}{4 \, x \, dQ5} x \cosh^{-1}\left(\frac{dK2_2}{dQ5}\right) \approx TG^{JC}$$

$$1{,}3707 \approx 1{,}37161$$

Autor: JoanCarles Testagorda Garcia (yo mismo) ecuación que yo creé a las 11:55 del día 22-5-2024 en mi apartamento (Francia).

Como ya expliqué antes, mi idea es que primero se crea la energía Jol y después de esta se crean la materia oscura y partículas como expreso en mis ecuaciones por ejemplo con la constante $TG^{JC}$ con la cual en 2020 con mi ecuación FZ413 uní todas las partículas en una ecuación. Por tanto después se crea el Higgs y de este se crean los bosones Z y W que después crean quarks, leptones y neutrinos.

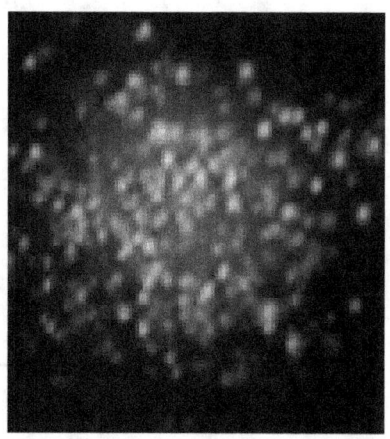

Ecuación FZ5231 creada por JoanCarles Testagorda Garcia (yo mismo):

$$\left(\frac{h}{c^2}\right)^{\psi} x \infty^2 x (\Lambda)^{\frac{3}{2}} = dK2$$

$$7{,}00894 \times 10^{-27} \text{ Kg} \approx 7{,}00894 \times 10^{-27} \text{ Kg}$$

Autor: JoanCarles Testagorda Garcia (yo mismo) ecuación que yo creé a las 10:46am del 20-9-2024 en mi apartamento (Francia, sureste).

Ecuación FZ5232 creada por JoanCarles Testagorda Garcia (yo mismo):

$$\left(\frac{\hbar}{c^2}\right)^{\psi} x \infty x (\Lambda)^{\frac{3}{2}} = dK2_2$$

$6,6049 \times 10^{-27}$ Kg $\approx 7,00894 \times 10^{-27}$ Kg

Autor: JoanCarles Testagorda Garcia (yo mismo) ecuación que yo creé a las 10:51am del 20-9-2024 en mi apartamento (Francia, sureste).

Ecuación FZ5160 creada por JoanCarles Testagorda Garcia (yo mismo):

$$\frac{VPl}{(\Lambda)^2} x \infty \approx \left(\frac{dK2}{dQ5}\right)^2$$

$9,644 \approx 9,2$

Autor: JoanCarles Testagorda Garcia (yo mismo) ecuación que yo creé a las 13:31 del 10-9-2024 en mi apartamento (en Francia, Sureste).

Ecuación FZ5161 creada por JoanCarles Testagorda Garcia (yo mismo):

$$\frac{VPl}{(\Lambda)^2} x \frac{\infty x 2}{\infty x \sqrt{\infty}} \approx \frac{JNeut \, x \, JLept}{JQU \, x \, JQD} \approx \frac{\sqrt{5}}{2} \approx \frac{mW \, x \, 2}{mH \, x \log(\infty)}$$

$1,1206 \approx 1,12 \approx 1,11 \approx 1,12024$

Autor: JoanCarles Testagorda Garcia (yo mismo) ecuación que yo creé a las 13:31 del 10-9-2024 en mi apartamento (en Francia, Sureste).

Ecuación FZ1117B creada por JoanCarles Testagorda Garcia (yo mismo):

$$\frac{\hbar c \, x \, \Lambda}{2lp \, x \, \alpha G \, x \, TG^{JC} \, x \, 32 \pi} x \left(\frac{1}{\infty}\right)^2 = 1$$

Autor: JoanCarles Testagorda Garcia (yo mismo) ecuación que yo creé el 11-9-2024 18:30, en mi apartamento (Francia sud-este, no en Alpes Côte d'Azur).

Ecuación FZ1116 creada por JoanCarles Testagorda Garcia (yo mismo):

$$\frac{\infty x \, hc \, x \, \Lambda \, x \, \alpha}{lp \, x \, \alpha G \, x \, 8\pi \, x \, 32\pi} x \frac{2}{3} x \frac{1 m^2}{1 J} = 1 \; ; \; \frac{\infty x \, hc \, x \, \Lambda \, x \, \alpha}{lp \, x \, \alpha G \, x \, 8\pi \, x \, 32\pi \, x \, \infty_{dim}} x \frac{1 m^2}{1 J} = 1$$

o bien

$$\frac{\infty \times \hbar c \times \Lambda \times \alpha}{\alpha G \times 4\pi^2 \times lp \times 16} \times \frac{1 m^2}{1 J} = 1 \; ; \; \frac{\infty \times \hbar c \times \Lambda}{\alpha G \times 32\pi \times lp \times 8} \times \frac{1 m^2}{1 J} = 1$$

$$\frac{\infty \times hc \times \Lambda}{\alpha G \times 4\pi^2 \times lp} \times \frac{\tanh 1}{32\pi} \times \frac{1 m^2}{1 J} = 1$$

$$\frac{\infty \times hc \times \Lambda}{\alpha G \times (32\pi)^2 \times lp \times TG^{JC}} \times 8/3 \times \frac{1 m^2}{1 J} = 1$$

Autor: JoanCarles Testagorda Garcia (yo mismo) ecuación que yo creé el 26-12-2020 15:39 (Alpes Côte d'Azur, en el alojamiento del trabajo en el cual ayudaba a animales des del 17-8-2020 hasta el 4-9-2021 en donde me mudé más al norte).

Por tanto:
Ecuación FZ5189 creada por JoanCarles Testagorda Garcia (yo mismo):

$$\frac{\infty \times hc \times \Lambda}{\alpha G \times 4\pi \times lp \times TG^{JC} \times 32\pi} \times dQ5 \times \frac{1 m^2}{1 J} = 6{,}688 \times 10^{-27} Kg\, m^{-3}$$

Autor: JoanCarles Testagorda Garcia (yo mismo) ecuación que yo creé el 12-9-2024 11:56, en mi apartamento (Francia sud-este, no en Alpes Côte d'Azur).

Ecuación FZ5186 creada por JoanCarles Testagorda Garcia (yo mismo):

$$\frac{4\pi^2 \times lp \times \alpha G}{hc \times \Lambda \times JCT} \times \frac{1 Kg}{s^{-2}} \times dQ5 = 6{,}7535 \times 10^{-27} Kg\, m^{-3} = dK2$$

Autor: JoanCarles Testagorda Garcia (yo mismo) ecuación que yo creé el 12-9-2024 10:33, en mi apartamento (Francia sud-este, no en Alpes Côte d'Azur). Donde JCT es la constante que creé el 12Abril2019 y en este caso equivale a $1/6 \times (1/\pi)^2$. Mi constante permite crear una equivalencia de 1 dimensión lineal a 3dimensiones.

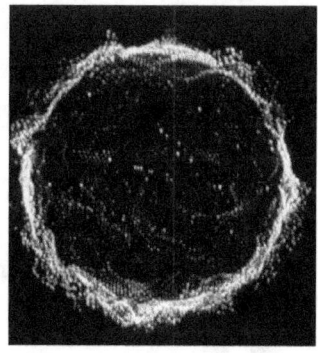

Ecuación FZ4122 creada por JoanCarles Testagorda Garcia:

$$\cosh\left(\frac{dK2}{dQ5}\right) x \frac{1}{\varphi^2} \approx (lp)^{2\psi} x \Lambda x \frac{mH}{mPl}$$

$$4{,}349 \approx 4{,}3364$$

Autor: JoanCarles Testagorda Garcia (yo mismo) ecuación que yo creé a las 19:40 del día 26-2-2024 en mi apartamento (Francia).

Ecuación FZ4123 creada por JoanCarles Testagorda Garcia:

$$\left(\frac{mW}{mH}\right)^2 \approx [\cosh^{-1}\left(\frac{dK2}{dQ5}\right)] x \frac{mPl}{\Lambda x mH x (lp)^{2\psi}} \approx \frac{(Llim)^2}{\left(\frac{mD}{2 x mUp}\right)}$$

$$0{,}412968 \approx 0{,}41634 \approx 0{,}41119$$

Autor: JoanCarles Testagorda Garcia (yo mismo) ecuación que yo creé a las 20:22 del día 26-2-2024 en mi apartamento (Francia).

Ecuación FZ4413 creada por JoanCarles Testagorda Garcia (yo mismo):

$$\frac{dK2}{dQ5} x \frac{1}{\sqrt{2}} \approx \sqrt{5} \approx \frac{mX17 x \sqrt{TG^{JC}}}{mUp x \pi x JC^{TG}}$$

o bien

$$\left(\frac{dK2}{dQ5}\right)^2 x \frac{1}{\sqrt{2}} \approx \frac{mX17 x \sqrt{TG^{JC}}}{mUp x JC^{TG}}$$

Autor: JoanCarles Testagorda Garcia (yo mismo) ecuación que yo creé el 2-4-2024 a las 18:36 en mi apartamento (mi casa) en Francia.

Ecuación FZ5215 creada por JoanCarles Testagorda Garcia (yo mismo):

$$\Lambda x c x AgUn x rUn x \frac{dQ5}{2 x dK2} = 1$$

Autor: JoanCarles Testagorda Garcia (yo mismo) ecuación que yo creé a las 11:14 del 17-9-2024 en mi apartamento (Francia, pero no en Alpes Côte d'Azur).

Ecuación FZ4040 creada por JoanCarles Testagorda Garcia (yo mismo):
$$\sqrt[3]{\frac{dK2_2}{dQ5}} \approx e^{\frac{1}{e}} = \frac{JUAP2}{2}$$
$$1{,}438 \approx 1{,}444 \approx 1{,}444$$
Autor: JoanCarles Testagorda Garcia (yo mismo) ecuación que yo creé a las 11:25am del 12-2-2024 en mi apartamento (Francia, pero no en Alpes Côte d'Azur).

Ecuación FZ5217 creada por JoanCarles Testagorda Garcia (yo mismo):
$$\frac{2Gc \times MTOV}{c^2} x \frac{vso}{c \, x1m} x \frac{dK2_2}{2dQ5} = e^{(\frac{1}{e})} = \frac{JUAP2}{2}$$
$$1{,}4477 \approx 1{,}444 \approx 1{,}444$$
Autor: JoanCarles Testagorda Garcia (yo mismo) ecuación que yo creé a las 10:50 del 13-2-2024 en mi apartamento (Francia, pero no en Alpes Côte d'Azur). En 2020 y 2021 se me ocurrió que podía aplicar la máxima velocidad del sonido a agujeros negros. Así lo hice en muchas ecuaciones que creé en 2020, 2021, también en ecuaciones de 2022 las cuales expuse en mi red social facebook "Joancarles YoIje Martin TG". Casi nunca miro nada en Facebook, pero en 2024 una mujer (de unos 50años) de mi facebook, compartió un pequeño escrito en el cual se hablaba de la posibilidad del viaje ene el tiempo (aunque no explicaban absolutamente nada interesante ni siquiera exponían ecuaciones) y en uno de los comentarios, el corrector citó la velocidad máxima del sonido (vso) que es lo que yo creé años antes pero no me citó. Publico mis ecuaciones en Facebook para que no se me robe y para tener pruebas, no las publico para que otros las aprovechen puesto que soy yo mismo quien debe aprovechar mis propias ideas.

Ecuación FZ4739 creada por JoanCarles Testagorda Garcia (yo mismo):
$$\frac{2Gc \times MTOV}{c^2 x\, rSun} x \frac{c}{vso} x \cosh\left(\frac{dK2_2}{2dQ5}\right) = 1$$
Autor: JoanCarles Testagorda Garcia (yo mismo) ecuación que yo creé a las 15:56 del 20-5-2024 en mi apartamento (Francia, pero no en Alpes Côte d'Azur).

Ecuación FZ5202 creada por JoanCarles Testagorda Garcia (yo mismo):
$$\frac{Volumen\ de\ Planck\ constante\ m^{-7}}{(\Lambda)^2} \approx e^{\frac{1}{e}} = \frac{JUAP\ 2}{2} = \frac{2}{TG^{JC}}$$
$$1{,}438 \approx 1{,}444 \approx 1{,}444 \approx 1{,}458$$
Autor: JoanCarles Testagorda Garcia (yo mismo) ecuación que yo creé a las 16:48 del 13-9-2024 en mi apartamento (Francia, pero no en Alpes Côte d'Azur).

Ecuación FZ4957 creada por JoanCarles Testagorda Garcia (yo mismo):
$$\frac{mG \times c}{h} \times rUn \approx \frac{mUp \times c^2 \times \lambda_{ce}}{KB \times B} = Pgf \times Ngf = \frac{mZ}{mb}$$
$$21{,}29 \approx 21{,}36 = 21{,}37 = 21{,}81$$
Autor: JoanCarles Testagorda Garcia (yo mismo) ecuación que yo creé a las 10:50 del 31-7-2024 en mi apartamento (Francia, pero no en Alpes Côte d'Azur).

Ecuación FZ5020 creada por JoanCarles Testagorda Garcia (yo mismo):
$$\frac{\pi \times hc^2}{KB \times B \times c} \approx \cosh\left(\frac{dK\ 2}{dQ\ 5}\right) \times (\cosh^{-1} e)^2$$
$$31{,}19 \approx 31{,}2$$
Autor: JoanCarles Testagorda Garcia (yo mismo) ecuación que yo creé a las 20:04 del 14-8-2024 en mi apartamento (Francia, pero no en Alpes Côte d'Azur).

Ecuación FZ4036 creada por JoanCarles Testagorda Garcia (yo mismo):
$$2 \times \frac{\cosh^{-1}\left(\frac{2\ xrUn}{lp}\right)}{\cosh^{-1}\left(\frac{mUn}{mH}\right)} = \frac{mHiggs}{mW} = \frac{mD}{2\ mUp} \times \sqrt[3]{\frac{dK\ 2}{dQ\ 5}}$$
$$1{,}56 \approx 1{,}556 \approx 1{,}56$$
Autor: JoanCarles Testagorda Garcia (yo mismo) ecuación que yo creé a las 11:01am del 12-2-2024 en mi apartamento (Francia, pero no en Alpes Côte d'Azur).

Ecuación FZ4076 creada por JoanCarles Testagorda Garcia (yo mismo):

$$\frac{2Gc \times MTOV}{c^2 \times 8\pi} \times \sqrt{\Lambda} \times \frac{\pi}{\sqrt{18}} \approx 2x \frac{\cosh^{-1}(\frac{2xrUn}{lp})}{\cosh^{-1}(\frac{mUn}{mH})}$$

$$1{,}565 \approx 1{,}56$$

Autor: JoanCarles Testagorda Garcia (yo mismo) ecuación que yo creé a las 21:05 del 18-2-2024 en mi apartamento (Francia, pero no en Alpes Côte d'Azur).

0,28% es aproximadamente la media de densidad de la materia oscura.
Ecuación FZ5098 creada por JoanCarles Testagorda Garcia (yo mismo):

$$\frac{c^2 \times mUn}{0{,}28\% \times \cosh 180} \times \frac{lp \times c}{\hbar} = \frac{mH}{m\tau} = \frac{h}{Z_0 \times (1C)^2} = \frac{2me \times Qoc}{Z_0 \times (1C)^2}$$

$$70{,}5011 = 70{,}334 \approx 68{,}51 \approx 68{,}51$$

Autor: JoanCarles Testagorda Garcia (yo mismo) ecuación que yo creé el 5-9-2024 a las 18:34 en mi apartamento (mi casa) en Francia.

Ecuación FZ2811 creada por JoanCarles Testagorda Garcia (yo mismo):

$$\frac{c^2 \times mUn}{0{,}28\% \times \cosh 180} \times \frac{lp \times c}{h} = [\frac{mD}{me \times 4\pi} \times (\frac{mD}{mUp})^2]^2 = \frac{mP}{mg} \times \frac{vso}{c \times \alpha}$$

$$11{,}2206 = 11{,}159 = 11{,}876$$

Autor: JoanCarles Testagorda Garcia (yo mismo) ecuación que yo creé el 22-5-2022 a las 22:05 en mi apartamento (mi casa) en Francia.

Ecuación FZ5097 creada por JoanCarles Testagorda Garcia (yo mismo):

$$\frac{c^2 \times mUn}{0{,}28\% \times \cosh 180} \times \frac{lp \times c}{h} = \cosh(\frac{dK2}{dK2}) = (\frac{dK2}{dQ5})^2 \times \frac{\infty \times c_{dim}}{\infty \times \sqrt{\infty}}$$

$$11{,}2206 = 11{,}386 = 11{,}3286$$

Autor: JoanCarles Testagorda Garcia (yo mismo) ecuación que yo creé el 5-9-2024 a las 18:17 en mi apartamento (mi casa) en Francia. Siendo $dK2 = 7 \times 10^{-27}$ Kg/m$^{-3}$.

Si es 6,67x10$^{-27}$ Kg/m$^{-3}$.

Ecuación FZ5097B creada por JoanCarles Testagorda Garcia (yo mismo):

$$\frac{c^2 \, x \, mUn}{0,28\% \, x \cosh 180} x \frac{lp \, x \, c}{h} = \cosh\left(\frac{dK2_2}{dQ5}\right) x \frac{\infty \, x \, c_{dim}}{\infty \, x \, \sqrt{\infty}}$$

$$11,2206 = 11,417$$

Autor: JoanCarles Testagorda Garcia (yo mismo) ecuación que yo creé el 5-9-2024 a las 18:17 en mi apartamento (mi casa) en Francia.

Ecuación FZ2812 creada por JoanCarles Testagorda Garcia (yo mismo):

$$\frac{c^2 \, x \, mUn}{0,28\% \, x \cosh 180} x \frac{lp \, x \, c}{h \, x \, 2\pi} x \frac{mZ}{mH} = \frac{Z_0 \, x \, h \, x (1C)^2}{c^2 \, x \, mG \, x \, c^2 \, x \, 4 \, mve} = \frac{1}{\tanh 1}$$

$$1,303 = 1,30 = 1,313$$

Autor: JoanCarles Testagorda Garcia (yo mismo) ecuación que yo creé el 22-5-2022 a las 22:05 en mi apartamento (mi casa) en Francia.

Ecuación FZ2810 creada por JoanCarles Testagorda Garcia (yo mismo):

$$\frac{c^2 \, x \, mUn}{0,28\% \, x \cosh 180} x \frac{lp \, x \, c}{\hbar} = \frac{mH}{m\tau}$$

$$70,5011 = 70,334$$

Autor: JoanCarles Testagorda Garcia (yo mismo) ecuación que yo creé el 22-5-2022 a las 22:05 en mi apartamento (mi casa) en Francia. 0,28% es el % de materia oscura.

Como ya expliqué generalmente se divide la formación del universo en diferentes fases de tiempo. En cada fase aparecen nuevos elementos.

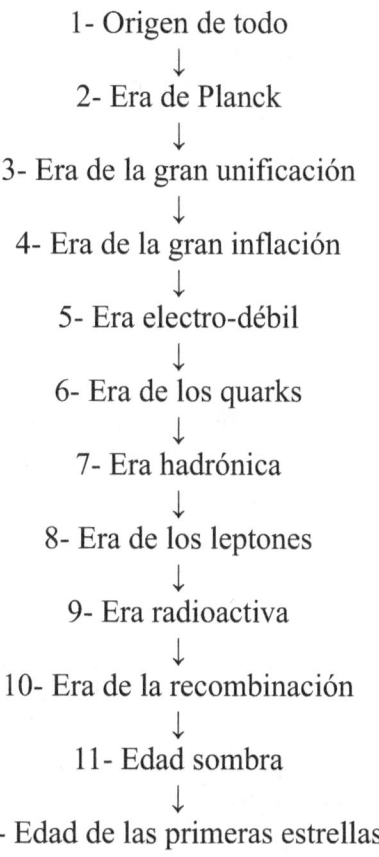

1- Origen de todo
↓
2- Era de Planck
↓
3- Era de la gran unificación
↓
4- Era de la gran inflación
↓
5- Era electro-débil
↓
6- Era de los quarks
↓
7- Era hadrónica
↓
8- Era de los leptones
↓
9- Era radioactiva
↓
10- Era de la recombinación
↓
11- Edad sombra
↓
12- Edad de las primeras estrellas

Habiendo ya expuesto mis hipótesis sobre como el universo se crea de la nada, del infinito, sobre porqué y como se produce la expansión, ahora voy a exponer más sobre mis hipótesis acerca de las siguientes etapas de formación.
Instantes después de la creación, toda la materia del universo está confinada en un pequeño espacio que se expanda muy rápidamente y da lugar a todo lo que conocemos. Como ya expuse se crea la energía Jol y la materia oscura, pero el universo se sigue expandiendo. Esta expansión produce que debido a mi idea del procesoJCTG de la materia oscura se creen bosones de Higgs.

El bosón de Higgs es una partícula muy importante porque el bosón de Higgs crea el efecto de poseer masa. Es decir, sin el Higgs ninguna partícula tendría masa.

De modo que la aparición del Higgs produce que el universo creado y confinado, vaya teniendo masa a medida que se expande. Con la creación de la masa se crea la gravedad (la cual une al universo). Es como si antes del Higgs todo estuviera confinado simplemente.

Así que antes de que aparezca el Higgs se produce la era de Planck. El universo crece y se expande.

La era de Planck se puede considerar la segunda fase de formación.

La era de Planck es la fase que tiene el tiempo de Planck. Por tanto dura como el tiempo de Planck que es "$t_p = 5.39106 \times 10^{-44}$ s ". Se dice que en esta fase la temperatura es tan elevada que las fuerzas fundamentales están unidas entre ellas (las fuerzas fundamentales son: gravedad, electromagnetismo, fuerza débil y fuerza fuerte).

No creo que esto sea exactamente así porque según mi teoría hay un orden de creación de partículas. De modo que si todavía no se ha creado el bosón de Higgs, todavía no se han creado otras partículas y por tanto no es que las fuerzas estén todas unidas, lo que sucede es que no existen.

En esta fase el universo está todo unido en un espacio muy reducido, el universo mide la longitud de Planck "lp". Es por ello que cuando aplico mi idea de 2014 de que en la formación del universo el universo tiene forma de toroide, utilizo como radio pequeño la longitud de Planck (lp) y como radio grande el radio del universo (rUn) una vez el universo ya está expandido hasta la actualidad.

También mi idea es que las unidades de Planck están estrechamente relacionadas con la materia y energía oscura, de modo que esta era es la era de la energía y materia oscuras.

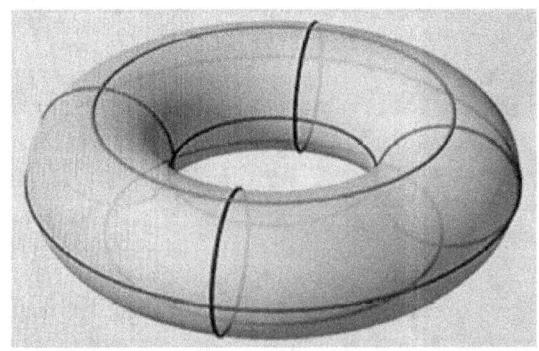

En la siguiente ecuación expongo la forma del toroide "$4\pi^2$" pero todavía no hay el radio de Planck, por este motivo elevo al exponente negativo la constante de Planck.

Ecuación FZ1093 creada por JoanCarles Testagorda Garcia (yo mismo):

$$(\hbar c)^{2\Psi} \times 4\pi^2 \times \frac{1}{\alpha \times TG^{JC}} = 3{,}94 \times 10^{54} \, masa \, del \, universo$$

o bien

$$(hc)^{\Psi} \times 4\pi^2 \times 32\pi = 3{,}97 \times 10^{54} \, masa \, del \, universo$$

Autor: JoanCarles Testagorda Garcia (yo mismo) ecuación que yo creé el 17-11-2020 21:11 (Alpes Côte d'Azur, en el alojamiento del trabajo en el cual ayudaba a animales des del 17-8-2020 hasta el 4-9-2021 en donde me mudé más al norte). La segunda ecuación debería de ser correcta pero no la primera porque todavía no se han creado las partículas.

Lo que expuse en la siguiente ecuación es mi idea de que el universo se crea del infinito, de la nada, pero que la etapa siguiente en la cual se crea la masa del universo la expongo con la masa del universo o la velocidad de la luz con el exponente "$\Psi$". Esto lo hice así para representar que el universo nace de la nada pero que todavía al no estar formada su masa, presta energía de la nada para crearse. Como ya he dicho en la era de Planck el universo todavía no está totalmente formado porque no tiene masa todavía. Así que hasta que no aparece el rozamiento universal no se crea la materia oscura y no se crea toda o no se va transformando en partículas hasta que el universo se expanda más.

Ecuación FZ2894 creada por JoanCarles Testagorda Garcia (yo mismo):

$$\frac{h}{Planck \, time \times c^{(2\Psi)}} = masa \, del \, universo$$

$3{,}573 \times 10^{54}$ Kg $= 3{,}56 \times 10^{54}$ Kg

$$\frac{hc}{Planck \, longitud \, de \, onda \times c^{(2\Psi)}} = masa \, del \, universo$$

$3{,}573 \times 10^{54}$ Kg $= 3{,}56 \times 10^{54}$ Kg

Autor: JoanCarles Testagorda Garcia (yo mismo) ecuación que yo creé el 28-6-2022 11:30 en mi apartamento (mi casa) en Francia.

En la siguiente ecuación expreso la similitud entre la energía Jol y materia oscura con la constante de Planck. Representando la energía Jol y con la posterior aparición del Higgs se creará la masa del universo.

Ecuación FZ1090B creada por JoanCarles Testagorda Garcia (yo mismo):

$$\cosh\left(\frac{\hbar c x \sqrt{hc}}{lp} \times 8/3\pi\right) = 4{,}185 \times 10^{54} \, masa\,del\,universo$$

o bien

$$\cosh\left(\frac{hc x \sqrt{hc}}{lp \times \tanh 1}\right) = 6{,}106 \times 10^{53} \, masa\,del\,universo$$

o bien

$$\cosh\left(\frac{hc x \sqrt{hc}}{lp} \times \infty_{dim} \times 2\right) = 4{,}185 \times 10^{54} \, masa\,del\,universo$$

Autor: JoanCarles Testagorda Garcia (yo mismo) ecuación que yo creé el 14-11-2020 18:16 (Alpes Côte d'Azur, en el alojamiento del trabajo en el cual ayudaba a animales des del 17-8-2020 hasta el 4-9-2021 en donde me mudé más al norte).

Ecuación FZ5146 creada por JoanCarles Testagorda Garcia (yo mismo):

$$\cosh\left(\frac{hc x \sqrt{hc}}{lp} \times \infty_{dim} \times 2\right) = 4{,}185 \times 10^{54} \, masa\,del\,universo$$

Autor: JoanCarles Testagorda Garcia (yo mismo) ecuación que yo creé el 9-9-2024 19:54, en mi apartamento (Francia sud-este, no en Alpes Côte d'Azur).

Ecuación FZ5142 creada por JoanCarles Testagorda Garcia (yo mismo):

$$\cosh\left(\frac{dK2}{dQ5}\right) \approx 4\pi^2 \times \frac{2}{\infty}$$

$$11{,}38 \approx 11{,}84$$

Autor: JoanCarles Testagorda Garcia (yo mismo) ecuación que yo creé a las 19:18 del 9-9-2024 en mi apartamento (Francia). En este caso se puede entender que del infinito y con una forma de toroide se crean la materia oscura y la energía Jol. Es una proporcionalidad en este caso. Esto da lugar al universo.

Ecuación FZ5143 creada por JoanCarles Testagorda Garcia (yo mismo):
$$\cosh\left(4\pi^2 x \frac{dK2}{dQ5} x \frac{\infty}{JC^\pi}\right) = 3,8 \times 10^{54} \approx mUn$$
Autor: JoanCarles Testagorda Garcia (yo mismo) ecuación que yo creé a las 19:27 del 9-9-2024 en mi apartamento (Francia).

Ecuación FZ5144 creada por JoanCarles Testagorda Garcia (yo mismo):
$$\cosh\left(\frac{4\pi^2 x \cosh\left(\frac{dK2}{dQ5}\right) x \cosh^{-1}\left(\frac{dK2}{dQ5}\right)}{\infty}\right) x\, 32\pi = 3,7 \times 10^{54} \approx mUn$$
Autor: JoanCarles Testagorda Garcia (yo mismo) ecuación que yo creé a las 19:28 del 9-9-2024 en mi apartamento (Francia).
Mi teoremaJC que yo creé el día 14-3-2019 a las 19:55, permite expresar valores naturales de entre 0 a 0,5 o entre 0 y 1. Así que pensé en aplicarlo al origen del universo como la creación del universo que oscila en una unidad, de 0 a 1. Así que toda la materia y energía elemental y no negativa se crea dando lugar al universo, a la unidad. De modo que con números irreales (imaginarios) se puede crear un paso o interacción entre dimensiones. Al menos es lo que sugieren mis ecuaciones.

Ecuación FZ5272 creada por JoanCarles Testagorda Garcia (yo mismo):
$$m \approx \cosh\left[\left(\frac{mG}{hx\, AgUn\, x\, \Lambda}\right)^4\right] \approx \cosh\left[\left(\frac{JC^{TG}}{\alpha\, xTG^{JC}}\right)^4\right]$$
$3,56 \times 10^{54}$ Kg $\approx$ $1,027 \times 10^{54}$ Kg $\approx$ $4 \times 10^{54}$ Kg
Autor: JoanCarles Testagorda Garcia (yo mismo) ecuación que yo creé a las 17:33 del 24-9-2024 en mi apartamento (Francia, pero no en Alpes Côte d'Azur).

Ecuación FZ5278 creada por JoanCarles Testagorda Garcia (yo mismo):
$$\cosh\left[\frac{mUn\, x\, (AgUn)^2 x\, TG^{JC}}{(2\, x\, rUn)^2 x\, (\hbar)^\psi}\right] \approx mUn$$
$5,588 \times 10^{54}$ Kg $\approx$ $3,56 \times 10^{54}$ Kg
Autor: JoanCarles Testagorda Garcia (yo mismo) ecuación que yo creé a las 21:47 del 26-9-2024 en mi apartamento (Francia).

Otro factor importante a entender de mi hipótesis, es la geometría hiperbólica. (como coseno hiperbólico, cosh). Con espacios hiperbólicos que se cierran sobre sí mismos, se puede representar a la energía Jol o a la singularidad con el vector inicial, que se cierra sobre sí para formar el universo o en otros casos para formar partículas. Cuerpos. Es consecuencia de mis ideas y ecuaciones.

Ecuación FZ5139B creada por JoanCarles Testagorda Garcia (yo mismo):

$$\cosh\left(\left(\cosh\frac{dK2}{dQ5}\right)^2\right)=mUn \text{ o bien } \frac{\cosh\left(\left(\cosh\frac{dK2}{dQ5}\right)^2\right)}{32\pi}=9,99 \times 10^{54} \approx mUn$$

$$\cosh\left(\infty x \frac{dK2}{dQ5} x(\infty_{dim}+1)\right)=4,39 \times 10^{54} \approx mUn$$

Autor: JoanCarles Testagorda Garcia (yo mismo) ecuación que yo creé a las 18:37 del 9-9-2024 en mi apartamento (Francia, pero no en Alpes Côte d'Azur).

Ecuación FZ5141 creada por JoanCarles Testagorda Garcia (yo mismo):

$$\cosh\left(4\pi^2 x \frac{dK2}{dQ5}\right)=1,7947 \times 10^{53} \approx mUn$$

Autor: JoanCarles Testagorda Garcia (yo mismo) ecuación que yo creé a las 19:16 del 9-9-2024 en mi apartamento (Francia).

Ecuación FZ5151 creada por JoanCarles Testagorda Garcia (yo mismo):

$$\cosh\left(4\pi^2 x \frac{\infty_{dim}}{2}\right)=1,272 \times 10^{54} \approx mUn$$

Autor: JoanCarles Testagorda Garcia (yo mismo) ecuación que yo creé a las 21:38 del 9-9-2024 en mi apartamento (Francia).

Ecuación FZ5153 creada por JoanCarles Testagorda Garcia (yo mismo):

$$\cosh\left(\frac{\sqrt{h} x c}{(KB)^\psi x lp} x \frac{c^2 x (rUn)^2 x \Lambda}{2Gc x mUn x mII}\right) \approx \cosh\left(\frac{\sqrt{h} x c}{(KB)^\psi x lp} x \frac{1}{\infty}\right) \approx mUn$$

$$\cosh\left(\frac{\sqrt{h} x c}{(KB)^\psi x lp} x \frac{1}{\log(mUn)}\right) \approx mUn$$

Autor: JoanCarles Testagorda Garcia (yo mismo) ecuación que yo creé a las 10:58am del 10-9-2024 en mi apartamento (Francia).

Ecuación FZ1091 creada por JoanCarles Testagorda Garcia (yo mismo):
$$\left(\frac{\hbar c}{c^2}\right)^{\Psi} \times \frac{4\pi^2}{rB} = 2{,}12 \times 10^{54} \text{ masa del universo}$$

y

$$(\hbar c)^{2\Psi} \times 4\pi^2 \times 2 \times \infty^2 = 3{,}51 \times 10^{54} \text{ masa del universo}$$

Autor: JoanCarles Testagorda Garcia (yo mismo) ecuación que yo creé el 14-11-2020 18:52 (Alpes Côte d'Azur, en el alojamiento del trabajo en el cual ayudaba a animales des del 17-8-2020 hasta el 4-9-2021 en donde me mudé más al norte).

Ecuación FZ5147 creada por JoanCarles Testagorda Garcia (yo mismo):
$$(\hbar c)^{\Psi} \times JC_{aqj} \times 6\pi = 3{,}55 \times 10^{54} \text{ masa del universo}$$

mi constante $JC_{aqj}$ es :

$$JC_{aqj} = \frac{0{,}119 \times GF \times \alpha^2 \times \alpha G \times (mPl)^3}{(mW + mZ)}$$

Autor: JoanCarles Testagorda Garcia (yo mismo) ecuación que yo creé el 9-9-2024 20:06, en mi apartamento (Francia sud-este, no en Alpes Côte d'Azur).

Ecuación FZ5148 creada por JoanCarles Testagorda Garcia (yo mismo):
$$\left(\frac{hc}{c^2}\right)^{\Psi} \times \frac{4\pi^2}{rB} \times \cosh\left(\frac{dK2}{dQ5}\right) = 3{,}906 \times 10^{54} \text{ masa del universo}$$

Autor: JoanCarles Testagorda Garcia (yo mismo) ecuación que yo creé el 9-9-2024 20:21, en mi apartamento (Francia sud-este, no en Alpes Côte d'Azur).

Ecuación FZ5185 creada por JoanCarles Testagorda Garcia (yo mismo):
$$\frac{hc \times \Lambda}{\alpha G \times lp \times 2\pi} \times \sqrt{\left(\log\left(\cosh\left(\frac{dK2}{dQ5}\right)\right)\right)} = 6{,}45 \times 10^{54}$$

Autor: JoanCarles Testagorda Garcia (yo mismo) ecuación que yo creé el 11-9-2024 22:37, en mi apartamento (Francia sud-este, no en Alpes Côte d'Azur).

Ecuación FZ1094 creada por JoanCarles Testagorda Garcia (yo mismo):
$$\left(\frac{hc}{c^2}\right)^\Psi \times \frac{4\pi^2}{rB} \times \sinh \pi = 3{,}898 \times 10^{54} \, masa\,del\,universo$$
Autor: JoanCarles Testagorda Garcia (yo mismo) ecuación que yo creé el 17-11-2020 21:08 (Alpes Côte d'Azur, en el alojamiento del trabajo en el cual ayudaba a animales des del 17-8-2020 hasta el 4-9-2021 en donde me mudé más al norte).

Ecuación FZ1088 creada por JoanCarles Testagorda Garcia (yo mismo):
$$\cosh\left(\frac{\sqrt{h}\times c}{2lp \times CMB \times 1{,}380648 \times 10^{(-23\times\Psi)} \, J\,K^{-1}} \times \frac{1}{\sqrt[3]{mUn}}\right) \approx mUn$$
$$4{,}135\times 10^{54} \approx 3{,}56\times 10^{54}\,Kg$$
Autor: JoanCarles Testagorda Garcia (yo mismo) ecuación que yo creé el 14-11-2020 18:13 (Alpes Côte d'Azur, en el alojamiento del trabajo en el cual ayudaba a animales des del 17-8-2020 hasta el 4-9-2021 en donde me mudé más al norte). Mi idea de 2020 y 2019 es de aplicar el número imaginario en el exponente (lo cual apliqué a muchas de mis ecuaciones) porque quizás de esta manera puedo expresar que hay energía que procede de otra dimensión y que entra en esta dimensión. Como un flujo de energía. Lógicamente es algo pionero. Ya en 2014 pensé que la energía puede fluir de una dimensión a otra superando el límite K2/Q5 que yo mismo descubrí, aunque en este caso la energía que fluye puede crear la masa del universo.
Se puede ver en otras de mis ecuaciones como apliqué este método. Como ya dije cuando se crea el universo también se crean las dimensiones.

Ecuación FZ1089 creada por JoanCarles Testagorda Garcia (yo mismo):
$$\cosh\left(\frac{1Kg \times JC^{TG}}{\alpha \times TG^{JC}}\right) = masa\,del\,universo = \cosh\left(1Kg \times \frac{JC^{TG}}{32\pi}\right)$$
$$4{,}04\times 10^{54}\,Kg = 3{,}56\times 10^{54}\,K$$
Autor: JoanCarles Testagorda Garcia (yo mismo) ecuación que yo creé el 14-11-2020 18:16 (Alpes Côte d'Azur, en el alojamiento del trabajo en el cual ayudaba a animales des del 17-8-2020 hasta el 4-9-2021 en donde me mudé más al norte).

Ecuación FZ5140 creada por JoanCarles Testagorda Garcia (yo mismo):
$$\sqrt[3]{\cosh^{-1}(mUn)} = 5 = \frac{Wfd \times h \times B \times 2}{\alpha \times KB}$$
$$5 = 5 = 5$$
de modo que:
$$\cosh\left(\frac{\sqrt{h} \times c}{2lp \times CMB \times 1{,}380648 \times 10^{(-23 \times \Psi)} J K^{-1}} \times 5\right) \approx mUn$$
$$4{,}135 \times 10^{54} \approx 3{,}56 \times 10^{54} \, Kg$$

Autor: JoanCarles Testagorda Garcia (yo mismo) ecuación que yo creé el 9-9-2024 18:57, en mi apartamento (Francia sud-este, no en Alpes Côte d'Azur).

Ecuación FZ1256C creada por JoanCarles Testagorda Garcia (yo mismo):
$$mH \times \left(\frac{mPl \times B \times 12}{mve \times \alpha \times CMB} \times \frac{me \times c}{h}\right)^2 = 3{,}566 \times 10^{54} \, Kg$$
o bien
$$mH \times \left(\frac{B \times me}{mve \times \sqrt{2} \times \alpha \times CMB \times lp}\right)^2 = 3{,}696 \times 10^{54} \, Kg$$

Autor: JoanCarles Testagorda Garcia (yo mismo) ecuación que yo creé el 1-3-2021 17:30 (Alpes Côte d'Azur, en el alojamiento del trabajo en el cual ayudaba a animales des del 17-8-2020 hasta el 4-9-2021 en donde me mudé más al norte).

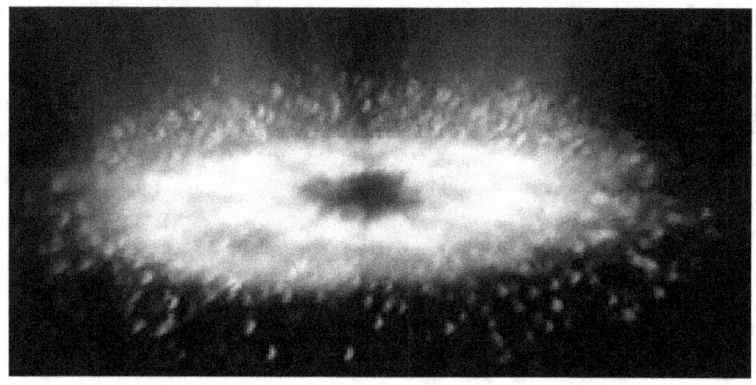

Después de la era de Planck se produce la fase que ocurre en $\approx 10^{-43}$s de vida del universo aparece la gravedad cuántica, la gravedad. Se dice que las otras fuerzas todavía están unidas. Como el universo ya se expande se empieza a enfriar (aunque la temperatura sigue siendo muy alta).
La gravedad aparece gracias a esta expansión porque como ya mencioné con la expansión de la materia oscura se produce el bosón de Higgs que confiere masa al universo.
Antes de esta fase no existe el bosón de Higgs y por tanto el universo no tiene masa. Si no tiene masa no produce bosonesJCTG4 y por tanto no produce la gravedad.
En esta fase el universo mide aproximadamente $10^{-28}$m.

Mi hipótesis de 2014 que expuse en mi obra "*Justicia Universal*" y en especial en mi obra "*La Respuesta al Universo 2015-2016*" es que la gravedad es producida por corrientes Jol (por la energía oscura). Después en Febrero, Marzo y Abril 2020 pensé que es producida por mi bosónJCTG4 (ya lo expuse en mi libro "*But what is the gravity? What is the time* auto-publicado el 6/8/2022 en Francia".
La partícula gravitón es una partícula que se teorizó hace muchos años atrás. Lo que yo descubrí es de qué está compuesto este gravitón. En febrero y marzo 2020 me cuestioné sobre la posibilidad de que 4neutrinos unidos, 2 pares neutrino-antineutrino, podrían unirse para crear el gravitón (a pesar de su quiralidad zurda). Descarté esta idea y pensé que podían ser solamente un par. Después retomé mi idea.

Ecuación FZ4899 creada por JoanCarles Testagorda Garcia (yo mismo):

$$\frac{Gc \times dK2}{c^2} \times \left(\frac{\hbar}{c^2}\right)^2 \times \frac{\sqrt{2}}{2\,mve \times 2\,mve} \times \frac{1\,Kg}{masa\,del\,Gravitón} = 1$$

Autor: JoanCarles Testagorda Garcia (yo mismo) ecuación que yo creé a las 9:19am del 5-7-2024 en mi apartamento (Francia, no en Alpes Côte d'Azur). Se puede ver en mi facebook Joancarles YoIje Martin TG.
En esta ecuación ecuación se puede ver que mi idea del 2020d(y que ya expuse en mi libro "*But what is the gravity? What is the time, que autopubliqué el,6-8-2022*"e que el bosónJCTG4 produce la gravedad y además se puede ver mi idea de 2014 sobre como la energía oscura (que es el espacio/tiempo según mi hipótesis de 2014 (*Justicia universal*)) es afectada y produce la gravedad. De hecho porque produce el bosónJCTG, el gravitón. Son unos de mis grandes descubrimientos científicos.

Ecuación FZ4754 creada por JoanCarles Testagorda Garcia (yo mismo):

$$Gc \times \frac{2\,mve \times c \times 2\,mve \times c}{\sqrt{2}} \times \frac{c^2}{4\pi} \times \left(\frac{mve \times c^2}{2h \times 1C}\right)^2 \frac{1}{mG} = 1\frac{Newton}{Culombio}$$

Autor: JoanCarles Testagorda Garcia (yo mismo) ecuación que yo creé a las 11:25am del 23-5-2024 en mi apartamento (Francia, no en Alpes Côte d'Azur). En esta ecuación uní mis dos ideas (dos de mis descubrimientos científicos) sobre qué produce la fuerza gravitatoria y la fuerza magnética.

Ecuación FZ4755 creada por JoanCarles Testagorda Garcia (yo mismo):

$$\frac{2Gc}{c^2 \times 4 \times 4\pi^2} \times \frac{2\,mve \times c^2 \times 2\,mve \times c^2}{\sqrt{2}} \times \frac{1\,s^{-4}}{1\,m^5} = 1{,}09 \times 10^{-67}\,Kg\,(mG)$$

Autor: JoanCarles Testagorda Garcia (yo mismo) ecuación que yo creé a las 11:43am del 23-5-2024 en mi apartamento (Francia, no en Alpes Côte d'Azur).

Ecuación FZ4757, FZ4758 y FZ4759 creadas por JoanCarles Testagorda Garcia (yo mismo):

$$\frac{mv\,\mu \times mve}{4} = 1{,}08 \times 10^{-67}\,Kg\,(mG)$$

o bien

$$\frac{mv\,\mu \times mve}{\sqrt{2}} = 3{,}05 \times 10^{-67}\,Kg\,(mG)$$

o bien

$$\frac{mv\,\mu \times mve}{2 \times \sqrt{2}} = 1{,}5 \times 10^{-67}\,Kg\,(mG)$$

Autor: JoanCarles Testagorda Garcia (yo mismo) ecuación que yo creé a las 13:14 del 24-5-2024 en mi apartamento (Francia, no en Alpes Côte d'Azur).

Ecuación FZ4825 creada por JoanCarles Testagorda Garcia (yo mismo):

$$\frac{Z_0 \times h \times (1C)^2}{mG \times c^2 \times 4\,mve \times c^2} = \frac{\log(lp)}{\log(rUn)}\,\psi$$
$$1{,}300 \approx 1{,}305$$

Autor: JoanCarles Testagorda Garcia (yo mismo) ecuación que yo creé a las 12:05 del 20-6-2024 en mi apartamento (Francia).

Ecuación FZ3000 creada por JoanCarles Testagorda Garcia (yo mismo):

$$\sqrt{\frac{TG^{JC} \times 4\pi^2 \times (mve \times (\cosh^{-1} e)^2)^4}{(\hbar \times c\, CMB \times KB)^2 \times \alpha G \times \beta G}} = \sqrt{5}$$

Autor: JoanCarles Testagorda Garcia (yo mismo) ecuación que yo creé a las 17:33 del 25-5-2022 en mi apartamento (Francia, no en Alpes Côte d'Azur). Ecuación que ya autopubliqué en mi libro "*But what is thegravity? What is the time*". Es una ecuación que yo creé en 2020 y que posteriormente modifiqué.

Ecuación FZ4823 creada por JoanCarles Testagorda Garcia (yo mismo):

$$\frac{Z_0 \times h \times (1C)^2}{mG \times c^2 \times 4\, mve \times c^2} \times \tanh 1 = 1$$

Autor: JoanCarles Testagorda Garcia (yo mismo) ecuación que yo creé a las 11:55am del 20-6-2024 en mi apartamento (Francia, no en Alpes Côte d'Azur).

Otra de mis ideas que representé en mis ecuaciones, (y que ya expuse en mi libro "*But what is the gravity? What is the time, 6/8/2022*") es que la interacción de cualquier partícula con masa con la energía oscura (K2) produce el procesoJCTG haciendo que de esta interacción se liberen bosones JCTG4 (gravitones, mG).

Ecuación FZ4887 creada por JoanCarles Testagorda Garcia (yo mismo):

$$\frac{Gc \times dK2}{c^2} \left( \frac{2h}{mG \times c} \times Llim \right)^2 \times 16\pi = 1$$

Autor: JoanCarles Testagorda Garcia (yo mismo) ecuación que yo creé a las 10h del 3-7-2024 en mi apartamento (Francia, no en Alpes Côte d'Azur). Se puede ver en mi facebook Joancarles YoIje Martin TG.

Ecuación FZ4898 creada por JoanCarles Testagorda Garcia (yo mismo):

$$\frac{Gc \times dK2}{c^2} \left( \frac{2h}{mG \times c} \right)^2 \times \frac{1}{JCT} \times \frac{5}{2} = 1$$

Autor: JoanCarles Testagorda Garcia (yo mismo) ecuación que yo creé a las 9:05 del 5-7-2024 en mi apartamento (Francia, no en Alpes Côte d'Azur). Se puede ver en mi facebook Joancarles YoIje Martin TG.

Ecuación FZ5224 creada por JoanCarles Testagorda Garcia (yo mismo):
$$\frac{2mve}{\sin \pi} x (\frac{2h}{mG \, x \, c^2})^2 = 1$$
Autor: JoanCarles Testagorda Garcia (yo mismo) ecuación que yo creé a las 13:42 del 19-9-2024 en mi apartamento (Francia, no en Alpes Côte d'Azur).

Ecuación FZ5100 creada por JoanCarles Testagorda Garcia (yo mismo):
$$(\frac{lp \, x \, c}{h})^2 x \cosh 180 \, x \, mG \, x \, mH = 1$$
Autor: JoanCarles Testagorda Garcia (yo mismo) ecuación que yo creé a las 10:54 del 6-9-2024 en mi apartamento (Francia, pero no en Alpes Côte d'Azur).

Ecuación FZ5101 creada por JoanCarles Testagorda Garcia (yo mismo):
$$(\frac{mve+mve+mve+mve}{\sqrt{2}}) x \frac{c \, x \, (lp)^3}{Gc \, x \, \alpha \, G \, x \, 2 \pi} x \frac{1 \, m^2 \, x \, 1 \, s^3}{1 \, Kg} \approx m \, gravitón$$
Autor: JoanCarles Testagorda Garcia (yo mismo) ecuación que yo creé a las 11:59 del 6-9-2024 en mi apartamento (Francia, pero no en Alpes Côte d'Azur).

El 11/5/2022 (en mi apartamento) creé la ecuación FZ2753:
Ecuación FZ2753 creada por JoanCarles Testagorda Garcia (yo mismo):
$$\frac{h}{mG \, x \, c} x \frac{\infty}{AgUn \, x \, c} \div F_1 = 1$$
Autor: JoanCarles Testagorda Garcia (yo mismo) ecuación que yo creé el 11-5-2022, en mi apartamento (Francia sud-este, no en Alpes Côte d'Azur). Entonces el día 11-9-2024 modifiqué mi ecuación resultando:
Ecuación FZ5188 creada por JoanCarles Testagorda Garcia (yo mismo):
$$\frac{h}{mG \, x \, c} x \frac{\infty}{AgUn \, x \, c} x \log(\cosh(\frac{dK2}{dQ5})) = 1,11 = \frac{19}{17}$$
o bien
$$\frac{h}{mG \, x \, c} x \frac{\infty}{AgUn \, x \, c} \div \log(\cosh(\frac{dK2}{dQ5})) = 1$$
Autor: JoanCarles Testagorda Garcia (yo mismo) ecuación que yo creé el 11-9-2024 23:19, en mi apartamento (Francia sud-este, no en Alpes Côte d'Azur).

Ecuación FZ4586 creada por JoanCarles Testagorda Garcia (yo mismo):
$$\frac{h}{mG \times c} \times \sqrt{\Lambda} \times \frac{dK2}{dQ5} \approx \frac{8\pi \times Gc}{c^2} \times (mUn)^{\psi} \times \sqrt{\Lambda} \times \cosh 180 \times \frac{mPl}{mve} \approx \infty_{dim}$$
$$0{,}6786 \approx 0{,}6264 \approx 0{,}6666$$
Autor: JoanCarles Testagorda Garcia (yo mismo) ecuación que yo creé el 2-5-2024 a las 20:13 en mi apartamento (mi casa) en Francia.

Ecuación FZ4342 creada por JoanCarles Testagorda Garcia (yo mismo):
$$\frac{2h}{mG \times c} \times \frac{1}{\sqrt{\Lambda}} \times \frac{4\pi^2 \times Gc \times MTOV}{c^2 \times rUn \times AgUn} \times \frac{mY}{(1C)^2 \times Z_0} \approx 1$$
Autor: JoanCarles Testagorda Garcia (yo mismo) ecuación que yo creé el 24-3-2024 a las 8:27am en mi apartamento (mi casa) en Francia.

Ecuación FZ3000 creada por JoanCarles Testagorda Garcia (yo mismo):
$$\frac{(lp \times 2\pi)^2 \times (mve \times (\cosh^{-1} e)^2)^4 \times TG^{JC}}{(\hbar c \times CMB \times KB)^2 \times \alpha G} = 5$$
Autor: JoanCarles Testagorda Garcia (yo mismo) ecuación que yo creé a las 20:12 del 3-10-2022 en Francia. mve=3,92185x10$^{-36}$ Kg

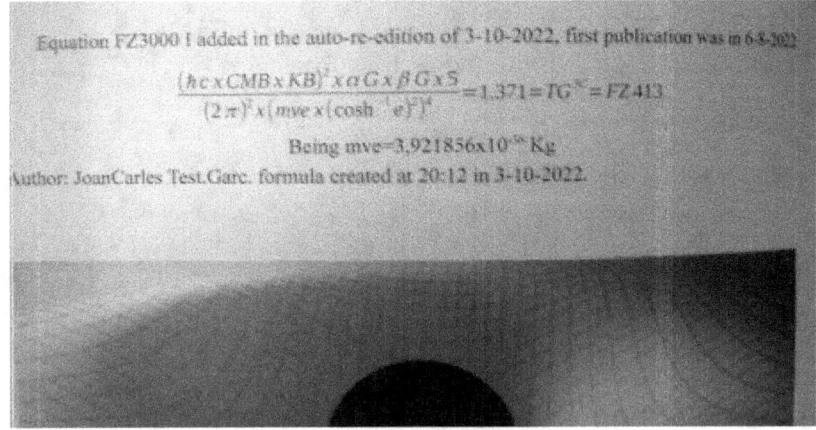

Esta imagen es un extracto del libro que yo creé y autopubliqué el 6-8-2022 (en Francia) "*But what is the gravity? What is the time*". Se pueden ver algunas de las ecuaciones que yo creé.

Ecuación FZ2884 creada por JoanCarles Testagorda Garcia (yo mismo):

$$\frac{(\hbar c \times CMB \times KB)^2 \times \alpha G \times 5}{(lp \times 2\pi)^2 \times (mve)^4} = \frac{\mu_0 \times mH \times \cosh 180}{lp} \times \left(\frac{Gc \times 1C \times mve}{hc \times e}\right)^2$$

$$77.87 \approx 77,8736$$

Autor: JoanCarles Testagorda Garcia (yo mismo) ecuación que yo creé a las 1:44 del 23-6-2022 en Francia. mve=3,92185x10$^{-36}$ Kg

O bien :
Ecuación FZ4950 creada por JoanCarles Testagorda Garcia (yo):

$$\frac{(\hbar c \times CMB \times KB)^2 \times \alpha G \times 5}{(lp \times 2\pi)^2 \times (mve)^4} = (\alpha \times \alpha G \times GF \times 0.119)^2 \times \alpha f = (Pgf)^2 \times \alpha f$$

$$77,87 \approx 78,017 \approx 78,09$$

Autor: JoanCarles Testagorda Garcia (yo mismo) ecuación que yo creé a las 20:31 del 30-7-2024 en Francia.

Mi hipótesis es que la gravedad se crea porque aparece el Higgs pero también que este Higgs debe de decaer en bosones Z y W para que se puedan formar los neutrinos y que estos se unan. Como ya expliqué en mis libros, mi hipótesis de 2020/2021 es que los bosones decaen en partículas elementales de gran masa y que estas como el neutrino-tau produce los mismos efectos que un neutrino-electrón (de mayor intensidad debido a su gran masa pero son los mismos efectos). Por tanto estos neutrinos-tau se unen y forman los primeros bosonesJCTG4, produciendo la gravedad. Los neutrinos, al no tener carga y ser menos masivos pueden atravesar mejor el plasma del origen por tanto la gravedad es efectiva ya en las primeras etapas.

Las posibles desintegraciones del bosón de Higgs son en general en bosones W y Z. Por ejemplo en mi ecuación FZ413 se puede entender que el bosón de Higgs se desintegra en bosones Z, W y otras partículas.
En un 0,15% de los casos el bosón de Higgs se desintegra en un bosónZ y un par de fotones.
El porqué se observa que hay probabilidades que una partícula se desintegre en una u otra partícula lo expliqué con mi hipótesis del tiempoJC, lo expliqué en mi libro "*But what is the gravity? What is the time*" autopublicado el 6-8-2022.

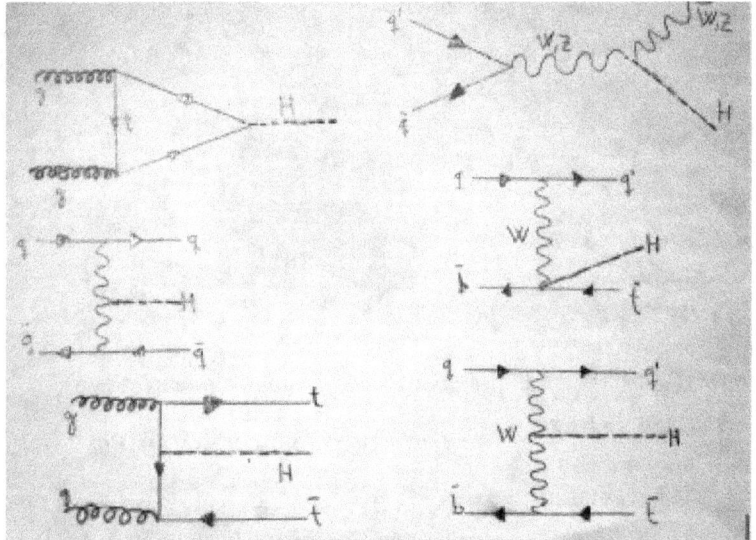

En esta imagen que es un dibujo que yo mismo creé en primavera2020 para mi obra "*Quantum Optics JoanCarles Testagorda Garcia Teoría General Universal (abreviado QOJCTGU)*" se puede observar como el bosón de Higgs decae primero en bosones W y Z y después estos decaen en otras partículas.
También se puede observar que el Higgs puede decaer en quarks.
Debido a mi hipótesis y mis ecuaciones de 2020, 2021, 2024, creo que sucede que el Higgs siempre decae primero en 2 o tres bosones W, después 2 de estos 3 bosones W pueden unirse para formar un bosón Z perdiendo así su carga.

Así que siempre se crea el primero el bosón de Higgs, después se crean bosones W que pueden crear bosones Z. En mi hipótesis el orden es importante.

Posteriormente los bosones Z y W decaen en partículas como quarks y fotones, estos decaen en leptones y neutrinos.

$$H \to W, W, W \to Z, Y \to q, q' , Y \to \text{leptones, neutrinos}$$
$$\downarrow$$
$$\text{leptón, neutrino}$$

El bosón W tiene carga electromagnética, así que puede decaer en una partícula cargada y otra sin carga, por ejemplo en un leptón y un neutrino. El bosónZ no tiene carga electromagnética. Por tanto si se aplica la ley de la conservación de la carga, lo que sucede es que cuando el bosón Z decae (decae = desintegra), debe decaer en partículas sin carga o bien en partículas las cuales sumadas anulan su cargas (como una partícula cargada y su correspondiente antipartícula). En el desintegramiento del bosón Z se observa que:

-en un 70% de las veces el Z se desintegra en un par quark antiquark.

-en un 20% de las veces el Z se desintegra en un par neutrino antineutrino.

-en un 10% de las veces el Z se desintegra en un par leptón-antileptón.

Por este motivo creo que es más probable que el bosón Z se desintegre en par quark-antiquark (q, q'), después estos pueden decaer en un fotón (Y) y este fotón decae en un par leptón-antileptón.

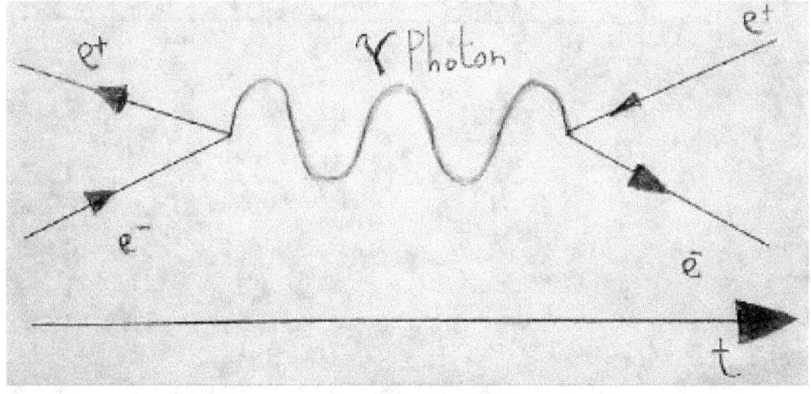

Es posible que si el bosón Z se desintegre en un par de neutrinos estos pares producirán los bosones JCTG4.

De modo que mi hipótesis que ya expliqué en mi libro "*But what is the gravity? What is the time, 6-8-2022*" y en mi obra "*Quantum Optics JoanCarles Testagorda Garcia Teoría General Universal (abreviado QOJCTGU)*" es que primero se se produce el bosón de Higgs, después los W y Z y posteriormente la gravedad.
Después empiezan a producirse partículas elementales de gran masa. Este mismo proceso se observa en los aceleradores de partículas que generan choques de mayor energía.

En los aceleradores de partículas de mayor tamaño, se necesitan producir choques de partículas como neutrones o protones para poder generar altas cantidades de energía porque con estas altas cantidades de energía aparecen las partículas elementales de mayor masa como el bosón W, el bosón Z o el bosón de Higgs.
Por tanto grandes cantidades de energía densificada generan partículas mayor masa con un tiempo de existencia mayor. Esto hace que estas partículas puedan existir lo suficiente como para interaccionar.
Este efecto es como un efecto regresivo de creación del universo. Aunque como ya expliqué en mis otros libros, mi hipótesis es que esto sucede siempre en toda interacción y que solamente tiene efectos significativos si se aumenta el tiempoJC.

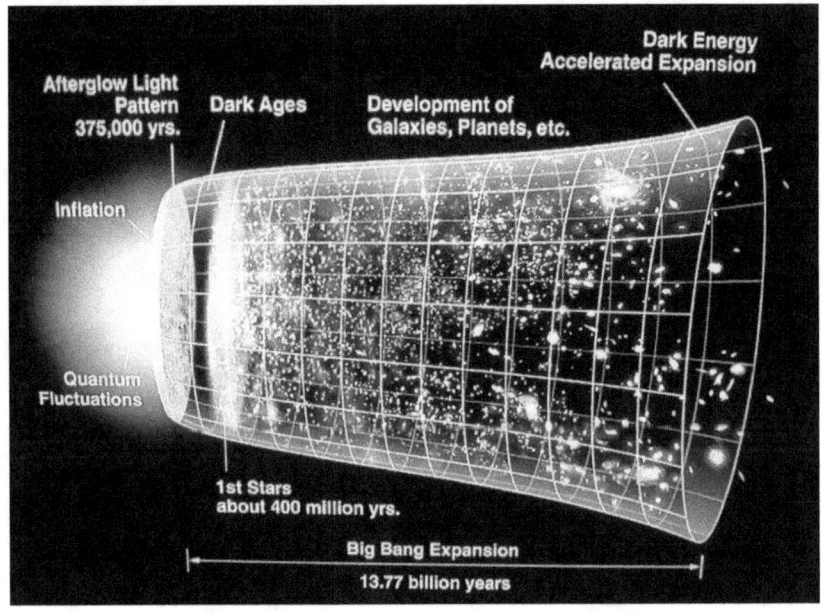

En la cuarta fase que ocurre a los $\approx 10^{-36}$ segundos de vida del universo, el universo se expande exponencialmente, se expande mucho en muy poco tiempo. Esto significa que o bien la gravedad todavía no se ha producido o todavía no es efectiva y que todavía no se han creado suficientes bosones de Higgs como para desacelerar la expansión.

Recordando, mi hipótesis es que siempre se crean universos internos que expanden el universo. Por tanto una vez se forma el universo, está todo confinado y al formarse otro universo interno, este universo ya formado es expandido dando lugar al bosón de Higgs y a la creación de la masa del universo.

Así que el universo es muy pequeño y se expande a una velocidad superior a la velocidad de la luz. Como la gravedad se produce con los bosonesJCTG4 (gravitones), estos no pueden viajar más rápido que la velocidad de la luz y la gravedad no puede ser efectiva debido a esta gran expansióny al gran confinamiento.

En un periodo de $10^{-35}$ s el universo incrementa su volumen a razón de $2^{100}$ veces su volumen.

Esto supone que mientras el universo se expande, estos bosonesJCTG, el Higgs, y bosones W y Z empiezan a frenar esta gran inflación porque tienen algo de espacio para moverse.

Después de esta gran inflación (expansión) la expansión relentece (sigue creciendo aunque más lentamente).

De modo que se cree que el universo crece, se contrae debido a la gravedad ya efectiva y después otra vez crece (como yo lo teoricé en 2014 debido al crecimiento de los universos internos). Muchas teorías no podían explicar porqué y como se produce esta contracción. Mi hipótesis explica todo.

Se cree que la inflación debe de haber ocurrido con una energía superior a la energía oscura (Lo cual concuerda con mi idea de creación y de expansión de 2014 porque es el vector inicial infinito el que crea el universo y toda la energía Jol (oscura)).

Se cree que el universo crece hasta tener un volumen de $17,692556 \times 10^{-105}$ m$^3$ y después su contracción se frena y se produce una fase de expansión. Esto sucede por lo que acabo de explicar que el universo interno expande, surge la gravedad que contrae pero se crean más universos internos así que la expansión siempre aumenta. La gravedad solamente puede reducir la expansión en el inicio durante una fracción ínfima de tiempo. La expansión después acelerará.

A los $10^{-43}$s (tiempo de Planck, tp=5,39106x$10^{-43}$s) la temperatura es igual a la temperatura de Planck.
Aproximadamente a los $10^{-37}$s se produce la gran expansión del universo, y después aproximadamente a los $10^{-36}$s $10^{-32}$s se produce la separación de la fuerza fuerte de la fuerza electrodébil (la fuerza electrodébil es la unión de la fuerza electromagnética y la fuerza nuclear débil.
Hay que pensar que a mayor temperatura a mayor velocidad viajan las partículas y por tanto los bosones W y Z ya se pueden mover sin fusionarse.
Hay que imaginar que con la expansión estas partículas pueden crearse y fusionarse, por tanto los W crean los Z según mi idea. El universo se expande y estos Z sin carga interaccionan con la fuerza electrodébil porque se crean, decaen al fusionarse e interaccionar, decaen otra vez y se vuelven a fusionar. Esto ocurre porque hay poco espacio y la densidad de energía es alta. Pero cuando se expande más el universo se reduce la densidad de energía y ya no pueden fusionarse (al menos no fácilmente).
Este decaimiento produce la era electrodébil que la quinta fase. La cual que ocurre a los $\approx 10^{-32}$segundos de vida del universo, el universo se expande mucho más lo cual hace que se enfríe mucho más permitiendo la aparición de la interacción nuclear fuerte que se separa de la interacción nuclear débil y la electromagnética. (Por tanto si aparece la interacción fuerte esto supone que aparecen los gluones).

En esta etapa debido que se rompe la simetría porque los bosones W y Z pueden decaer en quarks que se unen entre ellos. Se crean muchas partículas y sus antipartículas además creo que aparecen muchas partículas exóticas. Hay que pensar que en condiciones normales las partículas exóticas o no se crean o son altamente inestables y decaen muy rápido, pero con las condiciones de una alta densidad de energía se pueden crear uniones de múltiples quarks como pentaquarks, gluonio etc.
Estos quarks creo que son quarks de mayor masa y se fusionan entre ellos rápidamente porque la densidad de energía todavía es demasiado alta.

De modo que cuando la temperatura y densidad de energía descienden más debido a la expansión, empieza la sexta era, la era de los quarks.

Esta sexta fase que ocurre a los $\approx 10^{-12}$ segundos de vida del universo, permite la aparición de los quarks (y de antiquarks). Aunque al haber una temperatura muy alta los quarks todavía no se unen para formar hadrones, sino que estos quarks están en un estado plasmático, por lo que hay un plasma de quarks.
En esta fase el universo ya mide aproximadamente 1 millón de kilómetros ($1 \times 10^9$ m).

Como ya expliqué hay las diferentes fases:

$$3\text{- Era de la gran unificación}$$
$$\downarrow$$
$$4\text{- Era de la gran inflación}$$
$$\downarrow$$
$$5\text{- Era electro-débil}$$
$$\downarrow$$
$$6\text{- Era de los quarks}$$
$$\downarrow$$
$$7\text{- Era hadrónica}$$
$$\text{etc.}$$

Otra de mis ideas del 30-6-2024 a las 11:03 (en mi casa en Francia) para explicar porqué no aparecen leptones antes de la aparición de quarks menos masivos, es que quizás el bosón de Higgs decae en un par de bosones W que forman un bosón Z. Este Z decae pero como hay una alta densidad de energía (el ángulo de la energía Jol todavía no es demasiado obtuso para que se formen partículas de menor masa) y por tanto el Z solamente decae en quarks de gran masa los cuales vuelven a formar el Z, en tau-neutrinos que al no tener carga producen la gravedad.
Así que no se pueden producir leptones hasta que el universo se expande más y la densidad de energía se reduce.
Así que la era electrodébil resulta en bosones Z y W que se transforman en Z. Después aparecen quarks masivos debido al decaimiento del Z. Y no es hasta que estos quarks que decaen en quarks menos masivos que no aparecen bosones W los cuales estos ya con una menor densidad de energía, no se fusionarán en bosones Z sino que ya podrán decaer en un leptón y un neutrino. Como ocurre en el desintegramiento beta. Mi idea del 30/6/2024 me parece más correcta.

Cuando hacemos referencia a las interacciones nucleares fuerte o débil, decimos que son interacciones nucleares porque son fuerzas que se crean en el núcleo de los átomos. El hecho está en que en situaciones de muy alta energía como en el origen del universo no hay átomos, no hay protones y neutrones todavía.

De modo que no se puede llamar fuerza nuclear fuerte, simplemente debe de llamarse fuerza fuerte. La fuerza fuerza es una fuerza que se produce cuando dos partículas (que son quarks) intercambian gluones. Los gluones son uniones de 2 quarks.

Esto quiere decir que lo que aparece cuando los bosones Z decaen son quarks. Pero estos quarks pueden unirse, fusionarse rápidamente y dar lugar a partículas como gluones, glueballs, gluonio etc.

El hecho de que la densidad de energía sea muy alta, produce que estos quarks no puedan unirse para formar protones y neutrones pero sí partículas exóticas.

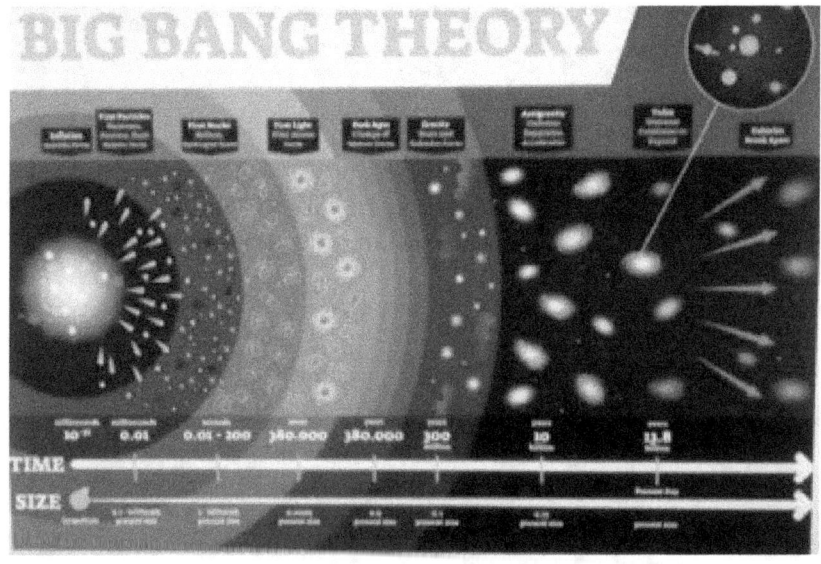

Después empieza la era hadrónica que es la séptima fase que ocurre a los $\approx 10^{-6}$ segundos de vida del universo. El universo se expande mucho más lo cual hace que se enfríe mucho más permitiendo que los quarks se unan y formen los primeros hadrones y bariones como los Protones y Neutrones (y antihadrones y antibariones como antiProtones y antiNeutrones).

En esta fase el universo tiene una temperatura de aproximadamente $10^{15}$ Kelvins y una densidad aproximada de $10^{17}$ Kg m$^{-3}$, y mide aproximadamente $1\times10^{14}$ m.

Posteriormente empieza la octava fase que ocurre a los $\approx 1$ segundo de vida del universo (o $10^2$ s), el universo se expande mucho más lo cual hace que se enfríe mucho más permitiendo que los primeros hadrones y bariones como los Protones y Neutrones se aniquilen con los primeros antihadrones y antibariones como antiProtones y antiNeutrones. Al aniquilarse se crean los primeros leptones (como el electrón) y (antileptones como el positrón).

Aunque es posible que los leptones se creen antes con los decaimientos de bosones W los cuales podrían dar lugar a neutrinos y leptones se mayor masa. Esto ya podría ocurrir en la era de los quarks o poco después porque se podrían crear leptones tau y neutrinos tau.

A 1 segundo después del BigBang (del origen de todo) cuando la temperatura adquiere aproximadamente $10^{10}$ Kelvins, la densidad es de $10^9$ Kg m$^{-3}$ y los Protones dejan de transformarse en Neutrones lo cual permite que haya más Protones que Neutrones y esto hace que se creen elementos como el Hidrógeno, el Helio, el Berilio, el Litio.

Hay que pensar que estos átomos que se forman tienen una alta energía y por este motivo emiten alta radiación (radiación nuclear) y por tanto los electrones que reciben esta radiación o radiación externa, tienen una alta cantidad de energía que los repele de los núcleos atómicos. Esto no les permite unirse a los núcleos atómicos.

A los 3 minutos el universo tiene una temperatura de aproximadamente $10^9$ Kelvins y una densidad de $10^5$ Kg m$^{-3}$.

A los 20 minutos de existencia del universo se deja de crear helio.

Después empieza la era radioactiva que es la novena fase. El universo se expande mucho más lo cual hace que se enfríe mucho más permitiendo los primeros antileptones y leptones se aniquilen creando los primeros fotones. Es decir se crea la luz.
Aunque creo que si se producen quarks, los pares de quarks pueden crear fotones antes de esta era. Pero como ya expuse en mi libro "*But what is the temperature? How are created the fields? que autopubliqué el día 30/4/2022*" mi idea de 2020 es que los fotones de alta energía como los rayos gamma y los rayos X pueden estar compuestos por leptones tau y muones. Así que si aparecen leptones pesados al desintegrarse los bosones W o bien con Z o con quarks, entonces la luz ya podría aparecer en algunas etapas precedentes como en la era de los quarks.

De todos modos, como el universo es muy pequeño y denso, esta luz no viaja lejos, esta luz es rápidamente absorbida por las partículas creadas. Así que el universo es opaco.

Los primeros átomos de helio y de litio se pueden fusionar uniéndose entre ellos lo cual produce nuevos elementos aunque para que se creen todos los elementos de la tabla periódica se necesitará que las estrellas los produzcan.

También se forman elementos como el protio o el deuterio, el helio o el tritio (ya lo expliqué en capítulos anteriores).
El deuterio o deuterón es la unión de 1 Protón y 1 Neutrón. El Deuterio es estable. También creé ecuaciones para ello.

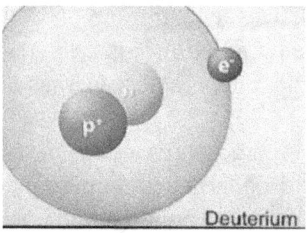

Ecuación FZ4271B creada por JoanCarles Testagorda Garcia (yo mismo):

$$masa\,del\,Deuteron \times \frac{mP}{mW \times mX\,17} \times \tanh 1 \approx dK2$$

$$masa\,del\,Deuteron \times \frac{mP}{mW \times mX\,17} \times \frac{m\mu}{m\pi} \approx dK2$$

Autor: JoanCarles Testagorda Garcia (yo mismo) ecuación que yo creé el día 13-3-2024 a las 11:47am en mi apartamento en Francia.

Ecuación FZ5277 creada por JoanCarles Testagorda Garcia (yo mismo):

$$masa\,del\,Deuteron \times \frac{m\tau \times mP}{mZ \times mX\,17 \times mWDec} \approx 1$$

Autor: JoanCarles Testagorda Garcia (yo mismo) ecuación que yo creé el día 26-9-2024 a las 18:46 en mi apartamento en Francia.
El Tritio está formado por la unión de 1Proton y 2Neutrones. Pero el átomo de Tritio no es estable y por tanto puede decaer en deuterón deuterio y liberar un Neutrón el cual podrá unirse a otros átomos y formar nuevos elementos como por ejemplo puede unirse al Helio3 para formar Helio4. En mis ecuaciones expuse la posibilidad de la participación del bosónX17 en estas desintegraciones nucleares que forman deuterio y tritio.
Ecuación FZ4271 creada por JoanCarles Testagorda Garcia (yo mismo):

$$masa\,del\,tritio = 5{,}0073563 \times 10^{-27}\,Kg \approx \frac{mW\,mX\,17 \times 2}{mP}$$

Autor: JoanCarles Testagorda Garcia (yo mismo) ecuación que yo creé el día 13-3-2024 a las 11:45am en mi apartamento en Francia.

Como ya expuse en los capítulos anteriores, después se crean otras etapas como la era sombra y después la creación de estrellas.
Supongo que la gran cantidad de densidad permite la creación de estrellas hipergigantes azules. Estas colapsan rápidamente en agujeros negros supermasivos los cuales hacen rotar alrededor de ellos la materia creada como átomos de helio e hidrógeno lo cual creará estrellas de segunda y después de tercera generación además de planetas.

El porqué las estrellas hipergigantes colapsan rápido es porque tienen una gran cantidad de hidrógeno el cual utilizan como combustible.
El porqué de los átomos de hidrógeno como combustible creo que es porque en la fusión nuclear, el hidrógeno permite que no incremente tanto la presión. Es decir creo que como el hidrógeno no tiene neutrones y solamente tiene un protón, el electrón lo pierde rápidamente con efectos fotoeléctricos y termoeléctricos. De modo que si queda 1protón este tiene carga positiva lo cual es útil porque con la repulsión contraria, evita el colapso gravitacional de la estrella.
Es decir, mi idea es que se crea un balance de fuerzas, algunas presionan hacia el interior como la gravedad, otras como el electromagnetismo pueden repeler hacia el exterior. Lo cual es útil para evitar un rápido colapso gravitacional mientras haya hidrógeno. El problema es que evitar este rápido colapso gravitacional en estrellas de gran masa produce que se creen fuertes reacciones nucleares.
Por tanto, si la estrella es muy grande se evita un débil colapso gravitacional rápido, pero se permite aumentar tanto la energía de las explosiones nucleares que se acaba produciendo un mayor colapso gravitacional el cual puede crear un agujero negro.

También ocurre que el protón del hidrógeno se presiona contra otros átomos produciéndose fusiones nucleares. Estas fusiones nucleares crean explosiones que crean un efecto de presión hacia el exterior de la estrella. Por tanto si la estrella no produce muchas fusiones nucleares porque no tiene suficiente hidrógeno colapsará por la presión de la gravedad porque nada crea una repulsión externa. Aunque si tiene pocos elementos pesados y mucho hidrógeno, este hidrógeno se fusiona rápidamente quedando menos hidrógeno cada vez y las reacciones termonucleares incrementan su intensidad.

Es algo muy hipotético pero también podría existir la posibilidad de que debido a las condiciones iniciales de alta densidad, la materia degenerada, átomos sin electrones, se uniera debido a la fuerza de la gravedad y fuerzas electrostáticas dando lugar a presiones extremas que crearán los primeros agujeros negros supermasivos.

Como expuse en mi libro "*But what is the gravity? What is the time*", mi idea es que siempre que se produce mi proceso JCTG se producen las partículas en un orden específico.
La analogía que utilicé es que se produce un efecto similar a una pastilla efervescente.
Las partículas de menor masa decaen siempre en partículas de menor masa. Esto permite crear todas las partículas siempre. Este mismo proceso ocurre en el origen del universo. Más se expande el universo, menor es su densidad de energía y temperatura lo cual produce la aparición de muchas partículas de menor masa. Siendo que estas partículas de menor masa son las más estables y por tanto son las que más conocemos.

Por tanto este proceso es el que he expresado en mis ecuaciones. Como un proceso ordenado en que aparecen todas las partículas en un orden determinado. Primero aparece el bosón de Higgs que da lugar a los bosones W y Z (lo cual represento con mi constante $TG^{JC}$. Estos decaen en quarks negativos y quarks positivos que a su vez decaen en leptones y neutrinos. He representado este proceso con mis constantes.

Ecuación FZ4579 creada por JoanCarles Testagorda Garcia (yo mismo):

$$TG^{JC} = \frac{mH}{mZ} \quad ; \quad 1 = \frac{mH}{\sqrt{mZ \times (mZ+mW)}}$$

$$1{,}37161 = 1{,}3716$$

Autor: JoanCarles Testagorda Garcia (yo mismo) ecuación que yo creé el 2-5-2024 a las 17:59 en mi apartamento (mi casa) en Francia.

$$\left[\frac{(\sqrt{d}+\sqrt{s}+\sqrt{b})^2}{d+s+b}\right] = JQD$$

$$\left[\frac{(\sqrt{Up}+\sqrt{Ch}+\sqrt{t})^2}{Up+Ch+t}\right] = JQU$$

$$\left(\frac{(\sqrt{e}+\sqrt{\mu}+\sqrt{\tau})^2}{e+\mu+\tau}\right) = JLept$$

$$\left(\frac{(\sqrt{ve}+\sqrt{v\mu}+\sqrt{v\tau})^2}{ve+v\mu+v\tau}\right) = JNeut2$$

Ecuación FZ2939 creada por JoanCarles Testagorda Garcia (yo mismo):

$$(TG^{JC})^{(JQD \times JQU \times JLept \times JNeut2)} = JCAP = \left(\frac{mUp \times 2}{mDown}\right)^8 \times \varphi^3$$

y

$$(JLept \times JQD \times JQU) \times \left(\frac{mass\ Proton}{mass\ Neutron}\right)^3 = 1+\sqrt{2}\ espiral\ de\ plata$$

Autor: JoanCarles Testagorda Garcia (yo mismo) ecuación que yo creé a las 17:21 del 12-7-2022 en Francia. Esta ecuación la autopubliqué en mi libro "But what is the gravity? What is the time", libro que autopubliqué el 6-8-2022 en Francia. JCAP es una de mis constantes de unión de todas las partículas

Ecuación FZ413 creada por JoanCarles Testagorda Garcia (yo mismo):

$$TG^{JC} = \frac{W+Z}{H} = \frac{[\frac{(\sqrt{d}+\sqrt{s}+\sqrt{b})^2}{d+s+b}]}{\cos 1}$$

$$1.371613049 = 1.37158382$$

$$TG^{JC} = \frac{W+Z}{H} = \frac{[\frac{\text{mass Proton} \times 8\pi \times \alpha \times Mme}{\text{mass Pion}}]^{(\frac{(\sqrt{e}+\sqrt{\mu}+\sqrt{\tau})^2}{e+\mu+\tau})}}{\cos 1}$$

$$1.371613049 = 1.37161058$$

$$TG^{JC} = \frac{W+Z}{H} = \frac{[\frac{2 \times Mme}{\varphi \times R_\infty \times (\sqrt{2\varphi \times \lambda_{ce} \times (\frac{B}{CMB})})}]^{(\frac{(\sqrt{e}+\sqrt{\mu}+\sqrt{\tau})^2}{e+\mu+\tau})}}{\cos 1}$$

$$1.371613049 = 1.3714004$$

$$TG^{JC} = \frac{W+Z}{H} = \frac{[\frac{\text{massProton} \times 2}{\varphi \times \text{massNeutron}}]^{(\frac{(\sqrt{e}+\sqrt{\mu}+\sqrt{\tau})^2}{e+\mu+\tau})}}{\cos 1}$$

$$1.371613049 = 1.3711615$$

Autor: JoanCarles Testagorda Garcia (yo mismo) ecuación que yo creé a las 12:14 del 15-4-2020 en Francia. Y que autopubliqué en mi facebook el 16-4-2020 en Francia durante el confinamiento de CoVid y también la autopubliqué en mi libro "But what is the gravity? What is the time", libro que autopubliqué el 6-8-2022 en Francia.
Establecí mi constante $TG^{JC}$ como:

$$\frac{\text{masa boson W} + \text{masa boson Z}}{\text{masa boson Higgs}} = TG^{JC}$$

Mi ecuación implica que del Higgs nacen los bosones W y Z y las otras partículas elementales.
Lo que pensé en abril2020 era en crear una ecuación en la que se puedan obtener todas las partículas y todas las fuerzas. Pero en mi ecuación las partículas aparecen sin una temperatura específica. Por tanto es una sopa de partículas.

Ecuación FZ2938 creada por JoanCarles Testagorda Garcia (yo mismo):

$$(TG^{JC})^{(JQD \times JQU \times JLept)} \times \left(\frac{mProton}{mNeutron}\right)^5 = \frac{mDown}{mUp} \quad \text{y} \quad (TG^{JC})^{(TG^{JC})} = \cosh 1$$

$$2.13 = 2.13 \quad \text{y} \quad 1.54 = 1.54$$

$$(TG^{JC})^{(JQD \times JQU \times JLept)} = \frac{mDown}{mUp}$$

Autor: JoanCarles Testagorda Garcia (yo mismo) ecuación que yo creé a las 17:04 del 12-7-2022 en Francia. Esta ecuación la autopubliqué en mi libro "But what is the gravity? What is the time", libro que autopubliqué el 6-8-2022 en Francia.

Ecuación FZ2959 creada por JoanCarles Testagorda Garcia (yo mismo):

$$(TG^{JC})^{(JQD \times JQU)} = \frac{5}{3}$$

$$1.666 = 1.6666666$$

Autor: JoanCarles Testagorda Garcia (yo mismo) ecuación que yo creé a las 2:42am del 31-7-2022 en Francia. Esta ecuación la autopubliqué en mi libro "But what is the gravity? What is the time", libro que autopubliqué el 6-8-2022 en Francia.

Ecuación FZ4502 creada por JoanCarles Testagorda Garcia (yo mismo):

$$\left(\frac{2}{(TG^{JC})^{(JQD^{JQU^{JLept^{JNeut}}})}}\right)^{\frac{3}{2}} = TG^{JC}$$

o bien

$$\left(\frac{2}{(TG^{JC})^{(JQD^{JQU^{JLept^{JNeut}}})}}\right)^{\frac{1}{\infty_{dim}}} = TG^{JC}$$

Autor: JoanCarles Testagorda Garcia (yo mismo) ecuación que yo creé el 19-4-2024 a las 18:35 en mi apartamento (mi casa) en Francia.

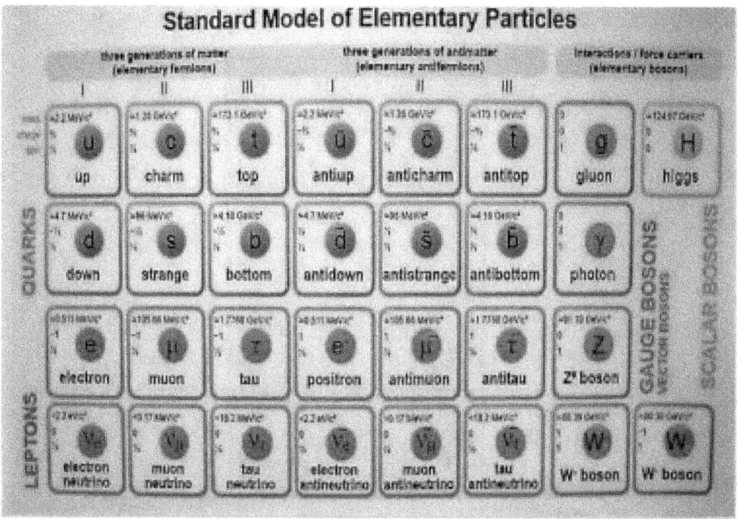

Ecuación FZ4504 creada por JoanCarles Testagorda Garcia (yo mismo):

$$\sqrt{2 \, x \, F_{ef}} \approx JQD^{JQU^{JLept^{JNeut}}}$$

$$1{,}5238 \approx 1{,}527369$$

Autor: JoanCarles Testagorda Garcia (yo mismo) ecuación que yo creé el 19-4-2024 a las 18:40 en mi apartamento (mi casa) en Francia.

Ecuación FZ4506 creada por JoanCarles Testagorda Garcia (yo mismo):

$$\sqrt{2 \, x \, \frac{\infty \, x \, c_{dim}}{\infty \, x \, \sqrt{\infty}}} \approx JQD^{JQU^{JLept^{JNeut}}}$$

$$1{,}5238 \approx 1{,}527369$$

Autor: JoanCarles Testagorda Garcia (yo mismo) ecuación que yo creé el 19-4-2024 a las 18:41 en mi apartamento (mi casa) en Francia.

Ecuación FZ4521 creada por JoanCarles Testagorda Garcia (yo mismo):

$$lp \times \pi \times c \times \Lambda^{\frac{1}{2}\psi} \times \frac{1}{1 m x s^{-1}} = e^{\frac{1}{e}} \text{ o bien } lp \times c \times \Lambda^{\frac{1}{2}\psi} \times \frac{\frac{dK2}{dQ5}}{1 m x s^{-1}} = e^{\frac{1}{e}}$$

$$1{,}4476 \approx 1{,}444 \qquad\qquad 1{,}43 \approx 1{,}444$$

Autor: JoanCarles Testagorda Garcia (yo mismo) ecuación que yo creé el 22-4-2024 a las 9:14am en mi apartamento (mi casa) en Francia.

Ecuación FZ5133 creada por JoanCarles Testagorda Garcia (yo mismo):

$$JQD^{JQU^{JLept^{JNeut}}} \approx \frac{\log(CMB)}{\log(4000 K)} \times 4\pi = \sqrt{\frac{mG}{\Lambda \times h \times AgUn \times e^{1/e}}}$$

$$1{,}527369 \approx 1{,}519 \approx 1{,}52144$$

Autor: JoanCarles Testagorda Garcia (yo mismo) ecuación que yo creé el 9-9-2024 a las 12:20 en mi apartamento (mi casa) en Francia.

Ecuación FZ5133B creada por JoanCarles Testagorda Garcia (yo mismo):

$$JQD^{JQU^{JLept^{JNeut}}} \approx \sqrt{\frac{\log(4000 K)}{\log(CMB)}} \times \frac{\Lambda \times h \times AgUn}{mG} \times \sqrt{\frac{JQU \times JQD}{JLept \times JNeut 2}}$$

$$1{,}527369 \approx 1{,}5284$$

Autor: JoanCarles Testagorda Garcia (yo mismo) ecuación que yo creé el 9-9-2024 a las 12:20 en mi apartamento (mi casa) en Francia.

Ecuación FZ5240creada por JoanCarles Testagorda Garcia (yo mismo):

$$JQD^{JQU} = 1{,}45086^{JLept} = 1{,}747585$$

$$\cosh 180 \times \left(\frac{8\pi \times Gc}{c^2}\right)^2 \times dK\,2_1 = 1{,}74298$$

Autor: JoanCarles Testagorda Garcia (yo mismo) ecuación que yo creé el 20-9-2024 a las 13:21 en mi apartamento (mi casa) en Francia.

Esta imagen es un extracto del libro que yo creé y autopubliqué el 6-8-2022 (en Francia) "*But what is the gravity? What is the time*". Se pueden ver algunas de las ecuaciones que yo creé por ejemplo la ecuación FZ663 y FZ664.

Ecuación FZ663 creada por JoanCarles Testagorda Garcia (yo):

$$\frac{JC^{TG} \times lp}{mH \times Gc} = 1{,}3743 = TG^{JC} = FZ\,413$$

Autor: JoanCarles Testagorda Garcia (yo mismo) ecuación que yo creé a las 19:46 del 21-6-2020 en Francia.

> Equation FZ663 that I created for my work QOJCTGU
>
> $$\frac{lp}{Gc \times mH} \times \left(\frac{\pi}{2\varphi}\right)^2 \times \frac{GF \times \alpha \times \alpha G \times 0.119}{2\pi \times Llim \times Kg^{-2}} \times \frac{mP}{mN} = FZ413 = TG^{JC} = \frac{lp \times JC^{TG}}{Gc \times mH} \times \frac{mP}{mN}$$
>
> 1.3715352 = 1.371613049 = 1.3724
>
> Author: JoanCarles Test.Garc. formula created at 19:46 in 21-6-2020. In these equations I expressed what I said before, because my equation FZ413 permits unit all elemental and non-elemental particles born in the Higgs decay, also dark matter decay that after decay in all particles. On the other hand of the equation I created the decay of the Higgs permits create all particles and also antiparticles that they can be united creating the gauge bosons that are the forces, or example the strong force (0.119), the weak force (GF), the gravitational force (αG) the electromagnetic force (α). So when the energy increases, like the energy of the Higgs increases, are produced a stronger forces, the forces get have a higher intensity and have a longer fields in the case of the gravity force for example. Then the Higgs decay can produce all particles producing all particles that produce the forces.
>
> Equation FZ664 that I created for my work QOJCTGU
>
> $$(\beta 2)^2 \times \frac{GF \times \alpha G \times 0.119 \times \alpha \times (mPl)^3}{mHiggs \times (4\pi)^2} = FZ413 = TG^{JC} = \frac{\beta 2 \times m\mu \times \alpha}{me} \times \left(\frac{\pi}{2\varphi}\right)^2$$
>
> 1.372677517 = 1.371613049 = 1.37188

Ecuación FZ664 creada por JoanCarles Testagorda Garcia (yo):

$$\frac{0{,}119 \times GF \times \alpha G \times \alpha \times (mPl)^3}{mH} \times \left(\frac{\beta 2}{4\pi}\right)^2 = 1{,}372677 = FZ\,413$$

Autor: JoanCarles Testagorda Garcia (yo mismo) ecuación que yo creé a las 19:09 del 21-6-2020 en Francia. Esta imagen es un extracto del libro que yo creé y autopubliqué el 6-8-2022 (en Francia) "*But what is the gravity? What is the time*". Se pueden ver algunas de las ecuaciones que yo creé por ejemplo la ecuación FZ664.

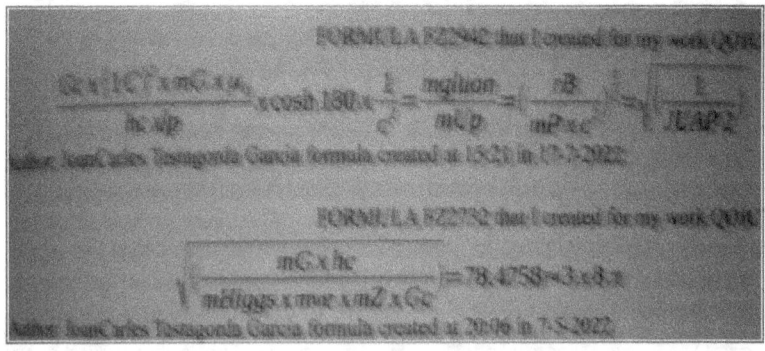

Esta imagen es un extracto del libro que yo creé y autopubliqué el 6-8-2022 (en Francia) "*But what is the gravity? What is the time*". Se pueden ver algunas de las ecuaciones que yo creé como FZ3014.

Ecuación FZ3014 creada por JoanCarles Testagorda Garcia (yo mismo):

$$\sqrt{\frac{Gc \times masa\,universo}{(di\acute{a}metro\,universo)^2}} \times \frac{hc}{2lp} \times 1\,J^{-1}m^{-1}s^2 = FZ\,413 = TG^{JC}$$

Autor: JoanCarles Testagorda Garcia (yo mismo) ecuación que yo creé a las 17:35 del 16-10-2022 en Francia.

Esta imagen es un extracto del libro que yo creé y autopubliqué el 6-8-2022 (en Francia) "*But what is the gravity? What is the time*". Se pueden ver algunas de las ecuaciones que yo creé.

430

Ecuación FZ2942 creada por JoanCarles Testagorda Garcia (yo mismo):
$$\frac{Gc \times mG}{c^2 \times lp} \times \frac{\cosh 180 \times \mu_0 \times (1C)^2}{hc} = \frac{mgluón}{mUp} \quad 0{,}59426 = 0{,}5909$$
Autor: JoanCarles Testagorda Garcia (yo mismo) ecuación que yo creé a las 15:21 del 17-7-2022 en Francia.

Ecuación FZ5131 creada por JoanCarles Testagorda Garcia (yo mismo):
$$(\frac{\log 4000\,K}{\log CMB} \times \frac{h \times AgUn \times \Lambda}{mG \times 2})^{\frac{3}{2}} \approx TG^{JC}$$
$$1{,}3755 \approx 1{,}37161$$
Autor: JoanCarles Testagorda Garcia (yo mismo) ecuación que yo creé a las 11:28 del 9-9-2024 en mi apartamento (Francia, pero no en Alpes Côte d'Azur).

Ecuación FZ5132 creada por JoanCarles Testagorda Garcia (yo mismo):
$$\sqrt{(\frac{\log 4000\,K}{\log CMB} \times \frac{2 \times h \times AgUn \times \Lambda}{mG})} \approx \sqrt{5}$$
$$2{,}2224 \approx 2{,}236$$
Autor: JoanCarles Testagorda Garcia (yo mismo) ecuación que yo creé a las 11:31 del 9-9-2024 en mi apartamento (Francia, pero no en Alpes Côte d'Azur).

Ecuación FZ1132 creada por JoanCarles Testagorda Garcia (yo mismo):
$$\frac{mUp \times c}{h} \times 2rB \times \alpha = TG^{JC}$$
Autor: JoanCarles Testagorda Garcia (yo mismo) ecuación que yo creé el 3-1-2021 16:31 (Alpes Côte d'Azur, en el alojamiento del trabajo en el cual ayudaba a animales des del 17-8-2020 hasta el 4-9-2021 en donde me mudé más al norte).

Ecuación FZ4462 creada por JoanCarles Testagorda Garcia (yo mismo):
$$\frac{m \times m}{2\pi \times m \times m} \times TG^{JC} = 1$$
Autor: JoanCarles Testagorda Garcia (yo mismo) ecuación que yo creé a las 23:39 del 8-4-2024 en Francia.

Ecuación FZ4251 creada por JoanCarles Testagorda Garcia (yo mismo):
$$\sqrt{\Lambda} \times c \times AgUn \approx TG^{JC}$$
$$1{,}3762 \approx 1{,}37161$$
Autor: JoanCarles Testagorda Garcia (yo mismo) ecuación que yo creé el día 11-3-2024 a las 19:46 en mi apartamento en Francia.

Ecuación FZ4044 creada por JoanCarles Testagorda Garcia (yo mismo):
$$\frac{dK2_2}{dQ5} \times \frac{mUp}{mDown} = TG^{JC}$$
$$1{,}394 \approx 1{,}37161$$
Autor: JoanCarles Testagorda Garcia (yo mismo) ecuación que yo creé a las 11:50am del 12-2-2024 en mi apartamento (Francia, pero no en Alpes Côte d'Azur).

Ecuación FZ4277 creada por JoanCarles Testagorda Garcia (yo mismo):
$$TG^{JC} \times \frac{dQ5}{(Llim)^2} \approx dK2$$
$$6{,}99 \times 10^{-27} \text{ Kg m}^{-3} \approx 7 \times 10^{-27} \text{ Kg m}^{-3}$$
$$\frac{dQ5}{TG^{JC}} \times 3\sqrt{2} \approx dK2$$
$$6{,}93 \times 10^{-27} \text{ Kg m}^{-3} \approx 7 \times 10^{-27} \text{ Kg m}^{-3}$$
$$\frac{dQ5}{TG^{JC}} \times \frac{hc \times \infty^2}{mUn \times c^2 \times rUn \times \Lambda \times (lp)^2} \approx dK2$$
$$7{,}0958 \times 10^{-27} \text{ Kg m}^{-3} \approx 7 \times 10^{-27} \text{ Kg m}^{-3}$$
Autor: JoanCarles Testagorda Garcia (yo mismo) ecuación que yo creé el día 13-3-2024 a las 19:16 en mi apartamento en Francia.

Ecuaciones FZ4278, FZ4279 y FZ4281 creadas por JoanCarles Testagorda Garcia (yo mismo):
$$\frac{mdeuteron \times mP}{mW \times mD} \approx \frac{mP \times c^2}{TG^{JC} \times rB \times (Llim)^2} \approx \frac{dK2}{dQ5 \times Llim}$$
$$4{,}657 \approx 4{,}7153 \approx 4{,}713$$
Autor: JoanCarles Testagorda Garcia (yo mismo) ecuación que yo creé el día 13-3-2024 a las 19:18 y 19:37 en mi apartamento en Francia.

Ecuación FZ3127 creada por JoanCarles Testagorda Garcia (yo mismo):
$$\frac{mHiggs \times mWDec}{mCharm \times mZ} \times \left(\frac{mN}{mP}\right) = \sqrt{5} = FZ\,4091$$
$$2.235 = 2.236$$
Autor: JoanCarles Testagorda Garcia (yo mismo) ecuación que yo creé a las 13:45 del 11-4-2023 en Francia.

Ecuación FZ4434 creada por JoanCarles Testagorda Garcia (yo mismo):
$$\sqrt{5} \approx \sqrt{\frac{(mY \times c) + (me \times c)}{hc}} \times \frac{\alpha}{2} \approx \frac{2Gc \times mUn}{c^2 \times 8\pi} \times \sqrt{\Lambda}$$
$$2{,}236 \approx 2{,}2396 \approx 2{,}2119$$
Autor: JoanCarles Testagorda Garcia (yo mismo) ecuación que yo creé a las 17:40 del 4-4-2024 en Francia (en mi apartamento).

Ecuación FZ4355 creada por JoanCarles Testagorda Garcia (yo mismo):
$$\frac{mG \times \cosh 180}{pT \times KB \times 4\pi^2} = 1$$
Autor: JoanCarles Testagorda Garcia (yo mismo) ecuación que yo creé el 25-3-2024 a las 11:48am en mi apartamento (mi casa) en Francia.

Ecuación FZ4356 creada por JoanCarles Testagorda Garcia (yo mismo):
$$\frac{mG \times \cosh 180}{pT \times KB \times 4\pi^2} \times 2 = N_{JC}$$
$$81{,}43 \approx 81$$
Autor: JoanCarles Testagorda Garcia (yo mismo) ecuación que yo creé el 25-3-2024 a las 11:53am en mi apartamento (mi casa) en Francia.

Ecuación FZ4363 creada por JoanCarles Testagorda Garcia (yo mismo):
$$\frac{Gc \times dQ\,5 \times me}{mG} \times \frac{\pi}{4} = 1$$
Autor: JoanCarles Testagorda Garcia (yo mismo) ecuación que yo creé el 26-3-2024 a las 11:47am en mi apartamento (mi casa) en Francia.

Ecuación FZ4397 creada por JoanCarles Testagorda Garcia (yo mismo):
$$(\frac{c \times me}{h} \times \frac{4\pi \times rB \times me}{m\mu})^2 = \frac{\log 1 \times 10^{-7} m}{\log 1 \times 10^{-4} m}$$
$$1{,}759 = 1{,}75$$
Autor: JoanCarles Testagorda Garcia (yo mismo) ecuación que yo creé el 1-4-2024 a las 11:25 en mi apartamento (mi casa) en Francia.

Ecuación FZ4399 creada por JoanCarles Testagorda Garcia (yo mismo):
$$\frac{c \times me}{h} \times \frac{4\pi \times rB \times me}{m\mu} \times \frac{91{,}15\,nm}{121{,}5\,nm} = 1$$
Autor: JoanCarles Testagorda Garcia (yo mismo) ecuación que yo creé el 1-4-2024 a las 11:50 en mi apartamento (mi casa) en Francia.

Ecuación FZ4400 creada por JoanCarles Testagorda Garcia (yo mismo):
$$\frac{c \times me}{h} \times \frac{4\pi \times rB \times me}{m\mu} \times \tanh 1 = 1$$
Autor: JoanCarles Testagorda Garcia (yo mismo) ecuación que yo creé el 1-4-2024 a las 11:51 en mi apartamento (mi casa) en Francia.

Ecuación FZ4401 creada por JoanCarles Testagorda Garcia (yo mismo):
$$\frac{(\cosh^{-1} e)^2}{\alpha} \times 1\Omega = Z_0$$
$$376{,}45\Omega = 376{,}7303\Omega$$
Autor: JoanCarles Testagorda Garcia (yo mismo) ecuación que yo creé el 1-4-2024 a las 11:55 en mi apartamento (mi casa) en Francia.

Ecuación FZ4251 creada por JoanCarles Testagorda Garcia (yo mismo):
$$c \times AgUn \times \sqrt{\Lambda} \approx TG^{JC}$$
$$1{,}3765 \approx 1{,}37161$$
Autor: JoanCarles Testagorda Garcia (yo mismo) ecuación que yo creé a las 19:46 del día 11-3-2024 en mi apartamento (Francia).

Ecuación FZ4223 creada por JoanCarles Testagorda Garcia:

$$\sqrt[3]{\frac{\pi}{4}} \times \frac{rUn \times (lp)^2}{(hc)^3} \times \frac{mZ \times mWDec \times c^2}{8 \times mH} \approx 1$$

o bien

$$\sqrt[3]{(\frac{dK2}{2 \times dQ5})^2} \times \frac{rUn \times (lp)^2}{(hc)^3} \times \frac{mZ \times mWDec \times c^2}{8 \times mH} \approx 1$$

o bien

$$\sqrt[3]{\frac{\pi}{4}} \times \frac{dK2}{dQ5} \times \frac{rUn \times (lp)^2}{(hc)^3} \times \frac{mZ \times mWDec \times c^2}{8 \times mH} \approx 1$$

Autor: JoanCarles Testagorda Garcia (yo mismo) ecuación que yo creé a las 13:07 del día 10-3-2024 en mi apartamento (Francia).

Ecuación FZ4749 creada por JoanCarles Testagorda Garcia (yo mismo):

$$\frac{KB \times B}{mve \times c^2 \times KM} \approx 8 \text{ mezclada con mi ecuación FZ4223:}$$

$$\sqrt[3]{\frac{\pi}{4}} \times \frac{rUn \times (lp)^2}{(hc)^3} \times \frac{mZ \times mWDec \times c^2}{(\frac{KB \times B}{mve \times c^2 \times KM}) \times mH} \approx 1$$

Autor: JoanCarles Testagorda Garcia (yo mismo) ecuación que yo creé en Mayo2024 en mi apartamento (en Francia).

Ecuación FZ4254 creada por JoanCarles Testagorda Garcia (yo mismo):

$$\frac{(\Lambda)^{\frac{3}{2}} \times (lp)^2 \times rUn \times mUn}{mG} \times \frac{\pi^2}{4} \approx \frac{1}{4\pi \times \alpha} \approx \cosh(\frac{dK2_1}{dQ5})$$

$$10,97 \approx 10,90 \approx 10,054$$

o bien

$$\frac{(\Lambda)^{\frac{3}{2}} \times (lp)^2 \times rUn \times mUn}{mG} \times (\frac{dK2}{2 \times dQ5})^2 \approx \cosh(\frac{dK2_1}{dQ5})$$

Autor: JoanCarles Testagorda Garcia (yo mismo) ecuación que yo creé a las 20:00 del día 11-3-2024 en mi apartamento (Francia).

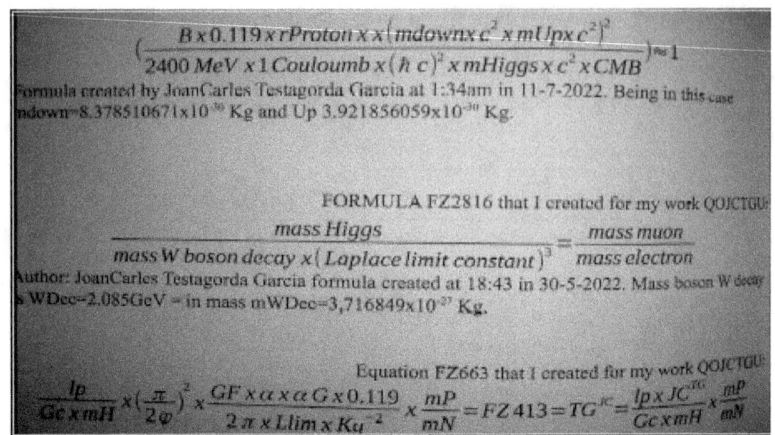

Esta imagen es un extracto del libro que yo creé y autopubliqué el 6-8-2022 (en Francia) "*But what is the gravity? What is the time*". Se pueden ver algunas de las ecuaciones que yo creé como FZ2816.

Ecuación FZ942 creada por JoanCarles Testagorda Garcia (yo mismo):
$$\frac{mUp \times Mme}{me \times \pi} \times \cos 1 = TG^{JC} \quad \text{o bien} \quad \frac{mUp \times 2}{me \times \pi} \, aprox \, TG^{JC}$$
$$1{,}37179 = 1{,}37161 \quad \text{o bien} \quad 1{,}3704 = 1{,}37161$$

Autor: JoanCarles Testagorda Garcia (yo mismo) ecuación que yo creé a las 19:22 del 17-9-2020 en Francia (Alpes Côte d'Azur, en el alojamiento del trabajo en el cual ayudaba a animales, en general a perros abandonados, estuve realizando este trabajo des del 17-8-2020 hasta el 4-9-2021 en donde me mudé más al norte).

Ecuación FZ836 creada por JoanCarles Testagorda Garcia (yo mismo):
$$\frac{(mPl)^3 \times GF \times 0{,}119 \times \alpha^2 \times \alpha G \times mH}{(mZ + mW)^2} = \frac{mN}{mP}$$
$$1{,}0013 = 1{,}001378$$

Autor: JoanCarles Testagorda Garcia (yo mismo) ecuación que yo creé a las 10:49 del 29-8-2020 en Francia (Alpes Côte d'Azur, en el alojamiento del trabajo en el cual ayudaba a animales, en general a perros abandonados, estuve realizando este trabajo des del 17-8-2020 hasta el 4-9-2021 en donde me mudé más al norte). En esta ecuación uní todas las fuerzas. Al crearse las partículas se crearon los bosones y con ellos las fuerzas.

Ecuación FZ836B creada por JoanCarles Testagorda Garcia (yo mismo):

$$\sqrt{mPl \times GF \times 0{,}119 \times \alpha^2 \times \alpha\, G \times mH} \times \frac{mPl}{(mZ+mW)} = 1$$

Autor: JoanCarles Testagorda Garcia (yo mismo) ecuación que yo creé a las 10:49 del 29-8-2020 en Francia (Alpes Côte d'Azur, en el alojamiento del trabajo en el cual ayudaba a animales, en general a perros abandonados, estuve realizando este trabajo des del 17-8-2020 hasta el 4-9-2021 en donde me mudé más al norte).

En esta imagen muestro otra de mis publicaciones del 27/2/2 24 (Francia) en mi Facebook (Joancarles YoIje Martin TG, desde2011 solamente utilizo esta cuenta. Si hubiera otras cuentas con mi nombre yo no soy y tendrían que ser denunciadas a la policía). En esta auto-publicación se puede ver un videoselfie en el que muestro muchas hojas y ecuaciones relacionadas con este libro, que como siempre yo mismo he creado).

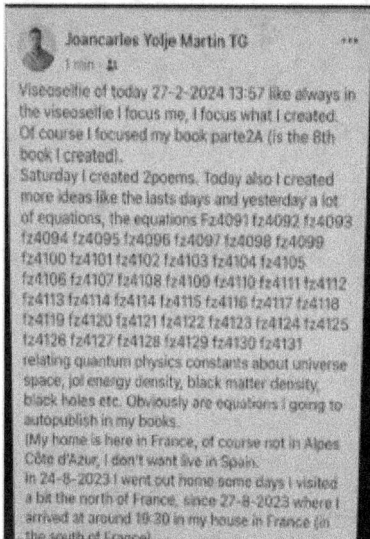

En estas imágenes muestro otra de mis publicaciones en mi cuenta de Facebook Joancarles YoIje Martin TG del 25 de Marzo2024 (En mi casa en Francia (des del 2-5-2022vivo en este apartamento, planta media y antes des del 5-9-2021en la planta de arriba, y antes del 21-9-2021 cerca de la playa), (desde2011 solamente utilizo esta cuenta. Si hubiera otras cuentas con mi nombre yo no soy y tendrían que ser denunciadas a la policía). En esta imagen se pueden ver mis ecuaciones FZ4353, FZ4352, FZ4351, FZ4348, FZ4347, FZ4346 y en mi videoselfie se pueden ver más ecuaciones que las que se muestran en estas imágenes.

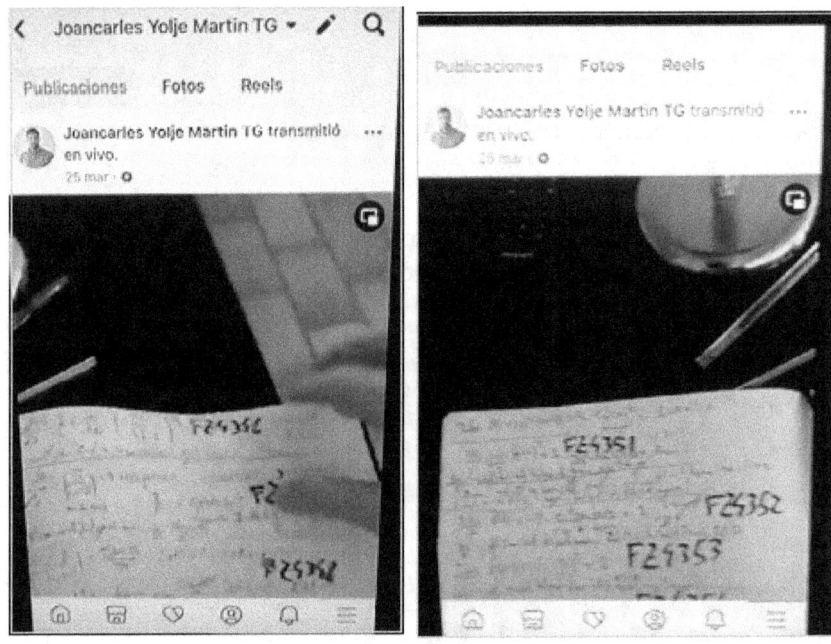

Ecuación FZ928 creada por JoanCarles Testagorda Garcia (yo mismo):
$$\left(\frac{mN}{mP}\right)^{\left(\frac{1}{(Llim)^2}\right)} = 1 \text{ o bien} \left(\frac{mN}{mP}\right)^{\left(\left(\frac{\alpha \times m\mu}{me}\right)^2\right)} = \sqrt{\frac{JQU}{\sqrt{TG^{JC}}}} = \sqrt{\frac{JQU}{\sqrt{JQD}}} = Mme^{\left(\frac{8}{3}\right)}$$
1,003141 = 1,00312 = 1,003088 = 1,00373 =01,003095
Autor: JoanCarles Testagorda Garcia (yo mismo) ecuación que yo creé a las 20:21 del 14-9-2020 en Francia (Alpes Côte d'Azur, en el alojamiento del trabajo en el cual ayudaba a animales, en general a perros abandonados, estuve realizando este trabajo des del 17-8-2020 hasta el 4-9-2021 en donde me mudé más al norte).

En estas imágenes muestro otra de mis publicaciones en mi cuenta de Facebook Joancarles YoIje Martin TG de Marzo2024 (En mi casa en Francia (des del 2-5-2022vivo en este apartamento, planta media y antes des del 5-9-2021en la planta de arriba, y antes del 21-9-2021 cerca de la playa en la región PACA de Francia), (desde2011 solamente utilizo esta cuenta. Si hubiera otras cuentas con mi nombre yo no soy y tendrían que ser denunciadas a la policía). En esta imagen se pueden ver mis ecuaciones FZ4291, FZ4291B, FZ4294, FZ4295, FZ4296, FZ4297, FZ4298 y en mi videoselfie se pueden ver más ecuaciones que las que se muestran en estas imágenes.

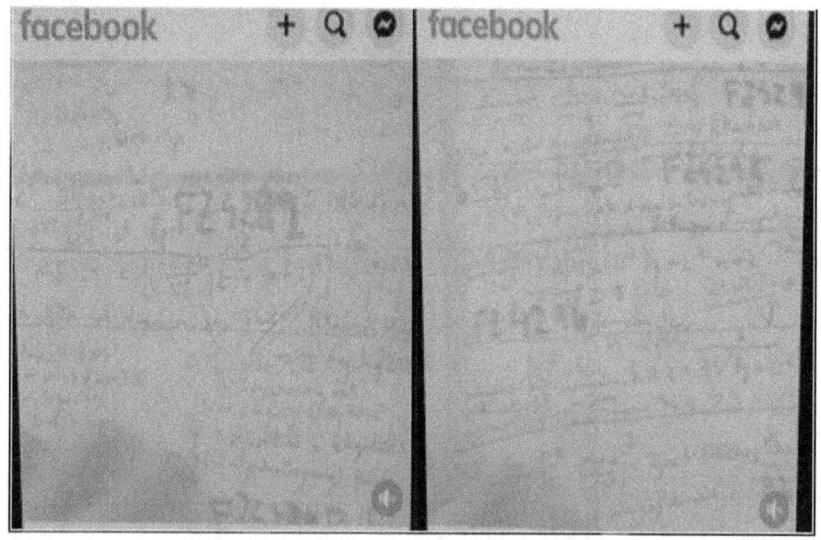

En esta imagen muestro otra de mis publicaciones en mi cuenta de Facebook Joancarles YoIje Martin TG del 24/1/2024 a las 20:08 (En mi casa en Francia (des del 2-5-2022vivo en este apartamento, planta media y antes des del 5-9-2021en la planta de arriba, y antes del 21-9-2021 cerca de la playa en la región PACA de Francia), (desde2011 solamente utilizo esta cuenta. Si hubiera otras cuentas con mi nombre yo no soy y tendrían que ser denunciadas a la policía). En esta imagen se pueden ver mis ecuaciones FZ4305, FZ4306 y en mi videoselfie se pueden ver más ecuaciones que las que se muestran en estas imágenes.

En esta imagen muestro otra de mis publicaciones en mi cuenta de Facebook Joancarles YoIje Martin TG de Mayo2024 (En mi casa en Francia (des del 2-5-2022vivo en este apartamento, planta media y antes des del 5-9-2021en la planta de arriba, y antes del 21-9-2021 cerca de la playa en la región PACA de Francia), (desde2011 solamente utilizo esta cuenta. Si hubiera otras cuentas con mi nombre yo no soy y tendrían que ser denunciadas a la policía). En esta imagen se pueden ver mis ecuaciones FZ4667, FZ4672, FZ4673, FZ4674, FZ4675 y en mi video-selfie se pueden ver más ecuaciones que las que se muestran en estas imágenes.

En esta imagen muestro otra de mis publicaciones en mi cuenta de Facebook Joancarles YoIje Martin TG del 1 d Abril 2024 a las 14:47(En mi casa en Francia (des del 2-5-2022vivo en este apartamento, planta media y antes des del 5-9-2021en la planta de arriba, y antes del 21-9-2021 cerca de la playa en la región PACA de Francia), (desde2011 solamente utilizo esta cuenta. Si hubiera otras cuentas con mi nombre yo no soy y tendrían que ser denunciadas a la policía). En esta imagen se pueden ver mis ecuaciones FZ4397, FZ4398, FZ4399, FZ4400, FZ4401, FZ4402 y en mi videoselfie se pueden ver más ecuaciones que las que se muestran en estas imágenes.

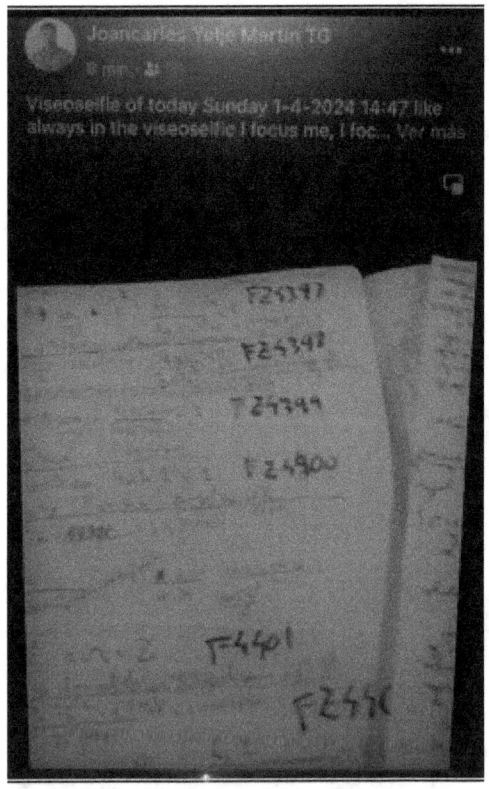

En las siguientes ecuaciones se puede observar como uní la materia oscura y la energía oscura con todas las fuerzas.
Ecuaciones FZ4466, FZ4467 y FZ4468 creada por JoanCarles Testagorda Garcia (yo mismo):

$$JC_{aqj} \approx \frac{GF \times 0,119 \times \alpha \, Gx \, \alpha \, x(mPl)^3}{mH \times JQD} \times \frac{mN}{mP} \approx \frac{mZ \times JC^{TG}}{mSt \times 2\pi}$$
$$188.44 \approx 188.50 \approx 188$$

$$JC_{aqj} \approx \frac{(mPl)^3 \times 0,119 \times \alpha \times \alpha G \times GF}{mH \times (Llim)^2} \times \frac{dQ5}{dK2}$$
$$188.44 \approx 188$$

Autor: JoanCarles Testagorda Garcia (yo mismo) ecuación que yo creé el día 12-4-2024 y el 13-4-2024 a las 8:35am en mi apartamento en Francia.

Ecuación FZ4624 creada por JoanCarles Testagorda Garcia (yo mismo):

$$\cosh^{-1}\left(\frac{mUn}{mH}\right) = JC_{aqj} = \frac{\alpha \times \alpha G \times GF \times 0,119 \times (mPl)^3}{(mW + mZ)}$$
$$183,06 = 188,44 = 188,44$$

Autor: JoanCarles Testagorda Garcia (yo mismo) ecuación que yo creé el 7-5-2024 a las 9:34am en mi apartamento (mi casa) en Francia. Autopubliqué esta ecuación en mi cuenta de facebook "JoanCarles YoIje Martin TG" el día 8-5-2024 en un videoselfie.

Ecuación FZ4625 creada por JoanCarles Testagorda Garcia (yo mismo):

$$\cosh^{-1}\left(\frac{mUn}{mH}\right) \times \alpha \times TG^{JC} = 1,832 = FZ4597$$

o bien

$$\cosh^{-1}\left(\frac{mUn}{mH}\right) \times \frac{1}{32\pi} = 1,8 = FZ4597$$

Autor: JoanCarles Testagorda Garcia (yo mismo) ecuación que yo creé el 7-5-2024 a las 9:35am en mi apartamento (mi casa) en Francia. Autopubliqué esta ecuación en mi cuenta de facebook "JoanCarles YoIje Martin TG" el día 8-5-2024 en un videoselfie.

Ecuación FZ4822 creada por JoanCarles Testagorda Garcia (yo mismo):
$$\frac{lp \times \Lambda \times mG \times (\cosh 180)^2}{1\,Kg \times 1m^{-1}} = \frac{m\pi}{mg} = \frac{m\tau}{mX\,17}$$
$$105{,}9 \approx 107{,}36 \approx 106{,}4$$

Autor: JoanCarles Testagorda Garcia (yo mismo) ecuación que yo creé a las 11:41am del 20-6-2024 en mi apartamento (Francia, no en Alpes Côte d'Azur).

Otra de mis ideas que expresé matemáticamente es que se produce una espiral áurea posiblemente en las fases de creación del universo. De hecho uní todas las fuerzas y partículas con la forma espiral.

Ecuación FZ5197 creada por JoanCarles Testagorda Garcia (yo mismo):
$$\frac{((\frac{\infty \times 10^{-34}}{2\pi})^2 \times \frac{\infty \times 10^{-34}}{2\pi})}{4\pi^2 \times VPl} \times \sqrt{2} \approx \log(\frac{GF \times 0{,}119 \times \alpha G \times \alpha \times (mPl)^3}{mH})$$
$$2{,}4197 \approx 2{,}412$$

Autor: JoanCarles Testagorda Garcia (yo mismo) ecuación que yo creé el 13-9-2024 15:46 en mi apartamento (Francia sud-este, no en Alpes Côte d'Azur).

Ecuación FZ984 creada por JoanCarles Testagorda Garcia (yo mismo):
$$\frac{2 \times JNeut}{(Mme)^{(\frac{1}{Jlept}+\frac{1}{Jlept})}} = \log(\frac{GF \times 0{,}119 \times \alpha G \times \alpha \times (mPl)^3}{mH}) = (1+\sqrt{2})$$
$$2{,}4122 = 2{,}4122 = 2{,}41$$

Autor: JoanCarles Testagorda Garcia (yo mismo) ecuación que yo creé el 24-9-2020 20:50 (Alpes Côte d'Azur, en el alojamiento del trabajo en el cual ayudaba a animales des del 17-8-2020 hasta el 4-9-2021 en donde me mudé más al norte).

Ecuación FZ5113 creada por JoanCarles Testagorda Garcia (yo mismo):
$$\log(\sqrt{\infty} \times 32\pi) = \log(\frac{GF \times 0{,}119 \times \alpha G \times \alpha \times (mPl)^3}{mH}) = (1+\sqrt{2})$$
$$2{,}4142 = 2{,}4122 = 2{,}4142$$

Autor: JoanCarles Testagorda Garcia (yo mismo) ecuación que yo creé el 6-9-2024 19:32 en mi apartamento (Francia sud-este, no en Alpes Côte d'Azur). 1 + √2 es la representación matemática de la espiral de plata.

Ecuación FZ986 creada por JoanCarles Testagorda Garcia (yo mismo):

$$\frac{GF \times 0{,}119 \times \alpha G \times \alpha \times (mPl)^3}{mH} \times \frac{1}{e \times \delta \times \alpha f \times \mu_\infty} = 1$$

Autor: JoanCarles Testagorda Garcia (yo mismo) ecuación que yo creé el 25-9-2020 15:16 en mi apartamento (Francia sud-este, no en Alpes Côte d'Azur).

Ecuación FZ987 creada por JoanCarles Testagorda Garcia (yo mismo):

$$\frac{GF \times 0{,}119 \times \alpha G \times \alpha \times (mPl)^3 \times c^2}{KB \times CMB} \times \frac{mH}{mPl} \approx \sqrt{2} \approx \frac{JC^{TG} \times JQU \times JQD}{Jlept \times JNeut}$$

$$1{,}408 \approx 1{,}4142 \approx 1{,}4189$$

Autor: JoanCarles Testagorda Garcia (yo mismo) ecuación que yo creé el 25-9-2020 15:22 (Alpes Côte d'Azur, en el alojamiento del trabajo en el cual ayudaba a animales des del 17-8-2020 hasta el 4-9-2021 en donde me mudé más al norte).

Ecuación FZ996B creada por JoanCarles Testagorda Garcia (yo mismo):

$$\frac{\sqrt[5]{(mH \times mUp \times mve \times me \times mW)}}{h \times B} \times \frac{2 \times rB}{\sigma \times \alpha \times \theta \, \omega} \times \frac{mH}{mve} = 1$$

Autor: JoanCarles Testagorda Garcia (yo mismo) ecuación que yo creé el 26-9-2020 14:00 (Alpes Côte d'Azur, en el alojamiento del trabajo en el cual ayudaba a animales des del 17-8-2020 hasta el 4-9-2021 en donde me mudé más al norte).

Ecuación FZ5116 creada por JoanCarles Testagorda Garcia (yo mismo):

$$\frac{\sqrt[5]{(mH \times mUp \times mve \times me \times mW)}}{mPl} \times \frac{mH}{me} = 1$$

Autor: JoanCarles Testagorda Garcia (yo mismo) ecuación que yo creé el 6-9-2024 20:58 en mi apartamento (Francia sud-este, no en Alpes Côte d'Azur).

Ecuación FZ1029B creada por JoanCarles Testagorda Garcia (yo mismo):

$$\sqrt{\infty} \times 32\pi = \frac{GF \times 0{,}119 \times \alpha G \times \alpha \times (mPl)^3}{mH}$$

$$259{,}56 = 258{,}148$$

Autor: JoanCarles Testagorda Garcia (yo mismo) ecuación que yo creé el 1-10-2020 18:24 (Alpes Côte d'Azur, en el alojamiento del trabajo en el cual ayudaba a animales des del 17-8-2020 hasta el 4-9-2021 en donde me mudé más al norte).

Ecuación FZ1047 creada por JoanCarles Testagorda Garcia (yo mismo):

$$\frac{1C \times rB \times mPl \times CMB \times 1s}{Qch \times me \times mve \times c^2 \times B} = \sqrt{5}$$

$$2{,}2355 = 2{,}236$$

Autor: JoanCarles Testagorda Garcia (yo mismo) ecuación que yo creé el 8-10-2020 22:29. Aquí el neutrino (mve) equivale a $3{,}92185 \times 10^{-36}$ Kg. (Alpes Côte d'Azur, en el alojamiento del trabajo en el cual ayudaba a animales des del 17-8-2020 hasta el 4-9-2021 en donde me mudé más al norte).

El día 6-9-2024 pensé que podía crear una constante la cual es la suma de todas las partículas "elementales" unidas del modelo estándar de las partículas. Obtuve una constante de una masa de 9,003798x10$^{-32}$ Kg. A esta constante la llamé JC$_{TGU}$:

$$\sqrt[19]{(me \times mve \times m\mu \times mv\mu \times m\tau \times mv\tau \times mUp \times mS \times mt)}$$

$$\times$$

$$\sqrt[19]{mD \times mCh \times mb \times mX17 \times mgl \times mY \times mG}$$

$$\times$$

$$\sqrt[19]{(mH \times mZ \times mW)}$$

$$=$$

$$JC_{TGU}$$

Ecuación FZ5315 creada por JoanCarles Testagorda Garcia (yo mismo):

$$\frac{JC_{TGU} \times JCT}{1+\sqrt{2}} = 2,0046 \times 10^{-34} Kg \approx mQ5$$

o bien

$$\frac{JC_{TGU} \times JCT}{[\log(\frac{GF \times 0,119 \times \alpha G \times \alpha \times (mPl)^3}{mH})]} = 2 \times 10^{-34} Kg \approx mQ5$$

o bien

$$\frac{JC_{TGU} \times JCT}{[1+\frac{JC^{TG} \times JQU \times JQD}{Jlept \times JNeut}]} = 2 \times 10^{-34} Kg \approx mQ5$$

o bien

$$\frac{JC_{TGU} \times JCT}{[\frac{((\frac{\infty \times 10^{-34}}{2\pi})^2 \times \frac{\infty \times 10^{-34}}{2\pi})}{4\pi^2 \times VPl} \times \sqrt{2}]} = 1,999 \times 10^{-34} Kg \approx mQ5$$

Autor: JoanCarles Testagorda Garcia (yo mismo) ecuación que yo creé el día 9/10/2024 a las 7:36am en mi apartamento (en Francia).

Ecuación FZ5311, FZ5312, FZ5313, FZ5314 y FZ5316 creadas por JoanCarles Testagorda Garcia (yo mismo):

$$\frac{JC_{TGU} \times \sqrt{2}}{(8\pi)^2} = 1{,}966 \times 10^{-34} \, Kg \approx mQ5$$

$$\frac{JC_{TGU} \times 0{,}9159655941}{\cosh(JoCa^{TeGa})} = 1{,}9734 \times 10^{-34} \, Kg \approx mQ5$$

$$\frac{JC_{TGU}}{16\pi} \times \left(\frac{Llim}{2}\right)^2 = 1{,}966 \times 10^{-34} \, Kg \approx mQ5$$

$$\frac{JC_{TGU} \times JCT}{4\pi^2 \times 2\pi} = 1{,}833 \times 10^{-34} \, Kg \approx mQ5$$

$$\frac{JC_{TGU} \times JCT}{\sqrt{6}} = 1{,}9758 \times 10^{-34} \, Kg \approx mQ5$$

Autor: JoanCarles Testagorda Garcia (yo mismo) ecuación que yo creé el día 9/10/2024 a las 7:34am en mi apartamento (en Francia).

Ecuación FZ5321 creada por JoanCarles Testagorda Garcia (yo mismo):

$$\frac{JC_{TGU} \times JCT}{[\dfrac{h}{mUn \times c} \times \dfrac{\infty^4}{(4\pi^2)^{\psi} \times (lp)^2 \times rUn \times \Lambda}]} = 1{,}979 \times 10^{-34} \, Kg \approx dQ5$$

Autor: JoanCarles Testagorda Garcia (yo mismo) ecuación que yo creé el día 9/10/2024 a las 8:09am en mi apartamento (en Francia).

Ecuación FZ5321 creada por JoanCarles Testagorda Garcia (yo mismo):

$$\frac{JC_{TGU}}{JCT} \times [\frac{h}{mUn \times c} \times \frac{\infty^4}{(4\pi^2)^{\psi} \times (lp)^2 \times rUn \times \Lambda}] \approx \frac{2Gc \times mTOV}{c^2 \times 1m} \times 1/2$$

$$4094 \approx 4047$$

Autor: JoanCarles Testagorda Garcia (yo mismo) ecuación que yo creé el día 9/10/2024 a las 8:09am en mi apartamento (en Francia). Como ya expliqué, el resultado de comprimir la materia oscura hasta sobrepasar el límite K2/Q5 puede crear un agujero negro por ejemplo cuando una estrella colapsa. También indica que el universo se crea de la singularidad, de la nada y que no solamente se comprime la materia oscura sino que también todas las partículas (JC$_{TGU}$) como un estado regresivo hacia el origen del universo.

Ecuación FZ5326 creada por JoanCarles Testagorda Garcia (yo mismo):

$$\frac{JC_{TGU}}{dQ5 \times JCT} \times \frac{\infty_{dim}}{\infty} \times \frac{c^2 \times mUn \times (lp)^2 \times rUn \times \Lambda}{hc \times 4\pi^2} \approx \frac{2Gc \times mTOV}{c^2 \times 1m} \times 1/2$$

$$4094 \approx 4047$$

$$\frac{JC_{TGU}}{dQ5 \times JCT} \times \frac{\infty_{dim}}{e^2} \times \frac{c^2 \times mUn \times 4\pi^2 \times (lp)^2 \times rUn \times \Lambda}{hc \times \infty^4} \approx \frac{2Gc \times mTOV}{c^2 \times 1m}$$

$$8067 \approx 8094$$

$$\frac{JC_{TGU}}{dQ5 \times JCT} \times \frac{\infty_d}{(\frac{\sqrt{18}}{\pi})^2} \times \frac{c^2 \times mUn \times 4\pi^2 \times (lp)^2 \times rUn \times \Lambda}{hc \times \infty^4} \approx \frac{2Gc \times mTOV}{c^2 \times 1m}$$

$$8067 \approx 8094$$

o bien

$$\frac{JC_{TGU}}{dQ5} \times \log \infty_{dim} \times \frac{c^2 \times mUn \times 4\pi^2 \times (lp)^2 \times rUn \times \Lambda}{hc \times \infty^2} \approx \frac{2Gc \times mTOV}{c^2 \times 1m}$$

$$7098 \approx 8094$$

Autor: JoanCarles Testagorda Garcia (yo mismo) ecuación que yo creé el día 11/10/2024 a las 7:16am en mi apartamento (en Francia). Como

Ecuación FZ5320 creada por JoanCarles Testagorda Garcia (yo mismo):

$$\frac{h}{mUn \times c} \times \frac{\infty^4}{(4\pi^2)^{\psi} \times (lp)^2 \times rUn \times \Lambda} = 1 + \sqrt{2}$$

$$2{,}444 \approx 2{,}41$$

Autor: JoanCarles Testagorda Garcia (yo mismo) ecuación que yo creé el día 9/10/2024 a las 8:06am en mi apartamento (en Francia).

Ecuación FZ5319 creada por JoanCarles Testagorda Garcia (yo mismo):

$$\frac{h}{mUnxc} \times \frac{\infty^4}{(4\pi^2)^\psi \times (lp)^2 \times rUn \times 2 \times \Lambda} = 1{,}222 \approx \frac{2}{\varphi}$$

Autor: JoanCarles Testagorda Garcia (yo mismo) ecuación que yo creé el día 9/10/2024 a las 8:04am en mi apartamento (en Francia).

Ecuación FZ5309 creada por JoanCarles Testagorda Garcia (yo mismo):

$$\left( dK2_2 \times \frac{\sqrt{2}}{dQ5+dQ5} \right)^2 = \infty \times \infty_{dim}$$

$$4{,}429 \approx 4{,}444$$

Autor: JoanCarles Testagorda Garcia (yo mismo) ecuación que yo creé el día 5/10/2024 a las 17:33 en mi apartamento (en Francia).

Ecuación FZ5317 creada por JoanCarles Testagorda Garcia (yo mismo):

$$\frac{h}{mUnxc} \times \frac{1}{(4\pi^2)^\psi \times (lp)^2 \times rUn \times 2 \times \Lambda} = 1$$

Autor: JoanCarles Testagorda Garcia (yo mismo) ecuación que yo creé el día 9/10/2024 a las 7:02am en mi apartamento (en Francia).

Ecuación FZ5318 creada por JoanCarles Testagorda Garcia (yo mismo):

$$\frac{h}{mUnxc} \times \frac{\infty^3}{(lp)^2 \times rUn \times 2 \times \Lambda} \approx \left(\frac{\sqrt{18}}{\pi}\right)^2 \times 2 \approx e^2 \times 2 \approx \frac{mWDec}{m\pi}$$

$$14{,}47 \approx 14{,}59 \approx 14{,}77 \approx 14{,}92$$

Autor: JoanCarles Testagorda Garcia (yo mismo) ecuación que yo creé el día 9/10/2024 a las 8:03am en mi apartamento (en Francia).

Ecuación FZ4637 creada por JoanCarles Testagorda Garcia (yo mismo):

$$\left[\frac{\cosh^{-1}\left(\frac{2 \times rUn}{lp}\right)}{\cosh^{-1}\left(\frac{mUn}{mH}\right)}\right]^2 \times \frac{dK2_2}{dQ5} = 1{,}825$$

$$1{,}825 \approx 1{,}83$$

Autor: JoanCarles Testagorda Garcia (yo mismo) ecuación que yo creé a las 15:13 del 7-5-2024 en mi apartamento (Francia, pero no en Alpes Côte d'Azur).

Ecuación FZ4338B creada por JoanCarles Testagorda Garcia (yo mismo):

$$\frac{2Gc \times MTOV}{c^2 \times rSun} \times \frac{mW}{me} \approx 1{,}8294$$

Autor: JoanCarles Testagorda Garcia (yo mismo) ecuación que yo creé a las 19:03 del 11-5-2024 en Francia.

Ecuación FZ4691 creada por JoanCarles Testagorda Garcia (yo mismo):

$$\frac{c \times 2\pi \times AgUn}{rUn} \approx \frac{1}{2\pi} \times \cosh\left[\frac{dK2}{dQ5}\right]$$

$$1{,}869 \approx 1{,}81$$

$$\frac{c \times \pi^2 AgUn}{rUn} \div \cosh\left[\frac{dK2}{dQ5}\right] = 1$$

$$1{,}869 \approx 1{,}83$$

Autor: JoanCarles Testagorda Garcia (yo mismo) ecuación que yo creé a las 18:03 del 10-5-2024 en mi apartamento (Francia, pero no en Alpes Côte d'Azur).

Ecuación FZ3374 creada por JoanCarles Testagorda Garcia (yo mismo):

$$\frac{me \times mX\,17}{mve \times mY} \times \frac{lp}{2rB} = \frac{1}{2\pi} \times \cosh\left[\frac{dK2}{dQ5}\right]$$

$$1{,}8378 \approx 1{,}81$$

Autor: JoanCarles Testagorda Garcia (yo mismo) ecuación que yo creé a las 21:10 del 18-1-2024 en mi apartamento (Francia, pero no en Alpes Côte d'Azur).

Ecuación FZ5281 creada por JoanCarles Testagorda Garcia (yo mismo):
$$\frac{mUn \times c^2}{(pT-CMB) \times KB} \times \left(\frac{\pi}{4}\right)^2 \times \frac{rUn \times (lp)^2 \times dK2_2}{mPl \times 2} \approx \frac{1}{2\pi} \times \cosh\left[\frac{dK2}{dQ5}\right]$$
$$1{,}79 \approx 1{,}81$$

Autor: JoanCarles Testagorda Garcia (yo mismo) ecuación que yo creé el día 27/9/2024 a las 10:51am en mi apartamento (en Francia).

Ecuación FZ4597 creada por JoanCarles Testagorda Garcia (yo mismo):
$$\frac{AgUn \times c \times 2\pi}{rUn} = 1{,}869 \quad ; \quad \frac{1}{2\pi} \times \cosh\left(\frac{dK2}{dQ5}\right) = 1{,}81$$

$$\sqrt[4]{\cosh\left(\frac{dK2}{dQ5}\right)} = 1{,}81$$

$$\left(\frac{(lp)^{3\psi}\sqrt{(dK2 \times p_{vac})}}{\cosh 180} \times \frac{1}{JQD^{JQU^{JLept^{JNeut}}}}\right)^4 = 1{,}8$$

$$\sqrt{\frac{2Gc}{c^2 \times JC_{BH}} \times \frac{mve \times c^4}{hc} \times \frac{1\,Kg}{1\,m^2 \times s^{-2}}} = 1{,}8$$

$$\frac{8\pi \times Gc \times mG}{c^2} \times \frac{8\pi \times Gc \times (mG)^\psi}{c^2} \times dK2B \times \cosh 180 \times F_1 = 1{,}825$$

$$\left(\frac{8\pi \times Gc}{c^2}\right)^2 \times dK2B \times \cosh 180 \times F_1 = 1{,}825$$

Autor: JoanCarles Testagorda Garcia (yo mismo) ecuación que yo creé el 3-5-2024 a las 13:04 en mi apartamento (mi casa) en Francia.

Ecuación FZ4605 creada por JoanCarles Testagorda Garcia (yo mismo):
$$JQD^{JQU} = 1{,}45086^{JLept} = 1{,}747585^{JNeut2} = 1{,}945257$$

$$TG^{JC1{,}945257} = \cosh^{-1}\left(\frac{mUn}{mH}\right) \times \frac{1}{32\pi}$$

$$1{,}84905 \approx 1{,}8$$

Autor: JoanCarles Testagorda Garcia (yo mismo) ecuación que yo creé el 4-5-2024 a las 10:09am en mi apartamento (mi casa) en Francia.

Ecuación FZ4597 creada por JoanCarles Testagorda Garcia (yo mismo):

$$\frac{AgUn \times c \times 2\pi}{rUn} = 1{,}869 \quad ; \quad \frac{1}{2\pi} \times \cosh\left(\frac{dK2}{dQ5}\right) = 1{,}81$$

$$\sqrt[4]{\cosh\left(\frac{dK2}{dQ5}\right)} = 1{,}81$$

$$\left(\frac{(lp)^{3\psi}\sqrt{(dK2 \times p_{vac})}}{\cosh 180} \times \frac{1}{JQD^{JQU^{JLept^{Dleut}}}}\right)^4 = 1{,}8$$

$$\sqrt{\frac{2Gc}{c^2 \times JC_{BH}} \times \frac{mve \times c^4}{hc} \times \frac{1\,Kg}{1\,m^2 \times s^{-2}}} = 1{,}8$$

$$\frac{8\pi \times Gc \times mG}{c^2} \times \frac{8\pi \times Gc \times (mG)^\psi}{c^2} \times dK2B \times \cosh 180 \times F_1 = 1{,}825$$

$$\left(\frac{8\pi \times Gc}{c^2}\right)^2 \times dK2B \times \cosh 180 \times F_1 = 1{,}825$$

Autor: JoanCarles Testagorda Garcia (yo mismo) ecuación que yo creé el 3-5-2024 a las 13:04 en mi apartamento (mi casa) en Francia.


Ecuación FZ4605 creada por JoanCarles Testagorda Garcia (yo mismo):

$$JQD^{JQU} = 1{,}45086^{JLept} = 1{,}747585^{JNeut2} = 1{,}945257$$

$$TG^{JC1{,}945257} = \cosh^{-1}\left(\frac{mUn}{mH}\right) \times \frac{1}{32\pi}$$

$$1{,}84905 \approx 1{,}8$$

Autor: JoanCarles Testagorda Garcia (yo mismo) ecuación que yo creé el 4-5-2024 a las 10:09am en mi apartamento (mi casa) en Francia.


Ecuación FZ4606 creada por JoanCarles Testagorda Garcia (yo mismo):

$$\left(\frac{dK2}{dQ5}\right)^{1{,}84905} \approx \frac{8\pi}{3} \approx \frac{2\pi}{\tanh 1}$$

$$8{,}215 \approx 8{,}39 \approx 8{,}4$$

Autor: JoanCarles Testagorda Garcia (yo mismo) ecuación que yo creé el 4-5-2024 a las 10:09am en mi apartamento (mi casa) en Francia.

La constante JUAP es una constante que creé en 2020 para unir todas las partículas. Por tanto creé muchas ecuaciones de unificación y es por ello que las expongo:

Ecuación FZ893 creada por JoanCarles Testagorda Garcia (yo mismo):

$$\frac{-1}{2} \times \frac{\sqrt{2/3}+\sqrt{1/3}+\sqrt{1/3}}{\sqrt{2/3}-\sqrt{1/3}-\sqrt{1/3}} = \left(\frac{360+1}{180+1}\right) \times \frac{2x\left(\frac{mN}{mP}\right)^{\frac{3}{2}}}{TG^{JC}} = \frac{4}{TG^{JC}} = JUAP$$

$$2{,}9142 = 2{,}9142 = 2{,}916 = 2{,}9282$$

Autor: JoanCarles Testagorda Garcia (yo mismo) ecuación que yo creé el 8-9-2020 22:20 (Alpes Côte d'Azur, en el alojamiento del trabajo en el cual ayudaba a animales, en general a perros abandonados, estuve realizando este trabajo des del 17-8-2020 hasta el 4-9-2021 en donde me mudé más al norte). 2/3 es la carga de los quark down (sin tener en cuenta el signo para operar en la misma dimensión) y 1/3 es la carga de los quark Up.

Ecuación FZ944B creada por JoanCarles Testagorda Garcia (yo mismo):

$$\left(\frac{\alpha^2 \times \alpha G \times 0{,}119 \times GF \times (mPl)^3}{mZ}\right)^2 = 6{,}67(\infty)$$

Autor: JoanCarles Testagorda Garcia (yo mismo) ecuación que yo creé el 17-9-2020 22:35 (Alpes Côte d'Azur, en el alojamiento del trabajo en el cual ayudaba a animales des del 17-8-2020 hasta el 4-9-2021 en donde me mudé más al norte (hasta mayo2022 no alquilé mi propio apartamento)).

Ecuación FZ944B creada por JoanCarles Testagorda Garcia (yo mismo):

$$\frac{\alpha^2 \times \alpha G \times GF \times 0{,}119 \times (mPl)^3}{mW} = JUAP$$

$$2{,}923 = 2{,}9282$$

Autor: JoanCarles Testagorda Garcia (yo mismo) ecuación que yo creé el 17-9-2020 22:40 (Alpes Côte d'Azur, en el alojamiento del trabajo en el cual ayudaba a animales, en general a perros abandonados, estuve realizando este trabajo des del 17-8-2020 hasta el 4-9-2021 en donde me mudé más al norte).

Ecuación FZ956 creada por JoanCarles Testagorda Garcia (yo mismo):
$$\frac{(mW+mZ)}{0{,}119 \times \alpha \times GF \times \alpha G \times (mPl)^3} = \text{constante } JCT$$
$$0{,}005313 = 0{,}005375$$
Autor: JoanCarles Testagorda Garcia (yo mismo) ecuación que yo creé el 19-9-2020 20:25 (Alpes Côte d'Azur, en el alojamiento del trabajo en el cual ayudaba a animales des del 17-8-2020 hasta el 4-9-2021 en donde me mudé más al norte (hasta mayo2022 no alquilé mi propio apartamento)). Descubrí mi constante JCT el 12-4-2019 en Niza, la cual es consecuencia de aplicar mi ley F49 (una ley física que como todo lo que expongo, yo la descubrí). En mi ley relaciono el volumen que ocupa un cuerpo con su periodo de rotación y su velocidad de rotación al cubo. Se puede ver como la autopubliqué en mi obra "*Earth Mine Functioning*".

Ecuación FZ939 creada por JoanCarles Testagorda Garcia (yo mismo):
$$\frac{h \times GF \times c}{Gc} \times \left(\frac{mH}{mPl}\right)^2 = \ln 10 \times \frac{\log \ln 10}{\log HeFe} = \left(\frac{mD}{2\,mUp}\right)^2$$
$$1{,}1467 = 1{,}1472$$
Autor: JoanCarles Testagorda Garcia (yo mismo) ecuación que yo creé el 16-9-2020 21:21 (Alpes Côte d'Azur, en el alojamiento del trabajo en el cual ayudaba a animales, en general a perros abandonados, estuve realizando este trabajo des del 17-8-2020 hasta el 4-9-2021 en donde me mudé más al norte).

Ecuación FZ944C creada por JoanCarles Testagorda Garcia (yo mismo):
$$\frac{mH \times TG^{JC} \times \pi}{\alpha^2 \times 0{,}119 \times \alpha G \times GF \times (mPl)^3} = \sqrt{5}$$
$$2{,}28 \approx 2{,}236$$
Autor: JoanCarles Testagorda Garcia (yo mismo) ecuación que yo creé el 17-9-2020 22:50 (Alpes Côte d'Azur, en el alojamiento del trabajo en el cual ayudaba a animales des del 17-8-2020 hasta el 4-9-2021 en donde me mudé más al norte (hasta mayo2022 no alquilé mi propio apartamento)).

Ecuación FZ949 creada por JoanCarles Testagorda Garcia (yo mismo):
$$\frac{(mZ+mW)}{\alpha^2 \times 0{,}119 \times \alpha G \times GF \times (mPl)^3} \times \left(\frac{\log 1 \times 10^{-7} m}{\log 1 \times 10^{-4} m}\right)^2 = \sqrt{5}$$
Autor: JoanCarles Testagorda Garcia (yo mismo) ecuación que yo creé el 18-9-2020 22:35 (Alpes Côte d'Azur, en el alojamiento del trabajo en el cual ayudaba a animales, des del 17-8-2020 hasta el 4-9-2021).

Ecuación FZ5112 creada por JoanCarles Testagorda Garcia (yo mismo):
$$\frac{(mZ+mW)}{\alpha^2 \times 0{,}119 \times \alpha G \times GF \times (mPl)^3} \times \frac{dK2}{dQ5} = \sqrt{5} \approx \left(\frac{1}{Llim}\right)^2$$
$$2{,}2743 \approx 2{,}236 \qquad \approx 2{,}276$$
Autor: JoanCarles Testagorda Garcia (yo mismo) ecuación que yo creé el 6-9-2024 18:16 .

Ecuación FZ978 creada por JoanCarles Testagorda Garcia (yo mismo):
$$\left[\left(\frac{mN}{mP}\right)^{(\sqrt{5})} \times Jquark\right]^2 = \frac{JNeut \times Jlept}{JQU \times JQD}$$
$$1{,}121267 = 1{,}121267$$
Autor: JoanCarles Testagorda Garcia (yo mismo) ecuación que yo creé el 24-9-2020 20:29 (Alpes Côte d'Azur, en el alojamiento del trabajo en el cual ayudaba a animales des del 17-8-2020 hasta el 4-9-2021 en donde me mudé más al norte).

Ecuación FZ980 creada por JoanCarles Testagorda Garcia (yo mismo):
$$(\delta \times \theta \, \omega)^2 \times e = JUAP$$
$$2{,}9285 = 2{,}9282$$
Autor: JoanCarles Testagorda Garcia (yo mismo) ecuación que yo creé el 24-9-2020 20:29 (Alpes Côte d'Azur, en el alojamiento del trabajo en el cual ayudaba a animales des del 17-8-2020 hasta el 4-9-2021 en donde me mudé más al norte).

Ecuación FZ1218 creada por JoanCarles Testagorda Garcia (yo mismo):
$$\frac{\alpha^2 \times 0{,}119 \times GF \times \alpha G \times (mPl)^3}{mW} = 2{,}931 = JUAP2$$
Autor: JoanCarles Testagorda Garcia (yo mismo) ecuación que yo creé el 20-2-2021 12:59 (Alpes Côte d'Azur, en el alojamiento del trabajo en el cual ayudaba a animales des del 17-8-2020 hasta el 4-9-2021).

Ecuación FZ981A creada por JoanCarles Testagorda Garcia (yo mismo):

$$\left[\left(\frac{mN}{mP}\right)^{\left(\frac{mN}{mP} \times \frac{\log 1 \times 10^{-7} m}{\log 1 \times 10^{-4} m}\right)} \times Jquark\right]^2 = \frac{JNeut \times Jlept}{JQU \times JQD}$$

$$1{,}121267 = 1{,}121267$$

Autor: JoanCarles Testagorda Garcia (yo mismo) ecuación que yo creé el 24-9-2020 20:50 (Alpes Côte d'Azur, en el alojamiento del trabajo en el cual ayudaba a animales des del 17-8-2020 hasta el 4-9-2021 en donde me mudé más al norte).

Ecuación FZ981B creada por JoanCarles Testagorda Garcia (yo mismo):

$$\left[\frac{mN}{mP}^{\left(\frac{TG^{JC} \times (mW+mZ) \times \left(\frac{1}{2}+\frac{2}{6}+\frac{6}{20}+\frac{20}{70}+\frac{70}{252}+\frac{252}{924}+\frac{924}{3432}\right)}{GF \times 0{,}119 \times \alpha G \times \alpha^2 \times (mPl)^3}\right)} \times Jquark\right]^2 = \frac{JNeut \times Jlept}{JQU \times JQD}$$

$$1{,}121267 = 1{,}121267$$

Autor: JoanCarles Testagorda Garcia (yo mismo) ecuación que yo creé el 24-9-2020 20:56 (Alpes Côte d'Azur, en el alojamiento del trabajo en el cual ayudaba a animales des del 17-8-2020 hasta el 4-9-2021 en donde me mudé más al norte). Donde 1/2, 2/6, 6/20... son valores de 14 filas del triangulo de Lapalce, las cuales en Septiembre2019 utilicé como otra solución para mi teoremaJC. Lo autopubliqué en ACADEMIA.edu el 29-9-2019 en Niza (Francia).

Ecuación FZ4358 creada por JoanCarles Testagorda Garcia (yo mismo):

$$\frac{dK2}{dQ5} \times \frac{2mUp}{mDown} = JUAP$$

$$2{,}924 \approx 2{,}928$$

Autor: JoanCarles Testagorda Garcia (yo mismo) ecuación que yo creé el 26-3-2024 a las 10:20 en mi apartamento (mi casa) en Francia.

Ecuación FZ1120 creada por JoanCarles Testagorda Garcia (yo mismo):

$$mW \times \sqrt{JUAP2 \times \log \infty} = 2{,}21 \times 10^{-25} \, masa\,del\,Higgs$$

Autor: JoanCarles Testagorda Garcia (yo mismo) ecuación que yo creé el 26-12-2020 17:57 (Alpes Côte d'Azur, en el alojamiento del trabajo en el cual ayudaba a animales des del 17-8-2020 hasta el 4-9-2021).

El día 6-9-2024 pensé que podía crear una constante la cual es la suma de todas las partículas "elementales" unidas del modelo estándar de las partículas. Obtuve una constante de una masa de 9,003798x10$^{-32}$ Kg. A esta constante la llamé JC$_{TGU}$:

$$\sqrt[19]{(me \times mve \times m\mu \times mv\mu \times m\tau \times mv\tau \times mUp \times mS \times mt)}$$
$$\text{x}$$
$$\sqrt[19]{mD \times mCh \times mb \times mX17 \times mgl \times mY \times mG}$$
$$\text{x}$$
$$\sqrt[19]{(mH \times mZ \times mW)}$$
$$=$$
$$JC_{TGU}$$

Autor: JoanCarles Testagorda Garcia (yo mismo) ecuación que yo creé a las 21:40 del 6-9-2024 en mi apartamento (Francia, pero no en Alpes Côte d'Azur).

Pudiendo ser:

$$\frac{JC_{TGU}}{\sqrt{2}} = 6{,}3666 \times 10^{-32} Kg$$

Autor: JoanCarles Testagorda Garcia (yo mismo) ecuación que yo creé a las 21:40 del 6-9-2024 en mi apartamento (Francia, pero no en Alpes Côte d'Azur).

Ecuación FZ5120 creada por JoanCarles Testagorda Garcia (yo mismo):

$$\frac{JC_{TGU} \times JCT}{mve \times \infty^2} \times \sqrt[3]{\frac{JC_{TGU}}{dK2}} \times 0{,}119 \times GF \times \alpha \times \alpha\, G \approx 1$$

Autor: JoanCarles Testagorda Garcia (yo mismo) ecuación que yo creé a las 22:48 del 6-9-2024 en mi apartamento (Francia, pero no en Alpes Côte d'Azur).

Ecuación FZ5123 creada por JoanCarles Testagorda Garcia (yo mismo):

$$\frac{JC_{TGU} \times c^2 \times 6 \times 10^{-10} J\, m^{-3}}{KB \times B \times \log(mUn)} \approx \sqrt{5} \approx \frac{1}{(Llim)^2}$$
$$2{,}22 \approx 2{,}236 \approx 2{,}27$$

Autor: JoanCarles Testagorda Garcia (yo mismo) ecuación que yo creé a las 11:10 del 7-9-2024 en mi apartamento (Francia, pero no en Alpes Côte d'Azur).

Ecuación FZ5121 creada por JoanCarles Testagorda Garcia (yo mismo):

$$\frac{KB \times B}{JC_{TGU} \times 6 \times 10^{-10} J m^{-3} \times c^2} \approx \frac{1}{HeFe \times \ln 10 \times \pi^2} \approx \frac{1}{4\pi} \times \left(\frac{dQ5}{dK2}\right)^2$$
$$0{,}00824 \approx 0{,}00825 \approx 0{,}008156$$

$$\frac{KB \times B}{JC_{TGU} \times 6 \times 10^{-10} J m^{-3} \times c^2} \approx \left(\frac{dQ5}{dK2}\right)^2 \times \frac{1}{\ln 10 \times HeFe}$$
$$0{,}00824 \approx 0{,}00824$$

Autor: JoanCarles Testagorda Garcia (yo mismo) ecuación que yo creé a las 10:57 del 7-9-2024 en mi apartamento (Francia, pero no en Alpes Côte d'Azur).

Ecuación FZ5122 creada por JoanCarles Testagorda Garcia (yo mismo):

$$\frac{2 \times \cosh\left[\left(\frac{dQ5}{dK2}\right)^2 \times \frac{JC_{TGU} \times c^2 \times 6 \times 10^{-10} J m^{-3}}{KB \times B}\right]}{10^{\left[\left(\frac{dQ5}{dK2}\right)^2 \times \frac{JC_{TGU} \times c^2 \times 6 \times 10^{-10} J m^{-3}}{KB \times B}\right]}} = 1$$

Autor: JoanCarles Testagorda Garcia (yo mismo) ecuación que yo creé a las 11:03 del 7-9-2024 en mi apartamento (Francia, pero no en Alpes Côte d'Azur).

Ecuación FZ5124 y FZ5125 creadas por JoanCarles Testagorda Garcia (yo mismo):

$$\frac{JC_{TGU} \times c^2 \times 6 \times 10^{-10} J m^{-3}}{KB \times B} \approx 16\pi \times (1+\sqrt{2}) \approx \left(\cosh\left(\frac{dK2}{dQ5}\right)\right)^2$$
$$121{,}35 \approx 121{,}35 \approx 129{,}6$$

Autor: JoanCarles Testagorda Garcia (yo mismo) ecuación que yo creé a las 11:12 del 6-9-2024 en mi apartamento (Francia, pero no en Alpes Côte d'Azur).

Ecuación FZ5115 creada por JoanCarles Testagorda Garcia (yo mismo):

$$\frac{\sqrt[5]{mH \times mW \times me \times mve \times mUp}}{mPl \times \varphi} \times \frac{me}{mve} \approx 1$$

Autor: JoanCarles Testagorda Garcia (yo mismo) ecuación que yo creé a las 20:50 del 6-9-2024 en mi apartamento (Francia, pero no en Alpes Côte d'Azur).

Otra constante que creé y que es útil para unificar todas las partículas es mi constante "$JC_{ap}$" significa mis iniciales JoanCarles y "ap" es "all particles".

Relacioné el valor de la suma de todos los quarks, leptones y neutrinos con los bosones W y Z debido a que según mi hipótesis de la pérdida de densidad de energía de los bosones W y Z se crean los quarks, los leptones y los neutrinos. Por tanto nada de energía debería de perderse si todas las partículas se crean de estos dos bosones. Hay que recordar que mi hipótesis es que el Z y el W se crean a partir del bosón de Higgs y este de la materia oscura.

Ecuación FZFZ5299 creada por JoanCarles Testagorda Garcia (yo mismo):

$$\sqrt[12]{me \times m\mu \times m\tau \times mve \times mv\mu \times mv\tau \times mUp \times mSt \times mt \times mD \times mb \times Ch}$$

$$3{,}218 \times 10^{-25} \text{ Kg} = JC_{ap}$$

$$JC_{ap} = mW + mZ$$

$$3{,}218 \times 10^{-25} \text{ Kg} = 3{,}05 \times 10^{-25} \text{ Kg}$$

Autor: JoanCarles Testagorda Garcia (yo mismo) ecuación que yo creé a las 11:30 del 1-10-2024 en mi apartamento (Francia, sur-este).

Ecuación FZ1114 creada por JoanCarles Testagorda Garcia (yo mismo):

$$\frac{mH}{mW \times \sqrt{2}} = \sqrt{JNeut} = \sqrt{\left(\frac{1}{\log \infty}\right)}$$

$$1{,}10 = 1{,}099 = 1{,}101$$

Autor: JoanCarles Testagorda Garcia (yo mismo) ecuación que yo creé el 23-12-2020 16:47 (Alpes Côte d'Azur, en el alojamiento del trabajo en el cual ayudaba a animales des del 17-8-2020 hasta el 4-9-2021 en donde me mudé más al norte).

Ecuación FZ4063 creada por JoanCarles Testagorda Garcia (yo mismo):

$$\frac{B \times KB \times 2\pi}{mve \times c \times vso \times \alpha} = \sqrt{5}$$

$$2{,}238 \approx 2{,}236$$

Autor: JoanCarles Testagorda Garcia (yo mismo) ecuación que yo creé a las 11:05am del 16-2-2024 en mi apartamento (Francia, pero no en Alpes Côte d'Azur).

Ecuación FZ5117 creada por JoanCarles Testagorda Garcia (yo mismo):
$$\frac{JC_{TGU} \times JCT}{mve \times \infty^2} \approx \log(mPl)$$
$$7,635 \approx 7,6622$$
Autor: JoanCarles Testagorda Garcia (yo mismo) ecuación que yo creé a las 21:46 del 6-9-2024 en mi apartamento (Francia, pero no en Alpes Côte d'Azur).

Ecuación FZ5118 creada por JoanCarles Testagorda Garcia (yo mismo):
$$\frac{mH}{JC_{TGU}} + mUp = mDown$$
Autor: JoanCarles Testagorda Garcia (yo mismo) ecuación que yo creé a las 22:10 del 6-9-2024 en mi apartamento (Francia, pero no en Alpes Côte d'Azur).

Ecuación FZ5119 creada por JoanCarles Testagorda Garcia (yo mismo):
$$\frac{JC_{TGU} \times JCT}{mve} \times \frac{mWDec}{mZ} \approx \frac{\infty \times c_{dim}}{\infty \times \sqrt{\infty}} \times \infty$$
$$7,759 \approx 7,74$$
Autor: JoanCarles Testagorda Garcia (yo mismo) ecuación que yo creé a las 22:12 del 6-9-2024 en mi apartamento (Francia, pero no en Alpes Côte d'Azur).

Ecuación FZ5109 creada por JoanCarles Testagorda Garcia (yo mismo):
$$\frac{\log(mUn)}{\pi \times \sqrt{5}} \approx \frac{\infty \times c_{dim}}{\infty \times \sqrt{\infty}} \times \infty \approx \frac{\log(mUn)}{\sqrt{5}} \times \frac{dQ5}{dK2}$$
$$7,76 = 7,73 = 7,81$$
Autor: JoanCarles Testagorda Garcia (yo mismo) ecuación que yo creé a las 13:07 del 6-9-2024 en mi apartamento (Francia, pero no en Alpes Côte d'Azur).

Mi constante JoCa$^{TeGa}$ es una constante que creé porque quise encontrar un número el cual fuera que su coseno hiperbólico fuera igual a la raíz cuadrada de su propio valor.
Por tanto:

$$\cosh(\sqrt{x}) = x \quad \text{de modo que:} \quad \cosh(\sqrt{JoCa^{TeGa}}) = JoCa^{TeGa}$$

Quise encontrar este valor para representar como un cuerpo como un vector puede curvarse sobre sí mismo para formar un cuerpo. Es poco como que la curvatura producida es como producida por la extensión del propio cuerpo. Un poco como el vector inicial que se curva sobre sí mismo para formar el universo.

Ecuación FZ5194 creada por JoanCarles Testagorda Garcia (yo mismo):
$$\frac{mUn \times mW \times mve \times KB \times B}{(\hbar c)^2 \times 2\pi \times 1 Kg^2} = 6{,}73 \approx \infty = \frac{(rUn)^3 \times 2{,}036 \times 10^{-35} s^{-2} \times JC^{TG}}{mUn \times Gc \times TG^{JC}}$$

Autor: JoanCarles Testagorda Garcia (yo mismo) ecuación que yo creé el 12-9-2024 20:59, en mi apartamento (Francia sud-este, no en Alpes Côte d'Azur).

Ecuación FZ1256A creada por JoanCarles Testagorda Garcia (yo mismo):
$$\frac{mUn \times mW \times mve}{mPl \times 2 \times 4\pi^2 \times (\cosh^{-1} e)^2} = \frac{\infty \times c_{dim}}{\infty \times \sqrt{\infty}}$$
$$1{,}164 = 1{,}16$$

Autor: JoanCarles Testagorda Garcia (yo mismo) ecuación que yo creé el 1-3-2021 17:52 (Alpes Côte d'Azur, en el alojamiento del trabajo en el cual ayudaba a animales des del 17-8-2020 hasta el 4-9-2021 en donde me mudé más al norte).

Ecuación FZ5137 creada por JoanCarles Testagorda Garcia (yo mismo):
$$\frac{2 \times rUn}{AgUn \times c} \approx \text{constante } JoCa^{TeGa}$$
$$6{,}723234 \approx 6{,}7284$$

Autor: JoanCarles Testagorda Garcia (yo mismo) ecuación que yo creé el 9-9-2024 en mi apartamento (Francia, pero no en Alpes Côte d'Azur).

Ecuación FZ4935 creada por JoanCarles Testagorda Garcia (yo mismo):
$$JoCa^{TeGa} \approx \frac{mD}{mUp} \times 2\pi$$
$$6{,}728400 \approx 6{,}711$$
Autor: JoanCarles Testagorda Garcia (yo mismo) ecuación que yo creé a las 13:19 del 10-7-2024 en mi apartamento (Francia, no en Alpes Côte d'Azur).

Ecuación FZ4940 creada por JoanCarles Testagorda Garcia (yo mismo):
$$JoCa^{TeGa} \approx 2x\sqrt{\cosh\left(\frac{dK2}{dQ5}\right)} \approx \frac{(mUp+mD)}{2me}$$
$$6{,}728400 \approx 6{,}7486 \approx 6{,}7514$$
Autor: JoanCarles Testagorda Garcia (yo mismo) ecuación que yo creé a las 11:50 del 17-7-2024 en mi apartamento (Francia, no en Alpes Côte d'Azur).

Ecuación FZ4287 creada por JoanCarles Testagorda Garcia (yo mismo):
$$\frac{mD+mUp}{2me} \approx 2x\sqrt{\cosh\left(\frac{dK2}{dQ5}\right)}$$
$$6{,}751 \approx 6{,}74$$
Autor: JoanCarles Testagorda Garcia (yo mismo) ecuación que yo creé a las 14:16 del 14-3-2024 en Francia.

Mi idea de 2022 que apliqué a agujeros negros y a otros factores, es que el efecto de curvatura de un cuerpo positiva y curvatura negativa que se unen, forman el propio cuerpo. La curvatura depende de un punto de vista, de una perspectiva. Si un vector se encierra sobre sí mismo formará un ángulo de 180 grados (curvo utilizando la geometría hiperbólica). Por tanto si se une con su opuesto que es una curvatura opuesta, negativa, se puede obtener como 2 partes conexas en este caso, las cuales si se unen pueden formar un cuerpo o los dos lados de un campo, de un agujero negro pensé, o incluso un bosón.

Ecuación FZ2842 creada por JoanCarles Testagorda Garcia (yo mismo):
$$\frac{\cosh 180}{\cosh^{-1} 180} \times \frac{mG}{hc} \times lp \approx \frac{19}{17}$$
$$1,10 \approx 1,1$$
Autor: JoanCarles Testagorda Garcia (yo mismo) ecuación que yo creé el 6-6-2022 a las 17:00 en mi apartamento (mi casa) en Francia.

Ecuación FZ2844 creada por JoanCarles Testagorda Garcia (yo mismo):
$$\frac{\cosh 180}{\cosh^{-1} 180} \times \left(\frac{lp \times CMB}{B}\right)^2 \times \frac{mve}{mH \times 8\pi \times \infty} = \sqrt{5}$$
$$2,231 = 2,236$$
Autor: JoanCarles Testagorda Garcia (yo mismo) ecuación que yo creé el 6-6-2022 a las 17:26 en mi apartamento (mi casa) en Francia.

Ecuación FZ2845 creada por JoanCarles Testagorda Garcia (yo mismo):
$$\frac{\cosh 180}{\cosh^{-1} 180} \times \left(\frac{lp \times CMB}{B}\right)^2 \times \frac{mve}{mH \times (\infty)^2} = \frac{2mUp}{mD \times \theta \, \omega}$$
$$4,206 = 4,21$$
Autor: JoanCarles Testagorda Garcia (yo mismo) ecuación que yo creé el 6-6-2022 en mi apartamento (mi casa) en Francia.

Ecuación FZ2847 creada por JoanCarles Testagorda Garcia (yo mismo):
$$\cosh 180 \times \cosh^{-1} 180 \times (lp)^2 \times \frac{TG^{JC}}{\infty \times c} \times \frac{4}{\pi} = 1$$
Autor: JoanCarles Testagorda Garcia (yo mismo) ecuación que yo creé el 6-6-2022 en mi apartamento (mi casa) en Francia.

Ecuación FZ4747 creada por JoanCarles Testagorda Garcia (yo mismo):
$$2 \times \left[\cosh^{-1}\left(\frac{GF \times 0,119 \times \alpha \times \alpha G \times (mPl)^3}{mZ + mW} \times \frac{mN}{mP}\right)\right] = \cosh\left(\frac{dK2}{dQ5}\right)$$
$$11,86 \approx 11,386$$
Autor: JoanCarles Testagorda Garcia (yo mismo) ecuación que yo creé a las 20:07 del 20-5-2024 en mi apartamento (Francia, pero no en Alpes Côte d'Azur).

Ecuación FZ2849 y FZ5099 creadas por JoanCarles Testagorda Garcia (yo mismo):

$$\frac{\cosh 180}{(2\pi \times \infty \times Llim)^2} \times \sqrt{(4/3\,\pi \times (lp)^3 \frac{2}{Gc \times mUn})} = \cos\left(\frac{dK2}{dQ5}\right)$$
$$11{,}789 = 11{,}378$$

o bien

$$\frac{\cosh 180}{\cosh^{-1} 180 \times 2 \times (2\pi \times \infty \times Llim)^2} \times \sqrt{(4/3\,\pi \times (lp)^3 \frac{2}{Gc \times mUn})} = 1$$

o bien

$$\frac{\cosh 180}{(\infty)^2} \times \sqrt{(4/3\,\pi \times (lp)^3 \frac{2}{Gc \times mUn})} \times \frac{me}{m\mu} = 1$$

o bien

$$\frac{\cosh 180}{64\pi \times (\infty)^2} \times \sqrt{(4/3\,\pi \times (lp)^3 \frac{2}{Gc \times mUn})} = 1$$

o bien

$$\frac{\cosh 180}{32\pi \times TG^{JC} \times (\infty)^2} \times \sqrt{(4/3\,\pi \times (lp)^3 \frac{2}{Gc \times mUn})} \times Llim = 1$$

o bien

$$\frac{\cosh 180}{\cosh^{-1} 180 \times \infty} \times \sqrt{(4/3\,\pi \times (lp)^3 \frac{2}{Gc \times mUn})} \times \frac{me}{m\mu} = \frac{\sqrt{5}}{2} = \frac{19}{17}$$
$$1{,}1197$$

Autor: JoanCarles Testagorda Garcia (yo mismo) ecuación que yo creé el 6-6-2022 a las ≈20:00 y el 5-9-2024 a las 20:56 en mi apartamento (mi casa) en Francia.

Ecuación FZ4826 creada por JoanCarles Testagorda Garcia (yo mismo):

$$\frac{lp \times c^4 \times mUn}{hc} \times \frac{1}{0{,}28\% \times \cos 180} = \cosh\left(\frac{dK2}{dQ5}\right)$$
$$11{,}22 \approx 11{,}386$$

Autor: JoanCarles Testagorda Garcia (yo mismo) ecuación que yo creé a las 12:36 del 20-6-2024 en mi apartamento (Francia, no en Alpes Côte d'Azur).

Ecuación FZ1101 creada por JoanCarles Testagorda Garcia (yo mismo):
$$\Lambda \, x \, (rUn)^2 = \frac{\infty}{2} x \, \infty_{dim} x \, \pi^2 = \infty^2 x \sqrt{\frac{\pi}{2\varphi}} x \, 1/2$$
$$21{,}40 = 21{,}93 = 21{,}89$$
Autor: JoanCarles Testagorda Garcia (yo mismo) ecuación que yo creé el 19-11-2020 18:46 (Alpes Côte d'Azur, en el alojamiento del trabajo en el cual ayudaba a animales des del 17-8-2020 hasta el 4-9-2021 en donde me mudé más al norte (hasta mayo2022 no alquilé mi propio apartamento)).

Ecuación FZ5152 creada por JoanCarles Testagorda Garcia (yo mismo):
$$\frac{\cosh^{-1}(mUn)}{4\pi^2} x \, \infty = \Lambda \, x \, (rUn)^2 = \infty \, x \, \frac{dK2}{dQ5}$$
$$21{,}3 = 21{,}4 = 21{,}1$$
Autor: JoanCarles Testagorda Garcia (yo mismo) ecuación que yo creé el 9-9-2024 20:47, en mi apartamento (Francia sud-este, no en Alpes Côte d'Azur).

Ecuación FZ2859 creada por JoanCarles Testagorda Garcia (yo mismo):
$$\frac{1}{lp \, x \cosh^{-1} 360 \, x \, c^4} = \frac{\cosh 180 \, x \, hc \, x \, \Lambda}{\infty} x \, \frac{mUp}{mD} = \frac{mPl}{h \, x \, c^3 \, x \, \infty}$$
$$1{,}1642 \text{ m}^{-5} \text{ s}^4 = 1{,}14833 \text{ Kg m s}^{-2} = 1{,}1489 \text{ m}^{-3} \text{ s}^2$$
Autor: JoanCarles Testagorda Garcia (yo mismo) ecuación que yo creé el 9-6-2022 2:55am en mi apartamento (mi casa) en Francia.

Ecuación FZ2860 creada por JoanCarles Testagorda Garcia (yo mismo):
$$\frac{\cosh 180 \, x \, hc \, x \, \Lambda}{2 \, x \, \infty} = 1{,}22662 \, Kg \, m \, s^{-2} \approx \frac{lp}{Gc \, x \, hc}$$
Autor: JoanCarles Testagorda Garcia (yo mismo) ecuación que yo creé el 9-6-2022 2:55am en mi apartamento (mi casa) en Francia.
1,22674201072 es la constante factorial de Fibonacci (relacionada con la serie de Fibonacci).

Ecuación FZ5222 creada por JoanCarles Testagorda Garcia (yo mismo):
$$\frac{mUn \times c^2 \times (\Lambda)^{3/2}}{deUn} \times \left(\frac{AgUn}{rUn}\right)^2 \approx \left(\frac{dK2}{dQ5}\right)^2$$
$$9{,}248 \approx 9{,}75$$
Autor: JoanCarles Testagorda Garcia (yo mismo) ecuación que yo creé el 19-9-2024 12:52 en mi apartamento (Francia sud-este, no en Alpes Côte d'Azur).

Ecuación FZ2840 creada por JoanCarles Testagorda Garcia (yo mismo):
$$2^{256} \times \frac{mW}{mH} \times \sqrt{\left(\frac{1}{\alpha \times TG^{TG}}\right)} = \cosh 180 \quad \text{o bien} \quad \frac{2^{256}}{10} \times \frac{mW}{mH} = \cosh 180$$
$$7{,}43 \times 10^{77} = 7{,}44 \times 10^{77}$$
Autor: JoanCarles Testagorda Garcia (yo mismo) ecuación que yo creé el 6-6-2022 a las 16:36 en mi apartamento (mi casa) en Francia.

Ecuación FZ2841 creada por JoanCarles Testagorda Garcia (yo mismo):
$$\frac{(\cosh 180)^{\left(\frac{\alpha \times TG^{JC}}{4\sqrt{\infty}} \times \frac{JC^{360}}{JC^{180}}\right)}}{2} = 1$$
Autor: JoanCarles Testagorda Garcia (yo mismo) ecuación que yo creé el 6-6-2022 a las 16:43 en mi apartamento (mi casa) en Francia.

Siguiendo mi razonamiento de 2014 sobre las dimensiones, aunque es algo improbable, quizás la relación K2 y Q5 de como resultado la forma de circunferencia "$\pi$".
Ecuación FZ5286 creada por JoanCarles Testagorda Garcia (yo mismo):
$$dQ5 \times \pi \approx dK2$$
$$7{,}0403 \times 10^{-27} \text{ Kg} \approx 7 \times 10^{-27} \text{ Kg}$$
Autor: JoanCarles Testagorda Garcia (yo mismo) ecuación que yo creé el día 27-9-2024 a las 11:31am en mi apartamento en Francia.

Ecuación FZ4261 creada por JoanCarles Testagorda Garcia (yo mismo):
$$\frac{mUn}{mG} \times \frac{rUn \times (lp)^2 \times (\Lambda)^{\frac{3}{2}}}{\left(\cosh\left(\frac{dK2}{dQ5}\right)\right)^2} \times 4\pi^2 \times \frac{\pi}{\sqrt{18}} = 1$$
Autor: JoanCarles Testagorda Garcia (yo mismo) ecuación que yo creé a las 21:20 del 11-3-2024 en mi apartamento (Francia).

Ecuación FZ4260 creada por JoanCarles Testagorda Garcia (yo mismo):

$$\frac{mUn}{mG} x \frac{rUn \, x(lp)^2 x(\Lambda)^{\frac{3}{2}}}{8\pi} x \left(\frac{\pi}{2}\right)^2 \approx \left(\frac{1}{Llim}\right)^2$$

$$0{,}436588 \approx 0{,}4392$$

o bien

$$\frac{mUn}{mG} x \frac{rUn \, x(lp)^2 x(\Lambda)^{\frac{3}{2}}}{32\pi} x \left(\frac{dK2}{dQ5}\right)^2 \approx \left(\frac{1}{Llim}\right)^2$$

$$0{,}436588 \approx 0{,}4392$$

Autor: JoanCarles Testagorda Garcia (yo mismo) ecuación que yo creé a las 21:14 del 11-3-2024 en mi apartamento (Francia).

Ecuación FZ4262 creada por JoanCarles Testagorda Garcia (yo mismo):

$$\frac{\pi^2}{4} x \frac{rUn \, x(lp)^2 x \, dK2}{\hbar \, x \, AgUn \, x \, \Lambda} \approx \frac{1}{JC^{TG}} \approx \frac{1}{\sqrt{\infty}}$$

$$0{,}389961 \approx 0{,}3899 \approx 0{,}3872$$

$$\frac{\pi}{4} x \frac{rUn \, x(lp)^2 x \, dK2}{\hbar \, x \, AgUn \, x \, \Lambda} x \frac{dK2}{dQ5} \approx e \, x \cos\pi \approx \left(\frac{\log 3}{\log 4}\right)^4$$

$$0{,}389961 \approx 0{,}3944 \approx 0{,}39$$

Autor: JoanCarles Testagorda Garcia (yo mismo) ecuación que yo creé a las 21:33 del 11-3-2024 en mi apartamento (Francia).

Ecuación FZ4266 creada por JoanCarles Testagorda Garcia (yo mismo):

$$\frac{mUn \, x \, c^2 x (AgUn)^2}{(2 \, x \, rUn)^2 x \, 2 \, x (h)^\psi x \, 4\pi^2} \approx e^e \approx \infty \, x \frac{19}{17}$$

$$7{,}351409 \approx 7{,}389056 \approx 7{,}4509$$

Autor: JoanCarles Testagorda Garcia (yo mismo) ecuación que yo creé a las 21:51 del 11-3-2024 en mi apartamento (Sud de Francia).

Ecuaciones FZ4268 y FZ4269 creadas por JoanCarles Testagorda Garcia (yo mismo):

$$\frac{mUn \, x \, c^2 x (AgUn)^2}{(2 \, x \, rUn)^2 x (2\hbar)^\psi} \approx JC_{aqj} = \frac{GF \, x \, 0{,}119 \, x \, \alpha \, x \, \alpha G \, x (mPl)^3}{mZ + mW}$$

$$184{,}8 \approx 188{,}44$$

$$\frac{mUn \, x \, c^2 \, x \, (AgUn)^2}{(2xrUn)^2 x(h)^\psi x Llim} \approx JC_{aqj}$$

$$191{,}255 \approx 188{,}44$$

$$\frac{mUn \, x \, c^2 \, x \, (AgUn)^2}{(2xrUn)^2 x(h)^\psi} \approx 2x\infty^2$$

$$92{,}4119 \approx 88{,}88$$

Autor: JoanCarles Testagorda Garcia (yo mismo) ecuación que yo creé a las 10:25am del 12-3-2024 en mi apartamento (Sur de Francia,).

Ecuación FZ4270 creada por JoanCarles Testagorda Garcia (yo mismo):

$$\frac{mUnx(AgUn)^2 x 2}{(2xrUn)^2 x(\hbar)^\psi x 4\pi^2} \approx 1 \approx 2xJQU \approx 2x\sinh 1 \approx 2x\frac{\infty \, x \, c_{dim}}{\infty \, x \, \sqrt{\infty}}$$

$$2{,}3408 \approx 2{,}356 \approx 2{,}3504 \approx 2{,}32$$

$$\frac{mUn \, x \, AgUn \, x \, ExUn \, x \, 2}{(4xrUn)^2 x(\hbar)^\psi} x(4\pi^2)^\psi x \sqrt{\frac{mW}{mH}} \approx 1$$

$$\frac{mUn \, x \, AgUn \, x \, ExUn \, x \, 2}{(4xrUn)^2 x(\hbar)^\psi} x(4\pi^2)^\psi x \frac{1}{\cosh 1} \approx 1$$

Autor: JoanCarles Testagorda Garcia (yo mismo) ecuación que yo creé a las 18:40 del 12-3-2024 en mi apartamento (Sud de Francia).

Ecuación FZ4638 creada por JoanCarles Testagorda Garcia (yo mismo):

$$\frac{1}{2}x\frac{\cosh^{-1}(\frac{mUn}{mH})}{\cosh^{-1}(\frac{2xrUn}{lp})} x \sqrt[3]{\frac{dQ5}{dK2_2}} = (\frac{1}{Llim})^2 \approx (\tanh 1)^3$$

$$0{,}445 \approx 0{,}439$$

Autor: JoanCarles Testagorda Garcia (yo mismo) ecuación que yo creé a las 15:07 del 7-5-2024 en mi apartamento (Francia, pero no en Alpes Côte d'Azur).

Ecuación FZ4242 creada por JoanCarles Testagorda Garcia:

$$\frac{(AgUn)^2 x \, mUn}{(2xrUn)^2 x(\hbar)^\psi x 32\pi} \approx 1$$

Autor: JoanCarles Testagorda Garcia (yo mismo) ecuación que yo creé a las 18:03 del día 11-3-2024 en mi apartamento (Francia).

Ecuación FZ4243 creada por JoanCarles Testagorda Garcia:
$$\sqrt{[\frac{(AgUn)^2 \, x \, mUn}{(2 \, x \, rUn)^2 \, x \, (\hbar)^\psi}]} \approx \frac{\infty}{\infty_{dim}}$$
Autor: JoanCarles Testagorda Garcia (yo mismo) ecuación que yo creé a las 18:10 del día 11-3-2024 en mi apartamento (Francia).

Ecuación FZ4241 creada por JoanCarles Testagorda Garcia:
$$\frac{(AgUn)^2 \, x \, mUn}{(2 \, x \, rUn)^2 \, x \, (\hbar)^\psi \, x \, 2 \, x \, \infty^3} \approx 1$$
Autor: JoanCarles Testagorda Garcia (yo mismo) ecuación que yo creé a las 18:10 del día 11-3-2024 en mi apartamento (Francia).

Ecuación FZ4237 creada por JoanCarles Testagorda Garcia:
$$\frac{(AgUn)^2 \, x \, mUn}{(2xrUn)^2 \, x \, (\hbar)^\psi \, x \, 4\pi} \approx \sqrt{TG^{JC}} \, x \, \infty \approx e^2$$
$$7{,}353911 \approx 7{,}8077 \approx 7{,}389$$
Autor: JoanCarles Testagorda Garcia (yo mismo) ecuación que yo creé a las 17:47 del día 11-3-2024 en mi apartamento (Francia).

Ecuación FZ4244 y FZ4239 creadas por JoanCarles Testagorda Garcia:
$$\frac{(AgUn)^2 \, x \, mUn}{(2xrUn)^2 \, x \, (\hbar)^\psi \, x \, 4\pi} \approx \frac{\infty \, x \, c_{dim}}{\infty \, x \, \sqrt{\infty}} \, x \, \infty \approx \frac{\ln 10}{2} \, x \, \infty$$
$$7{,}353911 \approx 7{,}74 \approx 7{,}675$$
Autor: JoanCarles Testagorda Garcia (yo mismo) ecuación que yo creé a las 17:47 y a las 18:38 del día 11-3-2024 en mi apartamento (Francia).

Ecuación FZ4258 creada por JoanCarles Testagorda Garcia (yo mismo):
$$(\frac{lp}{1C} \, x \, \frac{dK2}{2 \, x \, dQ5})^2 \, x \, \frac{dK2 \, x \, c}{Z_0 \, x \, \Lambda} \approx JC^{TG}$$
$$1{,}2650 \approx 1{,}265466$$
$$(\frac{\pi}{2})^2 \, (\frac{lp}{1C})^2 \, x \, \frac{dK2 \, x \, c}{Z_0 \, x \, \Lambda} \approx JC^{TG}$$
$$1{,}25057 \approx 1{,}265466$$
Autor: JoanCarles Testagorda Garcia (yo mismo) ecuación que yo creé a las 20:42 del día 11-3-2024 en mi apartamento (Francia).

Ecuación FZ4713 creada por JoanCarles Testagorda Garcia (yo mismo):

$$\frac{mUn \times c^2 \times (\Lambda)^{\frac{3}{2}} \times ExUn \times AgUn}{dQ5 \times (2 \times rUn)^2} \times \alpha \approx 1$$

Autor: JoanCarles Testagorda Garcia (yo mismo) ecuación que yo creé a las 12:47 del día 14-5-2024 en mi apartamento (Francia).

Ecuación FZ4710 creada por JoanCarles Testagorda Garcia (yo mismo):

$$\frac{mUn}{mG} \times \frac{rUn \times (lp)^2 \times (\Lambda)^{\frac{3}{2}}}{\cosh(\frac{dK2}{dQ5})} \times \sqrt{\infty} \approx 1$$

Autor: JoanCarles Testagorda Garcia (yo mismo) ecuación que yo creé a las 11:53 del 14-5-2024 en mi apartamento (Francia, pero no en Alpes Côte d'Azur).

Ecuación FZ4932 creada por JoanCarles Testagorda Garcia (yo mismo):

$$\frac{(mY)^3}{mve \times (lp)^2 \times 1\,Kg} \times \frac{me \times c}{h} \approx 2 \times dQ5 \approx dK2 \times Llim$$

$4{,}3639 \times 10^{-27}$ Kg m$^{-3}$ ≈ $4{,}482 \times 10^{-27}$ Kg m$^{-3}$ ≈ $4{,}42049 \times 10^{-27}$ Kg m$^{-3}$

Autor: JoanCarles Testagorda Garcia (yo mismo) ecuación que yo creé a las 12:20 del 10-7-2024 en mi apartamento (Francia, no en Alpes Côte d'Azur).

Ecuación FZ4774 creada por JoanCarles Testagorda Garcia (yo mismo):

$$\frac{m\mu \times c + mUp \times c}{(mY \times c + me \times c)^2} \times 2\pi \times \alpha \approx \frac{\cosh(\frac{dK2}{dQ5})}{(Llim)^3} \approx \frac{1}{(Llim)^9}$$

$40{,}81 \approx 39{,}114 \approx 40{,}54$

$$\frac{\pi \times \cosh(\frac{dK2}{dQ5})}{Llim \times TG^{JC}} \approx \frac{(\frac{dK2}{dQ5}) \times \cosh(\frac{dK2}{dQ5})}{Llim \times TG^{JC}} \approx \frac{(\frac{dK2}{dQ5})}{(Llim)^7 \times TG^{JC}}$$

$40{,}81 \approx 40 \approx 40$

Autor: JoanCarles Testagorda Garcia (yo mismo) ecuación que yo creé a las 17:05 del 25-5-2024 en mi apartamento (Francia, no en Alpes Côte d'Azur).

Ecuación FZ4715 creada por JoanCarles Testagorda Garcia (yo mismo):

$$\frac{mUn}{mG} x \frac{4\pi^2 x\, rUn\, x\,(lp)^2 x\,(\Lambda)^{\frac{3}{2}}}{32\pi} \approx \log[\frac{mUn\, x\, c^2 x\,(AgUn)^2 x\,(\Lambda)^{3/2\psi}}{(rUn)^2 dK2}]$$

$$1{,}7463 \approx 1{,}7446$$

$$\frac{2Gc\, x\,(mve\, x\, c^2)^2 x\, 2}{c^2 x \cosh^{-1} 180\, x\, mG\, x\,(\infty)^2} \approx (JQD)^{(JQU\, x\, JLept)}$$

$$1{,}7439 \approx 1{,}7475$$

Autor: JoanCarles Testagorda Garcia (yo mismo) ecuación que yo creé a las 13:01 del 14-5-2024 en mi apartamento (Francia, pero no en Alpes Côte d'Azur).

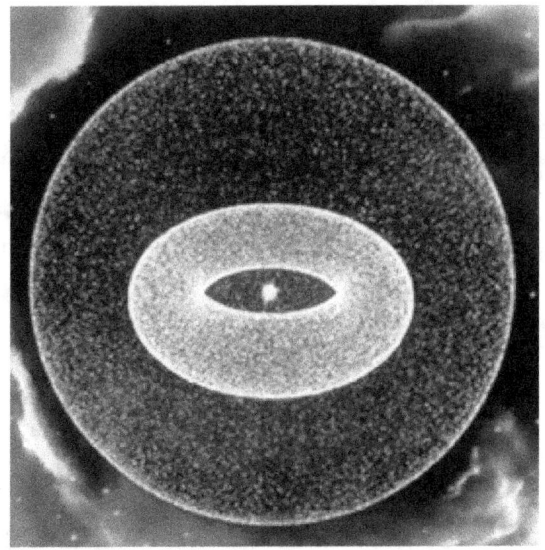

Ecuación FZ4378 creada por JoanCarles Testagorda Garcia (yo mismo):

$$dK2\, x \frac{mG}{(\Lambda)^{3/2} x\,(mPl)^2} \approx TG^{JC} \approx \frac{\sqrt{18}}{\pi} \approx \frac{e}{2}$$

$$1{,}3595 \approx 1{,}3716 \approx 1{,}350 \approx 1{,}3591$$

Autor: JoanCarles Testagorda Garcia (yo mismo) ecuación que yo creé el 31-3-2024 a las 2:02am en mi apartamento (mi casa) en Francia.

Ecuación FZ4815 creada por JoanCarles Testagorda Garcia (yo mismo):

$$\frac{mZ+mW}{\left(\frac{140\,GeV\times 1C}{c^2}\right)} = \sqrt{\frac{m\mu x\alpha}{me}} = \sqrt{\frac{1}{Llim}} = Fibonacci\,const. \approx \frac{2}{\varphi}$$

$$1{,}2255 \approx 1{,}2283 \approx 1{,}2283 \approx 1{,}23606$$

Autor: JoanCarles Testagorda Garcia (yo mismo) ecuación que yo creé a las 10:22am del 12-6-2024 en mi apartamento (Francia, no en Alpes Côte d'Azur). 140GeV es una hipotética partícula.

Ecuación FZ4817 creada por JoanCarles Testagorda Garcia (yo mismo):

$$\left(\frac{mZ+mW}{\left(\frac{140\,GeV\times 1C}{c^2}\right)}\right)^{3/2} \approx TG^{JC} \approx \left(\frac{mZ+mW}{\left(\frac{140\,GeV\times 1C}{c^2}\right)}\right)^{\frac{1}{Llim}}$$

$$1{,}3567 \approx 1{,}37161 \approx 1{,}359$$

Autor: JoanCarles Testagorda Garcia (yo mismo) ecuación que yo creé a las 17:09 del 13-6-2024 en mi apartamento (Francia, no en Alpes Côte d'Azur). 140GeV es una hipotética partícula.

Ecuación FZ1008 creada por JoanCarles Testagorda Garcia (yo mismo):

$$\left(\frac{mUp\times 2\pi}{2mve}\right)^2 = \left(\frac{Rw}{rN}\right)^2 \times JUAP\,2;\; \left(\frac{mUp}{mve}\right)^2 \times \frac{1}{\tanh 1} = \left(\frac{Rw}{rN}\right)^2 \times JUAP\,2$$

$$9{,}869\times 10^{12} = 9{,}792\times 10^{12} \quad ; \quad 9{,}92\times 10^{12} = 9{,}792\times 10^{12}$$

Autor: JoanCarles Testagorda Garcia (yo mismo) ecuación que yo creé el 28-9-2020 20:54 (Alpes Côte d'Azur, en el alojamiento del trabajo en el cual ayudaba a animales des del 17-8-2020 hasta el 4-9-2021 en donde me mudé más al norte). Aquí el neutrino (mve) equivale a $3{,}92185\times 10^{-36}$ Kg en la ecuación de la izquierda y $1{,}426\times 10^{-36}$ Kg en la ecuación de la derecha. El hecho de elevar $2\pi$ al cuadrado lo convierte en $4\pi^2$ que permite representar un toroide. Esto sucede porque como explico en mi hipótesis sobre el neutrino (que ya mencioné en mi otro libro "*But what is the temperature? How are created the fields?*" (que autopubliqué el 30/4/2022), en el núcleo atómico se producen campos de fuerza nuclear fuerte producidos por el quark Up y down (así como un campo de fuerza nuclear débil, y de fuerza nuclear residual), pero,en el,exterior del núcleo se producen campos electromagnéticos,(fotón), y mi hipótesis de 2022 y de Julio2017 es que se producen campos térmicos y magnéticos producidos por el neutrino.

Por tanto se tienen en cuenta estos campos de interacción que son los que permiten mantener la estructura atómica.

De modo que el neutrino permite mantener los electrones unidos al núcleo y es por ello que determina el radio del átomo más el campo de interacción del electrón (Rw). Con ello los átomos se unen a otros átomos. De forma que si cambia la energía del núcleo se producen transmutaciones que liberan partículas con más o menos energía haciendo que los electrones se repelen o se atraen más hacia el núcleo. Esto determina el tamaño del átomo.

Por tanto hay una relación entre el tamaño del átomo y el del neutrón (rN) porque el neutrón depende de la energía de los quarks como el quark Up.

Ecuación FZ868 creada por JoanCarles Testagorda Garcia (yo mismo):

$$\frac{c^2 \times mN \times rN}{KB \times B \times 8\pi} = \sqrt{(\frac{\sigma \times \hbar \times (B)^2}{\alpha \times (KB)^2 \times 8\pi})} = \frac{1}{0,834626} = JNeut2$$

$$1,197 = 1,191 = 1,19814 \approx JNeut2$$

Autor: JoanCarles Testagorda Garcia (yo mismo) ecuación que yo creé el 6-9-2020 20:57 (Alpes Côte d'Azur, en el alojamiento del trabajo en el cual ayudaba a animales des del 17-8-2020 hasta el 4-9-2021 en donde me mudé más al norte). Como estaba explicando, el tamaño del átomo depende de los campos de neutrinos. Antes se creía que el neutrino tenía una interacción muy baja, casi nula. pero lo que yo descubrí con mis investigaciones científicas indican que el neutrino es una de las partículas que tiene mayores efectos en las interacciones como es la radiación térmica y la magnética (además de la gravedad, bosonJCTG4).

$\sigma = 5,670373 \times 10^{-8}$ Kg s$^{-3}$ K$^{-4}$ = constante Stefan-Boltzmann.

La ley de Stefan-Boltzmann se utiliza para calcular la temperatura de las estrellas. Esto sucede porque el proceso de fusión nuclear estelar afecta a la emisión de neutrinos que después es absorbida por átomos de la propia estrella que a su vez emiten ondas electromagnéticas (luz). Por tanto son efectos proporcionales los de emisión electromagnética, emisión de neutrinos, temperatura de la estrella, presión de las diferentes capas, fusión nuclear etc.

Esto me permitió corregir la masa del neutrino de 2,2eV a un valor de ≈0,8eV.

Ecuación FZ5135 creada por JoanCarles Testagorda Garcia (yo mismo):
$$\left(\frac{B}{KB}\right)^2 x\,h\,x\,\sigma = \cosh^{-1} e$$
$$1{,}6551 = 1{,}6574$$
Autor: JoanCarles Testagorda Garcia (yo mismo) ecuación que yo creé el 9-9-2024 14:36, en mi apartamento (Francia sud-este, no en Alpes Côte d'Azur).

Ecuación FZ5136 creada por JoanCarles Testagorda Garcia (yo mismo):
$$0{,}8\,eV \, x\left(\left(\frac{B}{KB}\right)^2 x\,h\,x\,\sigma\right)^2 = 2{,}19153\,eV$$
Autor: JoanCarles Testagorda Garcia (yo mismo) ecuación que yo creé el 9-9-2024 14:36, en mi apartamento (Francia sud-este, no en Alpes Côte d'Azur).

Ecuación FZ5134 creada por JoanCarles Testagorda Garcia (yo mismo):
$$\frac{Wfd\,x\,h\,x\,B\,x\,2}{\alpha\,x\,KB} = \sqrt{5}$$
$$2{,}23896 = 2{,}236$$
Autor: JoanCarles Testagorda Garcia (yo mismo) ecuación que yo creé el 9-9-2024 14:10, en mi apartamento (Francia sud-este, no en Alpes Côte d'Azur).

Ecuación FZ1096 creada por JoanCarles Testagorda Garcia (yo mismo):
$$Gc\,x\,mUn\,x\,\frac{Hhlt}{e}\,x\,mUp = masa\ del\ quark\ Down$$
Autor: JoanCarles Testagorda Garcia (yo mismo) ecuación que yo creé el 17-11-2020 23:17 (Alpes Côte d'Azur, en el alojamiento del trabajo en el cual ayudaba a animales des del 17-8-2020 hasta el 4-9-2021 en donde me mudé más al norte). Hhlt= $1{,}56 \times 10^{-22}$ s, es el tiempo de vida del bosón de Higgs.

Ecuación FZ1098 creada por JoanCarles Testagorda Garcia (yo mismo):
$$\frac{Gc \times mUn}{rUn} \times \frac{mH}{mPl} = 0{,}119 \times GF \times \alpha G \times \alpha \times 1J \times 1Kg$$
$$5{,}53 = 5{,}58$$
Autor: JoanCarles Testagorda Garcia (yo mismo) ecuación que yo creé el 17-11-2020 23:20 (Alpes Côte d'Azur, en el alojamiento del trabajo en el cual ayudaba a animales des del 17-8-2020 hasta el 4-9-2021 en donde me mudé más al norte).

Ecuación FZ1099 creada por JoanCarles Testagorda Garcia (yo mismo):
$$\frac{c^2 \times mUn}{rUn} = \frac{4\pi^2}{planck\,tiempo} = \frac{4\pi^2 \times c}{lp}$$
$$7{,}27 \times 10^{44}\,s^{-1} = 7{,}32 \times 10^{44}\,s^{-1} = 7{,}32 \times 10^{44}\,s^{-1}$$
Autor: JoanCarles Testagorda Garcia (yo mismo) ecuación que yo creé el 18-11-2020 18:17 (Alpes Côte d'Azur, en el alojamiento del trabajo en el cual ayudaba a animales des del 17-8-2020 hasta el 4-9-2021 en donde me mudé más al norte).

Ecuación FZ5196 creada por JoanCarles Testagorda Garcia (yo mismo):
$$\left(\frac{8{,}8 \times 10^{(26 \times \Psi)} m \times TG^{JC} \times 16\pi}{hc \times \infty \times 1\,J^{-1}} \times \frac{dQ\,5}{dK\,2}\right)^{\left(\frac{mW}{mH}\right)} = JC^{TG} \text{ o bien } \frac{4}{\pi}$$
$$1{,}279 \approx 1{,}265466 \text{ o bien} = 1{,}2732$$
Autor: JoanCarles Testagorda Garcia (yo mismo) ecuación que yo creé el 13-9-2024 10:25, en mi apartamento (Francia sud-este, no en Alpes Côte d'Azur).

Ecuación FZ1291 (modificada) creada por JoanCarles Testagorda Garcia (yo mismo):
$$\frac{rB \times \sqrt{mUn}}{mPl \times 8{,}8 \times 10^{26} m} \times \frac{1}{JCT} = 1$$
Autor: JoanCarles Testagorda Garcia (yo mismo) ecuación que yo creé el 6-3-2021 12:37 (Alpes Côte d'Azur, en el alojamiento del trabajo en el cual ayudaba a animales des del 17-8-2020 hasta el 4-9-2021 en donde me mudé más al norte). $8{,}8 \times 10^{26}$ m es el diámetro del universo (o del universo observable) y JCT es la constante que yo creé en abril 2019 para mi ley universal F49 (FI).

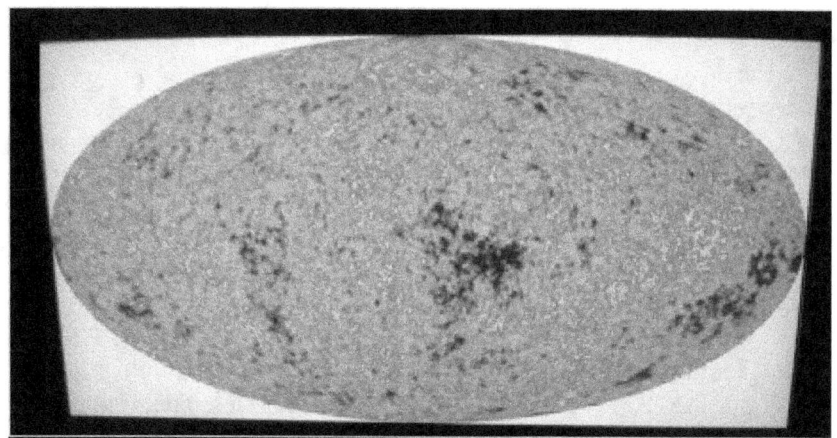

Las siguientes ecuaciones aunque creo que algunas no son correctas, las expondré porque quiero mostrar como una de mis ideas fue de encontrar una energía del vacío, energía Jol de un valor próximo a $10^{-50}$ o $10^{-52}$ Julios, $\infty_{d1}$.

Ecuación FZ1360 creada por JoanCarles Testagorda Garcia (yo mismo):

$$\sqrt{\left(\frac{1}{rUn \times mUn}\right)} \times \frac{\hbar}{KB \times B} = 6{,}6600 \times 10^{-50} J^{-1} s^{-1} \approx \infty_{d1} \times 32\pi$$

Autor: JoanCarles Testagorda Garcia (yo mismo) ecuación que yo creé el 17-3-2021 21:08 (Alpes Côte d'Azur, en el alojamiento del trabajo en el cual ayudaba a animales des del 17-8-2020 hasta el 4-9-2021 en donde me mudé más al norte).

Ecuación FZ1303 creada por JoanCarles Testagorda Garcia (yo mismo):

$$\frac{me}{mvex\, c^2} \times \frac{KB \times B}{mUn \times (mH)^3 \times c^2 \times pt \times \infty^2 \times c} \times 8\pi = 1\, Kg^{-3} m^{-2} s^2$$

Autor: JoanCarles Testagorda Garcia (yo mismo) ecuación que yo creé el 7-3-2021 20:40 (Alpes Côte d'Azur, en el alojamiento del trabajo en el cual ayudaba a animales des del 17-8-2020 hasta el 4-9-2021 en donde me mudé más al norte). Aquí el neutrino tiene una masa de $3{,}9218 \times 10^{-36}$ Kg (2,2eV).

Ecuación FZ1302 creada por JoanCarles Testagorda Garcia (yo mismo):

$$\frac{me}{mvex\,c^2} \times \frac{h}{mUn \times mH \times c^2 \times pt \times \infty} = 6{,}67 \times 10^{-50} J^{-1} \approx \infty_{d1} \times 32\pi$$

o bien

$$\frac{me}{mvex\,c^2} \times \frac{h}{mUn \times mH \times c^2 \times pt \times \infty \times 32\pi} = 6{,}67 \times 10^{-50} J^{-1}$$

o bien

$$\frac{me}{mve} \times \frac{1}{mUn \times mH \times c^2 \times \infty \times c} \times 4\pi^2 = 6{,}4306 \times 10^{-50} J^{-1} \approx \infty_{d1} \times 32\pi$$

Autor: JoanCarles Testagorda Garcia (yo mismo) ecuación que yo creé el 7-3-2021 20:27 (Alpes Côte d'Azur, en el alojamiento del trabajo en el cual ayudaba a animales des del 17-8-2020 hasta el 4-9-2021 en donde me mudé más al norte). Aquí el neutrino tiene una masa de $3{,}9218 \times 10^{-36}$ Kg (2,2eV).

Ecuación FZ1305 creada por JoanCarles Testagorda Garcia (yo mismo):

$$\Lambda x \sqrt{\left(\frac{me}{mve} \times \frac{2 \times rUn}{\infty^{(4\pi \times \sqrt{\infty})}}\right)} = 6{,}8 \times 10^{-50} m^{-1} \approx \infty_{d1} \times 32\pi$$

Autor: JoanCarles Testagorda Garcia (yo mismo) ecuación que yo creé el 7-3-2021 22:19 (Alpes Côte d'Azur, en el alojamiento del trabajo en el cual ayudaba a animales des del 17-8-2020 hasta el 4-9-2021 en donde me mudé más al norte). Aquí el neutrino tiene una masa de $3{,}9218 \times 10^{-36}$ Kg (2,2eV).

Ecuación FZ1359 creada por JoanCarles Testagorda Garcia (yo mismo):

$$\sqrt{\left(\frac{me}{mve} \times \frac{2\pi}{rUn \times \cosh 180}\right)} = 6{,}6738 \times 10^{-50} J^{-1} \approx \infty_{d1} \times 32\pi$$

Autor: JoanCarles Testagorda Garcia (yo mismo) ecuación que yo creé el 17-3-2021 21:01 (Alpes Côte d'Azur, en el alojamiento del trabajo en el cual ayudaba a animales des del 17-8-2020 hasta el 4-9-2021 en donde me mudé más al norte). Aquí el neutrino tiene una masa de $3{,}9218 \times 10^{-36}$ Kg (2,2eV).

En 2021 pensé en como podía representar el colapso de la masa utilizando el bosón Higgs y el antiHiggs (de dimensión diferente) obteniendo un agujero negro.

Ecuación FZ1359 creada por JoanCarles Testagorda Garcia (yo mismo):

$$\frac{2Gc}{c^2 x \pi x (lp)^2} x \frac{h x c}{c^2} = ((mH x mH^{(\psi)}) - 1)^{2/3} x \pi$$

Autor: JoanCarles Testagorda Garcia (yo mismo) ecuación que yo creé el 8-3-2021 23:11 (Alpes Côte d'Azur, en el alojamiento del trabajo en el cual ayudaba a animales des del 17-8-2020 hasta el 4-9-2021 en donde me mudé más al norte).

Ecuación FZ1242 creada por JoanCarles Testagorda Garcia (yo mismo):

$$\frac{(mH)^2}{\sqrt{5} x (1\,Kg x 0{,}57721466)^2} = \frac{h x \sqrt{h} x mW x (mW + mZ)}{32 \pi x \Lambda} \approx \infty_{d1} x 32\pi$$

$$6{,}674 x 10^{-50} = 6{,}724 x 10^{-50} \approx 6{,}6666 x 10^{-52}$$

$$0{,}57721466 \approx 0{,}57755 = \frac{\sqrt{c_{dim}}}{c_{dim}}$$

Autor: JoanCarles Testagorda Garcia (yo mismo) ecuación que yo creé el 23-2-2021 21:34 (Alpes Côte d'Azur, en el alojamiento del trabajo en el cual ayudaba a animales des del 17-8-2020 hasta el 4-9-2021 en donde me mudé más al norte).

Ecuación FZ1243 creada por JoanCarles Testagorda Garcia (yo mismo):

$$h x \sqrt{h} x \frac{mH x mW}{32 \pi x \Lambda} x \frac{\sqrt{18}}{\pi} = 6{,}622 x 10^{-50} \approx \infty_{d1} x 32\pi$$

Autor: JoanCarles Testagorda Garcia (yo mismo) ecuación que yo creé el 23-2-2021 22:57 (Alpes Côte d'Azur, en el alojamiento del trabajo en el cual ayudaba a animales des del 17-8-2020 hasta el 4-9-2021 en donde me mudé más al norte).

Ecuación FZ2851 creada por JoanCarles Testagorda Garcia (yo mismo):

$$(2Gc x mPl x h x 2\pi)^{2/3} x JC^{TG} = 6{,}6678 x 10^{-34} J m^3 s^{-1} \approx \infty_d$$

Autor: JoanCarles Testagorda Garcia (yo mismo) ecuación que yo creé el 6-6-2022 ≈20:30 en mi apartamento (mi casa) en Francia.

Las siguientes ecuaciones aunque algunas pueden ser incorrectas, las expongo para expresar la búsqueda de mis constantes K2 y Q2, 17 y 19 respectivamente que en este caso son adimensionales:

Ecuación FZ1129 y FZ5111 creadas por JoanCarles Testagorda Garcia (yo mismo):

$$\frac{\pi}{GF \times (mH)^2} = 17{,}2136 \text{ o bien } \frac{dK2}{dQ5 \times GF \times (mH)^2} = 17{,}115$$

Autor: JoanCarles Testagorda Garcia (yo mismo) ecuación que yo creé el 3-1-2021 11:29 (en región Alpes Côte d'Azur) y el 6-9-2024 a las 17:08 en mi apartamento (mi casa) en Francia en otra región(el 5-9-2021 cambié de región).

Ecuaciones FZ1341 y FZ1342 creadas por JoanCarles Testagorda Garcia (yo mismo):

$$\left(\frac{hc}{KB \times B}\right)^2 \times \frac{\sqrt{2}}{2} \approx \frac{4\pi^2 \times \sqrt{2}}{\pi} = \frac{4\pi^2 \times \sqrt{x} \times \pi^2}{32} = \infty \times \sqrt{\infty}$$

$$17{,}431 \approx 17{,}7 \approx 17{,}219 = 17{,}21325$$

Autor: JoanCarles Testagorda Garcia (yo mismo) ecuación que yo creé el 15-3-2021 17:19 (Alpes Côte d'Azur, en el alojamiento del trabajo en el cual ayudaba a animales des del 17-8-2020 hasta el 4-9-2021 en donde me mudé más al norte).

Ecuación FZ4816 creada por JoanCarles Testagorda Garcia (yo mismo):

$$\frac{\sqrt{2}}{4 mve} \times \frac{Gc \times mH \times c^2 \times mFermi \times lp}{mY \times mPl} = (JC^{TG})^4 = \sqrt{\infty}$$

$$2{,}572 \approx 2{,}564 \approx 2{,}5819$$

Autor: JoanCarles Testagorda Garcia (yo mismo) ecuación que yo creé a las 10:50am del 13-6-2024 en mi apartamento (Francia, no en Alpes Côte d'Azur).

Ecuación FZ5159 creada por JoanCarles Testagorda Garcia (yo mismo):

$$\left[\left(\frac{\infty}{rUn}\right)^2 \times \frac{1}{\Lambda \times 2}\right]^3 \times 17 = 19{,}02$$

Autor: JoanCarles Testagorda Garcia (yo mismo) ecuación que yo creé a las 11:44 del 10-9-2024 en mi apartamento (Francia).

Ecuaciones FZ4381, FZ4382, FZ4383, FZ4388 creadas por JoanCarles Testagorda Garcia (yo mismo):

$$(\infty)^2 x \cosh 1 \approx (\infty)^2 x \frac{mH}{mW} \approx \infty x \cosh\left(\frac{dK2_1}{dQ5}\right) \approx \frac{2mZ}{mWDec} x \frac{\pi}{4}$$

$$68{,}58 \approx 69{,}16 \approx 67{,}11 \approx 68{,}70$$

Autor: JoanCarles Testagorda Garcia (yo mismo) ecuación que yo creé el 31-3-2024 a las 2:02am en mi apartamento (mi casa) en Francia.

Ecuaciones FZ4385 y FZ4562 creadas por JoanCarles Testagorda Garcia (yo mismo):

$$lp \, x \, \frac{mH \, x \cosh 180}{mPl} x \sqrt{\Lambda} \approx \frac{1}{\tanh 1} \approx (\infty_{dim})^{(\infty_{dim})} = \sqrt{\frac{mUp}{mg}} \approx \frac{TG^{JC}}{F_1}$$

$$1{,}296 \approx 1{,}313 \approx 1{,}31037 \approx 1{,}30 \approx 1{,}3108$$

Autor: JoanCarles Testagorda Garcia (yo mismo) ecuación que yo creé el 31-3-2024 a las 2:16am y 12:18 1/5/2024 en mi apartamento (mi casa) en Francia. La constante "$\Lambda$" expresa la densidad del vacío, la densidad de energía oscura (K2) en el espacio/tiempo. Mi hipótesis es que siempre que la materia entra en contacto con K2 se descompone liberando todas partículas ($TG^{JC}$) que reabsorbe según el tiempoJC.

Ecuación FZ5297 creada por JoanCarles Testagorda Garcia (yo mismo):

$$\log 4 \, x \log 3 \, x \infty x \frac{\sqrt{18}}{\pi} \approx \sqrt{\infty} \approx \log 4 \, x \log 3 \, x \left(\frac{dK2}{dQ5}\right)^2$$

$$2{,}5862 \approx 2{,}58198 \approx 2{,}5829$$

Autor: JoanCarles Testagorda Garcia (yo mismo) ecuación que yo creé el día 29/9/2024 a las 11:02am en mi apartamento (en Francia).

## 5.5-MI HIPÓTESIS SOBRE LA EXPANSIÓN DEL UNIVERSO

Antes de la publicación de la teoría de la relatividad de Einstein, se creía que el universo era estático. Después con descubrimientos científicos, experimentos y medidas tomadas por telescopios y sondas, se supo que el universo se expande.
El primer cambio de mentalidad se produjo alrededor de 1930 cuando Hubble demostró con telescopio, que las galaxias se alejaban unas de otras.

Ya en la década de los años 60 se produjo otro hallazgo importante como prueba irrefutable de un período de recombinación expansión y evolución del universo fue el descubrimiento de la radiación de fondo de microondas (CMB).

En esta imagen aparece la antena utilizada para medir de forma accidental la "CMB":

Gracias a esta medida accidental la teoría de un universo que se expande fue estableciéndose como correcta y la dirección a seguir. Pero todavía quedaban y quedan muchos factores inexplicados como por ejemplo como y porqué se produce la inflación, porqué se frena y posteriormente se produce la expansión.

En la era de la recombinación, a los 380000años (377000años) de vida del universo ($1,2x10^{13}$s), los átomos que son átomos primordiales, empiezan a emitir radiación electromagnética que es la CMB (Cosmic Microwave Background). Esta radiación CMB que es luz la cual no es emitida por las estrellas sino que por los átomos primordiales, es la radiación que incluso hoy perciben algunas antenas ultrasensibles. Es la radiación que Penzias y Wilson captaron y es la principal prueba de las teorías del BigBang e inflacionarias.

La CMB se emitió cuando los átomos primordiales tenían una temperatura de aproximadamente 4000grados kelvin.
Esta CMB, que es radiación electromagnética, son fotones, es luz. La luz está compuesta por partículas que son los fotones y es una onda electromagnética (Por tanto luz, fotones y onda electromagnética es lo mismo).
Estos fotones de CMB han ido viajando por el universo desde que el universo tenía 380000 años (377000años) hasta la actualidad (actualmente se estima la vida del universo a 13799millones de años).

Estos fotones de CMB que inicialmente tenían una temperatura de 4000K, con el paso del tiempo han ido debilitándose, perdiendo energía. Es por ello que actualmente su temperatura es de 2,72548 grados Kelvin (menos de 3 grados por encima del cero absoluto).
Se dice que con una temperatura de aproximadamente 4000grados kelvin los electrones pudieron unirse a los núcleos atómicos. Una vez los electrones se unen al átomo (al núcleo atómico), lo que hacen es orbitar constantemente el núcleo atómico. Un poco como los planetas que orbitan el Sol, pero los planetas orbitan al Sol principalmente debido a la fuerza de la gravedad mientras que los electrones orbitan el núcleo debido a la fuerza electromagnética o según dice mi hipótesis de 2019 debido a la fuerza electrodébil.

Más alta es la temperatura del átomo, más alta es su energía y mayor es su fuerza electrodébil la cual puede repeler a los electrones con más fuerza. Así que si el universo se expande y se enfría, los átomos se enfrían y por tanto repelen con menos fuerza a los electrones. Este efecto produce que los electrones se puedan unir a los átomos e ir acercándose al núcleo atómico.

Durante la era radioactiva la temperatura y densidad del universo era muy alta y es por ello que se debían de producir muchos efectos termoeléctricos y fotoeléctricos. Es decir, se liberaban radiaciones de alta energía las cuales interaccionaban con los electrones de los átomos haciendo que estos electrones no pudieran unirse a sus núcleos.
Supongo que esta radiación procedente de los propios núcleos atómicos liberaba los electrones hacia zonas donde no había una suficiente atracción nuclear para atraerlos.
Si se liberaban fotones estos eran absorbidos, y mi idea del 6-8-2024 a las 18:54 es que al haber un alto nivel de energía los electrones que absorbían estos fotones transmutaban en leptones muones y en leptones tau y que estos no decaían debido al alto nivel de energía. Es como si se hubieran formado átomos exóticos los cuales estaban formados por protones y neutrones hechos de quarks strange, bottom etc. y que los electrones de los átomos eran muones que orbitaban el núcleo sin decaer.
Lo cual debería de reducir la capacidad de emitir fotones y radiaciones de baja energía. Además de que con la alta densidad estos no podían ir lejos sin ser absorbidos y por tanto el universo era opaco.

Hay que pensar que estos átomos estaban ionizados, en un estado de plasma. Hasta que pasados unos años descendió la temperatura y la densidad y estos átomos inestables fueron estabilizándose reduciendo la liberación de altas radiaciones nucleares.
En mi opinión el descenso de energía transformó los átomos exóticos en átomos normales, con quarks de baja masa, y los muones decayeron en electrones.
Al reducir las radiaciones nucleares los núcleos pudieron atraer los electrones pues estos ya no eran repelidos con estas altas radiaciones nucleares.
Así que se produjo la recombinación, los átomos retenían los electrones y creo que estos podían absorber las radiaciones nucleares siendo estas eran de baja energía.
Lo que escribí el día 28-2-2024 es que como pensé en 2019, los electrones al no recibir una alta energía proveniente del núcleo, no podían transmutar en muones o incluso en taus, y esto hacía que sus saltos cuánticos no fueran lo suficientemente energéticos como para poder salir de la atracción nuclear.
Así que hasta a partir de que el universo redujo su temperatura en aproximadamente 4000 grados kelvin, no se produjo la recombinación:

Ecuación FZ4132 creada por JoanCarles Testagorda Garcia (yo mismo):

$$\frac{mvex\,c^2}{KB} x \left(\frac{me}{\alpha\,x\,m\mu}\right)^2 = 4075\,K \approx 4000\,K$$

Autor: JoanCarles Testagorda Garcia (yo mismo) ecuación que yo creé el 28-2-2024 en mi casa en Francia.

Ecuación FZ4133 creada por JoanCarles Testagorda Garcia (yo mismo):

$$\frac{mex\,c^2}{KB} x \frac{mE_H}{m\mu} x \varphi^2 \approx 4000\,K \quad ; \quad \frac{2mex\,c^2}{KB} x \frac{mE_H}{m\mu\,x\,\tanh 1} \approx 4000\,K$$

Autor: JoanCarles Testagorda Garcia (yo mismo) ecuación que yo creé el 28-2-2024 en mi casa en Francia.

Ecuación FZ4134 creada por JoanCarles Testagorda Garcia (yo mismo):

$$\frac{mex\,c^2}{KB} x \frac{mE_H}{m\mu} x \frac{mUp}{mg} x \cosh 1 = 3998\,K \approx 4000\,K$$

o bien

$$\frac{mex\,c^2}{KB} x \frac{mE_H}{m\mu} x \frac{mUp\,x\,mH}{mgx\,mW} = 4021\,K \approx 4000\,K$$

Autor: JoanCarles Testagorda Garcia (yo mismo) ecuación que yo creé el 28-2-2024 en mi casa en Francia.

Ecuación FZ4992 creada por JoanCarles Testagorda Garcia (yo mismo):

$$\frac{2mex\,c^2}{KB} x \left(\frac{me}{m\mu}\right)^2 x \frac{Z_0\,x\,(1C)^2}{h} = 4048\,K \approx 4000\,K$$

Autor: JoanCarles Testagorda Garcia (yo mismo) ecuación que yo creé a las 20:20 del 28-2-2024 en mi casa en Francia.

Ecuación FZ4993 creada por JoanCarles Testagorda Garcia (yo mismo):

$$\frac{mex\,c^2}{KB} x \left(\frac{4\,mve}{mDown}\right) = 4037\,K \approx 4000\,K$$

Autor: JoanCarles Testagorda Garcia (yo mismo) ecuación que yo creé a las 20:27 del 28-2-2024 en mi casa en Francia.

De modo que hasta que la temperatura no se redujo hasta aproximadamente 4000K, no se formaron átomos neutros que son los átomos no ionizados, con un equilibrio en la cantidad de protones, neutrones y electrones.
Por tanto a este era se la conoce como la era de la recombinación la cual precede a la era radioactiva pues en la era radioactiva los electrones no orbitan sus núcleos.

Otra de mis ideas es que cuando el universo tenía una temperatura algo baja pero no demasiado baja, los electrones liberados formaban corrientes eléctricas similar a como ocurre con el efecto Edison, efecto Peltier, Joule. Porque como ya mencioné, creo que se produce el efecto termoeléctrico el cual ocurre en metales, así que con el litio formado pudo formarse este efecto.
Ecuación FZ4142 creada por JoanCarles Testagorda Garcia (yo mismo):

$$\left(\frac{4000\,K \times KB \times m\,\mu \times mW}{me \times c^2 \times mE_H \times mH}\right)^2 \times \frac{rB \times 1\,J \times 1\,m^{-1}}{c^2 \times mP} = 1$$

Autor: JoanCarles Testagorda Garcia (yo mismo) ecuación que yo creé el 1-3-2024 a las 15:37 en mi apartamento (mi casa) en Francia.

Ecuación FZ4136 creada por JoanCarles Testagorda Garcia (yo mismo):

$$4000\,K \approx 4002\,K = \frac{1}{1s^2} \times \frac{B \times mPl}{mZ \times c^2} \times \frac{h}{mY \times c} \times \frac{me}{m\,\mu \times \alpha}$$

Autor: JoanCarles Testagorda Garcia (yo mismo) ecuación que yo creé el 29-2-2024 a las 8:37 en mi casa en Francia.

Ecuación FZ4137 creada por JoanCarles Testagorda Garcia (yo mismo):

$$4000\,K = \frac{mD \times mN}{mUp \times mP} \times \frac{mve \times c}{h} \times B$$

Autor: JoanCarles Testagorda Garcia (yo mismo) ecuación que yo creé el 29-2-2024 a las 9:41 en mi apartamento (mi casa) en Francia.

Ecuación FZ4735 creada por JoanCarles Testagorda Garcia (yo mismo):

$$\left(\frac{me \times c^2}{KB}\right)^2 \times \frac{h}{m\,\mu \times c} \times \frac{mUp}{mW \times B} \approx 4000\,K$$

Autor: JoanCarles Testagorda Garcia (yo mismo) ecuación que yo creé el 18-5-2024 a las 11:46 en mi apartamento (mi casa) en Francia.

Uno de los efectos que sucede con la expansión es que los electrones saltan de orbita en orbita. Estos saltos se producen si los electrones ganan energía por ejemplo al absorber un fotón, y saltan hacia orbitas lejanas. O si pierden energía por ejemplo porque emiten un fotón y saltan hacia orbitas cercanas al núcleo.
Estos saltos de orbita son conocidos como saltos de Bohr o saltos cuánticos.
Así que si los átomos pierden energía, sucede que los electrones se acercan a sus núcleos. Lo cual resulta en emitir fotones, luz como la CMB.

También lo que sucedió en la era oscura (la era oscura es posterior a la era de la recombinación) es que se emitió más fotones debido a un efecto de cambio de espín de los electrones.
Sabiendo qué es el espín, los científicos pensaron que un cambio de espín se debe de producir resultando en que los electrones emiten fotones, que en este caso son ondas electromagnéticas con una longitud de 0,21m, de $1420 \times 10^6$Hz.
(Este cambio de espín se produce si protón y electrón tienen la misma dirección de espín. Es decir, cuando su espín es paralelo, apunta por ejemplo hacia arriba en ambos casos.
Creo que el protón cambia su espín porque reduce la energía del átomo, lo cual hace que protón y electrón tengan un espín paralelo produciéndose que después el electrón cambie su espín liberando un fotón).

1-Es decir, al principio el protón tiene espín opuesto al electrón. Por ejemplo el protón tiene espín hacia arriba y el electrón hacia abajo (es un estado anti-paralelo).

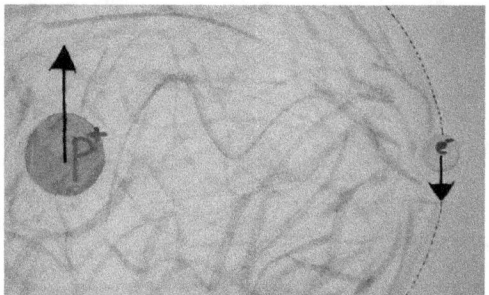

Esta imagen es un dibujo que mismo creé el día 15-9-2024 a las 11h (en mi apartamento en Francia, Sureste)

2-Después con la expansión del universo el átomo pierde energía. Esto produce transmutaciones de los quarks resultando en que el protón cambia su espín, el cual cambia de espín arriba a espín abajo.

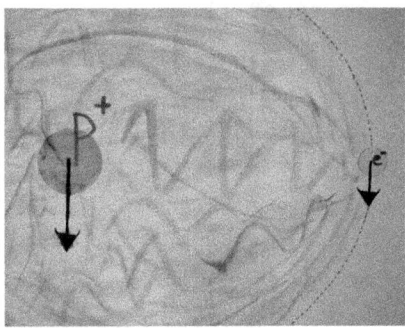

Esta imagen es un dibujo que mismo creé el día 15-9-2024 a las 12h (en mi apartamento en Francia, Sureste)

3-Cuando el protón tiene espín abajo y el electrón también tiene espín hacia abajo, hay un estado paralelo. Esto produce que el estado del electrón cambie resultando que el espín cambie hacia un estado hacia arriba. Para que el espín del electrón cambie, lo que sucede es que el electrón emite un fotón. Concretamente emite un fotón con una frecuencia de $1420 \times 10^6$ Hz, con una longitud de onda de 0,21m (21cm, es una onda de radio). El estado paralelo tiene más energía que el estado antiparalelo, pues en el estado antiparalelo el electrón emite un fotón y por tanto pierde energía.

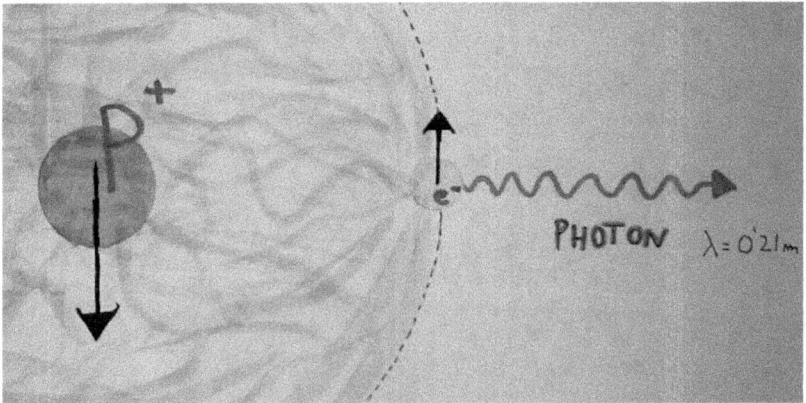

Esta imagen es un dibujo que mismo creé el día 15-9-2024 a las 12:41 (en mi apartamento en Francia, Sureste).

Lo importante a entender es que el átomo pierde energía con la expansión, en el núcleo se producen cambios que producen un cambio de espín del protón lo cual afecta al electrón, haciendo que el electrón cambie su espín y emita un fotón.

Esta emisión de este fotón permite al átomo tener una mayor estabilidad. Este fotón emitido es luz, pero esta luz es diferente a la luz de la CMB. (Este párrafo precedente lo escribí en mis hojas el 29-2-2024 a las 12:55 y el 12/8/2024 11am en mi casa, en Francia).

Lo que hice el día 2/3/2024 a las 17:41 (en mi apartamento en Francia) fue pensar como y porqué se produce el cambio de espín. Se sabe que al disminuir la temperatura del átomo el núcleo atómico pierde energía y se producen estos cambios de espín.

Cuando el universo se expande, la densidad disminuye, estos átomos reciben menos energía de otros átomos y no recuperan toda la energía que emiten como explico en mi libro "*But what is the temperature? How are created the fields?*" que autopubliqué el 30-4-2022 en Francia. Esto hace que pierdan energía que su temperatura reduzca (la entropía reduce).

Los quarks que forman los protones están constantemente transmutando. De modo que si el núcleo pierde energía entonces estos quarks transmutan con menos energía. Esto hace que las partículas que emiten al transmutar sean partículas de menor energía. Por tanto los campos de fuerza que producen como campos piónicos, de color, electromagnéticos y débiles, pierden energía, pierden intensidad, son más débiles.

Las transmutaciones de quarks producen quarks produciendo la fuerza de color (fuerza nuclear fuerte) y piones que es la fuerza residual fuerte la cual une protones y neutrones. Protones y neutrones están compuestos por quarks. Lo que pensé son múltiples cosas. Una es que es posible que los piones unan protones y neutrones pero que también los repelen, y otra cosa que pensé el día 14/8/2024 a las 12:48 (en mi apartamento en Francia) es que los piones solamente atraen protones y neutrones, pero que al producirse bosones W, estos decaen en positrones, electrones y neutrinos, los cuales pueden unir o repeler los quarks de los protones y los neutrones haciendo que estos queden siempre unidos pero a una determinada distancia.

De tal forma que si disminuye la energía del núcleo se producen transmutaciones de menor energía y estas fuerzas electromagnéticas o piónicas reducen la repulsión entre protones y neutrones.

En esta imagen que es un dibujo que yo mismo creé en 2020 (en Francia) se puede ver la composición de un átomo en partículas sub-nucleares que decaen y emiten gluones, fotones, electrones y piones.

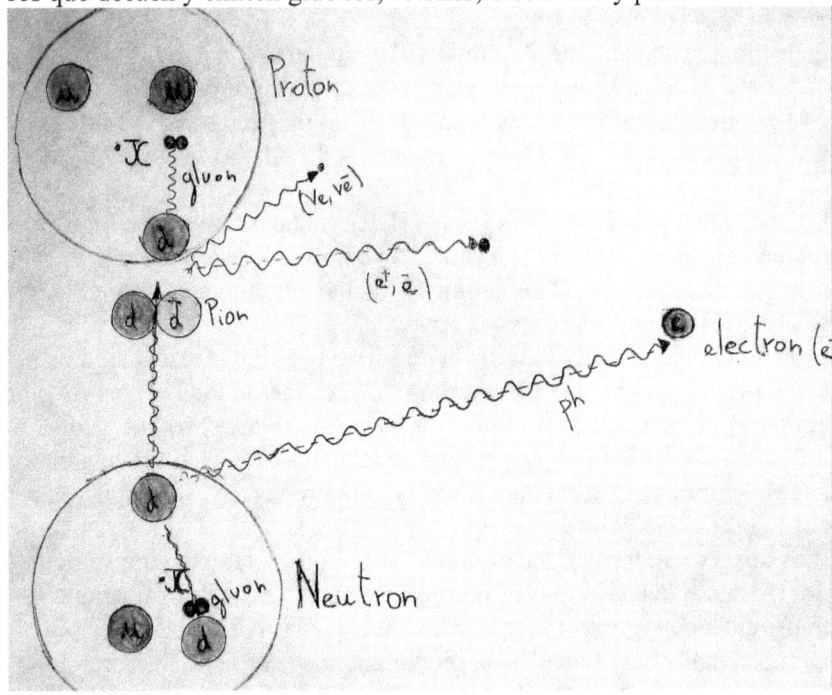

Así que protones y neutrones reducen la distancia entre ellos con el descenso de la temperatura.
A esta idea que tuve hay que añadirle mi idea de Abril 2024.
En abril2024 pensé una idea muy hipotética que es que el espín podría estar creado por una partícula (o bien como pensé en 2014 por una energía elemental, Jol) lo cual hará que si varias partículas interaccionan, estas podrían cambiar su espín mediante partículas que producen campos de espín. Por ejemplo esto explicaría como y porqué al disminuir la energía un protón puede cambiar su espín y adoptar un espín inverso. Después si las partículas se alejan la partícula que cambió su espín cambia su espín al estado que tenía antes de interaccionar. Este proceso se parece a un cambio de carga, es por ello que mi idea de que una partícula produce un cambio de espín es plausible. Siendo mi bosónJCTG4 el gravitón, es posible que mi bosónJCTG produjera este efecto (el bosón X17 o como pensé en 2014 la energía Jol).

Por tanto uniendo mis ideas obtengo que si el núcleo reduce su energía y protones y neutrones están más cerca, entonces se produce que el campo de espín producido por los quarks del neutrón emite bosonesJCTG (bosonesX17) (no confundir mi bosónJCTG con mi bosónJCTG4) o corrientes Jol, afectan a los quarks del Protón, de tal manera que hacen que sus quarks cambien de sentido su espín. Por tanto el Protón cambia su espín porque al acercarse al neutrón entra en el campo de espín del neutrón. Así que el Protón influenciado por el neutrón, cambia su espín. Como ya he dicho, mi idea de Abril 2024 es que este campo de espín es producido por una partícula como mi bosónJCTG, bosónX17, o por corrientes Jol. Como se puede ver en mi trabajo "*La Respuesta al Universo*" en 2014/2015 ya predije la existencia de corrientes Jol, de hecho en 2014pensé que podrían crearla gravedad, aunque en 2020 uní mis anteriores ideas con mi bosónJCTG4 (gravitón).

Una vez que el protón cambia su espín, se produce que electrón y protón tienen la misma dirección de espín.
Mi idea de 2014 y que se puede ver en mi obra "*Justicia Universal*" es que las partículas rotan, giran, girar es el espín, y lo que pensé en 2014 es que si giran actúan como engranajes. Como ruedas dentadas. Así que al girar pueden empujar y hacer girar a otras partículas con las que están en contacto. De forma que al girar como una rueda, hacen girar de forma opuesta a otra partícula. A este efecto lo llamé principio de interacción débil entre partículas. Por tanto creo que mi idea de 2014 y que también expliqué en mi obra "*But what is the temperature? How are created the fields?*"que autopubliqué el 30/4/2022 en Francia, explicaría bien como se produce el espín.

De forma que el Protón al cambiar de espín, hace que su campo de espín también cambie su dirección, es como cambiar el sentido a una corriente (por ejemplo de corrientes Jol o de partículas de campo bosonesJCTG). Esto afecta al electrón, el cual puede absorber partículas de este campo de espín (como absorber bosonesJCTG, X17, energía Jol), el electrón transmuta en un muón (o como expliqué en mi libro "*But what is the gravity? What is the time*"que autopubliqué el 6/8/2022 en Francia, mi idea de 2020 es que transmuta en Q5 durante un breve instante de tiempo). Lo cual hace que este electrón que absorbe una partícula de espín, transmuta, luego decae otra vez en electrón y a su vez emite un fotón de frecuencia 1420Hz, de longitud de onda 0,21m.

Así que el protón cambia su espín, y protón y electrón tienen la misma dirección de espín, tienen espín paralelo. Lo cual hace que el electrón al interaccionar con el campo de espín del protón, cambie de dirección su espín, y pasen a tener espín antiparalelo. De este modo el electrón que recibe menos radiación nuclear porque la energía del átomo disminuyó, al transmutar y emitir un fotón de $1420 \times 10^6$ Hz, hace que el átomo pierda energía.

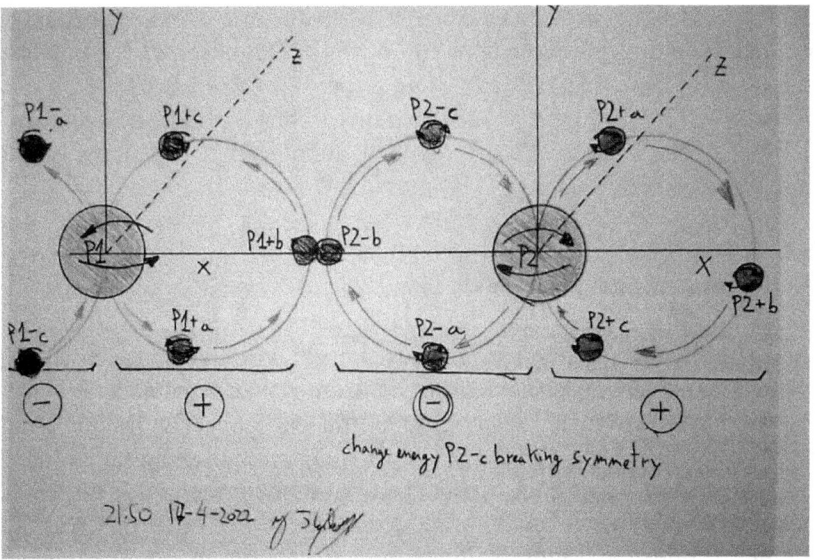

Esta imagen es un dibujo que yo mismo realicé el 17/4/2024 en Francia, se puede ver 2 partículas intercambiando partículas de campo que son partículas residuales. Expuse mi dibujo en mi obra "*But what is the temperature?How are created the fields?*"que autopubliqué el 30/4/2022 en Francia.

Como ya expliqué en 2019 en mi teoremaJC, hay que entender al átomo como un sistema unido, un sistema de energía, de campos de energía. Por tanto lo que sucede en el núcleo afecta directa o indirectamente a todos los componentes del átomo. Lo que sucede a los electrones afecta al núcleo y viceversa.
Por tanto al menos he relacionado 5 de mis ideas (de mis descubrimientos) para explicar, descubrir, porqué y como el electrón cambia de espín.

Lo que hice a finales de Febrero2024 y principios de Marzo 2024 fue crear múltiples ecuaciones para expresar este cambio de espín (0,21m) y la unión del electrón con el núcleo atómico a los 4000grados Kelvin:

Ecuación FZ4138 creada por JoanCarles Testagorda Garcia (yo mismo):

$$1420 \times 10^6 \, Hz \times \frac{1/2 \, h}{c^2 \times mY} \times e \times \frac{me \times \alpha \times mD}{mWDec \times mUp} \times = \frac{me \times Qoc}{Z_0 \times (1C)^2} = \frac{1/2 \, h}{Z_0 \times (1C)^2}$$

Autor: JoanCarles Testagorda Garcia (yo mismo) ecuación que yo creé el 29-2-2024 a las 15:30 en mi apartamento (mi casa) en Francia.

Ecuación FZ4139 creada por JoanCarles Testagorda Garcia (yo mismo):

$$\frac{mZ \times m\mu \times mY \times c^2}{h \times me \times me \times Pgf} = 1415 \times 10^6 \, Hz \approx 1420 \, Hz$$

Autor: JoanCarles Testagorda Garcia (yo mismo) ecuación que yo creé el 29-2-2024 a las 15:37 en mi apartamento (mi casa) en Francia.

Ecuación FZ4140 creada por JoanCarles Testagorda Garcia (yo mismo):

$$\frac{\hbar}{c \times me} \times \frac{m\mu \times mWDec}{mve \times me} \times 1 \, s^{-2} \approx 0{,}2082 \, m$$

Autor: JoanCarles Testagorda Garcia (yo mismo) ecuación que yo creé el 29-2-2024 a las 15:50 en mi apartamento (mi casa) en Francia.

Ecuación FZ4141 creada por JoanCarles Testagorda Garcia (yo mismo):

$$B \times KB \times \frac{mWDec}{mve \times me \times c^2} \times (4\pi)^2 \approx 0{,}20111 \, m$$

o bien

$$B \times KB \times \frac{mWDec}{mve \times me \times c^2 \times \alpha} \times JNeut \, 2 \approx 0{,}2080 \, m$$

Autor: JoanCarles Testagorda Garcia (yo mismo) ecuación que yo creé el 29-2-2024 a las 15:54 en mi apartamento (mi casa) en Francia.

Ecuación FZ4146 creada por JoanCarles Testagorda Garcia (yo mismo):

$$0{,}21\,m \approx \frac{mPl \times \alpha \times mUp \times mve \times c^2 \times (\lambda_{ce})^2}{mP \times 4 \times mD \times KB \times B}$$

Autor: JoanCarles Testagorda Garcia (yo mismo) ecuación que yo creé el 2-3-2024 a las 16:40 en mi apartamento (mi casa) en Francia.

Ecuación FZ4148 creada por JoanCarles Testagorda Garcia (yo mismo):

$$\frac{0{,}21\,m \times (mg)^2 \times mY}{mve \times me \times h \times mD} \times 0{,}119 \times \alpha \times 4\pi = \frac{e}{2} = \frac{\sqrt{18}}{\pi}$$

Autor: JoanCarles Testagorda Garcia (yo mismo) ecuación que yo creé el 2-3-2024 a las 16:50 en mi apartamento (mi casa) en Francia.

Ecuación FZ4150 creada por JoanCarles Testagorda Garcia (yo mismo):

$$\frac{mP \times \alpha \times 2 \times \sqrt{2} \times mg}{mD \times mve} \times \frac{mY \times c}{h} \approx \frac{1}{0{,}21\,m}$$

Autor: JoanCarles Testagorda Garcia (yo mismo) ecuación que yo creé el 2-3-2024 a las 17:09 en mi apartamento (mi casa) en Francia.

Ecuación FZ4151 creada por JoanCarles Testagorda Garcia (yo mismo):

$$\frac{0{,}21\,m \times mP \times \alpha \times 2}{mve} \times \frac{mY \times c}{h} = (JCTG)^4 = \left(\frac{1}{\lambda}\right)^2$$

$$2{,}5696 = 2{,}5644 = 2{,}56549$$

Autor: JoanCarles Testagorda Garcia (yo mismo) ecuación que yo creé el 2-3-2024 a las 17:16 en mi apartamento (mi casa) en Francia.

Ecuación FZ4152 creada por JoanCarles Testagorda Garcia (yo mismo):

$$\frac{h}{mY \times c} \times \frac{mve}{4 \times mg} \approx 0{,}21\,m$$

Autor: JoanCarles Testagorda Garcia (yo mismo) ecuación que yo creé el 2-3-2024 a las 17:26 en mi apartamento (mi casa) en Francia.

Ecuaciones FZ4153 y FZ4154 creadas por JoanCarles Testagorda Garcia (yo mismo):

$$0,21\,mx\frac{2\times mP \times mg}{mve} \times \frac{mY \times c}{h} = 1/2\,mN = \frac{mD \times 2 \times m\mu}{mUp}$$

$8,1606 \times 10^{-28} Kg = 8,374 \times 10^{-28} Kg = 8,047 \times 10^{-28} Kg$

$$\frac{mN}{Egf} = \frac{mD \times Mm\mu \times m\mu}{mUp}$$

$8,369 \times 10^{-28} Kg = 8,057 \times 10^{-28} Kg$

Autor: JoanCarles Testagorda Garcia (yo mismo) ecuación que yo creé el 2-3-2024 a las 17:33 en mi apartamento (mi casa) en Francia.

Ecuación FZ5016 creada por JoanCarles Testagorda Garcia (yo mismo):

$$0,21\,mx\frac{2 \times mP \times mg}{mve} \times \frac{mY \times c}{h} = \frac{m\pi \times Up \times 2}{mg} \approx \frac{m\pi^0 \times 2mUp}{mg}$$

$8,1606 \times 10^{-28} Kg = 8,421 \times 10^{-28} Kg = 8,1439 \times 10^{-28} Kg$

Autor: JoanCarles Testagorda Garcia (yo mismo) ecuación que yo creé el 12-8-2024 a las 17:51 en mi apartamento (mi casa) en Francia.

Ecuación FZ4157 creada por JoanCarles Testagorda Garcia (yo mismo):

$$\frac{0,21\,m \times mg \times 2 \times mP \times (2mD)^2 \times mFermi}{me \times (mve \times mUp)^2} \times \frac{mY \times c}{h} \approx JC_{aqj}$$

o bien

$$\frac{0,21\,m \times mP \times (mD)^2 2 \times \sqrt{2} \times mFermi}{me \times (mve)^2 \times mg} \times \frac{mY \times c}{h} \approx JC_{aqj}$$

Autor: JoanCarles Testagorda Garcia (yo mismo) ecuación que yo creé el 2-3-2024 a las 17:56 en mi apartamento (mi casa) en Francia.

Ecuación FZ4159 creada por JoanCarles Testagorda Garcia (yo mismo):

$$\frac{0,21\,m \times 4mP \times \alpha}{mve} \times \frac{mY \times c}{h} \times \frac{mUp}{mD} \times \left(\frac{mW}{mH}\right)^2 \approx 1$$

Autor: JoanCarles Testagorda Garcia (yo mismo) ecuación que yo creé el 2-3-2024 a las 18:10 en mi apartamento (mi casa) en Francia.

Ecuación FZ4160 creada por JoanCarles Testagorda Garcia (yo mismo):

$$\frac{0{,}21\,m}{me} \times \frac{mY \times c}{h} \times \frac{2\,mP \times mg\,\alpha}{mve} \times \left(\frac{mN}{mP}\right)^4 \times \frac{0{,}65}{4} \times \frac{2\,mUp}{mD} = 1$$

Autor: JoanCarles Testagorda Garcia (yo mismo) ecuación que yo creé el 2-3-2024 a las 18:24 en mi apartamento (mi casa) en Francia.

Ecuación FZ4164 creada por JoanCarles Testagorda Garcia (yo mismo):

$$\frac{0{,}21\,m}{mve} \times \frac{mY \times c}{h} \times \frac{mP \times 2 \times mg}{m\pi} \approx \left(\frac{1/2\,h}{(1C)^2 \times Z_0}\right)^2 \times \frac{\alpha}{e} \approx \left(\frac{1/2\,h}{(1C)^2 \times Z_0}\right)^2 \times \frac{\alpha}{\varphi^2}$$

$$3{,}2799 = 3{,}15 = 3{,}279$$
o bien

$$\frac{0{,}21\,m}{mve} \times \frac{mY \times c}{h} \times \frac{mP \times 2 \times mg}{m\pi} \approx \left(\frac{me \times Qoc}{(1C)^2 \times Z_0 \times \varphi}\right)^2 \times \alpha$$

$$3{,}2799 = 3{,}271$$

Autor: JoanCarles Testagorda Garcia (yo mismo) ecuación que yo creé el 3-3-2024 a las 20:11 en mi apartamento (mi casa) en Francia.

Ecuación FZ4161 creada por JoanCarles Testagorda Garcia (yo mismo):

$$\frac{0{,}21\,m}{me} \times \frac{mY \times c}{h} \times \frac{2\,mP \times \alpha \times mg}{mve} \times \left(\frac{me \times mg \times mP}{m\mu \times \alpha \times mUp \times mN}\right)^2 \approx 1$$

Autor: JoanCarles Testagorda Garcia (yo mismo) ecuación que yo creé el 2-3-2024 a las 18:28 en mi apartamento (mi casa) en Francia.

Ecuación FZ4162 creada por JoanCarles Testagorda Garcia (yo mismo):

$$\frac{0{,}21\,m}{mve} \times \frac{mY \times c}{h} \times \frac{mP \times 2 \times mg}{m\pi} \approx \frac{mUp \times 2}{mg}$$

$$3{,}2799 = 3{,}384$$

Autor: JoanCarles Testagorda Garcia (yo mismo) ecuación que yo creé el 3-3-2024 a las 10:01 en mi apartamento (mi casa) en Francia.

Ecuación FZ4163 creada por JoanCarles Testagorda Garcia (yo mismo):

$$\frac{0,21\,m}{mve} \times \frac{mY \times c}{h} \times \frac{mP \times 2 \times mg}{m\pi} \approx (\cosh^{-1}\pi)^2 \approx \left(\frac{656,3\,nm}{364,6\,nm} \times J_{CTG}\right)^2$$

$$3,2799 = 3,2816 = 3,279$$

Autor: JoanCarles Testagorda Garcia (yo mismo) ecuación que yo creé el 3-3-2024 a las 20:09 en mi apartamento (mi casa) en Francia.

Ecuación FZ4165 creada por JoanCarles Testagorda Garcia (yo mismo):

$$\frac{\log\left(\frac{0,21\,m \times mY \times c \times 2 \times mg \times mP}{h \times mve \times m\pi}\right)}{\log\left(\frac{mDown}{mUp}\right)} = 1,5647 = \frac{JC^{TG} \times 2}{\varphi}$$

Autor: JoanCarles Testagorda Garcia (yo mismo) ecuación que yo creé el 3-3-2024 a las 20:43 en mi apartamento (mi casa) en Francia.

Ecuación FZ4166 creada por JoanCarles Testagorda Garcia (yo mismo):

$$\frac{0,21\,m}{mve} \times \frac{mY \times c}{h} \times \frac{mP \times 2 \times mg}{m\pi} \approx \cosh\left(\frac{mD}{mUp}\right) \times \sqrt{\left(\frac{mg}{mUp}\right)}$$

$$3,279 = 3,30$$

Autor: JoanCarles Testagorda Garcia (yo mismo) ecuación que yo creé el 4-3-2024 a las 16:14 en mi apartamento (mi casa) en Francia.

De tal modo que se acumulaban las pruebas de un universo que se expande. Se enviaron sondas al espacio como la sonda WMAP, el Hubble o recientemente el James Web. Se estimó la velocidad de expansión del universo con la constante de Hubble-Lemaître, $H^0$. Puede ser aproximadamente igual a 74,3m/s/Mpc.
Según los métodos utilizados para medir esta constante se obtienen medidas diferentes de esta constante. Algunos de los métodos actuales dan valores como 67,66 m/s/Mpc.
Debido a mi hipótesis sobre el infinito pensé que es posible que tenga un valor de 66,6666 m/s/Mpc.

Esta constante de Hubble-Lemaître no es una velocidad solamente. Es una velocidad entre un espacio. Y esto es importante entenderlo porque cuanta más distancia hay entre dos cuerpos, más espacio hay entre ellos. Si el espacio se expande, cuanto más espacio hay entre 2 cuerpos más se expandirá este espacio y por tanto la velocidad de expansión será mayor.
Debido a ello la velocidad de expansión varía proporcionalmente a la unidad de espacio que se utiliza. Ya sea el megapársec (Mpc), o el metro. Cuando se elimina este espacio se obtiene una medida de tiempo ($H_{0ins}$) .

- $H_0 \approx 73,4$ km s$^{-1}$ Mpc$^{-1}$ = constante de Hubble la cual mide la expansión del universo.

- $H_{01} \approx 67,66$ km s$^{-1}$ Mpc$^{-1}$ = constante de Hubble la cual mide la expansión del universo.
Si se eliminan los Megaparsecs se obtiene:
$H_{0ins} \approx 2,1927089 \times 10^{-18}$ s$^{-1}$. "Ins" significa in seconds, (en segundos).

Debido a mi hipótesis, es posible que la constante de tenga un valor de:
-$H_{02} \approx 66,6$ km s$^{-1}$ Mpc$^{-1}$ debido a mi hipótesis es posible que la constante de Hubble tenga un valor de 66,6 km s$^{-1}$ Mpc$^{-1}$.
$H_{02ins} \approx 2,16 \times 10^{-18}$ s$^{-1}$

- Exun $\approx 2,29 \times 10^{-18}$s$^{-1}$ = media de expansión del universo en s$^{-1}$. Esta constante es la constante de Hubble expresada en segundos teniendo un valor de 70,66 km s$^{-1}$ Mpc$^{-1}$.

Esta constante dice que el universo se expande, pero no dice como y porqué.

Se atribuyó a la energía oscura el factor que producía la expansión del universo porque Einstein había introducido la constante "Λ" como una energía del vacío. Así que si esta energía de vacío es la energía oscura, cuando esta energía se expande el espacio se expande. Esto explicaba que las galaxias se alejaban unas de otras cuando la gravedad entre ellas no puede retener la expansión.

En la siguiente imagen aparece uno de mis escritos de 2014/2015 en el cual expuse mi idea de que la energía Jol (oscura) es el espacio/tiempo que se expande pero que se comprime con la acción de la gravedad.

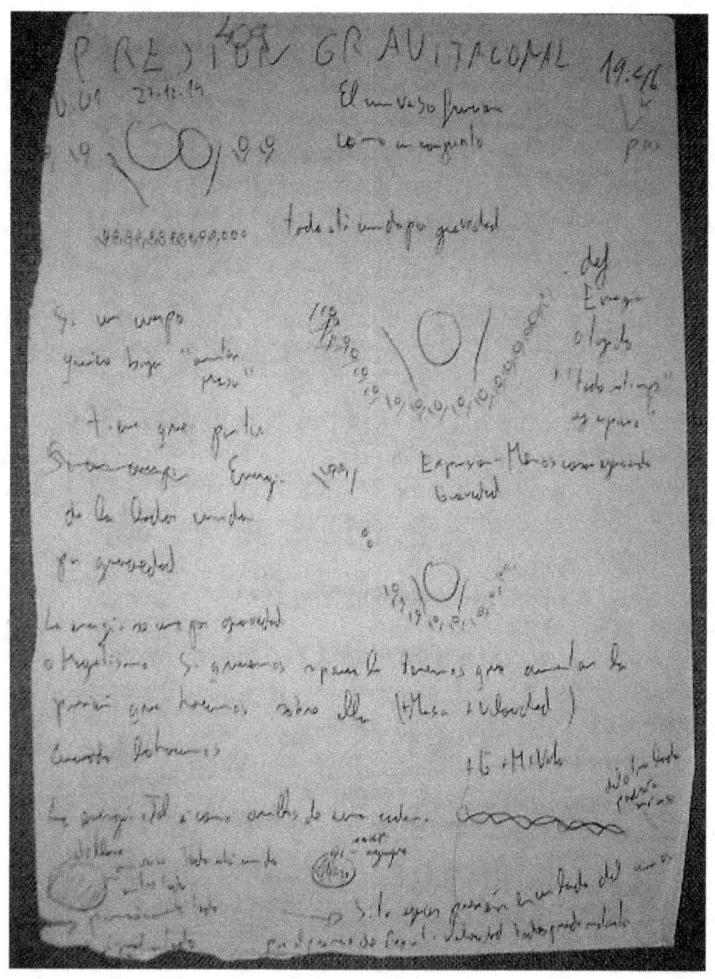

La constante cosmológica es representada por el signo "Λ" (la letra griega mayúscula del alfabeto griego la cual se llama lambda).
Aunque se desconoce el valor real de la constante cosmológica, normalmente se le atribuye el valor de $1.1056 \times 10^{-52}$m.
Se teoriza que la variación de la constante cosmológica es de $10^{91}$g cm$^{-3}$ a $10^{-29}$g cm$^{-3}$. Esta gran diferencia de valor se ha atribuido a variaciones de energía de la energía oscura que es algo que yo también pensé porque es una consecuencia de mi hipótesis.

Como estaba explicando, el descubrimiento del fondo de microondas evocó el problema de explicar porqué y como se produjo la inflación, de qué producía la expansión del universo y algo que yo pensé en 2009 y en 2014 que es que si la luz que viaja por el vacío cambia su velocidad, amplitud o frecuencia, entonces se debe a que hay algo en el universo que interacciona con la luz. Nadie pensó en ello porque se dice que si la energía oscura existe esta no puede interaccionar con la luz. Yo en 2014 sí pensé en que hay una interacción y en 2020 mejoré mi idea de 2014 sobre como se produce esta interacción.

Los científicos no podían ni pueden explicar como y porqué la energía oscura se expande, mi hipótesis de 2014 sí, por este motivo y debido a otros de mis descubrimientos yo creé este libro. Por este motivo mi libro es un libro de investigación científica, es útil para la divulgación científica porque explico lo ya sabido y establecido actualmente. Aunque las consecuencias de mi hipótesis son revolucionarias, traerá un cambio de mentalidad sobre el conocimiento del universo.

Como ya expliqué antes y como se puede ver en mi mail "joancarles@hotmail.es" y en mi obra de 2014 "Justicia Universal" el universo se expande porque el vector inicial es infinito y por tanto crea otro universo. La creación de este otro universo empuja al universo creado anteriormente.
Al crearse infinitamente universos, estos universos internos empujan a los externos produciendo que se expandan.
Mi hipótesis explica que se crea el universo, pero también otros después como muestro en mi dibujo de 2014. Y mi hipótesis de 2014 también explica que el universo está hecho de energía Jol. Por tanto es esta energía Jol la que se expande.

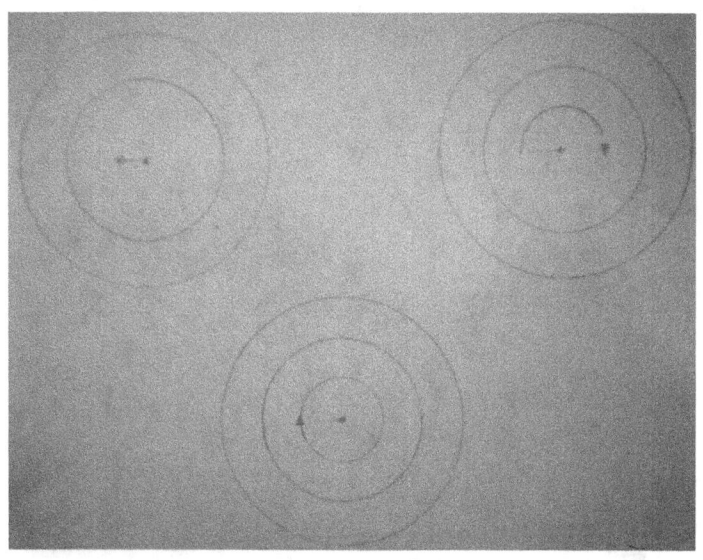

Estas imágenes son dibujos que yo mismo creé en 2014/2015 para mi obra "*La respuesta al universo*" para explicar la expansión del universo. Se puede observar como los universos internos empujan a los externos haciendo que estos se expandan.

El resultado de este fenómeno de expansión puede representarse como un globo que se hincha.

Así que basándome en mis ideas de 2014 que expuse en mi trabajo "*Justicia Universal*" creé mi ecuación FZ1092B:
Ecuación FZ1092 creada por JoanCarles Testagorda Garcia (yo mismo):

$$\infty \times c \times Edad\ del\ Universo = 8{,}72594 \times 10^{26}\ m\ diámetro\ del\ universo$$

Autor: JoanCarles Testagorda Garcia (yo mismo) ecuación que yo creé el 14-11-2020 19:45 (Alpes Côte d'Azur, en el alojamiento del trabajo en el cual ayudaba a animales des del 17-8-2020 hasta el 4-9-2021 en donde me mudé más al norte). La edad del universo es $4{,}366 \times 10^{17}$ segundos. Como se puede ver en mi correo electrónico (joancarles@hotmail.es), en 2014 ya estaba en lo cierto al pensar que el número 6,666666... puede representar el número infinito. Porque como pensé en 2014 el universo en su origen es como un punto y después este punto se expande formando el universo.

Más tiempo transcurre más universos internos se crean y más se expande el universo en el que vivimos. Por tanto el tamaño del universo depende del tiempo transcurrido, de su edad aunque también de fenómenos como la gravedad.

Ecuación FZ1092B creada y modificada por JoanCarles Testagorda Garcia (yo mismo):

$$\frac{dK}{dQ}\frac{2}{5} \times c \times Edad\, del\, Universo \approx 4,4 \times 10^{26}\, m\, radio\, del\, universo$$

Autor: JoanCarles Testagorda Garcia (yo mismo) ecuación que yo creé el 14-11-2020 19:45 (Alpes Côte d'Azur, Francia) y que modifiqué el 8/10/2024 a las 20:10 (en mi apartamento en Francia, Sureste).

En esta ecuación se observa que la relación de densidad entre energía y materia afecta al tamaño del universo.

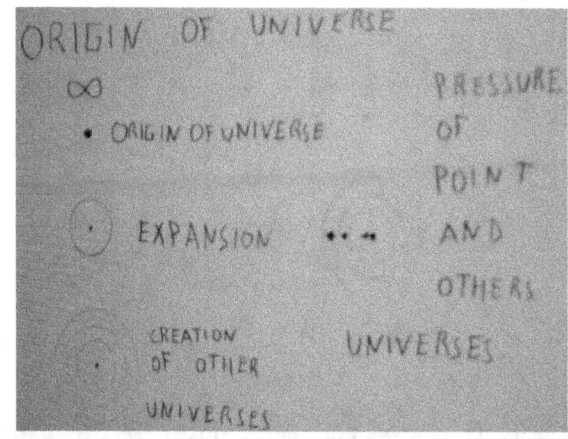

Hay que pensar que este punto que crece produce un vector, el vector inicio como ya expliqué.

En las siguientes ecuaciones expreso algunas de mis ideas referentes a la expansión del universo y a los fenómenos que produce.

Ecuación FZ4031 y FZ4032 creadas por JoanCarles Testagorda Garcia (yo mismo):

$$\Lambda \, xc \, x \, AgUn \, x \, rUn \, x \, \frac{1}{2\pi} = 1$$

$$\Lambda \, xc \, x \, AgUn \, x \, rUn = \infty$$

$$\Lambda \, xc \, x \, AgUn \, x \, rUn \, x \, \frac{1}{F_1} = \infty$$

Autor: JoanCarles Testagorda Garcia (yo mismo) ecuación que yo creé a las 21:15 del 7-2-2024 en mi apartamento (Francia, pero no en Alpes Côte d'Azur). Así que cuan mayor es la edad del universo "AgUn" más se expande y menor es la densidad de la energía de vacío que es la energía, Jol (dK2).
Esta proporcionalidad entre densidad de energía Jol, edad y tamaño del universo siempre se produce porque el vector inicial infinito expande el universo expandiendo con él la energía Jol.

Ecuación FZ5215 creada por JoanCarles Testagorda Garcia (yo mismo):

$$\Lambda \, xc \, x \, AgUn \, x \, rUn \, x \, \frac{dQ5}{2 \, x \, dK2} = 1$$

Autor: JoanCarles Testagorda Garcia (yo mismo) ecuación que yo creé a las 11:14 del 17-9-2024 en mi apartamento (Francia, pero no en Alpes Côte d'Azur).
También se produce el efecto de que la densidad de materia oscura (dQ5) presiona la energía Jol pudiendo cambiar la densidad de esta.

Ecuación FZ4853 creada por JoanCarles Testagorda Garcia (yo mismo):

$$\frac{mUn \, x \, c^2 \, x \, (AgUn)^2 \, x \, (\Lambda)^{3/2}}{(2 \, x \, rUn)^2 \, x \, dK2} \approx \frac{h}{AgUn \, x \, \Lambda} \approx \infty \, x \, 2$$

$$13{,}07 \approx 13{,}72 \approx 13{,}33$$

Autor: JoanCarles Testagorda Garcia (yo mismo) ecuación que yo creé a las 13:27 del 29-6-2024 en mi apartamento (Francia, no en Alpes Côte d'Azur).

Ecuación FZ4856 creada por JoanCarles Testagorda Garcia (yo mismo):
$$\frac{mH \times GF \times (mPl)^2 \times 0{,}119 \times \alpha^3}{TG^{JC}} \approx \infty \times 2$$
$$13{,}07 \approx 13{,}33$$
Autor: JoanCarles Testagorda Garcia (yo mismo) ecuación que yo creé a las 13:47 del 29-6-2024 en mi apartamento (Francia, no en Alpes Côte d'Azur).

Se estima que la constante tienen un valor de " $H_0 \approx 67{,}66$ km s$^{-1}$ Mpc$^{-1}$ = constante de Hubble o bien "$H_0 \approx 73{,}4$ km s$^{-1}$ Mpc$^{-1}$". Para pasar de pársecs a metros se eliminan los pársecs con esta equivalencia: 1Mpc=3,085677581x10$^{19}$ Km = 3,085677581x10$^{22}$m. Mpc son megapársecs.

Lo que hice en Diciembre 2020 es crear una ecuación para encontrar el diámetro del universo utilizando mi constante de infinito y la constante de Hubble. Simplemente al multiplicar mi constante infinito por la velocidad de la luz y la constante de expansión del universo (de Hubble) obtengo el diámetro del universo:

Ecuación FZ1113 creada por JoanCarles Testagorda Garcia (yo mismo):
$$\infty \times c \times \frac{3{,}085677 \times 10^{19} \, Km/s/Mpc}{67{,}7 \, Km/s/Mpc} = 2rUn = 9{,}109 \times 10^{26} m$$
o bien
$$\infty \times c \times \frac{3{,}085677 \times 10^{19} \, Km/s/Mpc}{73{,}4 \, Km/s/Mpc} = 2rUn = 8{,}4 \times 10^{26} m$$

Autor: JoanCarles Testagorda Garcia (yo mismo) ecuación que yo creé el 21-12-2020 22:04 (Alpes Côte d'Azur, en el alojamiento del trabajo en el cual ayudaba a animales des del 17-8-2020 hasta el 4-9-2021 en donde me mudé más al norte). Las estimaciones predicen que el diámetro del universo es de 8,8x10$^{26}$ m.

Ecuación FZ1113B creada por JoanCarles Testagorda Garcia (yo mismo):
$$\infty \times c \times \frac{3{,}085677 \times 10^{19} \, Km/s/Mpc}{73{,}4 \, Km/s/Mpc} \times \frac{\pi}{3} = 2rUn = 8{,}4 \times 10^{26} m$$

$$\infty x c x \frac{3{,}085677 \times 10^{19} \, Km/s/Mpc}{73{,}4 \, Km/s/Mpc} x F_1 = 2rUn = 8{,}4 \times 10^{26} \, m$$

Autor: JoanCarles Testagorda Garcia (yo mismo) ecuación que yo creé el 21-12-2020 22:04 (Alpes Côte d'Azur, en el alojamiento del trabajo en el cual ayudaba a animales des del 17-8-2020 hasta el 4-9-2021 en donde me mudé más al norte).

Ecuación FZ1113C creada por JoanCarles Testagorda Garcia (yo mismo):

$$\sqrt{[\infty x c^2 x \frac{3{,}0856 \times 10^{19} \, Km/s/Mpc}{67{,}7 \, Km/s/Mpc} x AgUn]} = 3{,}481 \times 10^{26} \, m$$

Autor: JoanCarles Testagorda Garcia (yo mismo) ecuación que yo creé el 21-12-2020 22:04 (Alpes Côte d'Azur, en el alojamiento del trabajo en el cual ayudaba a animales des del 17-8-2020 hasta el 4-9-2021 en donde me mudé más al norte).

En esta ecuación utilicé la edad actual del universo para calcular el radio del universo pero me seguía dando un resultado muy aproximado. Así que decidí aplicar mi idea de 2020 en la cual aplico la expansión del universo con un valor de "$H_0 \approx 66{,}6 \, km \, s^{-1} \, Mpc^{-1}$".

Ecuación FZ1287 creada por JoanCarles Testagorda Garcia (yo mismo):

$$\sqrt{[\infty x c^2 x \frac{3{,}0856 \times 10^{19} \, Km/s/Mpc}{66{,}66 \, Km/s/Mpc} x AgUn]} x JC^{TG} = 4{,}40 \times 10^{26} \, m$$

o bien en forma de espiral

$$\sqrt{[\infty x c^2 x \frac{3{,}0856 \times 10^{19} \, Km/s/Mpc}{66{,}666 \, Km/s/Mpc} x AgUn]} x \frac{4}{\pi} = 4{,}42 \times 10^{26} \, m$$

Autor: JoanCarles Testagorda Garcia (yo mismo) ecuación que yo creé el 5-3-2021 19:47 (Alpes Côte d'Azur, en el alojamiento del trabajo en el cual ayudaba a animales des del 17-8-2020 hasta el 4-9-2021 en donde me mudé más al norte).

Ecuación FZ5168 creada por JoanCarles Testagorda Garcia (yo mismo):

$$\frac{2 \, x \, rUn}{\infty \, x \, c \, x \sqrt{\left(\dfrac{AgUn \, x \, 3{,}0856 \, x \, 10^{19} \, Km/s/Mpc}{66{,}6 \, Km/s/Mpc}\right)}} = 1$$

Autor: JoanCarles Testagorda Garcia (yo mismo) ecuación que yo creé el 13-9-2024 11:02, en mi apartamento (Francia sud-este, no en Alpes Côte d'Azur).

Ecuación FZ5167 creada por JoanCarles Testagorda Garcia (yo mismo):

$$\left(\frac{66{,}66 \, Km/s/Mpc}{\infty \, x \, c \, x \, 3{,}0856 \, x \, 10^{19} \, Km/s/Mpc}\right)^2 x \, \frac{2}{\Lambda} \, x \, \log mUn = \frac{\infty \, x \, c_{dim}}{\infty \, x \, \sqrt{\infty}}$$

$$1{,}18 = 1{,}160$$

Autor: JoanCarles Testagorda Garcia (yo mismo) ecuación que yo creé el 10-9-2024 17:14, en mi apartamento (Francia sud-este, no en Alpes Côte d'Azur).

Ecuación FZ5169 creada por JoanCarles Testagorda Garcia (yo mismo):

$$\frac{2 \, x \cosh\left[HeFe \, x \left(\dfrac{2 \, x \, 66{,}66 \, Km/s/Mpc}{\infty \, x \, c \, x \, 3{,}0856 \, x \, 10^{19} \, Km/s/Mpc}\right)^2 x \, \dfrac{\log mUn}{\Lambda}\right]}{10^{HeFe}} = 1$$

Autor: JoanCarles Testagorda Garcia (yo mismo) ecuación que yo creé el 10-9-2024 17:47, en mi apartamento (Francia sud-este, no en Alpes Côte d'Azur). Mezclé mi ecuación con mi teoremaJC para obtener siempre la creación de un valor 0 a 1, como de existencia a no existencia.

Ecuación FZ5170 creada por JoanCarles Testagorda Garcia (yo mismo):

$$\frac{66{,}66 \, Km/s/Mpc \, x \, \log mUn}{\infty \, x \, c^2 \, x \, 4 \, x \, AgUn \, x \, 3{,}0856 \, x \, 10^{19} \, Km/s/Mpc} = \Lambda$$

Autor: JoanCarles Testagorda Garcia (yo mismo) ecuación que yo creé el 10-9-2024 17:49, en mi apartamento (Francia sud-este, no en Alpes Côte d'Azur).

Ecuación FZ5171 creada por JoanCarles Testagorda Garcia (yo mismo):
$$\left(\frac{66{,}66\,Km/s/Mpc}{c \times 3{,}0856 \times 10^{19}\,Km/s/Mpc}\right)^2 \times \frac{\log mUn}{\infty \times e \times \sqrt{2}} = \Lambda$$
Autor: JoanCarles Testagorda Garcia (yo mismo) ecuación que yo creé el 10-9-2024 18:03, en mi apartamento (Francia sud-este, no en Alpes Côte d'Azur).

Ecuación FZ5171B creada por JoanCarles Testagorda Garcia (yo mismo):
$$\frac{66{,}66\,Km/s/Mpc}{c \times 3{,}0856 \times 10^{19}\,Km/s/Mpc} \times \frac{\ln 10 \times (\log mUn)}{\infty^2 \times c \times AgUn \times \Lambda \times \sqrt{2}} = 1$$
Autor: JoanCarles Testagorda Garcia (yo mismo) ecuación que yo creé el 10-9-2024 18:06, en mi apartamento (Francia sud-este, no en Alpes Côte d'Azur).

Ecuación FZ5172B creada por JoanCarles Testagorda Garcia (yo mismo):
$$\frac{2 \times \cosh\left[HeFe \times \frac{3{,}085 \times 10^{22}\,m/s/Mpc \times AgUn \times \log(mUn) \times \sqrt{2}}{66666\,m/s/Mpc \times \Lambda} \times (\infty \times c)^2\right]}{10^{HeFe}} = 1$$
Autor: JoanCarles Testagorda Garcia (yo mismo) ecuación que yo creé el 10-9-2024 18:06, en mi apartamento (Francia sud-este, no en Alpes Côte d'Azur).

Ecuación FZ5212 creada por JoanCarles Testagorda Garcia (yo mismo):
$$\frac{66{,}66\,Km/s/Mpc}{c \times 3{,}0856 \times 10^{19}\,Km/s/Mpc} \times \frac{2}{c^2 \times AgUn \times \Lambda} = 1$$
Autor: JoanCarles Testagorda Garcia (yo mismo) ecuación que yo creé el 16-9-2024 18:03, en mi apartamento (Francia sud-este, no en Alpes Côte d'Azur).

Ecuación FZ5197 creada por JoanCarles Testagorda Garcia (yo mismo):
$$\frac{66{,}66\,Km/s/Mpc}{c \times 3{,}0856 \times 10^{19}\,Km/s/Mpc} \times rUn = \frac{dK\,2}{dQ\,5}$$
Autor: JoanCarles Testagorda Garcia (yo mismo) ecuación que yo creé el 13-9-2024 11:23, en mi apartamento (Francia sud-este, no en Alpes Côte d'Azur).

Ecuación FZ5159 creada por JoanCarles Testagorda Garcia (yo mismo):
$$\frac{\infty \times 10^{-34} \times \sqrt{\infty \times 10^{-34}}}{8\pi} \times \frac{dK2}{dQ5} \approx \Lambda$$
$$1{,}096319 \times 10^{-52} \approx 1{,}1056 \times 10^{-52} \, m^{-2}$$

Autor: JoanCarles Testagorda Garcia (yo mismo) ecuación que yo creé a las 13:03 del 10-9-2024 en mi apartamento (Francia, sureste). En este caso utilizo mi constante de infinito dimensional para expresar como el punto vector se expande para crear el universo estableciendo una relación constante entre energía y materia que debe de variar con el paso del tiempo.

Ecuación FZ5213 creada por JoanCarles Testagorda Garcia (yo mismo):
$$\frac{\ln 10 \times \log(mUn)}{\infty^2 \times 2 \times \sqrt{2}} = 1 \; ; \; \frac{5 \times 2 \times \log(mUn)}{\infty^2} = HeFe \times \ln 10 \; ;$$
$$\frac{10 \times \log(mUn)}{\infty^2} = HeFe \times \ln 10 \; ; \; \frac{\log(mUn)}{\infty \times \infty_{dim}} = HeFe \times \ln 10$$

$$\frac{2 \times \cosh\left(\frac{\log(mUn)}{\infty \times \infty_{dim}}\right)}{\left(\frac{\infty}{\infty_{dim}}\right)^{\left(\frac{\log(mUn)}{\infty \infty_{dim} \times \ln 10}\right)}} = 1 \text{ o bien } \frac{2 \times \cosh\left(\frac{\log(mUn)}{\infty \times \infty_{dim}}\right)}{(10)^{\left(\frac{\log(mUn)}{\infty \infty_{dim} \times \ln 10}\right)}} = 1$$

Autor: JoanCarles Testagorda Garcia (yo mismo) ecuación que yo creé el 16-9-2024 18:07, en mi apartamento (Francia sud-este, no en Alpes Côte d'Azur).

Ecuación FZ5166 creada por JoanCarles Testagorda Garcia (yo mismo):
$$\left(\frac{67{,}7 \, km/s/Mpc}{\infty \times c \times 3{,}085677 \times 10^{19} \, km/s/Mpc}\right)^2 \times 1 \times 32\pi \approx \Lambda$$
$$1{,}211 \times 10^{-52} \approx 1{,}1056 \times 10^{-52} \, m^{-2}$$
$$\left(\frac{67{,}7 \, km/s/Mpc}{\infty \times c \times 3{,}085677 \times 10^{19} \, km/s/Mpc}\right)^2 \times 2 \times \log(mUn) \approx \Lambda$$
$$1{,}31 \times 10^{-52} \approx 1{,}1056 \times 10^{-52} \, m^{-2}$$

Autor: JoanCarles Testagorda Garcia (yo mismo) ecuación que yo creé a las 17:10 del 10-9-2024 en mi apartamento (Francia, sureste).

Ecuación FZ5145 creada por JoanCarles Testagorda Garcia (yo mismo):

$$\frac{hc \times \sqrt{hc}}{mH \times lp} = 4{,}26 \times 10^{26} \, m \approx rUn$$

Autor: JoanCarles Testagorda Garcia (yo mismo) ecuación que yo creé el 9-9-2024 en mi apartamento (Francia).

Ecuación FZ5250 creada por JoanCarles Testagorda Garcia (yo mismo):

$$H_{0ins\,2} \times 2 \times rUn \times \frac{\hbar c}{c^2} \approx 1$$

Autor: JoanCarles Testagorda Garcia (yo mismo) ecuación que yo creé a las 8:49am del 22-9-2024 en mi apartamento (Francia, sureste).

Ecuación FZ5249 creada por JoanCarles Testagorda Garcia (yo mismo):

$$H_{0ins\,1} \times rUn \times \frac{hc}{c^2} \approx \frac{dK2}{dQ5} \approx 2\varphi \approx 2 \times \left(\frac{4}{\pi}\right)^2$$

$$3{,}22 \approx 3{,}12 \approx 3{,}23 \approx 3{,}24$$

Autor: JoanCarles Testagorda Garcia (yo mismo) ecuación que yo creé a las 8:25am del 22-9-2024 en mi apartamento (Francia, sureste).

Ecuación FZ5242 creada por JoanCarles Testagorda Garcia (yo mismo):

$$H_{0ins\,1} \times \frac{h}{c \times mG} \times \frac{1}{\infty \times c} \approx 1$$

Autor: JoanCarles Testagorda Garcia (yo mismo) ecuación que yo creé a las 17:29 del 21-9-2024 en mi apartamento (Francia, sureste).

Ecuación FZ5252 creada por JoanCarles Testagorda Garcia (yo mismo):

$$\frac{dK2}{mUn \times JCT \times \left(\frac{H_{0ins}}{c}\right)^3} \approx 1$$

Autor: JoanCarles Testagorda Garcia (yo mismo) ecuación que yo creé el día 22-9-2024 a las 9:40am en mi apartamento en Francia.

Ecuación FZ5254 creada por JoanCarles Testagorda Garcia (yo mismo):

$$\frac{mUn \, x \left(\frac{H_{0ins}}{c}\right)^3}{dK \, 2 \, x \, 4 \, \pi^2} \approx 5$$

Autor: JoanCarles Testagorda Garcia (yo mismo) ecuación que yo creé el día 22-9-2024 a las 9:50am en mi apartamento en Francia.
El valor 5 aparece en muchas de mis ecuaciones como substitutivo de la ecuación que creé en Febrero 2019 en la cual expreso mi idea de la dualidad y mi idea de 2014/2015 sobre la confluencia de vectores que crea el universo.

Ecuaciones FZ5256 y FZ5257 creadas por JoanCarles Testagorda Garcia (yo mismo):

$$\frac{deUn}{mUn \, x \left(\frac{H_{0ins}}{c}\right)^3} \, x \, 4 \, \pi^2 \approx 0,28006$$

$$\frac{mUn \, x \left(\frac{H_{0ins}}{c}\right)^3}{4 \, \pi^2 \, x \, deUn} \, x \, 2 \approx Taylor \, constante \approx \frac{\log(mUn)}{\log(mPl)} \, x \, \psi \approx \left(\frac{8}{3}\right)^2$$

$$7,14064 \approx 7,1488 \approx 7,1195 \approx 7,111$$

Autor: JoanCarles Testagorda Garcia (yo mismo) ecuación que yo creé el día 22-9-2024 a las 10:01am y 10:02 en mi apartamento en Francia.

Ecuación FZ5255 creada por JoanCarles Testagorda Garcia (yo mismo):

$$\frac{deUn}{mUn \, x \left(\frac{H_{0ins}}{c}\right)^3} \, x \cosh^{-1}\left(\frac{mUn \, c^2}{KB \, x \, (pT - CMB)}\right) \approx 1$$

Autor: JoanCarles Testagorda Garcia (yo mismo) ecuación que yo creé el día 22-9-2024 a las 9:57am en mi apartamento en Francia.

> Equation FZ2645 that I created for my work QOJCTGU:
> 
> $$\frac{h}{mG \times c} \times \frac{hc}{me} \times \frac{2 \times mUp}{KB \times B} = 8.834439 \times 10^{26} m = \text{Universe diameter}$$
> 
> Equation created by me JoanCarles Testagorda Garcia at 17:20 in 1-4-2022. What can be known whit my equation, is what I said before. If the universe increases it diameter, the universe temperature (CMB) going to decrease (for the action of the entropy "KB"). The increase of the gravity force could produces the universe be shorter. But if always there are the same quantity of matter, there are the same quantity of mass in the universe something who produces the gravity of the universe rest invariable like a constant. Then the universe it's expanding and reducing it temperature proportionally. In 2015 in my work RAU2015-2016 I created equations to the universe expansion and my constant K2. Also in december2020 and 2021 to QOJCTGU.
> 
> What can be deduced is the entropy of the universe changes:
> 
> Equation FZ2645 that I created for my work QOJCTGU:
> 
> $$\frac{hc}{mG \times c} \times \frac{hc}{me \times c} \times \frac{2 \times mUp}{B \times \text{Universe diameter}} = KB$$
> 
> Equation created by myself JoanCarles Testagorda Garcia at 17:20 in 1-4-2022.
> 
> 155

Esta imagen es la página 155 del libro que yo creé y autopubliqué el 6-8-2022 (en Francia) "*But what is the temperature?How are created the fields?*". Se pueden ver algunas de las ecuaciones que yo creé como FZ2645.

Ecuación FZ2645 creada por JoanCarles Testagorda Garcia (yo mismo):

$$\frac{h}{m\text{Gravitón} \times c} \times \frac{h}{m\text{electrón} \times c} \times \frac{c^2 \times 2\,mUp}{KB \times B} = \text{Diámetro universo}$$

$$8.8344 \times 10^{26} m$$

Autor: JoanCarles Testagorda Garcia (yo mismo) ecuación que yo creé a las 17:20 del 1-4-2022 en Francia.

En esta ecuación expuse de forma simple, como los efectos de la gravedad (transmitidos a la velocidad de la luz) producen que el universo se expanda menos de lo que debería.

La gravedad ejerce una fuerza contraria a la expansión del Universo. Es un poco lógico porque si los cuerpos se atraen se reduce la distancia que hay entre ellos.

Pero yo creo que no hay que confundir este fenómeno con que el espacio pueda o no expandirse. Porque los cuerpos viajan uno hacia el otro haciendo que la distancia se reduzca debido a que uno se acerca al otro.

Pero claro, cuando se tienen amplios conocimientos en física, se puede refutar a la mayoría de teorías físicas sobre el universo actuales.

Esto sucede porque la velocidad de expansión del universo es superior a la velocidad de la luz y la gravedad siendo producida por bosonesJC-TG4 (gravitones) solamente puede ser transmitida a la velocidad de la luz.

Si los gravitones son partículas, tienen masa nula (o una masa de $mG \approx 1,06959 \times 10^{-67}$ Kg debido a mi idea de 2020/2021 del efectoJC ), y máximo pueden viajar a la velocidad de la luz.

Si el espacio que hay entre ellos se expande a una velocidad más rápida que la que pueden recorrer, entonces nunca llegarían a transmitir la fuerza de la gravedad. La gravedad no tendría efectos.

Entonces se puede pensar que como en el origen del universo todo el universo está unido, o bien nunca se separaría nunca se expandiría todo permanecería unido, o bien nunca habría fluctuaciones de expansión y la expansión sería continua.

Los experimentos demuestran que al principio la gran cantidad de masa del universo al producir la gravedad mantenía al universo unido y con una expansión no acelerada. Pero con los años, la expansión permitió que la gravedad fuese menos efectiva provocando la expansión acelerada del universo.

Se estima que el universo tuvo una expansión acelerada entre 4000millones 5000millones de años atrás (respecto a nuestra época actual la cual es de 13800millones de años), alrededor de los 9800millones de años después del origen del universo.

Si el universo está unido principalmente por la gravedad y la energía Jol es comprimida por la gravedad reduciendo así su tamaño, entonces la expansión aumenta su tamaño y al principio la gravedad es efectiva porque mantiene todo unido pero al transcurrir cierto tiempo la presión y compresión de esta energía deja de ser efectiva y el universo acelera su expansión como muestran los experimentos y en la siguiente imagen.

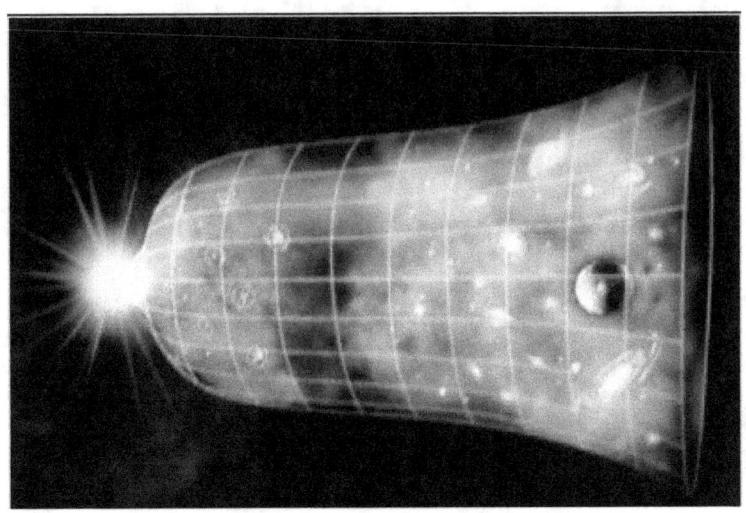

El gran problema es que si hay energía Jol en todo el universo, todo el espacio se expande, incluido el espacio que ocupan las estrellas, los planetas, los objetos, las partículas como los átomos, todo.
Esto implica que las fuerzas que unen todas las partículas, todos los objetos, cuerpos etc. dejarán de ser efectivas. Por ejemplo si los electrones se mantienen unidos al núcleo atómico mediante el intercambio de fotones, que es la fuerza electromagnética, si el espacio entre el electrón y el átomo se expande a mayor velocidad que la velocidad de la luz, entonces estos fotones nunca llegarán al electrón o al núcleo atómico. Por tanto las fuerzas dejarían de ser efectivas, todo quedaría separado. Ninguna ley física tendría sentido todas las constantes físicas no serían constantes.
Es ahí donde me dí cuenta de que si aplico mi idea del procesoJCTG (el cual ya autopubliqué en 2022 en mi libro "*But what is the gravity? What is the time*" mi hipótesis explico todo, incluido el tiempo.

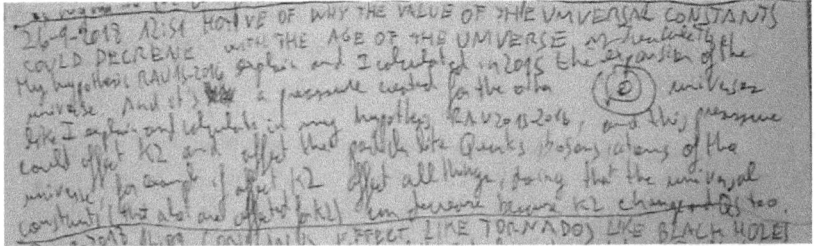

Este es uno de mis escritos del 26/9/2018 a las 12:51 (España)à cual expongo que al cambiar K2 podría afectar a las constantes universales.

La teoría actual dice que la expansión del universo se debe a los efectos de la energía oscura la cual produce una presión negativa sobre el universo. Mi hipótesis la cual ya he explicado, encaja mejor con todos los factores, predice que no es la energía oscura sino que es la creación de universos internos que afecta a la expansión de la energía oscura. Además como se puede ver en mi ecuación FZ4748, el aumento del tamaño del universo lógicamente cambia la densidad de materia oscura (dQ5) así como de la energía oscura (dK2) también debido a mi hipótesis:

Ecuación FZ4748 creada por JoanCarles Testagorda Garcia (yo mismo):

$$\psi \, x \log(dQ5) = \log(rUn)$$
$$26{,}649 \approx 26{,}643$$

Autor: JoanCarles Testagorda Garcia (yo mismo) ecuación que yo creé a las 10:49am del 21-5-2024 en mi apartamento (Francia, no en Alpes Côte d'Azur).

De tal modo que si mi ecuación FZ4748 es correcta podría calcular el radio del universo(rUn):

Ecuación FZ4748B creada por JoanCarles Testagorda Garcia (yo mismo):

$$\frac{\psi}{(dQ5)} x \frac{1\,Kg}{m^2} = 4{,}4622 \times 10^{26} m = rUn$$

Autor: JoanCarles Testagorda Garcia (yo mismo) ecuación que yo creé a las 10:49am del 21-5-2024 en mi apartamento (Francia, no en Alpes Côte d'Azur).

Ecuación FZ4770 creada por JoanCarles Testagorda Garcia (yo mismo):

$$\psi \, x \log(dQ5) = \log(rUn) \approx 4 \, x \, \infty \approx (h \, x \, pt) \, x \cosh 180$$
$$26{,}649 \approx 26{,}643 \approx 26{,}666 \approx 26{,}60$$

Autor: JoanCarles Testagorda Garcia (yo mismo) ecuación que yo creé a las 13:32 del 21-5-2024 en mi apartamento (Francia, no en Alpes Côte d'Azur).

Ecuación FZ4824 creada por JoanCarles Testagorda Garcia (yo mismo):

$$\psi \, x \log(dQ5) \approx \frac{vso}{c} x \frac{mUp}{mve_1} x \theta \, \omega \quad 26{,}649 \approx 26{,}69$$

Autor: JoanCarles Testagorda Garcia (yo mismo) ecuación que yo creé a las 12: 03 del 20-6-2024 en mi apartamento (Francia, no en Alpes Côte d'Azur).

Ecuación FZ4772 creada por JoanCarles Testagorda Garcia (yo mismo):

$$\psi \times \log(dQ5) = \frac{(lp)^2 \times (\Lambda)^{3/2}}{dQ5} \times \frac{mUn}{mG} \times \infty \times \frac{17}{19}$$

$$26{,}649 \approx 26{,}52$$

o bien

$$\psi \times \log(dQ5) = \frac{(lp)^2 \times (\Lambda)^{3/2}}{dQ5} \times \frac{mUn}{mG} \times \infty \times \frac{\infty \times \sqrt{\infty}}{\infty \times c_{dim}}$$

$$26{,}649 \approx 25{,}53$$

Autor: JoanCarles Testagorda Garcia (yo mismo) ecuación que yo creé a las 14:00 del 25-5-2024 en mi apartamento (Francia, no en Alpes Côte d'Azur).

Ecuación FZ2858 creada por JoanCarles Testagorda Garcia (yo mismo):

$$\psi \times \log(dQ5) \approx \frac{hc \times 4\pi^2}{c^2 \times \mu_0} \times \frac{2\pi}{lp}$$

$$26{,}649 \approx 26{,}99$$

Autor: JoanCarles Testagorda Garcia (yo mismo) ecuación que yo creé el 6-6-2022 en mi apartamento (Francia, no en Alpes Côte d'Azur).

Ecuación FZ5230 creada por JoanCarles Testagorda Garcia (yo mismo):

$$\psi \times \log(dQ5) \approx \frac{mUn \times c^2 \times (\Lambda)^{3/2}}{dK2} \times \left(\frac{AgUn}{rUn}\right)^2 \times 2 = \frac{\log(mUn)}{2}$$

$$26{,}649 \approx 26{,}159 \approx 27{,}27$$

Autor: JoanCarles Testagorda Garcia (yo mismo) ecuación que yo creé el 19-9-2024 20:52 en mi apartamento (Francia sud-este, no en Alpes Côte d'Azur).

Ecuación FZ4712 creada por JoanCarles Testagorda Garcia (yo mismo):

$$\log(rUn) \approx \frac{(\Lambda)^{\frac{3}{2}} \times (AgUn)^2 \times mUn \times c^2}{(2rUn)^2 \times dK2} \approx \frac{\infty}{Llim} \times TG^{JC}$$

$$26{,}64 \approx 26{,}159 \approx 27{,}59$$

Autor: JoanCarles Testagorda Garcia (yo mismo) ecuación que yo creé a las 12:42 del día 14-5-2024 en mi apartamento (Francia).

Ecuaciones FZ5287, FZ5289 creadas por JoanCarles Testagorda Garcia (yo mismo):

$$\cosh\left(\frac{dK2_1}{dQ5}\right) x \frac{(mPl)^3 x \alpha G x \alpha^2 x 0{,}119 x GF}{2} = 13{,}80$$

$$\frac{(mPl)^3 x \alpha G x \alpha x 0{,}119 x GF}{\cosh\left(\frac{dK2_1}{dQ5}\right) x (mW + mZ)} = 13{,}788$$

$$\cosh\left(\frac{dK2_2}{dQ5}\right) x \frac{\alpha G x \alpha x 0{,}119 x GF}{2} \approx 2\infty$$

$$14{,}033 \approx 13{,}333$$

Autor: JoanCarles Testagorda Garcia (yo mismo) ecuación que yo creé a las 12:26 y 12:33 del 27-9-2024 en mi apartamento (Francia).

Ecuaciones FZ5288 y FZ5290 creadas por JoanCarles Testagorda Garcia (yo mismo):

$$\cosh\left(\frac{dK2_1}{dQ5}\right) x (mPl)^3 x \alpha G x \alpha^2 x 0{,}119 x GF = 27{,}6$$

$$\frac{(mPl)^3 x \alpha G x \alpha x 0{,}119 x GF}{\cosh\left(\frac{dK2_1}{dQ5}\right) x (mW + mZ)} x 2 = 27{,}571$$

$$\log(rUn) \approx \cosh\left(\frac{dK2_2}{dQ5}\right) x \alpha G x \alpha x 0{,}119 x GF \approx 4 x \infty$$

$$26{,}64 \approx 28{,}0669 \approx 26{,}66$$

Autor: JoanCarles Testagorda Garcia (yo mismo) ecuación que yo creé a las 12:33 del 27-9-2024 en mi apartamento (Francia).

Ecuación FZ5294 creada por JoanCarles Testagorda Garcia (yo mismo):

$$2 x \frac{mUn}{deUn} x \left(H_{0\,ins} x \frac{mUn x rUn x (lp)^2 x \Lambda}{h x \infty^2}\right)^3 \approx \log(rUn)$$

$$27{,}5303 \approx 26{,}64$$

Autor: JoanCarles Testagorda Garcia (yo mismo) ecuación que yo creé el día 28-9-2024 a las 11:03am en mi apartamento en Francia.

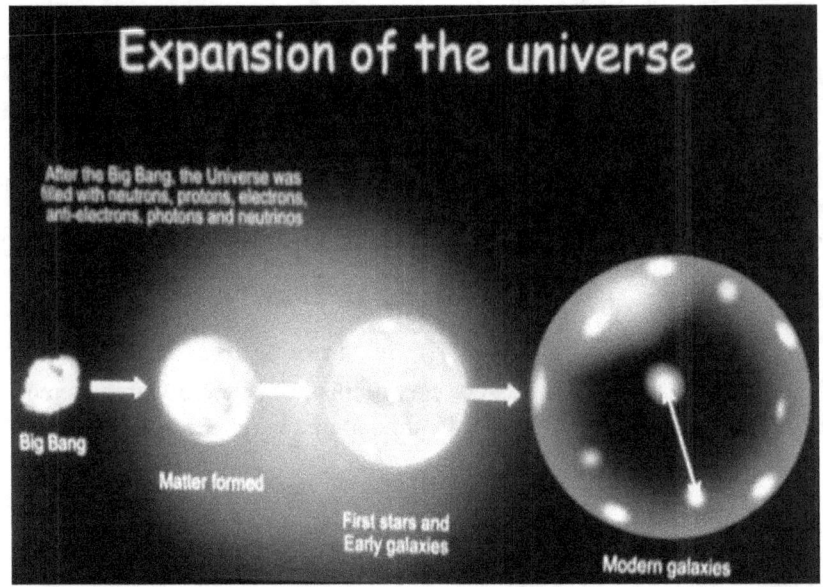

Ecuación FZ5105 creada por JoanCarles Testagorda Garcia (yo mismo):

$$\log(mUn) = \frac{2Gc}{c^2} x \left(\frac{mve \, x \, c^2}{h}\right)^2$$

54,55 = 55,57

Autor: JoanCarles Testagorda Garcia (yo mismo) ecuación que yo creé a las 12:28 del 6-9-2024 en mi apartamento (Francia, pero no en Alpes Côte d'Azur).

Ecuación FZ5095 creada por JoanCarles Testagorda Garcia (yo mismo):

$$\frac{2Gc \, x \, MTOV}{c^2} x \sqrt{\Lambda} \approx \frac{mP \, x \, Pgf}{mStrange} \approx \frac{me \, x \, lp}{2 \, rB \, x \, mY} x \frac{mD \, x \, JC^{TG}}{mFermi}$$

55,59 = 54,59 = 56,55

Autor: JoanCarles Testagorda Garcia (yo mismo) ecuación que yo creé a las 12:08 del 4-9-2024 en mi apartamento (Francia, pero no en Alpes Côte d'Azur). Como se puede ver en la ecuación, el colapso del universo como un agujero negro es proporcional a fenómenos como la creación de algunas partículas nacidas del vacío, de la nada. En realidad como ya explico en mi hipótesis, estas partículas no se crean de la nada sino que se crean de la energía Jol. Siempre que existan interacciones

entre partículas, existirán las partículas porque no se devuelve la energía prestada a la energía Jol.
La existencia de estas partículas depende de la proximidad que tienen de las otras. Por tanto cuando se llegue a un equilibrio termodinámico total, todo será energía Jol y esta se podrá expandir hasta transformarse en infinito. Esta es una de mis ideas que expuse en mi obra "UJ" en verano2014. También lo escribí en algunas de mis hojas por ejemplo en este escrito que creé en Diciembre2014 (España)

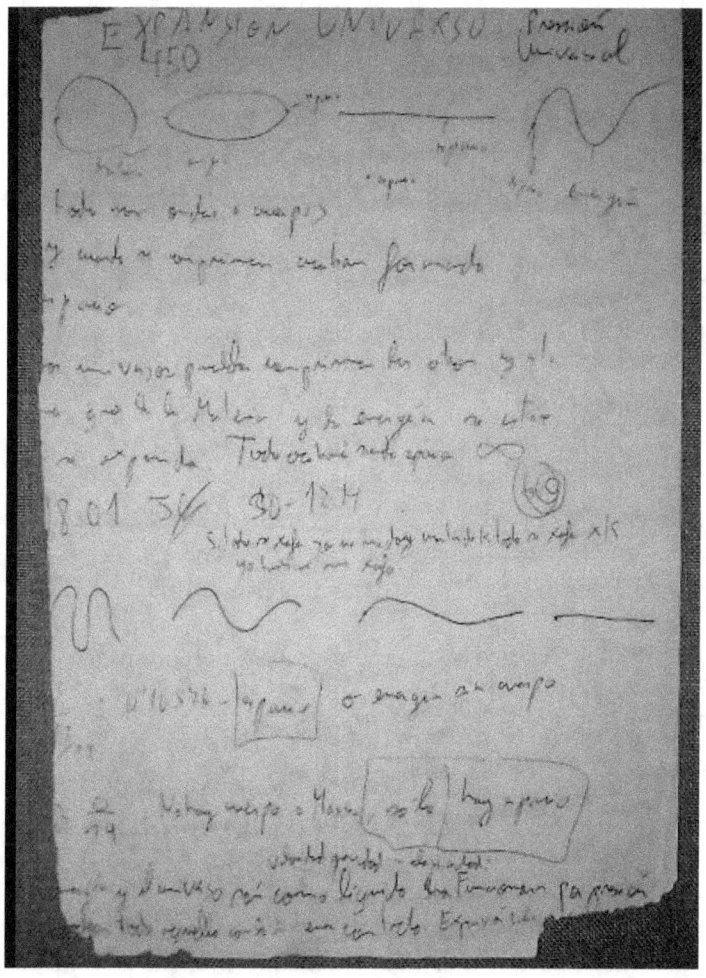

Expuse que todo acabará transformándose en nada, en infinito.

Ecuación FZ4073 creada por JoanCarles Testagorda Garcia (yo mismo):
$$\frac{2Gc \times MTOV}{c^2} \times \sqrt{\Lambda} = \frac{4}{\pi} \times 2rB \times \frac{me \times c}{h}$$
$$55{,}59 = 55{,}53$$
Autor: JoanCarles Testagorda Garcia (yo mismo) ecuación que yo creé a las 20:30 del 18-2-2024 en mi apartamento (Francia, pero no en Alpes Côte d'Azur).

Ecuación FZ4082 creada por JoanCarles Testagorda Garcia (yo mismo):
$$\frac{2Gc \times MTOV}{c^2} \times \sqrt{\Lambda} = \frac{mG \times Gc \times c^2 \times mPl}{(lp)^2}$$
$$55{,}59 = 53{,}457$$
Autor: JoanCarles Testagorda Garcia (yo mismo) ecuación que yo creé a las 8:10am del 21-2-2024 en mi apartamento (Francia, pero no en Alpes Côte d'Azur).

Ecuación FZ5107 creada por JoanCarles Testagorda Garcia (yo mismo):
$$\frac{2Gc \times MTOV}{c^2} \times \sqrt{\Lambda} \approx \frac{\infty^2 \times \left(\frac{dQ5}{dK2}\right)}{rUn \times AgUn \times \Lambda \times c} \approx \log mUn = \frac{\infty^2}{1{,}226742}$$
$$55{,}59 = 55{,}08 = 54{,}55$$
Autor: JoanCarles Testagorda Garcia (yo mismo) ecuación que yo creé a las 12:52 del 6-9-2024 en mi apartamento (Francia, pero no en Alpes Côte d'Azur). 1,2267... es la constante factorial de Fibonacci.

Ecuación FZ4736 creada por JoanCarles Testagorda Garcia (yo mismo):
$$\frac{2Gc \times MTOV}{c^2} \times \sqrt{\Lambda} \approx \frac{me \times mD}{mFermi \times mY} \times \frac{lp \times JC^{TG}}{2rB} \approx (\cosh^{-1} e)^8$$
$$55{,}59 = 56{,}55 = 56{,}95$$
$$\log\left[\frac{2Gc \times MTOV}{c^2} \times \sqrt{\Lambda}\right] \approx \cosh^{-1}\left(\frac{dK2_2}{dQ5}\right)$$
$$1{,}75 = 1{,}7543$$
Autor: JoanCarles Testagorda Garcia (yo mismo) ecuación que yo creé a las 11:20 del 20-5-2024 en mi apartamento (Francia, pero no en Alpes Côte d'Azur).

Ecuación FZ4489 creada por JoanCarles Testagorda Garcia (yo mismo):
$$\frac{\log(mUn)}{2} \approx \frac{h}{JC^{TG} \times 2 \times Z_0 \times (1C)^2} \approx \frac{me \times Qoc}{JC^{TG} \times Z_0 \times (1C)^2}$$
$$27{,}7 \approx 27{,}01 \approx 27{,}01$$

Autor: JoanCarles Testagorda Garcia (yo mismo) ecuación que yo creé a las 19:22 del 16-4-2024 en mi apartamento (Francia).

Ecuación FZ5149 creada por JoanCarles Testagorda Garcia (yo mismo):
$$\frac{\log(mUn)}{2} \approx \frac{2Gc \times mUn}{c^2 \times (rUn)^2} \times \frac{mH}{\Lambda} \approx \infty \times 4$$
$$27{,}7 \approx 27{,}5 \approx 26{,}6666$$

Autor: JoanCarles Testagorda Garcia (yo mismo) ecuación que yo creé a las 21:26 del 9-9-2024 en mi apartamento (Francia).

Ecuación FZ4498 creada por JoanCarles Testagorda Garcia (yo mismo):
$$\frac{P_{vac}}{dQ5} \times \frac{2\pi}{FGc(i)} \approx \log(rUn) \text{ o bien } \frac{P_{vac}}{dQ5} \times JC^{TG} \times \frac{dK2}{dQ5} \approx \log(rUn)$$
$$26{,}6 \approx 26{,}6$$

Autor: JoanCarles Testagorda Garcia (yo mismo) ecuación que yo creé a las 10:42 del 17-4-2024 en mi apartamento (Francia, pero no en Alpes Côte d'Azur).

Ecuaciones FZ4705, FZ4706 y FZ4707 creadas por JoanCarles Testagorda Garcia:

$$\frac{\log(mUn)}{2} \approx \frac{mUn \times c^2 \times (AgUn)^2 \times (\Lambda)^{\frac{3}{2}}}{2 \times (rUn)^2 \times dK2} \approx \frac{\infty \times \sqrt{ininfinity}}{\infty_{dim}}$$
$$27{,}7 \approx 25{,}8 \approx 25{,}8$$

$$\left(\frac{c \times lp}{1C}\right)^2 \times \frac{1}{2Gc \times JC^{TG} \times 2 \times KM} \approx \frac{\infty}{JC^{TG} \times 2} \cosh\left(\frac{dK2_2}{dQ5}\right) \approx \frac{JC^{TG}}{(\theta\omega)^2}$$
$$27{,}06 \approx 26{,}48 \approx 25{,}60$$

$$\frac{\log(mUn)}{2} \approx \frac{mG \times TG^{JC} \times \cosh 180}{KB \times pT \times 2}$$
$$27{,}7 \approx 27{,}7$$

Autor: JoanCarles Testagorda Garcia (yo mismo) ecuación que yo creé a las 11:29 del 11-5-2024 en mi apartamento (Francia, pero no en Alpes Côte d'Azur).

Ecuación FZ4272 creada por JoanCarles Testagorda Garcia (yo mismo):
$$\frac{\Lambda \times c \times AgUn \times rUn}{2\pi} \approx 1 \text{ o bien } \frac{\Lambda \times c \times AgUn \times rUn}{\infty}$$
Autor: JoanCarles Testagorda Garcia (yo mismo) ecuación que yo creé el día 13-3-2024 a las 18:36 en mi apartamento en Francia.
En este escrito de 2015, expuse que como señalan otras teorías el universo se enfría y al final todo se congelará.

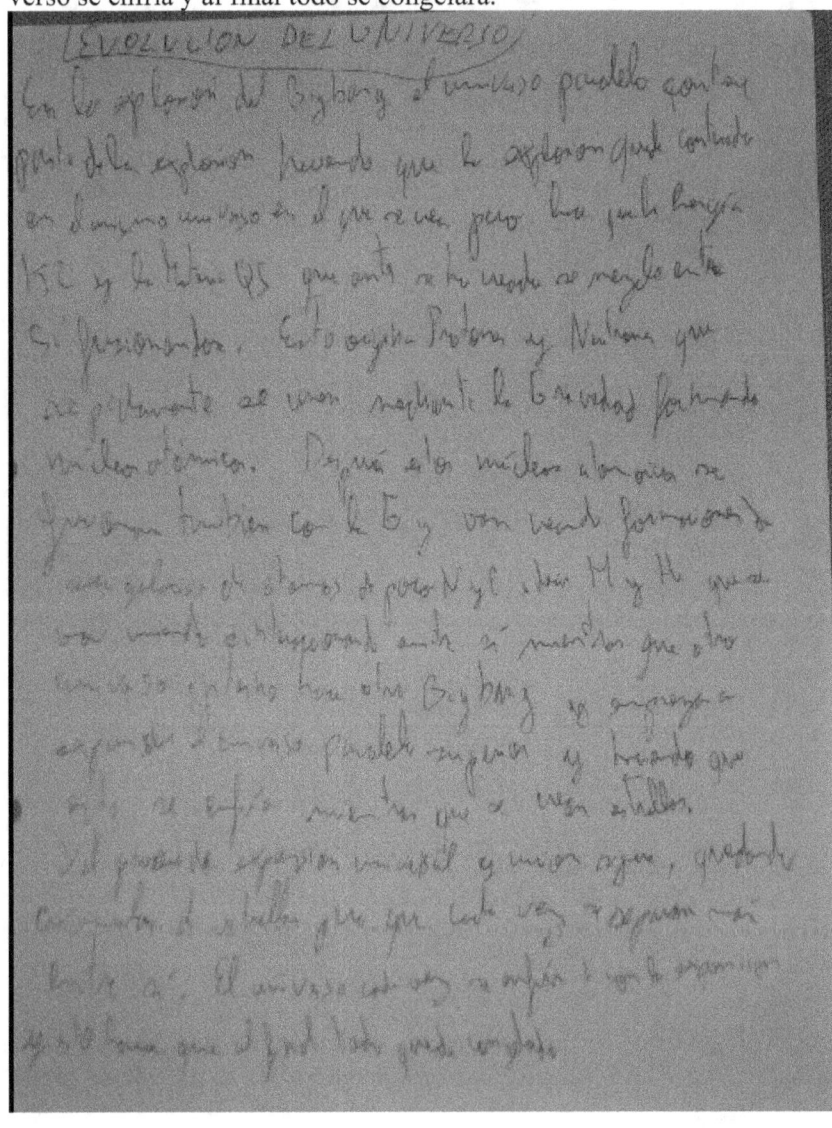

Es por ello que en Septiembre 2024 creé ecuaciones en las que expongo una ecuación termodinámica.

Para saber la entropía entre dos cuerpos, es decir, para saber la energía que se transfieren dos cuerpos hasta llegar a un equilibrio termodinámico, se utiliza la ecuación de Klausius.

$$\frac{Energía}{Temperatura\,inicial - temperatura\,final} = Entropía \;\; ; \;\; \frac{E}{T1-T2} = S$$

Esta ecuación es una ley de la termodinámica. La entropía (S) se mide en Julios/Kelvin. Se puede utilizar para medir la energía que se intercambian dos cuerpos y que cambia la temperatura de estos cuerpos. Aunque también es útil para calcular la evolución de un sistema.

Lo que pensé en 2020 y que apliqué en Junio2024 es en calcular la energía del universo como si este estuviera en un intercambio constante. Ya sea un intercambio con otros universos o bien simplemente siendo una evolución del universo. La expansión del universo ($\Lambda$) hace que el universo sea cada vez más grande (rUn) pero también que su densidad disminuya, como la cantidad de densidad de energía oscura (dK2) y de materia oscura (dQ5), así como que su temperatura disminuya. De media tiene una temperatura de 2,72545K=CMB y tendrá una temperatura de 0 grados kelvin..

Mi hipótesis es que en esta evolución el universo se agranda lo cual aumenta el tiempoJC. Así que aparecen partículas que decaen en partículas de menor masa.

El hecho de irse expandiendo hará que los cuerpos estén a tanta distancia unos de otros que no podrán intercambiar energía y por tanto no podrán producirse cambios. Si estos cuerpos quedan en zonas de muy baja densidad, como predice mi hipótesis se convertirán en energía oscura y después en nada.

Por tanto en mi ecuación expresé algunos de estos factores.

Supongo que si se define bien la temperatura, se puede comprender que en el universo hay límites. En el origen no hay nada, por tanto la temperatura no existe sino existe la energía. Una vez se crea la energía se puede producir la temperatura.

Se dice (aunque no se sabe) que la máxima temperatura es la constante de la temperatura de Planck (pT). Esta temperatura se produce en los primeros instantes del universo cuando el universo tiene el tamaño de la longitud de Planck (lp).

Ecuación FZ4850 creada por JoanCarles Testagorda Garcia (yo mismo):

$$\frac{mUn \times c^2}{(pT-CMB) \times KB} = 1{,}63564 \times 10^{62} = \frac{4\,mPl}{mG} \times 4\pi^2 \times \frac{4}{\pi}$$

Autor: JoanCarles Testagorda Garcia (yo mismo) ecuación que yo creé a las 12:50 del 29-6-2024 en mi apartamento (Francia, no en Alpes Côte d'Azur). Donde CMB podría sustituirse por 0K para expresar la fin del universo cuando este se haya expandido totalmente.

La expansión permite la entropía, por tanto permite la creación de partículas como el gravitón.

Ecuación FZ4851 creada por JoanCarles Testagorda Garcia (yo mismo):

$$\frac{mUn \times c^2}{(pT-CMB) \times KB} \approx \frac{mPl}{mG} \times \log(rUn) \times \log(dQ5)$$

$$1{,}635 \times 10^{62} \approx 1{,}444 \times 10^{62}$$

$$\frac{mUn \times c^2}{(pT-CMB) \times KB} \approx \frac{mPl}{mG} \times \log(rUn) \times h \times pt \times \cos 180$$

$$1{,}635 \times 10^{62} \approx 1{,}442 \times 10^{62}$$

Autor: JoanCarles Testagorda Garcia (yo mismo) ecuación que yo creé a las 13:01 del 29-6-2024 en mi apartamento (Francia, no en Alpes Côte d'Azur).

Ecuación FZ4852 creada por JoanCarles Testagorda Garcia (yo mismo):

$$\frac{mPl}{mG} \times \log(dQ5) \times h \times pt \times \cosh 180 \times \log\left(\frac{mUn \times c^2 \times (AgUn)^2 \times (\Lambda)^{3/2}}{dK2 \times (2 \times rUn)^2}\right)$$

$$1{,}647 \times 10^{62}$$

Autor: JoanCarles Testagorda Garcia (yo mismo) ecuación que yo creé a las 13:01 del 29-6-2024 en mi apartamento (Francia, no en Alpes Côte d'Azur).

Ecuación FZ4854 creada por JoanCarles Testagorda Garcia (yo mismo):

$$\frac{mUn \times c^2}{(pT-CMB) \times KB} \approx \frac{mPl}{mG} \times [\log(dQ5)]^2 \times \frac{c_{dim} \times \infty}{\infty \times \sqrt{\infty}}$$

$$1{,}6356 \times 10^{62} \approx 1{,}647 \times 10^{62}$$

Autor: JoanCarles Testagorda Garcia (yo mismo) ecuación que yo creé a las 13:33 del 29-6-2024 en mi apartamento (Francia, no en Alpes Côte d'Azur).

Ecuación FZ4858 creada por JoanCarles Testagorda Garcia (yo mismo):

$$\frac{mPl}{mG} \times [\log(dQ5)]^2 \times \log\left[\frac{mH \times GF \times 0{,}119 \times \alpha^3 \times (mPl)^2 \times F_1}{TG^{JC}}\right]$$

$$1{,}6417 \times 10^{62}$$

o bien

$$\frac{mPl}{mG} \times x \log(rUn) \times \log(dQ5) \times \log\left[\frac{mH \times GF \times 0{,}119 \times \alpha^3 \times (mPl)^2 \times F_1}{TG^{JC}}\right]$$

$$1{,}6417 \times 10^{62}$$

o bien

$$\frac{mPl}{mG} \times x \log(rUn) \times \log(dQ5) \times \log\left[\frac{mUn \times c^2 \times (AgUn)^2 \times (\Lambda)^{3/2}}{(2 \times rUn)^2 \times dK2}\right]$$

$$1{,}5827 \times 10^{62}$$

o bien

$$\frac{mPl}{mG} \times \log(rUn) \times \log(dQ5) \times \log\left[\frac{h}{AgUn \times \Lambda}\right]$$

$$1{,}6131 \times 10^{62}$$

$$\frac{mPl}{mG} \times \log(rUn) \times \log(dQ5) \times \log[\infty \times 2]$$

$$1{,}595 \times 10^{62}$$

Autor: JoanCarles Testagorda Garcia (yo mismo) ecuación que yo creé a las 13:33 del 29-6-2024 en mi apartamento (Francia, no en Alpes Côte d'Azur).

Ecuación FZ4850 creada por JoanCarles Testagorda Garcia (yo mismo):

$$\frac{mUn \times c^2}{(pT-CMB) \times KB} = 1{,}63564 \times 10^{62} = \frac{4\,mPl}{mG} \times 4\pi^2 \times \frac{4}{\pi}$$

Autor: JoanCarles Testagorda Garcia (yo mismo) ecuación que yo creé a las 12:50 del 29-6-2024 en mi apartamento (Francia, no en Alpes Côte d'Azur).

Ecuación FZ5279 creada por JoanCarles Testagorda Garcia (yo mismo):

$$\frac{mUn \times c^2}{(pT-CMB) \times KB} \times \frac{\pi^2}{4} \times \frac{run \times (lp)^2 \times dK2}{mPl} \approx \frac{mWDec}{m\pi}$$

$$14{,}917 \approx 14{,}9$$

Autor: JoanCarles Testagorda Garcia (yo mismo) ecuación que yo creé el día 27/9/2024 a las 10:34am en mi apartamento (en Francia).

Ecuación FZ5280 creada por JoanCarles Testagorda Garcia (yo mismo):
$$\frac{mUn \times c^2}{(pT-CMB) \times KB} \times \frac{\pi^2}{4} \times \frac{rUn \times (lp)^2 \times dK2_1}{mPl} \approx 2 \times \frac{\log(mUn)}{\log(mPl)}$$
$$14{,}917 \approx 14{,}239$$
Autor: JoanCarles Testagorda Garcia (yo mismo) ecuación que yo creé el día 27/9/2024 a las 10:47am en mi apartamento (en Francia).

Ecuación FZ5318 creada por JoanCarles Testagorda Garcia (yo mismo):
$$\frac{mUn \times c^2}{(pT-CMB) \times KB} \times \frac{\pi^2}{4} \times \frac{rUn \times (lp)^2 \times dK2_1}{mPl} \approx \frac{h}{mUn \times c} \times \frac{\infty^3}{(lp)^2 \times \Lambda \times rUn}$$
$$14{,}917 \approx 14{,}476$$
Autor: JoanCarles Testagorda Garcia (yo mismo) ecuación que yo creé el día 9/10/2024 a las 8:03am en mi apartamento (en Francia).

Ecuación FZ5282 creada por JoanCarles Testagorda Garcia (yo mismo):
$$\frac{mUn \times c^2}{(Tp-CMB) \times KB} \times \frac{\pi}{4} \times \frac{rUn \times (lp)^2 \times dK2}{mPl} \times \frac{dK2_2}{dQ5} \approx 2 \times \infty$$
$$13{,}66 \approx 13{,}3$$
Autor: JoanCarles Testagorda Garcia (yo mismo) ecuación que yo creé el día 27/9/2024 a las 10:56am en mi apartamento (en Francia).

Ecuación FZ5283 creada por JoanCarles Testagorda Garcia (yo mismo):
$$\frac{mUn \times c^2}{(Tp-CMB) \times KB} \times \frac{\pi}{2} \times \frac{rUn \times (lp)^2 \times dK2}{mPl} \approx \log rUn$$
$$27{,}33 \approx 26{,}6$$
o bien
$$\log(rUn) \approx \frac{mUn \times c^2}{(Tp-CMB) \times KB} \times \frac{rUn \times (lp)^2 \times dK2_2}{mPl} \times \left(\frac{dK2 \times \sqrt{2}}{dQ5+dQ5}\right)^2$$
$$26{,}6 \approx 26{,}09$$
Autor: JoanCarles Testagorda Garcia (yo mismo) ecuación que yo creé el día 27/9/2024 a las 11:01am en mi apartamento (en Francia).

Ecuación FZ5285 creada por JoanCarles Testagorda Garcia (yo mismo):
$$\frac{mUn \times c^2}{(Tp-CMB) \times KB} \times \frac{\pi}{4} \times \frac{rUn \times (lp)^2 \times dK2}{mPl} \times \frac{dK2}{dQ5+dQ5} \approx e^2$$
$$7,45 \approx 7,38$$
Autor: JoanCarles Testagorda Garcia (yo mismo) ecuación que yo creé el día 27/9/2024 a las 11:10am en mi apartamento (en Francia).

Ecuación FZ5284 creada por JoanCarles Testagorda Garcia (yo mismo):
$$\frac{mUn \times c^2}{(Tp-CMB) \times KB} \times \frac{\pi}{2} \times \frac{rUn \times (lp)^2 \times dK2_2}{mPl \times \cosh^{-1} 180} \approx 1$$
Autor: JoanCarles Testagorda Garcia (yo mismo) ecuación que yo creé el día 27/9/2024 a las 11:06am en mi apartamento (en Francia).

Ecuación FZ4572 creada por JoanCarles Testagorda Garcia (yo mismo):
$$\frac{KM \times (1C)^2}{rB \times (\frac{2mve}{\sqrt{2}}) \times (Llim)^2} \approx \sqrt{\Lambda} \times \frac{8\pi \times Gc}{c^2} \times (mUn)^\psi \approx \log(mUn)$$
$$27,37 \approx 55,127 \approx 55,5$$
$$\frac{KM \times (1C)^2}{rB \times (\frac{4mve}{\sqrt{2}}) \times (\frac{me}{m\mu \times \alpha})^2} \approx \sqrt{\Lambda} \times \frac{8\pi \times Gc}{c^2 \times 2} \times (mUn)^\psi \approx \frac{\log(mUn)}{2}$$
$$27,37 \approx 27,54 \approx 27,77$$
Autor: JoanCarles Testagorda Garcia (yo mismo) ecuación que yo creé el día 29/4/2024 a las 14:50 y el 1-5-2024 a las 11:27 en mi apartamento (mi casa) en Francia.

Ecuación FZ5265 creada por JoanCarles Testagorda Garcia (yo mismo):
$$\psi \log(dQ5) \approx \frac{\log mUn}{2} \approx \frac{mG}{\hbar \times AgUn \times \Lambda \times 4\pi^2} \times \frac{\log(4000K)}{\log(CMB)}$$
$$26,64 \approx 27,7 \approx 27,66$$
Autor: JoanCarles Testagorda Garcia (yo mismo) ecuación que yo creé el 23-9-2024 a las 12:36 en mi apartamento (mi casa) en Francia.

Algunas de mis ecuaciones las autopubliqué en Facebook el mismo día en que las creé y en algunos casos más recientes pocos días después de haberlas creado.

Ecuación FZ2751 creada por JoanCarles Testagorda Garcia (yo mismo):

$$\frac{mG}{mPl \, x \, \Lambda \, x \, 2\pi \, x \, lp} = 4{,}377 \times 10^{26} \, m \quad ; \quad \frac{mG \, x \, c}{h} \, x \, \frac{1}{\Lambda} = 4{,}377 \times 10^{26} \, m$$

Autor: JoanCarles Testagorda Garcia (yo mismo) ecuación que yo creé el 11-5-2022 a las 18:30 en mi apartamento (mi casa) en Francia. Mi ecuación indica que el universo se mantiene unido debido a la acción de la gravedad (mG = masa del gravitón), por este motivo se obtiene el radio del universo relacionando la constante de expansión "$\Lambda$" con la longitud de onda producida por el gravitón. Mi hipótesis que ya expuse en mi libro "*But what is the gravity? What is the time*" autopublicado el 30-4-2022, es que la longitud de onda de una partícula es creada por la interacción de la masa de la partícula con la energía oscura (K2) y que esta partícula crea los campos que produce debido a esta interacción. Por tanto el gravitón interacciona con la energía oscura (energía JOL, K2) produciendo campos de partículas, en este caso un campo gravitatorio. Con el campo gravitatorio interacciona y atrae a otras partículas como partículas que forman cuerpos como los planetas o las estrellas. Así que el gravitón (es la partícula que produce la gravedad, bosónJC-TG4) atrae los cuerpos entre ellos, contrarresta la acción de la expansión del universo "$\Lambda$". Con lo cual es proporcional al radio del universo o al menos al radio del universo visible.

Ecuación FZ2751B creada por JoanCarles Testagorda Garcia (yo mismo):

$$\frac{mG \, x \, c}{\Lambda \, x \, \hbar \, x \, \infty} \, x \, \frac{mD}{2 \, mUp} = 4{,}4065 \times 10^{26} \, m$$

siendo:

$$\frac{mG \, x \, c}{\Lambda \, x \, \hbar} \, x \, \frac{hc \, x \, \infty}{(c \, x \, lp)^2 \, x \, \Lambda \, x \, rUn \, x \, mUn} = 4{,}4 \times 10^{26} \, m$$

$$\sqrt{\frac{mG \, x \, \infty^2}{(lp \, x \, \Lambda)^2 \, x \, mUn}} = 4{,}4 \times 10^{26} \, m$$

Autor: JoanCarles Testagorda Garcia (yo mismo) ecuación que yo creé el 11-5-2022 a las 18:30 en mi apartamento (mi casa) en Francia.

Ecuación FZ2753 creada por JoanCarles Testagorda Garcia (yo mismo):
$$\frac{h x \infty}{mG x c^2 x AgUn} \approx 1 \text{ o bien } \frac{h x \infty}{mG x c^2 x AgUn x F_1} = 1$$
siendo:
$$\frac{1}{\Lambda x c x AgUn x \infty} = 4,60 \times 10^{26} m \; ; \; \frac{1}{\Lambda x c x AgUn x \infty x F_1} = 4,402 \times 10^{26} m$$
Autor: JoanCarles Testagorda Garcia (yo mismo) ecuación que yo creé el 11-5-2022 a las 18:48 en mi apartamento (mi casa) en Francia.

Ecuación FZ2752 creada por JoanCarles Testagorda Garcia (yo mismo):
$$\frac{hc x (\infty)^2}{(c x lp)^2 x \Lambda x rUn x mUn} = \frac{\sqrt{18}}{\pi} x \frac{2}{\sqrt{(\frac{mH}{mW})}} = TG^{JC} x \frac{\pi}{2} = \frac{e}{JC^{TG}}$$
$$2,1715 = 2,1651 = 2,1545 = 2,148$$
$$\frac{hc x (\infty)^2}{(c x lp)^2 x \Lambda x rUn x mUn} = \frac{(\cosh^{-1} e)^2}{JC^{TG}} \approx \frac{mY x mPl x \alpha^2}{(me)^2} \approx \frac{mD}{mUp}$$
$$2,1715 = 2,17086 \approx 2,2068 \approx 2,136$$
Autor: JoanCarles Testagorda Garcia (yo mismo) ecuación que yo creé el 11-5-2022 a las 18:40 en mi apartamento (mi casa) en Francia. En mi ecuación se puede entender que existe una proporcionalidad entre las características iniciales y la posterior evolución. Por ejemplo en mi ecuación utilizo la constante de Kepler () la cual expresa la máxima cantidad de esferas agrupadas en un espacio, similar a las condiciones iniciales en las cuales todo estaba unido en un espacio muy reducido antes de que el universo se expandiera.

En 2020 uní todas las partículas en una ecuación FZ413, FZ414, FZ419 etc, obteniendo una relación con mi constante $TG^{JC}$. Por tanto con mi constante uno todas las partículas y es por ello que es proporcional a la situación inicial.

Ecuación FZ2752B creada por JoanCarles Testagorda Garcia (yo mismo):
$$\frac{\hbar x \infty}{(lp)^2 x c x \Lambda x rUn x mUn} x \frac{16\pi}{3} = 1$$
Autor: JoanCarles Testagorda Garcia (yo mismo) ecuación que yo creé el 11-5-2022 a las 18:48 en mi apartamento (mi casa) en Francia.

Ecuación FZ2760 creada por JoanCarles Testagorda Garcia (yo mismo):
$$\frac{h}{2xlp \, x \, \Lambda \, x \, (rUn)^2} = 1 \, J \, s \, m^{-1}$$
Autor: JoanCarles Testagorda Garcia (yo mismo) ecuación que yo creé el 16-5-2022 a las 0:00am en mi apartamento (mi casa) en Francia.

Ecuación FZ2761 creada por JoanCarles Testagorda Garcia (yo mismo):
$$\frac{4\pi}{hc \, x \, \Lambda \, x \cos 180} \approx \tanh 1 \approx \frac{mG \, x \, c^2 \, x \, 4 \, mve \, x \, c^2 \, x}{h \, x \, Z_0 \, x \, (1C)^2}$$
$$0{,}7683 \approx 0{,}7615 \approx 07691$$
Autor: JoanCarles Testagorda Garcia (yo mismo) ecuación que yo creé el 17-5-2022 a las 1:15am en mi apartamento (mi casa) en Francia.

Ecuación FZ2762 creada por JoanCarles Testagorda Garcia (yo mismo):
$$\frac{2xlp \, x \, \Lambda \, x \, mG \, x \, (\cosh 180)^2 \, x \, me}{m \, \mu} = 1 \, J \, s \, m^{-1}$$
Autor: JoanCarles Testagorda Garcia (yo mismo) ecuación que yo creé el 17-5-2022 a las 1:22am en mi apartamento (mi casa) en Francia.

Ecuación FZ5096 creada por JoanCarles Testagorda Garcia (yo mismo):
$$\frac{hc \, x \, (\infty)^2 \, x \, (lp \, x \, c)^{\psi}}{(c \, x \, lp)^2 \, x \, \Lambda \, x \, (rUn)^2 \, x \, mUn} \approx 1$$
Autor: JoanCarles Testagorda Garcia (yo mismo) ecuación que yo creé el 5-9-2024 a las 13:28 en mi apartamento (mi casa) en Francia.

Ecuación FZ5165 creada por JoanCarles Testagorda Garcia (yo mismo):
$$\frac{2 \, x \, \infty}{JC^{TG} \, x \, \pi \, x \, \sqrt{\Lambda}} \, x \, \frac{\sqrt{18}}{\pi} = 4{,}3075 \, x \, 10^{26} \, m \approx rUn$$
$$\frac{\infty}{JC^{TG} \, x \, \sqrt{\Lambda}} \, x \, \frac{\sqrt{18}}{\pi} \, x \, \frac{dQ \, 5 \, x \, 2}{dK \, 2} = 4{,}33 \, x \, 10^{26} \, m \approx rUn$$
$$\frac{\log(mUn)}{\log(mPl)} \, x \, \frac{dQ \, 5}{dK \, 2} \, x \, \frac{1}{\sqrt{\Lambda}} = 4{,}268 \, x \, 10^{26} \, m \approx rUn$$
Autor: JoanCarles Testagorda Garcia (yo mismo) ecuación que yo creé a las 16:38 del 10-9-2024 en mi apartamento (Francia, sureste).

En2020 descubrí que en 2014 yo tenía razón al pensar que 6,66666 es una constante que puede representar el infinito (∞) porque creé la ecuación FZ1104 en la cual relacioné mi constante "∞" con la constante de expansión Lambda "Λ" introducida por Albert Einstein:

Ecuación FZ1104 creada por JoanCarles Testagorda Garcia (yo mismo):

$$\Lambda = \left(\frac{\infty}{rUn}\right)^2 \times \frac{1}{2}$$

obteniendo:

$$2\,rUn \times \Lambda \times AgUn \times \frac{ptime}{lp} \times 2 = \left[\left(\frac{\infty}{rUn}\right)^2 \times \frac{1}{2\Lambda}\right]^3 \times 8\pi = \frac{\infty^2}{1,7}$$

$$25{,}47 = 28{,}1 \approx 26{,}06$$

obteniendo:

$$\frac{rUn \times \Lambda \times AgUn}{2\pi} = 1 \quad \text{o bien} \quad \frac{rUn \times \Lambda \times AgUn}{\infty} \approx 1$$

Autor: JoanCarles Testagorda Garcia (yo mismo) ecuación que yo creé el 19-11-2020 20:08 (Alpes Côte d'Azur, en el alojamiento del trabajo en el cual ayudaba a animales des del 17-8-2020 hasta el 4-9-2021 en donde me mudé más al norte (hasta mayo2022 no alquilé mi propio apartamento)).

El día 11/9/2024 mezclé mi ecuación FZ1104 con mi ecuación FZ4748 PONER AQUI FZ4748 obteniendo mi ecuación FZ5183.
Ecuación FZ5183 creada por JoanCarles Testagorda Garcia (yo mismo):

$$2\,rUn \times \Lambda \times AgUn \times \frac{pt}{lp} \times 2 = \frac{\left[\left(\frac{\infty}{rUn}\right)^2 \times \frac{1}{2\Lambda}\right]^3}{\log\left(\cosh\left(\frac{dK2}{dQ5}\right)\right)} \times 8\pi = \log dQ5 = \log rUn$$

$$25{,}47 = 28{,}1 \approx 26{,}66 = 26{,}6 = 26{,}6$$

Autor: JoanCarles Testagorda Garcia (yo mismo) ecuación que yo creé el 11-9-2024 17:03, en mi apartamento (Francia sud-este, no en Alpes Côte d'Azur).

También mezclé mi ecuación FZ1104 con mi ecuación FZ5296 obteniendo:

Ecuación FZ1104 creada por JoanCarles Testagorda Garcia (yo mismo):

$$2\,rUn \times \Lambda \times AgUn \times \frac{ptime}{lp} \times 2 = \frac{\infty^2}{\left[\frac{((\frac{\infty \times 10^{-34}}{2\pi})^2 \times \frac{\infty \times 10^{-34}}{2\pi})}{4\pi^2 \times VPl}\right]} = \log rUn$$

$$25{,}47 \approx 26{,}06 \approx 26{,}6$$

Autor: JoanCarles Testagorda Garcia (yo mismo) ecuación que yo creé el 8-10-2024 18:13, en mi apartamento (Francia sud-este, no en Alpes Côte d'Azur).

Ecuación FZ5191 creada por JoanCarles Testagorda Garcia (yo mismo):

$$\log dQ5 = \log rUn \approx \frac{\infty \times hc \times \Lambda}{\alpha\, G \times lp \times 4\pi \times 5} \times \frac{dQ5}{dK2} \approx \frac{TG^{JoCa} \times \hbar c \times \Lambda}{\alpha\, G \times 2lp} \times \frac{dQ5}{dK2}$$

$$26{,}6 = 26{,}6 \approx 26{,}35 \approx 26{,}59$$

$$\log dQ5 = \log rUn \approx \frac{\infty \times hc \times \Lambda}{\alpha\, G \times lp \times 4\pi^2 \times 5}$$

$$26{,}6 = 26{,}2$$

Autor: JoanCarles Testagorda Garcia (yo mismo) ecuación que yo creé el 12-9-2024 12:16 and 12:46, en mi apartamento (Francia sud-este, no en Alpes Côte d'Azur).

Ecuación FZ1106B creada por JoanCarles Testagorda Garcia (yo mismo):

$$\infty^{(4\pi \times \sqrt{\infty})} \times \left(\frac{2\,Gc \times mUn}{c^2 \times rUn \times 2 \times \infty}\right)^2 = rUn$$

$$4{,}38 \times 10^{26}\,m = 4{,}4 \times 10^{26}\,m$$

donde

$$\infty^{(4\pi \times \sqrt{\infty})} \approx rUn \text{ o bien } \infty^{(4\pi \times \sqrt{\infty})} \times \frac{17}{19} \approx rUn$$

Autor: JoanCarles Testagorda Garcia (yo mismo) ecuación que yo creé el 10-12-2020 18:29 (Alpes Côte d'Azur, en el alojamiento del trabajo en el cual ayudaba a animales des del 17-8-2020 hasta el 4-9-2021 en donde me mudé más al norte).

Ecuación FZ1107 creada por JoanCarles Testagorda Garcia (yo mismo):

$$\frac{1}{\infty \times 10^{51}} = \frac{\Lambda \times e}{2} = \Lambda \times \frac{\sqrt{18}}{\pi}$$

Autor: JoanCarles Testagorda Garcia (yo mismo) ecuación que yo creé el 10-12-2020 19:11 (Alpes Côte d'Azur, en el alojamiento del trabajo en el cual ayudaba a animales des del 17-8-2020 hasta el 4-9-2021 en donde me mudé más al norte). En mi ecuación utilizo mi constante de infinito y la constante de Kepler ($\frac{\pi}{\sqrt{18}}$), es la constante de la conjetura de Kepler que representa la compactación de esferas en el menor espacio posible). Es como que todo está unido, todas las partículas están compactadas en un infinito. Después el universo nace, se expande ($\Lambda$) y da lugar al espacio que el universo ocupa (rUn = radio del universo). Esto es lo que pensé y que expresé como ecuación en 2020 FZ1109.

Ecuación FZ1109A creada por JoanCarles Testagorda Garcia (yo mismo):

$$\frac{\infty}{\sqrt{\Lambda}} \times \frac{\sqrt{18}}{\pi} = 8{,}56241 \times 10^{26} \, m \, diámetro \, del \, universo$$

Autor: JoanCarles Testagorda Garcia (yo mismo) ecuación que yo creé el 10-12-2020 20:01 (Alpes Côte d'Azur, en el alojamiento del trabajo en el cual ayudaba a animales des del 17-8-2020 hasta el 4-9-2021 en donde me mudé más al norte).

Ecuación FZ5164 creada por JoanCarles Testagorda Garcia (yo mismo):

$$\frac{h \times \sqrt{h}}{2 \times \sqrt{2} \times (\log mUn)} = 1{,}1054 \times 10^{-52} \, \Lambda$$

o bien

$$\frac{\infty \times 10^{-34} \times \sqrt{\infty \times 10^{-34}}}{2 \times \sqrt{2} \times (\log mUn)} = 1{,}115 \times 10^{-52} \, \Lambda$$

Autor: JoanCarles Testagorda Garcia (yo mismo) ecuación que yo creé el 10-9-2024 16:21, en mi apartamento (Francia sud-este, no en Alpes Côte d'Azur).

Ecuación FZ1109B creada por JoanCarles Testagorda Garcia (yo mismo):

$$\frac{\infty}{\sqrt{\Lambda} \times JC^{TG}} \times \frac{\sqrt{18}}{\pi} \times \frac{4}{\pi} = 8{,}615 \times 10^{26} \, m \, \text{diámetro del universo}$$

o bien

$$\frac{\infty}{\sqrt{\Lambda} \times JC^{TG}} \times \frac{\sqrt{18}}{\pi} \times \frac{2 \times dQ5}{dK2} = 4{,}3 \times 10^{26} \, m \, \text{radio del universo}$$

Autor: JoanCarles Testagorda Garcia (yo mismo) ecuación que yo creé el 9-3-2021 18:55(Alpes Côte d'Azur, en el alojamiento del trabajo en el cual ayudaba a animales des del 17-8-2020 hasta el 4-9-2021 en donde me mudé más al norte). En esta ecuación aplico 4/π porque expresa la forma espiral. En 2014 pensé que en la creación del universo este crece de forma espiral. Aunque también puedo expresarlo en forma de toroide

$$\frac{\infty \times 8 \times hc}{\sqrt{\Lambda} \times KB \times B} \times \frac{\sqrt{18}}{\pi} \times \frac{1}{4\pi^2} = 8{,}615 \times 10^{26} \, m$$

Ecuación FZ1110 creada por JoanCarles Testagorda Garcia (yo mismo):

$$\Lambda = \frac{2\pi}{c \times AgUn \times rUn}$$

Autor: JoanCarles Testagorda Garcia (yo mismo) ecuación que yo creé el 10-12-2020 20:01 (Alpes Côte d'Azur, en el alojamiento del trabajo en el cual ayudaba a animales des del 17-8-2020 hasta el 4-9-2021 en donde me mudé más al norte).

Por tanto como expreso en mi siguiente ecuación del origen nace primero el bosón de Higgs que da lugar al bosón W como expreso en mis ecuaciones. Lo que descubrí en Abril2020 (y que autopubliqué con mi ecuación FZ413, FZ420 en mi facebook) es que se crea el Higgs, este decae y crea los bosones W y Z y después estos decaen en partículas como quarks y leptones. Pero lo que pensé en 2024 es que es posible que se cree primero el bosonW y este se fusione con otro bosón antiW para formar un bosón Z.

Ecuación FZ1108 creada por JoanCarles Testagorda Garcia (yo mismo):

$$h \times \sqrt{h} \times \frac{\alpha \times TG^{JC} \times mW}{mH} = \Lambda \; ; \; h \times \sqrt{h} \times \frac{mW}{mH \times 32\pi} = \Lambda$$

o bien

$$\infty \times 10^{-34} \times \sqrt{\infty \times 10^{-34}} \times \frac{\alpha \times TG^{JC} \times mW}{mH} = \Lambda$$

o bien

$$\infty \times 10^{-34} \times \sqrt{\infty \times 10^{-34}} \times \frac{mW}{mH \times 32\pi} = \Lambda$$

Autor: JoanCarles Testagorda Garcia (yo mismo) ecuación que yo creé el 10-12-2020 19:43 (Alpes Côte d'Azur, en el alojamiento del trabajo en el cual ayudaba a animales des del 17-8-2020 hasta el 4-9-2021 en donde me mudé más al norte). En esta ecuación expongo algo fundamental. Del infinito, del vector inicial, se crea el universo y este se expande produciendo que de la energía Jol y de la materia oscura aparezcan las primeras partículas. Según mi teoría de febrero2019 y que expresé matemáticamente en abril 2020 con mi ecuación FZ413, primero se crea el bosón y como el universo se sigue expandiendo se crean el bosón W y después el Z y decaen creando todas las partículas existentes. Lo explico en el siguiente capítulo.

Ecuación FZ5220 creada por JoanCarles Testagorda Garcia (yo mismo):

$$\log(mUn) = \frac{mUn \times c^2 \times (\Lambda)^{3/2}}{dK2} \times \left(\frac{AgUn}{rUn}\right)^2$$

$$54{,}55 \approx 52{,}31$$

Autor: JoanCarles Testagorda Garcia (yo mismo) ecuación que yo creé el 19-9-2024 12:41 en mi apartamento (Francia sud-este, no en Alpes Côte d'Azur).

Ecuación FZ4853B creada por JoanCarles Testagorda Garcia (yo mismo):

$$\log\left[\frac{mUn \times c^2 \times (AgUn)^2 \times (\Lambda)^{3/2}}{(2 \times rUn)^2 \times dK2}\right] = \frac{19}{17}$$

$$1{,}11659 \approx 1{,}1176$$

Autor: JoanCarles Testagorda Garcia (yo mismo) ecuación que yo creé a las 13:27 del 29-6-2024 en mi apartamento (Francia, no en Alpes Côte d'Azur).

Ecuación FZ5182 creada por JoanCarles Testagorda Garcia (yo mismo):
$$[\log(\cosh(\frac{dK2}{dQ5}))]^2 \approx \frac{19}{17}$$
$$1{,}1159 \approx 1{,}1176$$
Autor: JoanCarles Testagorda Garcia (yo mismo) ecuación que yo creé a las 20:20 del 11-9-2024 en mi apartamento (Francia, no en Alpes Côte d'Azur).

Ecuación FZ4614 creada por JoanCarles Testagorda Garcia (yo mismo):
$$\psi \log(dQ5) \approx \frac{\sqrt{2}}{2\,mve + 2\,mve} x \frac{KM}{rB} x (\frac{1C}{Llim})^2 \approx \log(dK2)$$
$$26{,}66 \approx 27{,}37 \approx 26{,}17$$
Autor: JoanCarles Testagorda Garcia (yo mismo) ecuación que yo creé el 4-5-2024 a las 11:35am en mi apartamento (mi casa) en Francia.

Ecuación FZ4615 creada por JoanCarles Testagorda Garcia (yo mismo):
$$\psi \log(dQ5) \approx \frac{2Gc}{c^2} x (\frac{mve \, x \, c^2}{h})^2 = \frac{2Gc \, x \, mUn \, x \sqrt{\Lambda}}{c^2} \approx \frac{\log mUn}{2}$$
$$26{,}66 \approx 27{,}78 = 27{,}7 = 27{,}7$$
Autor: JoanCarles Testagorda Garcia (yo mismo) ecuación que yo creé el 4-5-2024 a las 11:57am en mi apartamento (mi casa) en Francia.

Ecuación FZ4616 creada por JoanCarles Testagorda Garcia (yo mismo):
$$\log(dQ5) \approx \frac{2Gc \, x \, (mve)^\psi \, x \, lp}{c^2 \, x \, JC^{TG}} x (\frac{mve \, x \, c}{h})^2 x \, 1/2$$
$$26{,}66 \approx 27{,}7$$
Autor: JoanCarles Testagorda Garcia (yo mismo) ecuación que yo creé el 4-5-2024 a las 11:57am en mi apartamento (mi casa) en Francia.

Más se expanda el universo menor es la densidad. Actualmente se calcula que el universo tiene una densidad de aproximadamente 9,9Kg/m³.

Otra de las constantes que cambia con la expansión del universo es la presión del vacío ($p_{vac}$).

$$\frac{\Lambda \times c^2}{8\pi \times Gc} = p_{vac}$$

Esta presión del vacío se calcula con la energía del vacío, con la constante "Λ" de Einstein. Y debe de ser igual a la presión que produce la energía Jol (oscura) como también calculo con mis ecuaciones. También en mis ecuaciones utilizo la constante infinito que yo creé en 2014.

Ecuaciones FZ4470, FZ4472 y FZ4473 creadas por JoanCarles Testagorda Garcia (yo mismo):

$$\frac{\Lambda \times c^2}{8\pi \times Gc} = p_{vac} \quad ; \quad p_{vac} = dK2 \times \frac{\infty \times \sqrt{\infty}}{\infty \times c_{dim}}$$

5,9241191x10⁻²⁷ Kg/m³ = 6,03x10⁻²⁷ Kg/m³

$$p_{vac} = dQ5 \times 2 \times Suplc = dQ5 \times 2 \times TG^{JC} = dQ5 \times \frac{8}{3}$$

5,9241191x10⁻²⁷ Kg/m³ ≈ 5,993x10⁻²⁷ Kg/m³ ≈ 6,147x10⁻²⁷ Kg/m³

Autor: JoanCarles Testagorda Garcia (yo mismo) ecuación que yo creé a las 20:53 20:59 y 21:02 del 13-4-2024 en mi apartamento (Francia, pero no en Alpes Côte d'Azur).


Ecuaciones FZ4474 FZ4485, FZ4486 y FZ4475 creadas por JoanCarles Testagorda Garcia (yo mismo):

$$\left(\frac{dK2}{dQ5}\right)^2 \times \frac{dQ5}{p_{vac}} \approx 2 \times \left(\frac{\sqrt{18}}{\pi}\right)^2 \approx 2 \times (TG^{JC})^2 \approx 2 \times \cosh^{-1}\pi$$

3,693 ≈ 3,647 ≈ 3,70 ≈ 3,62

$$\left(\frac{dK2}{dQ5}\right)^2 \times \frac{dQ5}{p_{vac}} \approx \frac{JC_{aqj}}{16\pi} \approx \frac{12368\,nm}{3282\,nm}$$

3,693 ≈ 3,748 ≈ 3,7684

Autor: JoanCarles Testagorda Garcia (yo mismo) ecuación que yo creé el día 13-4-2024 a las 21:10 y 12:31 22:41 14-4-2024 en mi apartamento en Francia.

También es posible que mis ecuaciones sean útiles para confirmar mi idea de que hay una interacción entre las partículas y la energía Jol lo cual en 2020/2022 pensé que produce el procesoJC,produciendo los campos de fuerza y de partículas como ya expliqué en mi libro "But what is the temperature? How are created the fields? autopublicado el 30-4-2022".

De tal modo que hay una relación directa entre la densidad de energía Jol y la presión del vacío como expreso en mis ecuaciones.

Ecuación FZ4477 creada por JoanCarles Testagorda Garcia (yo mismo):

$$\left[\left(\frac{2 \times dK2}{p_{vac}}\right)+1\right] \times \frac{AgUn \times c}{rUn} \approx 1$$

Autor: JoanCarles Testagorda Garcia (yo mismo) ecuación que yo creé el día 14-4-2024 a las 8:51am en mi apartamento en Francia. Más se expande el universo menor presión se ejercerá porque menor será la densidad de energía oscura.

Ecuación FZ4476 creada por JoanCarles Testagorda Garcia (yo mismo):

$$\frac{\sqrt{dK2 \times p_{vac}}}{(lp)^3 \times 2 \times \cosh 180} \approx 1$$

Autor: JoanCarles Testagorda Garcia (yo mismo) ecuación que yo creé el día 13-4-2024 a las 21:09 en mi apartamento en Francia.

Ecuación FZ5273 creada por JoanCarles Testagorda Garcia (yo mismo):

$$\frac{p_{vac}}{dQ5} \times \frac{\infty \times \sqrt{\infty}}{\infty \times c_{dim}} \times (Llim)^2 \approx 1$$

Autor: JoanCarles Testagorda Garcia (yo mismo) ecuación que yo creé el día 25-9-2024 a las 10:53am en mi apartamento en Francia.

Ecuación FZ4478 creada por JoanCarles Testagorda Garcia (yo mismo):

$$p_{vac} \times (AgUn \times c \times 2\pi)^3 = 3,29155 \times 10^{54} \, Kg$$

o bien

$$p_{vac} \times (AgUn \times c \times \infty)^3 = 3,1 \times 10^{54} \, Kg$$

Autor: JoanCarles Testagorda Garcia (yo mismo) ecuación que yo creé el día 14-4-2024 a las 8:59am en mi apartamento en Francia.

Ecuación FZ4479 creada por JoanCarles Testagorda Garcia (yo mismo):
$$p_{vac} x (AgUn \, x \, c \, x \, 2\pi)^3 x \frac{\infty \, x \, c_{dim}}{\infty \, x \, \sqrt{\infty}} = 3,55 \, x \, 10^{54} \, Kg$$
Autor: JoanCarles Testagorda Garcia (yo mismo) ecuación que yo creé el día 14-4-2024 a las 9:02am en mi apartamento en Francia.

Ecuación FZ4481 creada por JoanCarles Testagorda Garcia (yo mismo):
$$p_{vac} x (AgUn \, x \, c \, x \, 2\pi)^3 x \frac{mD}{2 \, x \, mUp} = 3,51 \, x \, 10^{54} \, Kg$$
Autor: JoanCarles Testagorda Garcia (yo mismo) ecuación que yo creé el día 14-4-2024 a las 8:57am en mi apartamento en Francia.

Ecuación FZ4482 creada por JoanCarles Testagorda Garcia (yo mismo):
$$\sqrt[3]{\frac{p_{vac} x (c \, x \, 2\pi)^3}{mUn}} = 2,233 \, x \, 10^{18} \, s^{-1} \approx H_{0ins}$$
Autor: JoanCarles Testagorda Garcia (yo mismo) ecuación que yo creé el día 14-4-2024 a las 9:14am en mi apartamento en Francia.

Ecuación FZ4592 creada por JoanCarles Testagorda Garcia (yo mismo):
$$\frac{8\pi \, x \, Gc}{c^2} x \frac{4 \, mve}{mPl} x \cosh 180 \, x \, 4\pi^2 \, x \, dK2 = 1$$
Autor: JoanCarles Testagorda Garcia (yo mismo) ecuación que yo creé a las 11:58 del 3-5-2024 en Francia.

Ecuación FZ4593 creada por JoanCarles Testagorda Garcia (yo mismo):
$$\frac{dK2_1}{dQ5} x \frac{(8\pi)^2 \, x \, Gc}{c^2} x \frac{dK2_1}{mG \, x \, c^2} = 1; \quad JUAP \, x \frac{(8\pi)^2 \, x \, Gc}{c^2} x \frac{dK2}{mG \, x \, c^2} = 1$$
Autor: JoanCarles Testagorda Garcia (yo mismo) ecuación que yo creé a las 11:50 del 3-5-2024 en Francia.

Ecuación FZ5273 creada por JoanCarles Testagorda Garcia (yo mismo):

$$\frac{dQ5}{(Llim)^2} x \frac{\infty_{dim}}{\infty x \sqrt{\infty}} \approx p_{vac}$$

5,92411x10$^{-27}$ Kg/m$^3$ = 5,924x10$^{-27}$ Kg/m$^3$

Autor: JoanCarles Testagorda Garcia (yo mismo) ecuación que yo creé a las 10:53 del 25-9-2024 en mi apartamento (Francia, pero no en Alpes Côte d'Azur).

Ecuación FZ4598 creada por JoanCarles Testagorda Garcia (yo mismo):

$$\frac{\sqrt{p_{vac} x\, dK2}}{2x \cosh 180} x(lp)^{3\psi} = 1$$

Autor: JoanCarles Testagorda Garcia (yo mismo) ecuación que yo creé el 3-5-2024 a las 13:07 en mi apartamento (mi casa) en Francia.

# 6-LISTA DE CONSTANTES

En las ecuaciones siempre utilizo símbolos que son abreviaciones o representaciones de constantes y valores matemáticos o físicos. Primero expongo el símbolo (por ejemplo: $\pi$) después su valor (por ejemplo: 3,1415926535...) y finalmente el nombre de la constante (por ejemplo número pi).

Los valores que no tengan símbolos añadidos son dimensionales, pero hay valores de otras constantes que contienen una nomenclatura específica la cual corresponde a las unidades. Por ejemplo el radio del universo se mide en metros, por tanto se especifica como "rUn=4,4x$10^{26}$m", siendo:

m=metros ; nm= nanómetros = 1x$10^{-9}$ m; pm= picometros = 1x$10^{-12}$ m
Pc= pàrsec ; mPc= megaParsec= 1x$10^6$ Parsecs
s = segundos (unidad de tiempo)
Hz = Hercios (unidad de frecuencia = 1/ s)
Kg = Kilogramos (masa)
J = Joules= Julios (energía)
eV= electronvolts/$c^2$;       MeV=Megaelectronvolts= $10^6$ eV;   GeV=Gigaelectronvolts= $10^9$ eV
K=grados Kelvin (unidad de temperatura)
C= Culombios (unidad de carga)
A= Amperios (unidad magnética)
$\Omega$ = ohms =(unidad de resistencia eléctrica)


Constantes matemáticas:
- $\pi$ = 3,1415926535… número pi
- e =2,7182818284... = número "e", constante de Euler
- $\varphi$= 1,6180339887… = número áureo o número de oro
- $\Psi = \psi = i = -1 = \sqrt{-1}$ = número imaginario
- 1,3035772690...= constante de Conway que utilicé en mi publicación "Finding electron"
- $\lambda$ = 0,624329988543… = constante Golomb-Dickman
- 0,5772156649...= constante Euler-mascheroni
- Llim = 0,6627434193...= constante orbital límite de Laplace
- $F_1$ = 1,046335667705… = constante Minkoski-Siegel distribución de la masa.

- $\zeta(2) = 1{,}644934067\ldots = \dfrac{\pi^2}{6}$ = constante de Riemann de solución 2
- $\zeta(3) = 1{,}202056903159\ldots$ = constante de Riemann de solución 3
- $\zeta(4) = \dfrac{\pi^4}{90} = 1{,}082323234\ldots$ = constante de Riemann de solución 4
- 0,83462684167 = constante de Gauss
- 1,1762808182...= constante de Salem
- Fgc(i) = 0,62481053384... = constante fracción continua generalizada del número "i"
y con valor positivo es = 1,3002425902201...
- Vc = 1,2640847353... = constante de Vardi
- Be = 0,280169499023... =constante de Bernstein
- 1,32471795724474... = constante número plástico
- EB = 1,60699515241... = constante Erdös-Borwein

- $\dfrac{\pi}{\sqrt{18}} = 0{,}740480489\ldots$ = constante de la conjetura de Kepler, máxima de esferas compactadas en el menor espacio posible
- β2 = 0,9159655941772... = constante de Catalan
- 1,444667861009... = $e^{1/e}$ = constante número de Steiner, superior al límite de tetraccion
- MRB= 0,187859642467... constante Marvin Ray Burns
- 2,3999632297... = ángulo número áureo
- $2^{1/12}$ = intervalo entre semitonos en una escalera musical.
- 2,2955871493... = constante parabólica universal
- 1,13198824...= constante de Viswanath, se relaciona con crecimientos exponenciales basados en el número áureo
- 23,103447909... = $\sum_{n=1}^{\infty} \dfrac{1}{n} = \dfrac{1}{1} + \dfrac{1}{2} + \dfrac{1}{3} + \dfrac{1}{4} \ldots$ = serie de Kempner

- $F_{EF} = 1{,}1611114925\ldots = \sum_{n=1}^{\infty} \dfrac{1}{n^{(n-1)}} = 1 + \dfrac{1}{2^1} + \dfrac{1}{3^{(2^1)}} + \dfrac{1}{4^{(3)^{(2)^{(1)}}}} \ldots$ = constante factorial exponencial

- $R_5 = \sqrt{\left(5 + \left(\sqrt{5} + \sqrt{\left(5 - \sqrt{5} + \sqrt{(5)}\ldots\right)}\right)\right)} = \dfrac{2 + \sqrt{5} + \sqrt{15 - 6\sqrt{5}}}{2} =$
2,74723827493...= constante de Ramanujan raíz de 5

- 0,970270114392...= $\dfrac{\ln 2 \times \ln 10 \times 6}{\pi^2}$ =constante de Loch
- 0,835648848264...= 1 / 1,196674898= constante de Baker
- 1,0744347568842... = constante del teseracto de Vicci
- 0,3181315052047... o bien +-1,33723570143... = constante punto fijo del superlogaritmo
- 1,85407467730... = constante Lemniscata de Gauss
- 0,987700390... = área delimitada por la rotación excéntrica del triangulo de Reuleaux
- 2,6651441426... = $\sum_{n=1}^{\infty} \dfrac{\pi^n}{n!} = \dfrac{\pi^1}{1!} + \dfrac{\pi^2}{2!} + \dfrac{\pi^3}{3!} ...$

-cos= coseno
sin= seno
tan= tangente
Por ejemplo:
cos1=0,999847695
cosπ= 0,998497149...

cosh=coseno hiperbólico
sinh=seno hiperbólico
tanh=tangente hiperbólica
Por ejemplo:
cosh1 = 1,543080635...
cosh90 = 6,102016472 x$10^{38}$
cosh180 = 7,446921004 x$10^{77}$

$\cosh^{-1}$ =coseno hiperbólico inverso
$\sinh^{-1}$ =seno hiperbólico inverso
$\tanh^{-1}$ =tangente hiperbólica inversa
Por ejemplo:
$\cosh^{-1}$ π =1,811526272...
$\cosh^{-1}$ 90 =5,192925985...
$\cosh^{-1}$ 180 =5,886096315...

Constantes matemáticas fractales:

- $\dfrac{\log 2}{\log 3} = 0{,}630929753\ldots =$ constante conjunto de Cantor
- $\dfrac{\log 3}{\log 4} = 0{,}79248125\ldots$
- $\left(\sqrt{6\pi - 1}\right) - e = 1{,}5056916511\ldots =$ constante fractal del área de Mandelbrot
- $1{,}3035772690 =$ constante fractal círculo de Apolonio
- $1{,}5236270862\ldots =$ constante fractal frontera de la curva del dragón

Constantes matemáticas relacionadas con espirales:

- $\varphi = 1{,}6180339887\ldots = \dfrac{1+\sqrt{5}}{2} =$ el número áureo también está relacionado con la creación de espirales, se puede utilizar para crear la espiral de oro

- $1+\sqrt{2} = 2{,}41421356\ldots =$ número metálico, espiral de plata

- $\dfrac{3+\sqrt{13}}{2} = 3{,}302775638\ldots =$ número metálico, espiral de bronce

- $\dfrac{4}{\pi} = 1{,}273239545 =$ este valor implica la creación de espirales

- $\displaystyle\sum_{n=1}^{\infty} \dfrac{1}{\sqrt[3]{n+\left(\sqrt{n+1}\right)}} = 1{,}8600250792211\ldots =$ constante espiral de Teodoro

- $\varphi^{\left(\frac{2}{\pi}\right)} = 1{,}358465274182 =$ espiral áurea

Constantes matemáticas números primos:

- CT = 0,678234491917... = constante de Taniguchi
- C2 = 0,66016181584... = constante números primos gemelos
- B2 = 1,902160583104... = constante de Brun números primos dobles
- B4 = 0,87058838... = constante de Brun números primos cuádruples
- 1,70521114010536...= Constante de Nivens
- 1,3063778838... = constante de Mills, es relacionada con los números primos
- 0,76422353589... = constante de Mills, es relacionada con los números primos. En febrero2019 creé una ecuación que auto-publiqué en la cual relacioné esta constante con la constante de Mills y un crecimiento hiperbólico
- $p = 0{,}414682509851111\ldots = \sum_{p} \dfrac{1}{2^p}$ = constante principio de la expansión decimal. (p = un número primo)

Como se puede ver en mis videoselfies el día 14-3-2019 a las 19:55 (en España) yo creé mi teoremaJC.
Después en Mayo2019 (en Nice, Francia) yo creé las primeras soluciones, soluciones A,B,C,D,E,F par mi teoremaJC, en algunas de las soluciones utilizo números primos como las constantes B2, B4, CT, C2 y la constante de Nivens.

- $1{,}226742010720353\ldots \prod_{n=1}^{\infty} 1-\left(-\dfrac{1}{\varphi}\right)^n$ = constante factorial de Fibonacci

Constantes matemáticas teoría del caos:

- $\delta$ = 4,669201609102... = Primera constante de Feigenbaum
- $\alpha f$ = 2,50290787095... = Segunda constante de Feigenbaum
- $\mu_{\infty}$ = 3,56994672... = tercera constante de Feigenbaum

Constantes de masas de partículas y cuerpos celestes:

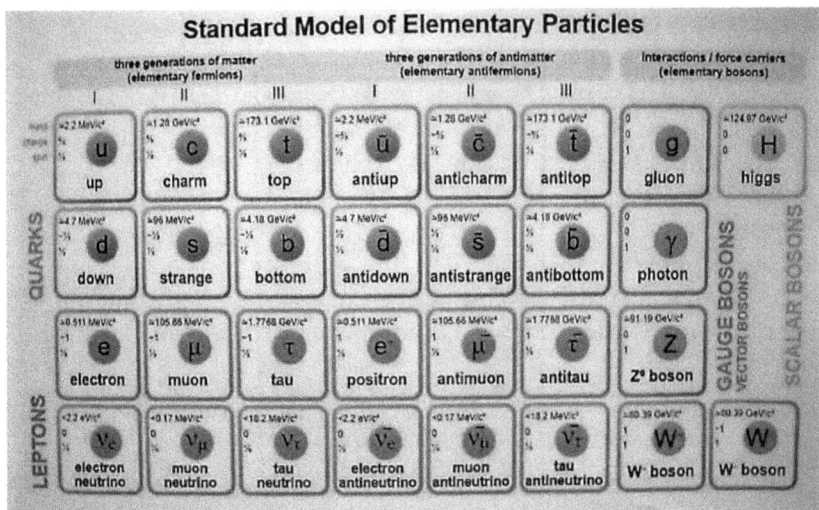

En el cuadro aparece la masa de partículas elementales en electronvoltios (eV). Para obtener el valor de masa en Kg, se multiplica el valor de los electronvoltios por la constante de la carga eléctrica (1C) y se divide entre el cuadrado de la velocidad de la luz. Por ejemplo:

mµ = 105,6583MeV x 1C / $c^2$ = 1,883531475x$10^{-28}$Kg = masa del muón

- mPl = 2,17651x$10^{-8}$Kg = masa de Planck
- mH = 2,2299x$10^{-25}$Kg = masa del bosón de Higgs
- mZ = 1,62556669x$10^{-25}$Kg = masa del bosón Z (91,1876GeV)
- mW = 1,432993x$10^{-25}$Kg = masa del bosón $W^+$ y del bosón $W^-$
- mUp ≈ 2,2eV = 3,921856059x$10^{-30}$Kg = masa del quark Up
- mD ≈ 4,7eV = 8,378510671x$10^{-30}$Kg = masa del quark down
- me = 9,10938291x$10^{-31}$Kg = masa del electrón
- mve$_1$ = 1,426129476x$10^{-36}$ Kg = 0,8eV= masa del neutrino-electrón según el experimento Katrin.
- mve$_2$ = 3,921856059x$10^{-36}$Kg. Cuando su valor es 2,2eV.

Según mi estimación el valor del neutrino-electrón es igual al inverso de mi constante JC$^{TG}$ = $\dfrac{KB \times B}{\hbar c}$ (es una constante que yo creé en 2020) = por tanto su valor es 1eV / 1,265466409 = 0,7902241eV, y por tanto yo descubrí que produce el magnetismo y las ondas térmicas.

- mWDec = $3{,}716849947 \times 10^{-27}$ Kg = $2{,}085 \times 10^9$ eV = masa de decaimiento del boson W
- mFermi$_c$ = $1{,}650638292 \times 10^{-38}$Kg = $0{,}009259402152$eV. La constante de Fermi es la fuerza producida en la interacción nuclear débil. Es la fuerza de interacción entre nucleones (como un protón o un neutrón) y las partículas en las que decae el bosón W, ya sean electrones y antineutrinos o positrones y neutrinos. Esta constante fue propuesta por Enrico Fermi en 1933.
Es útil en la desintegración de nucleones que permite equilibrar con el según el nivel de energía del átomo la cantidad de protones y neutrones del núcleo atómico.
- Ved = $3{,}5 \times 10^{-13}$ J = lo creé en 2020 es la aproximación de la energía de un quark Up pero que lo utilicé como un decaimiento en el que se crea el neutrino-electrón.
- mP = $1{,}672621777 \times 10^{-27}$ Kg = masa del protón
- mN = $1{,}674927351 \times 10^{-27}$ Kg = masa del neutrón
- md = $3{,}34358348 \times 10^{-27}$ Kg = masa del deuterón. El deuterón es un bosón estable formado por 1 Protón y 1 1 Neutrón, tiene carga +1.
- mTr = $5{,}0073563 \times 10^{-27}$ Kg = masa del Tritio
- mHe = $5{,}00641234 \times 10^{-27}$ Kg = masa del Helión
- mTr = $5{,}0073563 \times 10^{-27}$Kg = masa del tritio
- mαp = $6{,}64465674 \times 10^{-27}$ Kg = masa de la partícula alfa
- mΛ$^0$ = $1{,}98888 \times 10^{-27}$ Kg = Lambda hiperión (no confundir con la constante "Λ" que es la expansión del universo.
- mπ$^{+-}$ o mπ = $2{,}4880643 \times 10^{-28}$ Kg = masa del pión positivo y negativo
- mπ$^0$ = $2{,}406176 \times 10^{-28}$ Kg = masa del pión neutro
- mK$^0$ = $8{,}87077 \times 10^{-28}$ Kg = masa del Kaón neutro
- mK$^{+-}$ = $8{,}800591 \times 10^{-28}$ Kg = masa del Kaón positivo o negativo
- mX17 o mX = $2{,}977045281 \times 10^{-29}$ Kg = masa del bosón X o X17 (16,7MeV)
- mYz = $1{,}78266 \times 10^{-21}$ Kg = $1 \times 10^{15}$ eV = masa del bosónYz, normalmente se conoce como bosónY pero para no confundirlo con el fotón "Y" entonces lo he nombrado Yz.

Las glueballs son partículas hechas de gluones, que son generalmente 4 quarks unidos, son 2 gluones unidos. Actualmente se sabe que existen uniones de 4 y 5 quarks.
-mGlueball = 2400MeV = 2,4GeV = masa de la glueball llamada gluonio. Por ejemplo en mi ecuación FZ724 que yo creé en 18-7-2020 utilicé la glueball.

Existen otras glueballs de diferente masa como: 1,73GeV, 2,59GeV
Masas de partículas que son bosones que no deberían de tener masa pero que tienen masa debido a mi efectoJC. El efectoJC es un efecto que yo descubrí en 2020/2021 (en mis auto-publicaciones de 2021 en mi facebook y en ACADEMIA.edu mencioné mi efectoJC, uní la relatividad de Einstein con el electromagnetismo y la física cuántica además de utilizar la masa del fotón en mis ecuaciones FZ1444 FZ1446, FZ1449 etc.).

- $mY \approx 1,58 \times 10^{-48} Kg$ = masa del fotón
- $mG \approx 1,06959 \times 10^{-67} Kg$ = masa del gravitón o según mi estimación es $\approx 1,076 \times 10^{-67} Kg$
- mg o mgl $\approx 1,3 \times 10^6 eV = 2,317460398 \times 10^{-30} Kg$ = masa del gluon (gluón)

Constantes de física:

- $c = 299792458$ m s$^{-1}$ = velocidad de la luz (en el vacío)
- vso = 36000m s$^{-1}$ = velocidad máxima del sonido
- $c_1 = 3,74177153 \times 10^{-16}$ Kg m$^4$ s$^{-3}$ = 1a constante de radiación
- $c_2 = 1,438777 \times 10^{-2}$ m K = 2a constante de radiación
- $\sigma = 5,670373 \times 10^{-8}$ Kg s$^{-3}$ K$^{-4}$ = constante Stefan-Boltzmann
- 1C = $1,602176565 \times 10^{-19}$ C = 1 Culombio es la unidad de carga eléctrica fundamental
- KB = $1,3806488 \times 10^{-23}$ J K$^{-1}$ = constante de Boltzmann
- Gc = $-6,67384 \times 10^{-11}$ Kg$^{-2}$ m$^3$ s$^{-2}$ = constante gravitacional
- Ke = $8,99 \times 10^9$ Kg m$^3$ s$^{-2}$ C$^{-2}$ = constante eléctrica
  KM = $1 \times 10^{-7}$ Kg m C$^{-2}$ = significa constante magnética (no confundir con la abreviación Km que son Kilómetros).
  Las constantes magnética y eléctrica se unen como la constante de la velocidad de la luz de forma: " Km x c$^2$ = Ke "
  Esto supone que las fuerzas eléctricas y magnéticas están unidas formando el electromagnetismo. El electromagnetismo puede unirse con la fuerza nuclear débil formando la fuerza electro-débil. Creo que también se debe de unir a la temperatura (el calor) como una fuerza termoelectrodébil.
- $\mu_0 = 4\pi \times 10^{-7}$ Kg m s$^{-2}$ A$^{-2}$ (Como 1s x 1A = 1C, son Kg m C$^{-2}$) = Permeabilidad del vacío la cual se obtiene a partir de la constante magnética y la constante eléctrica.
- $\varepsilon_0 = 8,85418781762 \times 10^{-12}$ Kg$^{-1}$ m$^{-3}$ s$^4$ A$^2$ = Permitividad del vacío

- $\beta G = 3,828338514 \times 10^{69} = (1/lp)^2 =$ Escala de Ricci
- $Qch = 2,417989348 \times 10^{14}$ Kg$^{-1}$ m$^{-2}$ s$^2$ A= carga cuántica
- $Z_0 = 376,730313461$ Kg m$^2$ s$^{-3}$ A$^{-2}$ = $376,730313461\Omega$ = impedancia del vacío
- $\Phi_0 = 2,067833758 \times 10^{-15}$ Kg m$^2$ s$^{-2}$ A$^{-1}$ = flujo magnético cuántico
- $G_0$ o bien Qc= $7,7480917346 \times 10^{-5}$ Kg$^{-1}$ m$^{-2}$ s$^3$ A$^2$ = flujo magnético cuántico
- h = $6,62606957$Kg m$^2$ s$^{-1}$ = constante de Planck
- $\hbar$ = h / $2\pi$ = constante de Planck reducida
- tp = $5,39106 \times 10^{-44}$s = tiempo de Planck
- lp = $1,616199 \times 10^{-35}$m = longitud de Planck
- Tp = $1,416833 \times 10^{32}$K= temperatura de Planck
- mPl = $2,17651 \times 10^{-8}$Kg= masa de Planck
- VPl = $17,68369 \times 10^{-105}$ m$^3$ = Volumen de Planck = $4/3\pi \times (lp)^3$
- mE$_H$ = me x $\alpha^2$ = constante de Hartree en masa
- B = $0,00289777211$m K= constante de Wien
- Wfd = $5,8789254 \times 10^{10}$ s$^{-1}$ K$^{-1}$ = constante desplazamiento de Wien en frecuencia
- rB = $5,2917721092 \times 10^{-11}$m= radio de Bohr
- Re = $2,8179403267 \times 10^{-15}$ = radio clásico del electrón
- rP = $8,775 \times 10^{-16}$m = radio del protón
- rN = $8 \times 10^{-15}$m = radio del neutrón
- R$_\infty$ = $1,0973731568539 \times 10^7$ m$^{-1}$ = constante de Rydberg
- $\lambda_{ce}$ = $2,4263102389 \times 10^{-12}$ m = Compton electrón longitud de onda
- $\lambda_{cp}$ $1,32140985 \times 10^{-15}$ m = Compton Protón longitud de onda
- $\lambda_{cn}$ =$1,31959090 \times 10^{-15}$ m= Compton Neutrón longitud de onda
- $\lambda_{cve}$=$1,549802412 \times 10^{-6}$ m= Compton electron-neutrino longitud de onda
- $\lambda_{cG}$=$2,0664169 \times 10^{-25}$ m= Compton Gravitón longitud de onda
- $\lambda_{c\tau}$=$6,97842002 \times 10^{-16}$ m= Compton tau longitud de onda
- $\lambda_{c\mu}$ =$1,17342601 \times 10^{-14}$ m= Compton muón longitud de onda
- Qoc = $0,0003636947552$ m$^2$ s$^{-1}$ = cuanto de circulación
- A = $1,20173 \times 10^6$ A m$^{-2}$ K$^{-2}$ = constante de Richardson (produce la emisión de thermo-iones)
- Echmr = $-1,758820088 \times 10^{11}$Kg$^{-1}$ C = relación carga masa del electrón
- $\sigma_e$ = $-6,65245873410^{-29}$ m$^2$= área de Thomson
- $\mu_e$ = $-9,2847643 \times 10^{-24}$ m$^2$ A = momento magnético del electrón
- $\mu_p$ = $1,410606743 \times 10^{-26}$ m$^2$ A = momento magnético del protón
- $\mu_\mu$ = $-4,490448047 \times 10^{-26}$ m$^2$ A = momento magnético del muón
- Egf = $-2,002319304361$ = factor-g del electrón, factor Landé

- Pgf = 5,585694713 = factor-g del protón
- Ngf = -3,82608545 = factor-g del neutrón
- µgf = -2,00233184182 = factor-g del muón
- Mme = -1,001159652 = momento magnético del electrón
- Emma = -0,00115965218076 = momento magnético anómalo del electrón
- µmma = -0,00116592091 = momento magnético anómalo del muón
- $y_e / 2\pi = 2,802495266 \times 10^{10}$ Kg$^{-1}$ C = momento giromagnético del electrón
- $y_\mu / 2\pi = 1,35538817 \times 10^{8}$ Kg$^{-1}$ C = momento giromagnético del muón
- $y_P = 42,5774806 \times 10^{10}$ Kg$^{-1}$ C = momento giromagnético del protón
- E/Pmmr1 = -658,21068 = relación electrón protón momento magnético
- E/Pmmr2 = -658,22759 = relación electrón protón momento magnético
- µ/Pmmr2 = -3,183345118 = relación muón protón momento magnético
- $\mu_N = 5,05078353 \times 10^{-27}$ m$^2$ A = magnetón nuclear
- Pep = $1,2 \times 10^{-48}$ m$^3$ = Polarizabilidad eléctrica del protón
- Pmp = $1,9 \times 10^{-49}$ m$^3$ = Polarizabilidad magnética del protón
- Nep = $1,16 \times 10^{-48}$ m$^3$ = Polarizabilidad eléctrica del neutrón
- Nmp = $3,7 \times 10^{-49}$ m$^3$ = Polarizabilidad magnética del neutrón
- Mmc = $1 \times 10^{-3}$ mol$^{-1}$ Kg = constante masa molar
- MmPl = $3,990312717 \times 10^{-10}$ Kg m$^2$ s$^{-1}$ mol$^{-1}$ = masa molar de Planck
- u = $1,660538921 \times 10^{-27}$Kg = constante masa atómica
- $N_A = 6,022141 \times 10^{23}$ mol$^{-1}$ = constante número de Avogadro
- Vm = $2,2413968 \times 10^{-2}$ m$^2$ mol$^{-1}$ = volumen molar de un gas ideal
- mVm = 22,413968 m$^2$ Kg$^{-1}$ = volumen molar de un gas ideal en Kg
- $n_0 = 2,6867805 \times 10^{25}$ m$^{-3}$ = constante de Loschmidt
- -1,1648708 = constante Sackur-tetrode (relación de presión y temperatura)
- -1,1517078 = constante Sackur-tetrode (relación de presión y temperatura)
- µhlt = $1,52 \times 10^{-6}$ s = media del tiempo de vida del muón
- Nhlt = 881,15 s = media del tiempo de vida del neutrón
- Hhlt = $1,56 \times 10^{-22}$ s = media del tiempo de vida del bosón de Higgs
- $\pi^0$hlt = $8,4 \times 10^{-17}$ s = media del tiempo de vida del pión neutro
- $\pi^+$hlt = $2,6 \times 10^{-8}$ s = media del tiempo de vida del pión positivo o negativo

- 273,15K = 0 grados Celsius, temperatura en la que el agua hiela.
- 373,15K = 100 grados Celsius, temperatura en la que el agua empieza a hervir

- $mH_2O = 2{,}99015023 \times 10^{-26}$ Kg = masa del agua
- $rH_2O = 7{,}410960667 \times 10^{-11}$ m = radio del agua
- $dH_2O = 1000$Kg m$^{-3}$ = densidad del agua
- Ra = 287,05 J Kg$^{-1}$ K$^{-1}$ =constante del aire seco
- Ra = 461,5 J Kg$^{-1}$ K$^{-1}$ =constante de vapor de agua del aire
- rH = rB = radio del hidrógeno es igual al radio de Bohr
- Rw= $120 \times 10^{-12}$ m = radio de Van der Waals del hidrógeno
- $25 \times 10^{-12}$ m = radio medio del hidrógeno
- Owr = $152 \times 10^{-12}$ m = radio de Van der Waals del oxígeno
- rO = $60 \times 10^{-12}$ m = radio del oxígeno
- 1,00029 o 1,00027 = índice de refracción de la luz en el aire
- 1,3330 = índice de refracción de la luz en el agua
- 1,7 = diferencia de máxima de electronegatividad entre 2 átomos la cual corresponde a una unión covalente

- $5 \times 10^{-18}$ s = tiempo de duración de un salto cuántico

Constantes de acoplamiento las cuales son constantes que representan las interacciones (las interacciones son las fuerzas):

- $\alpha = 0{,}00729735256...$ = esta constante también llamada constante de la estructura fina, determina la fuerza electromagnética.
- 0,119 = constante de la fuerza nuclear fuerte
- $\alpha G = 1{,}75106 \times 10^{-45}$ = constante que representa la fuerza gravitacional
- GF = $3{,}670336 \times 10^{48}$Kg$^{-2}$ = constante que representa la fuerza nuclear débil
- $\theta\omega = 0{,}2223$ = constante de Weinberg que también determina la fuerza nuclear débil pero no es considerada una constante de acoplamiento

Constantes relacionadas con ondas electromagnéticas

- de $3 \times 10^{19}$Hz a $3 \times 10^{25}$Hz = Rango de frecuencia de los rayos gamma
- de $3 \times 10^{16}$Hz a $3 \times 10^{19}$Hz = Rango de frecuencia de los rayosX
- de $789 \times 10^{12}$Hz a $3 \times 10^{16}$Hz = Rango de frecuencia de los rayosUV
- $789 \times 10^{12}$Hz = rango de frecuencia del color violeta
$789 \times 10^{12}$Hz corresponden a una longitud de onda de $400 \times 10^{-9}$ m
- $380 \times 10^{12}$Hz = rango de frecuencia del color rojo
$380 \times 10^{12}$Hz corresponden a una longitud de onda de $750 \times 10^{-9}$ m
el color azul del cielo (medio) mide aproximadamente $423 \times 10^{-9}$ m
- $1 \times 10^{-7}$m a $1 \times 10^{-4}$ m = rango de longitud de onda de la luz infrarroja.

Series de saltos cuánticos medidos en longitudes de onda de los fotones emitidos por los electrones al producir los saltos cuánticos hacia orbitas internas. También se pueden entender en niveles de energía o intervalos de energía (aunque medidos en metros).
Así que cuan mayor es un salto cuántico mayor es la energía de los fotones emitidos y por tanto menor es la longitud de onda de los fotones emitidos.
Hay que decir que falta la séptima serie.

- Serie de Lyman = 121,5nm de la orbita 2 a la 1;
de 91,15nm de la orbita ∞ a la 1

- Serie de Balmer = 656,3nm de la orbita 3 a la 2;
de 364,6nm de la orbita ∞ a la 2

- Serie de Paschen = 1874,5nm de la orbita 4 a la 3;
de 820,1nm de la orbita ∞ a la 3

- Serie de Bracket = 4052,5nm de la orbita 5 a la 4;
de 1458nm de la orbita ∞ a la 4

- Serie de Pfund = 7476nm de la orbita 6 a la 5;
de 2279nm de la orbita ∞ a la 5

- Serie de Humphrey = 12368nm de la orbita 7 a la 6;
de 3282nm de la orbita ∞ a la 6

Constantes que yo mismo he creado:

- JCT = $\dfrac{1}{\pi^3} x \dfrac{1}{6}$ = 5,375255739...x$10^{-3}$ =constante que yo creé el 12-4-2019 para mi ley universal F49 que expuse en mi trabajo "Earth Mine Functioning" (en Francia, llegué a Niza (Nice) el 5 de Abril de 2019).

También puede ser $\dfrac{1}{\pi^2} x \dfrac{1}{6}$ = 0,016886863...

JCT son las iniciales de mi nombre JoanCarles y de mi apellido Testagorda, Garcia es mi segundo apellido.

- $TG^{JC} = 1{,}371613049 = \dfrac{mass\,Z + mass\,W}{mass\,Higgs}$ = constante que yo creé el día 15-4-2020 (en Francia, región Alpes Cote d'Azur cerca de Cannes, durante el periodo de CoVid), es el valor de la igualación de las ecuaciones que yo creé y autopubliqué en mi Facebook y en grupos de física de Facebook, con las ecuaciones FZ413, FZ409 etc.

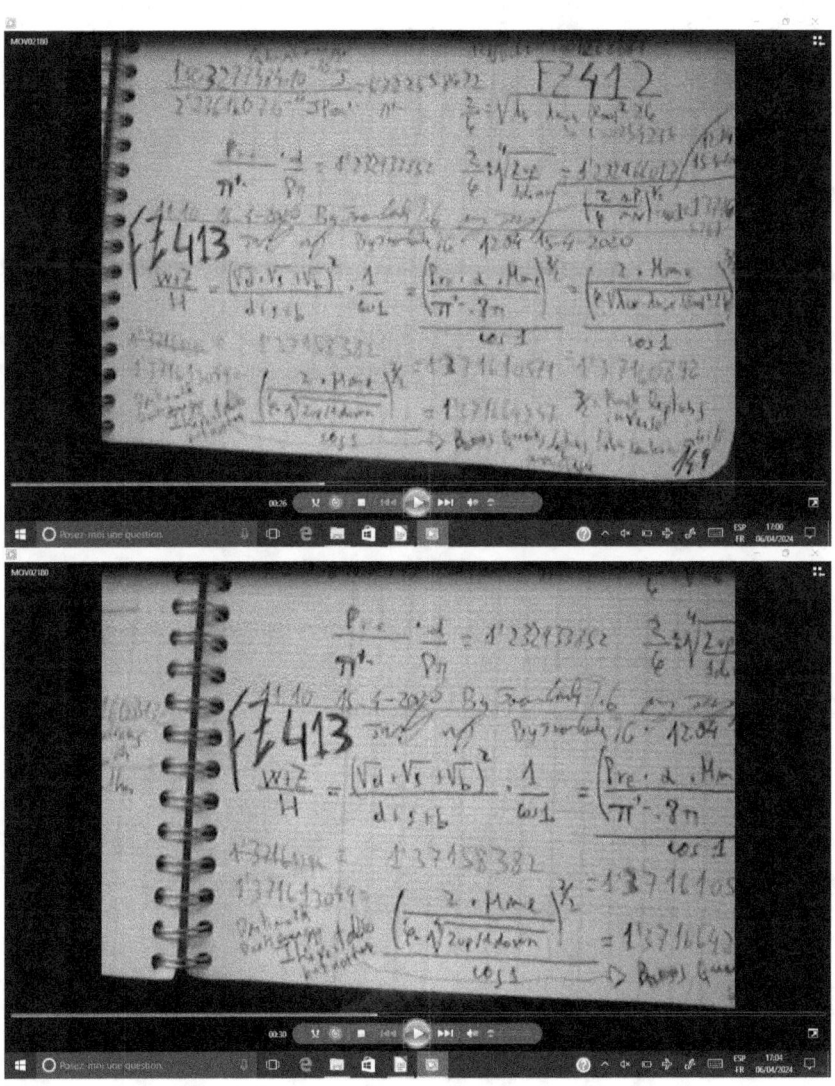

- $JC^{TG}$ = 1,265466409... $\dfrac{KB \, x \, B}{\hbar c}$ = constante que yo creé en 2020
- JCBH = 2,67x10$^{-5}$ = constante que descubrí el 12-1-2021 (en Francia, región Alpes Côte d'Azur) al crear mis ecuaciones FZ1185 FZ1186... sobre agujeros negros. JC son mis iniciales y BH significa Blackhole.
- JCForce = 7,6047x10$^{44}$ Kg m s$^{-2}$ es una constante que yo creé en 2022 y que expongo en mi libro "But what is the gravity? What is the time" que auto-publiqué el 6-8-2022 en Amazon.
- Jquark = 1,055642893... = constante que yo creé en 2014
- $J_{CTG}$ = 1,006014661...= $12 \, x \varphi \, x \sqrt{\dfrac{\alpha}{e}}$ = constante que yo creé el día 24-2-2021 para mis ecuaciones FZ1245 FZ1246 FZ1247 FZ1252 FZ1271 FZ1275...
- HeFe= 5,3331275598... = constante que yo creé en MAYO2019 porque es una solución =1 de mi teoremaJC, nombré esta constante HeFe en honor a mis 2bisabuelas Helena y Felicidad.
- JCφ = φ$^3$ = constante que es una solución de una serie áurea, la cual creé en2022 para solucionar una relación de la serie con la transformada a Fourier
- JC$^{Fourier}$ = 2,92705098... = constante que creé en 8-7-2022 en Francia para solucionar las medidas de círculos de la transformada de Fourier que hice el 29-8-2016 (en España) se puede ver en mis antiguos papeles y lo autopubliqué en el libro que creé titulado "But what is the gravity? What is the time" el día 8-6-2022 lo auto-publiqué en Amazon.
- JUAP = 2,928267773... es una constante que creé en primavera 2020
- JUAP2 = 2,889376185... = es una constante que creé en 2022 y que expuse en mi libro "But what is the gravity? What is the time"
- JCAP = 2,490933827... = es una constante que creé en 2022 y que expuse en mi libro "But what is the gravity? What is the time"
- JCel = 784 = es una constante que creé en 2020 y que relacioné con las orbitas de los electrones (JC son las siglas de mi nombre JoanCarles, el=electrons.)
- JC$^{TeGa}$ = 1,88x10$^{12}$ Kg = constante solución de mi ley universal FZ2435 que yo creé en Febrero2022 y que autopublique en mis libros "But what is the gravity? What is the time 6-8-2022" y "But what is the temperature? How are created the fields 30-4-2022". Se puede ver en mis videoselfies que autopubliqué en mi facebook el mismo día en el que creé mi ecuación "JoanCarles YoIje Martin TG".

- $JC^{TesGar} = 1{,}15 \times 10^{25}$ m s$^{-1}$ C = constante solución de mi ley universal FZ2438 que yo creé en Febrero2022 y que autopubliqué en mis libros "But what is the gravity? What is the time 6-8-2022" y "But what is the temperature? How are created the fields 30-4-2022". Se puede ver en mis videoselfies que autopubliqué en mi facebook el mismo día en el que creé mi ecuación "JoanCarles YoIje Martin TG".

- $JC^{TestGarc} = 7{,}8 \times 10^{-8}$ Kg K C$^{-1}$ m$^{-1}$ = constante solución de mi ley universal FZ2680 que yo creé el 16-4-2022 a las 17:33 y que autopubliqué en mis libros "But what is the gravity? What is the time 6-8-2022" y "But what is the temperature? How are created the fields 30-4-2022". Se puede ver en mis videoselfies que autopubliqué en mi facebook el mismo día en el que creé mi ecuación "JoanCarles YoIje Martin TG".

- $TG^{JoCa} = 1{,}26 \times 10^{18}$ K s$^{-1}$ m$^{-2}$ = constante solución de mi ley universal FZ2596 basada en la ecuacion "LI" que yo creé en 2018 en mi trabajo "Earth Mine Functioning". Autopubliqué mi ley FZ2596 en mi libro "But what is the gravity? What is the time autopublicado el 6-8-2022. Se puede ver en mis videoselfies que autopubliqué en mi facebook el mismo día en el que creé mi ecuación "JoanCarles YoIje Martin TG".

$JC_{ap} = 3{,}21 \times 10^{-25}$ Kg = constante que yo mismo creé el 1-10-2024 (en mi apartamento, en Francia Sureste).

$$\sqrt[12]{me \times m\mu \times m\tau \times mve \times mv\mu \times mv\tau \times mUp \times mSt \times mt \times mD \times mb \times Ch}$$

$$3{,}218 \times 10^{-25} \text{ Kg} = JC_{ap}$$

Autor: JoanCarles Testagorda Garcia (yo mismo) ecuación que yo creé a las 11:30 del 1-10-2024 en mi apartamento (Francia, sur-este).

- "JCaqj" = 188,44 = constante que yo creé el día 13-9-2021 en Francia y que utilicé en ecuaciones como mi ecuación FZ1804 que expuse en mi libro "Brief introduction to quantum physics". "JCaqj" significa JoanCarles all quantum jumps.

$$\frac{121.5\,nm}{91.15\,nm} \times \frac{656.3\,nm}{364.6\,nm} \times \frac{1874.5\,nm}{820.1\,nm} \times \frac{4052.5\,nm}{1458\,nm} \times \frac{7476\,nm}{2279\,nm} \times \frac{12368\,nm}{3282\,nm} = JCaqj$$

- 1/89 = 0,0011235955... constante que yo creé en enero2019 (en España) la cual relacioné con la constante electromagnética y con el crecimiento áureo además de una teoría que creé sobre la distribución de partículas en un campo, lo auto-publiqué en mi Facebook, se puede ver en mis videoselfies por ejemplo en Febrero2019.

- JoCa$^{TeGa}$= 6,728400... constate que yo creé el 10Julio2024 (en Francia)

El día 6-9-2024 pensé que podía crear una constante la cual es la suma de todas las partículas "elementales" unidas del modelo estándar de las partículas. Obtuve una constante de una masa de $9,003798 \times 10^{-32}$ Kg. A esta constante la llamé JC$_{TGU}$ :

$$\frac{\sqrt[19]{(me \, x \, mve \, x \, m\mu \, x \, mv\mu \, x \, m\tau \, x \, mv\tau \, x \, mUp \, x \, mS \, x \, mt)}}{\sqrt[19]{mD \, x \, mCh \, x \, mb \, x \, mX17 \, x \, mgl \, x \, mY \, x \, mG}} \times \frac{}{\sqrt[19]{(mH \, x \, mZ \, x \, mW)}} = JC_{TGU}$$

- $\infty$ = 6,6666666666...
- $\infty_{dim}$ = 0,66666666666...
- $\infty_d$ = 6,6666666x $10^{-34}$
- $\infty_{d1}$ = 6,66666666x$10^{-5}$

- K2 = 17. Constante que yo mismo creé en primavera 2014 para representar el valor de la energía oscura sin dimensiones.
- K2$_d$ = 17,21325 Constante que yo mismo creé en primavera 2014 para representar el valor de la energía oscura sin dimensiones.
- Q5 = 19. Constante que yo mismo creé en primavera 2014 para representar el valor de la materia oscura sin dimensiones.
- Q5$_d$ = 19,986163. Constante que yo mismo creé en primavera 2014 para representar el valor de la materia oscura sin dimensiones.

En el apartado constantes del universo expongo más constantes que he creado sobre la masa y la energía de estas constantes "K2 y Q5" de forma dimensional

- c$_{dim}$ = 2,99792458. Constante que yo creé en 2014 para representar la constante de la velocidad de la luz adimensional.

- $N_{JC} = 80{,}99701534 = \dfrac{1{,}67492735 \times 10^{-27}\, Kg}{(2 \times 4{,}7\, MeV \times 1\tfrac{C}{c^2}) + (2{,}2\, MeV \times 1\tfrac{C}{c^2})}$

- $P_{JC} = 103{,}1068183 = \dfrac{1{,}672621777 \times 10^{-27}\, Kg}{(2 \times 2{,}2\, MeV \times 1\tfrac{C}{c^2}) + (4{,}7\, MeV \times 1\tfrac{C}{c^2})}$

- $N_{-JC} = 130{,}4951914 = \dfrac{1{,}67492735 \times 10^{-27}\, Kg}{(2 \times 4{,}7\, MeV \times 1\tfrac{C}{c^2}) - (2{,}2\, MeV \times 1\tfrac{C}{c^2})}$

- $P_{-JC} = -3127{,}573485 = \dfrac{1{,}672621777 \times 10^{-27}\, Kg}{(2 \times 2{,}2\, MeV \times 1\tfrac{C}{c^2}) - (4{,}7\, MeV \times 1\tfrac{C}{c^2})}$

- $N_{JC2} = 78{,}40362655 = \dfrac{1{,}67492735 \times 10^{-27}\, Kg}{(2 \times 4{,}7\, MeV \times 1\tfrac{C}{c^2}) + (2{,}2\, MeV \times 1\tfrac{C}{c^2})}$

- $P_{JC2} = 98{,}25343034 = \dfrac{1{,}672621777 \times 10^{-27}\, Kg}{(2 \times 2{,}2\, MeV \times 1\tfrac{C}{c^2}) + (4{,}7\, MeV \times 1\tfrac{C}{c^2})}$

-constantes $JC^{360}$ $JC^{180}$ $JC^{90}$ $JC^{10}$ que yo creé en 2018 y 2019, y las constantes $JC^{\pi}$ $JC^{\varphi}$ $JC^{e}$ que yo creé el 16-2-2022 a las 10:20 en Francia.

$JC^{360} = \sum\limits_{n=1}^{360} 0+n\ldots = 64980;\qquad JC^{180} = \sum\limits_{n=1}^{180} 0+n\ldots 16290;\qquad \dfrac{JC^{180}}{JC^{90}} = 181$

$JC^{90} = \sum\limits_{n=1}^{90} 0+n\ldots = 4095;\quad JC^{10} = \sum\limits_{n=1}^{10} 0+n\ldots = 55;\quad \dfrac{JC^{180}}{JC^{360}} \times 4 = 1{,}002770083\ldots$

$JC^{\pi} = \sum\limits_{n=1}^{\pi} 0+n = \dfrac{\pi \times (\pi+1)}{2} = 6{,}505598527\ldots;$

$JC^{e} = \sum\limits_{n=1}^{e} 0+n = \dfrac{e \times (e+1)}{2} = 5{,}053668962\ldots;$

$JC^{\varphi} = \sum\limits_{n=1}^{\varphi} 0+n = \dfrac{\varphi \times (\varphi+1)}{2} = 2{,}118033987\ldots$

Constantes del universo:

- mUn ≈ $3{,}56 \times 10^{54}$ Kg = masa del Universo
- mTOV = $2{,}74 \times 1{,}9891 \times 10^{30}$ Kg = masa en la que una estrella del tamaño del Sol colapsa gravitacionalmente y abre un agujero negro. Corresponde al límite Tolman Oppenheimer Volkov de 2,44masas solares.
- $1{,}44 \times 1{,}9891 \times 10^{30}$ Kg = masa en la que una estrella del tamaño del Sol colapsa gravitacionalmente y crea una supernova y una estrella de neutrones. Corresponde al límite descubierto por Chandrasekhar.
- rUn ≈ $4{,}4 \times 10^{26}$ m = radio del universo observable
- DeUn ≈ $9{,}9 \times 10^{-27}$ Kg m$^{-1}$ = densidad media del universo en unidades no voluminétricas
- pvac ≈ $5{,}924119 \times 10^{-27}$ Kg m$^{-1}$ = densidad del vacío según la constante cosmológica
- $\Lambda$ ≈ $1{,}1056 \times 10^{-52}$ m$^{-2}$ = $9{,}9367 \times 10^{-36}$ s$^{-2}$ (=$2{,}29 \times 10^{-18}$ s$^{-1}$)= constante lambda. La constante "$\Lambda$" expresa la densidad del vacío, la densidad de energía oscura en el espacio/tiempo. Esta constante cambia proporcionalmente con la expansión del universo.
- $H_0$ ≈ 73,4 km s$^{-1}$ Mpc$^{-1}$ = constante de Hubble la cual mide la expansión del universo.
Según los valores calculados esta constante podría tener un valor de 67,66 km s$^{-1}$ Mpc$^{-1}$ .
- $H_{01}$ ≈ 67,66 km s$^{-1}$ Mpc$^{-1}$ = constante de Hubble la cual mide la expansión del universo.
Si se eliminan los Megaparsecs se obtiene:
$H_{0ins}$ ≈ $2{,}1927089 \times 10^{-18}$ s$^{-1}$. "Ins" significa in seconds, (en segundos).

Debido a mi hipótesis, es posible que la constante de tenga un valor de:
- $H_{02}$ ≈ 66,6 km s$^{-1}$ Mpc$^{-1}$ debido a mi hipótesis es posible que la constante de Hubble tenga un valor de 66,6 km s$^{-1}$ Mpc$^{-1}$.
$H_{02ins}$ ≈ $2{,}16 \times 10^{-18}$ s$^{-1}$.
- Exun ≈ $2{,}29 \times 10^{-18}$ s$^{-1}$ = media de expansión del universo en s$^{-1}$. Esta constante es la constante de Hubble expresada en segundos teniendo un valor de 70,66 km s$^{-1}$ Mpc$^{1}$.
- AgUn= $4{,}366 \times 10^{17}$ s = edad del universo
- Vun ≈ $3{,}60 \times 10^{80}$ m$^3$ = volumen del universo observable
- Cpun ≈ 0,28m$^{-3}$ = concentración media de partículas en el universo
- CMB = 2,72548K = temperatura radiación de fondo de microondas
- rms ≈ $1{,}8 \times 10^{-7}$ K = variación de la temperatura del CMB

- 0,21m (que son $1420 \times 10^6$ Hz) = longitud de onda de los fotones que emite un electrón cuando el electrón cambia su espín paralelo al núcleo a un estado de espín del electrón anti-paralelo al núcleo. Es algo que ocurre en la edad sombra.

- $dQ5 = 2{,}241 \times 10^{-27}$ Kg m$^{-3}$ = densidad de la materia oscura.
- $dK2 \approx 7 \times 10^{-27}$ Kg m$^{-3}$ = densidad de la energía oscura.
- $dK2_1 \approx 6{,}72 \times 10^{-27}$ Kg m$^{-3}$ = densidad de la energía oscura según mi hipótesis de la formación de energía debido al espacio que se encierra en sí mismo.
- $dK2_2 \approx 6 \times 10^{-10}$ J m$^{-3}$ = $6{,}6759 \times 10^{-27}$ Kg m$^{-3}$ = densidad de la energía oscura, por lo que yo supuse que quizás podría ser:
- $dK2_{21} \approx 66{,}6666 \times 10^{-27}$ Kg m$^{-3}$.
- $mQ5 \approx 1{,}9 \times 10^{-34}$ Kg = constante que yo descubrí y creo que es la masa de la materia oscura
- $EK2 \approx 1{,}7 \times 10^{-52}$ J = constante que yo descubrí y creo que podría ser la energía (masa) de la energía oscura (energía Jol).
- $mK2 \approx 1{,}7 \times 10^{-52}$ Kg = constante que yo descubrí y creo que podría ser la masa de la energía oscura (energía Jol).
- $mK2_1 \approx 1{,}9 \times 10^{-69}$ Kg constante que yo descubrí y creo que podría ser la masa de la energía Jol pero del vacío.
- $mK2_2 \approx 1{,}9 \times 10^{-69}$ J constante que yo descubrí y creo que es como la cantidad de energía de la energía Jol pero del vacío.

Constantes de la Tierra, el Sol y la Vía Láctea:

- $mE = 5{,}9736 \times 10^{24}$ Kg = masa de la Tierra.
- $rE = 6371000$m = radio medio de la Tierra.
- $rot = 149597870691$m = radio orbital terrestre, distancia entre el Sol y la Tierra.
- $mS = 1{,}9891 \times 10^{30}$ Kg = masa del Sol.
- $rS = 696000000$m = radio solar.
- MVL = Masa de la vía láctea = entre $0{,}8\text{-}1{,}5 \times 10^{12}$ masas solares $1{,}15 \times 10^{12} \times 1{,}9891 \times 10^{30}$Kg = $2{,}28746 \times 10^{42}$Kg.
o bien $3{,}6 - 4 \times 10^6$ masas solares.
- $dVL = \approx 9{,}5 \times 10^{20}$ m a $\approx 1{,}65 \times 10^{21}$ m = diámetro de la Vía Láctea.
- $vaMw \approx 5{,}52 \times 10^5$ m s$^{-1}$ a 220000m s$^{-1}$ = velocidad de la vía láctea.
- $RoS \approx 2{,}57 \times 10^{20}$ m = distancia del Sol (sistema Solar) hasta el centro de la vía láctea.
- $veMw = 550000$m/s = Velocidad de escape de la vía láctea.

| Características | SOL | JÚPITER | TIERRA | MARTE | VENUS |
|---|---|---|---|---|---|
| masa (m) Kg | $1,9891 \times 10^{30}$ | $1,8982 \times 10^{27}$ | $5,9736 \times 10^{24}$ | $6,4171 \times 10^{23}$ | $4,8675 \times 10^{24}$ |
| radio orbital (or) en m | $2,7 \times 10^{20}$ m | 778412026000 | 149597870691 | 22793920000 | 108939000000 |
| excentricidad en ° | 0,00005 | 0,04839 | 0,01671123 | 0,0934 | 0,006772 |
| velocidad orbital (vo) en m | 251000 | 13069,7 | 29700 | 24007 | 35020 |
| anomalía media en ° | X | 20,020 | 358,17 | 19,412 | 50,115 |
| velocidad rotación m s$^{-1}$ | 1996,944 | 12600 | 465 | 241,7 | 1,81 |
| inclinación orbital oinc | 67,23 | 1,3053 (al Sol 6,09) | 7,155 | 1,85 (al Sol 5,65) | 3,39458 (al Sol 3,86) |
| inclinación axial en° | 7,25 | 3,13 | 23,45 | 25,19 | 2,64 retrógrada 177,36 orbital |
| radio r en m | 696000000 | 71492000 | 6371000 | 3389500 | 6051800 |
| campo magnético T | 0,035 | $4,2 \times 10^{-4}$ | $3,05 \times 10^{-5}$ | $1,5 \times 10^{-6}$ | $9,75 \times 10^{-10}$ |
| densidad media Kgm$^{-3}$ | 1408 | 1326 | 5515 | 3933,5 | 5243 |
| densidad núcleo Kgm$^{-3}$ | 162200 | 25000 | 13100 | X | X |
| gravedad m s$^{-2}$ | 274,039 | 24,79 | 9,80665 | 3,7207 | 8,87 |
| albedo Bond | X | 0,503 | 0,309 | 0,25 | 0,689 |
| Albedo geométrico | X | 0,538 | 0,367 | 0,17 | 0,76 |
| temperatura externa en K | 5778 | 152 | 287,2 | 210 | 737 |
| temperatura interna en K | $1,5 \times 10^{7}$ | 20000 o 36000 | 6973 | 1950 o 2000 | 5160 |
| Presión superficie Pa | 86,8 | 220000 | 101325 | 636 | $9,3 \times 10^{6}$ |
| Presión núcleo en Pa | $26,5 \times 10^{15}$ | $4,5 \times 10^{12}$ o $1,0132 \times 10^{13}$ | $3,6477 \times 10^{11}$ | $4,053 \times 10^{10}$ | $2,938 \times 10^{11}$ |

La siguiente tabla muestra los valores de fusiones nucleares que se pueden producir en las estrellas de una gran masa cuando adquieren valores de temperatura y de densidad como los que se muestran en la tabla.

| Fusión del elemento | Temperatura del núcleo (Kelvin) | Densidad del núcleo (Kg m$^{-3}$) | Tiempo |
|---|---|---|---|
| Fusión del hidrógeno (H+He) | 37x10$^6$ | 3800 | 7,3 millones de años |
| Fusión del helio (He+C+O) | 180x10$^6$ | 6,2x10$^5$ | 660000 años |
| Fusión del carbono (C+Ne) | 720x10$^6$ | 0,64x10$^9$ | 165 años |
| Fusión del neón (Ne + Mg + Si) | 1400x10$^6$ | 3,7x10$^9$ | 1,2 años |
| Fusión del Oxígeno (O + Si) | 1800x10$^6$ | 13x10$^9$ | 6 meses |
| Fusión del Silicio (Si + Fe) | 3400x10$^6$ | 110x10$^9$ | 1,5 días |

En la tabla periódica los símbolos de los elementos se representan como: H= Hidrógeno; He= Helio; C= Carbono; O= Oxígeno; Ne=Neón; Mg= Magnesio; Si= Silicio; Fe= Hierro

Como las estrellas de menor masa no tienen una alta densidad del núcleo no pueden incrementar la temperatura suficientemente para producir la fusión de determinados elementos.

# 7-AGRADECIMIENTOS

En primer lugar quisiera agradecer el apoyo de todas las personas que me permiten dedicarme a la creación de mis obras, a mis investigaciones científicas. Aunque es un tópico, es verdad que gracias a las personas que me permiten tener tiempo para pensar, para crear y vivir de mis creaciones puedo realizar mis obras, así que gracias.

También me gustaría agradecer a todas las personas como amigos, familia, conocidos y también al gobierno francés que me permiten tener una vida mejor, con más calidad de vida porque aunque yo no tengo ninguna enfermedad grave (solamente tengo reumatismo) pero como toda persona, necesito tener tiempo, buena salud, dinero, amor y satisfacer mis necesidades, de tal forma que estar bien me permite trabajar, crear, ser constante, perseverante, y hacerlo mejor cada día.

También me gustaría agradecer a todos los científicos honestos su labor científica puesto que la ciencia se retroalimenta de forma positiva con cada aportación científica (siempre que esta aportación proceda de acciones justas y honestas). Y a los policías, jueces y abogados honestos que combaten las injusticias.

Espero que las nuevas tecnologías se utilizarán de forma responsable y permitirán aplicar procesos judiciales más justos (y no que sean utilizadas para robar, manipular etc.).

Fotografía de mi mismo (JoanCarles Testagorda Garcia) en mi casa en Francia el 17 de Junio de 2022.
JoanCarles Testagorda Garcia en la imagen del 17-6-2022 (en Francia).

Publicación de "Creación, expansión y composición del universo, el espín y física cuántica" el 12-10-2024.

Autor: JoanCarles Testagorda Garcia nacido el 21 de Enero de 1990 en Solsona 25280 (España). Después he vivido en el Pi de Sant Just (a 5 kilómetros de Solsona), Olius 25286 (España) desde 2006 hasta el día 4-4-2019. Des del día 5-4-2019 hasta la actualidad (2024) estoy viviendo en el sur-este Francia, he vivido en diferentes localidades (Alpes Côte d'Azur).

Yo JoanCarles Testagorda Garcia soy un investigador científico independiente (alias JoanCarles YoIje Martin TG, es el único alias que utilizo, Martin no es ni un nombre ni un apellido). Siempre trabajo y he trabajado de forma individual, sin colaboraciones de ningún tipo, siempre he publicado en páginas y plataformas públicas de forma individual. Por ejemplo en ACADEMIA.edu.

Yo JoanCarles Testagorda Garcia, soy autor en solitario de múltiples libros de investigación científica en el ámbito de la física así como el ámbito de la medicina, además de narrativa y poesía.

Yo JoanCarles Testagorda Garcia, soy autor en solitario de la serie de libros de investigación en medicina "Fisiología Magna""El trauma psicológico y causa y desarrollo de las enfermedades neuro-degenerativas, mentales y auto-inmunes", "Como se produce un trauma psicológico, la memoria, el aprendizaje y causa y desarrollo de las enfermedades neuro-degenerativas, mentales y auto-inmunes". Esta serie la dividí en 5 libros:
Parte1 "Como se produce la memoria, el aprendizaje, el trauma psicológico, el procesamiento cerebral y las podas neuronales" (ISBN979837163953) auto-publicado el 24-12-2022 en Francia.

**Brief introduction to quantum physics**
por Joancarles Testagorda Garcia
**Pasta blanda**
Otro formato: Kindle

Parte2A "Causa y desarrollo del Toc, la depresión, la esquizofrenia y la epilepsia" autopublicado en Francia el 13 de Enero de 2024:

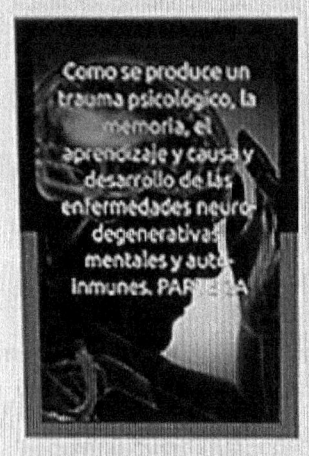

Como se produce un trauma psicológico, la memoria, el aprendizaje y causa y desarrollo de las enfermedades neuro-degenerativas, mentales y ... el TOC, la esquizofrenia y la epilepsia
par JoanCarles Testagorda Garcia (Auteur)
13 janvier 2024 **Broché**
**20,79 €**
*Tous les prix incluent la TVA.*

Parte2B "Causa y desarrollo del Reumatismo, sistema inmune, adicciones y evolucionismo" (ISBN9798856755311) autopublicado el 19-8-2023 en Francia.

Parte2C (sobre la esclerosis múltiple, es una investigación científica que empecé en verano2021 pero aún por la tengo que acabar preferí crear mis otros libros antes).

Parte3 "Como se produce el Párkinson, el Alzheimer, la consciencia y la magneto-recepción" (ISBN9798375315560) autopublicado el 9-2-2023 en Francia.

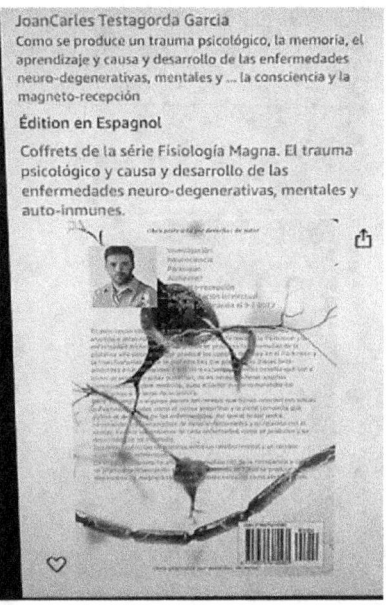

En física he publicado varios libros en los cuales solamente expongo mis hipótesis. Por ejemplo el 22-3-2022 (en Francia) autopubliqué mi libro "Brief introduction to quantum physics" (ISBN9798437489161), el 30-4-2022 (en Francia) autopubliqué el libro "But what is the temperature? How are created the fields?" (ISBN9798814525154) y el 6-8-2022 (en Francia) autopubliqué el libro "But what is the gravity? What is the time?" (ISBN9798840701331):

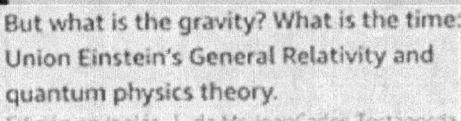

(En 2014 realicé mi trabajo "UniversalJustice" pero no es un trabajo finalizado y nunca lo autopubliqué, en 2015-2016 realicé mi trabajo "La respuesta al universo"pero no es un trabajo finalizado y nunca lo autopubliqué. En 2020-2021 realicé mi trabajo "QuantumOpticsJCTGU" pero no es un trabajo finalizado y nunca lo autopubliqué). Algunas de mis publicaciones en el ámbito de la física son mi obra "Earth Mine Functioning" (Febrero2018 a 6-1-2020), "The photon has mass" 2021, "theoremJC", "atomic fields","quantum physics and high radiations"etc.

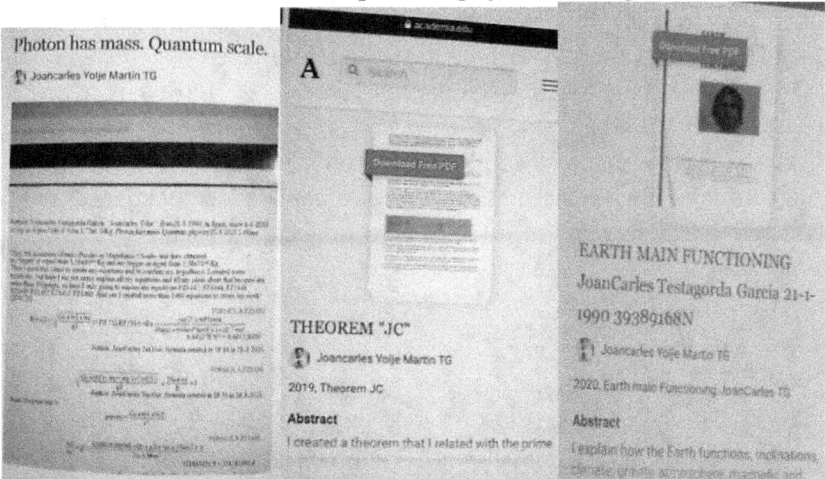

También soy el autor de artículos de medicina como "Climate and state of mind 2021" o "what is fear2021":

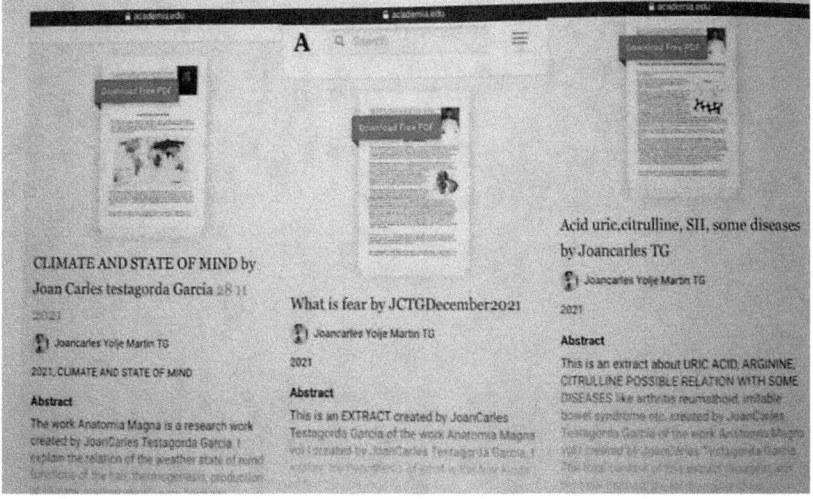

También tengo hipótesis en ciencias económicas y he publicado un artículo de economía (más de 30páginas) titulado: "Basic economy" en 2020 en Francia.

He creado más de 100 poesías en lengua castellana (aproximadamente 70poemas, un libro titulado 57lágrimas de rosa", sin publicar) ("Entre crepúsculos y sueño se vierte la arena2015", "Labios tardíos2015", "Rosas2013", "Esclavos por amor 2014"), catalana (aproximadamente 30 poemas entre ellos "Jovial primavera2018"), 1 poema en lengua inglesa y en lengua francesa (unos 10 poemas) por ejemplo en
"Oseront-ils vers la fenêtre regarder?"(Marzo2024) "Terre qui bat en moi"(Febrero2022) etc.
Frases y escritos en prosa como "Carta d'un soldat 2013.
Así como del libro de narrativa"Conocerse para conocer y conocer para conocerse" (ISBN9798736777686) auto-publicado en febrero2021 en Francia.

www.ingramcontent.com/pod-product-compliance
Lightning Source LLC
Chambersburg PA
CBHW071041240526
45471CB00014B/12